高等学校计算机基础教育改革与实践系列教材

大学计算机基础实践教程

Daxue Jisuanji Jichu Shijian Jiaocheng

（第2版）

冉崇善　编著

高等教育出版社·北京

内容提要

本书是与冉崇善编著，高等教育出版社出版的《大学计算机基础（第 2 版）》配套的实践教程。全书分为上、下两篇，上篇为上机实习指导，下篇为办公实例案例解析。

上篇包括 Windows 7 操作系统、Word 2010 文字处理软件、Excel 2010 电子表格软件、PowerPoint 2010 演示文稿软件、Internet 应用与 Windows 7 的网络设置、多媒体基础与 Windows 多媒体应用和网络信息资源检索。下篇包括办公实例家庭案例解析、办公实例文字秘书案例解析、办公实例企业管理案例解析、办公实例学生应用案例解析、办公实例行政管理案例解析、办公实例人力资源管理案例解析、办公实例会计应用案例解析、办公实例生产管理案例解析、办公实例商务应用案例解析。

本书可作为高等学校计算机基础课程的配套实验指导教材，也适合作为广大计算机爱好者的自学用书。

图书在版编目（CIP）数据

大学计算机基础实践教程 / 冉崇善编著. --2 版
. --北京：高等教育出版社，2015.8
ISBN 978-7-04-043319-7

Ⅰ. ①大…　Ⅱ. ①冉…　Ⅲ. ①电子计算机-高等学校-教材　Ⅳ. ①TP3

中国版本图书馆 CIP 数据核字（2015）第 156400 号

策划编辑　耿　芳　　责任编辑　耿　芳　　封面设计　赵　阳　　版式设计　余　杨
插图绘制　杜晓丹　　责任校对　刘春萍　　责任印制　张泽业

出版发行　高等教育出版社　　网　址　http://www.hep.edu.cn
社　址　北京市西城区德外大街 4 号　　http://www.hep.com.cn
邮政编码　100120　　网上订购　http://www.landraco.com
印　刷　中国农业出版社印刷厂　　http://www.landraco.com.cn
开　本　787mm × 1092mm　1/16
印　张　27　　版　次　2013 年 7 月第 1 版
字　数　660 千字　　2015 年 8 月第 2 版
购书热线　010 - 58581118　　印　次　2015 年 8 月第 1 次印刷
咨询电话　400 - 810 - 0598　　定　价　37.00 元

物 料 号　43319-00

前　言

进入 21 世纪以来，随着计算机技术的不断发展和中小学的信息技术教育逐步走向正规化，作为高校学生的计算机入门课程，“大学计算机基础”课程也必然处在一个不断改革发展的过程中。为了适应新世纪教学改革新形势的需要，根据我们在教学中的体会和经验，在深入研究职业岗位对计算机基础知识需求的基础上，编写了本书。目的是让学生在学完“大学计算机基础”课程后，能够运用计算机进行学习、工作，以及掌握继续学习计算机新知识的能力。

本书不但具有内容新颖、结构紧凑、层次清楚、便于实习与实训等特点，还具有以下主要特色。

（1）力求贯彻“少而精、精而新”的原则，努力做到“调整内容、与时俱进、去粗存精、突出重点、注重基础、强调实用”。

（2）努力把传统的教学内容与现代科学技术的新进展结合起来，力求使本书具有较高的科学性和系统性。

上篇打破了传统的上机实习与指导的旧模式，贯穿以全面素质教育为核心，以实用和补充为先导，以生活和职业社会对操作技能的需求为目标，以任务驱动和实现技巧为重点，以技能训练为特色的指导思想。

下篇是对《大学计算机基础（第 2 版）》教材的补充，同时也是对所学知识的一个较为完整的总结。它根据当前我国职业岗位对从业者的信息技术要求，从职业岗位所需的案例出发，以案例的处理方法与解题思路为主线，分析总结职业岗位所需计算机基础知识的规律，力求为读者理出解决问题的思路和处理同类问题的方法。

案例解析部分包括办公实例家庭案例解析、办公实例文字秘书案例解析、办公实例企业管理案例解析、办公实例学生应用案例解析、办公实例行政管理案例解析、办公实例人力资源管理案例解析、办公实例会计应用案例解析、办公实例生产管理案例解析、办公实例商务应用案例解析。涉及面广，设计独特，实用性强。

本书力求在这些实训课题和生活案例的引导下，使学生通过实践掌握所学内容。它对于引导学生精读课本、对学生提高独立获取知识的能力将起到重要的辅助作用。

本书由陕西科技大学电气与信息工程学院冉崇善教授拟定编写大纲和框架结构，并编写了第 2、4、10、12 章，程雪红编写了第 3、5、6、7 章，王长浩编写了第 1、8、11 章，付菊编写了第 9、13、14 章，刘炜编写了第 15、16 章，冉崇善统一定稿。西安工业大学陈桦教授对全书进行了认真的审阅，并提出了许多宝贵意见。

感谢读者选择本书，欢迎对本书内容提出批评和修改建议。作者电子邮件地址：rancs@sust.edu.cn。

编　者

2015 年 5 月

目　录

上篇　上机实习指导

下篇 办公实例案例解析

上篇　上机实习指导

第 1 章　Windows 7 操作系统

1.1　Windows 7 的桌面操作

1. 实习目的

（1）掌握 Windows 7 的启动方法。

（2）掌握 Windows 桌面上基本元素的使用。

2. 实习任务

（1）启动 Windows 7。

（2）“开始”菜单的常用功能和设置。

（3）窗口操作。

（4）创建快捷方式。

（5）运行 Windows 7 桌面小工具。

3. 实习步骤

任务 1　启动 Windows 7

（1）打开外设（如显示器、打印机、扫描仪等）电源，再打开主机电源（若显示器已被打开，则直接打开主机电源），计算机开始进行自检，然后引导 Windows 7 操作系统。

（2）若设置了登录密码，则出现登录验证界面，单击用户账号出现密码输入框，然后输入正确的密码，可正常启动进入 Windows 7 系统。

（3）若没有设置登录密码，系统会自动进入 Windows 7。

（4）观察桌面的组成。

提示：有时在操作中因种种原因，可能出现“死机”现象（即计算机不能响应），这时可以按 Ctrl+Alt+Delete 键来启动 Windows 任务管理器，结束未响应的任务或重新启动 Windows 7 系统等。如果此方法无效，可以按主机箱面板上的 Reset 键来再引导系统（复位），如果此方法仍无效就只有长按（大约 10 秒钟）主机电源按钮来强制关机，等待 10 秒钟以后再重新开机。

任务 2　“开始”菜单的常用功能和设置

（1）“开始”菜单的打开。单击任务栏上的“开始”按钮或直接按 Ctrl+Esc 键，打开“开始”菜单，观察“开始”菜单的组成。

（2）使用“开始”菜单启动应用程序。以“记事本”应用程序为例，可以使用下列两种方法来启动该程序。

① 单击“开始”按钮，在弹出的“开始”菜单的“所有程序”子菜单的“附件”子菜单中选择“记事本”选项，就会打开“记事本”应用程序窗口。

② 单击“开始”按钮，在最下边的搜索框中输入“记事本”，然后在结果列表中选择“程序”区的“记事本”选项。

（3）打开并使用Windows帮助。

① 单击“开始”按钮，在“开始”菜单的右侧选择“帮助和支持”选项，或在桌面空白处单击，再按F1键，或在“资源管理器”窗口菜单栏的“帮助”菜单中选择“查看帮助”选项，打开如图1.1所示的“Windows帮助和支持”窗口。

② 根据自己的需求来查看相应的帮助信息。选择界面上自己感兴趣的项目，如“Windows 7的新增功能”，就会出现相关信息。

③ 使用“Windows帮助和支持”窗口中的“搜索”功能来查找关于“共享”的帮助信息。在“Windows 帮助和支持”窗口的“搜索帮助”文本框中输入“共享”，然后单击文本框右侧的“搜索”按钮，将显示搜索的最佳结果。

（4）自定义“开始”菜单。“开始”菜单可以由用户根据自己的实际需求来定制。

① 右击“开始”按钮，在弹出的快捷菜单中选择“属性”选项，打开如图1.2所示的“任务栏和「开始」菜单属性”对话框。

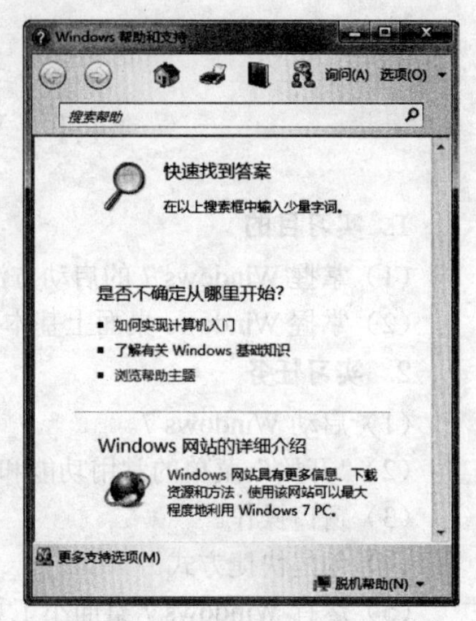

图1.1 “Windows帮助和支持”窗口

② 在“「开始」菜单”选项卡中单击“自定义”按钮，打开如图1.3所示的“自定义「开始」菜单”对话框。

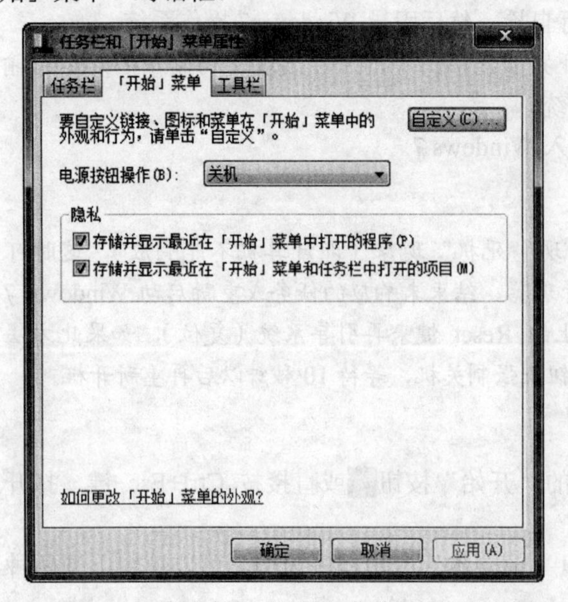

图1.2 “任务栏和「开始」菜单属性”对话框

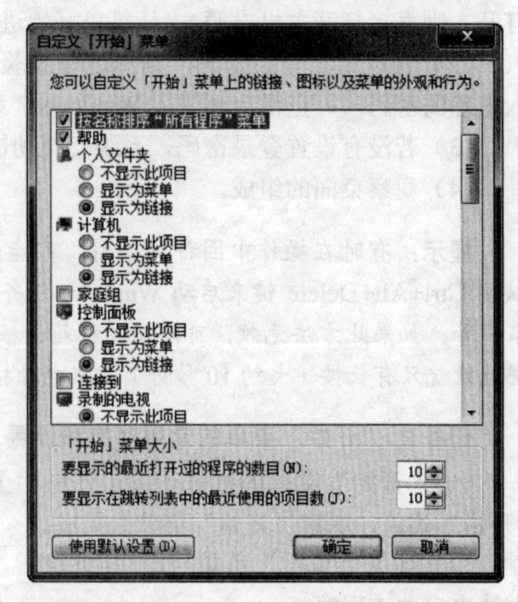

图1.3 “自定义「开始」菜单”对话框

③ 在“自定义「开始」菜单”对话框列表框中的“控制面板”选项组中选择“显示为菜单”单选按钮，然后单击“确定”按钮，回到“任务栏和「开始」菜单属性”对话框，再次单击“确定”按钮，返回桌面。单击任务栏上的“开始”按钮，打开“开始”菜单，注意观察“开始”菜单中的变化，特别是“开始”菜单中“控制面板”显示情况的变化。

④ 再次打开图1.3所示的“自定义「开始」菜单”对话框，拖动滚动条到区域底部，选中“最近使用的项目”复选框。

⑤ 单击“确定”按钮，再次单击“确定”按钮，返回桌面，打开“开始”菜单，注意观察“开始”菜单中的变化，就会发现“开始”菜单中新增了一个“最近使用的项目”选项，显示最近所使用文件的一个列表。

提示：若要清除显示在“最近使用的项目”选项中的项目列表，则打开“开始”菜单，右击“最近使用的项目”选项，在弹出的快捷菜单中选择“清除最近的项目列表”选项。

⑥ 单击“开始”按钮，打开“开始”菜单，保持“开始”菜单在桌面上，按Print Screen键，将当前屏幕的图像复制至剪贴板。在“开始”菜单的“所有程序”子菜单的Microsoft Office子菜单中选择Microsoft Word 2010选项，启动Word 2010，在新建的空白文档的第一行输入学号和姓名，按Enter键换行，在第二行输入内容“1. 自定义开始菜单”，再按Enter键换行，然后按Ctrl+V键将剪贴板上的图片粘贴到Word文档中，再按两次Enter键换行，然后将该文档以“Windows基本操作”为名保存在“E:\”目录下。

任务3　窗口操作

在桌面上双击“回收站”图标，打开“回收站”窗口，仔细观察窗口的组成，可以看出包括标题栏、地址栏、搜索框、工具栏、导航窗格、细节窗格、滚动条、“关闭”按钮、“最小化”按钮、“最大化”(或“还原”)按钮、窗口边框等。

(1) 移动窗口。在窗口未最小化的情况下，将鼠标指针放在窗口最上边的标题栏上，按住左键并拖动至所需位置松开鼠标即可。

(2) 缩放(改变窗口的大小)。将鼠标指针移到窗口边框或任一个角上，待鼠标指针变成双向箭头(水平或垂直或45°)时，按住左键拖动鼠标即可改变窗口大小。

(3) 最小化窗口。单击标题栏右上角的“最小化”按钮，窗口就会缩小成任务栏上的一个按钮。

(4) 最小化所有打开的窗口以查看桌面。有以下两种方法可以立即最小化所有打开的窗口。

① 使用鼠标最小化打开的窗口。单击任务栏的通知区域最右端的“显示桌面”按钮(若要还原最小化的窗口，则再次单击“显示桌面”按钮)。

② 使用键盘最小化打开的窗口。按Win+D键(若要还原最小化的窗口，则再次按Win+D键)。

(5) 最大化窗口与还原窗口。单击标题栏右上角的“最大化”按钮，则窗口充满整个屏幕，且“最大化”按钮变为“还原”按钮；当窗口最大化时，单击标题栏右上角的“还原”按钮，窗口恢复为原来大小，且“还原”按钮变为“最大化”按钮。

(6) 切换窗口。

① 按Alt+Tab键，在当前窗口中将弹出一个独立界面，显示目前打开的各个窗口的图

标，按住 Alt 键再重复按 Tab 键，可循环切换到已打开的窗口。

② 单击任务栏上相应的应用程序窗口图标，即可切换到相应的应用程序窗口。

注意：一般情况下，为了减少任务栏上图标的显示个数，Windows 7 在任务栏上图标的显示方式是分类显示的（如打开的所有 Word 文件图标在任务栏上只显示一个），在此种状况下可将鼠标指针移动到要切换窗口相应的图标上，在打开的图标列表中单击其中要打开的应用程序窗口图标即可。

（7）排列窗口。窗口的排列有层叠、堆叠显示和并排显示 3 种方式。当桌面上有多个运行着的窗口时，可右击任务栏的空白处，从弹出的如图 1.4 所示的快捷菜单中选择一种排列方式。

（8）关闭窗口。单击标题栏右上角的“关闭”按钮；或按 Alt+F4 键，关闭整个窗口。

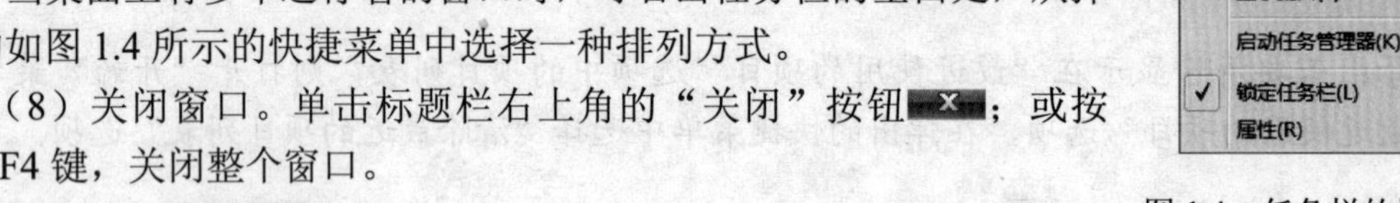

图 1.4 任务栏的快捷菜单

任务 4 创建快捷方式

快捷方式是指向计算机上某个项目（如文件、文件夹或程序）的链接。可以创建快捷方式，然后将其放置在方便的位置，如桌面上或导航窗格（左窗格）的“收藏夹”部分，以便于访问快捷方式链接到的项目。快捷方式图标上的箭头可用来区分快捷方式和原始文件。

（1）创建快捷方式。

① 切换到要创建快捷方式的项目所在的位置。

② 右击该项目，在弹出的快捷菜单中选择“创建快捷方式”选项，即可在原始项目所在的位置上创建一个新的快捷方式。

③ 将新的快捷方式移动到所需位置。

提示：如果快捷方式链接到某个文件夹，则可以将其拖动到左窗格中的“收藏夹”部分，以创建收藏夹链接。

创建快捷方式的另一种方法是将地址栏（位于任何文件夹窗口的顶部）左侧的图标拖动到“桌面”等位置。这是为当前打开的文件夹创建快捷方式的快速方法。

还可以通过将 Web 浏览器中的地址栏左侧的图标拖动到“桌面”等位置来创建指向网站的快捷方式。

例如，在桌面上建立“记事本”应用程序的快捷方式，具体步骤如下。

① 在桌面的任何空白处右击，在弹出的快捷菜单的“新建”子菜单中选择“快捷方式”选项，打开如图 1.5 所示的“创建快捷方式”对话框。

② 在对话框的“请键入对象的位置”文本框中输入文件信息，本处为“C:\WINDOWS\NOTEPAD.EXE”（也可以单击“请键入对象的位置”文本框右侧的“浏览”按钮，在打开的“浏览”对话框中按路径逐步找到应用程序 NOTEPAD.EXE 再打开它），单击“下一步”按钮。

③ 在打开的如图 1.6 所示的“创建快捷方式”对话框的“键入该快捷方式的名称”文本框中输入该快捷方式的名称，本处为“记事本”，单击“完成”按钮。

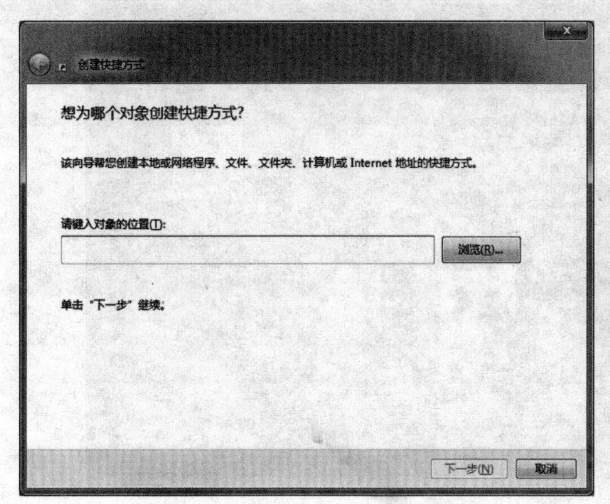

图 1.5 “创建快捷方式”对话框

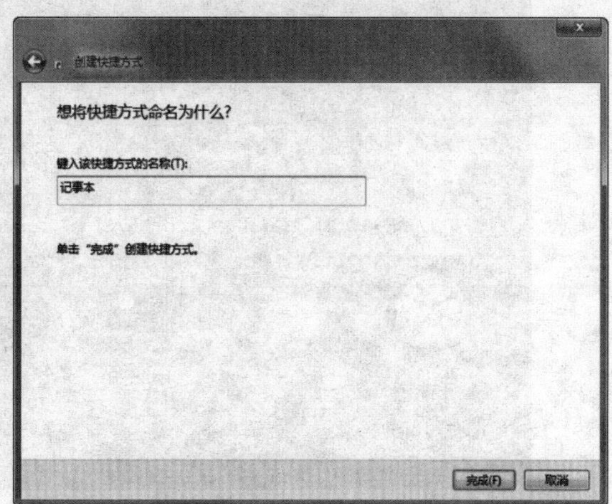

图 1.6　输入快捷方式的名称

④ 桌面上会出现一个以“记事本”为名称的快捷图标。双击它即可快速打开“记事本”程序。

（2）删除快捷方式。右击要删除的快捷方式，在弹出的快捷菜单中选择“删除”选项，在打开的“删除快捷方式”对话框中单击“是”按钮即可。如果系统提示要输入管理员密码或进行确认，则输入该密码或提供确认。

说明：

① 快捷方式不是这个对象的本身，而是指向这个对象的指针。

② 打开快捷方式便意味着打开了相应的对象，删除快捷方式则不会影响相应的对象。

③ 删除快捷方式时，只会删除指针，不会删除原始项。

任务 5　运行 Windows 7 桌面小工具

Windows 7 中包含名为“小工具”的小程序，这些小程序可以提供即时信息以及可轻松访问常用工具的途径。例如，可以使用小工具显示图片幻灯片或查看不断更新的标题。

Windows 7 随附的一些小工具包括日历、时钟、天气、源标题、幻灯片放映和图片拼图板等。

（1）打开 Windows 7 桌面小工具。右击 Windows 7 桌面的空白处，在弹出的快捷菜单中选择“小工具”选项，即可打开如图 1.7 所示的“小工具库”窗口。

在窗口中每单击一个小工具，窗口底部就会显示该小工具的相关信息。如果没有显示，则可单击窗口左下角的“显示详细信息”链接即可。通过单击窗口右下角的“联机获取更多小工具”链接，可以与网络连接，下载更多的小工具。

（2）添加小工具到桌面。可以将计算机上安装的任何小工具添加到桌面。如果需要，也可以添加小工具的多个实例。例如，如果要在两个时区中跟踪时间，则可以添加“时钟”小工具的两个实例，并相应地设置每个实例的时间。

图 1.7 “小工具库”窗口

添加小工具的步骤如下。

① 右击桌面空白处，在弹出的快捷菜单中选择“小工具”选项。

② 在打开的如图 1.7 所示的“小工具库”窗口中双击要添加到桌面的小工具图标。

添加成功后该小工具栏显示在桌面右上角，用户可通过其右侧的工具条选项，或右击某个小工具，在弹出的快捷菜单中分别选择“关闭”、“选项”和“移动”等选项对小工具进行操作，或分别单击小工具右上角的“关闭”按钮、“选项”按钮和“拖动小工具”按钮对小工具进行操作。

（3）实际练习。请往桌面上添加“时钟”小工具的两个实例，一个显示的是“北京时间”（即当前计算机时间），一个显示的是“夏威夷时间”，都要显示秒针，时钟样式自定。

① 在如图 1.7 所示的“小工具库”窗口中，两次双击“时钟”图标，在桌面上创建两个时钟，此时两个时钟的“时区”都是“当前计算机时间”，即“北京时间”。

② 右击其中一个时钟，在弹出的快捷菜单中选择“选项”选项，打开如图 1.8 所示的“时钟”对话框，在“时区”下拉列表框中选择“夏威夷”时区，单击“确定”按钮。

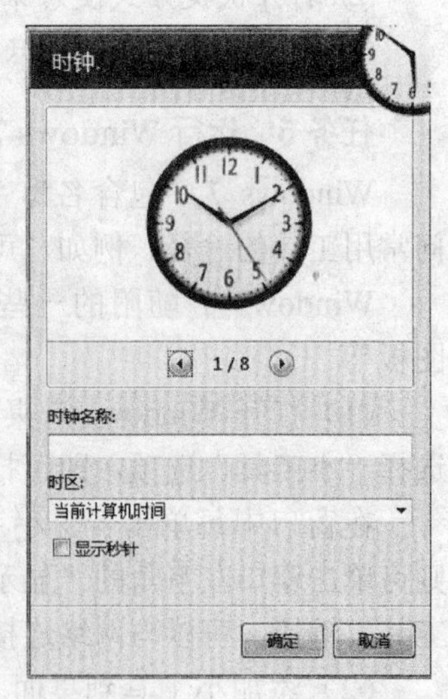

图 1.8 “时钟”对话框

③ 按 Print Screen 键，将当前屏幕的图像复制至剪贴板。切换到前面创建的“Windows 基本操作”文档，先输入内容“2. 小工具使用实例”，再按 Enter 键换行，然后按 Ctrl+V 键将图像粘贴到 Word 中（操作熟练的读者可先将屏幕图像粘贴到“画图”程序中进行处理，利用其提供的“选择”工具只选取桌面上“时钟”小工具的两个实例部分，复制后再粘贴过来），保存并关闭该文档。

1.2 Windows 7 的基本操作

1. 实习目的

（1）熟练掌握 Windows 7 桌面图标排列、桌面设置的方法。

（2）掌握任务栏和语言栏的设置方法。

（3）熟练掌握应用程序的启动、退出方法。

（4）掌握创建快捷方式的方法。

（5）掌握回收站的使用和设置方法。

（6）掌握 Windows 7 帮助系统的使用方法。

2. 实习任务

（1）排列桌面图标。

（2）设置桌面背景和屏幕保护程序。

（3）设置任务栏。

（4）设置语言栏。

（5）“记事本”和“画图”程序的使用。

（6）为“计算器”和“计算机”应用程序创建快捷方式。

（7）回收站的使用和设置。

（8）帮助系统的使用。

3. 实习步骤

任务 1 排列桌面图标

（1）右击桌面空白处，弹出快捷菜单，如图 1.9 所示，在其中的“排序方式”子菜单中分别选择“名称”、“大小”、“项目类型”和“修改日期”等选项，观察桌面上图标排列的变化情况。

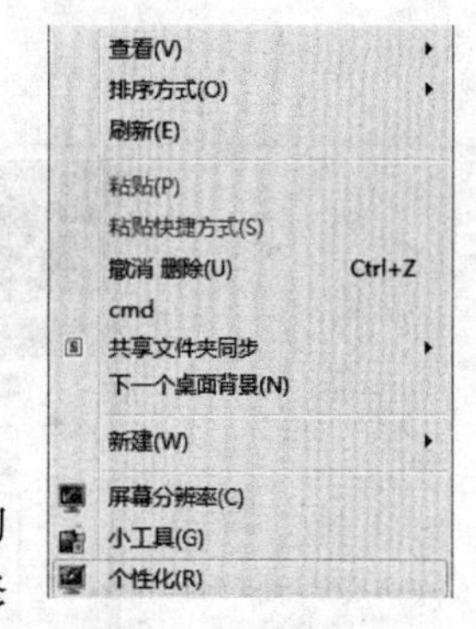

图 1.9 桌面快捷菜单

（2）选择“查看”选项。

① 右击桌面空白处，在弹出的快捷菜单的“查看”子菜单中选择“自动排列图标”选项（取消选择），在桌面上移动图标，观察图标的排列情况。

② 右击桌面空白处，在弹出的快捷菜单的“查看”子菜单中选择“将图标与网格对齐”选项（取消选择），移动图标，观察图标的排列情况。

③ 右击桌面空白处，在弹出的快捷菜单的“查看”子菜单中分别选择“自动排列图标”、“将图标与网格对齐”选项，观察桌面上图标排列的变化情况。

提示：用此办法可建立个性化桌面图标排列。

④ 右击桌面空白处，在弹出的快捷菜单的“查看”子菜单中选择“显示桌面图标”选项（取消选择），桌面上图标全部隐藏；再次选择“显示桌面图标”选项，可以显示图标。

任务 2 设置桌面背景和屏幕保护程序

（1）设置桌面背景。右击桌面空白处，在弹出的快捷菜单中选择“个性化”选项，打开如图 1.10 所示的“个性化”窗口。在窗口右窗格的下方单击“桌面背景”链接，打开如图 1.11 所示的“桌面背景”窗口。用户可以利用系统自带的背景图片和自定义图片两种方法进行设置。

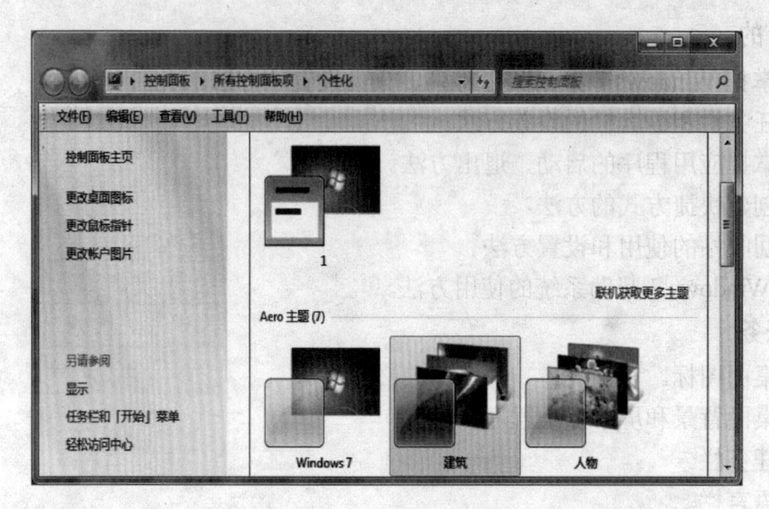

图 1.10 “个性化”窗口

图 1.11 “桌面背景”窗口

① 在“图片位置”下拉列表框中有 4 个系统默认的存放图片的文件夹。选择“Windows 桌面背景”选项，则窗口下方的列表中即可显示该文件夹所包含的图片。单击“Windows（33）”分组中的一幅图片，在窗口左下角“图片位置”下拉列表框中选择“填充”选项，单击“保存修改”按钮，返回“个性化”窗口，可见在“我的主题”组合框中有一个“未保存的主题”图片标识，单击“保存主题”按钮，打开“将主题另存为”对话框，输入主题名称，单击“保存”按钮，关闭“个性化”窗口，即可完成桌面背景的设置。

② 单击“桌面背景”窗口的“图片位置”下拉列表框右侧的“浏览”按钮，打开“浏览文件夹”对话框。找到图片所在的文件夹，单击“确定”按钮，返回“桌面背景”窗口，可见刚才所选的图片已在“图片位置”下拉列表框中。选择某一图片，单击“保存修改”按钮，返回“个性化”窗口，在“我的主题”组合框中保存主题即可。返回桌面，可见设置的桌面背景。

（2）设置屏幕保护程序。屏幕保护程序的设置也分为利用系统自带的屏幕保护程序和个人图片两种设置方法。

① 在“个性化”窗口中单击“屏幕保护程序”链接，打开如图 1.12 所示的“屏幕保护程序设置”对话框，在“屏幕保护程序”下拉列表框中选择一个屏幕保护程序（如“三维文字”）。设置等待时间为 1 分钟；单击“设置”按钮，选择飞行速度等，再单击“应用”按钮观察设置效果，最后单击“确定”按钮，完成屏幕保护程序的设置。

② 在图 1.12 所示的“屏幕保护程序设置”对话框中，在“屏幕保护程序”下拉列表框中选择“照片”选项，单击“设置”按钮，打开如图 1.13 所示的“照片屏幕保护程序设置”对话框，单击“浏览”按钮，打开“浏览文件夹”对话框，选择一个文件夹，单击“确定”按钮，返回“照片屏幕保护程序设置”对话框，在“幻灯片放映速度”下拉列表框中，设置放映速度，单击“保存”按钮，返回“屏幕保护程序设置”对话框，设置等待时间与其他内容即可。

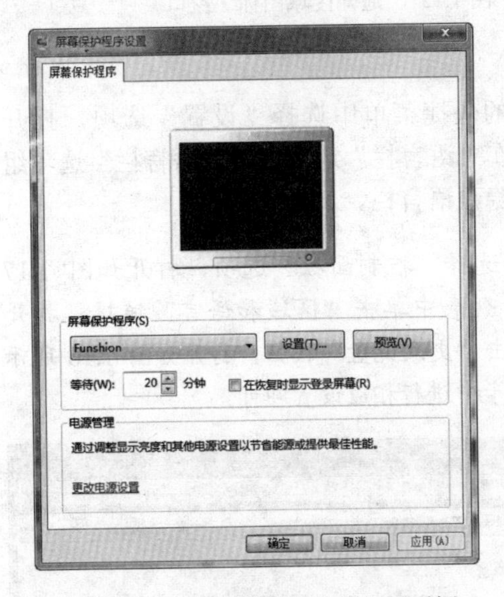

图 1.12 “屏幕保护程序设置”对话框

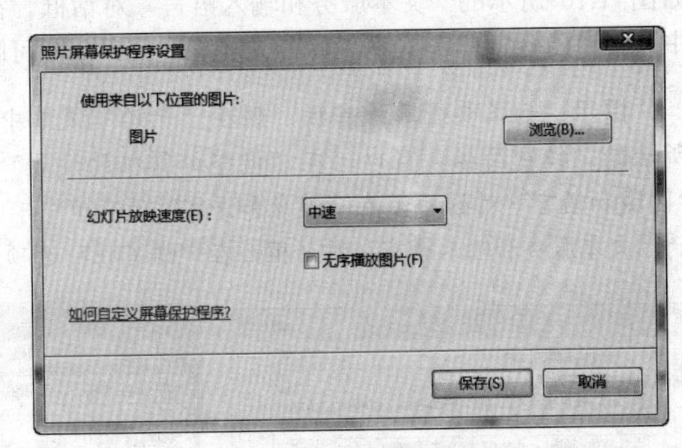

图 1.13 “照片屏幕保护程序设置”对话框

任务 3　设置任务栏

（1）自动隐藏任务栏。右击任务栏空白处，在弹出的快捷菜单中选择“属性”选项，打开如图 1.14 所示的“任务栏和「开始」菜单属性”对话框。在“任务栏”选项卡的“任务栏外观”选项组中勾选“自动隐藏任务栏”复选框，单击“确定”按钮，即隐藏桌面上的任务栏。重复以上操作，将还原本次设置，显示任务栏。

（2）取消任务栏上的网络图标显示。在图 1.14 所示的“任务栏和「开始」菜单属性”对话框的“任务栏”选项卡中，单击“通知区域”区中的“自定义”按钮，打开如图 1.15 所示的“通知区域图标”窗口。在“选择在任务栏上出现的图标和通知”列表中，单击“网络”图标右侧的“行为”按钮，在打开的“行为”列表中选择“隐藏图标和通知”选项，再单击“确定”按钮，任务栏上将不再显示网络图标。重复以上操作，可还原本次设置，显示网络图标。

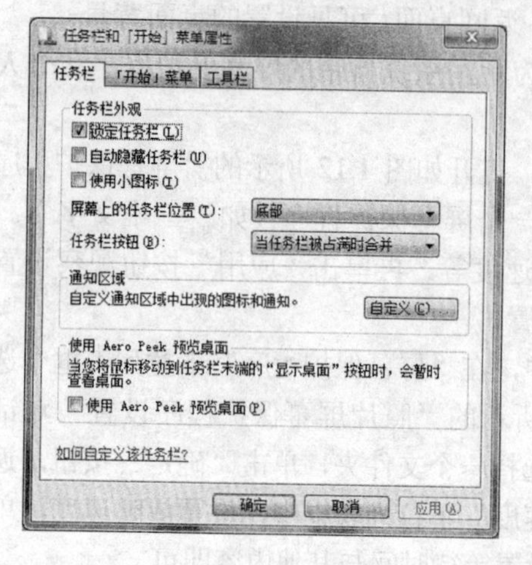

图 1.14 “任务栏和「开始」菜单属性”对话框

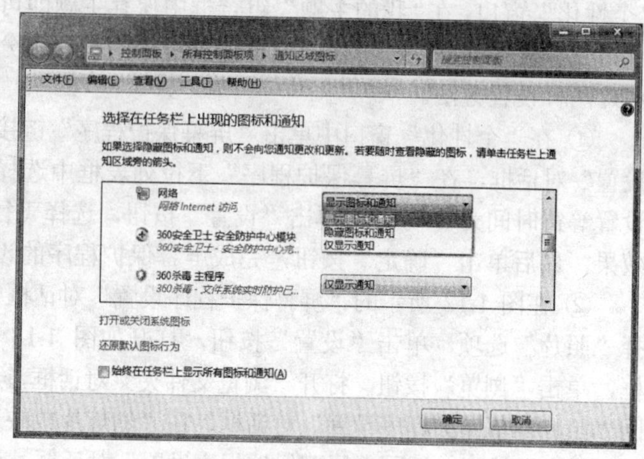

图 1.15 “通知区域图标”窗口

任务 4 设置语言栏

（1）显示或隐藏语言栏。右击语言栏，在弹出的快捷菜单中选择“设置”选项，打开如图 1.16 所示的“文本服务和输入语言”对话框。在“语言栏”选项卡的“语言栏”选项组中选择“隐藏”单选按钮，单击“确定”按钮，则可隐藏语言栏。

提示：如果要显示语言栏，则在“开始”菜单中选择“控制面板”选项，打开如图 1.17 所示的“控制面板”窗口，在“调整计算机的设置”列表中单击“区域和语言”链接，打开“区域和语言”对话框，在“键盘和语言”选项卡中单击“更改键盘”按钮，打开如图 1.16 所示的“文本服务和输入语言”对话框，在“语言栏”选项卡中进行相应设置即可。

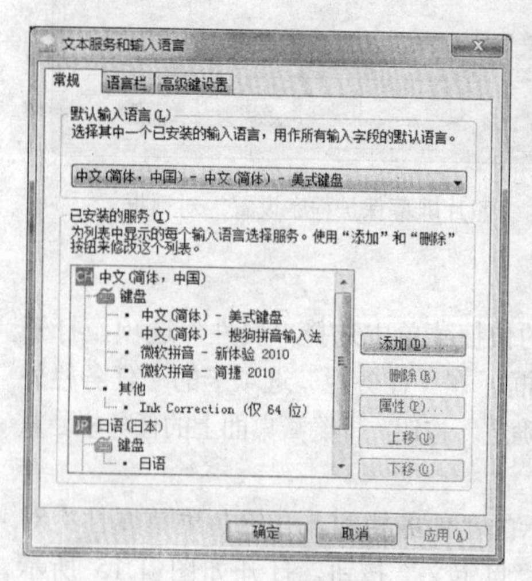

图 1.16 “文本服务和输入语言”对话框

图 1.17 “控制面板”窗口

（2）设置“简体中文全拼”输入法为默认输入法。在图 1.16 所示的“文本服务和输入语言”对话框中，在“默认输入语言”下拉列表框中选择“简体中文全拼”选项，单击“确定”按钮，完成设置。

（3）语言栏的悬浮和最小化。在语言栏上单击“还原”按钮，则语言栏悬浮于桌面上。此时，可将语言栏移动到桌面的任何位置。单击“最小化”按钮，则语言栏最小化到任务栏上。

（4）中/英文输入法和中文输入法的切换。

① 在语言栏上单击输入语言中/英按钮，实现中/英文输入法的切换。

提示：按 Ctrl+Space 键可实现中/英文输入法的快速切换。

② 单击“中文输入法”按钮，显示中文输入法列表，选择其中一种输入法，实现中文输入法的切换。

提示：按 Ctrl+Shift 键可实现中文输入法的快速切换。

任务 5　“记事本”和“画图”程序的使用

（1）在“开始”菜单的“所有程序”子菜单的“附件”子菜单中选择“画图”选项，打开“画图”程序窗口。单击窗口标题栏右侧的“最小化”、“最大化”按钮，观察窗口的变化。

（2）和步骤（1）的操作类似，启动“记事本”程序。

（3）右击任务栏空白处，在弹出的快捷菜单中分别选择“层叠窗口”、“堆叠显示窗口”和“并排显示窗口”选项，观察窗口显示的变化情况。

（4）在任务栏上快速切换“画图”和“记事本”窗口。

（5）单击“关闭”按钮关闭窗口，结束程序运行。

任务 6　为“计算器”和“计算机”应用程序创建快捷方式

（1）在“开始”菜单的“所有程序”子菜单中选择“附件”选项，右击列表中的“计算器”选项，在弹出的快捷菜单的“发送到”子菜单中选择“桌面快捷方式”选项。桌面上显示创建的“计算器”快捷方式图标。

（2）右击桌面上的“计算机”图标，在弹出的快捷菜单中选择“创建快捷方式”选项，即可在桌面上创建“计算机”快捷方式图标。

提示：不能用鼠标指针直接把“所有程序”子菜单中的“附件”子菜单中的“计算器”选项拖到桌面上。虽然这样也可在桌面上创建快捷方式图标，但原来“附件”子菜单中的“计算器”选项就会被删除。

任务 7　回收站的使用和设置

（1）删除任务 6 中建立的“计算器”和“计算机”快捷方式图标。

① 右击“计算器”快捷方式图标，在弹出的快捷菜单中选择“删除”选项。

② 选中“计算机”快捷方式图标，按 Delete 键。

（2）恢复删除的“计算器”快捷方式图标。

① 在桌面上双击“回收站”图标，打开如图 1.18 所示的“回收站”窗口。

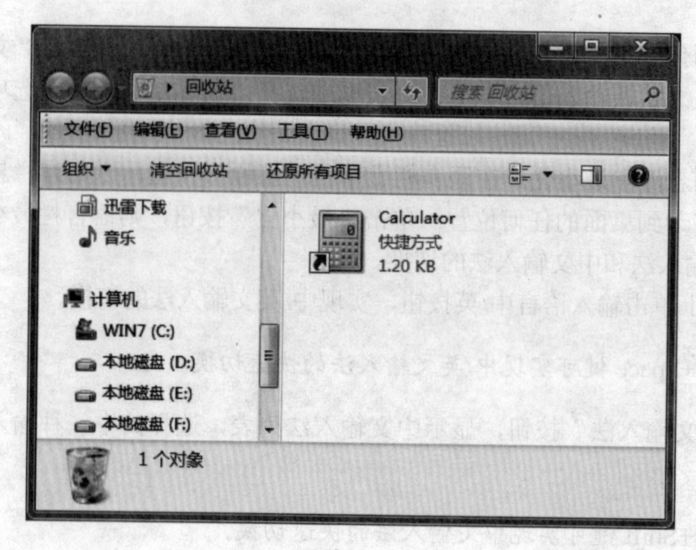

图 1.18 “回收站”窗口

② 选中“计算器”快捷方式图标。

③ 单击窗口工具栏上的“还原此项目”按钮，还原“计算器”快捷方式图标。

（3）在桌面上选中刚恢复的“计算器”快捷方式图标，在删除的同时按住 Shift 键，可将其永久删除，不可再恢复。打开“回收站”窗口观察。

（4）单击窗口工具栏上的“清空回收站”按钮，将回收站中的所有内容删除。

（5）设置各个驱动器回收站的最大值。

① 右击“回收站”图标，在弹出的快捷菜单中选择“属性”选项，打开如图 1.19 所示的“回收站 属性”对话框。

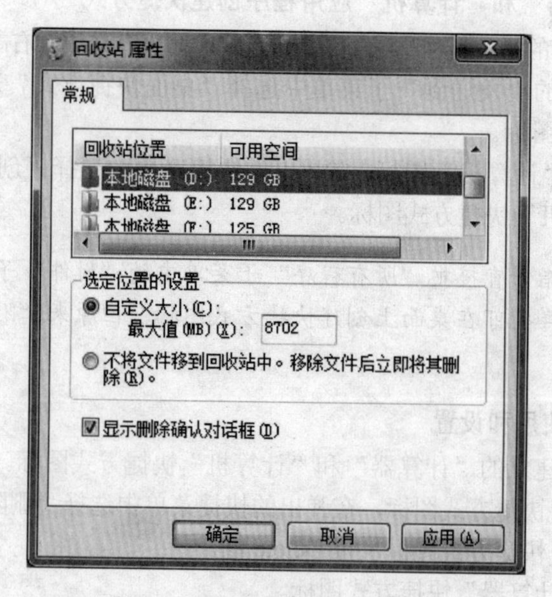

图 1.19 “回收站 属性”对话框

② 在“回收站 属性”对话框中选择回收站位置，在“最大值”文本框中输入数值，单击“确定”按钮，退出“回收站 属性”对话框，完成设置。

任务 8　帮助系统的使用

（1）在“开始”菜单中单击“维护”程序组按钮，在程序组列表中选择“帮助和支持”选项，打开如图 1.20 所示的“Windows 帮助和支持”窗口。也可以在桌面上最小化所有窗口，按 F1 键打开该窗口。

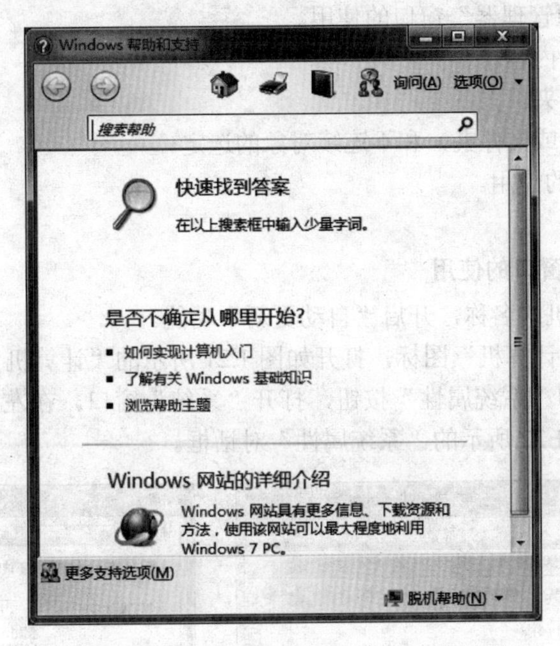

图 1.20 “Windows 帮助和支持”窗口

（2）根据需要，在“Windows 帮助和支持”窗口中选择“快速找到答案”、“浏览帮助主题”、“Windows 超链接”等选项获取帮助信息。也可以在窗口（如“计算机”窗口、Word 窗口）中直接打开帮助信息窗口，但获得的帮助信息是针对打开窗口的。

1.3　Windows 7 的资源管理

1. 实习目的

（1）掌握“计算机”窗口的使用方法。

（2）掌握管理磁盘的方法。

（3）掌握“Windows 资源管理器”窗口的使用方法。

（4）熟悉常用 Windows 系统工具的使用。

2. 实习任务

（1）“计算机”窗口的使用。

① 查看所用计算机的名称，开启“自动更新”功能。

② 分别用“大图标”、“列表”、“详细信息”等方式查看，观察其显示特点。

③ 分别按“名称”、“修改日期”、“类型”和“大小”等方式显示 E 盘内容，观察排序结果的不同之处。

④ 查看 D 盘属性，并将其设置为共享。

⑤ 格式化 U 盘，设置卷标或重命名。

⑥ 不显示隐藏的文件和文件夹。

（2）“Windows 资源管理器”窗口的使用。

① 查看计算机上的内容。

② 折叠和展开文件夹。

③ 连续对象（文件或文件夹）和不连续对象的选定。

（3）磁盘清理工具的使用。

3. 实习步骤

任务 1 “计算机”窗口的使用

（1）查看所用计算机的名称，开启“自动更新”功能。

① 双击桌面上的“计算机”图标，打开如图 1.21 所示的“计算机”窗口。

② 单击工具栏上的“系统属性”按钮，打开“系统”窗口，在左窗格中单击“高级系统设置”链接，打开如图 1.22 所示的“系统属性”对话框。

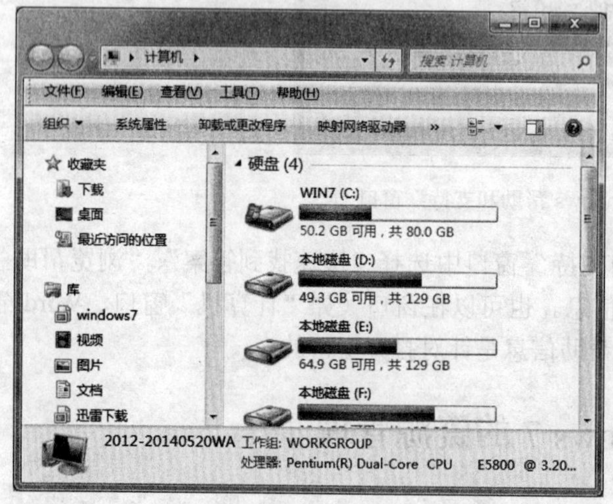

图 1.21 “计算机”窗口

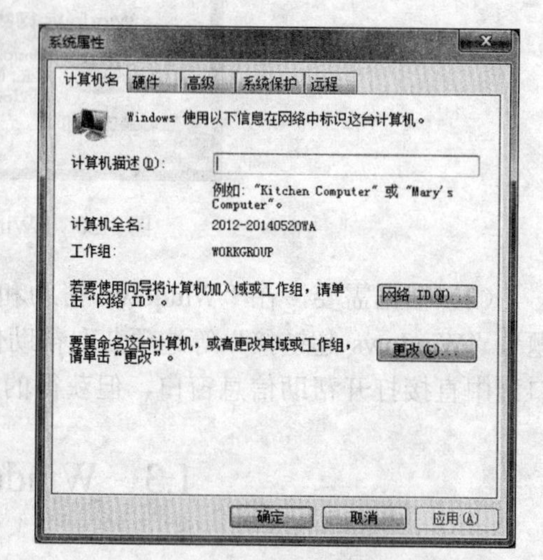

图 1.22 “系统属性”对话框

③ 在“计算机名”选项卡中可以看到所用的计算机名称，也可以在“计算机描述”文本框中输入重新命名的计算机名称，单击“确定”按钮，返回“系统”窗口。

④ 在“系统”窗口左窗格下方单击 Windows Update 链接，打开 Windows Update 窗口。单击左侧的“更改设置”链接，打开如图 1.23 所示的“更改设置”窗口。在“重要更新”下拉列表框中选择“自动安装更新（推荐）”选项，单击“确定”按钮。系统将会自动开始检查更新并安装最新的更新软件。

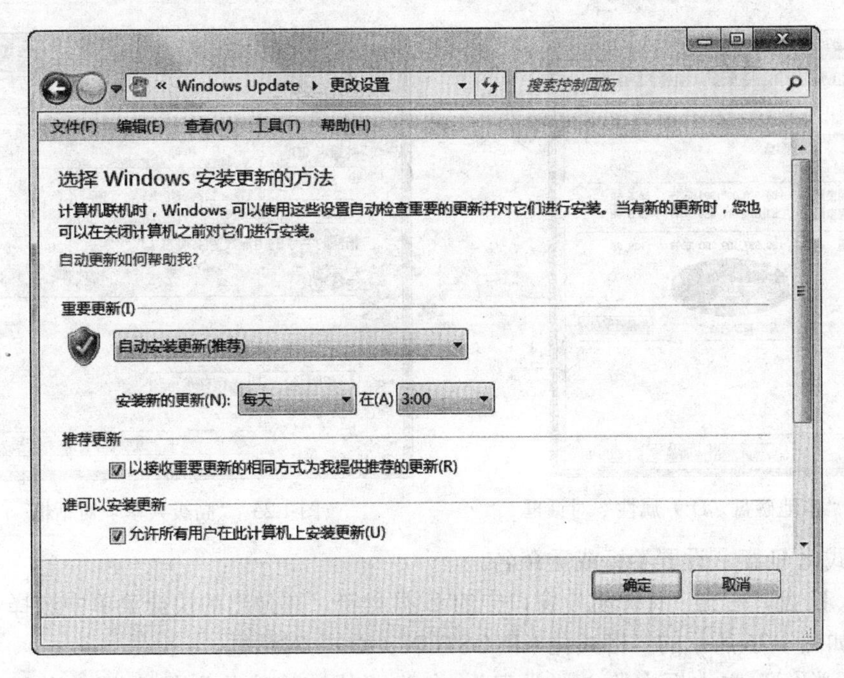

图 1.23 “更改设置”窗口

（2）分别用“大图标”、“列表”、“详细信息”等方式查看，观察其显示特点。

① 右击“计算机”窗口空白处，在弹出的快捷菜单中选择“查看”选项，打开“查看”子菜单。

② 分别选择“大图标”、“列表”、“详细信息”等选项，同时观察显示的不同之处，总结显示特点，以便今后选择合适的显示方式查看信息。

（3）分别按“名称”、“修改日期”、“类型”和“大小”等方式显示 E 盘内容，观察排序结果的不同之处。

① 双击 E 盘图标，右击 E 盘窗口空白处，在弹出的快捷菜单中选择“排序方式”选项，在“排序方式”子菜单中分别选择“名称”、“修改日期”、“类型”和“大小”选项，观察排序结果。

② 右击 E 盘窗口空白处，在弹出的快捷菜单中分别选择“递增”和“递减”排序选项，观察排序结果的变化。

（4）查看 D 盘属性，并将其设置为共享。

① 右击“计算机”窗口中的 D 盘图标，在弹出的快捷菜单中选择“属性”选项，打开如图 1.24 所示的“本地磁盘（D:）属性”对话框。

② 查看 D 盘总容量、已用空间、可用空间、文件系统、类型等信息。

③ 在“共享”选项卡的“高级共享”区域，单击“高级共享”按钮，打开如图 1.25 所示的“高级共享”对话框。勾选“共享此文件夹”复选框，依次单击“确定”、“关闭”按钮，完成设置。此时，D 盘图标下有共享标记。

提示：重复步骤③，取消共享，D 盘图标下的共享标记消失。

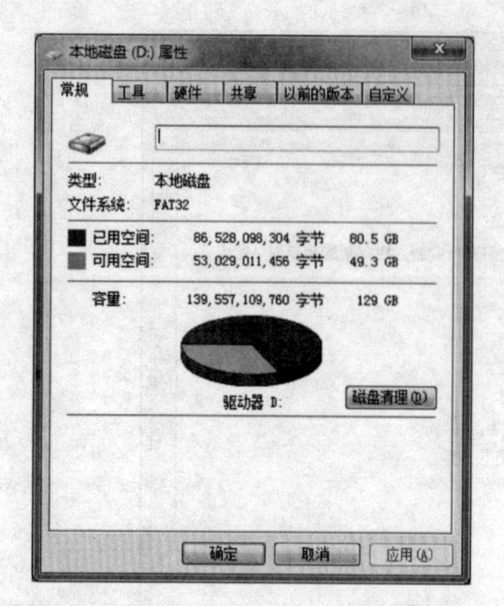

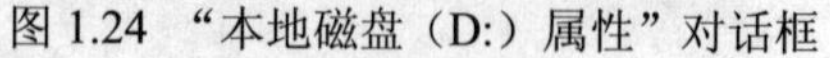

图 1.24 “本地磁盘（D:）属性”对话框

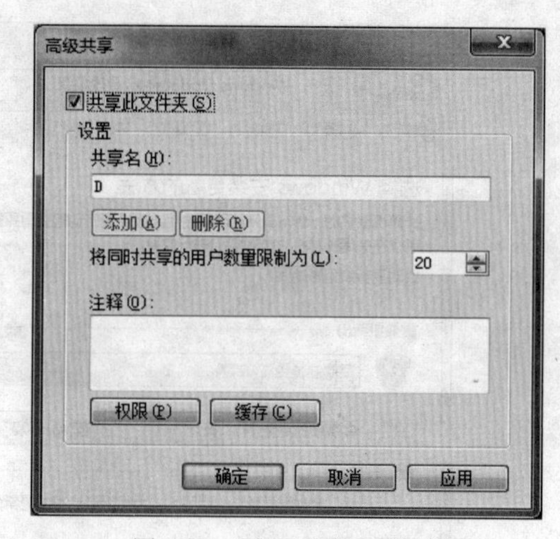

图 1.25 “高级共享”对话框

（5）格式化 U 盘，设置卷标或重命名。

① 插入 U 盘，右击“计算机”窗口中的 U 盘盘符，在弹出的快捷菜单中选择“格式化”选项，打开如图 1.26 所示的“格式化 KINGSTON（K:）”对话框。

② 在“卷标”文本框中输入“学习”，勾选“快速格式化”复选框，单击“开始”按钮，开始格式化。

③ 在步骤①中弹出的快捷菜单中选择“重命名”选项，输入新名称，按 Enter 键，可将 U 盘名称更改为新名称。

注意：格式化磁盘一定要慎重。在格式化磁盘之前，一定要确认磁盘上的内容是否需要。如果需要，可先将其保存到其他盘上。

（6）不显示隐藏的文件和文件夹。

① 在“计算机”窗口的“工具”菜单中选择“文件夹选项”选项，打开如图 1.27 所示的“文件夹选项”对话框。

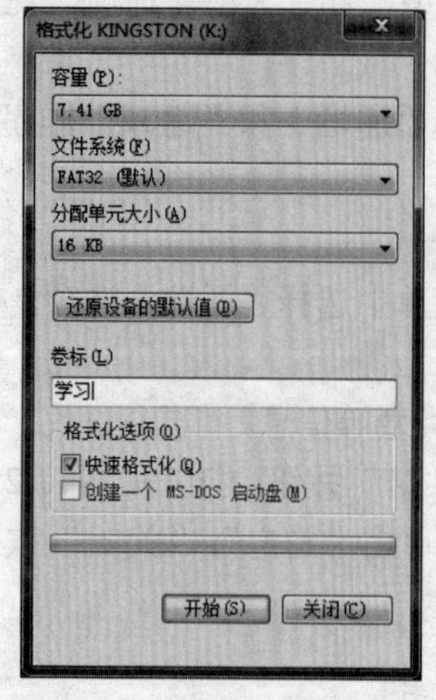

图 1.26 “格式化 KINGSTON（K:）”对话框

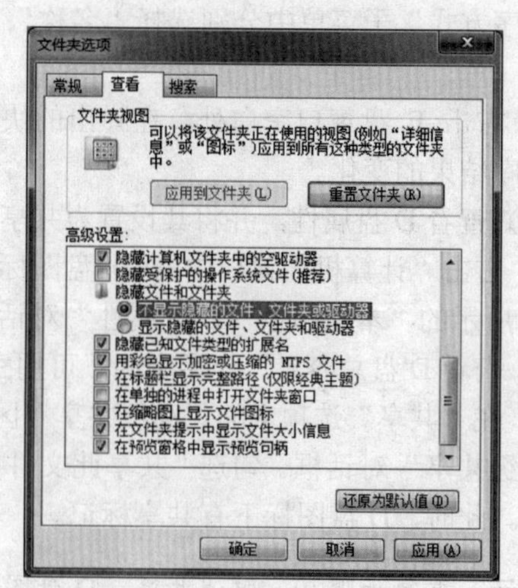

图 1.27 “文件夹选项”对话框

② 在“查看”选项卡的“高级设置”列表中选择“不显示隐藏的文件、文件夹或驱动器”单选按钮，单击“确定”按钮。

任务 2　“Windows 资源管理器”窗口的使用

通过“计算机”窗口可以组织和管理计算机的软、硬件资源，包括查看系统信息、显示磁盘信息及内容、打开控制面板、修改计算机设置等。“Windows 资源管理器”窗口和“计算机”窗口功能相同，但显示内容略有不同。

为了更快地查看计算机上的文件和文件夹，可选择使用“Windows 资源管理器”窗口。

(1) 在任务栏上单击“Windows 资源管理器”图标，打开如图 1.28 所示的“计算机”窗口。

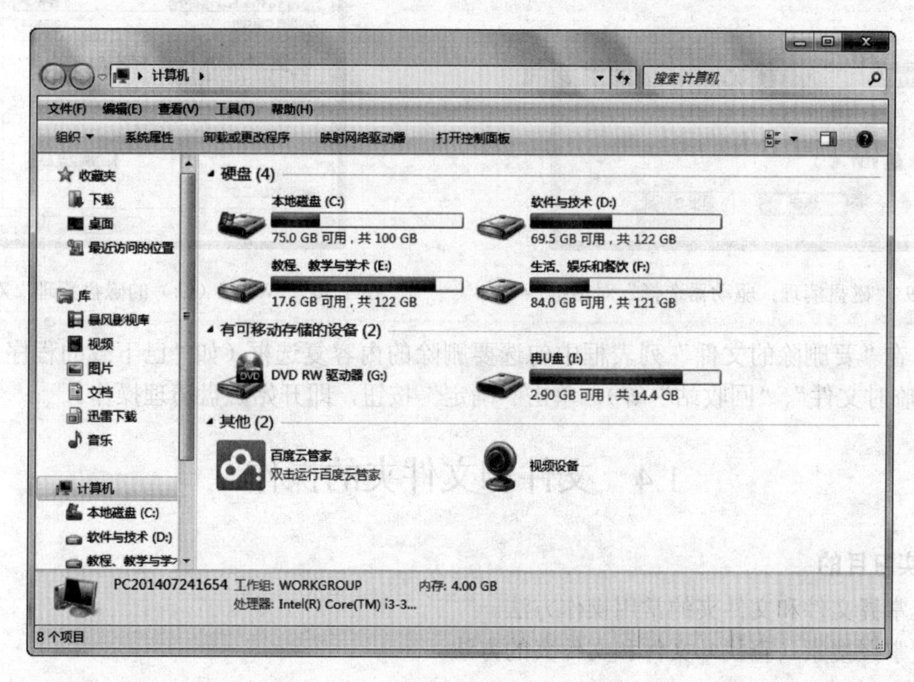

图 1.28 “计算机”窗口

(2) 在左侧窗格中选择 E 盘，逐层打开文件夹，右侧窗格显示该文件夹内容。

(3) 单击文件夹前的展开符号▷，展开该文件夹；单击文件夹前的折叠符号◢，折叠该文件夹。观察右侧窗格的变化。

(4) 单击窗口的“前进”按钮或“后退”按钮，观察两个窗格显示的变化。

(5) 连续对象（文件或文件夹）和不连续对象的选中。

① 在 E 盘窗口中，选中连续对象区域的第一个对象，按住 Shift 键，再单击连续对象区域的最后一个对象，该区域中的对象被选中。

② 在 E 盘窗口中，选中某个对象，按住 Ctrl 键，再单击要选中的其他对象。即可选中多个不连续的对象。

任务 3　磁盘清理工具的使用

(1) 在“开始”菜单的“所有程序”子菜单的“附件”子菜单的“系统工具”子菜单中

选择“磁盘清理”选项，打开如图 1.29 所示的“磁盘清理：驱动器选择”对话框。在“驱动器”下拉列表框中选择需要清理的驱动器（如 C 盘），单击“确定”按钮。

（2）系统自动计算所要清理的空间，打开如图 1.30 所示的“WIN7（C:）的磁盘清理”对话框。

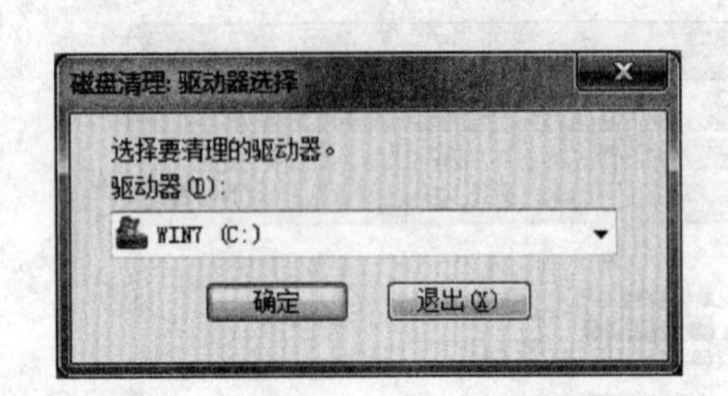

图 1.29 “磁盘清理：驱动器选择”对话框

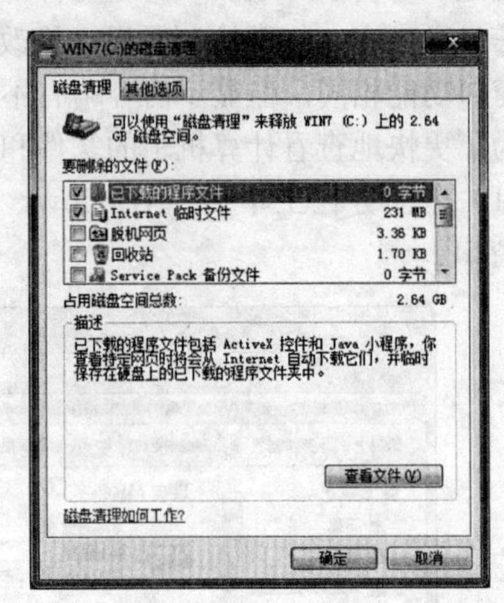

图 1.30 “WIN7（C:）的磁盘清理”对话框

（3）在“要删除的文件”列表框中勾选要删除的内容复选框（如“已下载的程序文件”、“Internet 临时文件”、“回收站”等），单击“确定”按钮，即开始磁盘清理操作。

1.4　文件和文件夹的操作

1. 实习目的

（1）掌握文件和文件夹的常用操作方法。

（2）掌握搜索（查找）文件和文件夹的方法。

2. 实习任务

（1）在 E 盘创建文件夹，对文件夹结构的要求如图 1.31 所示。

（2）在桌面上创建文件“学生.txt”和“论文.docx”文件。

（3）文件和文件夹的移动、复制。要求如下。

① 使用快捷菜单选项，将桌面上的“学生.txt”文件移动到 E 盘的“学习”文件夹中；将桌面上的“论文.docx”文件复制到 E 盘的“活动”文件夹中。

② 使用菜单选项（或按 Ctrl+C、Ctrl+V 键），将 E 盘“学习”文件夹中的“学生.txt”文件复制到“数学”子文件夹中。

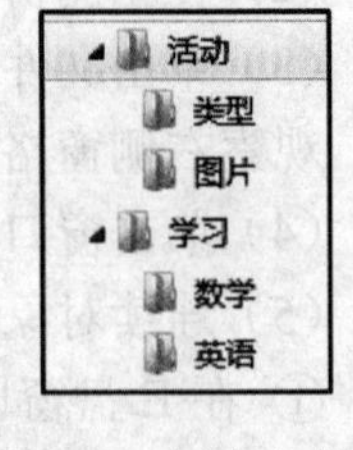

图 1.31　创建文件夹

③ 使用鼠标拖动的方式将“学习.txt”文件复制到“英语”子文件夹中。

④ 将桌面上的“论文.docx”文件移动到“类型”子文件夹中。

⑤ 将“英语”子文件夹移动到“图片”子文件夹中（注：整个文件夹移动）。

（4）查看 E 盘“学习”文件夹中“学生.txt”文件的属性，并将其设置为“只读”、“隐藏”。查看E盘“活动”文件夹属性，并将其设置为“隐藏”、“共享”。

（5）文件和文件夹的重命名、删除与恢复。要求如下。

① 将E盘“学习”文件夹中的“学生.txt”文件改名为“教师.txt”。

② 删除“E:\学习\数学”子文件夹中的“学生.txt”文件。

③ 按Shift+Delete键删除E盘“活动”文件夹中的“论文.docx”文件。

④ 观察回收站的内容，还原刚刚删除的文件。

（6）搜索文件和文件夹。要求如下。

① 查找E盘中扩展名为txt的所有文件。

② 查找包含“学习”的文件和文件夹。

3. 实习步骤

任务1 按要求在E盘上创建文件夹

（1）在桌面上双击“计算机”图标，打开“计算机”窗口，在其右侧窗格中双击 E 盘，打开E盘窗口。

（2）在右侧窗格的空白处右击，在弹出的快捷菜单中“新建”子菜单中选择“文件夹”选项，在弹出的文件夹名称框中输入“学习”，按Enter键,“学习”文件夹创建成功。

（3）重复步骤（2），建立“活动”文件夹。

（4）双击“学习”文件夹，在打开的“学习”窗口创建“英语”和“数学”子文件夹。

（5）双击“活动”文件夹，在打开的“活动”窗口创建“类型”和“图片”子文件夹。

（6）观察“计算机”窗口的导航窗格，查看创建的文件夹结构是否符合要求。

任务2 在桌面上创建“学生.txt”和“论文.docx”文件

（1）在“开始”菜单的“所有程序”子菜单的“附件”子菜单中选择“记事本”选项，打开“记事本”窗口，输入任意内容，以文件名“学生.txt”保存在桌面。

（2）右击桌面空白处，在弹出的快捷菜单中选择“新建”菜单中的“Microsoft word 文档”选项，输入文件名为“论文.docx”，建立新的 Word 文件。如果要输入内容，可打开文件后输入任意内容并保存。

任务3 文件和文件夹的移动、复制

（1）使用快捷菜单选项，将桌面上的“学生.txt”文件移动到 E 盘的“学习”文件夹中；将桌面上的“论文.docx”文件复制到E盘的“活动”文件夹中。

① 右击桌面上的“学生.txt”文件，在弹出的快捷菜单中选择“剪切”选项。

② 在“计算机”窗口左窗格双击“E 盘”目录下的“学习”文件夹，打开“学习”文件夹窗口，如图1.32所示。

③ 右击右窗格的空白处，在弹出的快捷菜单中选择“粘贴”选项，“学生.txt”文件即被移动到该窗口。

④ 右击桌面上的“论文.docx”文件，在弹出的快捷菜单中选择“复制”选项。

⑤ 在“计算机”窗口的左窗格双击“E 盘”目录下的“活动”文件夹，打开“活动”文件夹窗口。

⑥ 重复步骤③，将“论文.docx”文件复制到该文件夹。

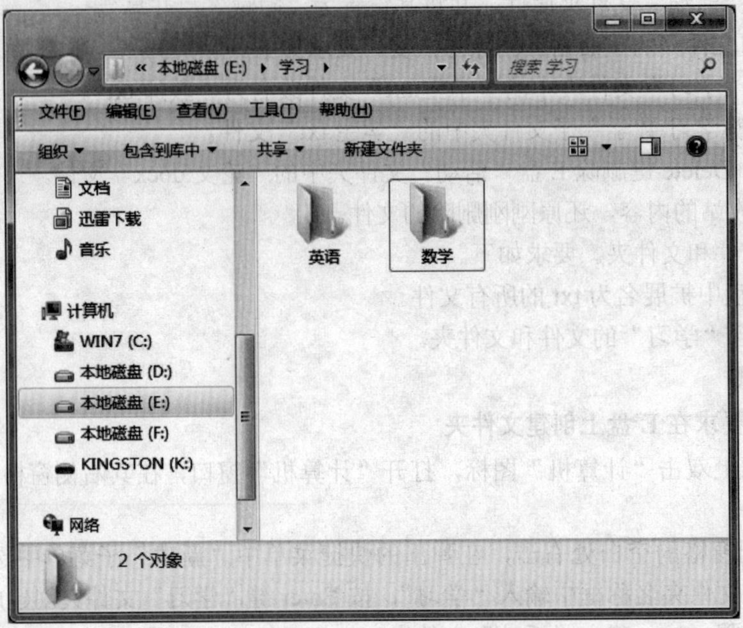

图 1.32 “学习”文件夹窗口

（2）使用菜单选项（或按 Ctrl+C、Ctrl+V 键）将 E 盘“学习”文件夹中的“学习.txt”文件复制到“数学”子文件夹中。

① 在“计算机”窗口的左窗格中双击“E 盘”目录下的“学习”文件夹，打开“学习”文件夹窗口。

② 选中“学生.txt”文件，在“编辑”菜单中选择“复制”选项（或按 Ctrl+C 键）。

③ 双击“学习”文件夹下的“数学”子文件夹，在“编辑”菜单中选择“粘贴”选项（或按 Ctrl+V 键），“学生.txt”文件即可复制到该文件夹下。

（3）使用鼠标拖动的方式将“学生.txt”文件复制到“英语”子文件夹中。

① 打开“学习”文件夹窗口，单击“学生.txt”文件，并按住左键。

提示：不能松开左键。

② 移动鼠标，拖动“学生.txt”文件到“英语”文件夹中，松开鼠标左键。

③ 打开“英语”文件夹窗口，可见复制的“学生.txt”文件。

（4）将桌面上的“论文.docx”文件移动到“类型”子文件夹中。

① 在“计算机”窗口的左窗格中单击“桌面”链接，则工作区显示桌面内容。

② 在左窗格中双击 E 盘展开，使其“活动”文件夹可见。

③ 按住 Shift 键，在工作区中拖动“论文.docx”文件到左窗格的“类型”子文件夹中，松开 Shift 键。

（5）将“英语”子文件夹移动到“图片”子文件夹中（注：整个文件夹移动）。在“计算机”窗口的左（导航）窗格中，将“英语”子文件夹直接拖动到“图片”子文件夹中。右击“英语”文件夹，在弹出的快捷菜单中选择“剪切”选项，在“图片”子文件夹窗口中单击，在“编辑”菜单中选择“粘贴”选项。

任务 4　查看并设置文件和文件夹

（1）双击“计算机”窗口左窗格的“E 盘”目录中的“学习”文件夹图标，右击“学习”文件夹窗口的“学生.txt”文件，在弹出的快捷菜单中选择“属性”选项，打开如图 1.33 所示的“学生.txt 属性”对话框。

（2）可查看“学生.txt”文件的位置、大小、占用空间、创建时间等相关信息。

（3）勾选“属性”选项组中的“只读”和“隐藏”复选框，再单击“确定”按钮，完成“学生.txt”文件属性的设置。

（4）右击 E 盘“活动”文件夹，在弹出的快捷菜单中选择“属性”选项，打开如图 1.34 所示的“活动 属性”对话框。

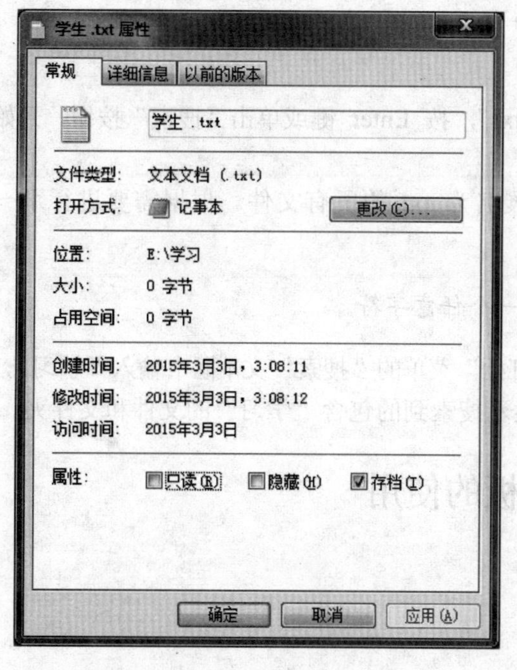

图 1.33 “学生.txt 属性”对话框

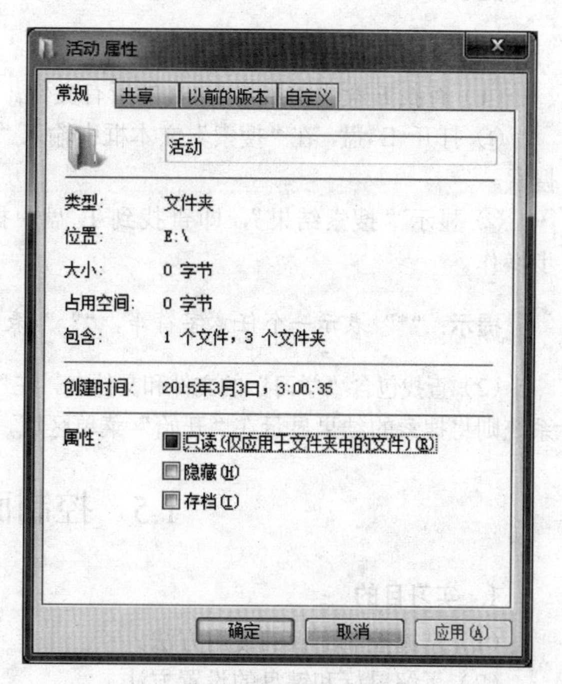

图 1.34 “活动 属性”对话框

（5）查看“活动”文件夹的有关信息：类型、位置、大小、包含的文件及子文件夹数、创建时间等。

（6）勾选“隐藏”复选框。

（7）在“共享”选项卡中单击“高级共享”按钮，打开“高级共享”对话框，勾选“共享此文件夹”复选框，设置“共享名”、“共享的用户数量”、“注释”等，也可单击“权限”按钮，设置权限。单击“确定”按钮，再单击“关闭”按钮。

（8）确认属性更改，完成设置，此时，“活动”文件夹即成为共享文件夹。

提示：如果文件和文件夹仍可见，可参考“文件夹选项”的设置（图 1.27）。

任务 5　文件和文件夹的重命名、删除与恢复

（1）打开 E 盘“学习”文件夹，右击窗口中的“学生.txt”文件，在弹出的快捷菜单中选择“重命名”选项，输入“教师.txt”，在空白处单击，则将文件名改为“教师.txt”。

（2）打开 E 盘“学习\数学”子文件夹，右击其中的“学生.txt”文件，在弹出的快捷菜单中选择“删除”选项，确认文件删除，则“学生.txt”文件被删除。

（3）打开 E 盘的“活动”文件夹，选择其中的“论文.docx”文件，按 Shift+Delete 键，确认文件删除，则 E 盘“活动”文件夹中的“论文.docx”文件被删除。

（4）在桌面上双击“回收站”图标，打开“回收站”窗口。选择刚刚删除的“学生.txt”文件，单击窗口工具栏上的“还原此项目”按钮，“学生.txt”文件被恢复到原位置。

提示：“论文.docx”文件已被永久删除。

任务 6　搜索文件和文件夹

（1）查找 E 盘中扩展名为 txt 的所有文件。

① 打开 E 盘，在“搜索”文本框中输入“*.txt”，按 Enter 键或单击“搜索”按钮，开始搜索。

② 显示“搜索结果”，即查找到 E 盘中扩展名为 txt 的所有文件。根据需要进行下一步操作。

提示：“*”表示一个任意字符串，“？”表示一个任意字符。

（2）查找包含“学习”的文件和文件夹。在“开始”菜单的“搜索”文本框中输入“学习”，系统则将搜索的结果显示在“开始”菜单区域，显示搜索到的包含“学习”的文件和文件夹。

1.5 控制面板的使用

1. 实习目的

（1）掌握控制面板的使用方法。

（2）了解鼠标和键盘的设置方法。

（3）掌握应用程序卸载或更改的方法。

2. 实习任务

（1）打开“控制面板”窗口，熟悉窗口项目。

（2）对鼠标、键盘进行相关设置，使其更适合用户习惯。

（3）通过“程序和功能”窗口卸载或更新应用程序。

3. 实习步骤

任务 1　打开“控制面板”窗口，熟悉窗口选目

在“开始”菜单中选择“控制面板”选项，打开如图 1.35 所示的“控制面板”窗口。或者在“Windows 资源管理器”窗口中选择“控制面板”选项。

任务 2　对鼠标、键盘进行相关设置，使其更适合用户习惯

（1）鼠标设置。

① 在“控制面板”窗口中，单击“鼠标”图标，打开如图 1.36 所示的“鼠标 属性”对话框。

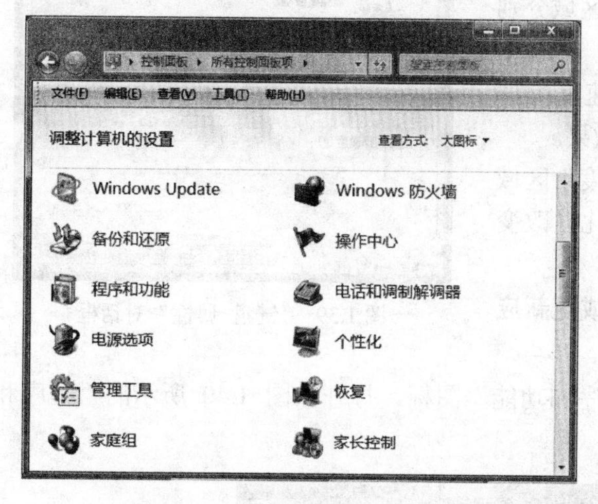

图 1.35 “控制面板”窗口

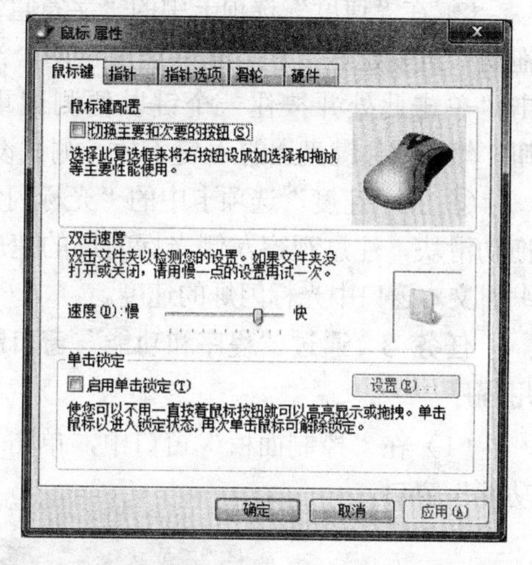

图 1.36 “鼠标 属性”对话框

② 在“鼠标键”选项卡中勾选“鼠标键配置”区域的“切换主要和次要的按钮”复选框，互换鼠标左键和右键的功能。拖动“双击速度”区域的“速度”滑块，可改变鼠标双击时两次击键之间的时间间隔，单击“确定”按钮，设置生效。

③ 在如图 1.37 所示的“指针”选项卡的“方案”列表框中选择不同的设置方案，单击“应用”按钮，即可改变不同状态下的鼠标指针形状。

④ 在如图 1.38 所示的“指针选项”选项卡中用鼠标指针拖动“移动”区域的“选择指针移动速度”滑块，选择合适的鼠标指针移动速度，单击“应用”按钮确认更改。

图 1.37 “指针”选项卡

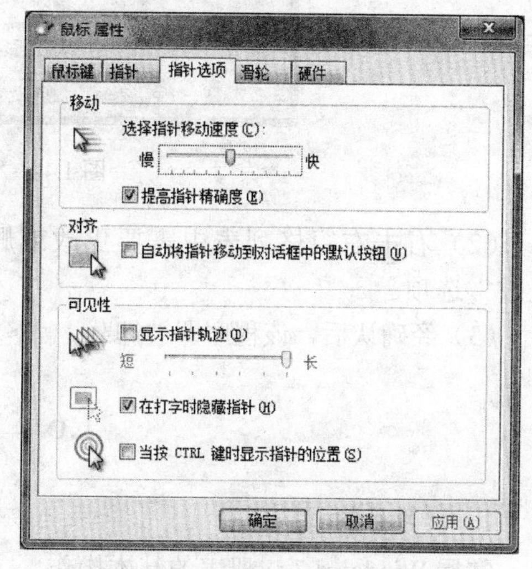

图 1.38 “指针选项”选项卡

⑤ 用户可根据需要设置其他选项。

（2）键盘设置。

① 在“控制面板”窗口中单击“键盘”图标，打开如图 1.39 所示的“键盘 属性”对话框。

② 在“速度”选项卡中的“字符重复”区域分别拖动“重复延迟”和“重复速度”两个滑块，并且单击“单击此处并按住一个键以便测试重复速度”按钮，然后按住键盘上的 A 键不放，测试设置效果。

③ 在“速度”选项卡中的“光标闪烁速度”区域拖动滑块，注意观察左侧光标闪烁的速度变化，改变编辑文本窗口中光标闪烁的速度。

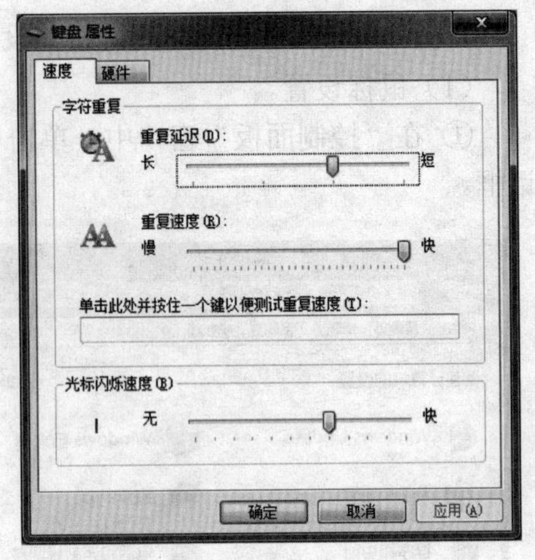

图 1.39 “键盘 属性”对话框

任务 3 通过“程序和功能”窗口卸载或更新应用程序

（1）在“控制面板”窗口中，单击“程序和功能”图标，打开如图 1.40 所示的“程序和功能”窗口。

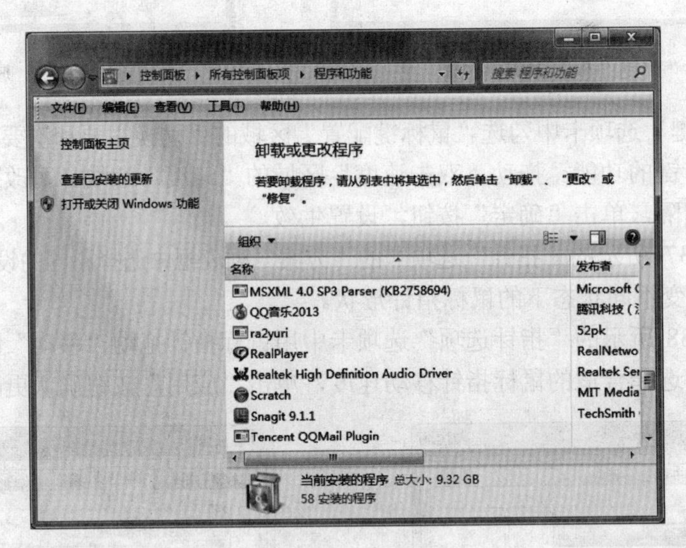

图 1.40 “程序和功能”窗口

（2）右击右窗格列表中需要更改或删除的程序项，在弹出的快捷菜单中选择“卸载/更改”选项。

（3）经确认后，该程序即被卸载。

1.6 注册表管理

1. 实习目的

掌握 Windows 7 注册表的基本操作。

2. **实习任务**

（1）认识注册表。

（2）注册表的打开。

（3）将全部或部分注册表导出到文本文件中。

（4）导入部分或全部注册表。

（5）打印全部或部分注册表。

3. **实习步骤**

任务1 认识注册表

注册表是在 Windows 7 中存储关于计算机配置信息的数据库，它包含操作过程中 Windows 持续引用的信息，包括以下几种。

（1）每个用户的配置文件。

（2）计算机上安装的程序和每个程序可以创建的文档类型。

（3）文件夹和程序图标的属性设置。

（4）系统中现有的硬件。

（5）正在使用的端口。

Windows 在运行过程中要不断地引用这些信息，因此如果注册表遭到破坏，会导致系统无法正常工作，严重时会导致系统瘫痪。

警告：一般情况下不需要修改注册表，而是由 Windows 程序按照需要修改系统注册表。更改注册表之前，至少应该备份计算机上的所有有用的数据。

编辑注册表不当可能会严重损坏系统。如果损坏系统，还可以修复注册表或将其恢复到上次成功启动计算机时使用的相同版本。否则，必须重新安装 Windows。重新安装系统时，可能会丢失已做的更改，强烈建议用户不要自己编辑注册表设置。

注册表的构成如图 1.41 所示，它是一种层次数据库，由 5 个根键组成，根键下又由若干子键组成，子键下还可包含子键，最底层的子键包含一个或多个键值，键值包含名称、类型、数据 3 项内容，键值记录着某个项目的配置信息。5 个根键的配置信息如下。

（1）HKEY_CLASSES_ROOT：此处存储的信息可以确保当使用 Windows 资源管理器打开文件时，将打开正确的程序。

（2）HKEY_CURRENT_USER：包含当前登录用户的配置信息的根目录。用户文件夹、屏幕颜色和控制面板设置存储在此处。该信息被称为用户配置文件。

（3）HKEY_LOCAL_MACHINE：包含针对该计算机（对于任何用户）的配置信息。

（4）HKEY_USERS：包含计算机上所有用户的配置文件的根目录。

（5）HKEY_CURRENT_CONFIG：包含本地计算机在系统启动时所用的硬件配置文件信息。

任务2 注册表的打开

使用 Windows 7 提供的注册表编辑器 regedit.exe，可以打开注册表，进入注册表编辑状态，以实现注册表的修改，操作步骤如下。

在 Windows 7 系统的“开始”菜单处的搜索框中输入“regedit”，单击搜索框右侧的“搜索”按钮，在搜索结果栏的程序列表中选择 regedit 程序，就会打开如图 1.41 所示的“注册表编辑器”窗口。其中的文件夹表示注册表中的项，并显示在注册表编辑器窗口左侧的定位区域中。在右侧的主题区域中，则显示项中的值项。

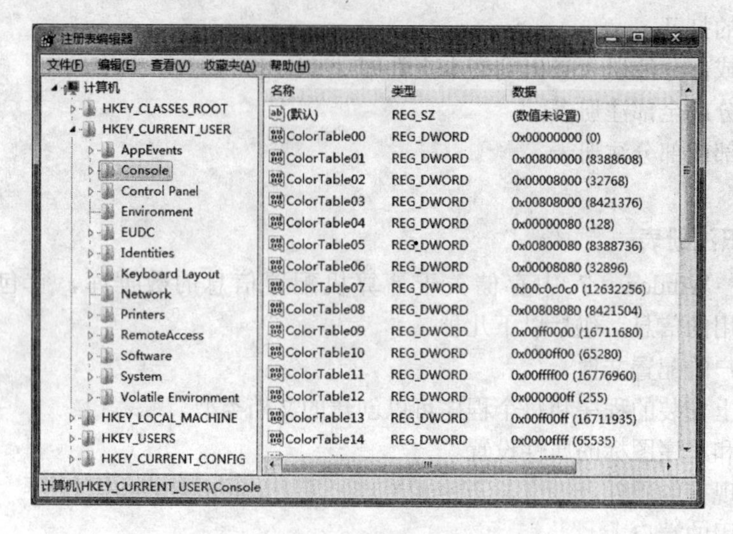

图 1.41 “注册表编辑器”窗口

任务 3 将全部或部分注册表导出到文本文件中

导出注册表的步骤如下。

（1）打开图 1.41 所示的“注册表编辑器”窗口。

（2）在“文件”菜单中选择“导出”选项，打开如图 1.42 所示的“导出注册表文件”对话框。

图 1.42 “导出注册表文件”对话框

（3）在对话框中的“保存在”下拉列表框中选择保存位置，在“文件名”文本框中输入保存的注册表文件名（系统默认扩展名为 reg）。

（4）在窗口下方的“导出范围”区域选择以下任一操作。

① 要备份整个注册表，则选择“全部”单选按钮。

② 如果只备份注册表树的某一分支，则选择“所选分支”单选按钮，然后输入要导出的分支名称。

（5）单击“保存”按钮。

任务 4 导入部分或全部注册表

导入注册表的步骤如下。

（1）打开图 1.42 所示的“注册表编辑器”窗口。

（2）在“文件”菜单中选择“导入”选项。

（3）在打开的“导入注册表文件”对话框中，找到备份注册表所保存的位置（盘符和文件夹），单击备份注册表文件名。

（4）系统显示成功信息，单击“确定”按钮。

任务 5 打印全部或部分注册表

（1）单击要打印的注册表区域的计算机或顶级项。

（2）在“文件”菜单中选择“打印”选项。

（3）在打开的“打印”对话框的“打印范围”区域，选择“全部”单选按钮可以打印整个注册表，或选择“所选分支”单选按钮并在文本框中输入所需的分支，然后单击“打印”，可以只打印部分注册表。

1.7 汉字输入法管理

1. 实习目的

熟练掌握 Windows 7 下汉字输入法的设置及其使用。

2. 实习任务

（1）汉字输入法的添加与删除。

（2）汉字输入法的设置。

（3）输入法的选用。

（4）输入法的显示界面。

3. 实习步骤

任务 1 汉字输入法的添加与删除

汉字输入法的添加是指将已安装的输入法在 Windows 启动时自动加载到内存中。而汉字输入法的删除是指对已安装的某种输入法在 Windows 启动时不加载。汉字输入法的添加与删除的步骤如下。

（1）在“开始”菜单中选择“控制面板”选项，打开“控制面板”窗口，单击“区域和语言”链接。在打开的“区域和语言”对话框的“键盘和语言”选项卡的“键盘和其他输入语言”区单击“更改键盘”按钮，打开如图 1.43 所示的“文本服务和输入语言”对话框。

（2）在“常规”选项卡中单击“添加”按钮，打开如图 1.44 所示的“添加输入语言”对话框，在其列表框中选择需要添加的汉字输入法，此处勾选“中文（简体）—微软拼音 ABC 输入风格”复选框，然后单击“确定”按钮，返回“文本服务和输入语言”对话框，此时可以在“已安装的服务”列表框中看到新添加的输入法。

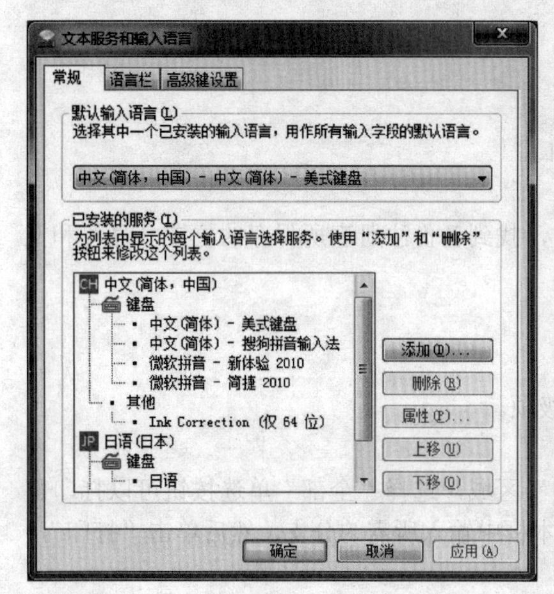

图 1.43 “文本服务和输入语言”对话框

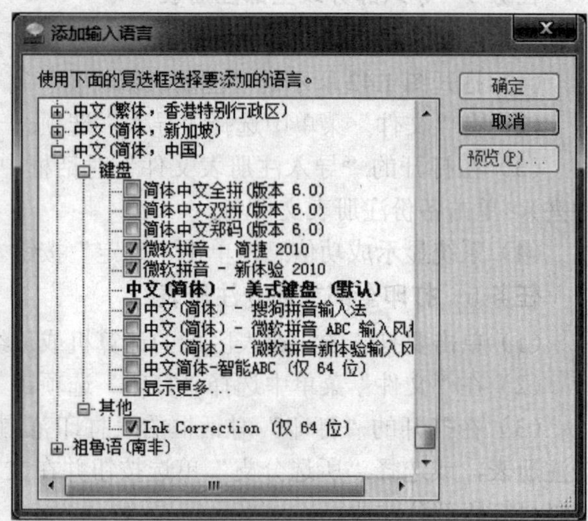

图 1.44 “添加输入语言”对话框

（3）单击“确定”按钮，完成输入法的添加，观察任务栏右侧的语言栏的变化。

（4）若要删除输入法，则在“文本服务和输入语言”对话框的“已安装的服务”列表框中选择所要删除的输入法，如刚才添加的“中文（简体）—微软拼音 ABC 输入风格”，然后单击右侧的“删除”按钮，即可将选定的输入法删除。

（5）单击“区域和语言”对话框上的“确定”按钮退出，观察任务栏右侧的语言栏的变化。

任务 2 汉字输入法的设置

设置汉字输入法的步骤如下。

（1）在图 1.43 所示的“文本服务和输入语言”对话框中，打开如图 1.45 所示的“高级键设置”选项卡。

（2）在“输入语言的热键”列表框中选择一种自己熟悉的中文输入法，单击“更改按键顺序”按钮，打开如图 1.46 所示的“更改按键顺序”对话框，在其中设置及更改该输入法切换的按键。然后单击“确定”按钮逐次退出。

任务 3 输入法的选用

单击任务栏上的语言栏，弹出当前系统已安装的输入法菜单，单击要选用的输入法，如

"智能 ABC 输入法"，即可使用该输入法输入汉字。

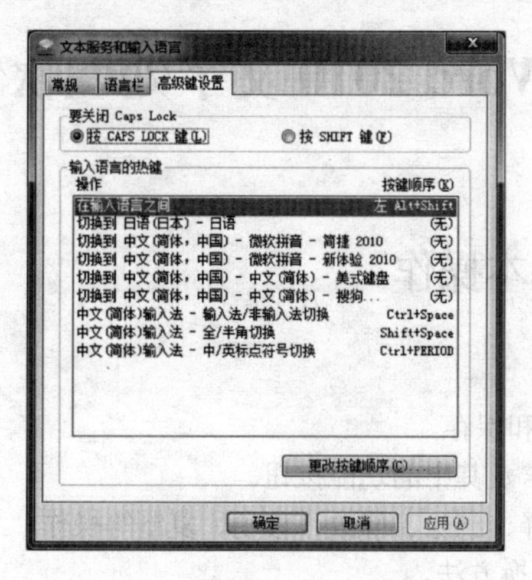

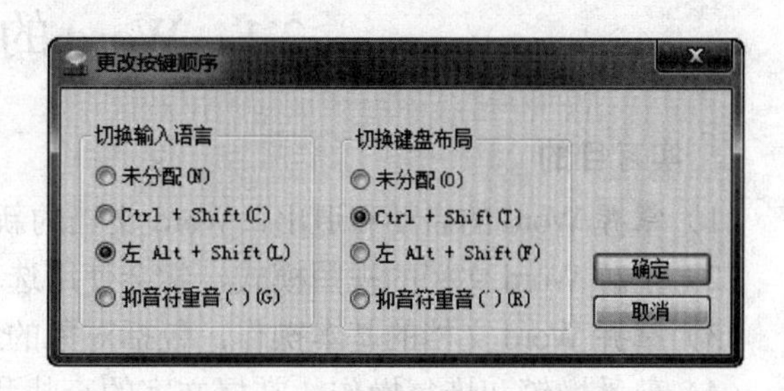

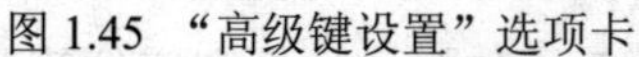

图 1.45 "高级键设置"选项卡　　　　图 1.46 "更改按键顺序"对话框

选用输入法也可以通过键盘完成。方法为按 Ctrl+Space 键来启动或关闭汉字输入法；也可按 Ctrl+Shift（或 Alt+Shift）键在英文及各种汉字输入法之间进行切换。

任务 4　输入法的显示界面

汉字输入法选定以后，屏幕上会出现该输入法的显示界面，称为汉字输入法状态栏，通过单击相应的按钮可以控制汉字输入法的工作方式。图 1.47 是搜狗拼音输入法的状态栏。

图 1.47　搜狗拼音输入法的状态栏

中：中文/英文切换按钮。

🌙：全角/半角切换按钮。

°，：中英文标点切换按钮。

⌨：软键盘按钮。

全：全拼/双拼切换按钮。

简：简/繁切换按钮。

（1）中文/英文切换。单击输入法状态栏最左端的"中文/英文切换"按钮中或按 Shift 键可以切换中文、英文输入；也可按 Caps Lock 键（大写锁定键）切换大、小写状态，在大写状态下不能输入汉字。

（2）全角/半角切换。英文字母、数字和键盘上出现的其他非控制字符有全角和半角之分，全角字符就是西文字符占一个汉字位。单击全/半角切换按钮🌙或按 Shift+Space 键，可以在全角/半角之间切换，呈满月形时为全角输入状态，呈半月形时为半角输入状态。

（3）中英文标点切换。中文与英文的标点符号是不同的，在英文标点输入状态时，"中英文标点切换"按钮•,上显示为实心句点和英文逗号，在中文标点输入状态时，"中英文标点切换"按钮°，上显示为空心句号和中文逗号，单击"中英文标点切换"按钮°，，可以在这两种状态之间切换。

键盘上所提供的标点符号并没有包含中文的所有标点符号，如顿号、省略号等。要输入这些标点符号，需在中文标点输入状态下采用所对应的键来输入。

第 2 章　Word 2010 文字处理软件

2.1　Word 的基本操作

1. 实习目的

（1）掌握 Word 的启动和退出，Word 文档的新建和保存。

（2）了解 Word 文档的视图模式，学会使用选项卡及其中的功能按钮。

（3）掌握 Word 文档的基本操作，包括对象的选择、删除、修改、移动、复制等操作。

（4）熟悉撤销和恢复操作，掌握文字的查找和替换方法。

（5）掌握字符的格式化方法，包括字体、字号、字体颜色、加粗、边框和底纹等。

（6）掌握段落的格式化方法，包括对齐方式、缩进、行间距等。

2. 实习任务

（1）建立 Word 文档，输入样文中的文字，按如图 2.1 所示样张的要求进行编辑和排版。

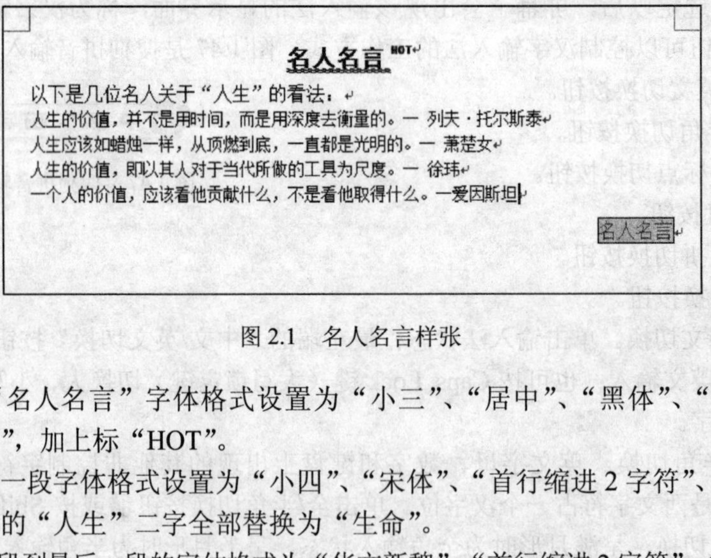

名人名言 HOT

以下是几位名人关于“人生”的看法：

人生的价值，并不是用时间，而是用深度去衡量的。一 列夫 · 托尔斯泰

人生应该如蜡烛一样，从顶燃到底，一直都是光明的。一 萧楚女

人生的价值，即以其人对于当代所做的工具为尺度。一 徐玮

一个人的价值，应该看他贡献什么，不是看他取得什么。一爱因斯坦

名人名言

图 2.1　名人名言样张

① 将标题“名人名言”字体格式设置为“小三”、“居中”、“黑体”、“加粗”、“双波浪线”、“1.5 倍行距”，加上标“HOT”。

② 将文章第一段字体格式设置为“小四”、“宋体”、“首行缩进 2 字符”、“单倍行距”。

③ 将文章中的“人生”二字全部替换为“生命”。

④ 设置第二段到最后一段的字体格式为“华文新魏”、“首行缩进 2 字符”，行距为“22 磅”。

⑤ 复制“名人名言”4 个字到文章最后一行，字体格式设置为“小四”、“宋体”、“红色”、“右对齐”，并添加边框和底纹。

（2）分别使用页面视图、阅读版式视图、Web 版式视图、大纲视图和草稿浏览文档，观察文档的不同显示。

（3）以“实习 1.docx”为文件名保存操作结果，保存路径为“E:\计算机基础\”，退出 Word。

3. 实习步骤

任务 1　建立 Word 文档，输入样文中的文字，按要求进行编辑和排版

（1）启动 Word，新建一个空白文档。

① 双击桌面上的 Microsoft Word 2010 快捷方式图标；或单击“开始”按钮，在“所有程序”菜单的 Microsoft Office 子菜单中选择 Microsoft Word 2010 选项，启动 Word 2010，默认打开一个空白的 Word 文档。

也可在“文件”菜单的“新建”选项卡的“可用模板”列表中双击“空白文档”图标，或者在单击“空白文档”图标后再单击如图 2.2 所示的“新建”选项卡右侧窗格中的“创建”按钮。

图 2.2 “新建”选项卡

② 输入样张中的文字，从“名人名言”到“爱因斯坦”，效果如图 2.3 所示。

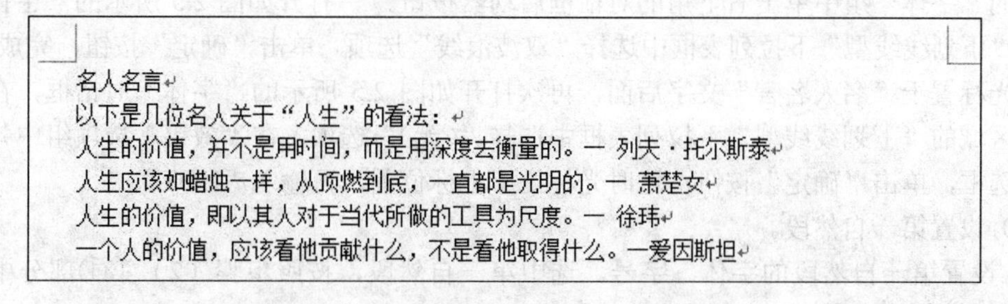

名人名言

以下是几位名人关于“人生”的看法：

人生的价值，并不是用时间，而是用深度去衡量的。一 列夫 · 托尔斯泰

人生应该如蜡烛一样，从顶燃到底，一直都是光明的。一 萧楚女

人生的价值，即以其人对于当代所做的工具为尺度。一 徐玮

一个人的价值，应该看他贡献什么，不是看他取得什么。一爱因斯坦

图 2.3　输入样张文本

（2）设置标题。

① 标题字体和段落的设置。

选中标题“名人名言”文字，在“开始”选项卡的“字体”组中“字体”下拉列表中选择“黑体”选项；在“字号”下拉列表中选择“小三”选项；单击“加粗”按钮 **B**；单击“居中”按钮。

在“段落”组中单击按钮，在如图 2.4 所示的下拉列表中选择“1.5”选项，将行间距设置为 1.5。

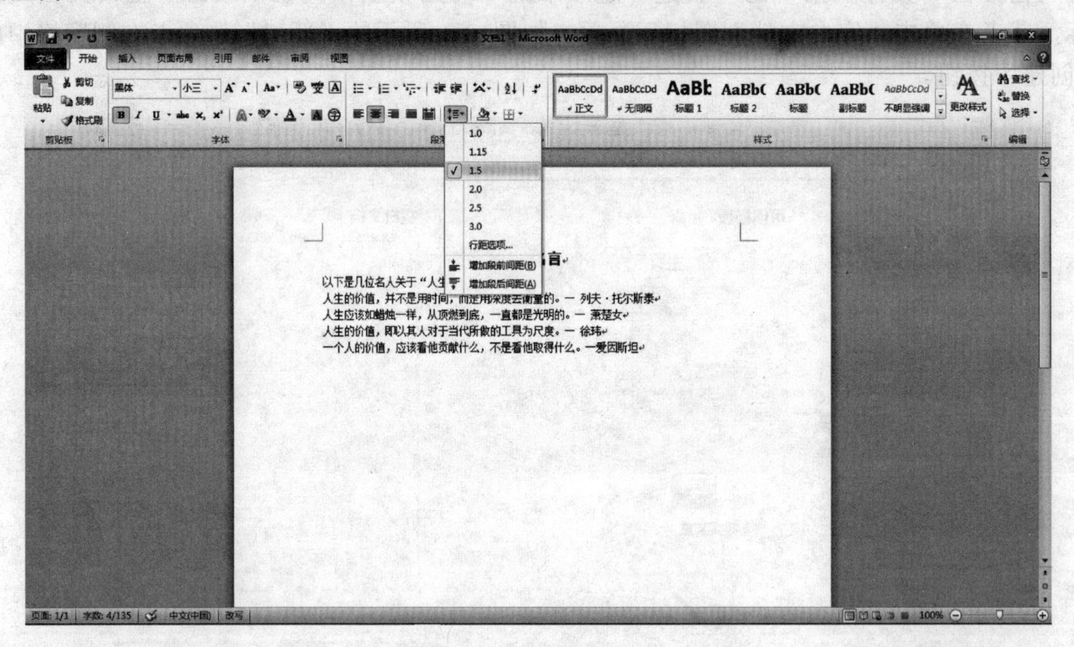

图 2.4　标题的格式设置

说明：也可通过如图 2.5 所示的“字体”对话框，如图 2.6 所示的“段落”对话框进行设置。

② 下划线和上标的设置。

选中“名人名言”文字，右击，在弹出的快捷菜单中选择“字体”选项，或在“开始”选项卡的“字体”组中单击右下角的对话框启动器按钮，打开如图 2.5 所示的“字体”对话框。在“下划线线型”下拉列表框中选择“双波浪线”选项。单击“确定”按钮，完成设置。

将光标置于“名人名言”文字后面，再次打开如图 2.5 所示的“字体”对话框，在“所有文字”区域的“下划线线型”下拉列表框中选择“(无)”选项，在“效果”选项组中勾选“上标”复选框，单击“确定”按钮，这时光标处于上标位置，再输入“HOT”。

（3）设置第一自然段。

① 设置第一自然段的字体、字号。选中第一自然段，按照步骤（2）第①部分中使用的方法，设置字体为“宋体”，字号为“小四”。

提示：选中一整段文字除了可以使用鼠标拖动选择外，还可以把鼠标指针放在要选中文字段的左侧，当鼠标指针变为空心指向右上方的箭头时，双击，即可选中该段。

② 选中第一段并右击，在弹出的快捷菜单中选择“段落”选项，或在“开始”选项卡的“段落”组中单击右下角的对话框启动器按钮，在打开的如图 2.6 所示的“段落”对话框中，设置“特殊格式”为“首行缩进”，“磅值”为“2 字符”，“行距”为“单倍行距”。

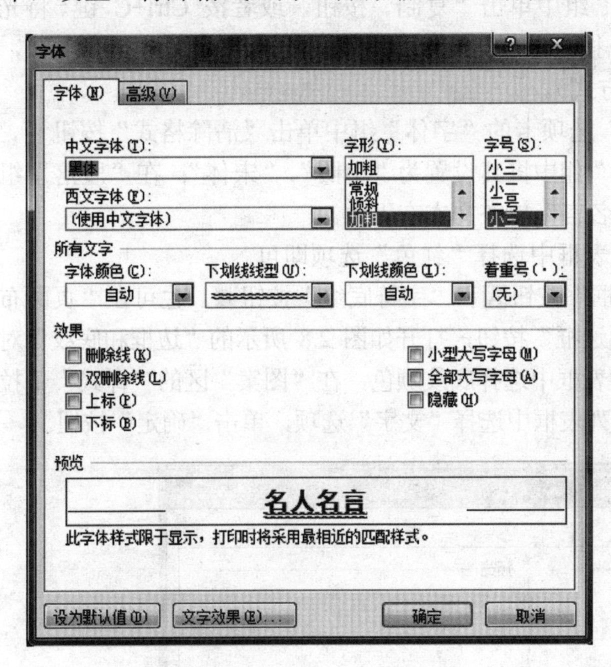

图 2.5 “字体”对话框

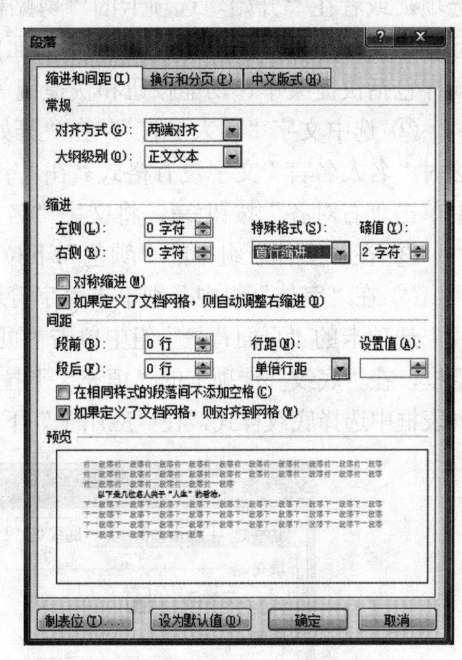

图 2.6 “段落”对话框

提示：行距的默认值为“单倍行距”。

（4）将文中的“人生”全部替换为“生命”。将光标置于文档的任何位置，在“开始”选项卡的“编辑”组中单击“替换”按钮，打开如图 2.7 所示的“查找和替换”对话框，在该对话框中有“查找”、“替换”、“定位”3 个选项卡，打开“替换”选项卡，在“查找内容”文本框中输入“人生”，“替换为”文本框中输入“生命”。单击“全部替换”按钮。

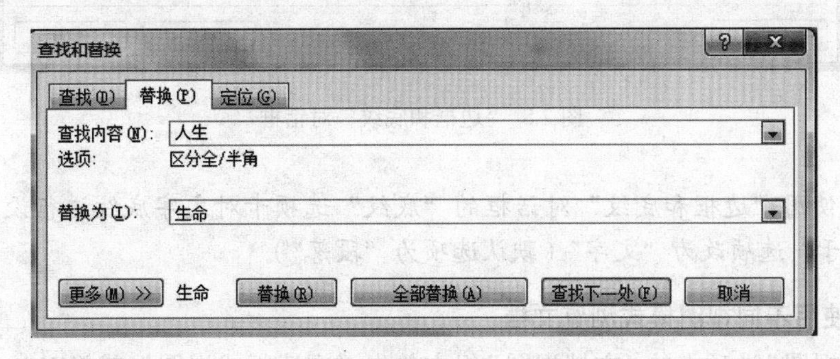

图 2.7 “查找和替换”对话框

（5）设置第二段至最后一段。选中第二段至最后一段，设置字体为“华文新魏”，按照步骤（3）第②部分中使用的方法设置“首行缩进”为“2 字符”，设置“行距”为“固定值”，“设置值”为“22 磅”。

（6）改变字体颜色，给字体加边框和底纹。

① 选中标题“名人名言”（注意不包括“HOT”）并右击，在弹出的快捷菜单中选择“复制”选项，或者在“开始”选项卡的“剪贴板”组中单击“复制”按钮，或者按 Ctrl+C 键。将光标置于文档最后(“爱因斯坦”文字后面)，按 Enter 键，选择“粘贴”选项（与复制操作类似，同样包括快捷菜单、功能按钮和快捷键等方式）。

② 选中文字“名人名言”，在“开始”选项卡的“字体”组中单击“清除格式”按钮，这时“名人名言”文字没有格式。在“字体”组中将其设置为“小四”、“宋体”；在“段落”组中单击“右对齐”按钮，将文字“名人名言”放在文本右下角。

③ 在“字体”组中的“颜色”下拉列表框中选择“红色”选项即可。

④ 在“字体”组中分别单击“字符边框”按钮和“字符底纹”按钮。也可在“页面布局”选项卡的“页面背景”组中单击“页面边框”按钮，打开如图 2.8 所示的“边框和底纹”对话框，在“底纹”选项卡的“填充”下拉列表框中选择底纹颜色，在“图案”区的“样式”下拉列表框中选择底纹样式，在“应用于”下拉列表框中选择“文字”选项，单击“确定”按钮。

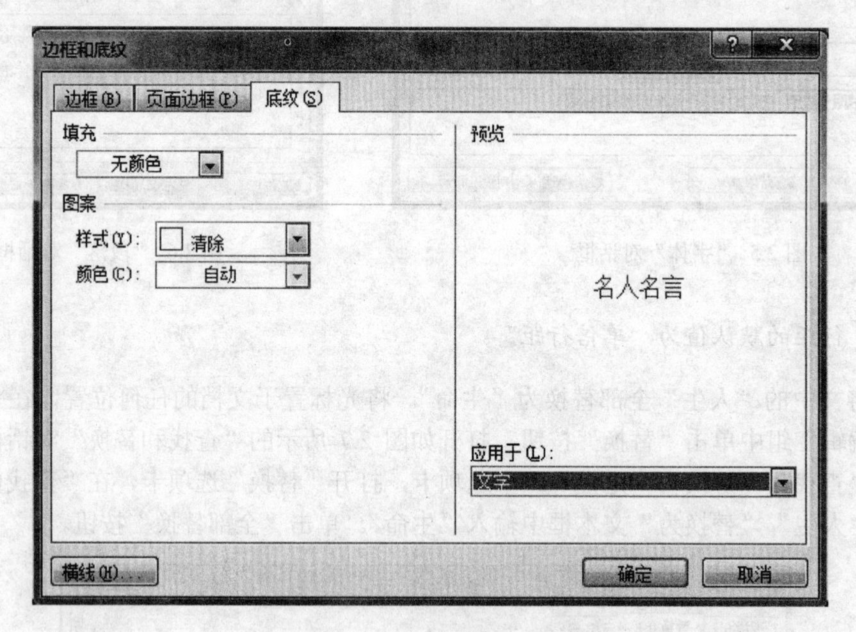

图 2.8 “边框和底纹”对话框

提示：在使用“边框和底纹”对话框的“底纹”选项卡对文字底纹进行设置时，一定要注意将“应用于”选项改为“文字”（默认选项为“段落”）。

任务 2　使用不同视图模式浏览文档

（1）在“视图”选项卡的“文档视图”组中单击“阅读版式视图”或“Web 版式视图”按

钮，如图 2.9 所示，观察文档显示情况。

（2）单击如图 2.10 所示的状态栏右侧“视图切换”区中的“大纲视图”按钮和“草稿”按钮，观察文档显示的变化。每一个按钮对应一种视图模式，当把光标指向按钮时，会显示该按钮名称。

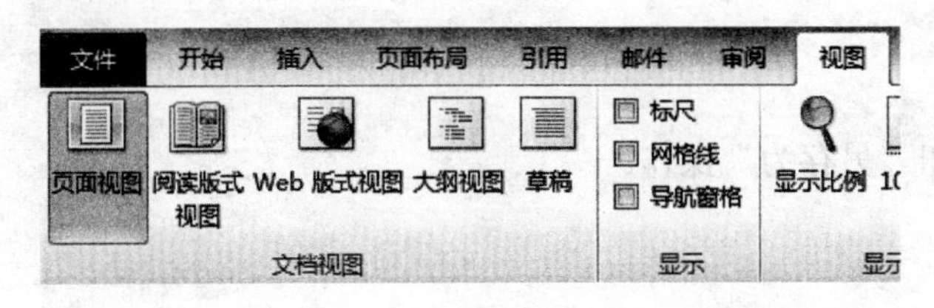

图 2.9 “文档视图”组

图 2.10 “视图切换”区域

任务 3　以“实习 1.docx”为文件名保存操作结果

（1）单击快速访问工具栏上的“保存”按钮，或者在“文件”菜单中选择“保存”选项，打开如图 2.11 所示的“另存为”对话框。

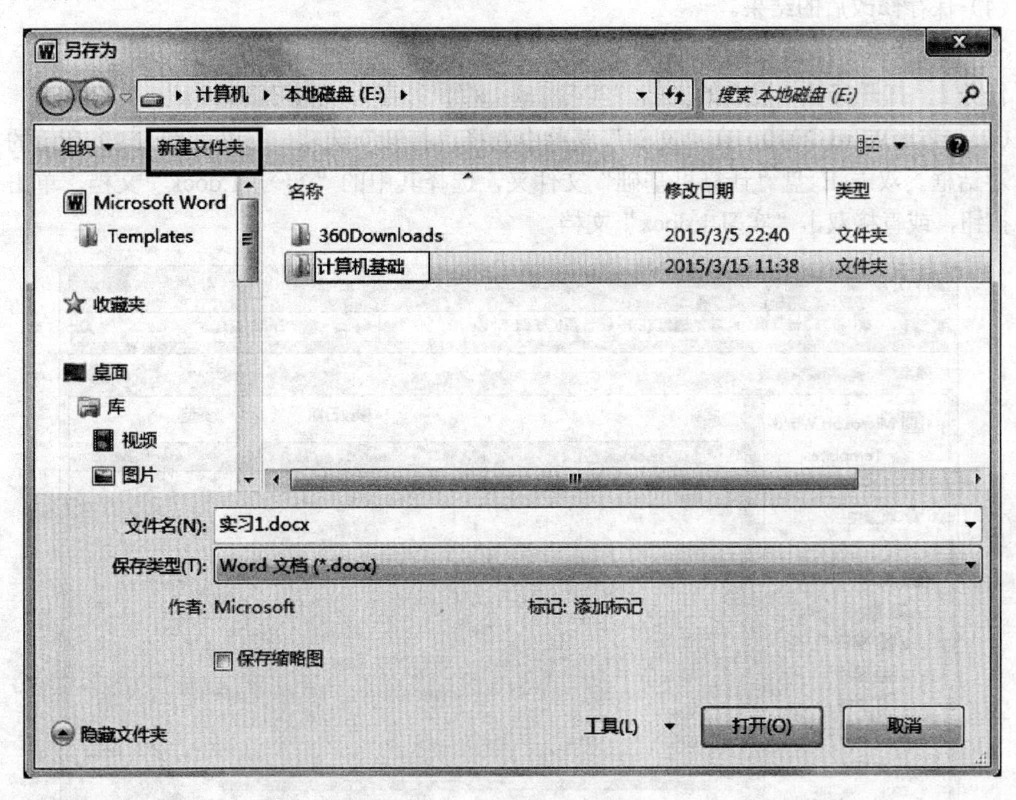

图 2.11 “另存为”对话框

（2）在“另存为”对话框中选择 E 盘，单击“新建文件夹”按钮。输入新文件夹名“计算机基础”。在空白处单击，再选中“计算机基础”文件夹。

（3）在“文件名”文本框中输入文件名“实习 1.docx”，单击“保存”按钮。

（4）退出 Word。在“文件”菜单中选择“退出”选项，或者单击窗口右上角的“关闭”按钮，退出 Word。

2.2 Word 文档的页面设置

1. 实习目的

（1）掌握 Word 文档的“打开”和“另存为”操作。

（2）掌握页面设置的方法。

（3）熟悉打印文档的步骤。

2. 实习任务

（1）打开实习 1 建立的文档“实习 1.docx”，另存为“实习 2.docx”。

（2）页面设置，包括页边距、纸张等的设置。

（3）打印预览和打印。

（4）保存修改后的结果。

3. 实习步骤

任务 1　打开实习 1 建立的文档“实习 1.docx”，另存为“实习 2.docx”

（1）启动 Word 2010，在“文件”菜单中选择“打开”选项，打开如图 2.12 所示的“打开”对话框。双击 E 盘“计算机基础”文件夹，选择其中的“实习 1.docx”文档，单击“打开”按钮，或直接双击“实习 1.docx”文档。

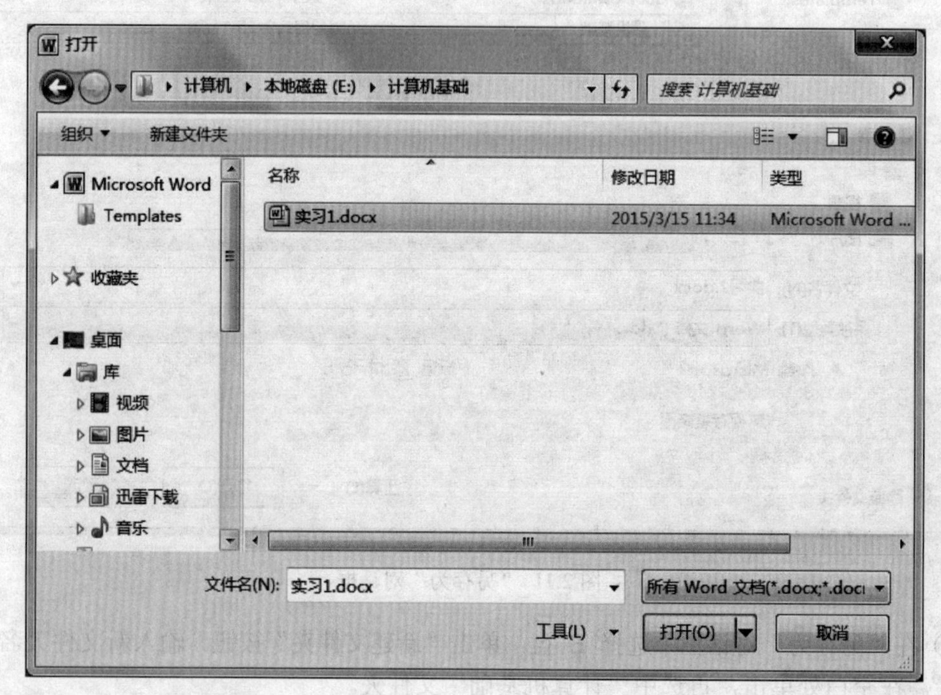

图 2.12 “打开”对话框

（2）在“文件”菜单中选择“另存为”选项，打开“另存为”对话框。在“保存位置”列表中选择 E 盘下的“计算机基础”文件夹，在“文件名”文本框中输入“实习 2.docx”，单击“保存”按钮完成保存。

任务 2　页面设置，包括页边距、纸张等的设置

（1）设置页边距。

① 在“页面布局”选项卡的“页面设置”组中单击“页边距”按钮，弹出如图 2.13 所示的页边距下拉列表。

② 在下拉列表中选择“自定义边距”选项，打开如图 2.14 所示的“页面设置”对话框。

③ 在“页边距”选项卡的“页边距”区设置“页边距”的“上”、“下”、“左”和“右”距离均为“2 厘米”。

（2）设置纸张。在如图 2.15 所示的“页面设置”对话框“纸张”选项卡的“纸张大小”下拉列表框中选择“自定义大小”选项，将“宽度”和“高度”分别设为“20 厘米”和“14 厘米”，单击“确定”按钮。

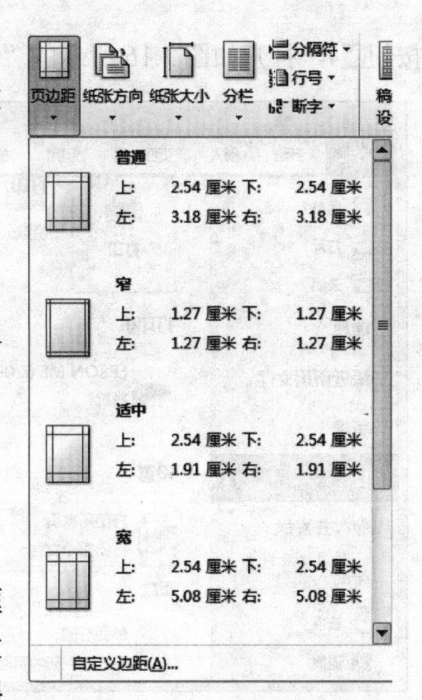

图 2.13　页边距下拉列表

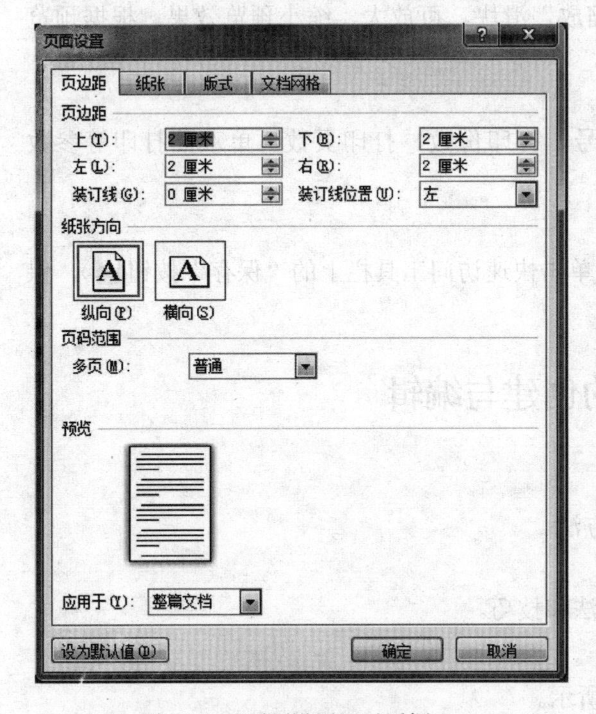

图 2.14　“页面设置”对话框

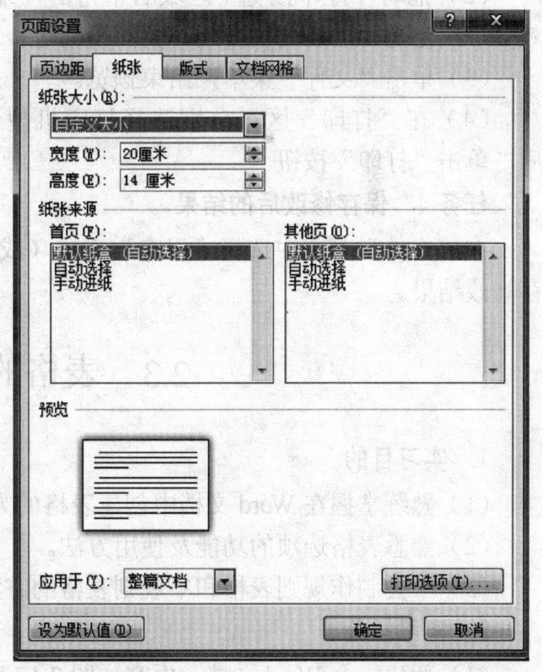

图 2.15　“页面设置”对话框的“纸张”选项卡

任务 3　打印预览和打印

（1）在“文件”菜单中选择“打印”选项（或单击快速访问工具栏上的“打印预览和打印”

按钮◙），打开如图 2.16 所示的“打印”选项卡。

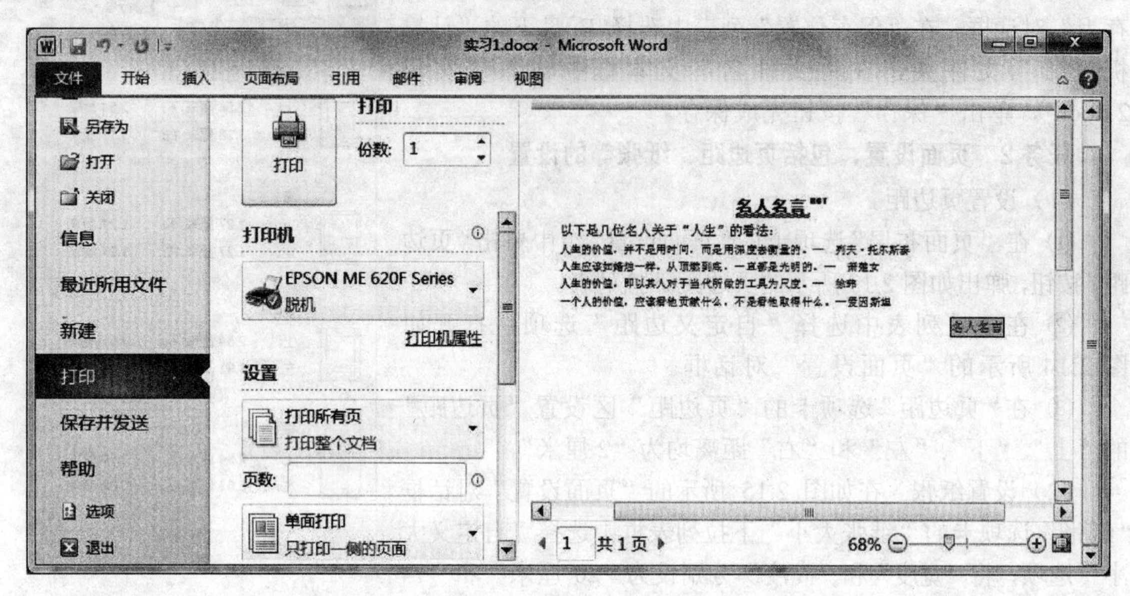

图 2.16 “打印”选项卡

（2）拖动“打印预览”区域右下角的“缩放”滑块，可放大、缩小预览效果。根据预览效果，决定是否需要调整排版、页面设置等。

（3）单击“文件”菜单，结束预览。

（4）在“打印”区，分别选择打印机型号、打印份数、打印页数、单双面打印等参数后，单击“打印”按钮。

任务 4 保存修改后的结果

在“文件”菜单中选择“保存”选项（或单击快速访问工具栏上的“保存”按钮◙），保存修改结果。

2.3 表格的创建与编辑

1. 实习目的

（1）熟练掌握在 Word 文档中创建表格的方法。

（2）熟悉表格选项的功能及使用方法。

（3）学会制作规则表格和不规则表格的方法和技巧。

2. 实习任务

（1）新建一个 Word 文档，内容如图 2.17 所示。

（2）根据样表要求合并单元格。

（3）设置表格行高为“1 厘米”。

（4）将结果保存为“E:\计算机基础\实习 3.docx”。

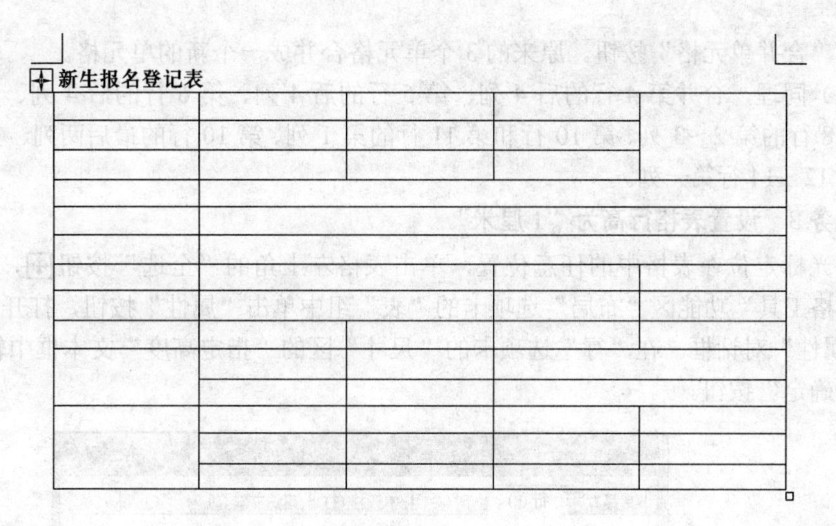

图 2.17 “新生报名登记表”样张

3. 实习步骤

任务 1　新建一个 Word 文档，输入样张内容

（1）打开 Word 2010 文档窗口并新建一个空白文档，输入第一行文字“新生报名登记表”。

（2）将光标定位在第二行，在“插入”选项卡的“表格”组中单击“表格”按钮，在如图 2.18 所示的下拉列表中选择“插入表格”选项，打开如图 2.19 所示的“插入表格”对话框。

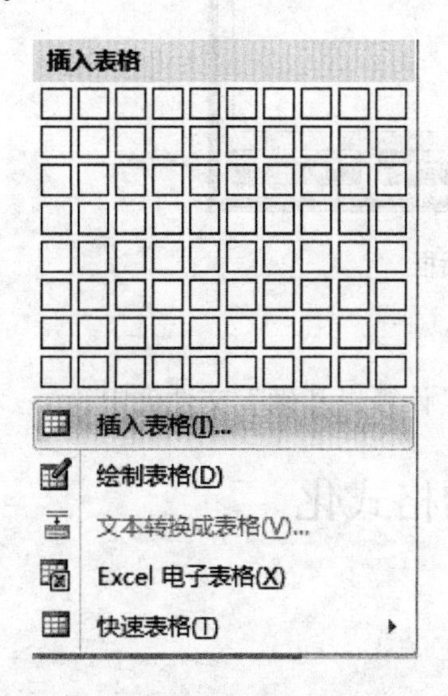

图 2.18 “插入表格”列表

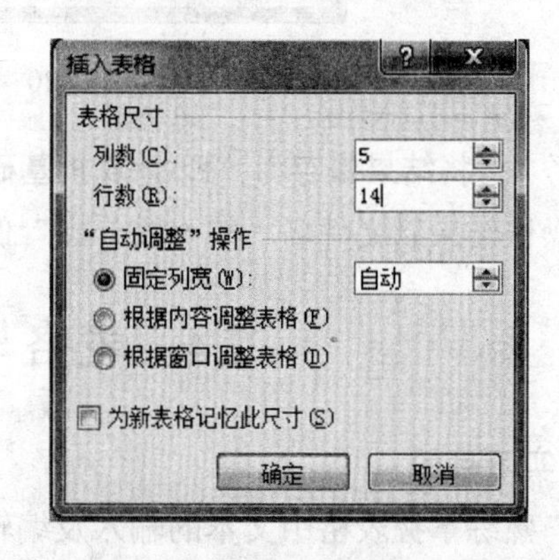

图 2.19 “插入表格”对话框

（3）在“表格尺寸”区域将“列数”设置为“5”，“行数”设置为“14”，单击“确定”按钮。

任务 2　根据样表要求合并单元格

（1）在表格中选中第 5 列的第 1～3 行，在“表格工具”功能区“布局”选项卡的“合并”组中单击“合并单元格”按钮。原来的3个单元格合并成一个新的单元格。

（2）同理，合并第4行的后4列、第5行的后4列、第6行的后4列、第7行的第2～3列、第8行的第2～3列、第10行和第11行的第1列、第10行的最后两列、第11行的最后两列和第12～14行第一列。

任务3 设置表格行高为“1厘米”

将光标定位在表格中的任意位置，单击表格左上角的“全选”按钮⊞，选中整个表格。在“表格工具”功能区“布局”选项卡的“表”组中单击“属性”按钮，打开如图2.20所示的“表格属性”对话框。在“行”选项卡的“尺寸”区的“指定高度”文本框中输入“1 厘米”，单击“确定”按钮。

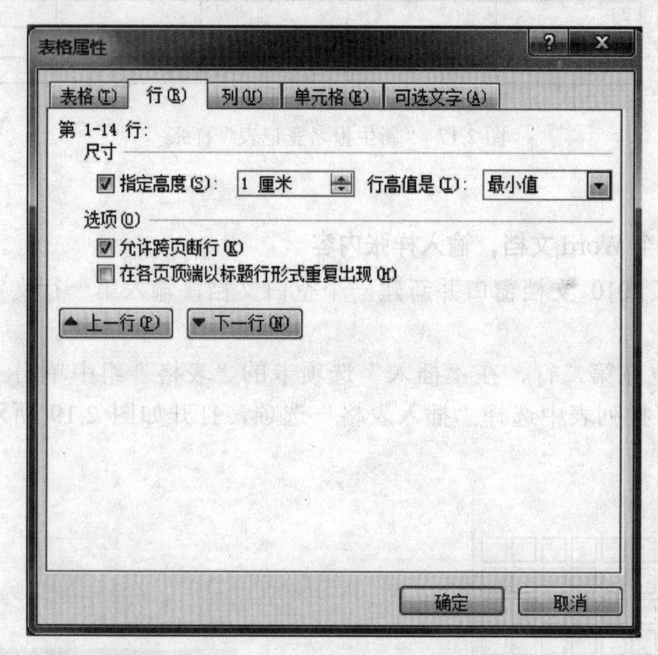

图2.20 “表格属性”对话框

任务4 将结果保存为“E:\计算机基础\实习3.docx”

将操作结果以文件名“实习3.docx”保存到E盘的“计算机基础”文件夹中。

2.4 表格与单元格的格式化

1. 实习目的

（1）熟练掌握表格中文本的输入及编辑操作。

（2）熟练掌握表格的编辑操作。

（3）熟练掌握表格及单元格的格式化方法。

2. 实习任务

（1）如图2.21所示，输入样张中的内容，并对文本进行编辑操作。

新生报名登记表

姓名		出生年月	年　月　日		照片
性别					
民族					
身份证号					
毕业成绩	总分	语文	数学	外语	综合
受过何等奖励		担任何职			
联系电话		E－mail			
家庭详细住址		邮政编码			
报考志愿	第一志愿	系	专业		
	第二志愿	系	专业		
学制	本科□	专科□	是否服从调剂	是□　否□	
家庭主要成员	姓名	关系	工作单位	联系方式	

图 2.21　“新生报名登记表”样张

（2）根据样张，对表格进行拆分单元格、添加单元格等操作。

（3）将表格外框线设置为“0.5 磅”的“双线型”，内框线设置为“1 磅”的“虚线”。

（4）将结果另存为“实习 4.docx”。

3. 实习步骤

（1）打开“实习 3.docx”文档，将标题“新生报名登记表”设置为“宋体”、“二号”、“加粗”、“居中”。

（2）根据样张输入内容。

（3）选中整个表格，在“表格工具”功能区“布局”选项卡的“对齐方式”组中单击“水平居中”按钮，使所有行的文字居中对齐。

提示：步骤（3）还可以使用以下两种方式完成。

① 选中整个表格，右击表格，在弹出的快捷菜单中选择“表格属性”选项，打开如图 2.22 所示的“表格属性”对话框，在“单元格”选项卡的“垂直对齐方式”区单击“居中”按钮，单击“确定”按钮即可。

② 选中整个表格并右击，在弹出的快捷菜单中“单元格对齐方式”列表中选择“居中”选项。

（4）选中需填写身份证号码的单元格，在“表格工具”功能区“布局”选项卡的“合并”组中单击“拆分单元格”按钮，打开如图 2.23 所示的“拆分单元格”对话框，设置列数为“18”，行数为“1”，单击“确定”按钮。

图 2.22 “表格属性”对话框

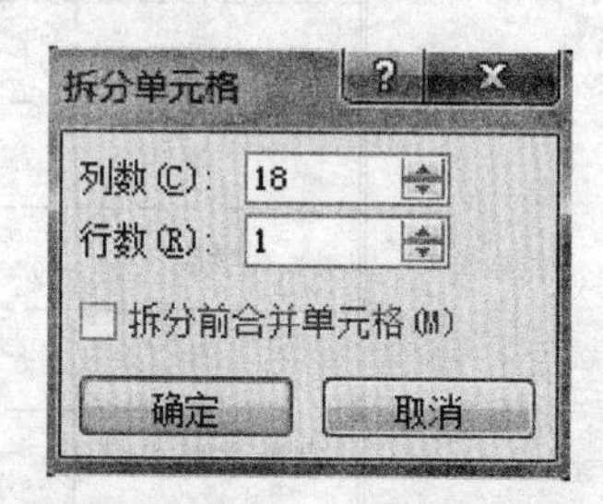

图 2.23 拆分单元格

（5）重复步骤（4），将填写毕业成绩的单元格拆分为 10 列。按照样张所示，分别输入“总分”、“语文”、“数学”、“外语”、“综合”等文字。

（6）调整如图 2.24 所示的“受过何等奖励”、“联系电话”、“家庭详细住址”3 行的内容和大小，并添加“邮政编码”项。

受过何等奖励		担任何职	
联系电话		E－mail	
家庭详细住址		邮政编码	

图 2.24 添加表格内容

提示：在“表格工具”功能区“设计”选项卡的“绘图边框”组中，单击“绘制表格”按钮，将光标移到“家庭详细住址”行的所需位置画线。

（7）选中整个表格，在“表格工具”功能区“设计”选项卡的“表格样式”组中单击“边框”右侧的下三角按钮，在列表中选择“边框和底纹”选项，打开如图 2.25 所示的“边框和底纹”对话框。在“边框”选项卡的“设置”列表中选择“自定义”选项，然后设置外框线和内框线。

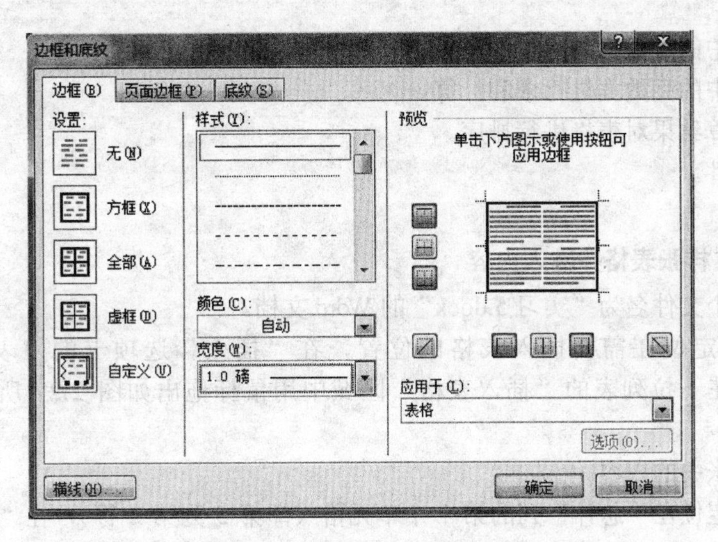

图 2.25 “边框和底纹”对话框

① 在“样式”列表框中设置边框的样式为“双线型”；在“颜色”下拉列表框中选择边框使用的颜色为“自动”；在“宽度”下拉列表框中设置边框的宽度尺寸为“0.5 磅”；在“预览”区分别单击“上”边框线图标、“下”边框线图标、“左”边框线图标、“右”边框线图标，添加边框线。

② 在“样式”列表框中选择“虚线”选项；在“颜色”下拉列表框中选择“自动”选项；在“宽度”下拉列表框中选择“1.0 磅”选项；在“预览”区域分别单击“水平”内部框线图标和“垂直”内部框线图标，添加表格内部框线。

③ 单击“确定”按钮，显示表格的内外框线符合要求。

（8）在“文件”菜单选择“另存为”选项，将操作结果另存为“实习 4.docx”。

2.5 数据的排序与计算

1. 实习目的

（1）掌握表格数据的排序方法。

（2）掌握表格数据的计算方法。

2. 实习任务

（1）建立如图 2.26 所示的样张表格并输入内容。

届次	金牌	银牌	铜牌	总计	排名
25届	16	22	16		
26届	16	22	12		
27届	28	16	15		
合计					

图 2.26 表格样张

（2）对表格中的行数据进行求和计算。

（3）对表格中的列数据进行求和计算。

（4）根据计算结果对表格进行排序。

（5）保存文件。

3. 实习步骤

任务 1 建立样张表格并输入内容

（1）新建一个文件名为“实习 5.docx”的 Word 文档。

（2）将光标定位在需要插入表格的位置，在“插入”选项卡的“表格”组中单击“表格”按钮，在下拉列表的“插入表格”区域中用鼠标拖出如图 2.27 所示的 6 列 5 行的表格。

（3）输入样张中的内容。

（4）将光标定位在“总计”列的第 1 个单元格（即第 5 列第 2 行），在“表格工具”功能区“布局”选项卡的“数据”组中单击“公式”按钮，打开如图 2.28 所示的“公式”对话框，在“公式”文本框中输入计算公式“=SUM（LEFT)”，单击“确定”按钮，左面 3 列数字之和即显示在该单元格中。

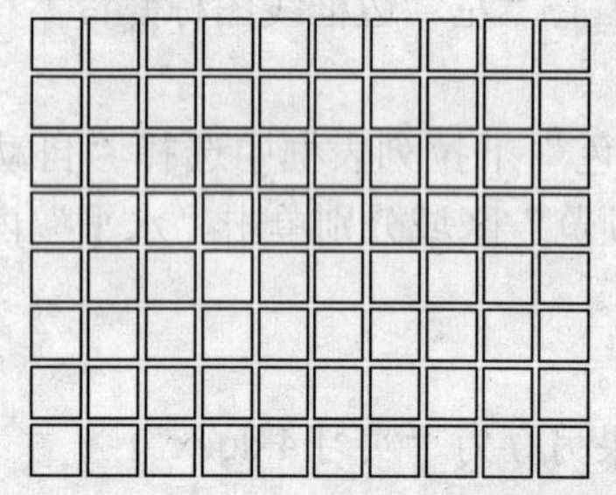

图 2.27 插入 6×5 表格

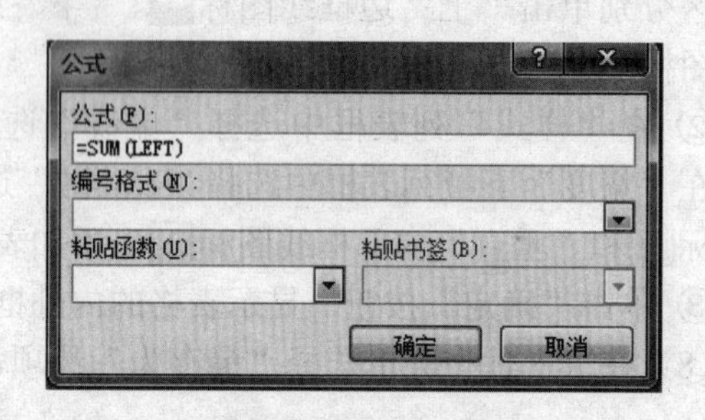

图 2.28 “公式”对话框

任务 2 对表格中的行数据进行求和计算

分别将光标定位在“总计”列中的第 2 个单元格（即第 5 列第 3 行)和第 3 个单元格(即第 5 列第 4 行)，直接按 F4 键进行求和运算。

任务 3 对表格中的列数据进行求和计算

（1）将光标定位在“合计”行中的第 1 个单元格（即第 2 列第 5 行)，在“表格工具”功能区“布局”选项卡 “数据”组中单击“公式”按钮，在“公式”对话框中的“公式”文本框中输入计算公式“=SUM（ABOVE)”，单击“确定”按钮，上面 3 行数字之和即显示在该单元格中。

（2）移动光标到“合计”行中的第 2 个单元格（即第 3 列第 5 行)，重复步骤（1)。以同样的方法完成“合计”行中的第 3 个单元格（即第 4 列第 5 行）和第 4 个单元格（即第 5 行第 5 列）的列数据求和运算。

任务 4 根据计算结果对表格进行排序

（1）选中表格的前 4 行，在“表格工具”功能区“布局”选项卡的“数据”组中单击“排序”按钮，打开如图 2.29 所示的“排序”对话框。在“主要关键字”区域选择“总计”选项和“降序”单选按钮，在“次要关键字”区域选择“金牌”选项和“降序”单选按钮，在“类型”下拉列表框中选择“数字”选项，在“列表”选项组中选择“有标题行”单选按钮，单击“确定”按钮，显示表格排序结果。

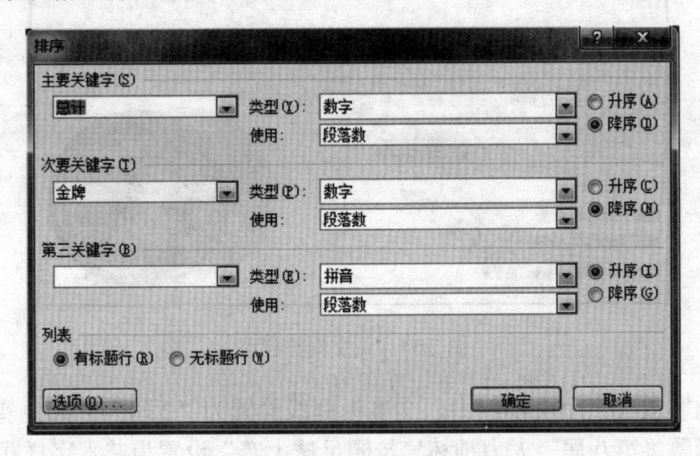

图 2.29　“排序”对话框

（2）在“排名”列中，输入“1”、“2”、“3”，最终结果如图 2.30 所示。

届次	金牌	银牌	通牌	总计	排名
27届	28	16	15	59	1
25届	16	22	16	54	2
26届	16	22	12	50	3
合计	60	60	43	163	

图 2.30　排序结果

任务 5　保存文件

在“文件”菜单中选择“保存”选项，保存文件。

2.6　图文混排（1）

1. 实习目的

（1）掌握在文档中插入文本框和设置文本框格式的方法。

（2）掌握在文档中插入艺术字和编辑艺术字的方法。

（3）掌握在 Word 文档中插入剪贴画的方法。

（4）掌握图形对象的组合方法。

（5）掌握添加水印的方法。

2. 实习任务

建立如图 2.31 所示的 Word 文档，按照下列要求编辑样张，操作完成后以文件名“实习 6.docx”保存。

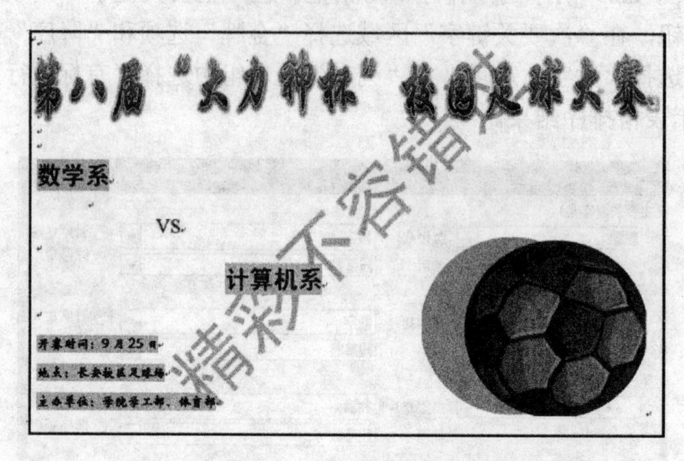

图 2.31　图文混排样张

（1）将海报内容放在一个文本框中，文本框框线设置为“2 磅”、“黑色实线”。

（2）将海报标题“第八届‘大力神杯’校园足球大赛”设置为艺术字样式库中第 6 行第 3 列样式，字体、字号为“华文行楷”、“40”，文本线条颜色为“黄色”，填充颜色设置为“渐变颜色”列表中的“熊熊火焰”效果，设置“线性”、“向下辐射”的效果，形状呈“双波形 2”的文本效果，位置居中。

（3）将“数学系”字体格式设置为“黑体”、“一号”、“加粗”、“左对齐”；“计算机系”字体格式设置为“黑体”、“一号”、“加粗”；“VS”字体格式设置为“Times New Roman”、“二号”、“红色”，适当调整“数学系”、“VS”和“计算机系”3 行文字的相对位置，使“VS”在垂直方向上位于“数学系”和“计算机系”中间位置；“开赛时间”、“地点”、“主办单位”等字体格式设置为“华文新魏”、“四号”，并为以上文字全部添加默认的底纹效果。

（4）插入一张足球剪贴画，放在文本框右下角位置。

（5）为海报添加文字内容为“精彩不容错过”，字体格式为“红色”、“黑体”、“半透明”、“斜式”的水印效果。

3. 实习步骤

（1）启动 Word 2010，建立一个新的空白文档。在“页面布局”选项卡的“页面设置”组中单击“纸张方向”下拉按钮，在下拉列表中选择“横向”选项，完成纸张方向的设置。

（2）在“页面设置”组中分别单击“纸张大小”和“页边距”下拉按钮，将海报的纸张设置为 A4 纸，页边距设置为默认值（上下为 3.17 cm，左右为 2.54 cm）。

（3）在“插入”选项卡的“文本”组中单击“文本框”下拉按钮，在下拉列表中选择“简单文本框”选项，页面中将出现一个文本框，单击并拖动鼠标将该横排文本框充满整个页面。

① 选中该文本框并右击，在弹出的快捷菜单中选择“设置形状格式”选项，打开如图 2.32 所示的“设置形状格式”对话框。

② 在“线型”选项卡的“线型”区中设置“宽度”为“2 磅”，单击“关闭”按钮，退出该对话框。

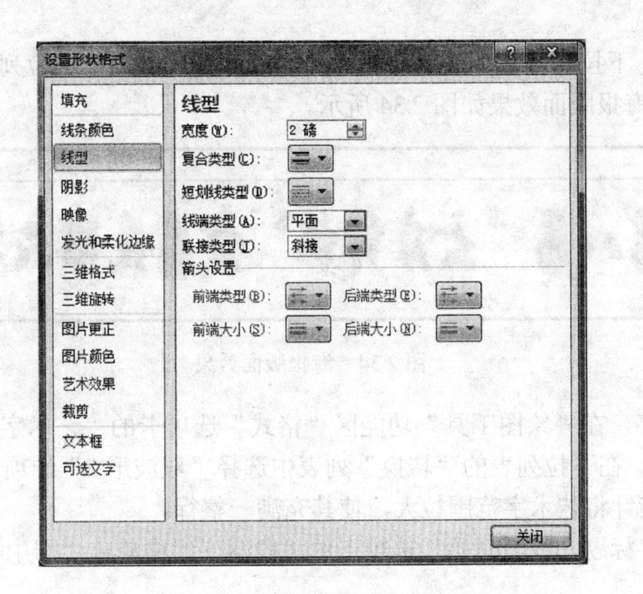

图 2.32 “设置形状格式”对话框

（4）将光标定位在文本框内，在“插入”选项卡的“文本”组中单击“艺术字”按钮，在弹出的艺术字样式列表中选择第 6 行第 3 列的样式，此时将出现插入艺术字文本框，在文本框中输入文字“第八届‘大力神杯’校园足球大赛”。选中艺术字文本框，在“开始”选项卡的“字体”组中设置艺术字的字体和字号为“华文行楷”、“40”。

① 选中艺术字，在“绘图工具”功能区“格式”选项卡的“艺术字样式”组中单击“文本轮廓”按钮，在“标准色”区选择颜色为“黄色”，设置线条颜色为黄色。单击“文本填充”按钮，在列表的“渐变”级联表中选择“其他渐变”选项，打开如图 2.33 所示的“设置文本效果格式”对话框，在“文本填充”选项卡中选择“渐变填充”单选按钮，在“预设颜色”下拉列表框中选择“熊熊火焰”预设方案。

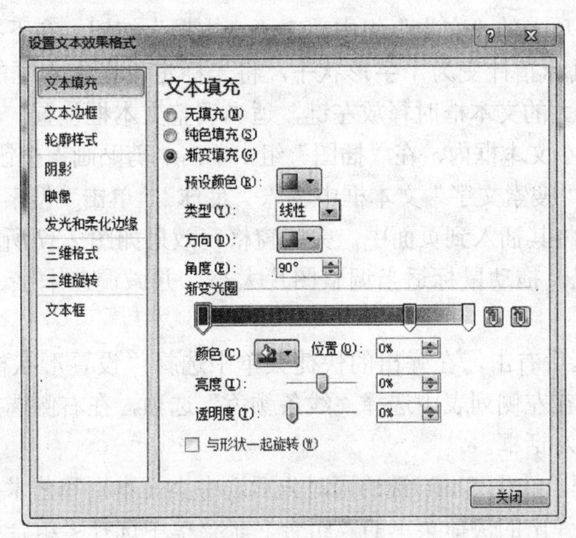

图 2.33 “设置文本效果格式”对话框

② 在“类型”下拉列表框中选择“线性”选项，在“方向”下拉列表框中选择“线性向下”选项，此时，海报版面效果如图 2.34 所示。

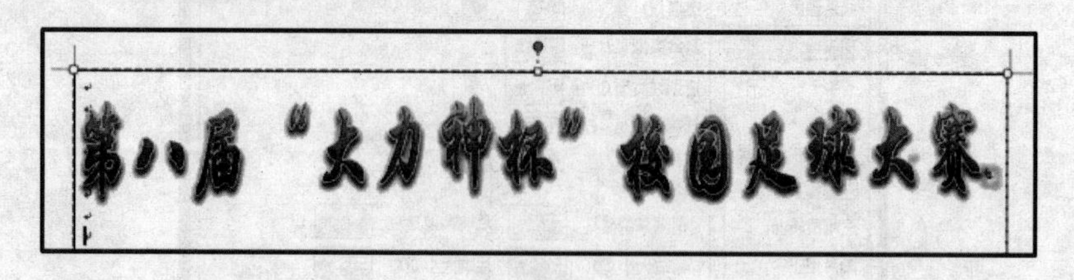

图 2.34　海报版面效果

③ 选中艺术字，在“绘图工具”功能区“格式”选项卡的“艺术字样式”组中单击“文本效果”下拉按钮，在下拉列表的“转换”列表中选择“双波形 2”选项。

④ 拖动鼠标指针将艺术字范围拉大，使其充满一整行。

⑤ 选中艺术字标题，在“开始”选项卡的“段落”组中单击“居中”按钮，将其设置为水平居中。

（5）输入文字，设置格式。

① 在文本框内单击，输入文字内容。

② 选中“数学系”3 个字，在“开始”选项卡的“字体”组中，将其设置为“黑体”、“一号”、“加粗”，在“段落”组中单击“左对齐”按钮。

③ 以同样方法设置“VS”文字的字体格式为“Times New Roman”、“二号”、“红色”，设置“计算机系”文字的字体格式为“黑体”、“一号”、“加粗”，并按照样张适当调整位置。

④ 以同样方法设置“开赛时间：9 月 25 日”、“地点：长安校区足球场”、“主办单位：学院学工部、体育部”为“华文新魏”、“四号”。

⑤ 选中以上 5 行文字，在“开始”选项卡的“字体”组中单击“字符底纹”按钮 **A**。效果如图 2.35 所示。

（6）在“插入”选项卡的“文本”组中单击“文本框”按钮，在下拉列表框中选择“绘制文本框”选项，此时鼠标指针变为十字形状＋，将光标定位在文本框的右下角后按下左键拖动，拖出大约一个足球大的文本框时释放左键，适当调整文本框位置。

（7）将光标定位在小文本框内，在“插图”组中单击“剪贴画”按钮，打开如图 2.36 所示的“剪贴画”窗格，在“搜索文字”文本框中输入“足球”，单击“搜索”按钮，在搜索列表中选择“足球”剪贴画，将其插入到页面中，关闭窗格。效果如图 2.37 所示。

（8）根据页面情况，拖动鼠标适当调整图片大小，并微调艺术字、普通文字和图片之间的相对位置。

（9）选中小文本框后右击，在弹出的快捷菜单中选择“设置形状格式”选项，打开“设置形状格式”对话框。在左侧列表中选择“线条颜色”选项，在右侧选择“无线条”选项，单击“关闭”按钮，退出对话框。

（10）选中大文本框，按住 Shift 键的同时先后选中小文本框和艺术字标题。将鼠标指针放在任一图形上右击，在弹出的快捷菜单的“组合”子菜单中选择“组合”选项，所有的图形对象组合成一个整体。

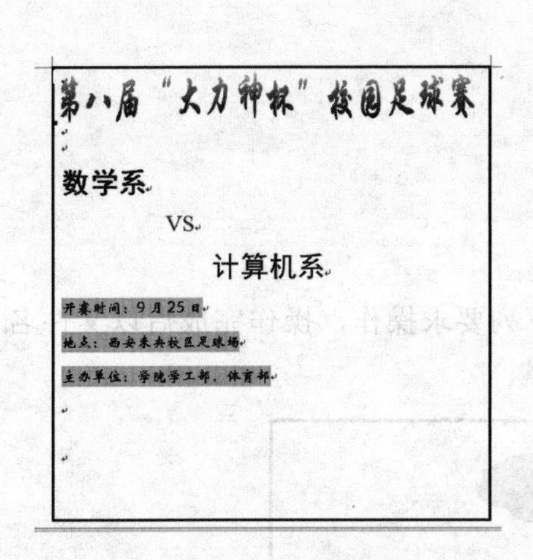

图 2.35　艺术字效果

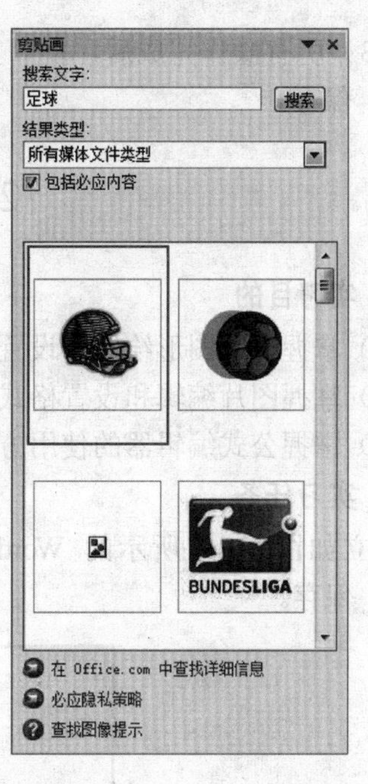

图 2.36　“剪贴画”窗格

（11）在“页面布局”选项卡的“页面背景”组中单击“水印”按钮，在下拉列表框中选择“自定义水印”选项，打开如图 2.38 所示的“水印”对话框。选择“文字水印”单选按钮，在“文字”文本框中输入“精彩不容错过”，字体和字体颜色分别设置为“黑体”、“红色”，勾选“半透明”复选框，选择“斜式”单选按钮。单击“应用”按钮，预览水印效果，单击“确定”按钮，退出对话框。自定义水印效果如样张所示。

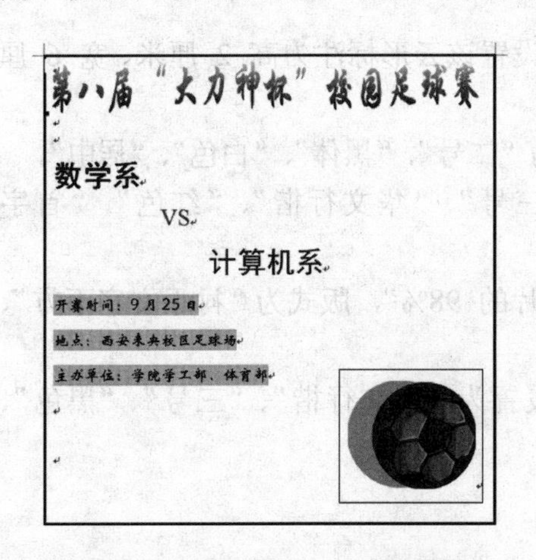

图 2.37　插入“剪贴画”效果

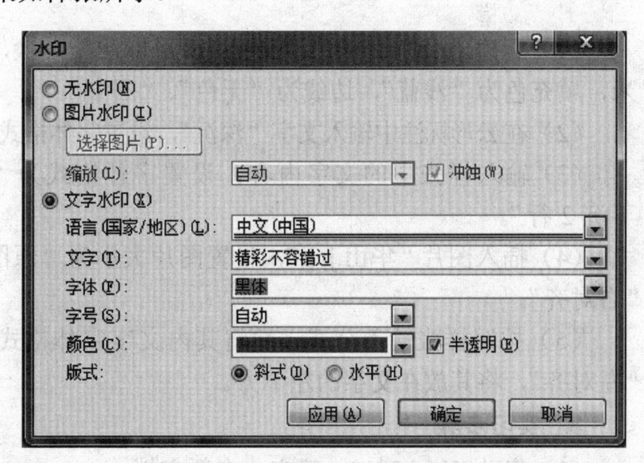

图 2.38　“水印”对话框

（12）如果水印效果无法显示，可右击组合后的图形对象边框，在弹出的快捷菜单中选择“设置形状格式”选项，打开“设置形状格式”对话框。在“填充”选项卡的右侧区选择“渐变填充”单选按钮，再选择“无填充”单选按钮，水印效果就会呈现在页面中。

（13）所有操作完成后，在“文件”菜单中选择“另存为”选项，将文档以文件名“实习6.docx”保存。

2.7　图文混排（2）

1. 实习目的

（1）掌握自选图形绘制和设置格式的方法。

（2）掌握图片编辑和设置格式的方法。

（3）掌握公式编辑器的使用方法。

2. 实习任务

建立如图 2.39 所示的 Word 文档，按照下列要求操作，操作完成后以文件名“实习7.docx”保存。

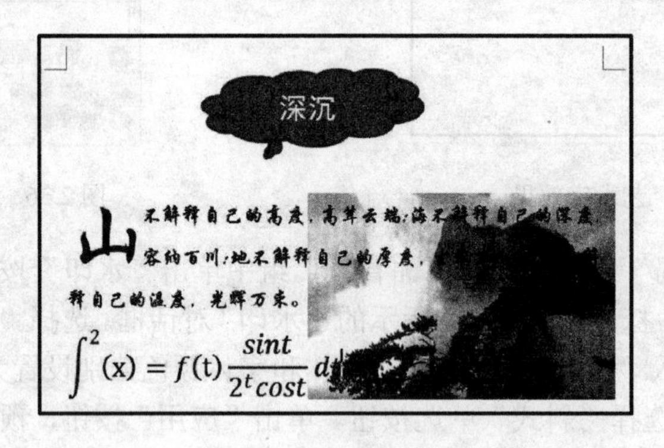

图 2.39　图文混排样张

（1）新建一个空白文档，插入“云形标注”形状，设置该云形标注为高 2 厘米、宽 6 厘米，填充色为“浅蓝”，边线为“无色”、“居中”。

（2）在云形标注中输入文字“深沉”，设置字体格式为“二号”、“黑体”、“白色”、“居中”。

（3）输入样张中的文字内容，设置字体格式为“三号”、“华文行楷”、“红色”、“首字下沉 2 行”。

（4）插入图片“华山.jpg”，设置图片大小为“原图片的 98%”，版式为“衬于文字下方”、“右对齐”。

（5）按照样张输入公式，并将其内文字字体格式设置为“华文行楷”、“三号”、“黑色”、“左对齐”，将其放在文字的左下方。

3. 实习步骤

（1）启动 Word 2010，建立一个新文档。

（2）在“插入”选项卡的“插图”组中单击“形状”按钮，在下拉列表框中选择“标注”分类下的“云形标注”选项，此时，鼠标指针变为十字形状，拖动鼠标，在文档中绘制一个“云形标注”形状。

① 右击该形状，在弹出的快捷菜单中选择“设置形状格式”选项，打开“设置形状格

式”对话框。

② 在“填充”选项卡中选择“纯色填充”单选按钮，在“标准颜色”区域设置填充颜色为“浅蓝”。在“线条颜色”选项卡中选择“无线条”单选按钮。

③ 右击“云形标注”形状，在弹出的快捷菜单中选择“其他布局选项”选项，打开如图 2.40 所示的“布局”对话框。在“大小”选项卡中，将图形的尺寸绝对值设置为高度“2 厘米”、宽度“6 厘米”。

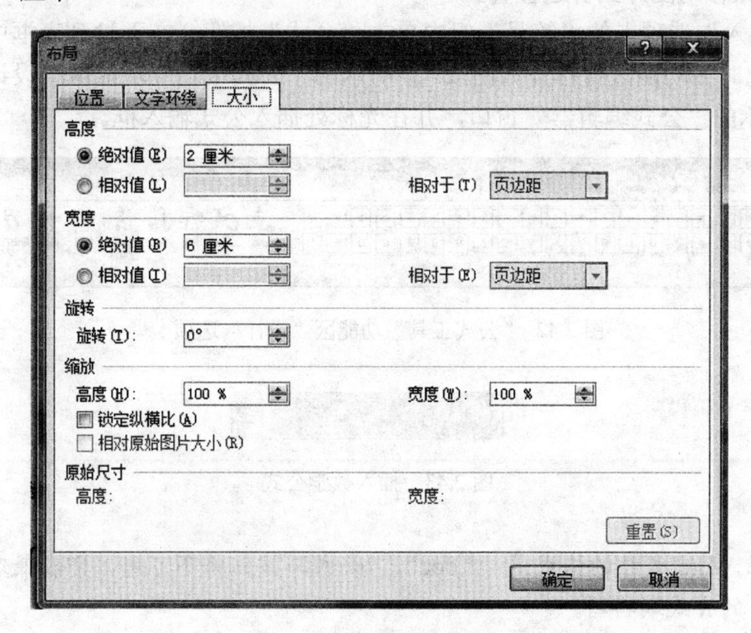

图 2.40　“布局”对话框

④ 在“文字环绕”选项卡中，设置其环绕方式为“衬于文字下方”，单击“确定”按钮。

⑤ 单击“云形标注”形状，输入文字“深沉”，并将其字体格式设置为“二号”、“黑体”、“白色”、“居中”。

（3）输入样张中的文字内容，将其字体格式设置为“三号”、“华文行楷”、“红色”（注意：段落特殊格式为“无”）。

样张内容：山不解释自己的高度，高耸云端；海不解释自己的深度,容纳百川；地不解释自己的厚度，生养万物；太阳不解释自己的温度，光辉万束。

① 在“插入”选项卡的“文本”组中单击“首字下沉”按钮，在下拉列表框中选择“首字下沉”选项，打开如图 2.41 所示的“首字下沉”对话框。

② 在“位置”区选择“下沉”选项，在“下沉行数”文本框中设置下沉行数为“2”，单击“确定”按钮，可见首字下沉效果。

图 2.41　“首字下沉”对话框

（4）在“插入”选项卡的“插图”组中单击“图片”按钮，打开“插入图片”对话框。在 E 盘的“计算机基础”文件夹中选择文件名为“华山.jpg”的图片，双击该图片，将其插入到当前光标位置处。

① 右击图片，在弹出的快捷菜单中选择“大小和位置”选项，打开“布局”对话框。

② 在“大小”选项卡的“缩放”区设置高度和宽度分别为“98%”，并勾选“锁定纵横比”和“相对原始图片大小”复选框，以保证图片效果不会失真。

③ 在“文字环绕”选项卡中设置其环绕方式为“衬于文字下方”，单击“确定”按钮。

④ 比照样张移动图片到合适位置。

(5) 在“插入”选项卡的“符号”组中单击“公式”按钮，在下拉列表框中选择“插入新公式”选项，此时在功能区将打开如图 2.42 所示的“公式工具”功能区“设计”选项卡，打开如图 2.43 所示的“公式编辑器”窗口，并在光标处插入公式输入框。

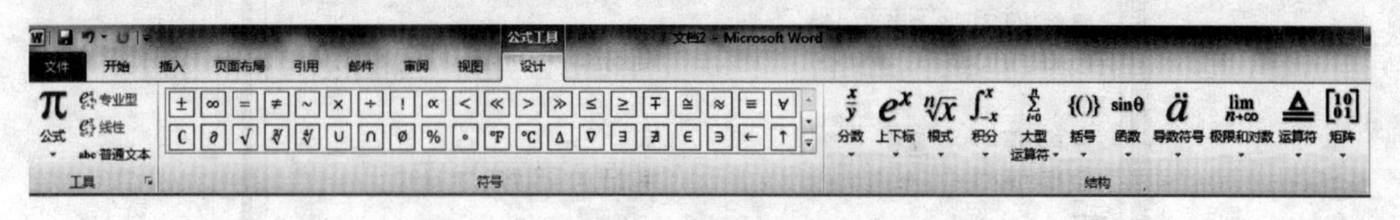

图 2.42　“公式工具”功能区“设计”选项卡

在此处键入公式。

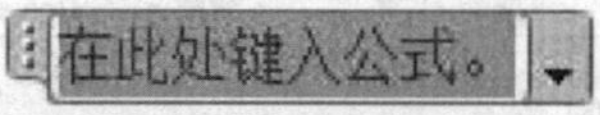

图 2.43　插入数学公式

提示：如果 Word 文档的格式是“*.doc”，“公式”按钮将不可用，即在兼容模式下将无法使用 Word 2010 的公式编辑器。

① 在“结构”组中单击“上下标”按钮，在下拉列表框中选择“上标”选项，移动光标到中间的输入框中输入“f”，在右上角输入框中输入上标“2”，再将光标移动到正常位置，输入“(X)=”。

② 在“结构”组中单击“积分”按钮，在下拉列表框中选择第 2 个积分选项，在积分的上、下输入框中输入“x”和“0”，再移动光标到正常位置，输入“f(t)”。

③ 在“结构”组中单击“分数”按钮，在下拉列表框中选择“分数（竖式）”选项，将光标移动到分式分子上的输入框，单击“函数”按钮，在下拉列表框中选择“正弦函数”样式 sin，在正弦函数名后输入参数“t”。将光标移动到分式分母输入框，单击“上下标”按钮，选择“上标”选项，在中间的输入框中输入底数“2”，在右上角的输入框中输入指数“t”。

④ 移动光标到分式分母中的正常位置，单击“函数”按钮，在下拉列表框中选择“余弦函数”样式 cos，在函数名“cos”后输入参数“t”，再将光标移动到公式正常位置，单击“积分”按钮，在下拉列表框中选择“x 的微分”样式，将出现的微分参数“x”修改为“t”，完成公式输入。像设置文档中的文本一样，选择刚输入的公式，将其字体颜色设置为“黑色”。当然以后也可对其进行编辑修改。

⑤ 在页面空白位置处单击鼠标左键，退出“公式编辑器”窗口。

（6）单击公式输入框右下角的“公式选项”下拉按钮，在下拉列表框的“两端对齐”列表中选择“左对齐”选项，如图 2.44 所示。

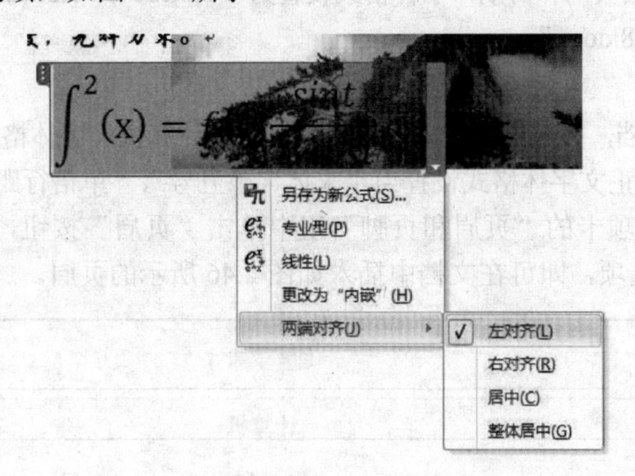

图 2.44　数学公式对齐方式

（7）以文件名“实习 7.docx”保存。

2.8　页眉和页脚的应用

1. 实习目的

（1）掌握页眉和页脚的设置方法。

（2）掌握页码的插入和设置方法。

2. 实习任务

（1）建立如图 2.45 所示的 Word 2010 文档，输入样张所示内容。将标题字体格式设置为“宋体”、“四号”、“加粗”、“居中”，将正文设置为“宋体”、“五号”、“单倍行距”。

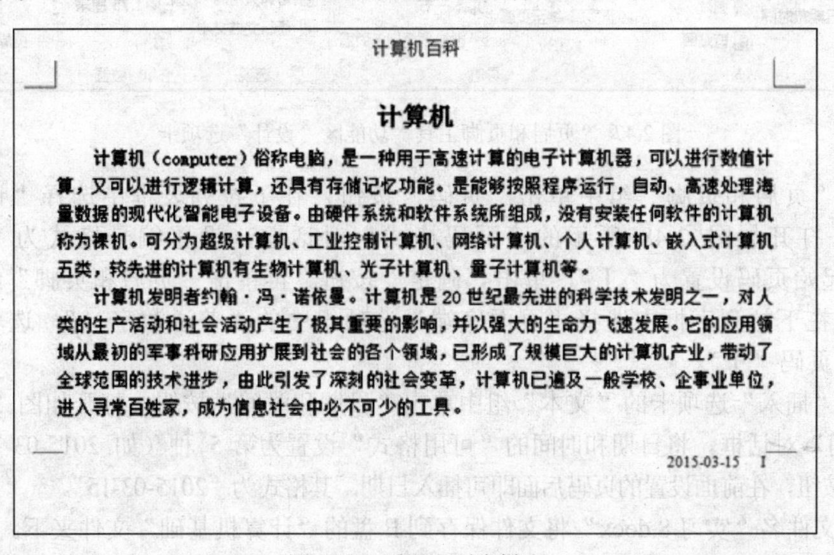

计算机百科

计算机

计算机（computer）俗称电脑，是一种用于高速计算的电子计算机器，可以进行数值计算，又可以进行逻辑计算，还具有存储记忆功能。是能够按照程序运行，自动、高速处理海量数据的现代化智能电子设备。由硬件系统和软件系统所组成，没有安装任何软件的计算机称为裸机。可分为超级计算机、工业控制计算机、网络计算机、个人计算机、嵌入式计算机五类，较先进的计算机有生物计算机、光子计算机、量子计算机等。

计算机发明者约翰·冯·诺依曼。计算机是 20 世纪最先进的科学技术发明之一，对人类的生产活动和社会活动产生了极其重要的影响，并以强大的生命力飞速发展。它的应用领域从最初的军事科研应用扩展到社会的各个领域，已形成了规模巨大的计算机产业，带动了全球范围的技术进步，由此引发了深刻的社会变革，计算机已遍及一般学校、企事业单位，进入寻常百姓家，成为信息社会中必不可少的工具。

2015-03-15　I

图 2.45　页眉和页脚样张

（2）添加页眉和页脚，设置页眉字体格式为“宋体”、“五号”、“居中”。

（3）页脚的内容包括页码和日期，字体格式设置为“Times New Roman”、“小五”、“居中”。

（4）保存为“实习 8.docx”。

3. 实习步骤

（1）建立 Word 文档，按照样张输入内容，将标题“计算机”字体格式设置为“宋体”、“四号”、“加粗”、“居中”；正文字体格式设置为“宋体”、“五号”、“单倍行距”，首行缩进 2 字符。

（2）在“插入”选项卡的“页眉和页脚”组中单击“页眉”按钮，在下拉列表框中选择“内置”区的“空白”选项，即可在文档中插入如图 2.46 所示的页眉。

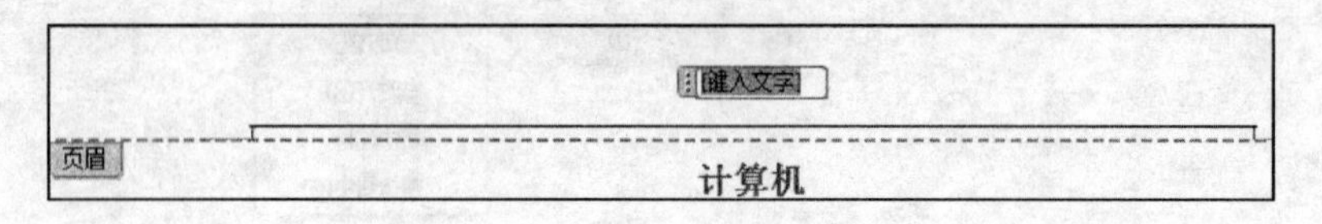

图 2.46　插入页眉

（3）在“键入文字”文本框中输入内容“计算机百科”，并将其字体格式设置为“宋体”、“五号”。

（4）选中页眉文字“计算机百科”，在“页面布局”选项卡的“页面背景”组中单击“页面边框”按钮，打开“边框和底纹”对话框。在“边框”选项卡中将边框设置为“无”，在“应用于”下拉列表框中选择“段落”选项，单击“确定”按钮，则可删除页眉中的横线。

（5）在如图 2.47 所示的“页眉和页脚工具”功能区“设计”选项卡的“导航”组中单击“转至页脚”按钮，即可将光标切换到页脚。

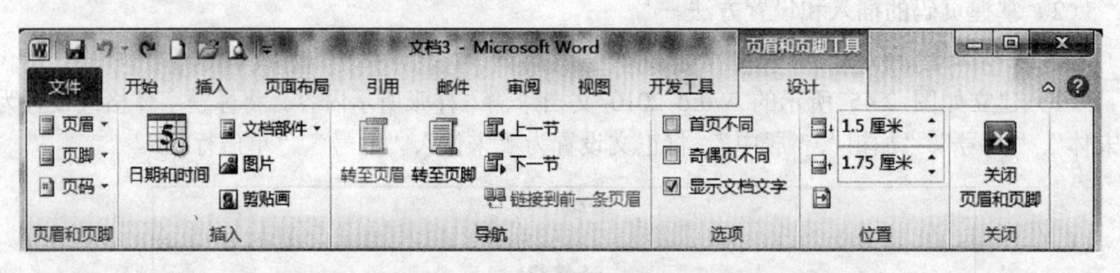

图 2.47　“页眉和页脚工具”功能区“设计”选项卡

（6）在“页眉和页脚”组中单击“页码”按钮，在下拉列表框中选择“设置页码格式”选项，打开如图 2.48 所示的“页码格式”对话框，设置编号格式为“Ⅰ，Ⅱ，Ⅲ，…”，起始页码设置为“Ⅰ”，单击“确定”按钮。再单击“页眉和页脚”组中的“页码”按钮，在下拉列表框中选择“页面底端”选项组中的“普通数字 1” 选项，在光标处即可输入页码“Ⅰ”。

（7）在“插入”选项卡的“文本”组中单击“日期和时间”按钮，打开如图 2.49 所示的“日期和时间”对话框。将日期和时间的“可用格式”设置为第 5 种（如 2015-03-15），然后单击“确定”按钮，在前面设置的页码后面即可插入日期，其格式为“2015-03-15”。

（8）以文件名“实习 8.docx”将文件保存到 E 盘的“计算机基础”文件夹下。

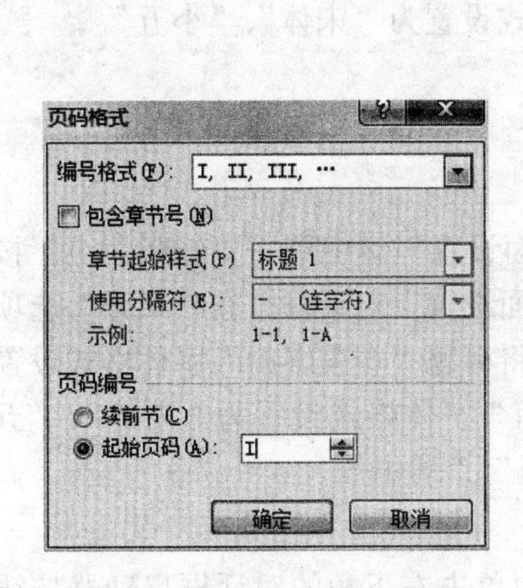

图 2.48 “页码格式”对话框

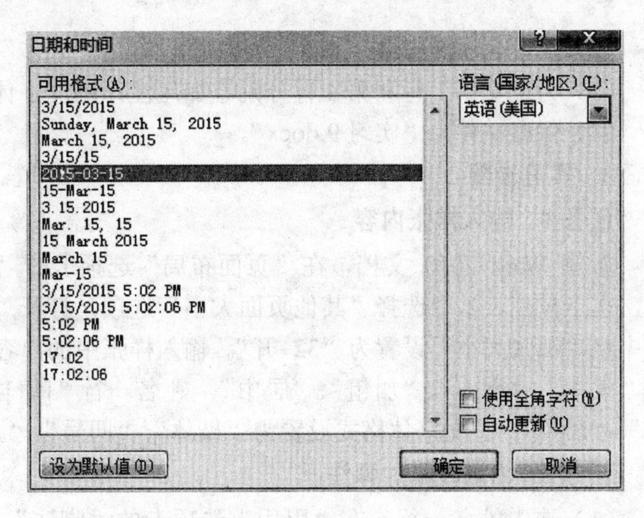

图 2.49 “日期和时间”对话框

2.9 脚注和尾注的应用

1. 实习目的

（1）掌握脚注和尾注的应用方法。

（2）观察两者的区别，学会正确使用。

2. 实习任务

（1）建立如图 2.50 所示的 Word 2010 文档，输入样张所示内容。

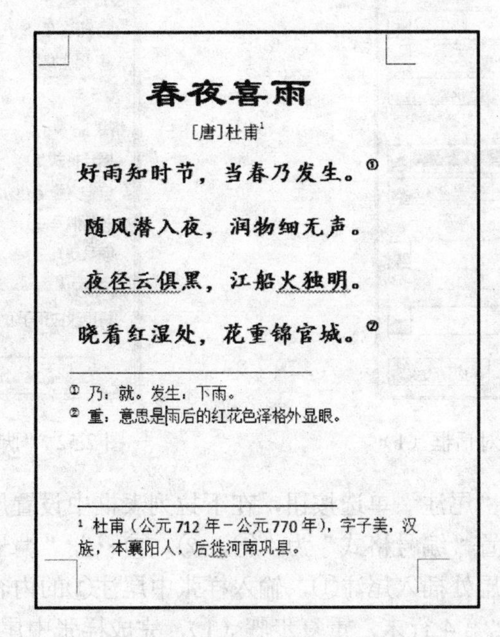
春夜喜雨

[唐]杜甫[1]

好雨知时节，当春乃发生。①

随风潜入夜，润物细无声。

夜径云俱黑，江船火独明。

晓看红湿处，花重锦官城。②

① 乃：就。发生：下雨。
② 重：意思是雨后的红花色泽格外显眼。

1 杜甫（公元 712 年－公元 770 年），字子美，汉族，本襄阳人，后徙河南巩县。

图 2.50 脚注和尾注的应用样张

（2）为姓名添加脚注，脚注字体格式设置为“宋体”、“小五”。

（3）为正文第 1 行和第 4 行分别添加尾注，尾注字体格式设置为“宋体”、“小五”。

（4）保存文件为“实习 9.docx”。

3. 实习步骤

任务 1 输入样张内容

新建 Word 2010 文档，在“页面布局”选项卡的“页面设置”组中单击“纸张大小”按钮，在下拉列表框中选择“其他页面大小”选项，打开“页面设置”对话框，在“纸张”选项卡中将“纸张大小”设置为“32 开”。输入样张中的内容，将标题“春夜喜雨”字体格式设置为“隶书”、“小一”、“加粗”、“居中”，姓名一行“[唐]杜甫”字体格式设置为“宋体”、“五号”、“居中”，正文字体格式设置为“楷体”、“四号”、“加粗”、“居中”。

任务 2 为姓名添加脚注

（1）选中姓名一行，在“引用”选项卡的“脚注”组中单击右下角的对话框启动器按钮，打开如图 2.51 所示的“脚注和尾注”对话框。

（2）在“位置”区选择“脚注”单选按钮，并设置为“页面底端”。

（3）在“格式”区设置“编号格式”为“1，2，3，…”，单击“插入”按钮，即在页面底端插入脚注 1，输入样张中的脚注内容即可。

任务 3 为正文第 1 行和第 4 行分别添加尾注

（1）将光标定位在正文第一行末，在“引用”选项卡的“脚注”组中单击右下角的对话框启动器按钮，打开如图 2.52 所示的“脚注和尾注”对话框。

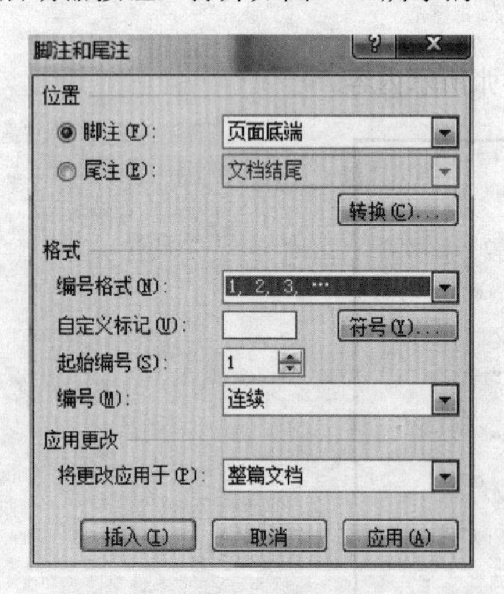

图 2.51 “脚注和尾注”对话框（1）

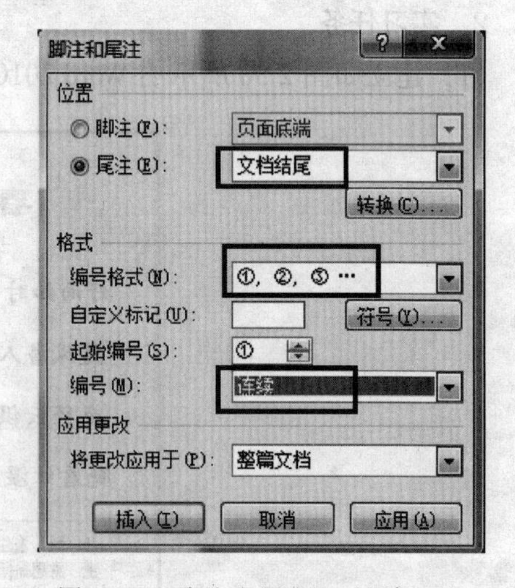

图 2.52 “脚注和尾注”对话框（2）

① 在“位置”区选择“尾注”单选按钮，在下拉列表框中设置尾注为“文档结尾”。

② 在“格式”区域设置“编号格式”为“①，②，③…”，“编号”设置为“连续”，单击“插入”按钮，即在文档结尾处插入尾注①，输入样张中尾注①的内容。

（2）将光标定位在正文第 4 行末，重复步骤（1），完成样张中尾注②的输入和编辑。

（3）以文件名“实习 9.docx”将文件保存到 E 盘的“计算机基础”文件夹下。

2.10　邮件合并的使用

1. 实习目的

掌握邮件合并的使用方法。

2. 实习任务

（1）建立如图 2.53 所示的“成绩通知单”文档，输入样张内容，并以文件名“实习 10-成绩通知单素材.docx”保存。

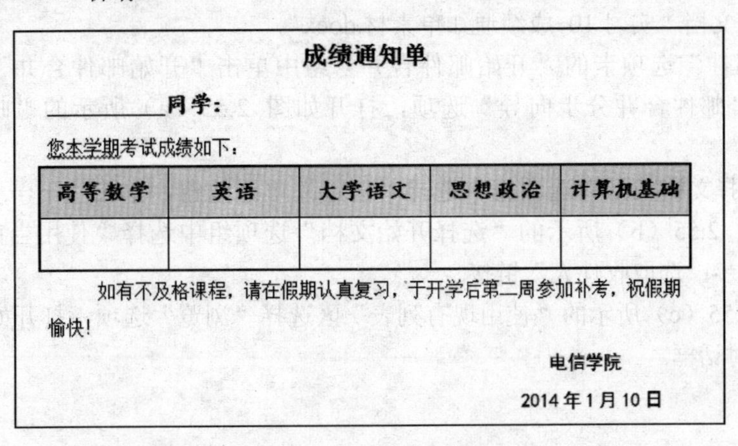

成绩通知单

______**同学：**

您本学期考试成绩如下：

高等数学	英语	大学语文	思想政治	计算机基础

如有不及格课程，请在假期认真复习，于开学后第二周参加补考，祝假期愉快！

电信学院

2014 年 1 月 10 日

图 2.53 “成绩通知单”样张

（2）建立如图 2.54 所示的“成绩表”Word 文档，输入样张内容，以文件名“实习 10-成绩表素材.docx”保存。

姓名	高等数学	英语	大学语文	思想政治	计算机基础
张一曼	88	78	76	65	87
李二虎	56	66	70	81	80
路三波	85	70	75	80	67

图 2.54 “成绩表”样张

（3）使用邮件合并生成所有“成绩通知单”，以文件名“成绩通知单.docx”保存。

3. 实习步骤

任务 1　建立主文档

（1）新建 Word 文档，输入如图 2.53 所示的“成绩通知单”样张内容。

（2）标题“成绩通知单”字体格式设置为“宋体”、“三号”、“加粗”、“居中”；第一行文字“同学：”字体格式设置为“楷体”、“四号”、“加粗”。正文中的文字（除表格文字外）字体格式设置为“宋体”、“小四”、“1.5 倍行距”；文字“电信学院”与“2014 年 1 月 10 日”字体格式设置为“黑体”、“小四”。

（3）设置表格第一行文字字体格式为“楷体”、“小四”、“加粗”。选中表格，设置表格外框线和第一行底纹。

（4）打印预览后，以“实习 10-成绩通知单素材.docx”为文件名保存。

任务 2　建立数据源

（1）新建 Word 2010 文档，创建如图 2.54 所示的“成绩表”。

（2）以“实习 10-成绩表素材.docx”为文件名保存（与“实习 10-成绩通知单素材.docx”文件保存在同一文件夹）。

任务 3　为每一个学生生成独立的“成绩通知单”

（1）打开主文档“实习 10-成绩通知单素材.docx”。

（2）在“邮件”选项卡的“开始邮件合并”组中单击“开始邮件合并”按钮，在下拉列表框中选择“邮件合并分步向导”选项，打开如图 2.55（a）所示的“邮件合并”任务窗格。

（3）在“选择文档类型”选项组中选择“信函”单选按钮，单击“下一步：正在启动文档”链接，在图 2.55（b）所示的“选择开始文档”选项组中选择“使用当前文档”单选按钮，单击“下一步：选取收件人”链接。

（4）在图 2.55（c）所示的“使用现有列表”区选择“浏览”选项，打开如图 2.56 所示的“选取数据源”对话框。

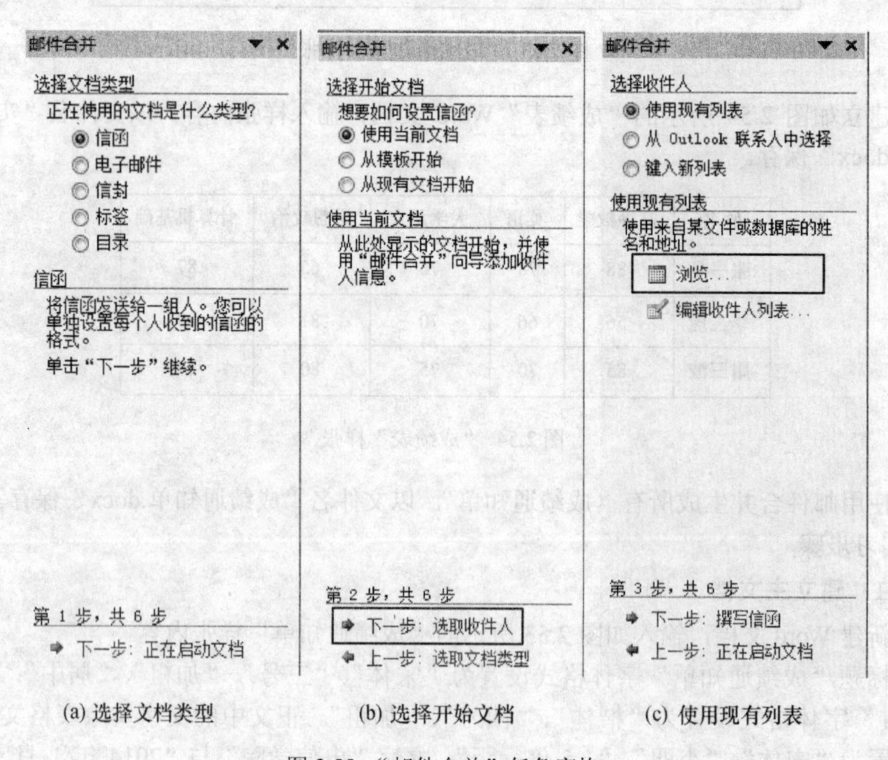

(a) 选择文档类型　　(b) 选择开始文档　　(c) 使用现有列表

图 2.55　“邮件合并”任务窗格

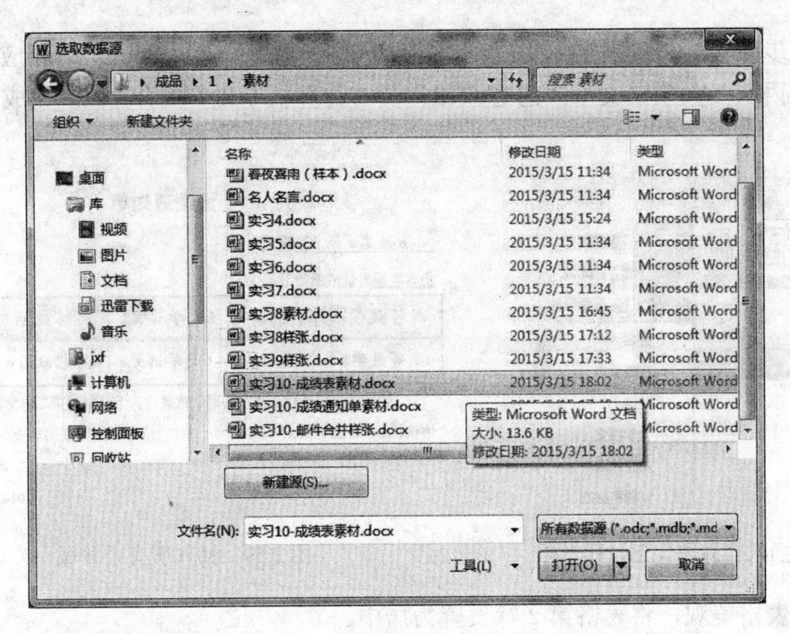

图 2.56 “选取数据源”对话框

（5）在对话框中选中建立的数据源文件“实习 10-成绩表素材.docx”，单击“打开”按钮，打开如图 2.57 所示的“邮件合并收件人”对话框。单击“确定”按钮，关闭“邮件合并”任务窗格。

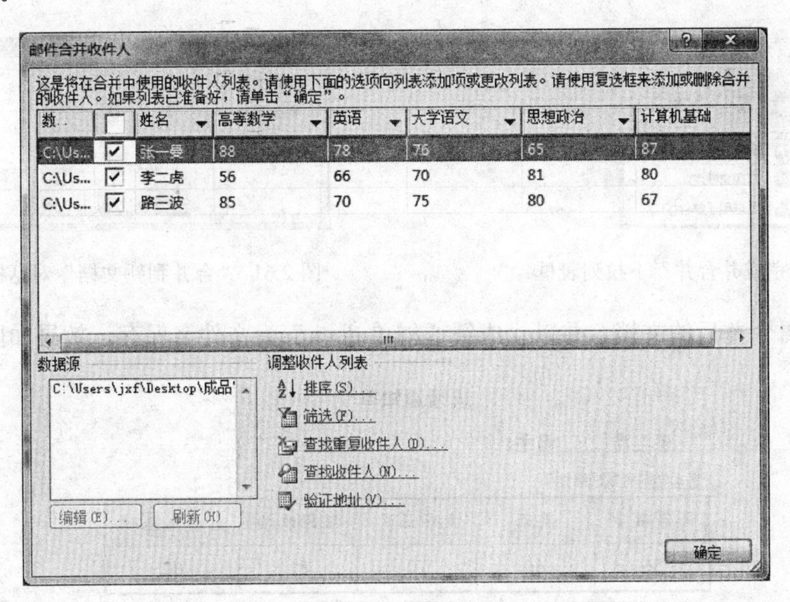

图 2.57 “邮件合并收件人”对话框

（6）将光标定位在主文档要插入“姓名”的位置，在“邮件”选项卡的“编写和插入域”组中单击“插入合并域”按钮，如图 2.58 所示。选择“姓名”选项，则在光标处显示“《姓名》”。

（7）重复步骤（6），依次在主文档“实习 10-成绩通知单素材.docx”的相应位置插入“高等数学”、“英语”、“大学语文”、“思想政治”及“计算机基础”的合并域，完成之后的效果如图 2.59 所示。

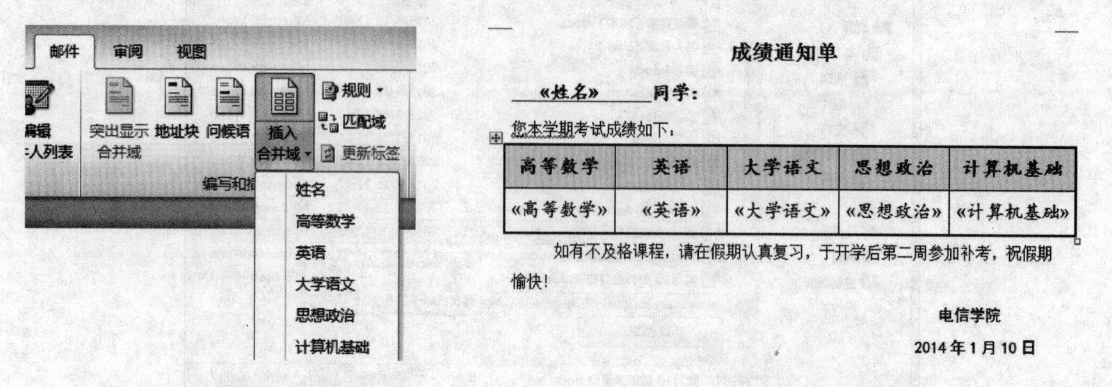

成绩通知单

«姓名» 同学：

您本学期考试成绩如下：

高等数学	英语	大学语文	思想政治	计算机基础
«高等数学»	«英语»	«大学语文»	«思想政治»	«计算机基础»

如有不及格课程，请在假期认真复习，于开学后第二周参加补考，祝假期愉快！

电信学院

2014 年 1 月 10 日

图 2.58 “插入合并域”下拉列表框　　图 2.59 插入所有合并域

（8）为使表格美观，将表格第 2 行设置为居中。

（9）在“邮件”选项卡的“完成”组中单击“完成并合并”按钮，如图 2.60 所示，在下拉列表框中选择“编辑单个文档”选项，打开如图 2.61 所示的“合并到新文档”对话框，在“合并记录”选项组中选择“全部”单选按钮，单击“确定”按钮，即生成所有学生的成绩通知单。

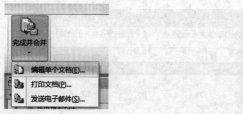

图 2.60 “完成并合并”下拉列表框

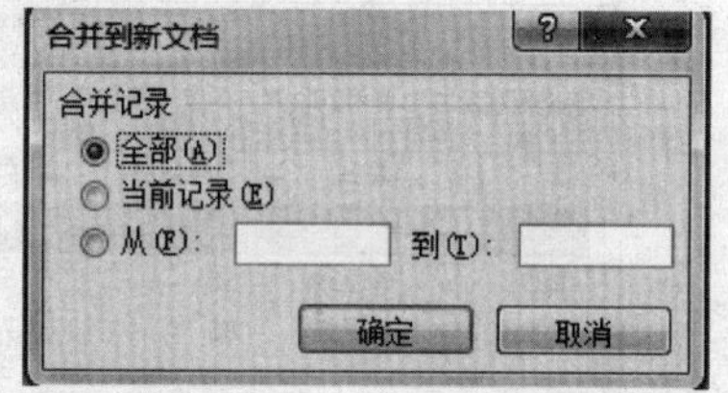

图 2.61 “合并到新文档”对话框

（10）编辑合并后的文档，并以“成绩通知单.docx”为文件名保存，效果如图 2.62 所示。

成绩通知单

李二虎 同学：

您本学期考试成绩如下：

高等数学	英语	大学语文	思想政治	计算机基础
56	66	70	81	80

如有不及格课程，请在假期认真复习，于开学后第二周参加补考，祝假期愉快！

电信学院

2014 年 1 月 10 日

图 2.62 邮件合并完成效果

第3章　Excel 2010电子表格软件

3.1　工作表的创建与格式化

1. 实习目的

（1）掌握 Excel 的启动和退出方法。

（2）掌握工作簿的创建、保存、打开方法。

（3）掌握不同类型数据的输入、编辑和修改方法。

（4）掌握单元格基本操作方法。

（5）掌握斜线表头的制作方法。

（6）掌握工作表的格式化方法。

2. 实习任务

（1）启动 Excel 2010，创建工作簿。

（2）按照图 3.1 所示的样表输入内容，各列的数据类型要求如下：“编号”、“名称”列为字符型；“日期”列为日期型，格式为“YY/MM/DD”（如 2014/9/28）；“数量（斤）”列为数值型，保留一位小数；“单价”和“销售额”列为货币型，带货币符号，保留两位小数。

（3）制作斜线表头，增加“信息”文字，位置如图 3.1 所示。

	A	B	C	D	E	F
1	水果销售记录表					
2	信息 编号	名称	日期	数量(斤)	单价	销售额
3	20140501	西瓜	2014/5/2	255.6	¥1.99	508.644
4	20140502	芒果	2014/5/2	185.0	¥6.59	1219.15
5	20140503	苹果	2014/5/2	312.3	¥8.90	2779.47
6	20140504	酥梨	2014/5/2	336.2	¥5.60	1882.72
7	20140505	菠萝	2014/5/2	202.2	¥2.30	465.06
8	20140506	火龙果	2014/5/2	145.5	¥6.99	1017.045
9	20140507	圣女果	2014/5/2	136.1	¥2.50	340.25
10	20140508	水蜜桃	2014/5/2	267.3	¥18.90	5051.97

图 3.1　水果销售记录表

（4）设置表格，要求如下。

① 标题行字体格式设置为“宋体”、“18”、“加粗”、“黑色”，“蓝色底纹”，行高值设置为“26”，采用合并及垂直居中。

② 表头各列标题字体格式设置为“仿宋”、“12”、“红色”，“浅黄色底纹”，最适合行

高，居中显示。

③ 表格中内容字体格式设置为“楷体”、“12”、“黑色”，“浅绿色底纹”，全部居中显示。

④ 表格边框线的外边框设置为“红色”、“双实线”，内框线设置为“黑色”、“较粗单实线”。

（5）保存工作簿，以“实习 1.xlsx”为文件名保存到 D 盘“计算机基础”文件夹，退出 Excel。

3. 实习步骤

任务 1 启动 Excel 2010，创建工作簿。

（1）双击桌面上的 Microsoft Excel 2010 快捷方式图标，或在“开始”菜单的“所有程序”子菜单的 Microsoft Office 子菜单中选择 Microsoft Excel 2010 选项，启动 Excel，则会自动创建一个默认名为“工作簿 1”的新工作簿。

（2）在“文件”菜单中选择“新建”选项，在右侧“可用模板”区域中双击“空白工作簿”选项，或者单击窗口左上角快速访问工具栏上的“新建”按钮。

任务 2 输入“水果销售记录表”的内容

（1）在 Sheet1 工作表的 A1 单元格中输入文字“水果销售记录表”。

（2）在第 2 行按照样表输入标题列信息，包括“编号”、“名称”、“日期”等。

（3）自动填充“编号”和“日期”两列的信息。

① 如图 3.2 所示，选中 A3 单元格，因编号为字符型，应输入“'20140501”，单击该单元格右下角的填充柄，当光标变为黑十字时，按下鼠标左键向下拖动至 A10 单元格，松开鼠标左键。

② 如图 3.3 所示，选中 C3 单元格，输入“2014/5/2”，选中 C2:C10 区域，在“开始”选项卡的“编辑”组的“填充”下拉列表框中选择“向下”选项，则这部分单元格全部填充为“2014/5/2”日期数据，如果数据不能全部显示，则适当调整列宽。

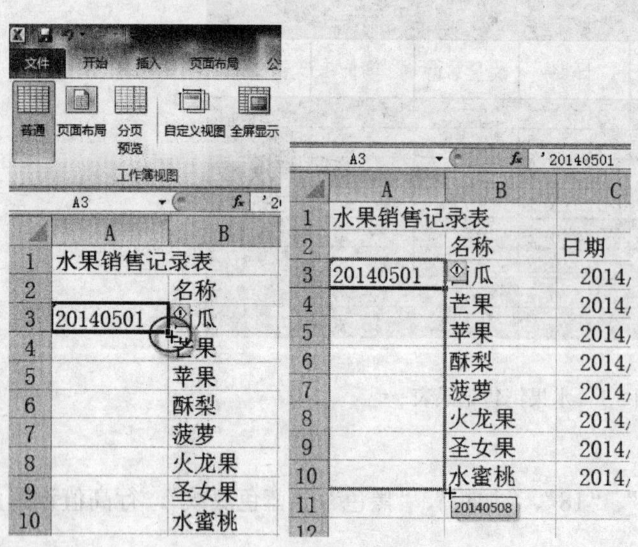

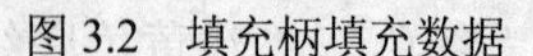

图 3.2 填充柄填充数据

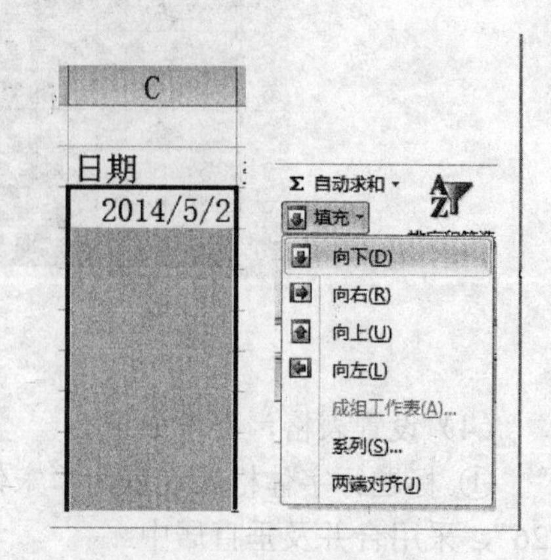

图 3.3 填充功能使用

（4）输入其他各列数据。

任务3 设置数据类型

（1）“编号”、“名称”和“日期”列在输入时已根据输入格式设置为字符型、日期型，不需要重新设置。

（2）选中D3:D10区域，在“开始”选项卡的“单元格”组的“格式”下拉列表框中选择“设置单元格格式”选项，打开如图3.4所示的“设置单元格格式”对话框，在“数字”选项卡的“分类”列表框中选择“数值”选项，“小数位数”设置为“1”，单击“确定”按钮，完成设置。

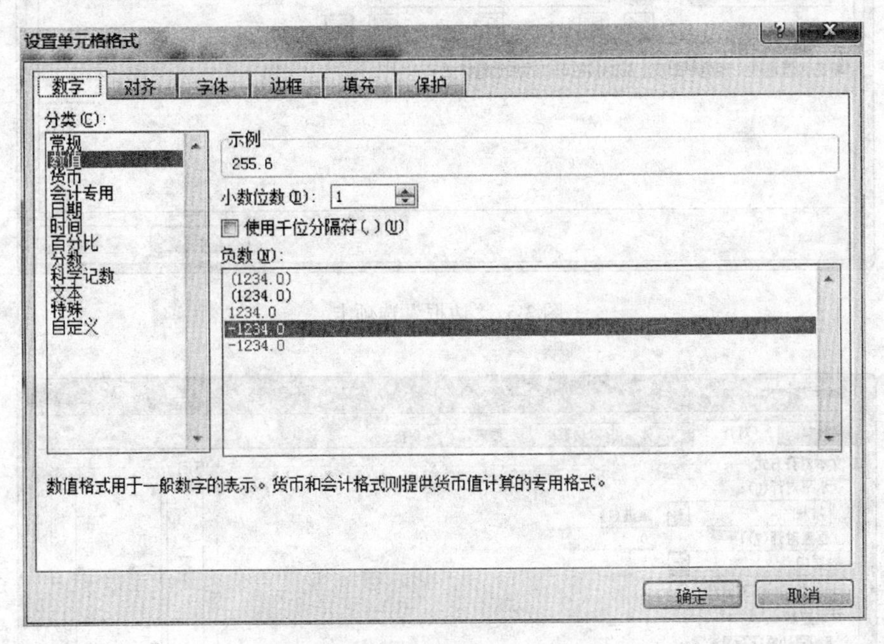

图3.4 “设置单元格格式”对话框

（3）选中E3:E10区域，使用步骤（2）中的操作方法，设置为“货币”类型，货币符号为“¥”，“小数位数”为“2”。

任务4 制作斜线表头

（1）选中A2单元格，在“编号”前输入“信息”，再在“开始”选项卡的“单元格”组中单击“格式”按钮，在打开的下拉列表框中选择“设置单元格格式”选项，打开如图3.5所示的“设置单元格格式”对话框。

（2）在“边框”选项卡中，设置线条的样式、颜色，在“边框”区中单击“左斜线”按钮。

（3）在如图3.6所示的“对齐”选项卡的“文本控制”选项组中勾选“自动换行”复选框。

（4）利用空格适当调整“编号”和“信息”文字之间的距离，用鼠标指针调整行高至完全显示表头内容，效果如样张所示。

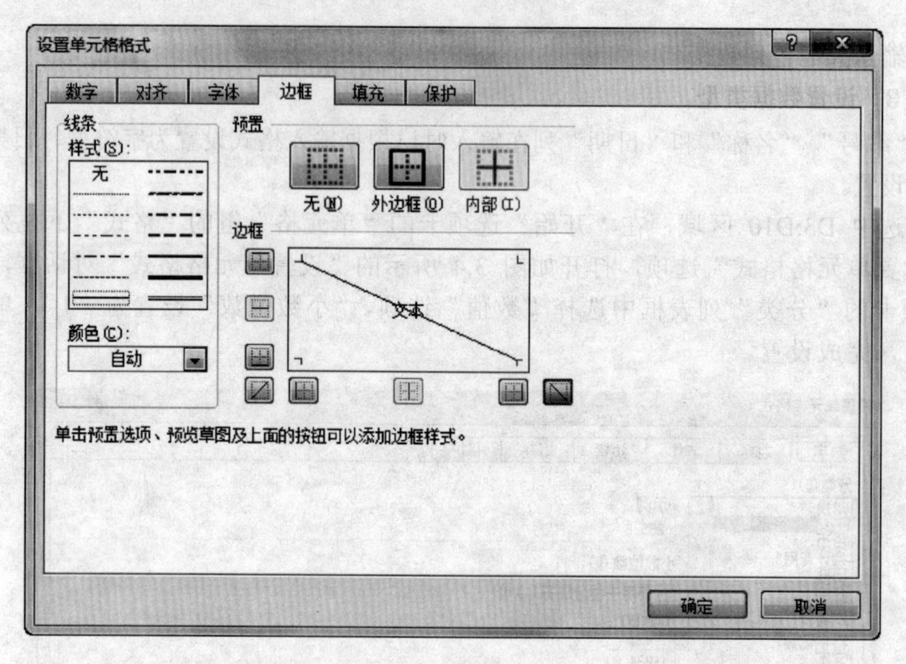

图 3.5　“边框”选项卡

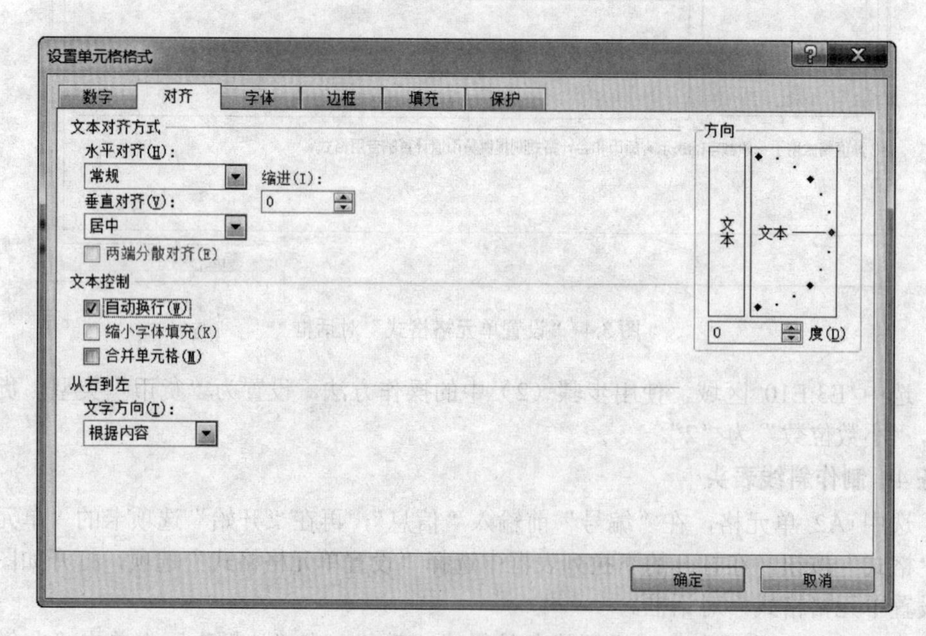

图 3.6　“对齐”选项卡

任务 5　表格设置

（1）设置标题行。

① 选中 A1:F1 区域，在“开始”选项卡的“对齐方式”组中单击“合并后居中”按钮。

② 在“开始”选项卡的“字体”组中，设置标题字体格式为“宋体”、“18”、“加粗”、“黑色”。

③ 右击设置的单元格，在弹出的快捷菜单中选择“设置单元格格式”选项，打开如图 3.4 所示的“设置单元格格式”对话框，在如图 3.7 所示的“填充”选项卡中，设置“背景色”为“蓝色”。

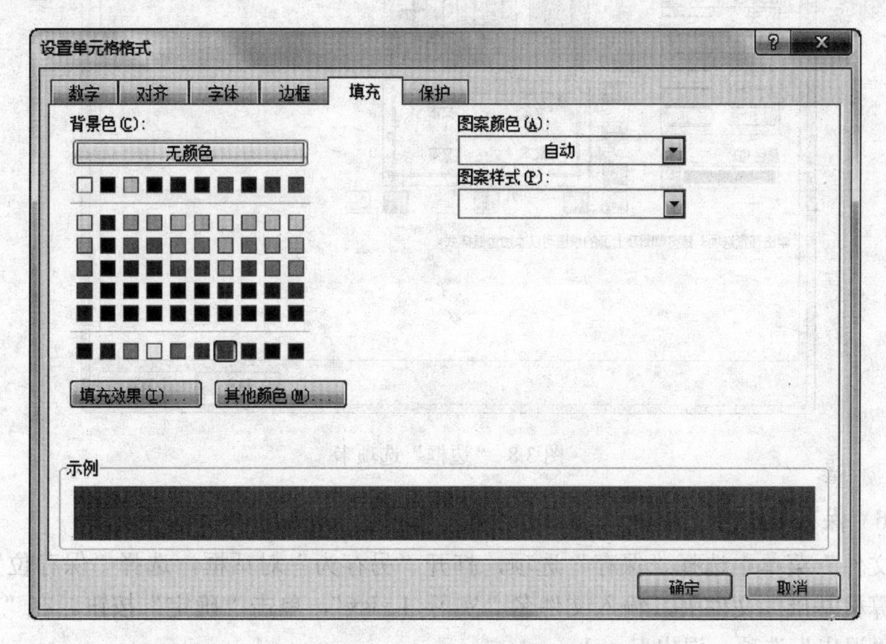

图 3.7 “填充”选项卡

④ 在“开始”选项卡的“单元格”组中单击“格式”按钮，在其下拉列表框中选择“行高”选项，在打开的“行高”对话框中输入“26”，单击“确定”按钮。

（2）设置表头各标题列。

① 选中 A2:F2 区域，在“开始”选项卡的“字体”组中设置字体格式为“仿宋”、“12”、“红色”，单击“填充颜色”按钮右侧的下三角，在打开的“颜色”列表中设置底纹颜色为“浅黄”。

② 在“开始”选项卡的“单元格”组中单击“格式”按钮，在打开的下拉菜单中选择“自动调整行高”选项，为表头选择最适合的行高。

③ 选中 B2:F2 区域，在“开始”选项卡的“对齐方式”组中单击“居中”按钮。

（3）设置数据区。选中 A3:F10 区域，在“开始”选项卡的“字体”组中设置字体格式为“楷体”、“12”、“黑色”、“浅绿色底纹”，在“对齐方式”组中单击“居中”按钮☰，数据全部居中显示。

（4）设置表格边框线。

① 选中 A1:F10 区域并右击，在弹出的快捷菜单中选择“设置单元格格式”选项，打开如图 3.8 所示的“设置单元格格式”对话框的“边框”选项卡。

② 在“线条”区的“样式”列表中选择“双实线”选项═，颜色设置为“红色”，在“预置”区单击“外边框”按钮；在“线条”区的“样式”列表中选择第一个粗单实线选项━，颜色设置为“黑色”，在“预置”区单击“内部”按钮，最后单击“确定”按钮。

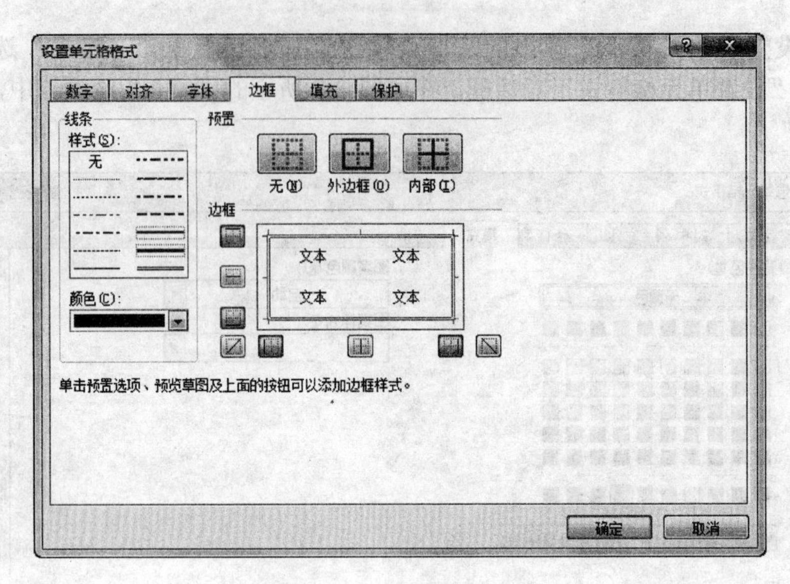

图 3.8 “边框”选项卡

任务 6 保存工作簿

在“文件”菜单中选择“保存”选项，打开“另存为”对话框，选择“保存位置”为 D 盘的“计算机基础”文件夹，输入文件名“实习 1.xlsx”，单击“确定”按钮。在“文件”菜单中选择“退出”选项，退出 Excel。

提示：可单击快速访问工具栏上的“保存”按钮保存文件；单击工作簿窗口上的“关闭”按钮退出 Excel。

3.2 工作表的编辑

1. 实习目的

（1）熟练掌握单元格的格式化方法。

（2）掌握自动套用格式的使用方法。

（3）掌握条件格式的应用方法。

（4）掌握工作表插入、移动、复制、删除和重命名的操作方法。

2. 实习任务

（1）启动 Excel 2010，创建工作簿，在 Sheet1 工作表中输入图 3.9 所示的内容。

（2）应用套用表格格式及表格的格式化，美化工作表，要求如下。

① 标题行字体格式设置为“宋体”、“20”、“加粗”、“白色”、“深红色底纹”，行高设置为“35”。

② 表头行字体格式设置为“宋体”、“14”、“加粗”、“居中”，行高为“30”。

③ 表格其他内容字体格式设置为“宋体”、“12”，行高值设置为“25”，“平均分”列、“平均成绩”行设置为“白色底纹”。

期末成绩表							
学号	姓名	语文	数学	英语	物理	总分	平均分
20140301	刘一鹏	64	96	83	88	331	82.8
20140302	赵二婷	73	82	92	89	336	84.0
20140303	张三虎	82	93	77	90	342	85.5
20140304	李四琦	81	73	80	65	299	74.8
20140305	王五铭	65	78	75	82	300	75.0
20140306	路陆雯	56	64	80	73	273	68.3
20140307	郭棋刚	37	66	58	62	223	55.8
20140308	周耙努	71	53	72	54	250	62.5
20140309	吴九芯	63	76	80	70	289	72.3
20140310	程诗清	85	68	86	70	309	77.3
平均成绩		67.7	74.9	78.3	74.3	295.2	73.8

图 3.9 “期末成绩表”样表

④ 文本数据全部居中显示，数值数据右对齐。

⑤ 所有列宽设置为“最适合列宽”，并适当调整。

⑥ 内框线设置为“黑色单实线”，外框线设置为“黑色双实线”。

（3）条件格式的设置，要求如下。

① 不及格成绩用“红色”字体显示。

② 平均分高于平均成绩的单元格用“浅红色底纹”、“深红色字体”表示；平均分低于平均成绩的单元格用“浅绿色底纹”、“深绿色字体”表示。

（4）工作表的编辑，要求如下。

① 将 Sheet1 工作表命名为“期末成绩表”。

② 复制“期末成绩表”，并将其放在“期末成绩表”工作表之后。

③ 在复制的工作表中，保留平均分高于平均成绩且无不及格成绩的学生信息，标题修改为“优秀学生成绩表”，并将工作表重命名为“优秀学生成绩表”，如图 3.10 所示。

优秀学生成绩表							
学号	姓名	语文	数学	英语	物理	总分	平均分
20140301	刘一鹏	64	96	83	88	331	82.8
20140302	赵二婷	73	82	92	89	336	84.0
20140303	张三虎	82	93	77	90	342	85.5
20140304	李四琦	81	73	80	65	299	74.8
20140305	王五铭	65	78	75	82	300	75.0

优秀学生成绩表　期末成绩表　Sheet4

就绪

图 3.10 “优秀学生成绩表”样表

④ 删除 Sheet2 和 Sheet3 工作表。

⑤ 将“优秀学生成绩表”工作表移动到“期末成绩表”工作表之前，并插入一个新工作表，放在“期末成绩表”工作表之后。

3. **实习步骤**

任务1 创建“期末成绩表”

启动 Excel 2010，在 Sheet1 工作表的第 1 行输入“期末成绩表”，在第 2 行输入表头行信息，按照样表输入数据。

任务2 美化工作表

（1）选中 A2:H13 区域，在“开始”选项卡的“样式”组中单击“套用表格格式”下拉按钮，在如图 3.11 所示的下拉列表框中选择“表样式中等深浅 15”选项。

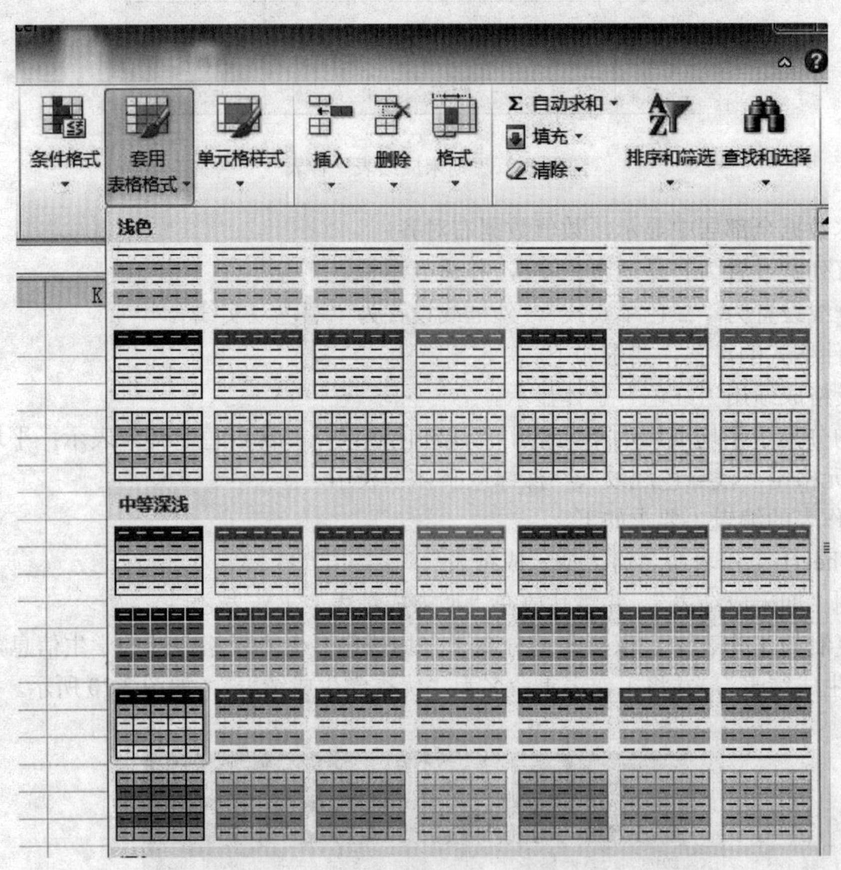

图 3.11 “套用表格格式”下拉列表框

（2）选中 A1:H1 区域，在“开始”选项卡的“对齐方式”组中单击“合并后居中”按钮，使标题行合并并居中。在“单元格”组中单击“格式”下拉按钮，在下拉列表框中选择“设置单元格格式”选项，打开“设置单元格格式”对话框。在“字体”选项卡中设置字体格式为“宋体”、“白色”、“加粗”、“20”，在“填充”选项卡中设置背景色为“深红”，单击“确定”按钮。在“单元格”组中单击“格式”下拉按钮，在下拉列表框中选择“行高”选项，在打开的对话框中设置行高为“35”。

（3）选中 A2:H2 区域，在“开始”选项卡的“字体”组中设置字体格式为“宋体”、“14”、“加粗”、“居中”，设置行高为“30”。

（4）选中 A3:H13 区域，在“开始”选项卡的“字体”组中设置字体格式为“宋体”、“12”、“居中”；设置行高为“25”。

（5）选中 C3:H13 区域，在“开始”选项卡的“对齐方式”组中单击“右对齐”按钮，数值数据全部右对齐。

（6）在“开始”选项卡的“单元格”组中单击“格式”下拉按钮，在下拉列表框中选择“自动调整列宽”选项，设置所有列宽为最适合列宽，并适当调整。

（7）选中 H3:H13 区域并右击，在弹出的快捷菜单中选择“设置单元格格式”选项，打开“设置单元格格式”对话框，在“填充”选项卡的“背景色”列表中选择“白色”选项。美化效果如图 3.12 所示。

	A	B	C	D	E	F	G	H
1	期末成绩表							
2	学号	姓名	语文	数学	英语	物理	总分	平均分
3	20140301	刘一鹏	64	96	83	88		
4	20140302	赵二婷	73	82	92	89		
5	20140303	张三虎	82	93	77	90		
6	20140304	李四琦	81	73	80	65		
7	20140305	王五铭	65	78	75	82		
8	20140306	路陆雯	56	64	80	73		
9	20140307	郭棋刚	37	66	58	62		
10	20140308	周耙努	71	53	72	54		
11	20140309	吴九芯	63	76	80	70		
12	20140310	程诗清	85	68	86	70		
13	平均成绩							

图 3.12　美化表格效果

任务 3　条件格式的设置

（1）设置不及格成绩。

① 选中 C3:F12 区域，在“开始”选项卡的“样式”组中单击“条件格式”下拉按钮，在如图 3.13 所示的下拉列表中的“突出显示单元格规则”列表中选择“小于”选项。

② 在打开的如图 3.14（a）所示的“小于”对话框的文本框中输入“60”，在“设置为”下拉列表框中选择“红色文本”选项，即若分数小于 60 分，则分数用红色字体显示。

（2）设置平均分与平均成绩的比较效果。

① 选中 H3:H13 区域，在“开始”选项卡的“样式”组中单击“条件格式”按钮，在下拉列表的“突出显示单元格规则”列表中选择“大于”选项，打开如图 3.14（b）所示的“大

于”对话框，在文本框中输入“70”，在“设置为”下拉列表框中选择“浅红填充色深红色文本”选项，即平均分高于 70 分的单元格内容为深红色字体、浅红色底纹。

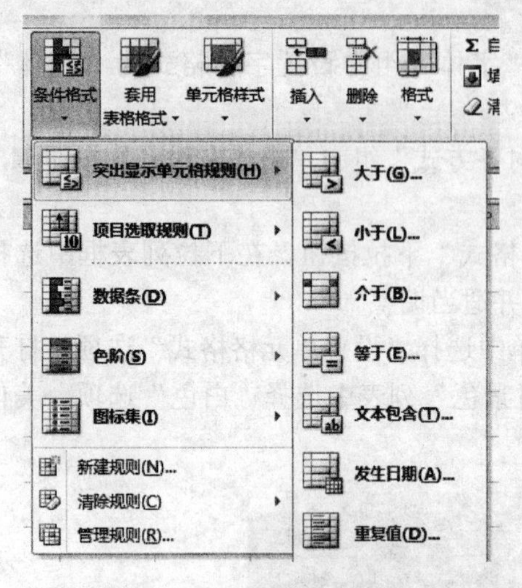

图 3.13 条件格式设置

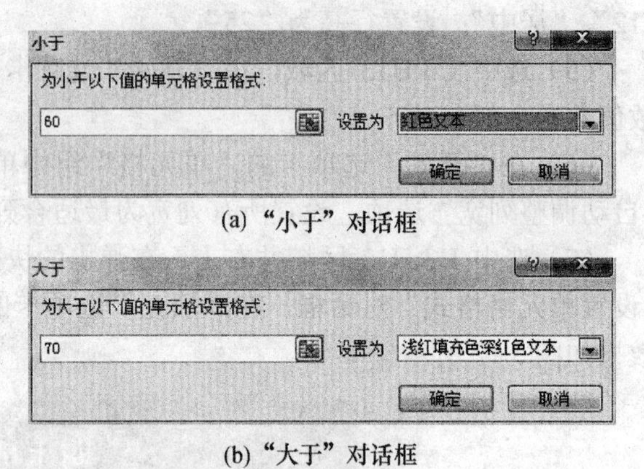

(a)“小于”对话框

(b)“大于”对话框

图 3.14 条件设置

② 选中 H3:H13 区域，在“开始”选项卡的“样式”组中单击“条件格式”按钮，在其下拉列表中的“突出显示单元格规则”列表中选择“其他规则”选项，打开如图 3.15 所示的“新建格式规则”对话框，在“只为满足以下条件的单元格设置格式”区域的第一个下拉列表框中选择“单元格值”选项，在第二个下拉列表框中选择“小于或等于”选项，在后面的文本框中输入“=$H$13”，单击“格式”按钮，打开“设置单元格格式”对话框，在“字体”选项卡中设置字体为“深绿色”，背景填充为“浅绿色”，即平均分低于或等于 73.8 分的单元格内容为深绿色字体、浅绿色底纹，单击“确定”按钮。

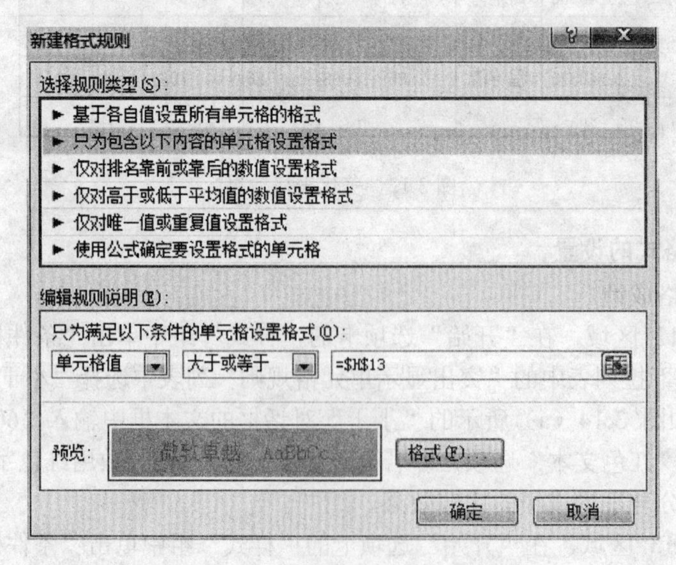

图 3.15 “新建格式规则”对话框

任务 4　工作表的编辑

（1）右击 Sheet1 标签，在弹出的如图 3.16 所示的快捷菜单中选择“重命名”选项，在编辑状态下输入“期末成绩表”。

（2）右击“期末成绩表”标签，在弹出的快捷菜单中选择“移动或复制”选项，打开如图 3.17 所示的“移动或复制工作表”对话框。在“下列选定工作表之前”列表框中选择 Sheet2（默认为当前工作表）选项，勾选“建立副本”复选框，将在 Sheet2 工作表前复制该工作表，工作表名为“期末成绩表（2）”。

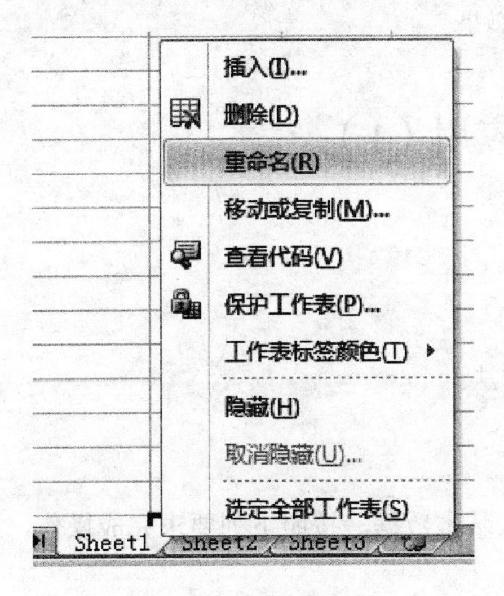

图 3.16　重命名工作表

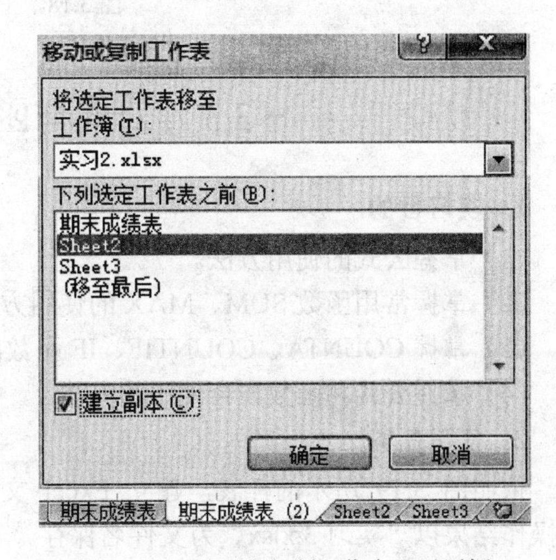

图 3.17　“移动或复制工作表”对话框

（3）在“期末成绩表（2）”工作表中，选中 A8:H13 区域并右击，在弹出的快捷菜单中选择“删除”选项，打开“删除”对话框，选择“整行”单选按钮，单击“确定”按钮，表中只有平均分高于平均成绩且没有不及格成绩的学生信息。

（4）选中标题行，按 Delete 键，删除“期末成绩表”文字，在标题行输入“优秀学生成绩表”，完成标题行修改。

（5）右击“期末成绩表（2）”工作表标签，在弹出的快捷菜单中选择“重命名”选项，在编辑状态下输入“优秀学生成绩表”，即完成工作表的改名。

（6）单击 Sheet2 工作表标签，按住 Ctrl 键，单击 Sheet3 工作表标签并右击，在弹出的快捷菜单中选择“删除”选项，即删除这两个空白工作表，结果如图 3.10 所示。

（7）单击“优秀学生成绩表”工作表标签，按住鼠标左键，将其拖动到“期末成绩表”工作表之前，松开鼠标左键，右击，在弹出的快捷菜单中选择“插入”选项，打开“插入”对话框，选中“工作表”图标，单击“确定”按钮，则在当前工作表之前插入一个新的工作表，标签为“Sheet4”。按住鼠标左键，将其拖动到“期末成绩表”工作表之后，松开鼠标左键，结果如图 3.18 所示。

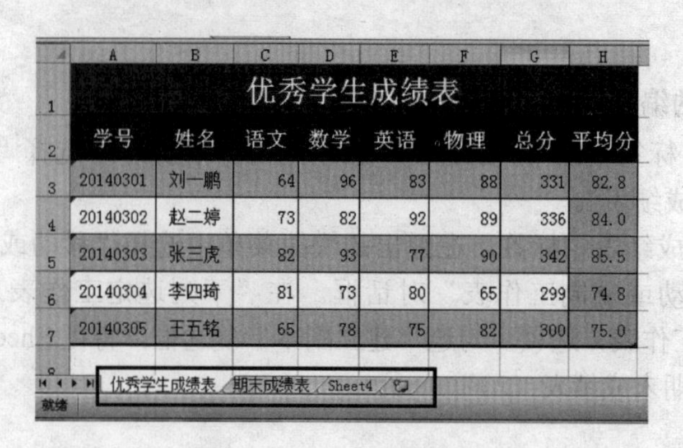

优秀学生成绩表							
学号	姓名	语文	数学	英语	物理	总分	平均分
20140301	刘一鹏	64	96	83	88	331	82.8
20140302	赵二婷	73	82	92	89	336	84.0
20140303	张三虎	82	93	77	90	342	85.5
20140304	李四琦	81	73	80	65	299	74.8
20140305	王五铭	65	78	75	82	300	75.0

图 3.18　工作表编辑效果

3.3　公式与函数的应用（1）

1. 实习目的

（1）掌握公式的使用方法。

（2）掌握常用函数 SUM、MAX 的使用方法。

（3）掌握 COUNTA、COUNTIF、IF 函数的使用方法。

（4）掌握公式和函数混合使用的方法。

2. 实习任务

依照图 3.19 所示的样表，建立 Excel 文档，输入基本数据。按照下列要求完成操作，并将操作结果以“实习 3.xlsx”为文件名保存。

2014年第一学期成绩表								
学号	姓名	英语	听力	高数	物理	英语折合分	总分	总评
20140301	刘一鹏	64	96	83	88	76.8	247.8	
20140302	赵二婷	73	82	92	89	76.6	257.6	优秀
20140303	张三虎	82	93	77	90	86.4	253.4	优秀
20140304	李四琦	81	73	80	65	77.8	222.8	
20140305	王五铭	65	78	75	82	70.2	227.2	
20140306	路陆雯	56	64	80	73	59.2	212.2	
20140307	郭棋刚	37	66	58	62	48.6	168.6	
20140308	周耙努	71	53	72	54	63.8	189.8	
20140309	吴九芯	63	76	80	70	68.2	218.2	
20140310	程诗清	85	68	86	70	78.2	234.2	
最高分		85	96	92	90	86.4	268.4	优秀
总人数	10							
不及格人数		2	1	1		2	优秀率	30%

图 3.19　“2014 年第一学期成绩表”样张

（1）计算英语折合分（英语折合分=英语×60%+听力×40%）和总分，精确到小数点后一位。

（2）计算最高分、总人数和不及格人数。

（3）按照总分评出优秀（总分>=250），计算优秀率（优秀率=优秀人数/总人数），其值用百分数形式显示。

（4）将工作表重命名为“成绩表”。

（5）按照样表对“成绩表”进行如下设置。

① 将标题字体格式设置为“黑体”、“16”、“灰色底纹”、“白色”，采用合并及垂直居中对齐方式。

② 将表头各列标题（第二行）设置为“浅灰色底纹”、“居中”，其他内容设置为“居中”。

③ 将所有框线设置为“细实线”。

3. 实习步骤

任务 1　新建工作簿

启动 Excel 2010，在 Sheet1 工作表第一行输入“2014 年第一学期成绩表”，在第二行输入表头信息；按照样表输入学号、姓名、各门课程考试成绩。

任务 2　计算英语折合分

（1）在 G3 单元格内输入公式“=C3*60%+D3*40%”，或“=C3*.6+D3*.4”，按 Enter 键结束输入，便求得刘一鹏的英语折合分。

（2）将光标移到 G3 单元格内，单击该单元格右下角的填充柄，当光标指针变成黑十字时按住左键将其拖动到 G12 单元格，松开鼠标左键，完成公式复制，即可计算得到其他学生的英语折合分。

任务 3　计算总分

（1）选中 H3 单元格，在“公式”选项卡的“函数库”组中单击“自动求和”按钮，系统会自动调用 SUM 函数，默认函数参数为 C3:H3，更改参数为 E3:H3 单元格区域，可求出刘一鹏的总分。再次选中 H3 单元格，拖动填充柄至 H12 单元格，松开鼠标左键，可完成其他学生的总分计算。

（2）选中“英语折合分”和“总分”两列，在“开始”选项卡的“数字”组中单击“增加小数位数”按钮，结果保留一位小数。

任务 4　计算最高分

（1）选中 C13 单元格，在“公式”选项卡的“函数库”组中单击“插入函数”按钮，打开如图 3.20 所示的“插入函数”对话框。

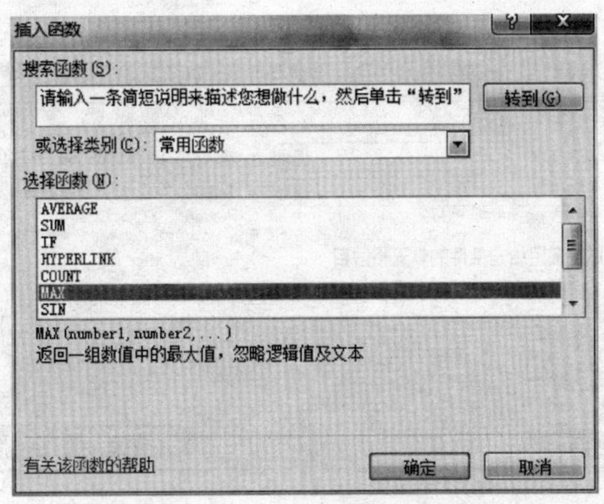

图 3.20　“插入函数”对话框

（2）在“常用函数”类别的“选择函数”列表框中选择 MAX 函数，或在“或选择类别”下拉列表框中选择“统计”选项，在“选择函数”列表框中选择 MAX 函数，单击“确定”按钮，打开如图 3.21 所示的“函数参数”对话框。

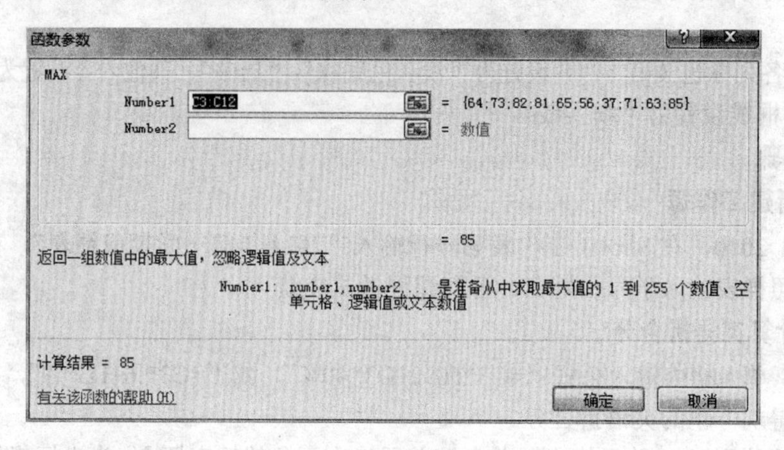

图 3.21 “函数参数”对话框

（3）在“函数参数”对话框中，单击 Number1 文本框后面的“收缩”按钮，选中 C3:C12 单元格区域，单击“确定”按钮，即求出英语最高分。

（4）再次选中 C13 单元格，拖动填充柄至 G13 单元格，松开鼠标左键，完成其他课程最高分的计算。

任务 5　计算总人数

（1）选中 B14 单元格，在“公式”选项卡的“函数库”组中单击“插入函数”按钮，设置类别为“统计”，选择函数 COUNTA，单击“确定”按钮。

（2）函数参数选择 B3:B12 单元格区域，可求出总人数。

任务 6　计算不及格人数

（1）选中 C15 单元格，在“公式”选项卡的“函数库”组中单击“插入函数”按钮，在“统计”类别中，选择函数 COUNTIF，单击“确定”按钮，打开如图 3.22 所示的“函数参数”对话框。

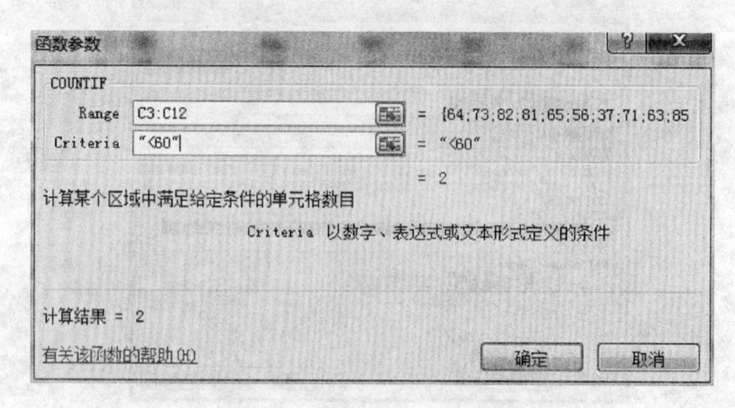

图 3.22 “函数参数”对话框

（2）函数参数“Range”选择为 C3:C12 单元格区域，“Criteria”条件定义为“＜60”，单击“确定”按钮，C15 单元格中显示不及格人数。

（3）选中 C15 单元格，拖动填充柄至 G15 单元格，松开鼠标左键，完成其他课程不及格人数的计算。

任务 7　评出优秀，计算优秀率

（1）选中 I3 单元格，在“公式”选项卡的“函数库”组中单击“插入函数”按钮，在“常用函数”类别中，选择函数 IF，单击“确定”按钮，打开如图 3.23 所示的“函数参数”对话框。

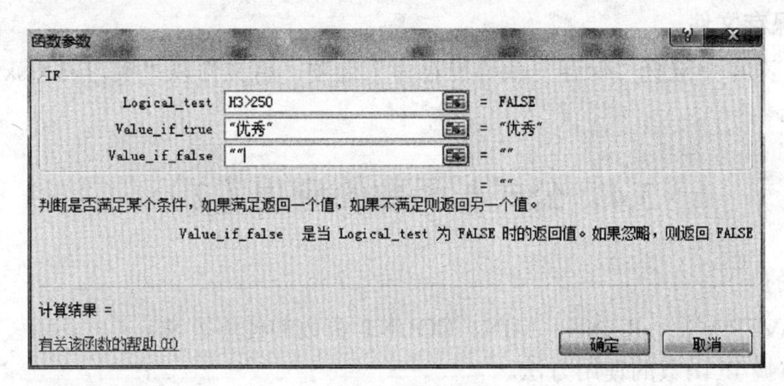

图 3.23　IF 函数设置

（2）在“Logical_test”文本框中输入条件表达式“H3>250”，在“Value_if_true”文本框中输入“优秀”，在“Value_if_false”文本框中输入“ ”（空格），单击“确定”按钮，即可得到刘一鹏的总评。

提示：可在 I3 单元格中直接输入公式“=IF（H3>=250,"优秀",""）”。公式符号均为英文标点符号。

（3）选中 I3 单元格，拖动填充柄至 I12 单元格，松开鼠标左键，完成其他学生的总评。

（4）合并 I14、I15 单元格，选中该单元格并输入公式“=COUNTIF（I3:I12,"优秀"）/B14”，得到优秀率。

（5）选中计算得出的优秀率，在“开始”选项卡的“数字”组中单击“百分比样式”按钮，优秀率的值即用百分比样式显示。

任务 8　工作表改名

选中 Sheet1 工作表并右击，在弹出的快捷菜单中选择“重命名”选项，输入“成绩表”，则完成 Sheet1 工作表的重命名。

任务 9　工作表设置

（1）选中 A1:I1 单元格区域，在“开始”选项卡的“对齐方式”组中单击“合并后居中”按钮，即可完成单元格的合并及居中。

（2）在“开始”选项卡的“对齐方式”组中单击右下角的对话框启动器按钮，打开如图 3.4 所示的“设置单元格格式”对话框。

（3）在“字体”选项卡中设置字体为“黑体”，字号为“16”，颜色为“白色”。在“填充”选项卡中设置底纹为“灰色”。

（4）选中表格第 2 行至最后一行，在“开始”选项卡的“单元格”组中单击“格式”按钮，在下拉列表框中选择“行高”选项，在打开的对话框中设置行高为“16”，在“开始”选项卡的“对齐方式”组中单击“居中”按钮，则表格内容全部居中。

（5）选中整个表格，在“开始”选项卡的“对齐方式”组中单击右下角的对话框启动器按钮，打开如图 3.4 所示的“设置单元格格式”对话框，在“边框”选项卡中设置线条样式为“细实线”，单击“外边框”、“内部”按钮，即可完成表格框线的设置。

任务 10 保存文件

在“文件”菜单中选择“保存”或“另存为”选项，将文件以“实习 3.xlsx”为文件名保存，退出 Excel。

3.4 公式与函数的应用（2）

1. 实习目的

（1）掌握 AVERAGE、RANK、MIN、COUNT 函数的使用方法。

（2）熟练掌握 IF 函数的使用方法。

2. 实习任务

建立如图 3.24 所示的 Excel 2010 文档，按照样表输入基本数据，并按照下列要求进行操作，将操作结果以“实习 4.xlsx”为文件名保存。

期末成绩表

学号	姓名	英语	数学	高数	物理	总分	平均分	名次	奖学金
20140301	刘一鹏	64	96	83	88	331	82.75	3	二等奖
20140302	赵二婷	73	82	92	89	336	84	2	二等奖
20140303	张三虎	82	93	77	90	342	85.5	1	一等奖
20140304	李四琦	81	73	80	65	299	74.75	6	三等奖
20140305	王五铭	65	78	75	82	300	75	5	三等奖
20140306	路陆雯	56	64	80	73	273	68.25	8	
20140307	郭棋刚	37	66	58	62	223	55.75	10	
20140308	周耙努	71	53	72	54	250	62.5	9	
20140309	吴九芯	63	76	80	70	289	72.25	7	三等奖
20140310	程诗清	85	68	86	70	309	77.25	4	三等奖
最高分		85	96	92	90				
最低分		37	53	58	54				
总人数		10	10	10	10				
优秀人数		1	2	2	3				
不及格人数		2	1	1	1				

期末成绩表 Sheet2 Sheet3

图 3.24 “期末成绩表”样张

（1）计算各门课程的总分、平均分。

（2）计算名次（使用 RANK 函数）。

（3）计算奖学金等级：一等奖（平均分>=90）、二等奖（平均分>=80）、三等奖（平均分>=70）。

（4）计算各门课程的最高分、最低分、总人数、优秀人数和不及格人数。

（5）将工作表重命名为“期末成绩表”。

（6）按照样表对工作表进行如下设置。

① 将标题字体格式设置为“宋体”、“20”、“加粗”、“白色”、“深红色底纹”，采用合并及居中。

② 将表头（第 2 行）字体格式设置为“宋体”、“14 磅”、“加粗”、“白色”、“蓝色底纹”，内容居中。

③ 将 A3:F12 单元格区域设置为“浅黄色底纹”，“学号”和“姓名”列设置为“内容居中”；“总分”列设置为“灰色底纹”；“平均分”列设置为“红色底纹”，字体颜色设置为“白色”；“名次”和“奖学金”列设置为“青绿色底纹”。

④ 利用条件格式将各课程中 90 分以上（含 90 分）的成绩设置为“绿色底纹”，60 分以下的成绩设置为“红色底纹”。

⑤ 将外框线设置为“双线型”，内框线设置为“单细实线”。

3. 实习步骤

任务 1 新建工作簿

启动 Excel 2010，在 Sheet1 工作表的第 1 行输入“期末成绩表”，在第 2 行输入表头信息；按照样表输入学号、姓名和各门课程考试成绩；分别合并单元格 A13:B13、A14:B14、A15:B15、A16:B16、A17:B17，输入“最高分”、“最低分”、“总人数”、“优秀人数”和“不及格人数”等信息。

任务 2 计算总分

（1）选中 G3 单元格为当前单元格，在“公式”选项卡的“函数库”组中单击“自动求和”按钮，系统会自动调用 SUM 函数，函数参数选择 C3:F3 单元格区域，可求出刘一鹏的总分。

（2）选中 G3 单元格，单击该单元格右下角的填充柄，当光标指针变成黑十字时将其拖动到 G12 单元格，松开鼠标左键，完成公式复制，即可完成其他学生的总分计算。

任务 3 计算平均分

（1）选中 H3 单元格，在“公式”选项卡的“函数库”组中单击“插入函数”按钮，打开“插入函数”对话框。

（2）在“插入函数”对话框中选择 AVERAGE 函数，参数设为“C3:F3”，按 Enter 键，求得刘一鹏的平均分。

（3）将光标移到 H3 单元格内，拖动填充柄至 H12 单元格，松开鼠标左键可完成其他学生平均分的计算。

任务 4 计算名次

（1）选中 I3 单元格，在“公式”选项卡的“函数库”组中单击“插入函数”按钮。在打开的“插入函数”对话框中选择类别为“全部函数”，选择函数为“RANK”，单击“确定”按钮，打开“函数参数”对话框。

（2）在如图 3.25 所示的“函数参数”对话框的 Number 文本框中输入“G3”，在 Ref 文本框中输入“$G$3:$G$12”。单击“确定”按钮，即可得到刘一鹏的名次。

函数参数
RANK
Number　G3　= 331
Ref　$G$3:$G$12　= {331;336;342;299;300;273;223;250;
Order　= 逻辑值
= 3
此函数与 Excel 2007 和早期版本兼容。
返回某数字在一列数字中相对于其他数值的大小排名
Order 是在列表中排名的数字。如果为 0 或忽略，降序；非零值，升序
计算结果 = 3
有关该函数的帮助(H)　确定　取消

图 3.25　RANK 函数参数设置

提示：注意绝对地址与相对地址的区别。

（3）选中 I3 单元格为当前单元格，拖动填充柄至 I12 单元格，松开鼠标左键，完成其他学生名次的计算。

任务 5　计算奖学金等级

（1）选中 J3 单元格，在“公式”选项卡的“函数库”组中单击“插入函数”按钮。在打开的“插入函数”对话框中，选择类别为“常用函数”，选择函数为“IF”，单击“确定”按钮，打开如图 3.26 所示的“函数参数”对话框。

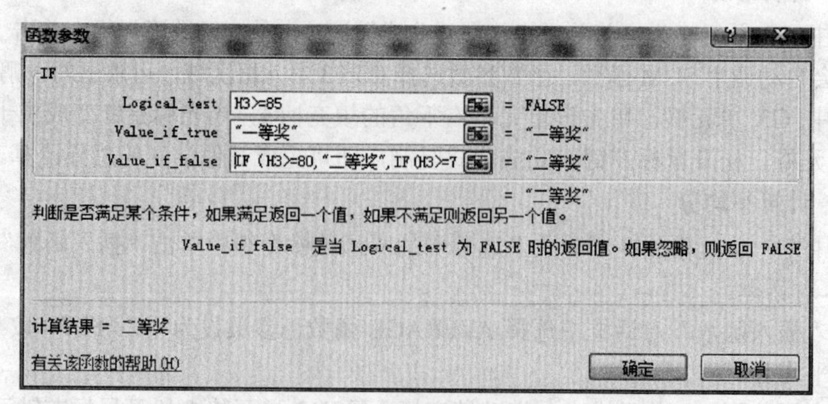

图 3.26　IF 函数参数设置

（2）在 Logical_test 文本框中输入条件表达式“H3>=85”，在 Value_if_true 文本框中输入“一等奖”，在 Value_if_false 文本框中输入公式“IF（H3>=80,"二等奖",IF（H3>=70,"三等奖",""))”，单击“确定”按钮，可得到刘一鹏的奖学金等级。

提示：在 J3 单元格也可直接输入公式“=IF（H3>=90,"一等奖",IF（H3>=80,"二等奖",IF（H3>=70,"三等奖",""）））”。

（3）选中 J3 单元格，拖动填充柄至 J12 单元格，松开鼠标左键，可得到其他学生的奖学金等级。

任务 6　计算最高分、最低分、总人数、优秀人数和不及格人数

（1）选中 C13 单元格，在“公式”选项卡的“函数库”组中单击“插入函数”按钮，选择 MAX 函数，参数设置为“C3:C12”，按 Enter 键，得到英语课程的最高分。再次选中 C13 单元格，拖动填充柄至 F13 单元格，松开鼠标左键，得到其他课程的最高分。

（2）选中 C14 单元格，在“公式”选项卡的“函数库”组中单击“插入函数”按钮，选择 MIN 函数，参数设置为“C3:C12”，按 Enter 键，得到英语课程的最低分。再次选中 C14 单元格，拖动填充柄至 F14 单元格，松开鼠标左键，得到其他课程的最低分。

（3）选中 C15 单元格，在“公式”选项卡的“函数库”组中单击“插入函数”按钮，选择 COUNT 函数，显示“=COUNT（C3:C12）”，按 Enter 键，得到参加英语课程考试的总人数。再次选中 C15 单元格，拖动填充柄至 F15 单元格，松开鼠标左键，得到参加其他课程考试的总人数。

（4）选中 C16 单元格，在“公式”选项卡的“函数库”组中单击“插入函数”按钮。在打开的“插入函数”对话框中选择类别为“全部函数”，选择函数为“COUNTIF”，单击“确定”按钮，打开“函数参数”对话框。在 Range 文本框中输入“C3:C12”，Criteria 文本框中输入“>=85”，单击“确定”按钮，即可得到英语课程成绩“大于等于 85 分”的优秀人数。再次选中 C16 单元格，拖动填充柄至 F16 单元格，松开鼠标左键，得到其他课程的优秀人数。

（5）选中 C17 单元格，重复步骤（4），并在 Criteria 文本框中输入“<60”，即可得到英语课程成绩不及格的人数。再次选中 C17 单元格，拖动填充柄至 F17 单元格，松开鼠标左键，得到其他课程不及格的人数。

任务 7　工作表改名

右击 Sheet1 工作表标签，在弹出的快捷菜单中选择“重命名”选项，在编辑状态下输入“期末成绩表”，完成 Sheet1 工作表的重命名。

任务 8　工作表设置

（1）选中 A1:J1 单元格区域，在“开始”选项卡的“对齐方式”组中单击“合并后居中”按钮。在“对齐方式”组中单击右下角的对话框启动器按钮，打开“设置单元格格式”对话框，在“字体”选项卡中设置字体格式为“宋体”、“20”、“加粗”、“白色”。在“填充”选项卡中设置底纹为“深红色”。单击“确定”按钮，完成标题行设置。

（2）选中第 2 行各列标题，在“开始”选项卡的“对齐方式”组中单击右下角的对话框启动器按钮，打开“设置单元格格式”对话框，在“字体”选项卡中设置字体格式为“宋体”、“14”、“加粗”、“白色”。在“填充”选项卡中设置底纹为“蓝色”。在“对齐”选项卡的“对齐方式”组中分别单击“水平居中”按钮、“垂直居中”按钮，单击“确定”按钮，完成列标题行设置。

（3）选中 A3:F12 区域，在“开始”选项卡的“对齐方式”组中单击右下角的对话框启动器按钮，在打开的“设置单元格格式”对话框的“填充”选项卡中，设置底纹为“浅黄色”。使用以上方法设置“总分”列底纹为“灰色”，“平均分”列底纹为“红色”，字体颜色为“白色”，“名次”和“奖学金”列底纹为“绿色”。选中“学号”和“姓名”列，在“设置单元格格式”对话框中选择“对齐”选项卡，水平对齐、垂直对齐均选择“居中”。

（4）选择 4 门课程的数据区域，即 C3:F12 单元格区域，在“开始”选项卡的“样式”组中单击“条件格式”按钮，在下拉列表的“突出显示单元格规则”列表中选择“其他规则”选项，打开“新建格式规则”对话框，在“编辑规则说明”区域中将“单元格数值”设置为“大于或等于 90”。单击“格式”按钮，打开“设置单元格格式”对话框，在“填充”选项卡中设置底纹为“绿色”，单击“确定”按钮，返回到“新建格式规则”对话框，单击“确定”按钮，完成条件设置。使用同样的方法设置分数“小于 60”单元格的格式。

（5）选中整个表格，在“开始”选项卡的“对齐方式”组中单击右下角的对话框启动器按钮，打开“设置单元格格式”对话框，在“边框”选项卡的线条样式列表中选择“双线”选项══，单击“外边框”按钮；设置内框线线条样式为单细实线──，单击“内部”按钮。最后单击“确定”按钮，完成表格边框线的设置。

任务 9　保存文件

在“文件”菜单中选择“保存”或“另存为”选项，将文件以“实习 4.xlsx”为文件名保存，退出 Excel。

3.5　数据图表化（1）

1. 实习目的

（1）掌握图表的创建方法。

（2）掌握图表的编辑方法。

（3）掌握图表的格式化方法。

2. 实习任务

建立 Excel 文档，在空白工作表中输入如图 3.27 所示的数据，并按照下列要求操作，最后以“实习 5.xlsx”为文件名保存。

	A	B	C	D	E	F
1						
2		LT第二季度家电销售表				
3		品种	四月	五月	六月	销量小计
4		DVD	20	25	22	67
5		空调	18	38	40	96
6		电视机	21	30	23	74
7		电冰箱	10	15	28	53
8						

图 3.27　“LT 第二季度家电销售表”样表

（1）按 Ctrl 键，选中表中“品种”列和“销量小计”列数据，在“插入”选项卡的“图表”组中单击“柱形图”按钮，创建独立的“簇状柱形图”图表。图表标题为“家电销量统计图”，系列产生在“列”。

选中图表，在“图表工具”功能区“布局”选项卡的“标签”组中单击“坐标轴标题”按钮，分别添加“主要横坐标标题”和“主要纵坐标标题”。横坐标标题为“品种”，纵坐标标题为“销量小计”。去掉图例，如图 3.28 所示。

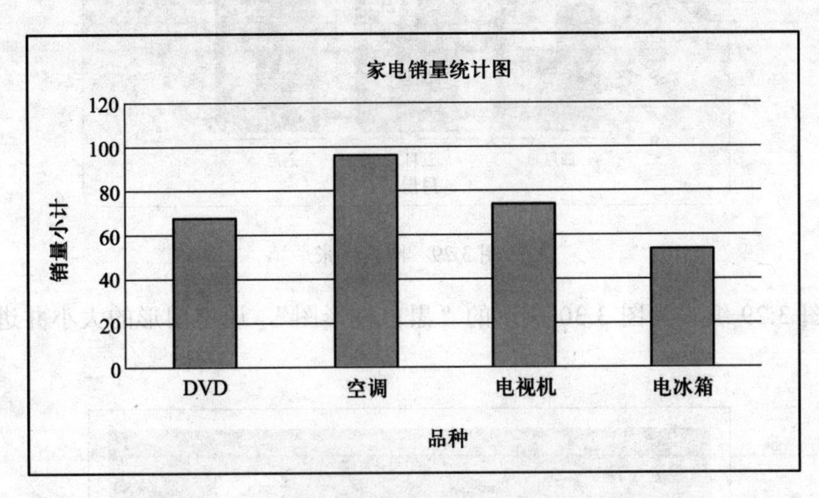

图 3.28　家电销售统计图

（2）选中“品种”列和四月～六月的销量数据，在当前工作表中创建嵌入的“三维簇状柱形图”图表。

（3）对创建的嵌入图表进行如下编辑操作。

① 将该图表移动并调整大小放置到 C8:I22 单元格区域。

② 删除图表中“DVD”的数据，然后将“电冰箱”的数据置于“电视机”数据的前面。

③ 为图表中的“空调”数据增加显式数据标记。

④ 为图表添加分类轴标题“月份”及数值轴标题“销量”。

（4）对创建的嵌入图表进行如下格式化操作。

① 图表区选用默认线型的圆角边框，图表区添加“雨后初晴”填充效果。

② 将分类轴标题“月份”字体格式设置为“黑体”、“12”；将数值轴标题“销量”字体格式设置为“黑体”、“12”、“−45° 倾角”。

③ 将图例的字体设置为“9”，边框设置为“带阴影边框”，图例位置靠上。

④ 将数值轴的主要刻度间距设置为“10”，字体大小设置为“10”；将分类轴的字体大小设置为“10”。

⑤ 将“空调”数据的字号设置为“16”、呈“上标”效果。

⑥ 调整绘图区的大小。

嵌入图表经过以上编辑和格式化后，其结果如图 3.29 所示。

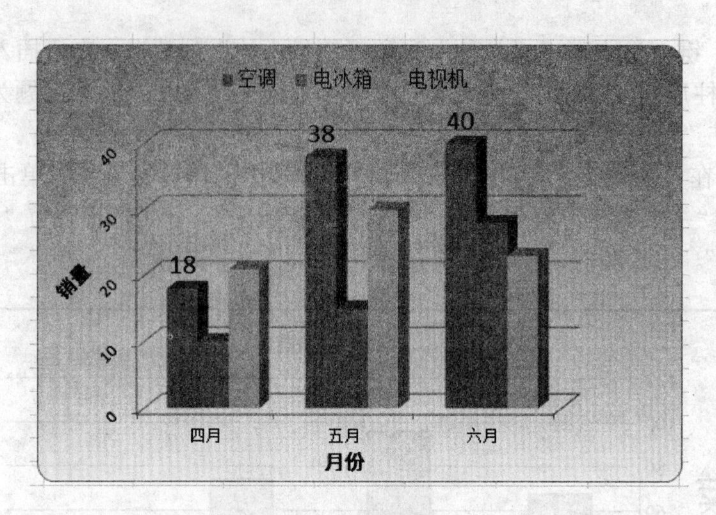

图 3.29 图表样张

（5）将图 3.29 编辑为图 3.30 所示的“黑白柱形图”，调整图形的大小并进行编辑与格式化。

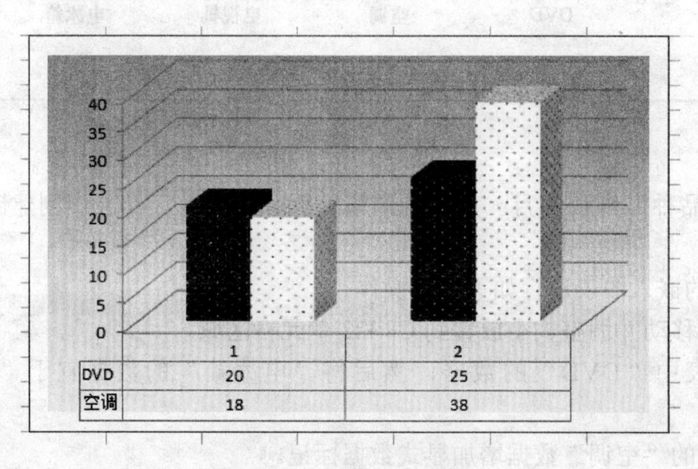

图 3.30 黑白柱形图表

3. **实习步骤**

任务 1 新建工作簿

启动 Excel 2010，在 Sheet1 工作表中建立如图 3.27 所示的表格。

任务 2 创建独立图表

（1）选中表中“品种”列和“销量小计”列，按 F11 键，即可插入如图 3.28 所示的名为“Chart1”的工作表图表。

（2）单击图表标题，将其修改为“家电销量统计图”。

（3）单击图例，按 Delete 键，去掉图例显示。

（4）选中图表，在“图表工具”功能区“布局”选项卡的“标签”组中单击“坐标轴标题”下拉按钮，在如图 3.31 所示的下拉列表中选择“主要横坐标轴标题”级联表的“坐标轴下方标题”选项，将会在图表下方出现横坐标轴标题，修改坐标轴标题为“品种”。

（5）选中图表，在“图表工具”功能区“布局”选项卡的“标签”组中单击“坐标轴标题”下拉按钮，在如图 3.32 所示的下拉列表中选择“主要纵坐标轴标题”级联表的“竖排标题”选项，修改坐标轴标题为“销量小计”。

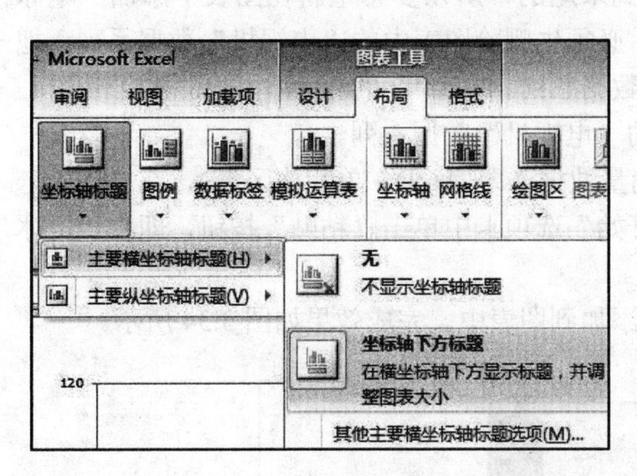

图 3.31　设置横坐标轴标题

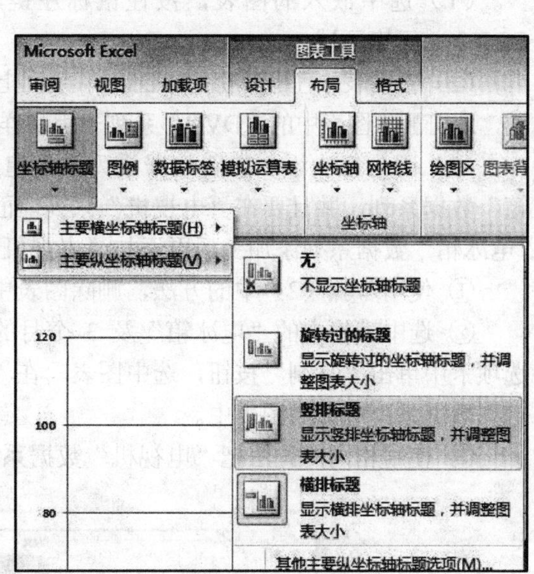

图 3.32　设置纵坐标轴标题

任务 3　创建嵌入图表

（1）选中表中“品种”列和四月～六月的销量数据，在“插入”选项卡的“图表”组中单击右下角的对话框启动器按钮，打开“插入图表”对话框，选择“三维簇状柱形图”选项，将在该工作表中嵌入一个如图 3.33 所示的图表。

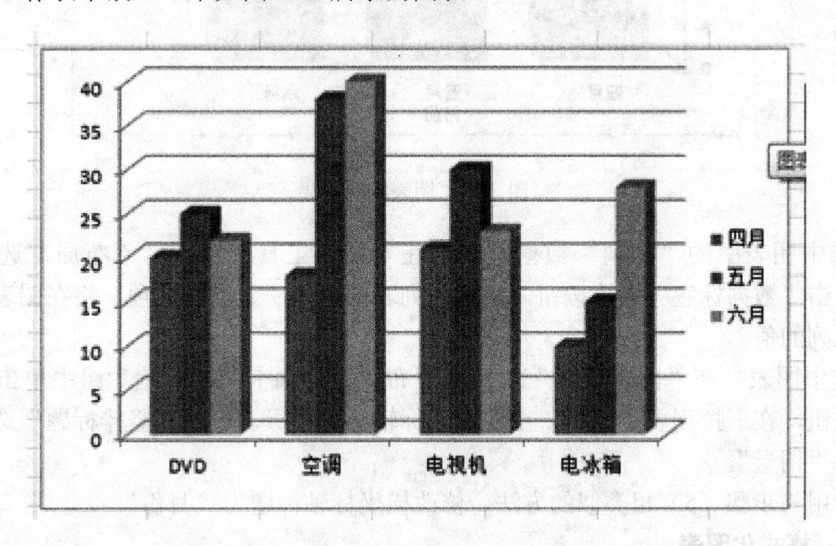

图 3.33　插入图表

（2）选中图表，在“图表工具”功能区“设计”选项卡的“数据”组中单击“切换行/列”按钮，数据系列按月份排列。

任务 4 编辑图表

（1）选中嵌入的图表，按住鼠标左键将其拖动，将光标定位在控制点上放大图表至 C8:I22 单元格区域。

（2）在图表中任一月份的“DVD”系列上单击，将其 3 个月的销量数据全部选中，按 Delete 键，即可删除图表中的“DVD”系列。用同样方法删除图表中的“电冰箱”数据系列。

（3）因为每次添加的新数据系列都是追加到末尾的，所以要想重新在图表中添加“电冰箱”数据系列，并且要在“电视机”系列前面，必须先删除图表中的“电视机”数据系列，把“电冰箱”数据系列添加上后再添加“电视机”数据系列。

① 使用步骤（2）中的方法，删除图表中的“电视机”数据系列。

② 选中表格中的“电冰箱”及 3 个月的销量数据（即 A6:D6 单元格区域），在“开始”选项卡中单击“复制”按钮，选中图表，在“开始”选项卡中单击“粘贴”按钮，即将“电冰箱”数据系列添加到图表中。

③ 使用相同的方法把“电视机”数据系列添加到图表中。完成效果如图 3.34 所示。

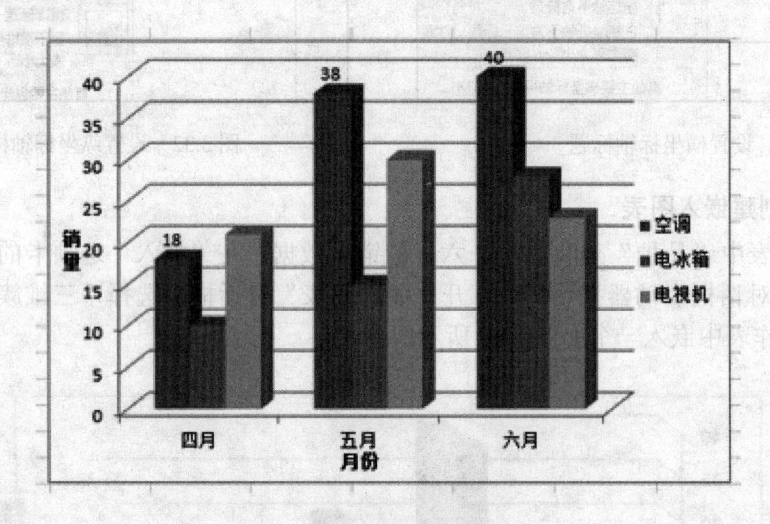

图 3.34 图表编辑效果

（4）选中图表中的“空调”数据系列，在“图表工具”功能区“布局”选项卡的“标签”组中单击“数据标签”下拉按钮，在下拉列表中选择“显示”选项，将在图表中显示“空调”数据系列的值。

（5）选中图表，在“图表工具”功能区“布局”选项卡的“标签”组中单击“坐标轴标题”下拉按钮，在下拉列表中选择“主要纵坐标轴标题”级联表的“竖排标题”选项，修改坐标轴标题为“销量”。

（6）使用与步骤（5）相类似的方法，修改横坐标轴标题为“月份”。

任务 5 格式化图表

（1）双击图表，打开如图 3.35 所示的“设置图表区格式”对话框。在“填充”选项卡中选择“渐变填充”单选按钮，选择预设颜色为“雨后初晴”。在“边框样式”选项卡中勾选“圆角”复选框，如图 3.36 所示。单击“关闭”按钮，完成设置。

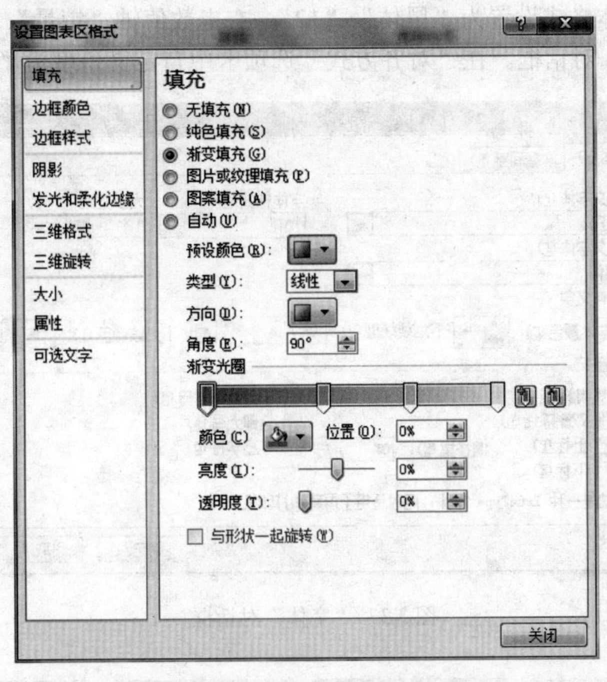

图 3.35 “设置图表区格式”对话框的“填充”选项卡

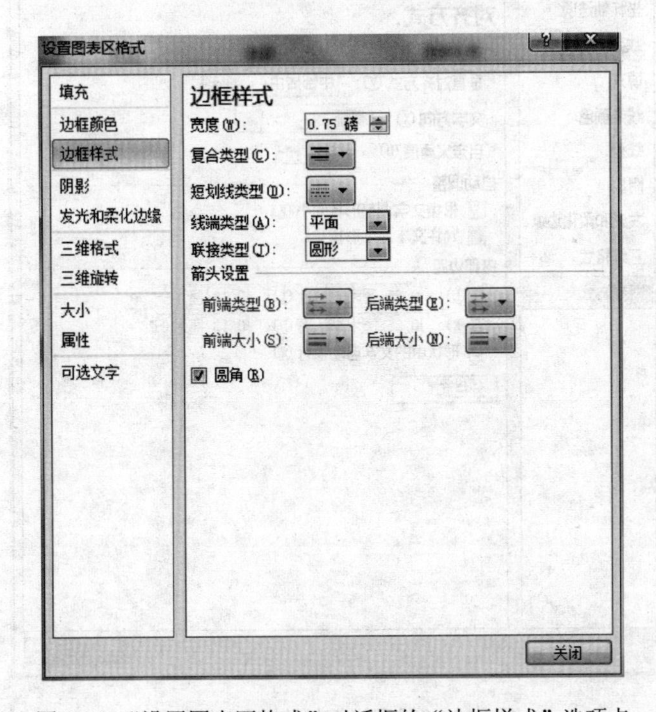

图 3.36 “设置图表区格式”对话框的“边框样式”选项卡

（2）右击横坐标轴“月份”，在弹出的快捷菜单中选择“字体”选项，打开如图 3.37 所示的“字体”对话框。在“字体”选项卡中设置字体格式为“黑体”、“12”。用同样的方法，将数值轴“销量”的字体格式设置为“黑体”、“12”。右击数值轴“销量”，打开如图 3.38 所示的“设置坐标轴格式”对话框。在“对齐方式”选项卡中自定义角度为“–45”度。

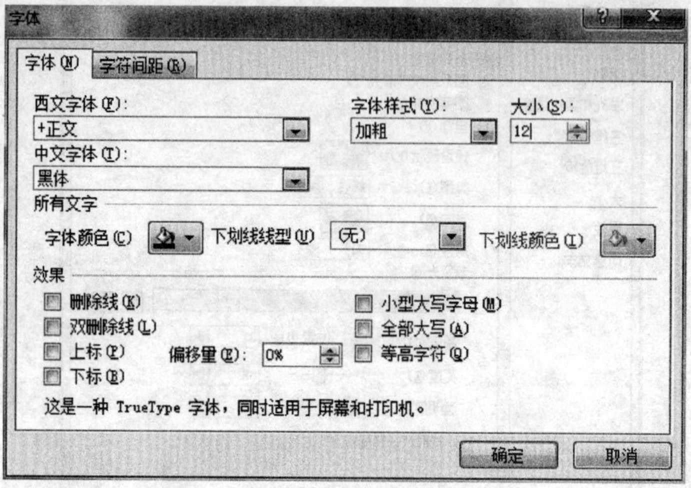

图 3.37 “字体”对话框

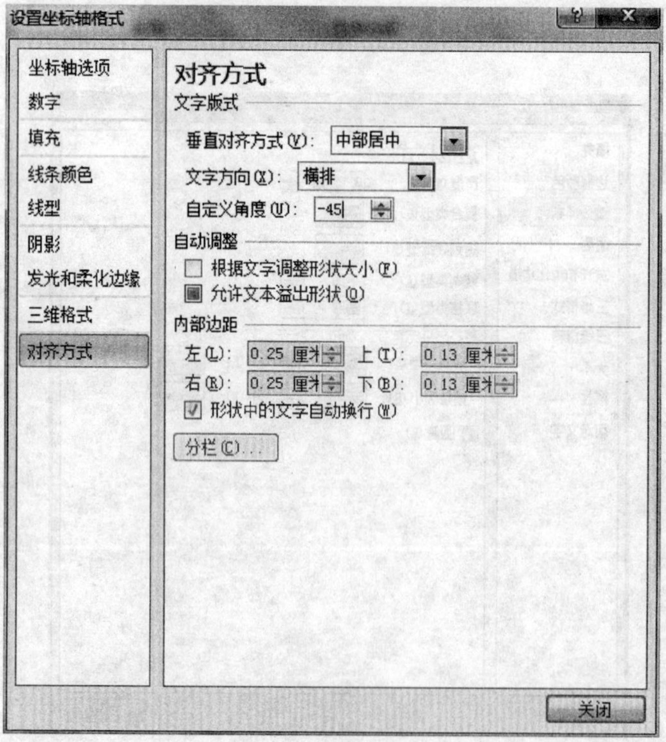

图 3.38 “设置坐标轴格式”对话框

（3）双击图表中的图例，打开“设置图例格式”对话框。在“阴影”选项卡的“预设”下拉列表框中选择外部栏中的“右下斜偏移”选项。右击图例，在弹出的快捷菜单中选择“字体”选项，打开“字体”对话框，设置图例字体、字号为“宋体”、“9”。选中图例，在“图表工具”功能区“布局”选项卡的“标签”组中单击“图例”按钮，在下拉列表中选择“在顶部显示图例”选项。

（4）选中图表中的“销量”文字，在“图表工具”功能区“布局”选项卡的“坐标轴”组中单击“主要纵坐标轴”下拉按钮，在下拉列表中选择“其他主要纵坐标轴选项”选项，打开如图3.39所示的“设置坐标轴格式”对话框，选择“坐标轴选项”选项卡，在“主要刻度单位”文本框中输入“10”。分别右击横坐标轴标题和纵坐标轴标题，在弹出的快捷菜单中选择“字体”选项，打开“字体”对话框，设置字号为“10”。

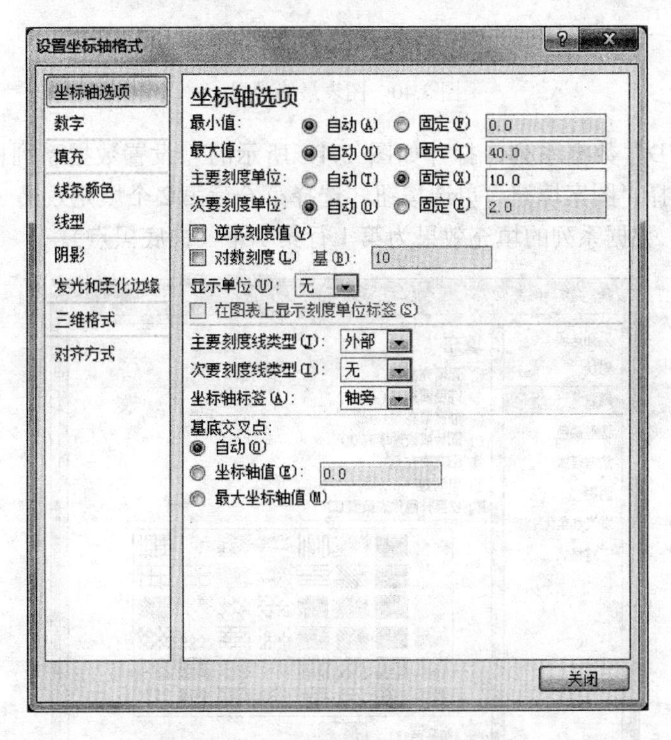

图3.39 “设置坐标轴格式”对话框

（5）右击“空调”数据，在弹出的快捷菜单中选择“字体”选项，打开“字体”对话框。选择“字体”选项卡，字号设置为“16”，勾选“上标”复选框，单击“确定”按钮。

（6）选中绘图区，用鼠标拖动方法或将光标定位在绘图区的8个控制点上，即可调整绘图区的大小。效果如图3.40所示。

任务6　自定义图表

（1）选中工作表中“品种”列的“DVD”和“空调”文字，选择四月和五月销量，在“插入”选项卡的“图表”组中单击右下角的对话框启动器按钮，打开“插入图表”对话框，选择“三维簇状柱形图”选项。

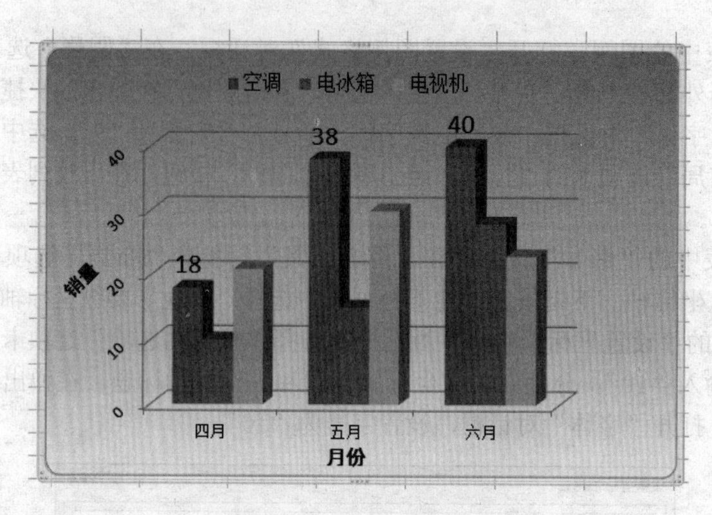

图 3.40　图表最终效果

（2）双击“DVD”数据系列，打开如图 3.41 所示的“设置数据系列格式”对话框，在“填充”选项卡中选择“图案填充”单选按钮，选择第 6 行第 2 个填充效果（黑底白点）。用同样方法设置“空调”数据系列的填充效果为第 1 行第 1 个（白底黑点）。

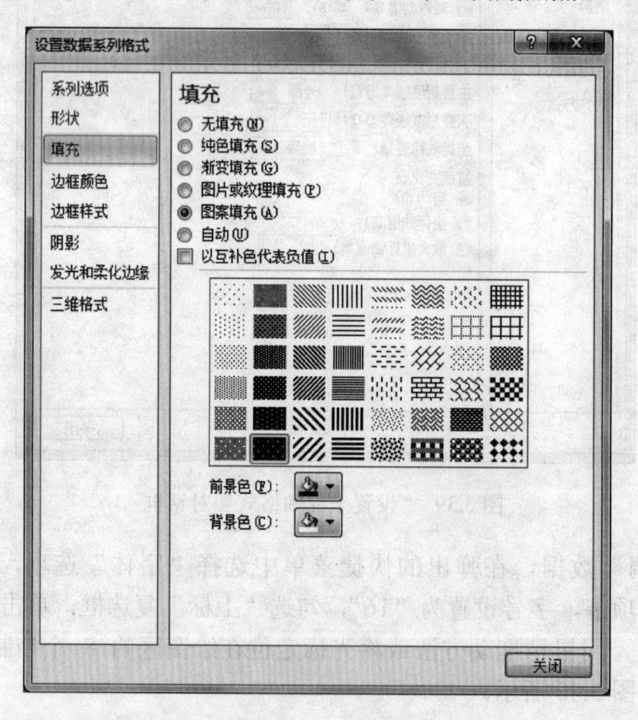

图 3.41　“设置数据系列格式”对话框

（3）选中图表，在“图表工具”功能区“布局”选项卡的“标签”组中单击“模拟运算表”按钮，在下拉列表中选择“显示模拟运算表”选项。

（4）选择图例，按 Delete 键，删除图例。

（5）在图表区双击，打开如图 3.42 所示的“设置绘图区格式”对话框，在“填充”选项卡中选择“渐变填充”单选按钮，效果如图 3.43 所示。

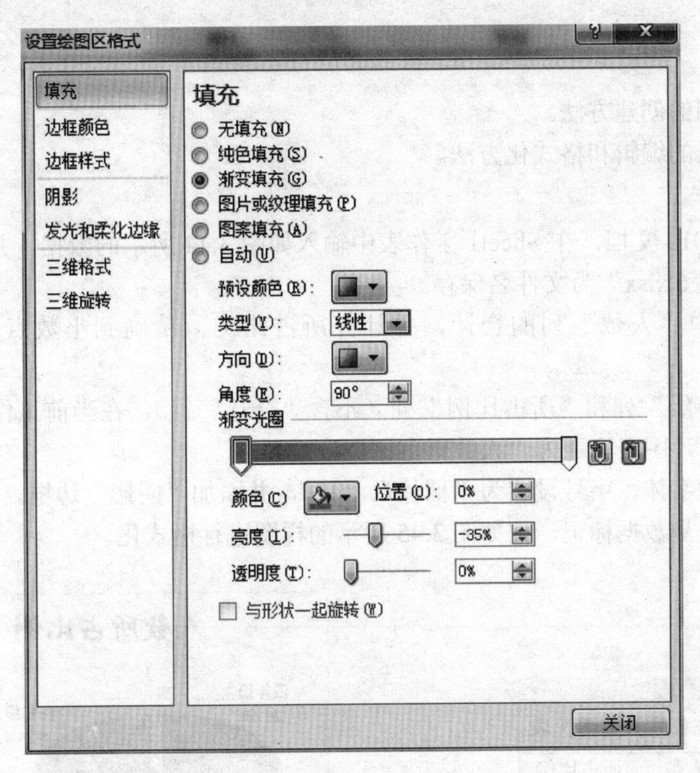

图 3.42 “设置绘图区格式”对话框

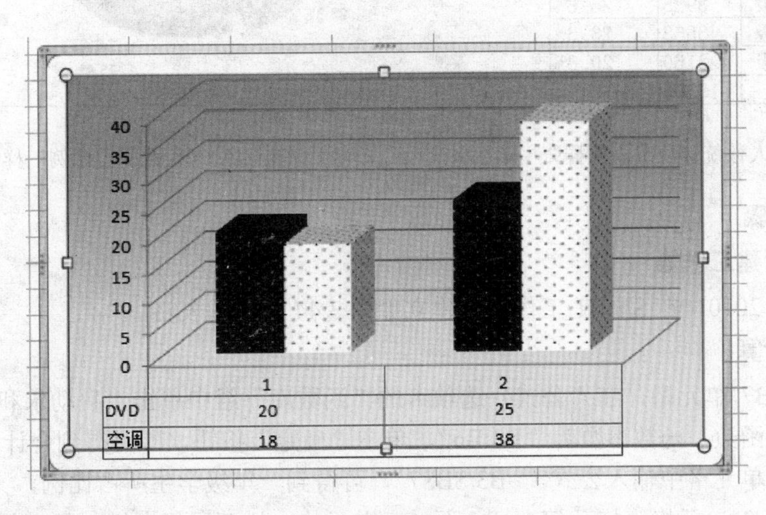

图 3.43 效果图

任务 7　保存文件

在“文件”菜单选择“保存”或“另存为”选项，将文件以“实习 5.xlsx”为文件名保存。

3.6　数据图表化（2）

1. 实习目的

（1）掌握饼图的创建方法。

（2）掌握图表的编辑和格式化方法。

2. 实习任务

建立 Excel 2010 文档，在 Sheet1 工作表中输入如图 3.44 所示的数据，并按照下列要求操作，最后以“实习 6.xlsx”为文件名保存。

（1）计算表中“人数”列的合计，并计算所占比例，精确到小数点后一位，以百分比显示。

（2）选中“年级”列和“所占比例”列（不含“合计”行），在当前工作表中创建嵌入的“分离型三维饼图”，图表标题为“人数所占比例”。

（3）图表标题字体、字号设置为“楷体”、“18”，并添加“阴影”边框。

（4）添加百分号数据标记，按如图 3.45 所示的样图进行格式化。

	A	B	C
1	某大学在校生人数情况表		
2	年级	人数	所占比例
3	一年级	4650	30.4%
4	二年级	3925	25.6%
5	三年级	3568	23.3%
6	四年级	3160	20.6%
7	合计	15303	

图 3.44　“人数统计情况表”样张

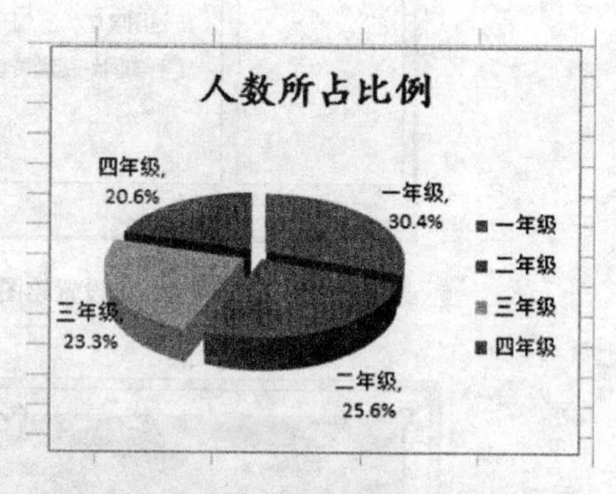

图 3.45　“人数所占比例”样图

3. 实习步骤

任务 1　新建工作簿

启动 Excel 2010，在 Sheet1 工作表中建立如图 3.44 所示的表格。

任务 2　计算

（1）选中 B7 单元格，在“公式”选项卡的“函数库”组中单击“自动求和”按钮，系统自动调用 SUM 函数，函数参数为“B3:B6”，单击“确定”按钮，即可得到合计人数。

（2）在 C3 单元格中输入公式“=B3/$B$7”，可得到一年级学生所占比例。

（3）选中 C3 单元格，拖动填充柄至 C6 单元格，松开鼠标左键，即可得到其他年级学生所占比例。

（4）在“开始”选项卡的“数字”组中单击“百分比样式”按钮 %，可将所占比例转换为“百分数”形式显示。

（5）选中“所占比例”列数据，在“开始”选项卡的“数字”组中单击“增加小数位数”按钮 ，保留小数位数为一位。

任务 3　创建图表

（1）选中“年级”列和“所占比例”列（不含“合计”行），在“插入”选项卡的“图表”组中选择“饼图”列表中的“三维饼图”选项。

（2）选中图表标题，修改为“人数所占比例”。

任务 4　编辑图表

（1）右击图表标题，设置图表标题字体、字号为“楷体”、“18”。

（2）选中图表，在“图表工具”功能区“布局”选项卡的“标签”组中单击“数据标签”下拉按钮，在下拉列表中选择“其他数据标签选项”选项，打开“设置数据标签格式”对话框，在“标签选项”选项卡的“标签包括”区域中勾选“类别名称”、“值”和“显示引导线”复选框，在“标签位置”区域中选择“数据标签外”单选按钮，单击“关闭”按钮，完成操作，最后图表效果如图 3.45 所示。

任务 5　保存文件

在“文件”菜单中选择“保存”或“另存为”选项，将文件以“实习 6.xlsx”为文件名保存。

3.7　数据图表化（3）

1. 实习目的

（1）掌握折线图的创建方法。

（2）熟练掌握图表的编辑和格式化方法。

2. 实习任务

建立 Excel 文档，在 Sheet1 工作表中输入如图 3.46 所示的股票实时数据，并按照下列要求操作，最后以“实习 7.xlsx”为文件名保存。

（1）在建立的数据表中选中“盘高”、“盘低”、“收盘价”、“时间”数据系列，建立如图 3.47 所示的折线图图表，图表标题为“股票价格走势图”。

	A	B	C	D	E
1	股票种类	时间	盘高	盘低	收盘价
2	A	9:30	125.3	120.6	122.9
3	A	10:30	106.8	103.7	106.5
4	A	11:30	157.7	149.5	154.3
5	B	13:30	201.2	188.2	201.2
6	B	14:30	136.8	133.3	134.4

图 3.46　股票实时数据

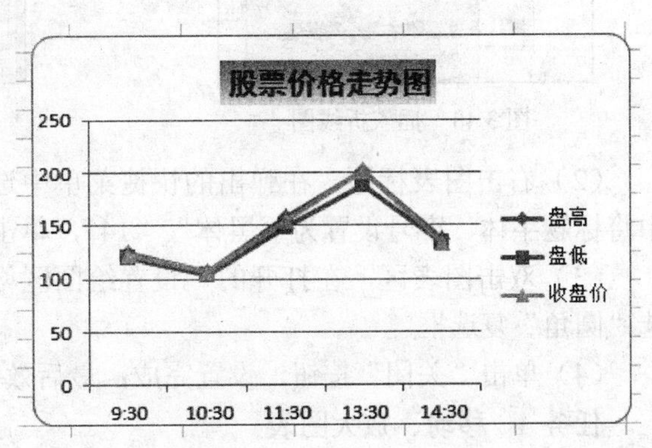

图 3.47　股票价格走势图

（2）标题字体、字号设置为“黑体”、“14”，并添加“雨后初晴”背景图案。

（3）图表添加“圆角”边框，将其嵌入到工作表的 A9:F19 单元格区域中。

3. 实习步骤

任务 1　新建工作簿

启动 Excel 2010，在 Sheet1 工作表中建立如图 3.46 所示的表格。

任务 2　创建图表

（1）选中数据表的“盘高”、“盘低”、“收盘价”、“时间”数据系列，在“插入”选项卡的“图表”组中选择“折线图”列表中的“带数据标记的折线图”选项，如图 3.48 所示。

（2）选中图表，在“图表工具”功能区“布局”选项卡的“标签”组中单击“图表标题”下拉按钮，在下拉列表中选择“图表上方”选项，将图表标题修改为“股票价格走势图”。

任务 3　编辑图表

（1）选中图表，双击图表标题，在如图 3.49 所示的“设置图表标题格式”对话框中的“填充”选项卡中选择“渐变填充”单选按钮，在“预设颜色”下拉列表框中选择“雨后初晴”选项，单击“关闭”按钮，设置完成。

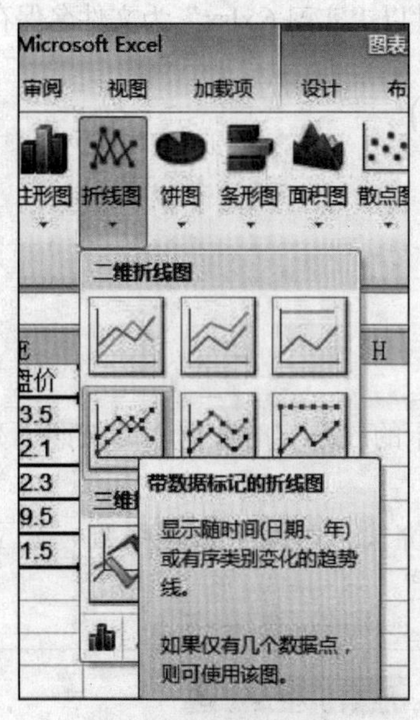

图 3.48　插入折线图

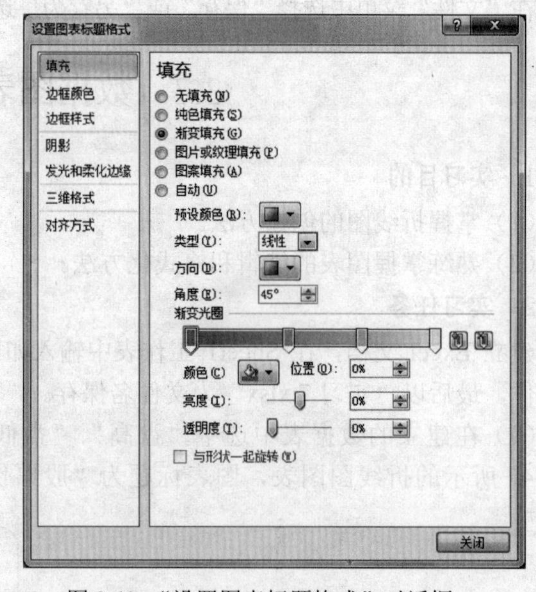

图 3.49　“设置图表标题格式”对话框

（2）右击图表标题，在弹出的快捷菜单中选择“字体”选项，在打开的“字体”对话框中将标题字体、字号设置为“黑体”、“14”，单击“确定”按钮。

（3）双击图表区，在打开的“设置绘图区格式”对话框中选择“边框样式”选项卡，勾选“圆角”复选框。

（4）单击“关闭”按钮，设置完成，最后效果如图 3.47 所示。

任务 4　移动、放大图表

（1）移动。在工作表中选中图表，用鼠标拖动图表。

（2）放大。利用 8 个控制点放大图表，将其嵌入至 A9:F19 单元格区域。

任务 5　保存文件

在“文件”菜单中选择“保存”或“另存为”选项，将文件以“实习 7.xlsx”为文件名保存。

3.8　数据的排序和筛选

1. 实习目的

（1）掌握数据排序的方法。

（2）掌握筛选数据的方法。

2. 实习任务

打开实习 4 所建立的文件“实习 4.xlsx”，按照下列要求进行操作，将操作结果以文件名“实习 8.xlsx”保存。

（1）在 Sheet2 工作表中复制“期末成绩表”工作表，按照名次排序（升序）。

（2）将 Sheet2 工作表复制到 Sheet3 工作表，删除“最高分”及其以下各行。筛选出各门课程不及格的学生名单。

（3）筛选出平均成绩大于 80 分（含 80 分）的学生名单。

3. 实习步骤

任务 1　建立工作表

（1）启动 Excel 2010，在“文件”菜单中选择“打开”选项，打开素材文件夹中的文件“实习 4.xlsx”。选中“期末成绩表”内容（A1:J17 单元格区域），右击，在弹出的快捷菜单中选择“复制”选项。

（2）单击 Sheet2 工作表标签，选中 A1 单元格，在“开始”选项卡的“剪贴板”组中单击“粘贴”按钮，工作表如图 3.50 所示。

	A	B	C	D	E	F	G	H	I	J
1	期末成绩表									
2	学号	姓名	英语	数学	高数	物理	总分	平均分	名次	奖学金
3	20140301	刘一鹏	64	96	83	88	331	82.75	3	二等奖
4	20140302	赵二婷	73	82	92	89	336	84	2	二等奖
5	20140303	张三虎	82	93	77	90	342	85.5	1	一等奖
6	20140304	李四琦	81	73	80	65	299	74.75	6	三等奖
7	20140305	王五铭	65	78	75	82	300	75	5	三等奖
8	20140306	路陆雯	56	64	80	73	273	68.25	8	
9	20140307	郭棋刚	37	66	58	62	223	55.75	10	
10	20140308	周耙努	71	53	72	54	250	62.5	9	
11	20140309	吴九芯	63	76	80	70	289	72.25	7	三等奖
12	20140310	程诗清	85	68	86	70	309	77.25	4	三等奖
13	最高分		85	96	92	90				
14	最低分		37	53	58	54				
15	总人数		10	10	10	10				
16	优秀人数		1	2	2	3				
17	不及格人数		2	1	1	1				
18										

期末成绩表　Sheet2　Sheet3

图 3.50 “期末成绩表”副本

任务 2　数据排序

（1）在 Sheet2 工作表中选中 A3:J12 单元格区域。

（2）在“数据”选项卡的“排序和筛选”组中单击“排序”按钮，打开如图 3.51 所示的

"排序"对话框。

（3）在"主要关键字"下拉列表框中选择"名次"选项，其余取默认的"数值"和"升序"选项。

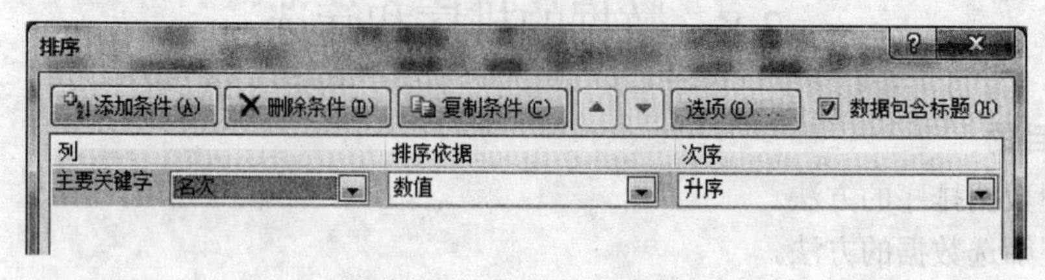

图 3.51　"排序"对话框

（4）单击"确定"按钮，按名次的排序结果如图 3.52 所示。

期末成绩表									
学号	姓名	英语	数学	高数	物理	总分	平均分	名次	奖学金
20140303	张三虎	82	93	77	90	342	85.5	1	一等奖
20140302	赵二婷	73	82	92	89	336	84	2	二等奖
20140301	刘一鹏	64	96	83	88	331	82.75	3	二等奖
20140310	程诗清	85	68	86	70	309	77.25	4	三等奖
20140305	王五铭	65	78	75	82	300	75	5	三等奖
20140304	李四琦	81	73	80	65	299	74.75	6	三等奖
20140309	吴九芯	63	76	80	70	289	72.25	7	三等奖
20140306	路陆雯	56	64	80	73	273	68.25	8	
20140308	周耙努	71	53	72	54	250	62.5	9	
20140307	郭棋刚	37	66	58	62	223	55.75	10	
最高分		85	96	92	90				
最低分		37	53	58	54				
总人数		10	10	10	10				
优秀人数		1	2	2	3				
不及格人数		2	1	1	1				

图 3.52　排序后的效果

任务 3　数据筛选

（1）右击 Sheet2 工作表标签，在弹出的快捷菜单中选择"移动或复制"选项，如图 3.53 所示。打开如图 3.54 所示的"移动或复制工作表"对话框。在其中选择 Sheet3 工作表并勾选"建立副本"复选框，单击"确定"按钮。

（2）打开 Sheet2（2）工作表，选中 A13:A17 单元格区域，在"开始"选项卡的"单元格"组中单击"删除"下拉按钮，如图 3.55 所示，在下拉列表中选择"删除工作表行"选项，则"最高分"行及其以下各行被删除。

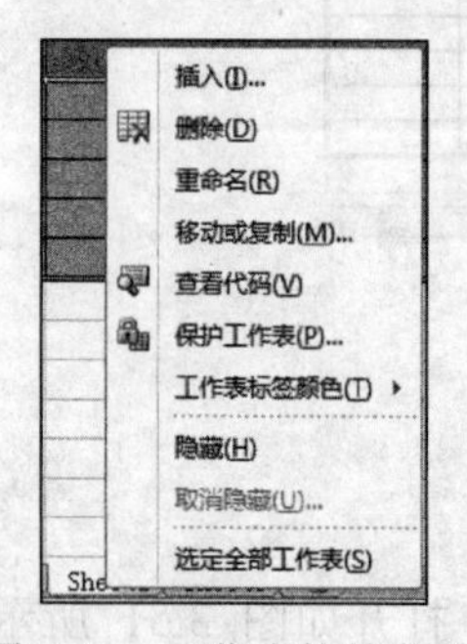

图 3.53　工作表快捷菜单

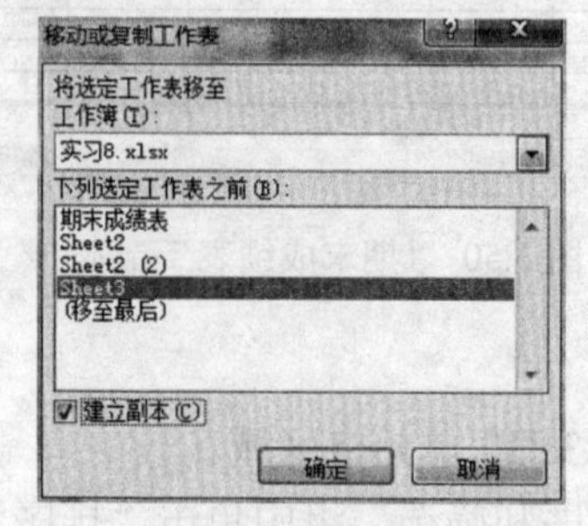

图 3.54　"移动或复制工作表"对话框

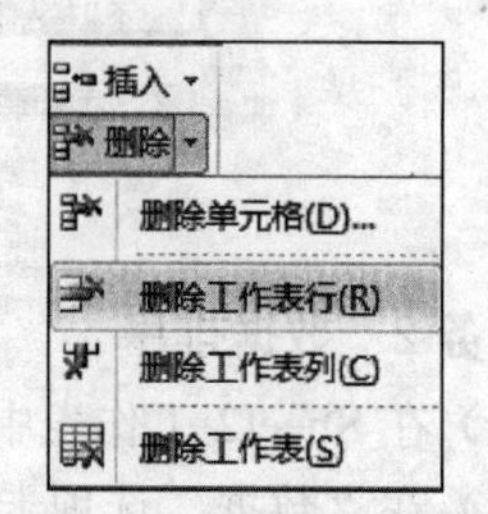

图 3.55　"删除"下拉列表

（3）光标移到表格内任意处，在“数据”选项卡的“排序和筛选”组中单击“筛选”按钮，则标题行各字段名的右侧出现下拉按钮。

（4）选择“英语”字段旁的下拉按钮，在下拉列表中选择“数字筛选”级联表中的“小于”选项，如图 3.56 所示。打开如图 3.57 所示的“自定义自动筛选方式”对话框。

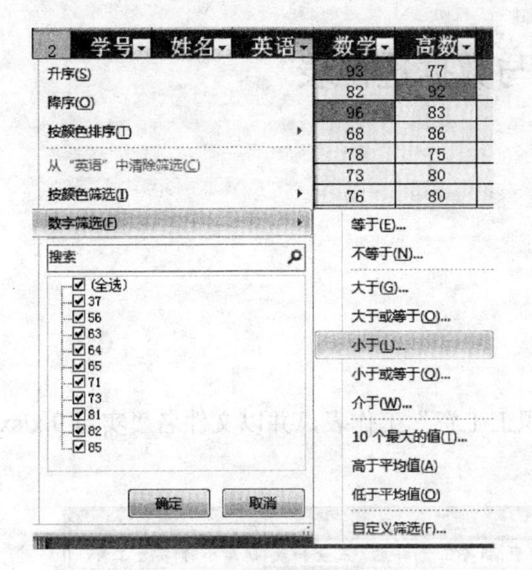

图 3.56　设置数字筛选

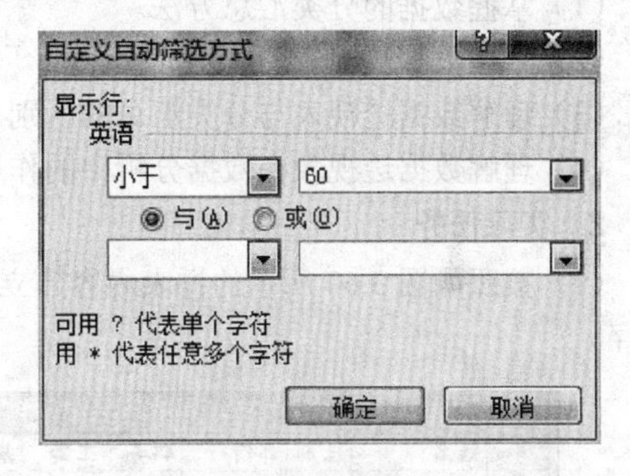

图 3.57　“自定义自动筛选方式”对话框

（5）在“小于”右侧的下拉列表框中输入“60”，单击“确定”按钮，显示筛选出的记录，如图 3.58 所示。

	A	B	C	D	E	F	G	H	I	J
2	学号	姓名	英语	数学	高数	物理	总分	平均分	名次	奖学金
10	20140306	路陆雯	56	64	80	73	273	68.25	8	
12	20140307	郭棋刚	37	66	58	62	223	55.75	10	

图 3.58　“英语”项筛选结果

（6）单击“英语”字段旁的下拉按钮，在下拉列表中选择“全选”选项，则恢复全部记录。

（7）参考步骤（4）和（5），对其他课程进行筛选。

（8）恢复全部记录，单击“平均分”字段旁的下拉按钮，在下拉列表中选择“数字筛选”级联表的“大于或等于”选项，打开“自定义自动筛选方式”对话框，并在对话框中输入“80”，单击“确定”按钮，筛选出的记录如图 3.59 所示。

	A	B	C	D	E	F	G	H	I	J
2	学号	姓名	英语	数学	高数	物理	总分	平均分	名次	奖学金
3	20140303	张三虎	82	93	77	90	342	85.5	1	一等奖
4	20140302	赵二婷	73	82	92	89	336	84	2	二等奖
5	20140301	刘一鹏	64	96	83	88	331	82.75	3	二等奖

图 3.59　“平均分”项筛选结果

（9）再次单击“筛选”按钮，撤销自动筛选的结果，恢复工作表的原状。

任务 4　保存文件

在“文件”菜单中选择“保存”或“另存为”选项，将文件以“实习 8.xlsx”为文件名保存，退出 Excel。

3.9　分类汇总与数据透视表

1. 实习目的

（1）掌握数据的分类汇总方法。

（2）掌握数据透视表的使用方法。

（3）理解数据透视表与分类汇总的区别。

（4）理解数据透视表在数据分析中的作用。

2. 实习任务

（1）按照如图 3.60 所示的样表内容建立“职工工资”工作表，并以文件名“实习 9.xlsx”保存。

	A	B	C	D	E	F	G	H	I	J	K
1	姓名	性别	部门	职务	工龄	基本工资	职务工资	补贴	三金扣款	缺席小时	实发工资
2	杨珊玲	女	办公室	干事	1977	2000	1800	800		0	
3	李振国	女	后勤处	工人	1987	1500	1300	750		9	
4	王逸然	男	后勤处	主任	1975	2250	2500	1500		5	
5	韩莉萍	女	财务处	主任	1970	2250	2500	1500		0	
6	马家富	男	财务处	干事	1978	2000	1800	800		3	
7	苏红军	男	办公室	主任	1966	2500	2500	1500		0	
8	段雯霞	女	办公室	干事	1988	1500	1800	800		27	
9	石中立	男	后勤处	工人	1973	2250	1300	750		2	
10	郑婉华	女	财务处	干事	1983	1750	1800	800		8	
11	丁宝光	男	办公室	干事	1985	1500	1800	800		10	
12	马秀丽	女	财务处	干事	1988	1500	1800	800		3	
13	陈建设	男	办公室	干事	1984	1750	1800	800		3	
14	王卫国	男	后勤处	工人	1986	1500	1300	750		10	

图 3.60　“职工工资”工作表样表

（2）按照下列要求对工作表的指定单元格进行计算。

① 三金扣款：每个人缴纳的“三金”（包括住房公积金、养老保险金和医疗保险金）是基本工资和职务工资之和的 11%。

② 缺勤扣款：按照规定每月法定工作日为 21 天，每天 8 小时，共工作 168 小时。按照缺勤的时间，对基本工资、职务工资、补贴之和按比例扣除。

③ 实发工资：基本工资、职务工资与补贴之和，减去“三金”和缺勤扣款。

（3）按照部门进行分类汇总，显示“部门”和“实发工资”字段，并统计各部门的实发工资额。

（4）按照职务分类统计各类人员的数量，显示职务和统计的人数。

（5）创建数据透视表，要求如下。

① 生成分部门求工资总和的数据透视表。

② 生成增加职务分类的分部门工资总和的数据透视表。

③ 生成按性别分类，分部门、分职务统计实发工资之和，分别显示男、女职工实发工资的数据透视表。

④ 生成分类统计各部门、各种职务人员人数的数据透视表。

3. **实习步骤**

任务 1　建立“职工工资”工作表

启动 Excel 2010，在 Sheet1 工作表中输入样表数据，建立“职工工资”工作表。该表中“基本工资”、“职务工资”、“补贴”、“三金扣款”和“实发工资”均设置为货币型字段，“缺席小时”设置为数值型字段。

任务 2　计算实发工资

（1）计算“三金扣款”。

① 选中 I2 单元格，输入公式“=（F2+G2）*0.11”，按 Enter 键，得到第一个职工的“三金扣款”。

② 单击 I2 单元格，拖动填充柄至 I14 单元格，得到其他职工的“三金扣款”。

（2）计算缺勤扣款。根据规定，缺勤扣款的公式为“=（F2+G2+H2）*（J2/168）”。

（3）计算实发工资。实发工资等于基本工资、职务工资和补贴之和减去“三金”扣款与缺勤扣款之和。

① 选中 K2 单元格，输入公式“=（F2+G2+H2）-I2-（F2+G2+H2）*J2/168”。

② 单击编辑栏左侧的“输入”按钮，只要公式没有错误，计算得到的数据就显示在单元格中，获得第一个职工的实发工资。

③ 利用拖动填充柄的方法，计算其他职工的实发工资。计算结果如图 3.61 所示。

K2　=(F2+G2+H2)-I2-(F2+G2+H2)*J2/168

	A	B	C	D	E	F	G	H	I	J	K
1	姓名	性别	部门	职务	工龄	基本工资	职务工资	补贴	三金扣款	缺席小时	实发工资
2	杨珊玲	女	办公室	干事	1977	¥2,000.00	¥1,800.00	¥800.00	¥418.00	0	¥4,182.00
3	李振国	女	后勤处	工人	1987	¥1,500.00	¥1,300.00	¥750.00	¥308.00	9	¥3,051.82
4	王逸然	男	后勤处	主任	1975	¥2,250.00	¥2,500.00	¥1,500.00	¥522.50	5	¥5,541.49
5	韩莉萍	女	财务处	主任	1970	¥2,250.00	¥2,500.00	¥1,500.00	¥522.50	0	¥5,727.50
6	马家富	男	财务处	干事	1978	¥2,000.00	¥1,800.00	¥800.00	¥418.00	3	¥4,099.86
7	苏红军	男	办公室	主任	1966	¥2,500.00	¥2,500.00	¥1,500.00	¥550.00	0	¥5,950.00
8	段雯霞	女	办公室	干事	1988	¥1,500.00	¥1,800.00	¥800.00	¥363.00	27	¥3,078.07
9	石中立	男	后勤处	工人	1973	¥2,250.00	¥1,300.00	¥750.00	¥390.50	2	¥3,858.31
10	郑婉华	女	财务处	干事	1983	¥1,750.00	¥1,800.00	¥800.00	¥390.50	8	¥3,752.36
11	丁宝光	男	办公室	干事	1985	¥1,500.00	¥1,800.00	¥800.00	¥363.00	10	¥3,492.95
12	马秀丽	女	财务处	干事	1988	¥1,500.00	¥1,800.00	¥800.00	¥363.00	3	¥3,663.79
13	陈建设	男	办公室	干事	1984	¥1,750.00	¥1,800.00	¥800.00	¥390.50	3	¥3,881.82
14	王卫国	男	后勤处	工人	1986	¥1,500.00	¥1,300.00	¥750.00	¥308.00	10	¥3,030.69

图 3.61　计算实发工资

任务 3　分类汇总

（1）按照部门对实发工资进行分类汇总，求每个部门实发工资总和。

① 选中整个表格的数据区，在“数据”选项卡的“排序和筛选”组中单击“排序”按

钮，打开如图 3.62 所示的“排序”对话框。在其中部门按升序、职务按降序、工龄按升序设置排序关键字。单击“确定”按钮，工作表按要求排序，排序结果如图 3.63 所示。

图 3.62 “排序”对话框

	A	B	C	D	E	F	G	H	I	J	K
1	姓名	性别	部门	职务	工龄	基本工资	职务工资	补贴	三金扣款	缺席小时	实发工资
2	苏红军	男	办公室	主任	1966	¥2,500.00	¥2,500.00	¥1,500.00	¥550.00	0	¥5,950.00
3	杨珊玲	女	办公室	干事	1977	¥2,000.00	¥1,800.00	¥800.00	¥418.00	0	¥4,182.00
4	陈建设	男	办公室	干事	1984	¥1,750.00	¥1,800.00	¥800.00	¥390.50	3	¥3,881.82
5	丁宝光	男	办公室	干事	1985	¥1,500.00	¥1,800.00	¥800.00	¥363.00	10	¥3,492.95
6	段雯霞	女	办公室	干事	1988	¥1,500.00	¥1,800.00	¥800.00	¥363.00	27	¥3,078.07
7	韩莉萍	女	财务处	主任	1970	¥2,250.00	¥2,500.00	¥1,500.00	¥522.50	0	¥5,727.50
8	马家富	男	财务处	干事	1978	¥2,000.00	¥1,800.00	¥800.00	¥418.00	3	¥4,099.86
9	郑婉华	女	财务处	干事	1983	¥1,750.00	¥1,800.00	¥800.00	¥390.50	8	¥3,752.36
10	马秀丽	女	财务处	干事	1988	¥1,500.00	¥1,800.00	¥800.00	¥363.00	3	¥3,663.79
11	王逸然	男	后勤处	主任	1975	¥2,250.00	¥2,500.00	¥1,500.00	¥522.50	5	¥5,541.49
12	石中立	男	后勤处	工人	1973	¥2,250.00	¥1,300.00	¥750.00	¥390.50	2	¥3,858.31
13	王卫国	男	后勤处	工人	1986	¥1,500.00	¥1,300.00	¥750.00	¥308.00	10	¥3,030.69
14	李振国	女	后勤处	工人	1987	¥1,500.00	¥1,300.00	¥750.00	¥308.00	9	¥3,051.82

图 3.63 排序结果

② 在“分级显示”组中单击“分类汇总”按钮，打开如图 3.64 所示的“分类汇总”对话框。

③ 在“分类汇总”对话框的“分类字段”下拉列表框中选择“部门”选项，在“汇总方式”下拉列表框中选择“求和”选项，在“选定汇总项”列表框中勾选“实发工资”复选框，单击“确定”按钮，即显示分类汇总情况。

④ 单击1 2 3分级按钮中的2按钮，隐藏明细数据，分类汇总结果如图 3.65 所示。

（2）按照职务分类统计各类人员的数量，显示职务和统计的人数。

图 3.64 “分类汇总”对话框

使用与步骤（1）中相同的方法，对“职务”字段排序，在“分类字段”下拉列表框中选择“职务”选项，在“汇总方式”下拉列表框中选择“计数”选项，在“选定汇总项”列表框中勾选“实发工资”复选框。单击“确定”按钮，工作表显示按职务分类统计的人数，隐藏明细数据后如图 3.66 所示。

	A	B	C	D	E	F	G	H	I	J	K
1	姓名	性别	部门	职务	工龄	基本工资	职务工资	补贴	三金扣款	缺席小时	实发工资
7			办公室	汇总							¥20,584.85
12			财务处	汇总							¥17,243.50
17			后勤处	汇总							¥15,482.31
18			总计								¥53,310.65

图 3.65　分类汇总结果

	A	B	C	D	E	F	G	H	I	J	K
1	姓名	性别	部门	职务	工龄	基本工资	职务工资	补贴	三金扣款	缺勤小时	实发工资
9				干事 计数							7
13				工人 计数							3
17				主任 计数							3
18				总计数							13

图 3.66　隐藏明细数据

任务 4　创建数据透视表

（1）在 Sheet1 工作表中，选中整个表格，在“插入”选项卡的“表格”组中单击“数据透视表”下拉按钮，在下拉列表中选择“数据透视表”选项，打开如图 3.67 所示的“创建数据透视表”对话框。

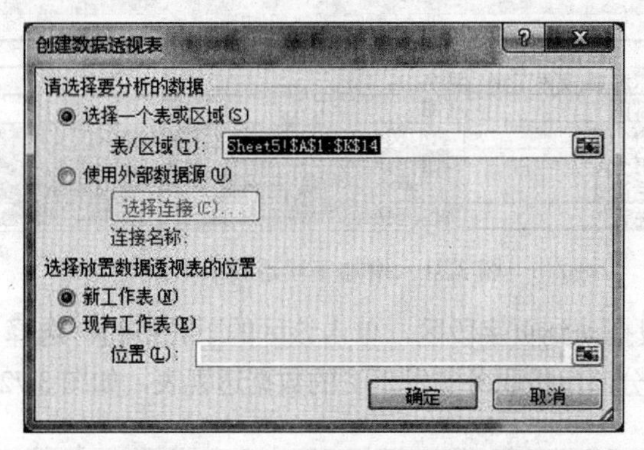

图 3.67　“创建数据透视表”对话框

（2）单击“确定”按钮，在新的工作表中显示如图 3.68 所示的数据透视表的框架。

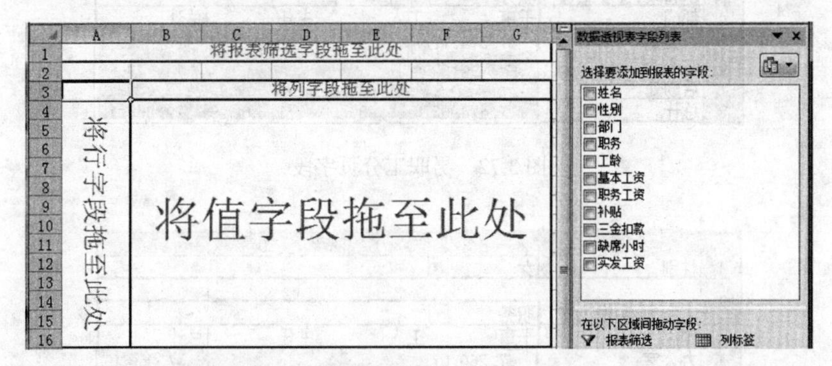

图 3.68　数据透视表框架效果

（3）生成按部门统计工资总和的数据透视表。将“部门”字段拖动到行字段区，将“实发工资”字段拖放到数据汇总区。显示的数据透视表如图 3.69 所示。其中“汇总”列的数字格式是普通数字。选中整个“汇总”区并右击，在弹出的快捷菜单中选择“数字格式”选项，打开“设置单元格格式”对话框。在该对话框中选择“货币”选项，生成如图 3.70 所示的数据透视表，其中数字以货币格式显示。

	A	B
1	将报表筛选字段拖至此处	
2		
3	求和项:实发工资	
4	部门	汇总
5	办公室	20584.84524
6	财务处	17243.5
7	后勤处	15482.30952
8	总计	53310.65476

图 3.69 数据透视表效果（1）

	A	B
1	将报表筛选字段拖至此处	
2		
3	求和项:实发工资	
4	部门	汇总
5	办公室	¥20,584.85
6	财务处	¥17,243.50
7	后勤处	¥15,482.31
8	总计	¥53,310.65

图 3.70 数据透视表效果（2）

（4）生成增加职务分类的分部门工资总和的数据透视表。在上面数据透视表的基础上，将“职务”字段拖动到列字段区，即生成增加职务分类的分部门工资总和的数据透视表，如图 3.71 所示。

	A	B	C	D	E
1	将报表筛选字段拖至此处				
2					
3	求和项:实发工资	职务			
4	部门	干事	工人	主任	总计
5	办公室	¥14,634.85		¥5,950.00	¥20,584.85
6	财务处	¥11,516.00		¥5,727.50	¥17,243.50
7	后勤处		¥9,940.82	¥5,541.49	¥15,482.31
8	总计	¥26,150.85	¥9,940.82	¥17,218.99	¥53,310.65

图 3.71 增加字段透视表效果

（5）将“性别”字段拖动到页字段区，单击该区的下拉按钮，选择“男”（或“女”）选项，可分别显示男、女职工的分部门按职务实发工资的数据透视表，如图 3.72 和图 3.73 所示。

	A	B	C	D	E
1	性别	男			
2					
3	求和项:实发工资	职务			
4	部门	干事	工人	主任	总计
5	办公室	¥7,374.77		¥5,950.00	¥13,324.77
6	财务处	¥4,099.86			¥4,099.86
7	后勤处		¥6,889.00	¥5,541.49	¥12,430.49
8	总计	¥11,474.63	¥6,889.00	¥11,491.49	¥29,855.12

图 3.72 男职工分页字段

	A	B	C	D	E
1	性别	女			
2					
3	求和项:实发工资	职务			
4	部门	干事	工人	主任	总计
5	办公室	¥7,260.07			¥7,260.07
6	财务处	¥7,416.14		¥5,727.50	¥13,143.64
7	后勤处		¥3,051.82		¥3,051.82
8	总计	¥14,676.21	¥3,051.82	¥5,727.50	¥23,455.54

图 3.73 女职工分页字段

（6）将“性别”字段从页字段区拖移到列字段区“职务”字段的左边，于是构成同时显示男、女职工分部门、职务的实发工资的数据透视表，如图 3.74 所示。

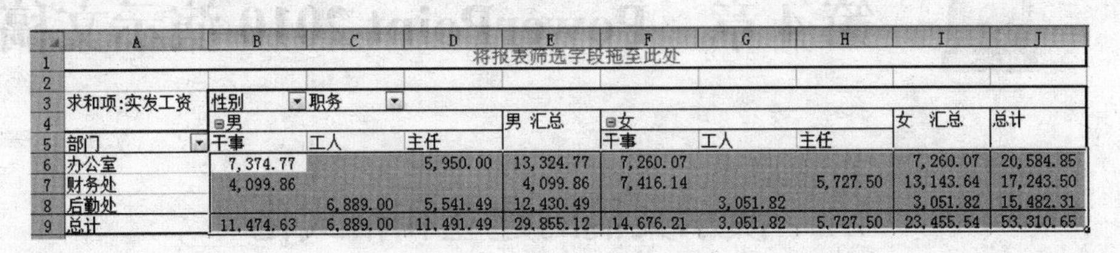

	A	B	C	D	E	F	G	H	I	J
1	将报表筛选字段拖至此处									
2										
3	求和项:实发工资	性别	职务							
4		⊟男			男 汇总	⊟女			女 汇总	总计
5	部门	干事	工人	主任		干事	工人	主任		
6	办公室	7,374.77		5,950.00	13,324.77	7,260.07			7,260.07	20,584.85
7	财务处	4,099.86			4,099.86	7,416.14		5,727.50	13,143.64	17,243.50
8	后勤处		6,889.00	5,541.49	12,430.49		3,051.82		3,051.82	15,482.31
9	总计	11,474.63	6,889.00	11,491.49	29,855.12	14,676.21	3,051.82	5,727.50	23,455.54	53,310.65

图 3.74　分性别数据透视表

（7）右击函数名称区的 A3 单元格，在弹出的快捷菜单中选择“值汇总依据”级联菜单的“计数”选项，如图 3.75 所示。之后就得到统计人数的数据透视表，如图 3.76 所示。

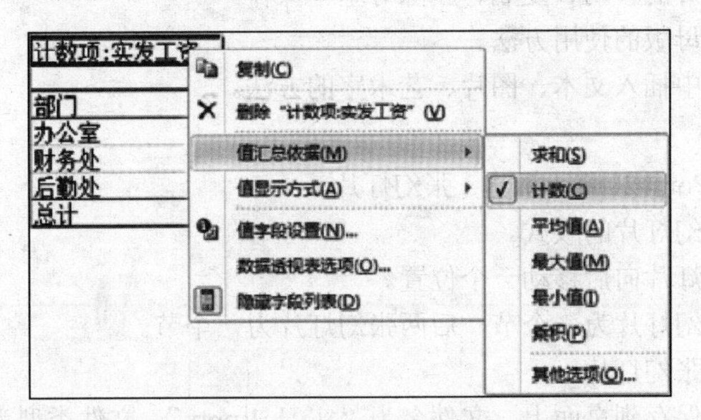

图 3.75　设置“计数”透视表

3	计数项:实发工资	性别	职务							
4		⊟男			男 汇总	⊟女			女 汇总	总计
5	部门	干事	工人	主任		干事	工人	主任		
6	办公室	2		1	3	2			2	5
7	财务处	1			1	2		1	3	4
8	后勤处		2	1	3		1		1	4
9	总计	3	2	2	7	4	1	1	6	13

图 3.76　人数统计的数据透视表

任务 5　保存文件

在“文件”菜单中选择“保存”或“另存为”选项，将文件以“实习 9.xlsx”为文件名保存，退出 Excel。

第4章　PowerPoint 2010 演示文稿软件

4.1　演示文稿的建立和格式化

1. 实习目的

（1）掌握 PowerPoint 2010 启动和退出的方法。

（2）掌握对幻灯片的移动、复制、删除等基本操作。

（3）掌握幻灯片母版的使用方法。

（4）掌握幻灯片中插入文本、图片、艺术字的方法。

2. 实习任务

（1）启动 PowerPoint 2010，新建 3 张幻灯片。

（2）修改第二张幻灯片的版式。

（3）将第二张幻灯片向后移动一个位置。

（4）设置前两张幻灯片为一个节，后两张幻灯片为一个节。

（5）删除最后一张幻灯片。

（6）将演示文稿保存到桌面上，文件名为“实习 1.pptx”，文件类型为“演示文稿”，再退出 PowerPoint 2010。

3. 实习步骤

任务 1　新建 3 张幻灯片

（1）启动 PowerPoint 2010 并新建幻灯片。

① 启动 PowerPoint 2010。

② 在“开始”选项卡的“幻灯片”组中单击“新建幻灯片”按钮，在打开的如图 4.1 所示的“Office 主题”列表中选择要新建的幻灯片版式，即可创建一张新的幻灯片。

（2）更改幻灯片版式。

① 在如图 4.2 所示的普通视图状态的“幻灯片”窗格中右击任一张幻灯片，在弹出的快捷菜单中选择“版式”选项。

② 在“版式”列表中选择第二行第一个“两栏内容”版式，单击鼠标左键更改第二张幻灯片版式设置。

（3）移动或复制幻灯片。

① 在“幻灯片”窗格中单击第二张幻灯片并按住鼠标左键，将其拖到第三张幻灯片的下方，释放鼠标左键，完成移动。

② 也可右击第二张幻灯片，在弹出的快捷菜单中选择“剪切”选项。然后右击第三张幻灯片，并在弹出的快捷菜单中选择“粘贴选项”列表中的“使用目标主题”选项，则可将

第二张幻灯片移动到第三张幻灯片的下方。

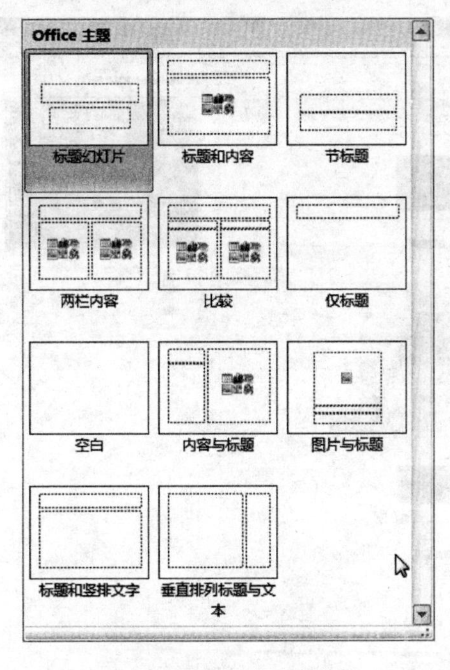

图 4.1　幻灯片版式选择　　　　图 4.2 “幻灯片”窗格

（4）为幻灯片分节。

① 在“幻灯片”窗格中右击第三张幻灯片，在弹出的快捷菜单中选择“新增节”选项，在幻灯片的上方将添加一个名为“无标题节”的新节分隔标记。

② 右击节分隔标记，在弹出的快捷菜单中选择“重命名节”选项，打开如图 4.3 所示的“重命名节”对话框，输入节的名称。单击“重命名”按钮，完成节名称的修改。

③ 按照同样的方式重新命名“无标题节”。

（5）删除幻灯片。在“幻灯片”窗格中右击第四张幻灯片，在弹出的快捷菜单中选择“删除”选项，即可完成删除幻灯片的操作。

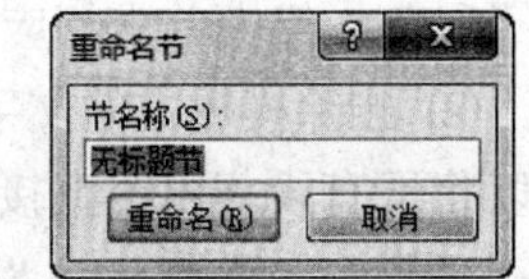

图 4.3 “重命名节”对话框

（6）保存并退出幻灯片。

① 在“文件”菜单中选择“保存”选项，若是第一次存盘将会打开“另存为”对话框。否则不会打开该对话框，直接按原路径及文件名存盘。

② 确定文件的保存位置，并在“文件名”文本框中输入要保存的文件名称。单击“保存类型”下拉按钮，选择所要保存的文件类型后单击“保存”按钮，完成保存操作。

任务 2　幻灯片的格式设置

（1）利用模板创建幻灯片并添加文本。

① 在“文件”菜单的“新建”选项卡的“样本模板”列表中选择“现代型相册”模板，如图 4.4 所示。

② 单击“创建”按钮，完成新建演示文稿操作。

图 4.4　选择模板

③ 单击占位符可以添加文字，若没有占位符，可以插入文本框并输入文本。在“插入”选项卡的“文本”组中单击“文本框”按钮，在其下拉列表中选择“横排文本框”或者“垂直文本框”选项，鼠标指针变为向下的箭头↓，将指针移到目标位置，按下鼠标左键，鼠标指针变为十字形状╋，拖动出合适大小的文本框，在文本框中输入所需文本信息。

（2）文字格式的设置。

① 在“开始”选项卡的“字体”组中单击相应的按钮设置文字格式，在“开始”选项卡的“段落”组中单击相应的按钮来设置段落格式。第一张幻灯片设置效果如图 4.5 所示。

② 删除模板中的文字，输入目标文字。PowerPoint 2010 中，有一种很方便的功能，就是可以将现有段落内容直接转换为 SmartArt 图形。单击待转换文字所在的占位符内部区域，然后在“开始”选项卡的“段落”组中单击“转换为 SmartArt”按钮，在弹出的列表中选择一种 SmartArt 图形即可。在“插入”选项卡的“文本”组中单击“文本框”按钮，在弹出的菜单中选择“横排文本框”选项，插入一个“横排文本框”。第二张幻灯片设置效果如图 4.6 所示。

图 4.5　设置格式后幻灯片的效果

图 4.6　将普通段落转换为 SmartArt 图形

（3）添加艺术字及图片。

① 选中第三张幻灯片，在“插入”选项卡的“文本”组中单击“艺术字”按钮，在其下拉菜单中选择一种艺术字样式，输入适当内容，并移至幻灯片中的适当位置。

② 选中第三张幻灯片，将其中第一张图片删除，如图 4.7 所示。

图 4.7　重新添加图片

③ 单击图像占位符，打开“插入图片”对话框，选择要插入图片的路径，选定图片后单击“插入”按钮。

④ 也可以右击图片，在弹出的菜单中选择“更改图片”选项，在打开的“插入图片”对话框中选择要插入的图片即可。

（4）幻灯片视图。

① 单击状态栏的“幻灯片浏览”按钮，视图如图 4.8 所示。

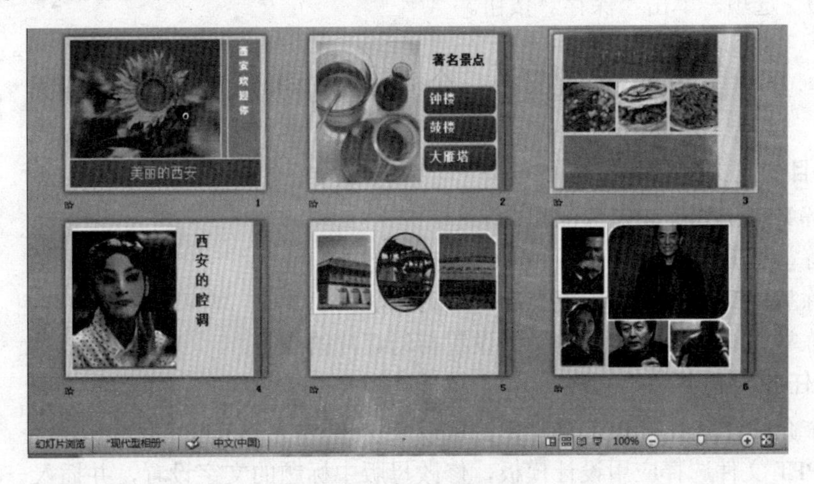

图 4.8　幻灯片浏览视图

② 单击“普通视图”按钮，回到初始状态。

③ 单击“阅读视图”按钮，可手动浏览幻灯片。

④ 单击“幻灯片放映”按钮，可以放映幻灯片。

（5）修改幻灯片母版。

① 在“视图”选项卡的“母版视图”组中单击“幻灯片母版”按钮，切换到幻灯片母版

视图，选择“幻灯片”窗格中的第一张幻灯片。

② 在“插入”选项卡的“文本”组中单击“文本框”按钮，在幻灯片右下角绘制一个文本框，然后在其中输入文字。

③ 对文字及文本框设置格式，完成后效果如图 4.9 所示。

④ 在“幻灯片母版”选项卡的“关闭”组中单击“关闭母版视图”按钮，退出幻灯片母版视图。可以发现每张幻灯片的右下角都有相同的文字，而且它们的格式和位置都是一样的，如图 4.10 所示。

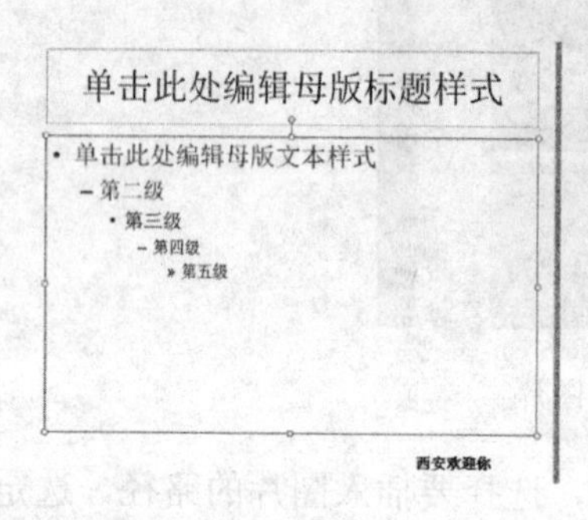

图 4.9 设置文本框和文字的格式

图 4.10 在每张幻灯片中显示固定文字

任务 3 保存幻灯片

在“文件”菜单中选择“另存为”选项，在打开的“另存为”对话框中选择保存位置，在“文件名”文本框中输入“实习 1”，在“保存类型”下拉列表框中选择“PowerPoint 演示文稿（*pptx）”选项，单击“保存”按钮。

4.2 创建一个简单的演示文稿

1. 实习目的

（1）了解 PowerPoint 中对象的概念。

（2）熟练掌握 PowerPoint 中各种对象的插入方法。

（3）熟练掌握 PowerPoint 中建立超链接的方法。

（4）熟练掌握 PowerPoint 中动画的设置与幻灯片的放映。

2. 实习任务

创建一个介绍计算机的 PPT 文件，完成以下操作。

（1）为 PPT 文件选择应用设计模板，修改母版中标题的文字设置，并插入一幅图片。

（2）编辑第一张幻灯片，为第一张幻灯片设置动作路径。

（3）编辑第二张、第 3 张和第 4 张幻灯片，并设置文字的动画效果。

（4）单击第 4 张幻灯片中的图片，可打开对应的原始图片文件。

（5）编辑第 5 张幻灯片，并设置动画效果。

（6）添加背景音乐，设置声音播放效果。

（7）为幻灯片添加切换效果，设置排练计时。

（8）以“实习 2.pptx”为文件名保存。

3. 实习步骤

任务 1　为 PPT 文件选择设计应用模板，修改母版中标题的文字设置，并插入一幅图片

（1）新建一个演示文稿，如图 4.11 所示，在“设计”选项卡的“主题”组中内置了多种幻灯片模板，选择“内置”组中的“波形”模板。

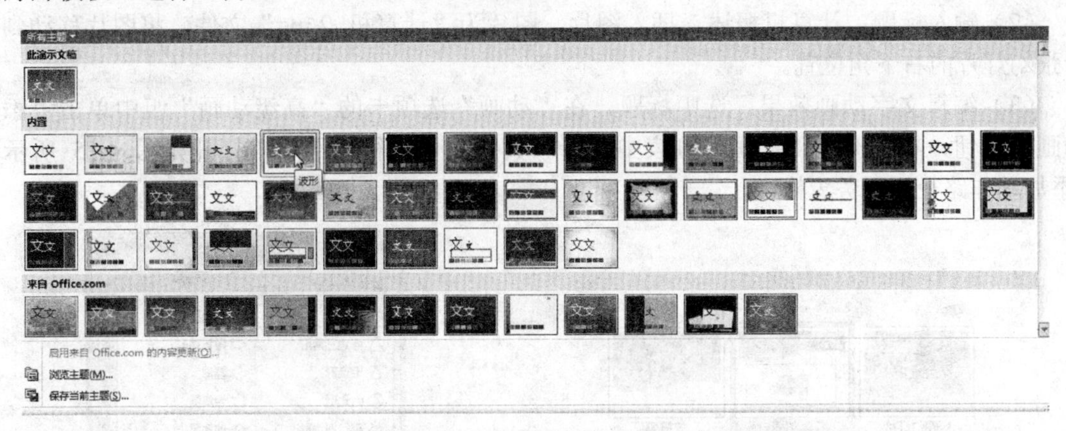

图 4.11　选择幻灯片应用模板

（2）在“视图”选项卡的“母版视图”组中单击“幻灯片母版”按钮，打开如图 4.12 所示的“幻灯片母版视图”窗口。

（3）改变母版的标题样式：选中母版的标题，设置字号为 48，字体为黑体，左对齐文字。

（4）插入图片：在“插入”选项卡的“图像”组中单击“图片”按钮，打开如图 4.13 所示的“插入图片”对话框。

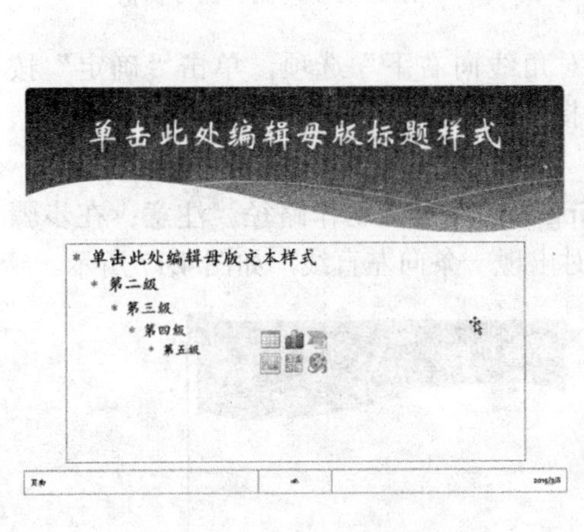

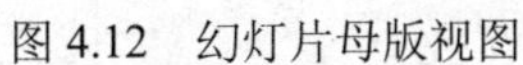
图 4.12　幻灯片母版视图

图 4.13　“插入图片”对话框

（5）在对话框中，选择图片文件“计算机.jpg”，单击“打开”按钮，调整图片大小，将插入的图片移动到母版的右上角，然后在“幻灯片母版”选项卡的“关闭”组中单击“关闭母版视图”按钮。

任务 2　编辑第一张幻灯片，为第一张幻灯片设置动作路径

（1）编辑第一张幻灯片：在“开始”选项卡的“幻灯片”组中单击“版式”按钮，在如图 4.14 所示的列表中选择“仅标题”选项。

（2）输入标题：计算机概述。插入图片，图片为“计算机 2.jpg”文件，将图片移动到第一张幻灯片的右下角位置。

（3）编辑文字动画效果：选中标题，在“动画”选项卡的“高级动画”组中单击“添加动画”按钮，在打开的“动画”列表中选择“其他动作路径”选项，打开如图 4.15 所示的“添加动作路径”任务窗格。

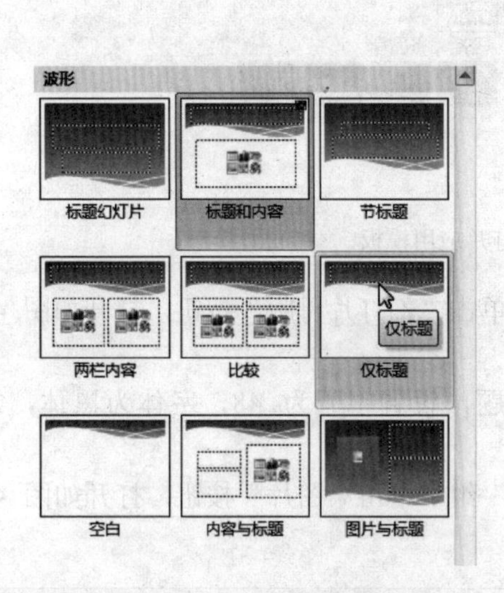

图 4.14　选择幻灯片版式

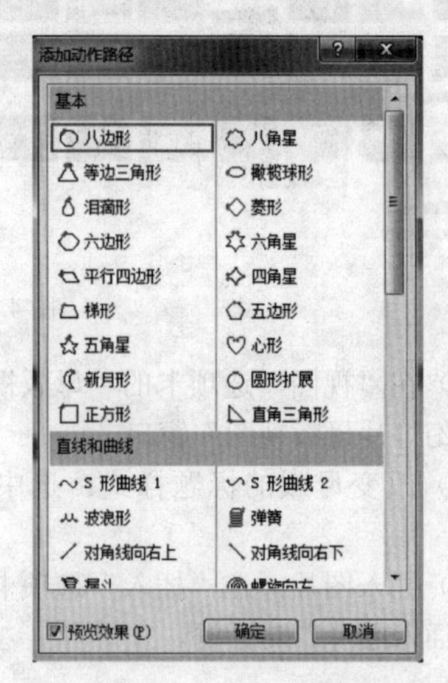

图 4.15　“添加动作路径”任务窗格

（4）在对话框中的“直线和曲线”类中选择“对角线向右下”选项，单击“确定”按钮，返回幻灯片视图，出现如图 4.16 所示的动作路径指示箭头。

（5）单击指示箭头，调整到适当的位置。

（6）重复步骤（3）、（4）、（5），为“计算机 2.jpg”文件设置动作路径。注意：在步骤（4）中，选择“直线和曲线”类的“向左”选项，此时出现一条向左直线，如图 4.17 所示。

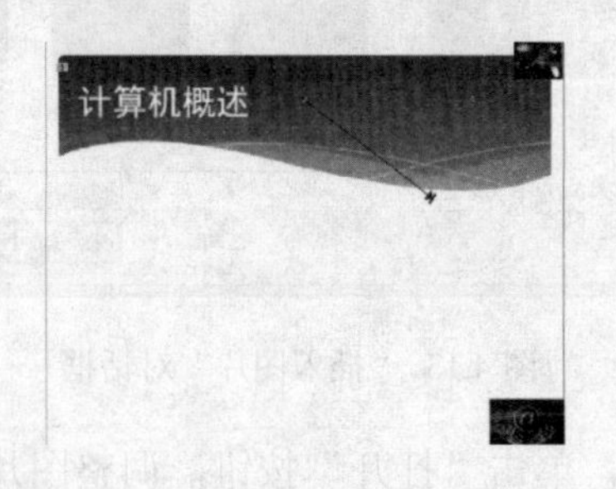

图 4.16　“动作路径”的指示箭头（1）

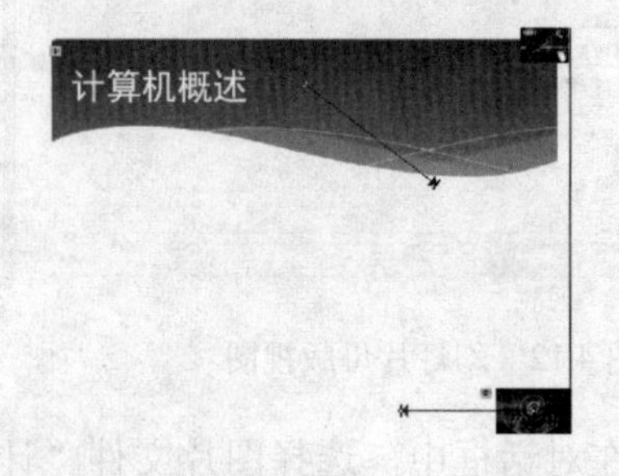

图 4.17　“动作路径”的指示箭头（2）

（7）分别选中文字和图片，在“动画”选项卡的“计时”组中将文字和图片的“开始”选项设置为“与上一动画同时”，“持续时间”选项设置为“02.00”，如图4.18所示。至此，第一张幻灯片编辑完成。

图4.18　动作路径参数设置

任务3　编辑第二张、第3张和第4张幻灯片，并设置文字的动画效果

（1）编辑第二张幻灯片，标题为“基于冯·诺依曼思想设计的计算机”，内容如图4.19所示。

（2）文字的输入方法：在“插入”选项卡的“文本”组中单击“文本框”按钮，在弹出的下拉菜单中选择“横排文本框”选项，在幻灯片上按下鼠标左键拖曳至适当位置，释放左键，画出一个文本框，把图4.19中的文字输入到文本框内。

（3）设置文字的动画效果：设置的动画效果如表4.1所示。

表4.1　第二张幻灯片中各对象的动画效果

动作	标题	第一段文字	第二段文字	第三段文字
添加动画	飞入	随机线条	缩放	劈裂
开始	单击时	单击时	单击时	单击时
效果选项	自左侧			
持续时间	02.00	02.00	02.00	02.00

（4）编辑第3张幻灯片，标题为“未来的计算机”，内容如图4.20所示。文字输入方法见步骤（2）。

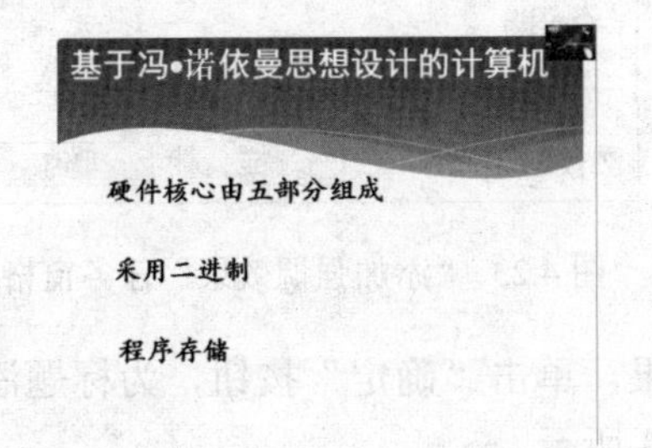

图4.19　第二张幻灯片的内容

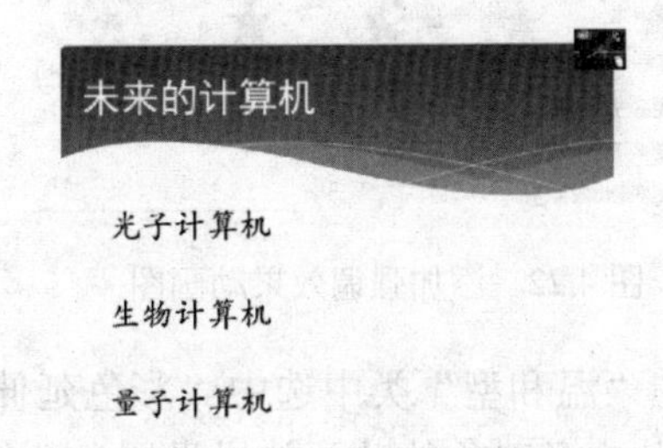

图4.20　第3张幻灯片的内容

（5）设置第3张幻灯片的动画效果，具体设置如表4.2所示。

表4.2　第3张幻灯片中各对象的动画效果

动作	标题	第一段文字	第二段文字	第三段文字
添加动画	旋转	菱形	菱形	菱形
开始	单击时	单击时	单击时	单击时
效果选项		放大	缩小	放大
持续时间	01.00	02.00	02.00	02.00

（6）编辑第 4 张幻灯片，标题为“计算机的发展趋势”，内容如图 4.21 所示。

（7）在幻灯片的底部插入 3 张图片：“天河二号.jpg”、“人工智能.jpg”和“微型机.jpg”，并缩小。

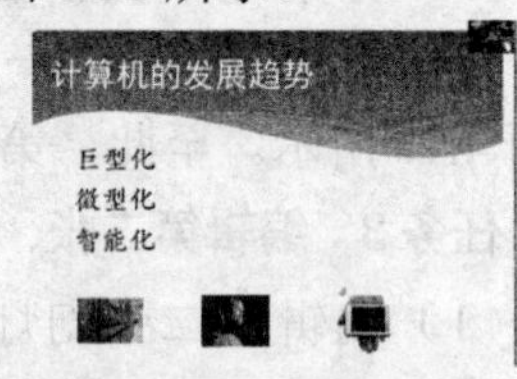

图 4.21　第 4 张幻灯片的内容

（8）设置动画效果：选中标题，在“动画”选项卡的“高级动画”组中单击“添加动画”按钮，在如图 4.22 所示的列表中选择“更多强调效果”选项。

（9）打开如图 4.23 所示的“添加强调效果”任务窗格。

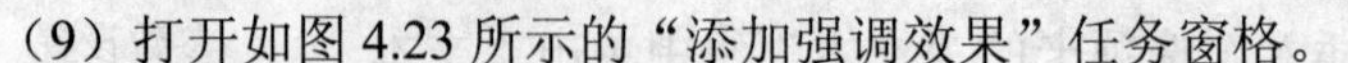

图 4.22　添加强调效果动画图

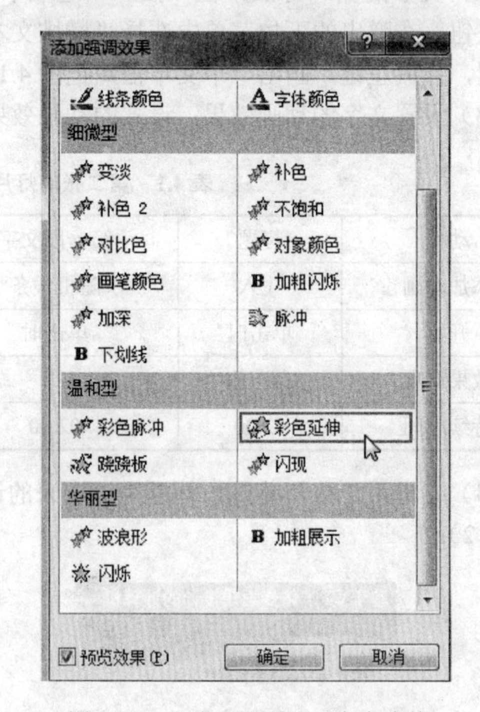

图 4.23　“添加强调效果”任务窗格

（10）在“温和型”类中选中“彩色延伸”效果，单击“确定”按钮，为标题添加了动画效果。幻灯片中各对象的动画效果设置参数如表 4.3 所示。

表 4.3　第 4 张幻灯片中各对象的动画效果

动作	标题	文字	“天河二号.jpg”图片	“人工智能.jpg”图片	“微型机.jpg”图片
添加动画	彩色延伸	波浪形	脉冲	陀螺旋	放大/缩小
开始	单击时	上一动画之后	上一动画之后	上一动画之后	上一动画之后
效果选项				逆时针	
持续时间	00.50	01.50	01.25	02.00	02.00

任务 4　编辑第 4、5 张幻灯片

（1）单击第 4 张幻灯片中的图片，打开对应的原始图片文件。

① 选中“人工智能.jpg”图片，在“插入”选项卡的“链接”组中单击“超链接”按钮，打开如图 4.24 所示的“插入超链接”对话框。

② 单击“确定”按钮，完成“人工智能.jpg”图片的超链接设置。同理，设置另外两张图片的超链接。

（2）编辑第 5 张幻灯片，并设置动画效果。

① 编辑第 5 张幻灯片，标题为“著名的人物”，内容如下。

文字：“冯・诺依曼”，插入相对应的图片。

文字：“图灵”，插入相对应的图片。

② 将图片与文字组合在一起：选中第 5 张幻灯片中的文字“冯・诺依曼”，按住 Shift 键，选中相对应的图片，在“图片工具”功能区“格式”选项卡的“排列”组中单击“组合”按钮，完成文字与图片的组合。类似地，将其他文字与图片进行组合，效果如图 4.25 所示。

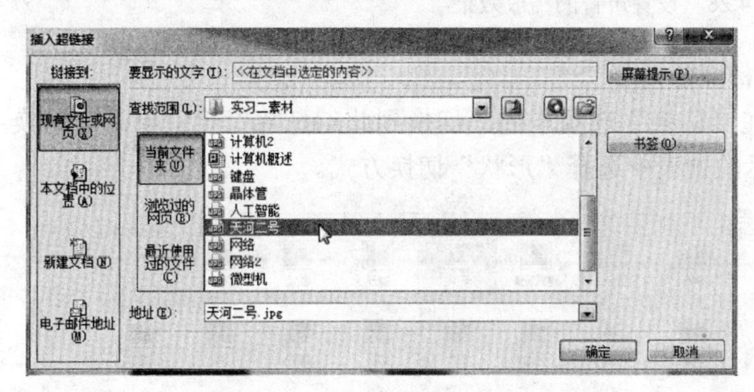

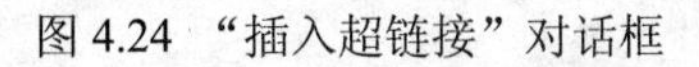
图 4.24 “插入超链接”对话框

图 4.25 图片与文字组合

任务 5 添加背景音乐，设置声音播放效果

（1）为幻灯片添加背景音乐：选中第一张幻灯片，在“插入”选项卡的“媒体”组中单击“音频”按钮，在如图 4.26 所示的下拉列表中选择“文件中的音频”选项。

（2）打开如图 4.27 所示的“插入音频”对话框。

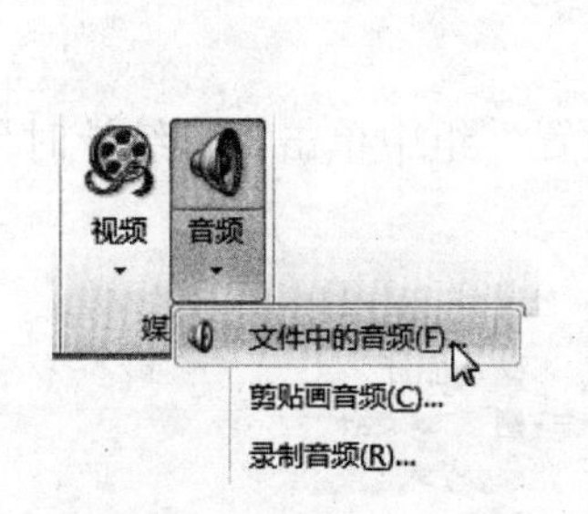

图 4.26 插入“文件中的音频”

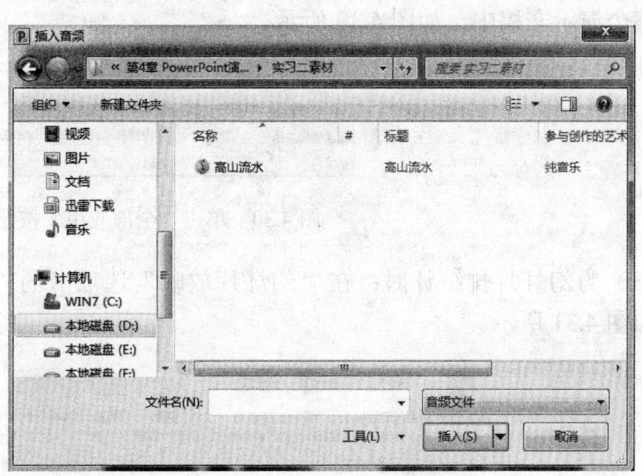

图 4.27 “插入音频”对话框

（3）找到要插入演示文稿中的声音文件“高山流水.mp3”的存放路径，选中文件，单击“插入”按钮。

（4）插入音频文件后，幻灯片上出现声音图标，选中声音图标，在“音频工具”功能区“播放”选项卡的“音频选项”组中的“开始”下拉列表框中选择“自动”选项，同时勾选“放映时隐藏”、“循环播放，直到停止”、“播完返回开头”3 个复选框，如图 4.28 所示。

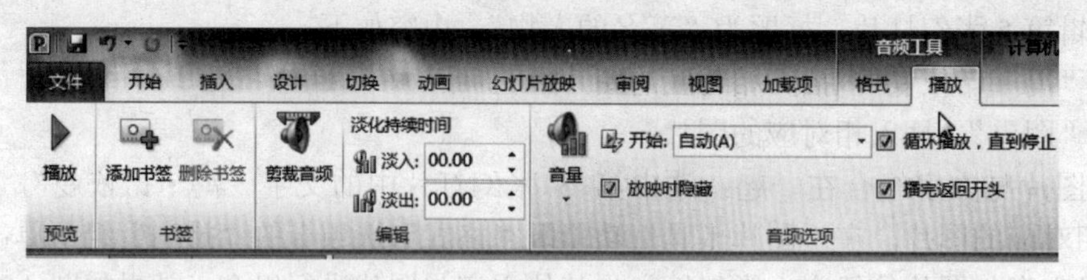

图 4.28　设置声音的播放效果

任务 6　为幻灯片添加切换效果，排练计时

（1）设置幻灯片的切换方式：在“切换”选项卡的“切换到此幻灯片”组中单击“切换到此幻灯片”按钮，在如图 4.29 所示的列表中选择“形状”切换方式。

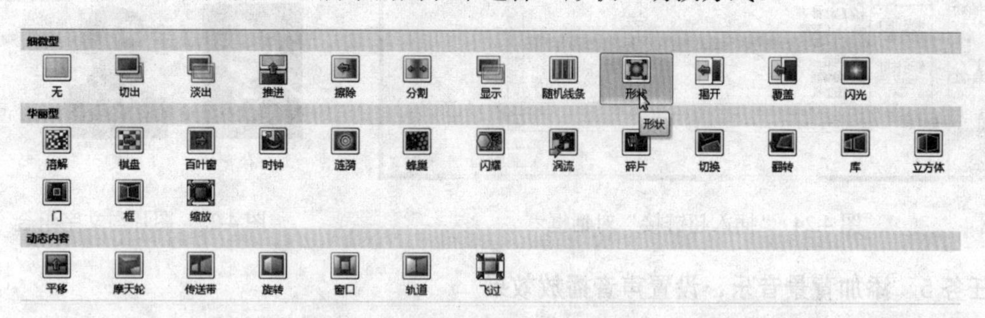

图 4.29　选择“形状”切换方式

（2）在“切换”选项卡的“计时”组中单击“全部应用”按钮，将“形状”切换方式应用到整个演示文稿中，如图 4.30 所示。

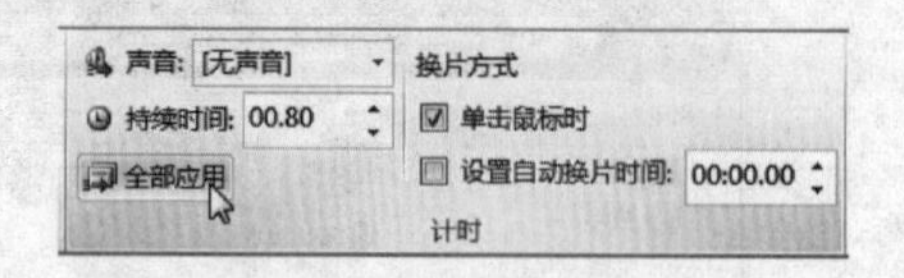

图 4.30　单击“全部应用”按钮

（3）为幻灯片排练计时：在“幻灯片放映”选项卡的“设置”组中单击“排练计时”按钮，如图 4.31 所示。

图 4.31　单击“排练计时”按钮

（4）保存“排练计时”的时间，然后播放幻灯片：在“幻灯片放映”选项卡的“开始放映幻灯片”组中单击“从头开始”按钮。

要点提示：

（1）演示文稿设计原则如下。

① 主题明确，结构完整。

② 要点明确，逻辑连贯。

③ 表现形式多样，抓住观众眼球。

④ 声色俱全，动画精美。

（2）PowerPoint 2010 新增功能如下。

① 全新的界面：采用 Office 2010 风格的界面，菜单和功能区组成一系列子菜单。

② 视频处理：可直接将演示文稿保存为视频格式，并可对插入的视频进行简单编辑和裁剪。

③ 全新的图像编辑工具：可对图片添加各种艺术效果、颜色调整、图片裁剪等操作。

④ 新增许多切换效果和动画效果：新增很多动态的切换效果和精美的动画效果。

⑤ 新增了一些实用的功能：如对演示文稿的压缩、恢复未保存的文档等功能。

⑥ 团队协作和共享多媒体演示：允许多个用户共同编辑同一个演示文稿，也允许用户通过网络共享多媒体演示。

4.3　动画效果练习

1. 实习目的

（1）了解 PowerPoint 效果的设计思路。

（2）熟练掌握设计与创建 PowerPoint 中 4 种动画效果。

（3）熟练掌握 PowerPoint 动画路径的设置。

（4）熟练掌握 PowerPoint 动画计时效果的设置。

（5）熟练掌握 PowerPoint 演示文稿的输出。

2. 实习任务

创建一个包含 4 种动画效果的演示文稿，完成以下操作。

（1）根据素材文件创建一个包含“进入”、“强调”、“退出”、“路径”动画效果的演示文稿。

（2）输出演示文稿为视频文件。

3. 实习步骤

任务 1　在演示文稿中插入两个素材文件

（1）启动 PowerPoint 2010，创建一张新的幻灯片，在“插入”选项卡的“图像”组中单击“图片”按钮。

（2）在如图 4.32 所示的“插入图片”对话框中选中需要插入的图片文件“3d1”，单击“插入”按钮，完成图片素材的插入操作。

图 4.32　"插入图片"对话框

（3）按照上述方法插入图片文件"3d2"，使两张图片重叠，效果如图 4.33 所示。

图 4.33　插入两张图片的效果

任务 2　为图片文件"3d2"添加一个反复的"闪烁"强调效果

（1）选中"3d2"图片，在"动画"选项卡的"高级动画"组中单击"添加动画"按钮，在如图 4.34 所示的列表中选择"更多强调效果"选项。

（2）在打开的如图 4.35 所示的"添加强调效果"任务窗格的"华丽型"类中选择"闪烁"效果，单击"确定"按钮，为图片"3d2"添加"闪烁"强调效果。

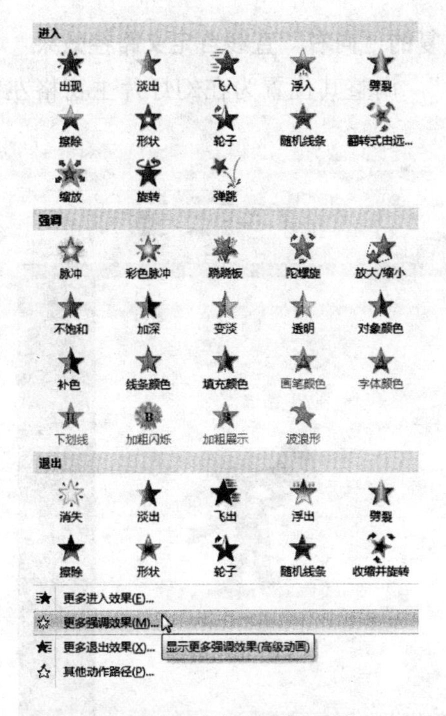

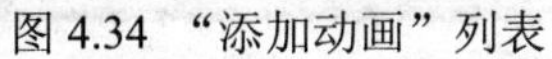

图 4.34 “添加动画”列表

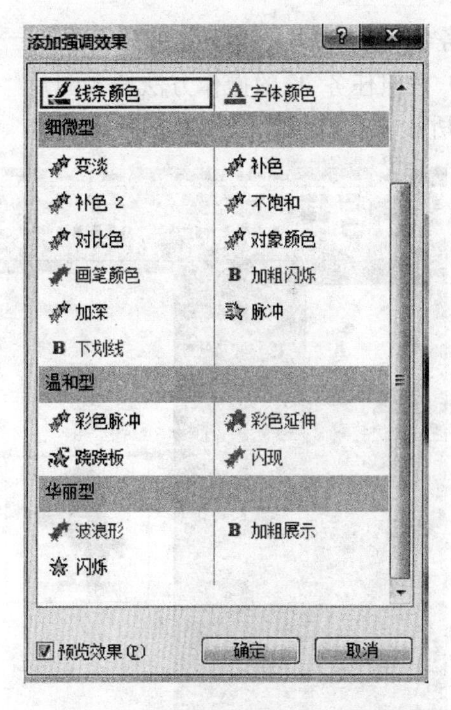

图 4.35 “添加强调效果”任务窗格

（3）在“动画”选项卡的“高级动画”组中单击“动画窗格”按钮，在幻灯片主窗口右侧打开如图 4.36 所示的“动画窗格”任务窗格。

（4）在“动画窗格”任务窗格中，右击“3d2”(“图片 5”）动画效果，在弹出的快捷菜单中选择“效果选项”选项。

注意：图片编号是 PowerPoint 2010 随机产生的，不同计算机图片编号可能不一致。

（5）在打开的如图 4.37 所示的“闪烁”对话框的“计时”选项卡中，按要求修改“开始”、“延迟”、“期间”和“重复”等“闪烁”效果选项，单击“确定”按钮，完成为“3d2”图片添加反复“闪烁”强调效果。

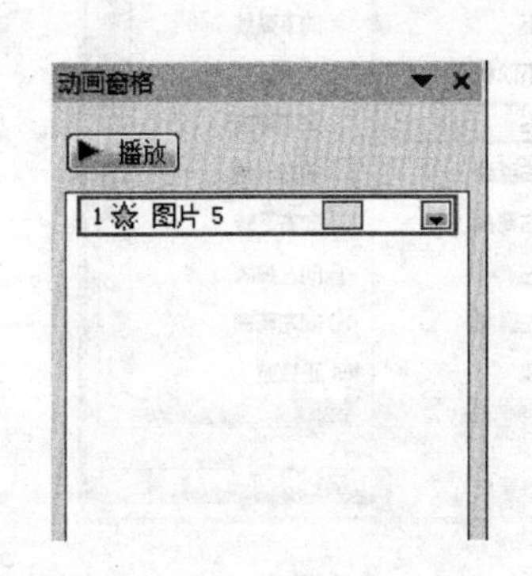

图 4.36 “动画窗格”任务窗格

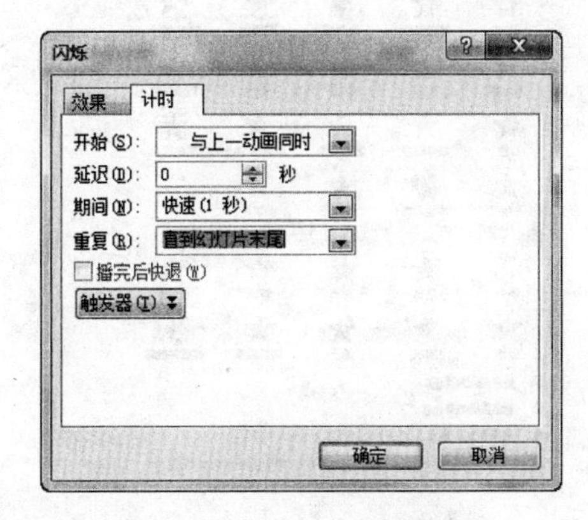

图 4.37 “闪烁”对话框

任务 3　插入图片“3d3”，并为其添加一个反复的“向右”直线自定义路径效果

（1）按照任务 1 的操作方法插入图片“3d3”，调整其位置为在幻灯片主窗格左侧，如图 4.38 所示。

图 4.38　插入“3d3”图片并调整其位置

（2）选中“3d3”图片，在“动画”选项卡的“高级动画”组中单击“添加动画”按钮，在如图 4.39 所示的列表中选择“其他动作路径”选项。打开如图 4.40 所示的“添加动作路径”任务窗格，在“直线和曲线”类中选择“向右”动作路径选项。

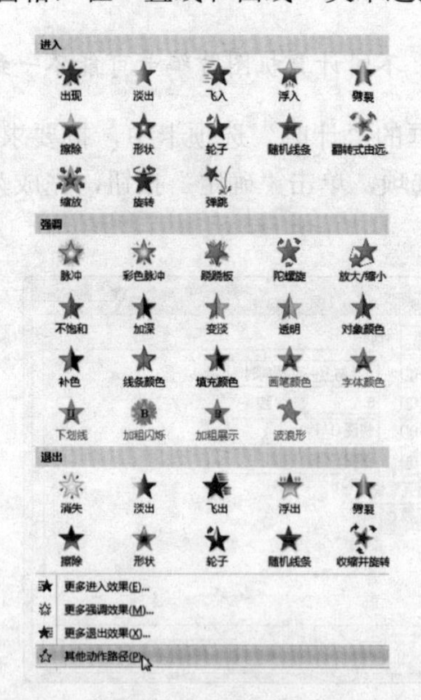

图 4.39　选择“其他动作路径”选项

图 4.40　“添加动作路径”任务窗格

（3）单击“确定”按钮，为“3d3”图片添加“向右”自定义动作路径，调整“向右”自定义动作路径的开始、结束位置，如图 4.41 所示。

图 4.41　设置“向右”自定义路径开始、结束位置

（4）在“动画窗格”任务窗格中，右击“3d3”（“图片 6”）动画效果，在弹出的快捷菜单中选择“效果选项”选项。在“向右”动画效果对话框中，切换到“计时”选项卡，按如图 4.42 所示修改“向右”效果选项后，单击“确定”按钮，完成为“3d3”图片添加反复“向右”自定义动作路径效果。

任务 4　为图片“3d3”添加“弹跳”退出效果

选中图片“3d3”，在“动画”选项卡的“高级动画”组中单击“添加动画”按钮，在打开的如图 4.43 所示的“效果选项”对话框中，选择图片“3d3”退出时的“弹跳”效果，在“计时”选项卡中按要求修改“弹跳”效果选项，单击“确定”按钮，完成为“3d3”图片添加“弹跳”退出效果。

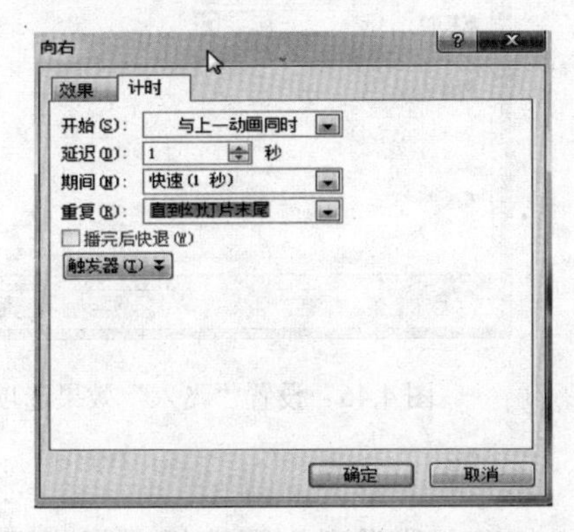

图 4.42　设置“向右”效果选项

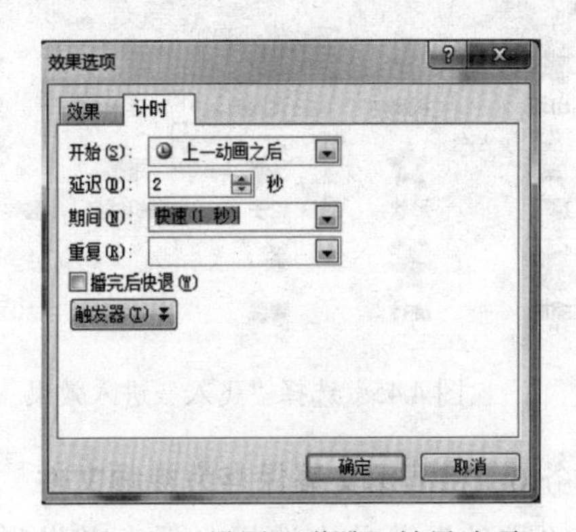

图 4.43　设置“弹跳”效果选项

任务 5　为图片“3d4”添加“飞入”进入效果

（1）按照任务 1 的操作方法插入图片“3d4”，调整其位置和图片“3d3”重合，如图 4.44 所示。

图 4.44　插入图片“3d4”调整其位置

（2）选中“3d4”图片，在“动画”选项卡的“高级动画”组中单击“添加动画”按钮，在打开的如图 4.45 所示的列表的“进入”类中选择“飞入”效果。

（3）在“动画窗格”任务窗格中，右击“3d4”（“图片 8”）动画效果，在弹出的快捷菜单中选择“效果选项”选项。在打开的如图 4.46 所示的“飞入”对话框的“计时”选项卡中按要求修改“飞入”效果选项，单击“确定”按钮，完成为“3d4”图片添加“飞入”效果。

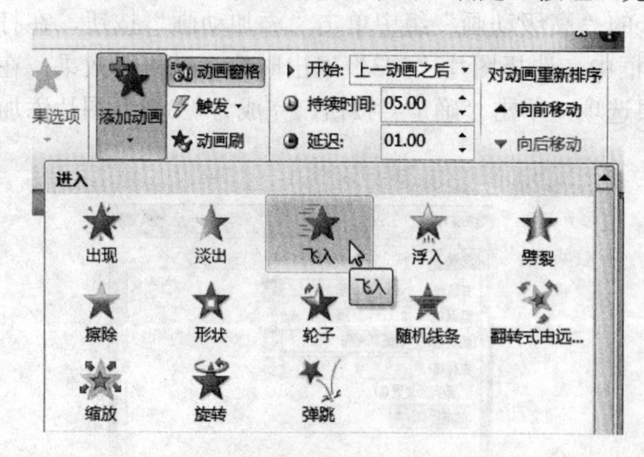

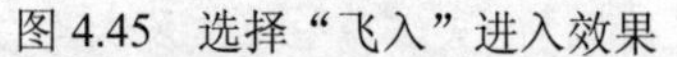

图 4.45　选择“飞入”进入效果

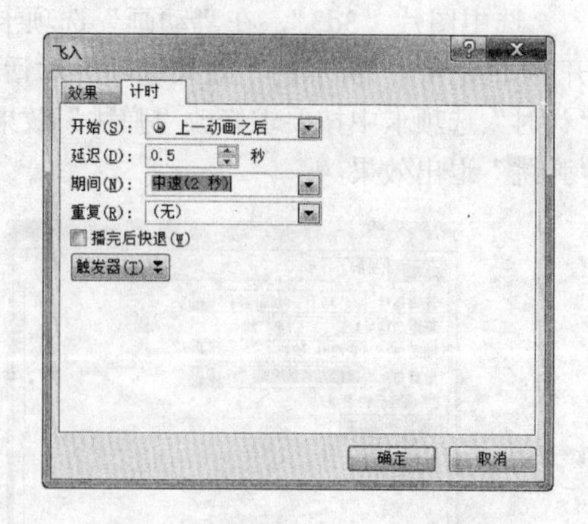

图 4.46　设置“飞入”效果选项

任务 6　将演示文稿保存为视频文件

在“文件”菜单中选择“保存并发送”选项，在“文件类型”区选择“创建视频”选项，如图 4.47 所示，单击“创建视频”按钮。在打开的“另存为”对话框中选择保存位置、输入文件名、保留默认保存类型，单击“保存”按钮，将幻灯片保存为视频。

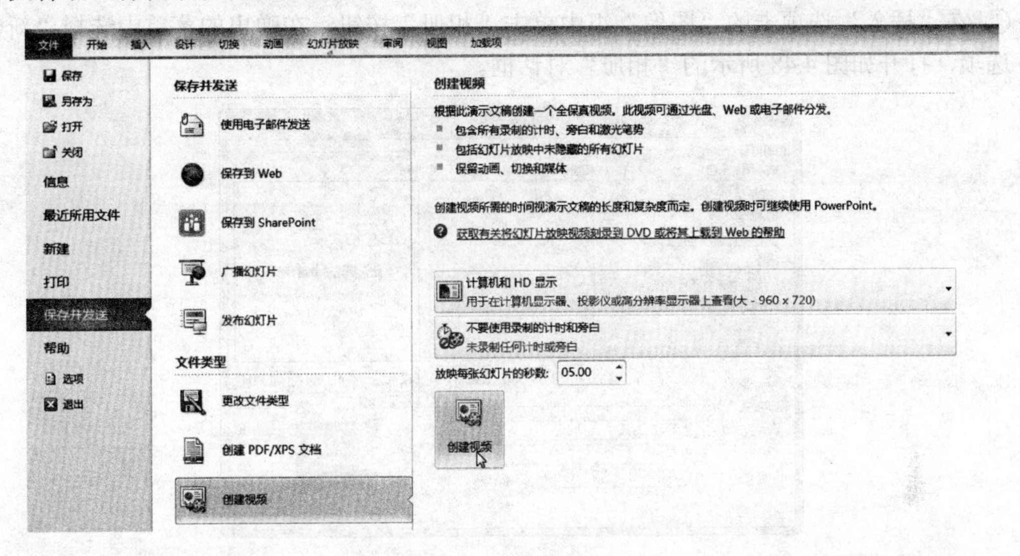

图 4.47　创建视频文件

要点提示：动画效果中，“计时”开始的选项分为 3 种：单击时、与上一动画同时、上一动画之后。动画的开始时间和结束时间在整体动画顺序中是非常关键的时间点，在动画路径中绿色三角形图标代表开始时间点，红色三角形图标代表结束时间点，这两个时间点可以通过鼠标拖动进行调节其开始和结束动画位置。动画的类型分为 4 种：进入、强调、退出、自定义路径动画，其中自定义路径动画可以模拟进入、强调、退出动画操作，它也是复杂绚丽动画效果应用中必不可少的元素。对一个对象设置动画可以设置一个简单的动画，也可以设置不同类型的动画效果。

4.4　几种特效的制作方法

1. 实习目的

（1）熟练掌握设计与制作 PowerPoint 幻灯片的几种特效方法。

（2）能熟练将其应用到实际中。

2. 实习任务

创建一个包含 4 种动画效果的演示文稿，完成以下操作。

（1）电子相册的制作。

（2）倒计时效果的制作。

（3）三维环状饼图的制作。

3. 实习步骤

任务 1　电子相册的制作

相册是 PowerPoint 中的一种图像对象，利用相册功能，可以将批量的图片导入到幻灯片中，快速地制作出精美的电子相册。

（1）将图片插入相册。

① 在“插入”选项卡的“图像”组中单击“相册”按钮，在弹出的菜单中选择“新建相册”选项，打开如图 4.48 所示的“相册”对话框。

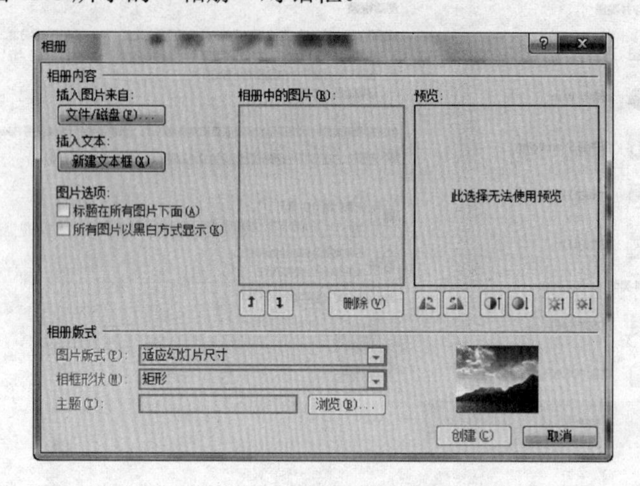

图 4.48 “相册”对话框

② 在对话框的“相册内容”区域单击“插入图片来自”文本下的“文件/磁盘”按钮，在打开的如图 4.49 所示的“插入新图片”对话框中选择制作相册的图片，单击“插入”按钮。在如图 4.50 所示的“相册”对话框中通过“相册中的图片”列表框下方的“上箭头”按钮、“下箭头”按钮调整图片顺序。

图 4.49 “插入新图片”对话框

图 4.50 “相册”对话框

③ 将“图片版式”设置为“1 张图片”，单击“创建”按钮；这时一个已经插入所有图片的幻灯片就产生了。

（2）给幻灯片增加主题效果。在“设计”选项卡的“主题”组中单击下拉按钮，打开如图 4.51 所示的“所有主题”列表，显示所有主题。在其中选择一种自己钟爱的主题。

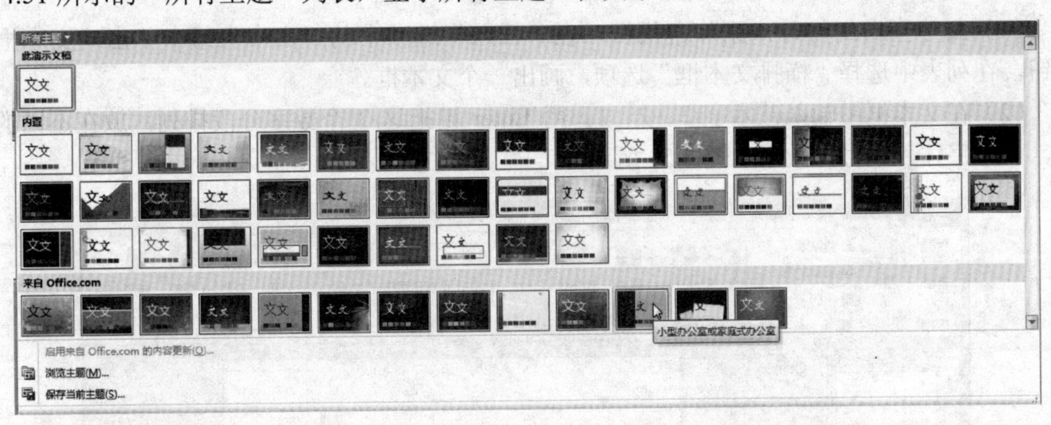

图 4.51 “所有主题”列表

（3）给相册的图片增加边框效果。在“绘图工具”功能区“格式”选项卡的“形状样式”组中单击“形状效果”按钮，在弹出的列表中选择一种合意的效果即可。同理对幻灯片中每张图片添加相应效果。

（4）设置幻灯切换和动画效果。PowerPoint 2010 的“切换”选项卡与“动画”选项卡分别负责页面切换和对象的动画效果设置。默认的换片方式是单击鼠标，而动感相册显然需要自动切换，因此，需要取消“切换”选项卡的“计时”组中“换片方式”区的“单击鼠标时”切换方式，而自动换片时间摒弃了以前的慢、中、快 3 档速度控制，已经可以精确控制了，不妨根据需要对每张幻灯片进行换片时间间隔设置。

① 在“切换”选项卡的“切换到此幻灯片”组的切换效果区右侧单击下三角按钮▾，在打开的如图 4.52 所示的“幻灯片切换效果”列表中选择适合的效果，即可对每张幻灯片的切换效果进行设置。

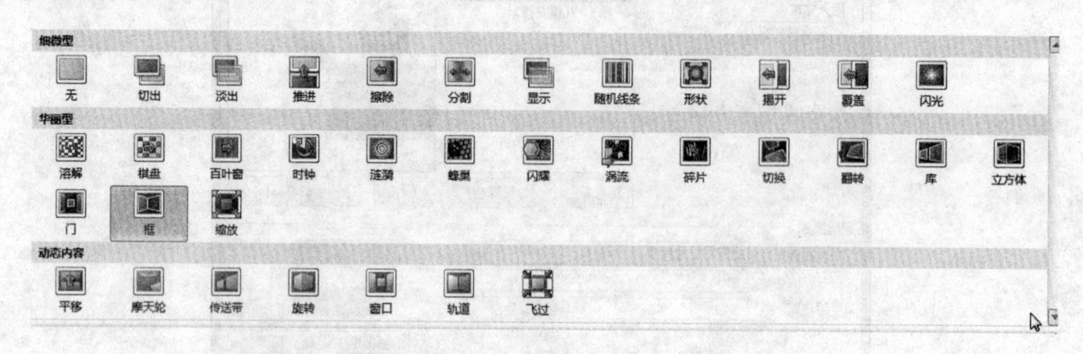

图 4.52 “幻灯片切换效果”列表

② 给每张图片设置动画效果。首先选中要设置动画效果的图片，在“动画”选项卡的“动画”组的动画效果区右侧单击下三角按钮▾，在弹出的“动画效果”列表中选择合适的动画效果。另外，需要将每张图片的动画效果的开始时刻设置为“上一动画之后”，这样才能自动显示动画，还需要根据需要设置持续时间。

任务 2 倒计时效果的制作

（1）新建空白幻灯片，删除占位符，在“插入”选项卡的“文本”组中单击“文本框”按钮，在列表中选择“横排文本框”选项，画出一个文本框。

（2）在文本框中输入艺术字 3、2、1。用 Enter 键把这 3 个数字分段排列，放在不同的行里，调整字体、字号，效果如图 4.53 所示。

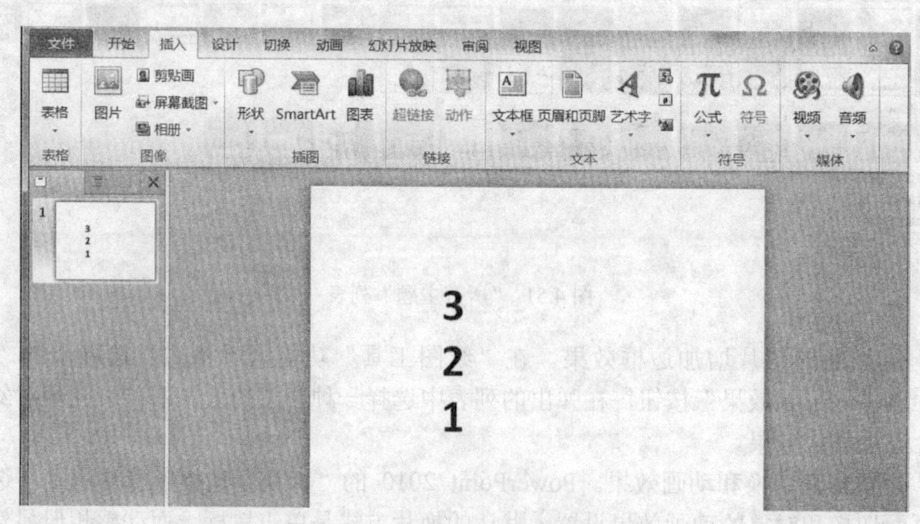

图 4.53 在文本框中插入艺术字

（3）设置动画效果。

① 选中数字“3”，在“动画”选项卡的“高级动画”组中单击“添加动画”按钮，在弹

出的“动画”列表的“进入”类中选择“缩放”动画效果，在“计时”组中把“持续时间”设置为 1 秒，如图 4.54 所示；在“高级动画”组中单击“动画窗格”按钮，在“动画窗格”任务窗格中右击“缩放”效果设置框，打开如图 4.55 所示的“缩放”对话框，在“效果”选项卡中把“动画文本”设置为“按字/词”，“字/词之间延迟百分比”设置为“100”。

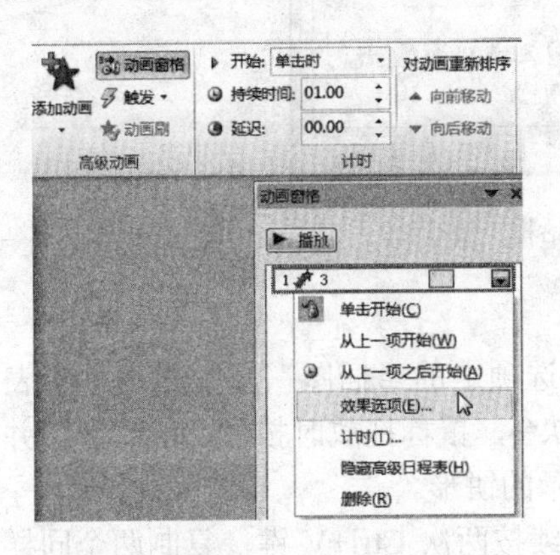

图 4.54　动画设置

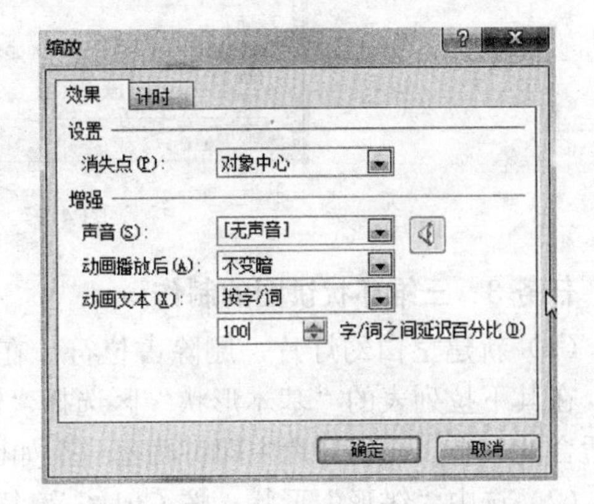

图 4.55 “缩放”对话框的“效果”选项卡

② 设置退出动画效果。选中数字“3”，在“动画”选项卡的“高级动画”组中单击“添加动画”按钮，在弹出的“动画”列表的“退出”类中选择“淡出”效果，把“持续时间”设置为 0.1 秒，单击“动画窗格”按钮，右击“淡出”效果设置框，把“动画文本”设置为“按字/词”，“字/词之间延迟百分比”设置为“100”。

③ 用同样的方法为“2”和“1”设置进入和退出动画效果，设置完成后如图 4.56 所示。

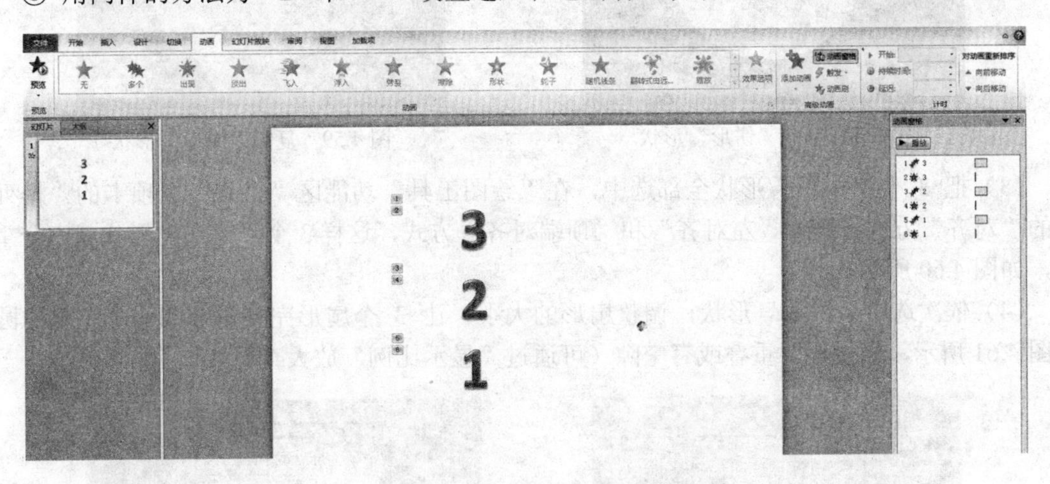

图 4.56　动画设置后的界面效果

④ 调整动画开始方式。在“动画窗格”任务窗格中，依次选中动画项，在“动画”选项卡的“高级动画”组中设置第一个动画项的开始触发是“单击时”，其余都是“上一动画之后”。

⑤ 调整数字的位置。选中所有的数字，在“开始”选项卡的“段落”组中单击“行距”按钮，选择“行距选项”选项，在打开的“段落”对话框中设置行距为“多倍行距”，设置值为“0”，如图 4.57 所示，这样文字就重叠在一起，播放幻灯片时就可以在同一个位置显示了。

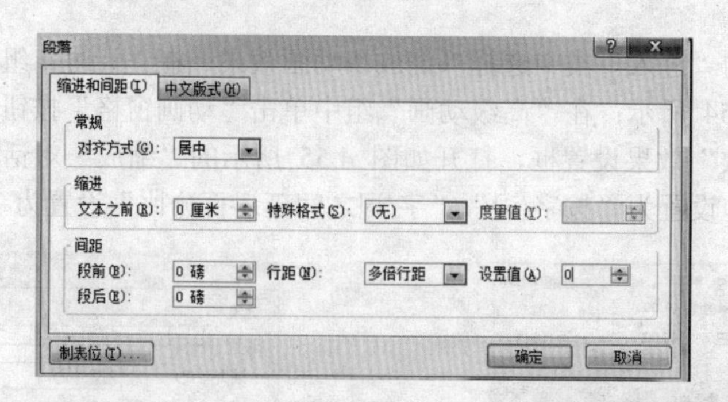

图 4.57 “段落”对话框

任务 3　三维环状饼图的制作

（1）新建空白幻灯片，删除占位符，在“插入”选项卡的“插图”组中单击“图表”按钮，在其下拉列表的“基本形状”区选择“饼形”形状◔，鼠标拖放时按住 Shift 键，并调整到适合的大小，在幻灯片中即可画出一个如图 4.58 所示的饼形。

（2）选中“饼形”形状，按 Ctrl+C 键复制，再连续按两次 Ctrl+V 键，复制两个同样的形状，如图 4.59 所示。

图 4.58　插入“饼形”形状

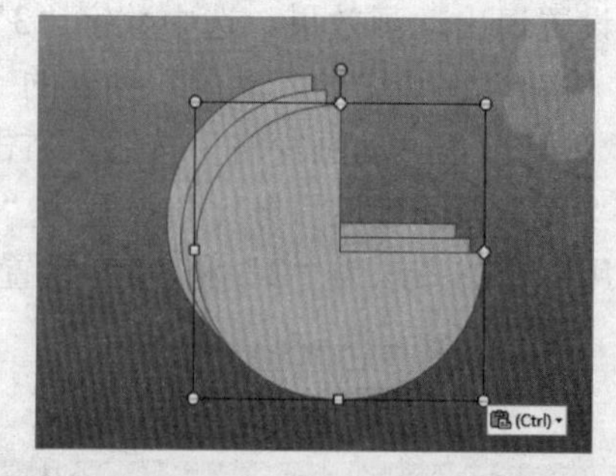

图 4.59　复制“饼形”形状

（3）把 3 个“饼形”形状全部选中，在“绘图工具”功能区“格式”选项卡的“排列”组的“对齐”方式下选择“左对齐”和“顶端对齐”方式，这样 3 个“饼形”形状就完全重叠了，如图 4.60 所示。

（4）依次选中“饼形”形状，调整扇形的大小，让 3 个扇形完整拼合成一个完整的圆，如图 4.61 所示，尽量不要重叠或有空隙（可通过“显示比例”放大查看）。

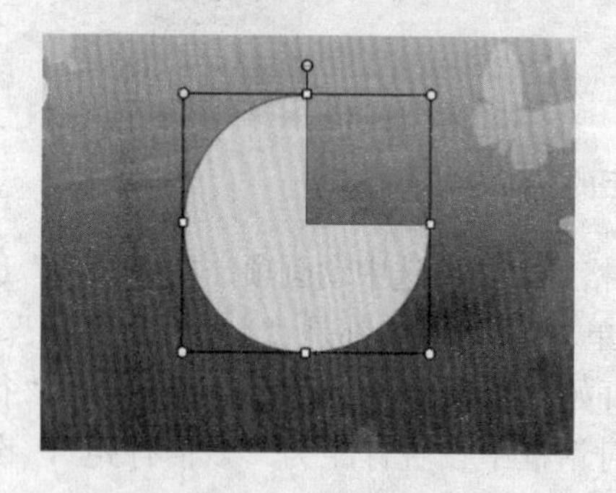

图 4.60 “对齐”设置效果

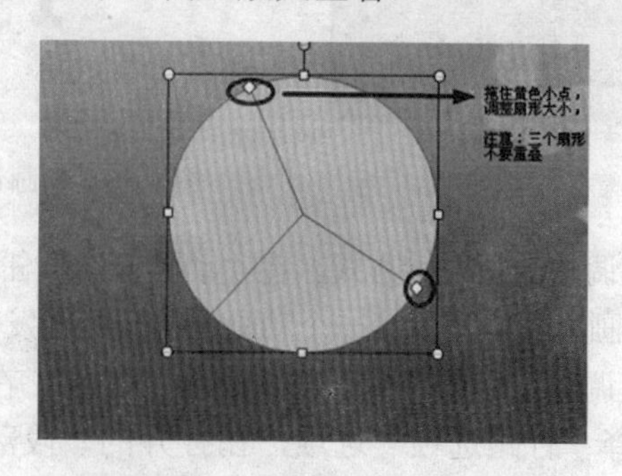

图 4.61　调整扇形大小效果

（5）在“插入”选项卡的“插图”组中单击“形状”按钮，在打开的“形状”列表的“基本形状”区选择“椭圆”形状◯，按住 Shift 键用鼠标拖出一个小圆，并调整与前面大圆中心对齐（在“视图”选项卡的“显示”组中勾选“参考线”复选框，调整参考线位置，可以快速对齐对象），如图 4.62 所示，用同样的方法复制小圆两次。

（6）把 3 个小圆全部选中，在“绘图工具”功能区“格式”选项卡的“排列”组中单击“对齐”按钮，在弹出的菜单中选择“左对齐”、“顶端对齐”选项，这样 3 个小圆就完全重叠在大圆中心了，如图 4.63 所示。

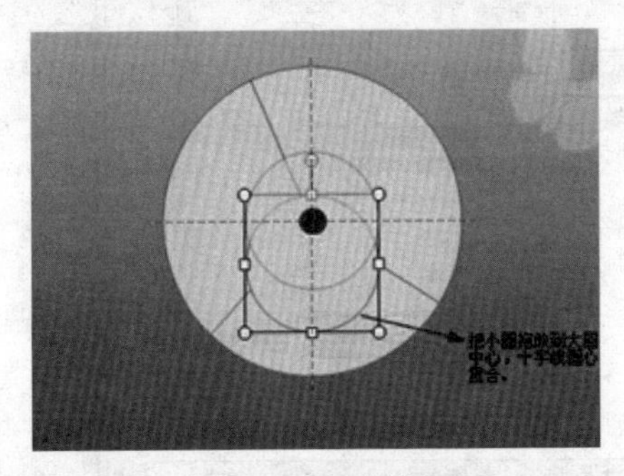

图 4.62　绘制小圆

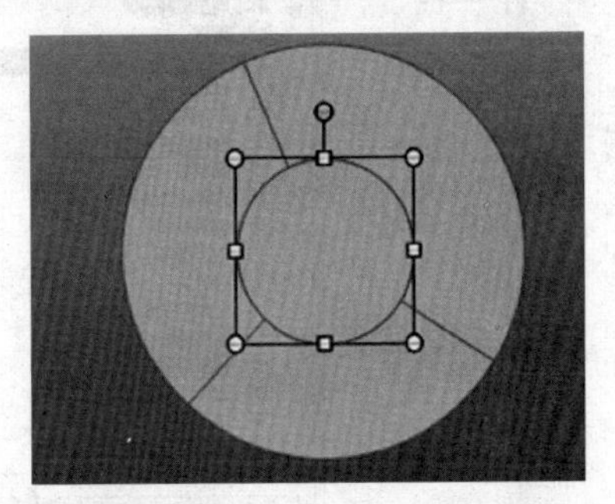

图 4.63　对齐小圆的效果

（7）先选中一个扇形再选中一个小圆，在“形状运算”选项卡的“剪除联合”组中单击“形状剪除”按钮，如图 4.64 所示，把扇形剪除成扇环。再重复操作两次。

备注：PowerPoint 2010 引入了对象合并：“联合”、“交集”、“打孔”和“裁切”这组工具，有了这组工具，就可以快速地构建可以想象的任意图形。但是，这组工具被隐藏起来了，可以通过“自定义功能区”选项卡把它们显示出来。

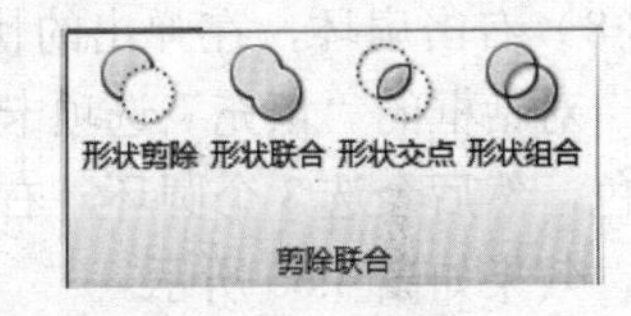

图 4.64　自定义的“形状运算”选项卡

操作方法如下。

① 在“文件”菜单中选择“选项”选项，打开如图 4.65 所示的“PowerPoint 选项”对话框，在“自定义功能区”选项卡的“从下列位置选择命令”下拉列表框中选择“不在功能区中的命令”选项，在其下面的列表框中找到“形状组合”、“形状联合”、“形状交点”、“形状剪除”选项；在“自定义功能区”下拉列表框中选择“主选项卡”选项，在其下面的“主选项卡”列表框中选择“加载项”选项，单击“新建选项卡”按钮，在“加载项”选项下面即可新建一个“新建选项卡”主选项卡和“新建组”组。

② 选择“新建组”选项，在左侧“不在功能区中的命令”列表框中分别选中“形状剪除”、“形状交点”、“形状联合”和“形状组合”选项，再分别单击“添加”按钮，把这 4 个选项加入到“新建选项卡”选项卡的“新建组”组中。

③ 在“主选项卡”列表框中，右击“新建选项卡”选项，在弹出的快捷菜单中选择“重命名”选项，打开“重命名”对话框，在“显示名称”文本框中输入“形状运算”。

④ 在“主选项卡”列表框中，右击“新建选项卡”选项下的“新建组”选项，在弹出的快捷菜单中选择“重命名”选项，打开“重命名”对话框，在“显示名称”文本框中输入“剪除联合”。

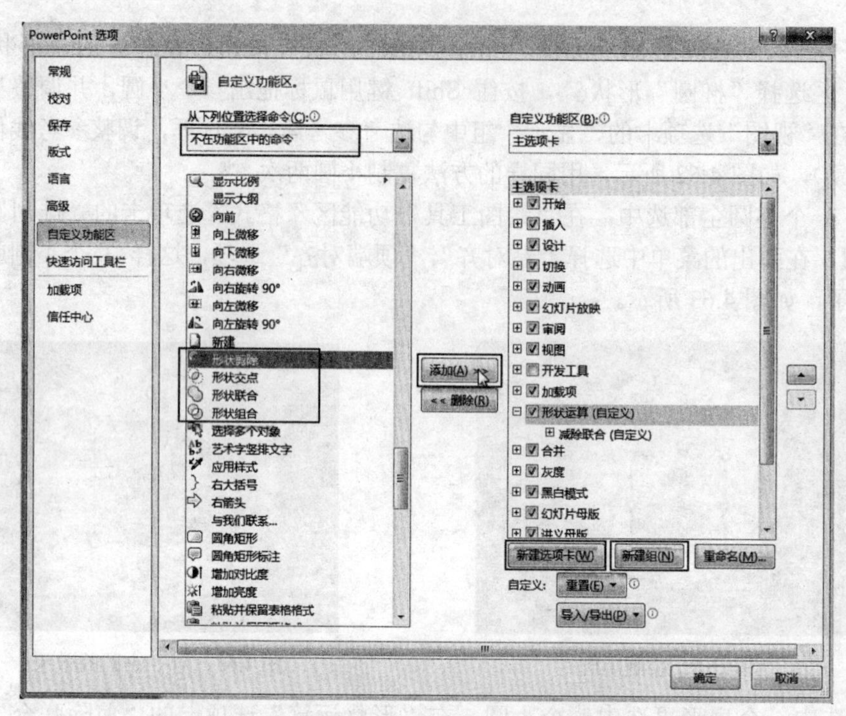

图 4.65　自定义“形状运算”选项卡

⑤ 单击“确定”按钮，设置完成。

（8）右击扇环，在弹出的快捷菜单中选择“设置形状格式”选项，在打开的“设置形状格式”对话框的“填充”选项卡中分别填充不同的颜色，形状轮廓（边框颜色）设置成相对应的颜色，然后全选 3 个圆环，右击，选择“组合”子菜单的“组合”选项，将 3 个圆环组合在一起，效果如图 4.66 所示。

（9）右击组合（整个扇环）图像，在弹出的快捷菜单中选择“设置形状格式”选项，在打开的如图 4.67 所示的“设置形状格式”对话框的“三维旋转”选项卡中，在“平行”或者“透视”列表中根据需要任选一种效果。

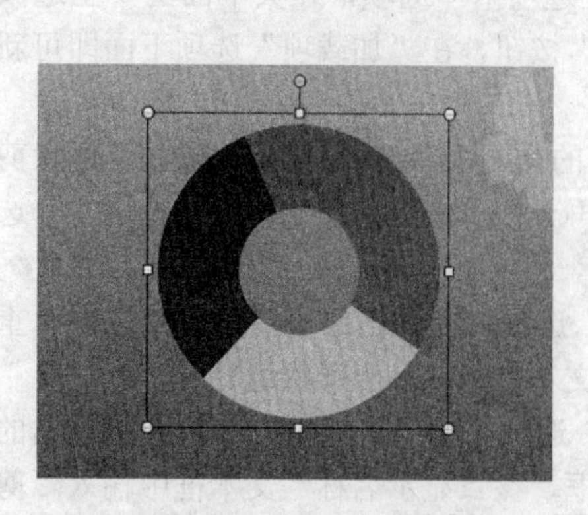

图 4.66　组合后的效果

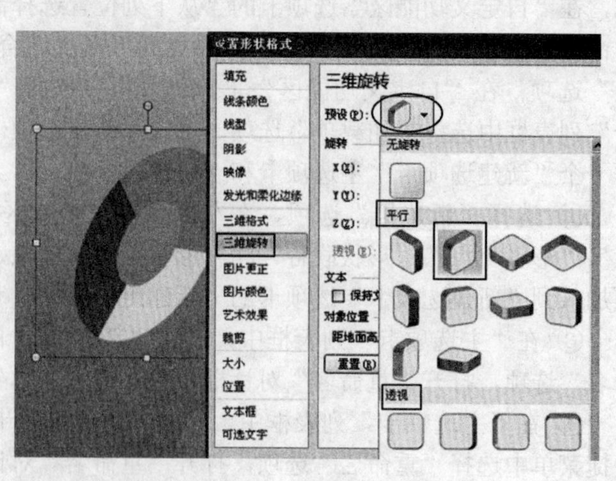

图 4.67　“设置形状格式”对话框

（10）在如图 4.68 所示的对话框的“三维格式”选项卡中，调整“深度”磅数（颜色设为自动），还可以在“表面效果”区的“材料”选项中设置特殊效果或透明度，以及在“照明”选项中调节冷暖调。

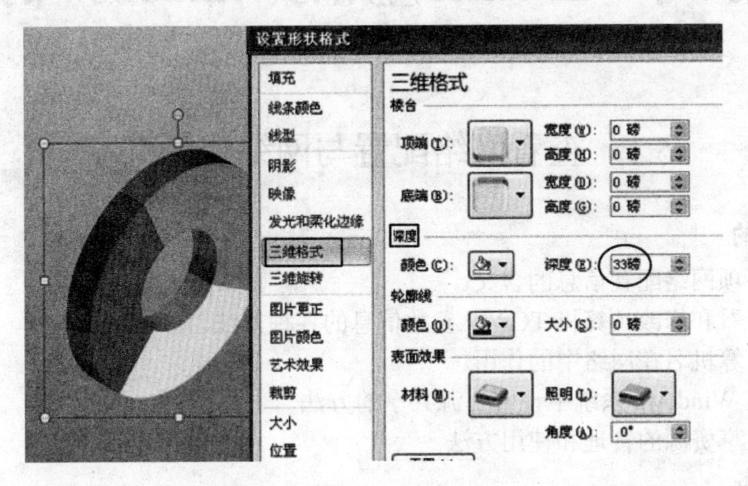

图 4.68 “三维格式”设置

（11）在“文件”菜单中选择“保存”选项，保存该三维环状饼图。

第5章 Internet应用与Windows 7的网络设置

5.1 查看网络配置与网络资源共享

1. 实习目的

（1）理解各项网络配置信息的含义。

（2）掌握查看和修改计算机TCP/IP参数信息的各种方法。

（3）理解计算机名在网络中的作用。

（4）掌握在Windows系统中设置资源共享的方法。

（5）掌握共享资源的管理和使用方法。

2. 实习任务

（1）查看本地计算机的TCP/IP协议参数。

（2）查看和修改计算机名和工作组信息。

（3）使用ping命令。

（4）Microsoft网络资源共享。

3. 实习步骤

任务1 查看本地计算机的TCP/IP协议参数

说明：TCP/IP协议参数信息包括本地计算机的IP地址、默认网关、子网掩码和DNS服务器地址。网卡的MAC地址是标识网卡的唯一编号。这个编号由48位二进制数组成，MAC地址通常分成6段，用十六进制表示，如00-D0-09-A1-D7-B7。

方法一：通过“本地连接 属性”对话框查看和修改TCP/IP协议参数。

① 在“开始”菜单的“设置”子菜单中选择“控制面板”选项，打开如图5.1所示的“控制面板”窗口。

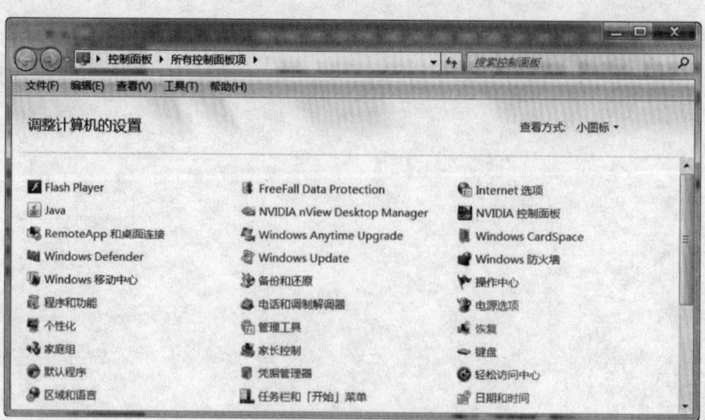

图5.1 “控制面板”窗口

② 在该窗口中单击“网络和共享中心”按钮，打开如图 5.2 所示的“网络和共享中心”窗口。

③ 在该窗口的“查看活动网络”区单击“本地连接”图标，打开如图 5.3 所示的“本地连接 状态”对话框。

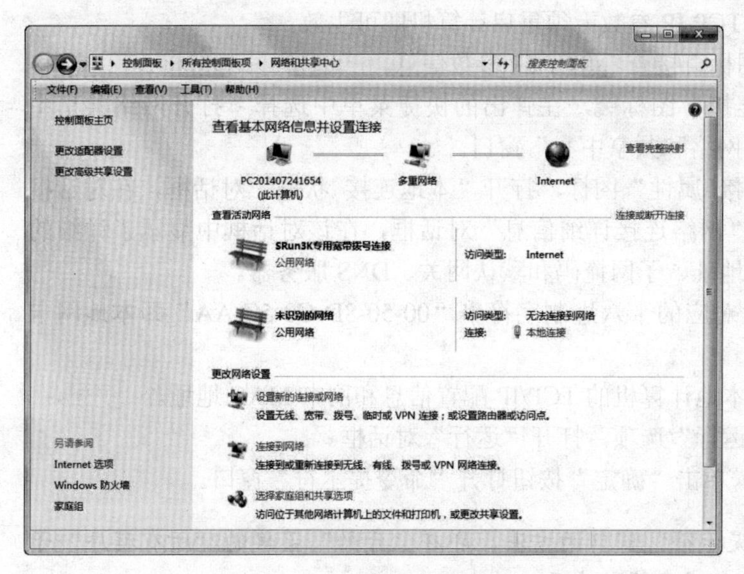

图 5.2 “网络和共享中心”窗口

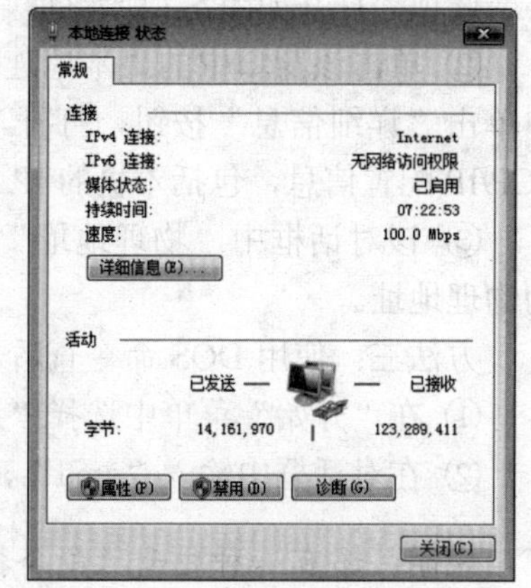

图 5.3 “本地连接 状态”对话框

④ 单击“属性”按钮，打开如图 5.4 所示的“本地连接 属性”对话框。

⑤ 在该对话框的“此连接使用下列项目”列表框中勾选“Internet 协议版本 4（TCP/IPv4）”复选框，单击“属性”按钮，打开“Internet 协议版本 4（TCP/IPv4）属性”对话框，如图 5.5 所示。

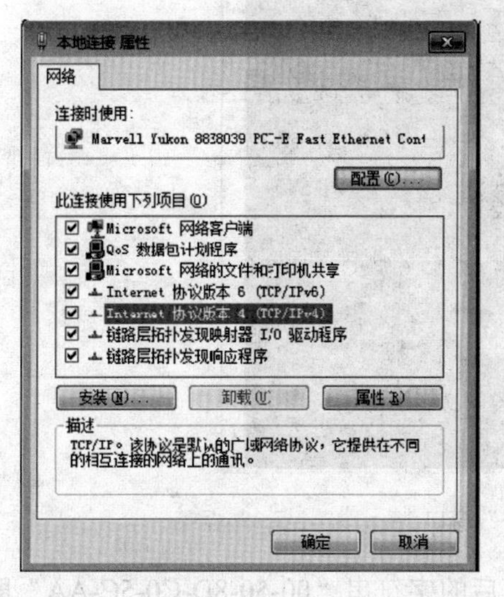

图 5.4 “本地连接 属性”对话框

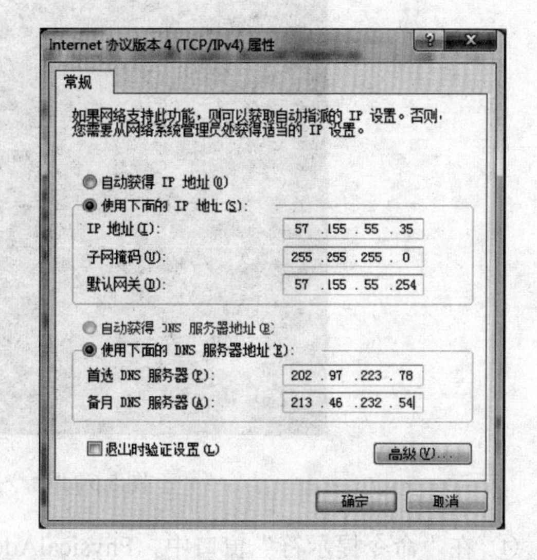

图 5.5 “Internet 协议版本 4（TCP/IPv4）属性”对话框

⑥ 在“Internet 协议版本 4（TCP/IPv4）属性”对话框中可以查看或设置本机的 IPv4 地址或 IPv6 地址、子网掩码、默认网关和 DNS 服务器的地址等信息。

⑦ 在如图 5.5 所示的“Internet 协议版本 4（TCP/IPv4）属性”对话框中可以直接修改各项 TCP/IP 参数，修改完成后单击“确定”按钮，返回“本地连接 属性”对话框，再次单击“确定”按钮即可。修改计算机的 TCP/IP 参数无须重启计算机即可生效。

方法二：通过“网络连接”图标直接查看 TCP/IP 参数信息。

① 右击桌面右下角“网络连接”图标，在弹出的快捷菜单中选择“打开网络共享中心”选项，打开如图 5.2 所示的“网络和共享中心”窗口。

② 单击该窗口中的“本地连接 属性”图标，打开“本地连接 状态”对话框，在对话框中单击“详细信息”按钮，打开“网络连接详细信息”对话框，在该对话框中显示了详细的 TCP/IP 配置信息，包括本机的 IP 地址、子网掩码和默认网关、DNS 服务器。

③ 该对话框中“物理地址”对应的十六进制字符串“00-50-8D-C0-5C-AA”即本地网卡的物理地址。

方法三：使用 DOS 命令查看本地计算机的 TCP/IP 配置信息和网卡 MAC 地址。

① 在“开始”菜单中选择“运行”选项，打开“运行”对话框。

② 在对话框中输入“cmd”，单击“确定”按钮打开“命令提示符”窗口。

说明：还有一种打开“命令提示符”窗口的方法，即在“开始”菜单的“所有程序”子菜单的“附件”子菜单中选择“命令提示符”选项。

③ 在“命令提示符”窗口中输入“ipconfig/all”，按 Enter 键后，如图 5.6 所示，显示本机的 TCP/IP 配置信息。

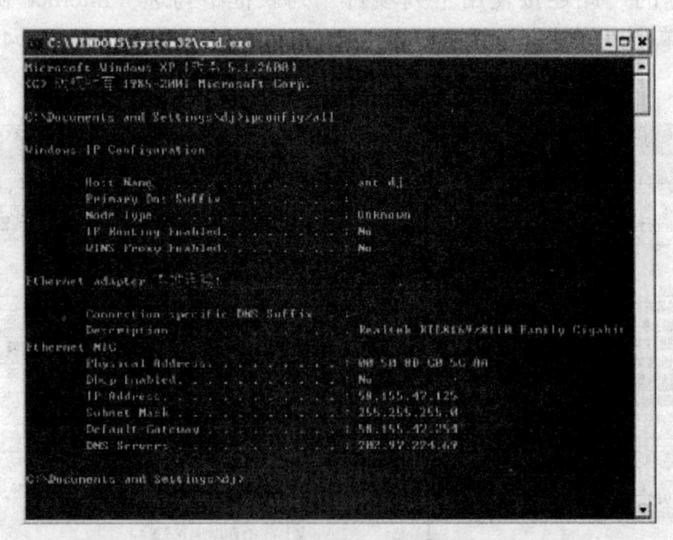

图 5.6 “命令提示符”窗口

④ 在“命令提示符”窗口中，PhysicalAddress 后的字符串“00-50-8D-C0-5C-AA”即本地计算机网卡的 MAC 地址。

任务 2　查看和修改计算机名和工作组信息

（1）在“开始”菜单中选择“控制面板”选项，打开“控制面板”窗口。

（2）在“控制面板”窗口中单击“系统”图标，打开如图 5.7 所示的“系统”窗口。在“系统”窗口中显示“查看有关计算机的基本信息”。

图 5.7　“系统”窗口

说明：“系统”窗口还可以通过另一种方法打开：右击桌面的“计算机”图标，在弹出的快捷菜单中选择“属性”选项。

在“系统”窗口中的“计算机名称、域和工作组设置”区显示了“计算机名”、“计算机全名”、“计算机描述”和计算机所在的“工作组”信息。

（3）单击窗口中的“更改设置”按钮，打开如图 5.8 所示的“系统属性”对话框。在该对话框中可以更改计算机名和工作组信息。计算机名更改后需重新启动计算机才能生效。

任务 3　使用 ping 命令

ping 命令是 TCP/IP 协议中常用的网络连接测试命令之一，该命令用来测试一台计算机是否已经连接到网络上。该命令的工作原理是：向网络中某一远程主机发送一系列的数据包，该主机本身又发回响应，它返回的结果显示了是否能到达主机，以及宿主机发送一个返回数据包需要的时间等。通常使用 ping 命令向网关发送信息包，以此来判断计算机是否与网络连通。

ping 命令的格式如下：

pingIP 地址或域名

（1）在“开始”菜单中选择“运行”选项，打开“运行”对话框。

（2）在“运行”对话框中输入“cmd”，单击“确定”按钮，打开如图 5.9 所示的“命令提示符”窗口。

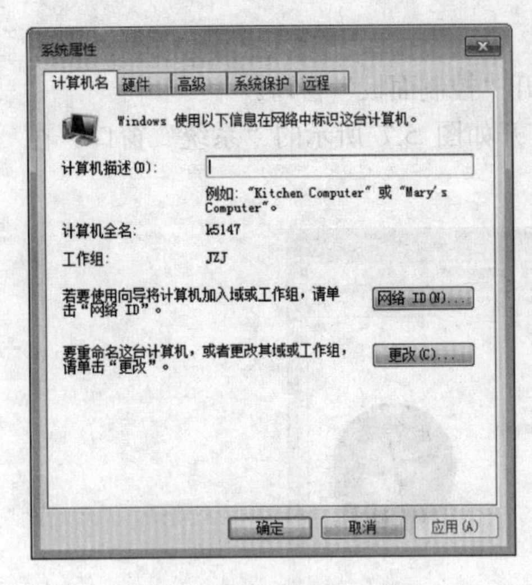

图 5.8 “系统属性”对话框

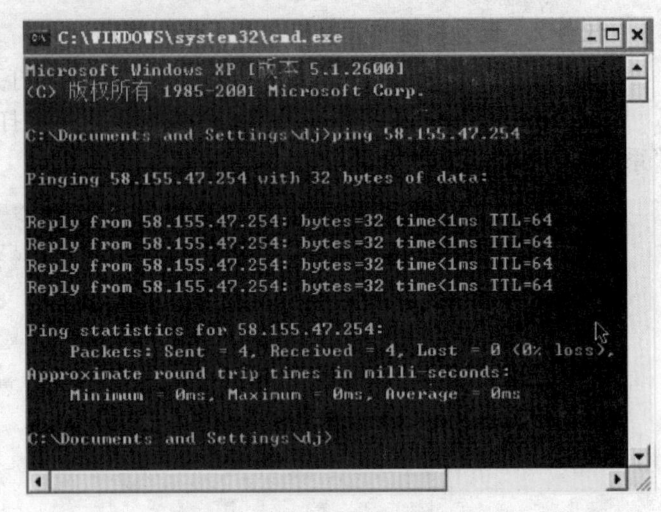

图 5.9 “命令提示符”窗口

（3）在窗口中输入“ping 网关地址”，其中，“网关地址”按照任务 1 中的操作步骤获得，如“ping 58.155.47.254”。

（4）按 Enter 键执行该命令，显示了网关的响应时间，如果显示的信息为“timeout”，则表示网关无法 ping 通，网络连接故障。

任务 4　Microsoft 网络资源共享

（1）检查本机的共享许可。查看本机“Microsoft 网络客户端”和“Microsoft 网络文件和打印机共享”组件的安装情况。如果要实现网络上的资源共享，这两个组件必须安装并生效。默认情况下，操作系统安装以后将自动安装这两个组件。

“Microsoft 网络客户端”组件的作用是使一台计算机能访问 Microsoft 网络中的资源。“Microsoft 网络文件和打印机共享”组件的作用是允许 Microsoft 网络中的其他计算机访问本机上的资源。

① 右击桌面右下角的“网络连接”图标，在弹出的快捷菜单中选择“打开网络和共享中心”选项，打开如图 5.2 所示的“网络和共享中心”窗口。

② 单击窗口中的“本地连接”图标，在打开的对话框中单击“属性”按钮，弹出如图 5.10 所示的“本地连接 属性”对话框。

③ 在“网络”选项卡中显示了系统已安装的共享组件。选定某一组件，在对话框的“描述”栏中显示了组件的作用。

（2）设置共享文件夹。在所使用的计算机 C 盘根目录上建立一个名为“开放文件夹”的文件夹，并从 C 盘其他目录中选择几个文件复制到“开放文件夹”文件夹内。设置“开放文件夹”文件夹为共享，允许网络中的其他用户浏览、更改或删除其中的内容。

① 单击桌面上的“计算机”图标，打开“计算机”窗口。

② 双击窗口中的“本地磁盘（C:）”图标，进入 C 盘的根目录。

③ 右击 C 盘根目录，在弹出的快捷菜单中选择“新建”子菜单中的“文件夹”选项，将文件夹命名为“开放文件夹”。

④ 在 C 盘的其他目录中选择一个图片文件、一个 Word 文档、一个文本文件复制到“开放文件夹”文件夹内。

⑤ 进入 C 盘的根目录，右击“开放文件夹”图标，在弹出的快捷菜单中选择“属性”选项，打开如图 5.11 所示的“开放文件夹 属性”对话框。

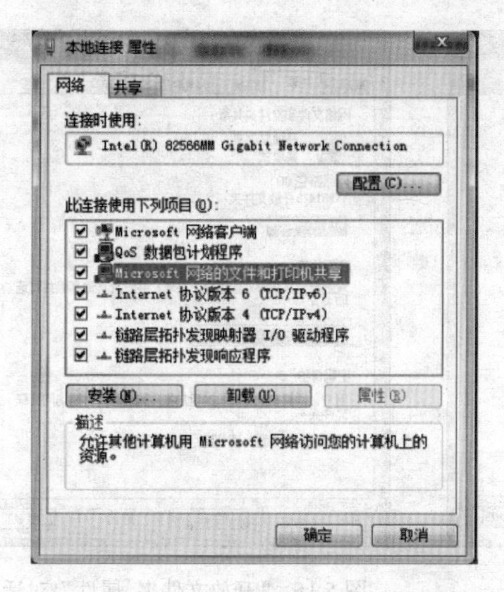

图 5.10　“本地连接 属性”对话框

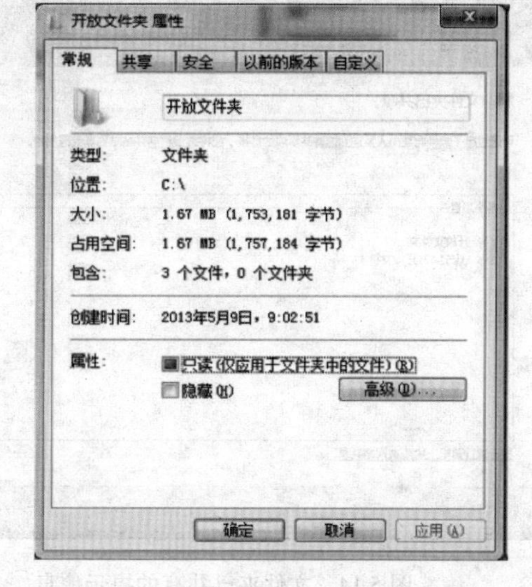

图 5.11　“开放文件夹 属性”对话框

⑥ 在该对话框中选择“共享”选项卡，单击“共享”按钮，打开如图 5.12 所示的“文件共享”对话框。

⑦ 在该对话框中“选择要与其共享的用户”组合框中可以直接输入用户名称；或单击下拉箭头查找用户，然后单击“添加”按钮。如图 5.13 所示，添加用户后，可以在下面的列表框中选择该用户，设置其共享的权限，有“读取”、“读取/写入”、“删除”3 种权限。

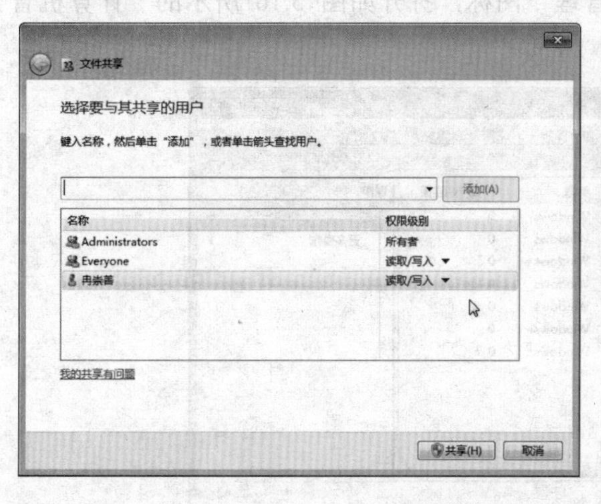

图 5.12　“文件共享”对话框

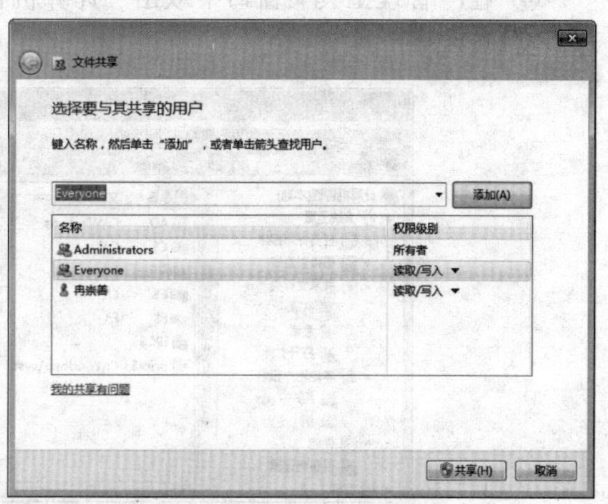

图 5.13　选择要与其共享的用户

⑧ 单击图 5.13 所示对话框右下角的“共享”按钮，等待一会儿，打开如图 5.14 所示的

“您的文件夹已共享”提示信息，单击“完成”按钮关闭对话框。

⑨ 此时在如图 5.15 所示的“开放文件夹 属性”对话框的“共享”选项卡中即可看到已经完成文件夹的共享设置。单击“关闭”按钮即可看到设置的文件夹图标已经变成共享文件夹图标。

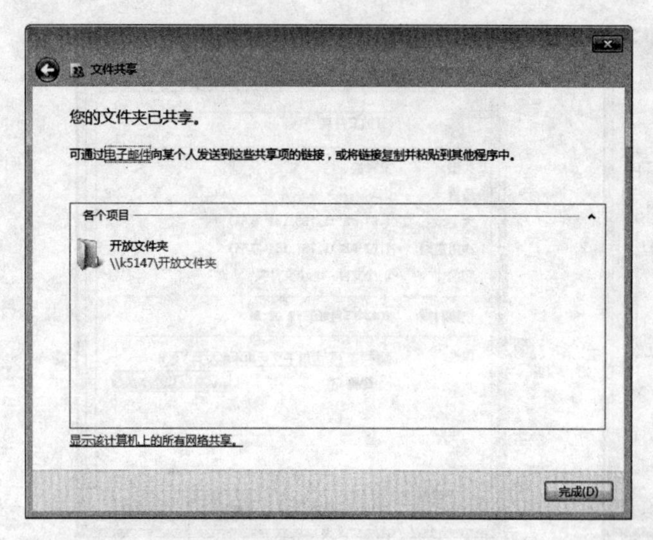

图 5.14 文件夹已共享的提示信息

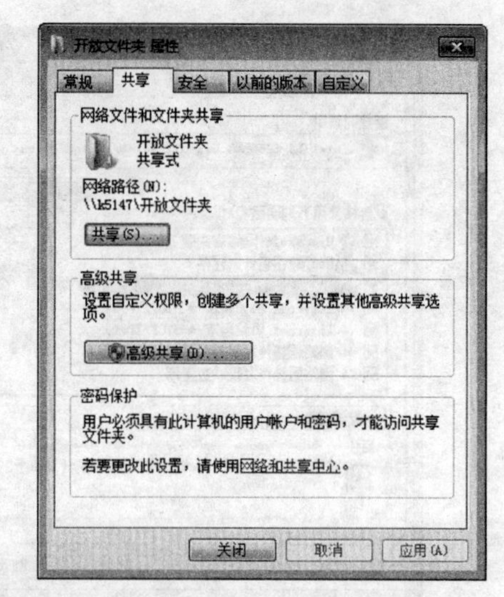

图 5.15 “开放文件夹 属性”对话框

（3）查看共享对象。通过“计算机管理”控制台查看本计算机上所有共享对象，找到“开放文件夹”文件夹。

① 在“开始”菜单中选择“控制面板”选项，打开“控制面板”窗口。

② 在“控制面板”窗口中单击“系统和安全”图标，打开“系统和安全”窗口。

③ 在“系统和安全”窗口中单击“管理工具”图标，打开“管理工具”窗口。

④ 在“管理工具”窗口中双击“计算机管理”图标，打开如图 5.16 所示的“计算机管理”窗口。

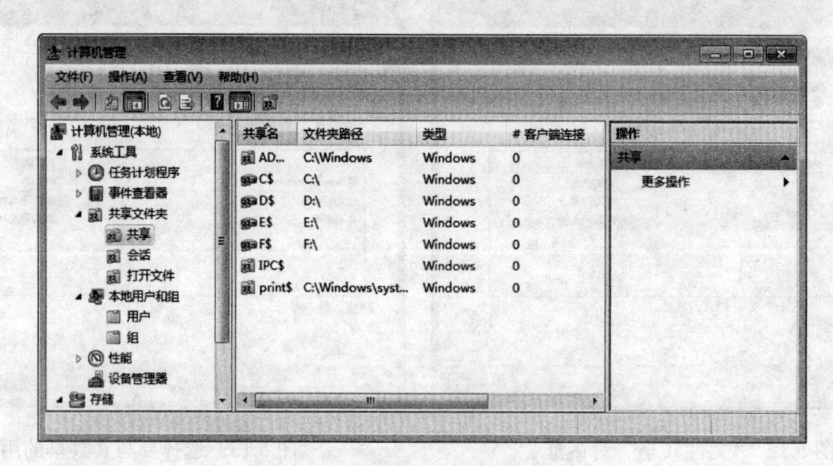

图 5.16 “计算机管理”窗口

⑤ 单击窗口左侧“共享文件夹”目录，展开目录后显示“共享”、“会话”和“打开文件”目录，单击“共享”目录图标，右侧窗口中将显示本机所有共享对象的信息。

说明：“会话”目录中显示了所有连接到本机上的用户，“打开文件”目录中显示了计算机中当前被其他用户打开的文件。

⑥ 右击共享的“开放文件夹”文件夹，在弹出的快捷菜单中选择“属性”选项，打开如图 5.17 所示的“开放文件夹 属性”对话框，选择“常规”选项卡，可以查看共享名和文件夹路径等信息。设置“用户限制”为“允许最多用户”。

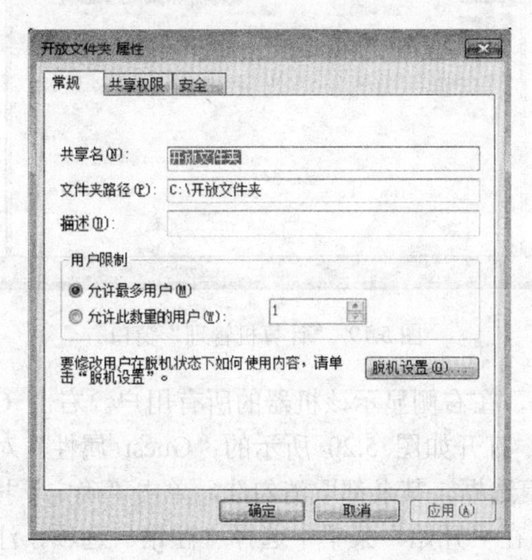

图 5.17 “开放文件夹 属性”对话框的“常规”选项卡

⑦ 打开图 5.18 所示的“共享权限”选项卡，可以设置共享文件夹的权限。

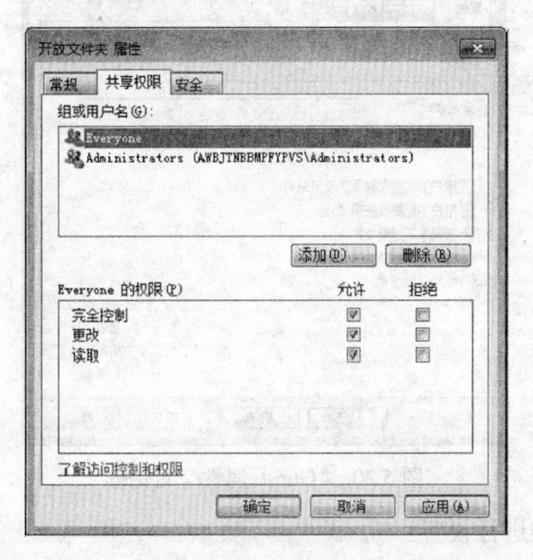

图 5.18 “开放文件夹 属性”对话框的“共享权限”选项卡

（4）开启来宾账户。

① 右击桌面上的“计算机”图标，在弹出的快捷菜单中选择“管理”选项，打开如图 5.19 所示的“计算机管理”窗口。单击左侧窗格的“本地用户和组”目录，打开“用户”和“组”两个目录。

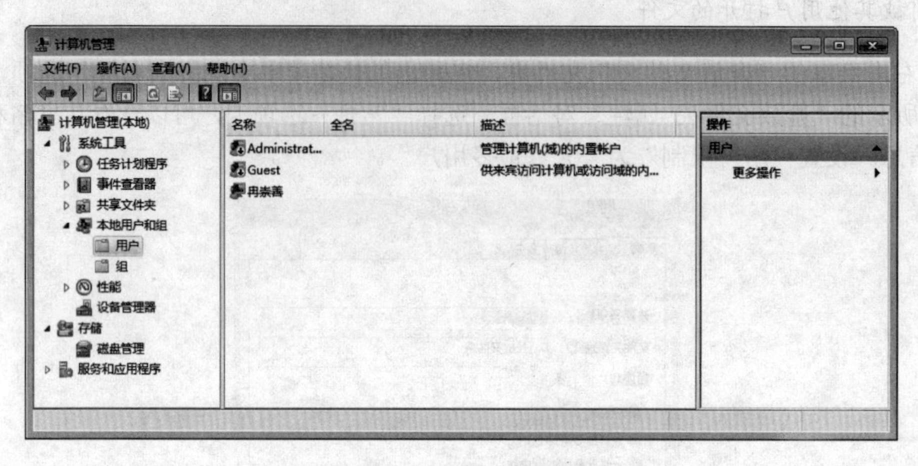

图 5.19 “计算机管理”窗口

② 单击“用户”目录，在右侧显示该机器的所有用户。右击 Guest 用户，在弹出的快捷菜单中选择“属性”选项，打开如图 5.20 所示的“Guest 属性”对话框，在“常规”选项卡中勾选“密码永不过期”复选框，其余都取消勾选，单击“确定”按钮，即可开启来宾账户。

③ 建议完成这一步后在“开始”菜单中选择“注销”选项，注销后有些系统可能会看到 3 个用户登录选项，其中有一个是 Guest 用户，说明之前开启来宾账户已成功。

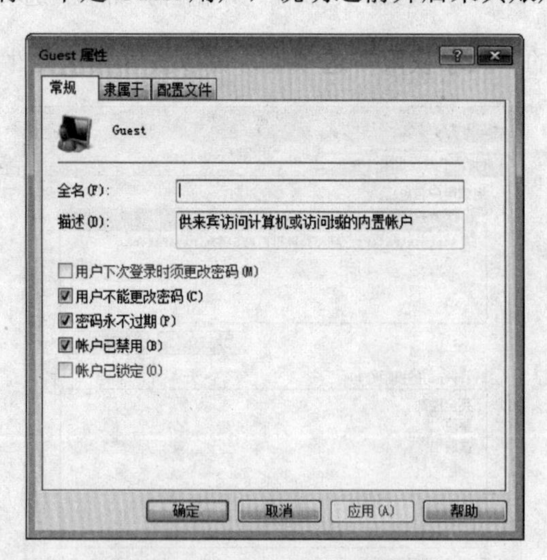

图 5.20 “Guest 属性”对话框

也可以使用如下方法进行设置。

① 打开“网络和共享中心”窗口，在左窗格中单击“更改高级共享设置”图标，打开如图 5.21 所示的“高级共享设置”窗口，这里除了“密码保护的共享”选项设为关闭外，其余

都选第 1 项，设置完毕，单击“保存修改”按钮退出。

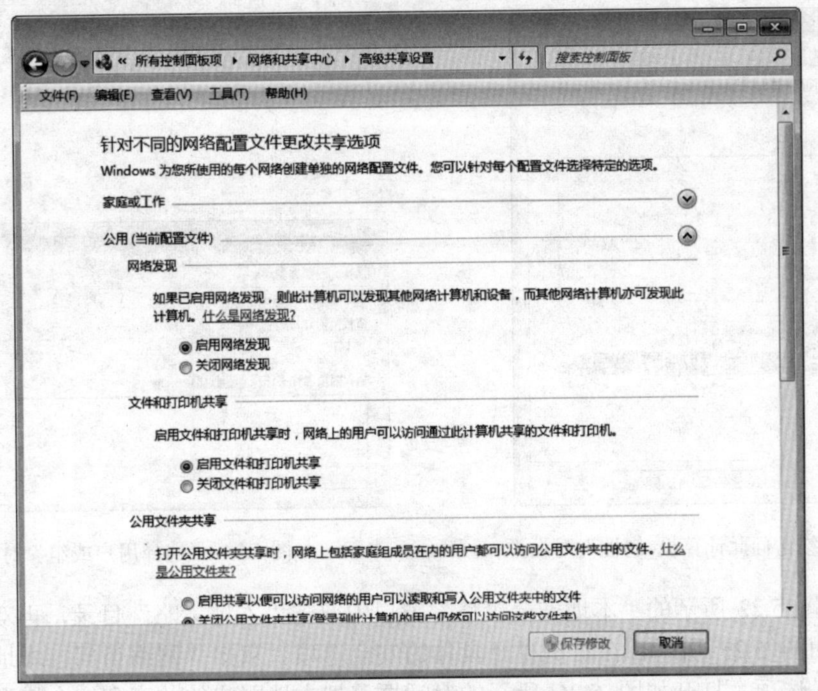

图 5.21 “高级共享设置”窗口

② 在“控制面板”窗口中选择“管理工具”选项，打开“管理工具”窗口，在右窗格中双击“本地安全策略”目录，打开如图 5.22 所示的“本地安全策略”窗口。

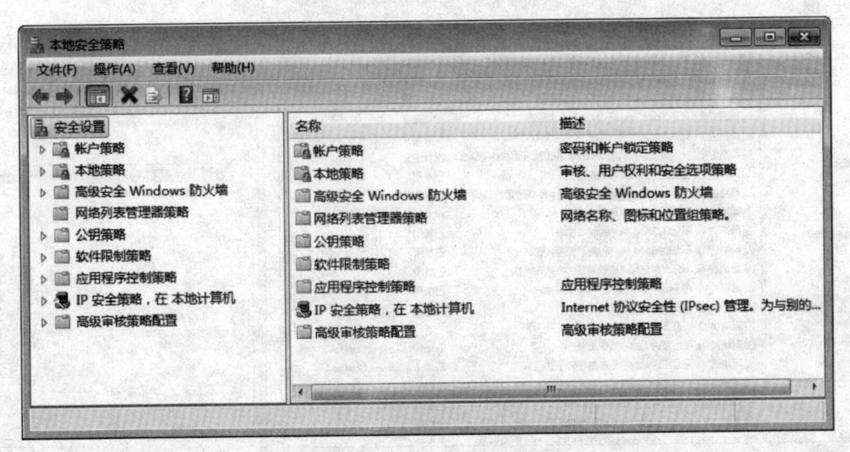

图 5.22 “本地安全策略”窗口

③ 在“本地安全策略”窗口中双击打开“本地策略”窗口，在左窗格中双击“用户权限分配”目录，在右侧打开用户的所有权限列表。双击“从网络访问此计算机”选项，打开如图 5.23 所示的“从网络访问此计算机 属性”对话框，单击“添加用户或组”按钮，打开如图 5.24 所示的“选择用户或组”对话框，单击“对象类型”按钮，在打开的“对象类型”对话框中勾选“用户”复选框，单击“确定”按钮，回到如图 5.24 所示的“选择用户或组”对

话框，在“输入对象名称来选择”文本框中输入“Guest”，单击“确定”按钮。

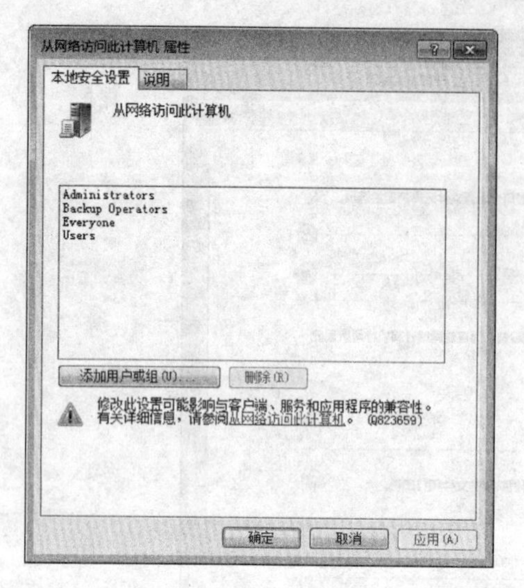

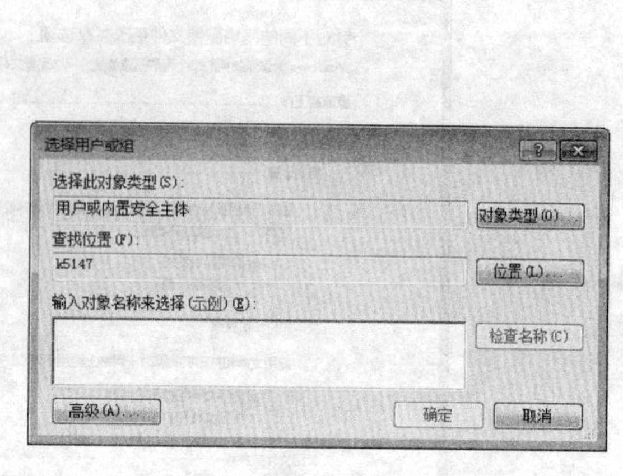

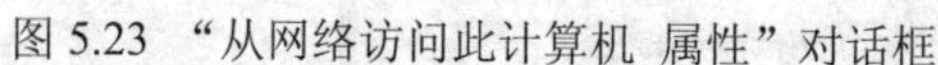

图 5.23 “从网络访问此计算机 属性”对话框　　图 5.24 “选择用户或组”对话框

④ 在如图 5.22 所示的“本地安全策略”窗口中双击“本地策略”目录，再双击“安全选项”目录，如图 5.25 所示，在右侧打开具体的安全选项。双击“网络访问：本地账户的共享和安全模型”选项，打开如图 5.26 所示的对话框，把本地账户的共享和安全模型更改为“仅来宾—对本地用户进行身份验证，其身份为来宾”，单击“确定”按钮。

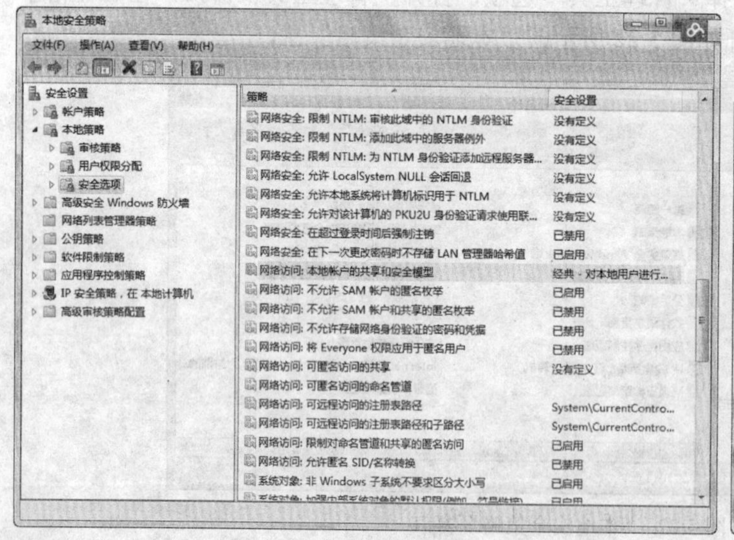

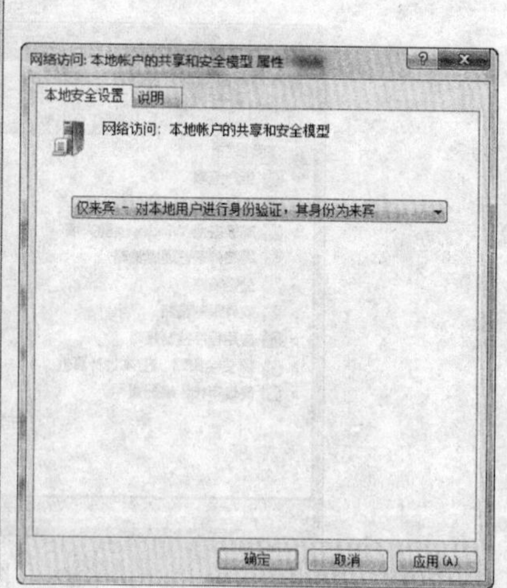

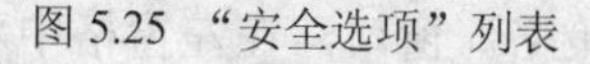

图 5.25 “安全选项”列表　　图 5.26 “网络访问：本地账户的共享和安全模型 属性”对话框

⑤ 双击“账户：管理员账户状态”安全选项，在打开的“账户：管理员账户状态属性”对话框的“本地安全设置”选项卡中选择“已启用”单选按钮，将“管理员账户状

态”设为开启；双击“账户：来宾账户状态”安全选项，在打开的“账户：来宾账户状态属性”对话框的“本地安全设置”选项卡中选择“已启用”单选按钮；将“来宾账户状态”也设为开启。

（5）复制文件。通过“网上邻居”窗口访问共享资源“开放文件夹”文件夹，将其中的部分文件复制到本机的 D 盘根目录上，并在本机上选择某文件复制到“开放文件夹”文件夹内。

① 在另外一台相同工作组内的计算机上，单击桌面的“计算机”图标，打开“计算机”窗口，单击左侧任务窗格中的“网络”选项，最下面区域将显示该工作组内所有的计算机。

② 在“网络”窗口中双击“开放文件夹”文件夹所在的计算机图标（计算机是以计算机名标识的），打开该计算机共享文件夹列表窗口。

③ 双击“开放文件夹”文件夹，进入该文件夹根目录，选定文件夹中的文本文件，按 Ctrl+C 键将其复制，打开本地计算机的 D 盘，按 Ctrl+V 键将文本文件粘贴到根目录下。

④ 选择本机 D 盘根目录下的一个文件或文件夹将其复制，打开“开放文件夹”窗口，将复制的文件粘贴到该文件夹下。

⑤ 双击“开放文件夹”窗口中的 Word 文档将其打开，修改文档中的文本，保存并关闭 Word 文档，关闭“开放文件夹”窗口。

⑥ 在“开放文件夹”文件夹所在的计算机上打开“开放文件夹”窗口，查看文件夹内容修改情况。

5.2　IE 浏览器的基本操作

1. 实习目的

（1）掌握 IE 浏览器的打开、关闭和使用。

（2）掌握 IE 浏览器中的网页浏览操作。

（3）掌握 IE 浏览器快速浏览网页的技巧。

（4）掌握 IE 浏览器中历史记录查看与收藏夹的使用。

（5）掌握 IE 浏览器中网页保存、复制与打印操作。

2. 实习任务

（1）打开、关闭和使用 IE 浏览器。

① 打开 IE 浏览器，输入陕西科技大学的主页地址 http://www.sust.edu.cn。

② 浏览网页，然后关闭 IE 浏览器。

（2）网页浏览操作。

① 打开陕西科技大学主页，练习停止、刷新和翻页等操作。

② 对要查看的链接网页使用多窗口浏览，使用全屏方式浏览网页。

（3）快速浏览网页的技巧。

① 加快网页的显示速度。

② 快速显示以前浏览过的网页。

（4）历史记录查看与收藏夹设置。

① 通过“历史记录”浏览以前看过的陕西科技大学主页记录。

② 在收藏夹中新建文件夹“大学”，将陕西科技大学主页收藏到“大学”文件夹中，使用收藏夹浏览陕西科技大学主页。

（5）网页的保存、复制与打印。

① 打开陕西科技大学的主页，保存其中的校名图片，并复制其中新闻部分的文本内容到记事本中；在 IE 中打印该主页。

② 保存网页为“Web 档案，单个文件（*.mht）”。

③ 将信息从当前页复制到文档。

④ 将 IE 页面中的图片作为桌面墙纸。

3. 实习步骤

任务 1 打开、关闭和使用 IE 浏览器

（1）双击 Windows 7 操作系统桌面上的“IE 浏览器”图标，或者在“开始”菜单的“所有程序”子菜单中选择 Internet Explorer 选项，打开 IE 浏览器。在浏览器的地址栏中输入陕西科技大学的主页地址“http://www.sust.edu.cn”。

（2）输入地址后，按 Enter 键，可打开如图 5.27 所示的陕西科技大学首页，浏览网页。单击浏览器窗口标题栏的“关闭”按钮，或者右击地址栏上方的空白处，在弹出的快捷菜单中选择“关闭”选项，或者在“文件”菜单中选择“关闭”选项，或者按 Alt+F4 键，都可以关闭 IE 浏览器窗口。

图 5.27 陕西科技大学首页

任务 2 网页浏览操作

（1）打开陕西科技大学的主页，单击网页中的超链接对象，浏览其他网页。单击“刷新”按钮，可以重新下载当前网页；单击“前进”按钮和“后退”按钮，可以翻看曾经浏览过的网页；单击“主页”按钮，可以使 IE 浏览器显示默认的主页。

（2）右击网页中要浏览内容的超链接对象，在弹出的快捷菜单中选择“在新窗口中打开”选项，浏览的内容将在新打开的窗口中显示；右击网页中要浏览内容的超链接对象，在弹出的快捷菜单中选择“在新选项卡中打开”选项，则浏览的内容将在新打开的选项卡界面中显示；在“查看”菜单中选择“全屏”选项，实现全屏方式浏览网页。

任务 3　快速浏览网页的技巧

（1）在 IE 浏览器窗口的“工具”菜单中选择“Internet 选项”选项。在打开的如图 5.28 所示的“Internet 选项”对话框的“高级”选项卡中取消勾选“显示图片”、“在网页中播放声音”或“在网页中播放动画”复选框，可加快页面的浏览速度。

（2）在“常规”选项卡的“浏览历史记录”栏中单击“设置”按钮，在“要使用的磁盘空间”文本框中设置更多的空间来存储曾经浏览过的网页。

任务 4　历史记录查看与收藏夹设置

（1）打开 IE 浏览器，单击右上角的“查看收藏夹、源和历史记录”按钮，打开如图 5.29 所示的“查看收藏夹、源和历史记录”任务窗格，在“历史记录”选项卡中单击其中的日期记录。在展开的记录中，寻找陕西科技大学的网站记录，单击该记录。在展开的网页中，单击陕西科技大学主页记录。

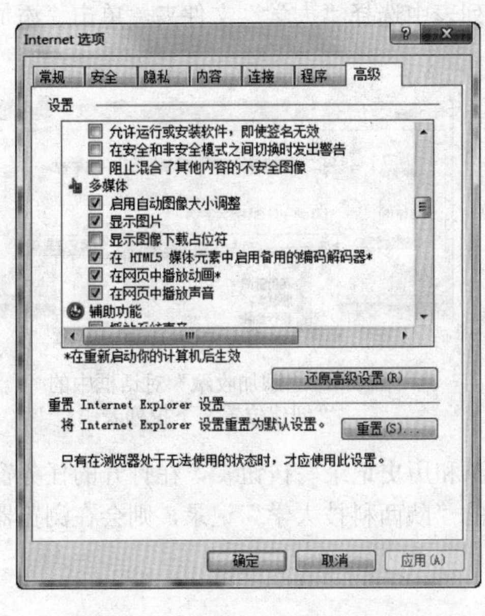

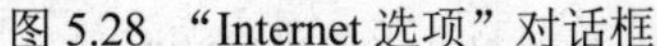

图 5.28 “Internet 选项”对话框

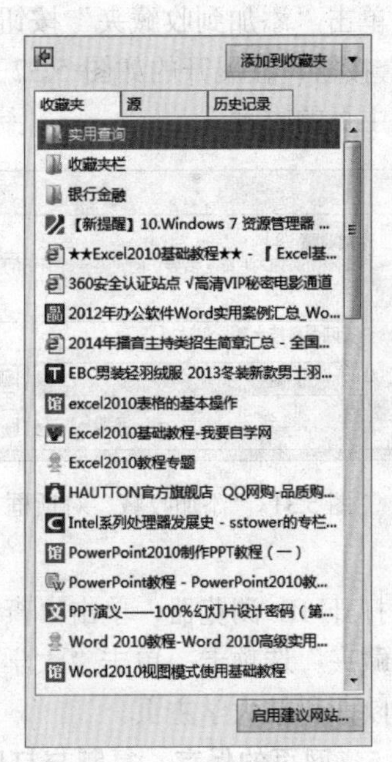

图 5.29 “查看收藏夹、源和历史记录”任务窗格

（2）在图 5.29 中单击“添加到收藏夹”按钮旁边的下三角按钮。在弹出的菜单中选择“整理收藏夹”选项。打开如图 5.30 所示的“整理收藏夹”对话框，单击“新建文件夹”按钮，为文件夹输入名字“大学”，单击“关闭”按钮，完成在收藏夹中新建文件夹“大学”的操作。

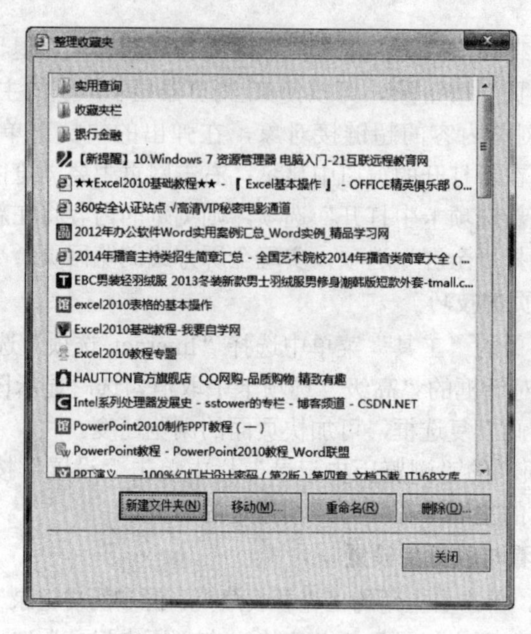

图 5.30 “整理收藏夹”对话框

（3）打开陕西科技大学主页，单击“查看收藏夹、源和历史记录”按钮☆，在打开的任务窗格中单击“添加到收藏夹”按钮，在打开的如图 5.31 所示的“添加收藏”对话框中单击“收藏夹”按钮，在展开的如图 5.32 所示的下拉列表中选择“大学”文件夹，单击“添加”按钮，完成主页的收藏。

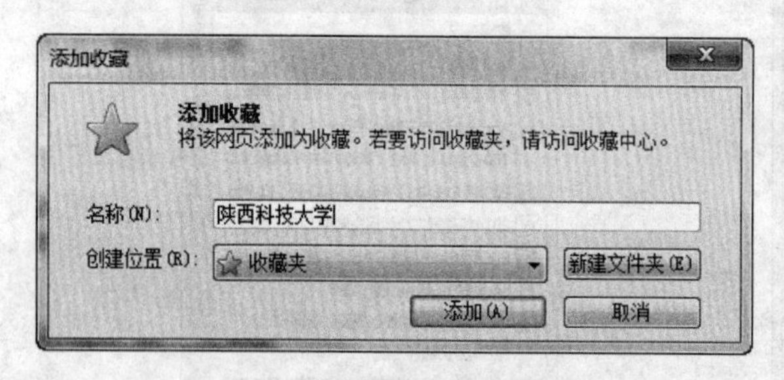

图 5.31 “添加收藏”对话框

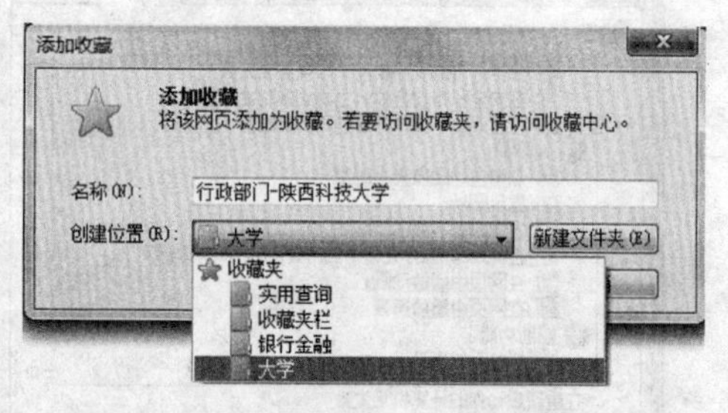

图 5.32 “添加收藏”对话框中的“创建位置”下拉列表

（4）打开 IE 浏览器，单击“查看收藏夹、源和历史记录”按钮☆，在打开的任务窗格中选择“收藏夹”选项卡，单击“大学”文件夹下的“陕西科技大学”记录，则会在浏览器中下载并显示陕西科技大学主页。

任务 5　网页的保存、复制与打印

（1）浏览陕西科技大学主页，右击主页左上角的校名“陕西科技大学”图片，在弹出的快捷菜单中选择“图片另存为”选项，在打开的“另存为”对话框中选择相应的文件夹，输入文件名，然后单击“保存”按钮予以保存。右击要复制的新闻内容，在弹出的快捷菜单中选择“复制”选项。

（2）在“开始”菜单的“所有程序”菜单的“附件”子菜单中选择“写字板”选项，

打开“写字板”应用程序。在“主页”选项卡的“剪贴板”组中单击“粘贴”按钮，在弹出的下拉列表中选择“粘贴”选项。

（3）在 IE 浏览器的“文件”菜单中选择“打印”选项，或者在“查看”菜单的“工具”菜单的级联菜单中选择“选项”选项，打开如图 5.33 所示的“选项”工具栏。单击“打印”按钮，打开如图 5.34 所示的“打印”对话框，单击“打印”按钮即可打印。

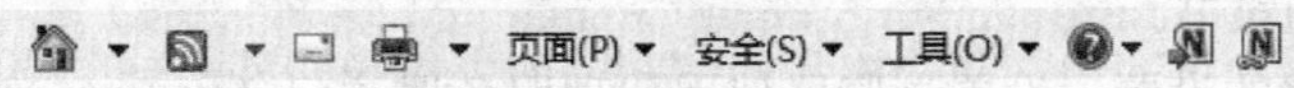

页面(P)　安全(S)　工具(O)

图 5.33　“选项”工具栏

（4）使用浏览器打开要保存的网页，然后在 IE 浏览器中的“文件”菜单中选择“另存为”选项，或者在如图 5.33 所示的“选项”工具栏中单击“页面”按钮，在打开的列表中选择“另存为”选项，都将打开如图 5.35 所示的“保存网页”对话框。在该对话框的“保存类型”下拉列表框中选择“Web 档案，单个文件（*.mht）”选项，单击“确定”按钮。

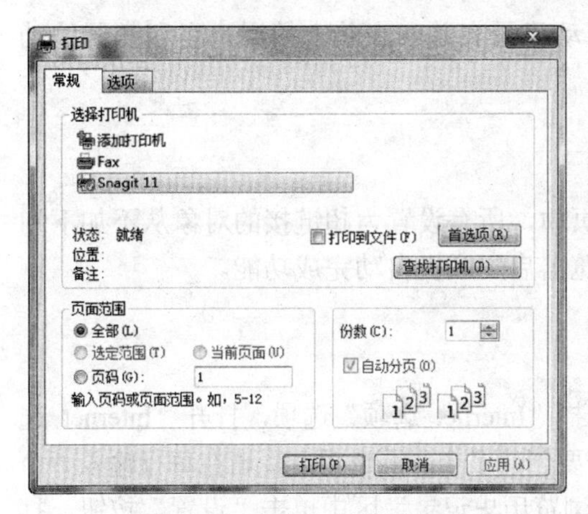

图 5.34　“打印”对话框

图 5.35　“保存网页”对话框

（5）选择要复制的信息，如果要复制整页的内容，可在“编辑”菜单中选择“全选”选项（或者按 Ctrl+A 键），在“编辑”菜单中选择“复制”选项，打开要放置复制内容的文档，然后在文档窗口中选择“编辑”菜单中的“粘贴”选项，即可完成信息的复制。

（6）选择浏览器中包含图片的页面，右击图片，在快捷菜单中选择“设置为背景”选项。

5.3　IE 浏览器的选项设置

1. 实习目的

（1）掌握 IE 浏览器的常规设置方法。

（2）掌握代理服务器的设置方法。

（3）掌握脱机浏览与快速浏览的设置方法。

（4）掌握浏览器的安全访问网页的设置方法。

（5）掌握个人信息的设置方法。

（6）掌握网页浏览的高级设置方法。

2. **实习任务**

（1）常规设置。

① 打开 IE 浏览器，设置浏览器主页地址为 http://www.baidu.com/，设置 Internet 临时文件夹的磁盘空间为 500 MB，设置网页在历史记录中保留的天数为 100 天。

② 设置浏览器访问过的链接文本颜色为桃红色，未访问过的链接文本颜色为橘红色；设置浏览器文本字体为隶书。

（2）代理服务器的设置。设置浏览器使用代理服务器访问 Internet，假设参数为：代理服务器地址是 10.10.10.1，端口号是 8000，对本地地址不使用代理服务器。

（3）脱机浏览与快速浏览。设置浏览器在浏览网页过程中不显示图片，只显示网页文本，以加快浏览的速度。

（4）网页安全浏览设置。设置浏览器选项，使浏览器在浏览网页时不运行脚本程序，以实现安全浏览网页。

（5）个人信息的设置。设置 IE 浏览器去掉自动记录表单和表单上的用户名和密码的功能，并将 IE 浏览器已经记录的表单和密码清除。

（6）网页浏览的高级设置。

① 设置 IE 浏览器的选项页中从不加下划线。

② 设置 IE 浏览器的选项，使浏览器显示的网页中，所有设置为超链接的对象从不加下划线；使浏览器使用完毕后自动清除历史记录；使浏览器启用联机自动完成功能。

3. **实习步骤**

任务 1　常规设置

（1）打开 IE 浏览器窗口，在“工具”菜单中选择“Internet 选项”选项，打开“Internet 选项”对话框，在“常规”选项卡的“主页”区的“若要创建多个主页选项卡，请在每行输入一个地址”文本框中输入“http://www.baidu.com/”；在“浏览历史记录”区中单击“设置”按钮，打开如图 5.36 所示的“网站数据设置”对话框的“Internet 临时文件”选项卡，在“使用的磁盘空间”文本框中输入 500 或通过单击增减按钮设置为 500，单击“确定”按钮。在如图 5.37 所示的“历史记录”选项卡中，将“在历史记录中保存网页的天数”文本框的数值设为 10。

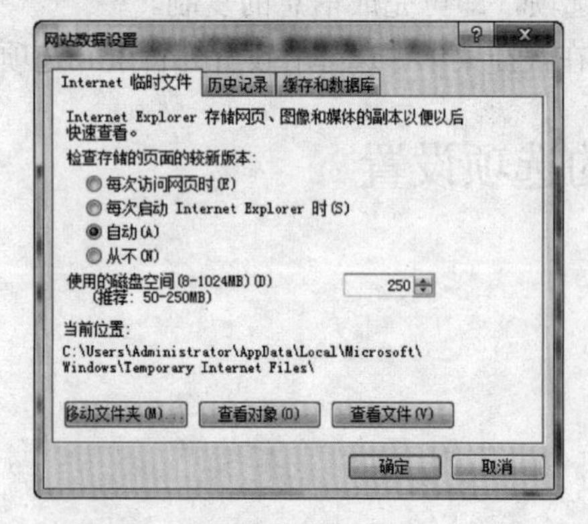

图 5.36 “网站数据设置”对话框

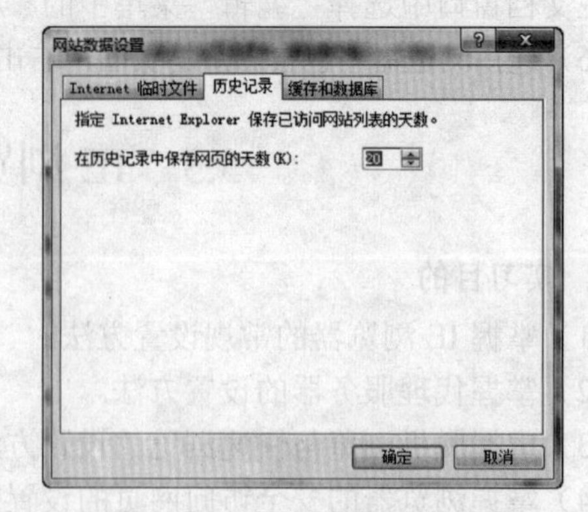

图 5.37 “历史记录”选项卡

（2）在“工具”菜单中选择“Internet 选项”选项，打开“Internet 选项”对话框。在“常规”选项卡的“外观”区中单击“颜色”按钮，在打开的“颜色”对话框中取消勾选“使用 Windows 颜色”复选框。单击“访问过的”颜色按钮，在新打开的“颜色”对话框中选择桃红色；单击“未访问的”颜色按钮，在新打开的“颜色”对话框中选择橘红色，单击“确定”按钮，回到“Internet 选项”对话框。在“常规”选项卡的“外观”区单击“字体”按钮，在打开的“字体”对话框的“纯文本字体”列表中选择“隶书”选项，连续单击“确定”按钮两次。

任务 2　代理服务器的设置

在“工具”菜单中选择“Internet 选项”选项，打开“Internet 选项”对话框。在“连接”选项卡的“局域网（LAN）设置”区单击“局域网设置”按钮，在打开的如图 5.38 所示的“局域网（LAN）设置”对话框的“代理服务器”区中勾选“为 LAN 使用代理服务器[这些设置不用于拨号或 VPN 链接]”复选框，在“地址”文本框中输入“10.10.10.1”，在“端口”文本框中输入“80”，再勾选“对于本地地址不使用代理服务器”复选框。

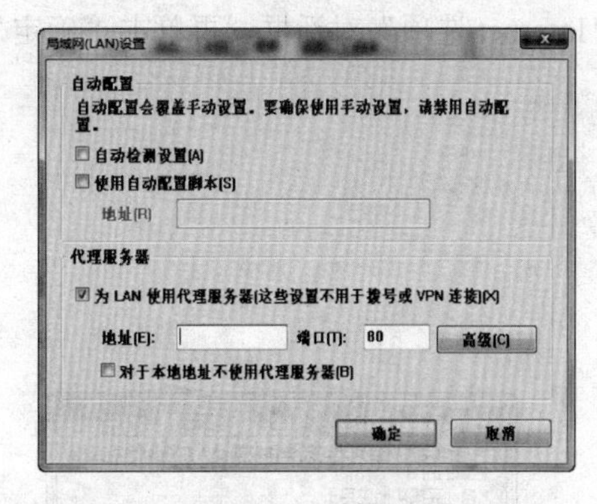

图 5.38　“局域网（LAN）设置”对话框

任务 3　脱机浏览与快速浏览

打开 IE 浏览器窗口，在“工具”菜单中选择“Internet 选项”选项，打开如图 5.39 所示的“Internet 选项”对话框的“高级”选项卡，在“设置”列表框中取消勾选“多媒体”选项组的“显示图片”复选框，则在网页浏览的过程中不会下载图片。

任务 4　网页安全浏览设置

打开 IE 浏览器窗口，打开“Internet 选项”对话框的“安全”选项卡，单击“自定义级别”按钮，打开如图 5.40 所示的“安全设置—Internet 区域”对话框。在“设置”列表框中，将“ActiveX 控件和插件”项目下的“二进制和脚本行为”选项设置为“禁用”。再将“脚本”项目下的“Java 小程序脚本”和“活动脚本”选项分别设置为“禁用”。单击“确定”按钮回到“Internet 选项”对话框，再单击“确定”按钮。

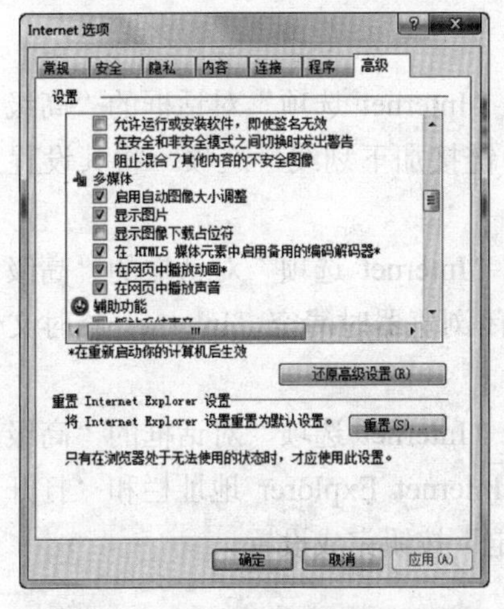

图 5.39　“Internet 选项”对话框

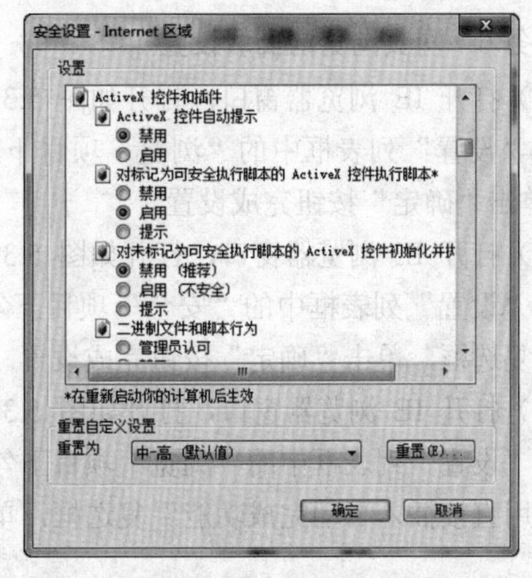

图 5.40　“安全设置—Internet 区域”对话框

任务 5　个人信息的设置

打开 IE 浏览器窗口，打开“Internet 选项”对话框的“内容”选项卡，在“自动完成”区中单击“设置”按钮，打开如图 5.41 所示的“自动完成设置”对话框，单击“删除自动完成历史记录”按钮，打开如图 5.42 所示的“删除浏览历史记录”对话框，勾选“表单数据”和“密码”两个复选框，单击“删除”按钮，清除已经记录的信息。单击“确定”按钮回到“Internet 选项”对话框，再单击“确定”按钮完成设置。

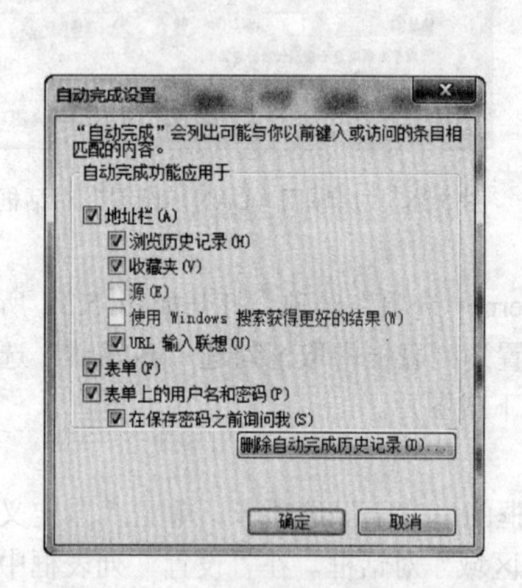

图 5.41 “自动完成设置”对话框

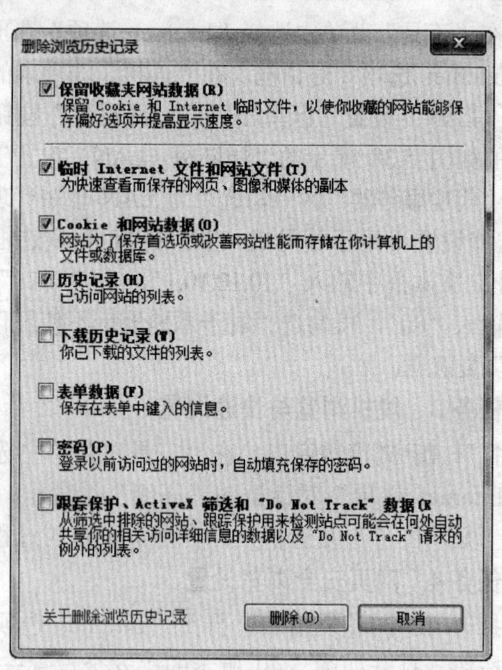

图 5.42 “删除浏览历史记录”对话框

说明：在“工具”菜单中选择“删除浏览历史记录”选项，也可清除已经记录的信息。

任务 6　网页浏览的高级设置

（1）打开 IE 浏览器窗口，打开如图 5.39 所示的“Internet 选项”对话框的“高级”选项卡，在“设置”列表框中的“浏览”项目下找到“为链接加下划线”选项，将其设置为“从不”，单击“确定”按钮完成设置。

（2）打开 IE 浏览器窗口，打开如图 5.39 所示的“Internet 选项”对话框的“高级”选项卡，在“设置”列表框中的“安全”项目下勾选“关闭浏览器时清空‘Internet 临时文件’文件夹”复选框，单击“确定”按钮完成设置。

（3）打开 IE 浏览器窗口，打开如图 5.39 所示的“Internet 选项”对话框的“高级”选项卡，在“设置”列表框中的“浏览”项目下勾选“在 Internet Explorer 地址栏和‘打开’对话框中使用直接插入自动完成功能”复选框，单击“确定”按钮完成设置。

5.4　Windows 7 无线网络设置

1. 实习目的

（1）掌握 Windows 7 自带共享临时网络的设置流程。

（2）Windows 7 自带虚拟 WiFi 设置流程。

2. 实习任务

（1）Windows 7 自带共享临时网络设置。

（2）Windows 7 自带虚拟 WiFi 设置。

3. 实习步骤

任务 1　Windows 7 自带共享临时网络设置

（1）在任务栏的右侧单击“无线网络”图标或“有线网络”图标，在弹出的上弹式菜单中选择“打开网络和共享中心”选项，打开如图 5.43 所示的“网络和共享中心”窗口，在右侧窗格的“更改网络设置”区单击“设置新的连接或网络”链接，打开如图 5.44 所示的“设置连接或网络”窗口，在“选择一个连接选项”列表框中选择“设置无线临时（计算机到计算机）网络”选项，单击“下一步”按钮。

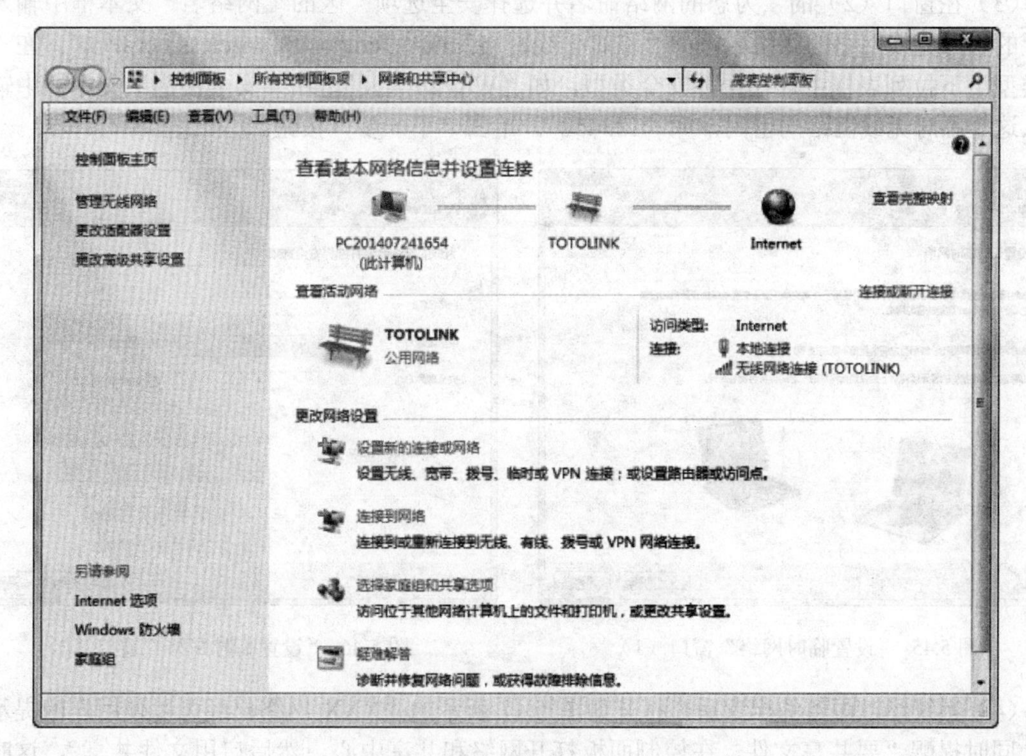

图 5.43 “网络和共享中心”窗口

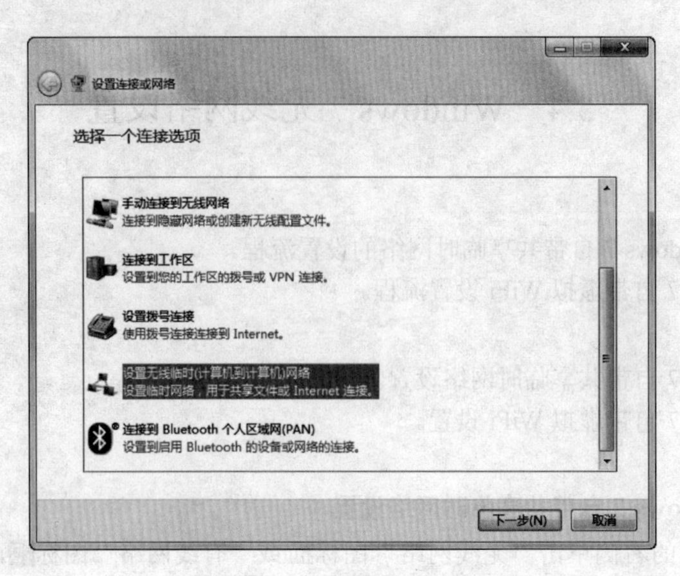

图 5.44 “设置连接或网络”窗口

（2）打开如图 5.45 所示的“设置临时网络”窗口（1），看完介绍和注意事项后单击“下一步”按钮，打开如图 5.46 所示的“设置临时网络”窗口（2）。

（3）在窗口（2）的“为您的网络命名并选择安全选项”区的“网络名”文本框中输入要设置的临时无线网络的网络名，如“临时无线网络”或“Temporary wireless network”。在“安全类型”下拉列表框中选择一种安全类型，如“WAP2-个人”。在“安全密钥”文本框中输入进入这个临时无线网络的密码，如“123456”。单击“下一步”按钮。

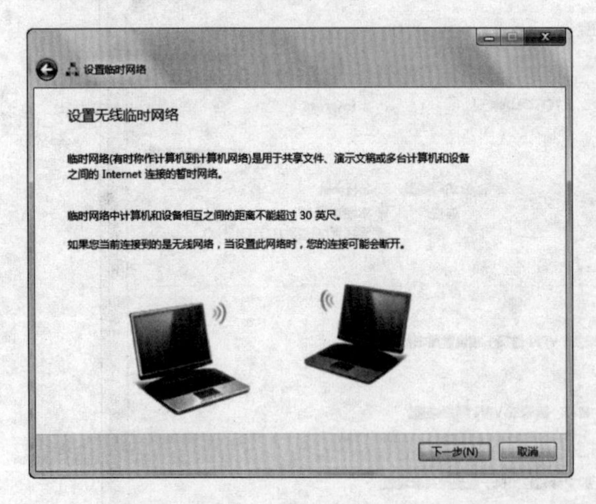

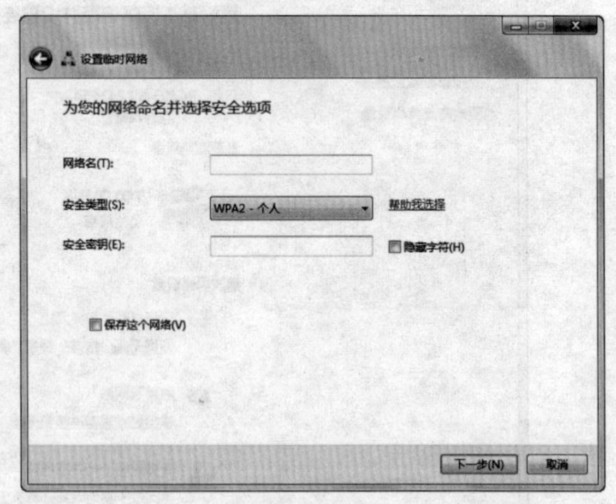

图 5.45 “设置临时网络”窗口（1）

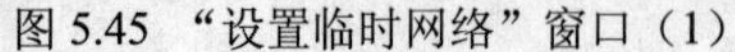

图 5.46 “设置临时网络”窗口（2）

（4）系统经过短暂的配置后，打开如图 5.47 所示的“XXX 网络已经可以使用”的提示窗口，同时提醒“要共享文件，在控制面板打开网络和共享中心，然后启用文件共享”，这时可直接单击提醒中的蓝色字符“网络和共享中心”超链接，或在任务栏的右侧单击“无线网络”图标或“有线网络”图标，在弹出的上弹式菜单中选择“打开网络和共享中心”选项。

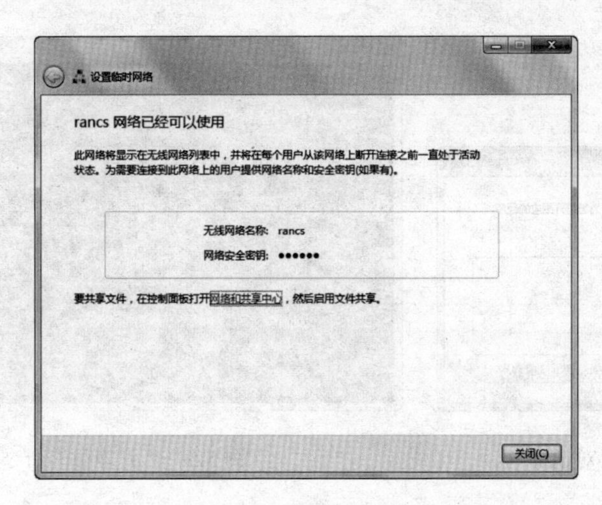

图 5.47 “XXX 网络已经可以使用”提示窗口

（5）在打开的“网络和共享中心”窗口的左侧窗格中单击“更改网络共享设置”文字链接，打开如图 5.48 所示的“高级共享设置”窗口，在“公用文件夹共享”区选择“启用共享以便可以访问网络的用户可以读取和写入公用文件夹中的文件”单选按钮，在“密码保护的共享”区选择“启用密码保护共享”单选按钮，单击“保存修改”按钮，完成设置。

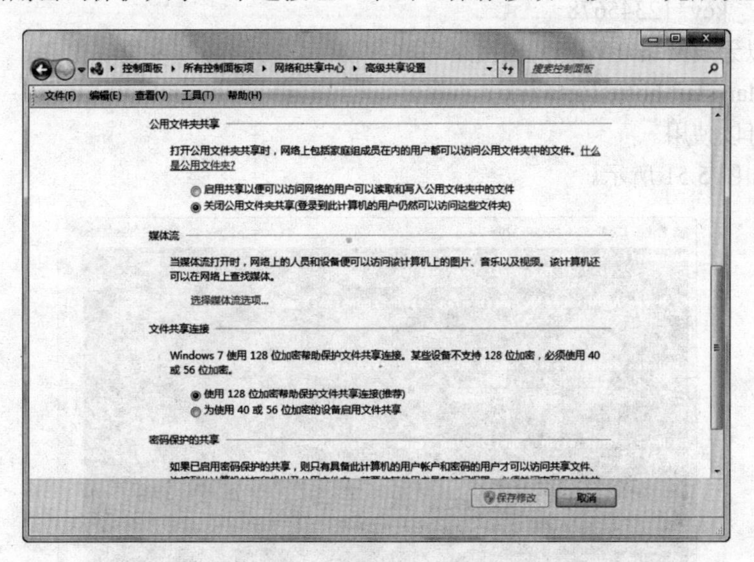

图 5.48 “高级共享设置”窗口

任务 2 Windows 7 自带虚拟 WiFi 设置

WiFi 是一种可以将 PC、手持设备等终端以无线方式互相连接的技术。可以通过对 Windows 7 系统无线网卡路由进行设置，从而实现 WiFi 共享上网。

（1）以管理员身份运行命令。在“开始”菜单中选择“运行”选项，打开如图 5.49 所示的“运行”对话框，输入“cmd”，单击“确定”按钮，打开如图 5.50 所示的“管理员”命令窗口。

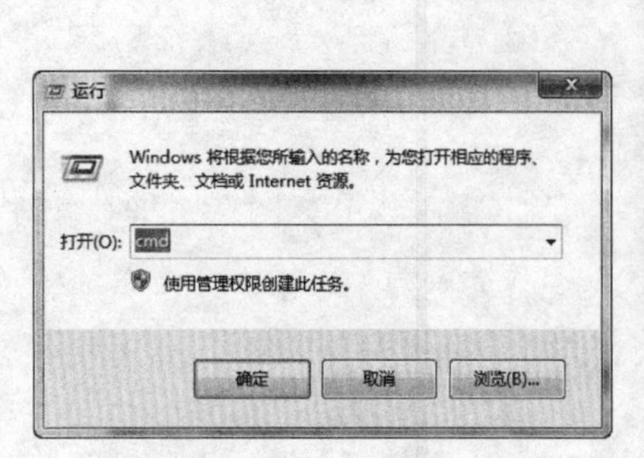

图 5.49 “运行”对话框

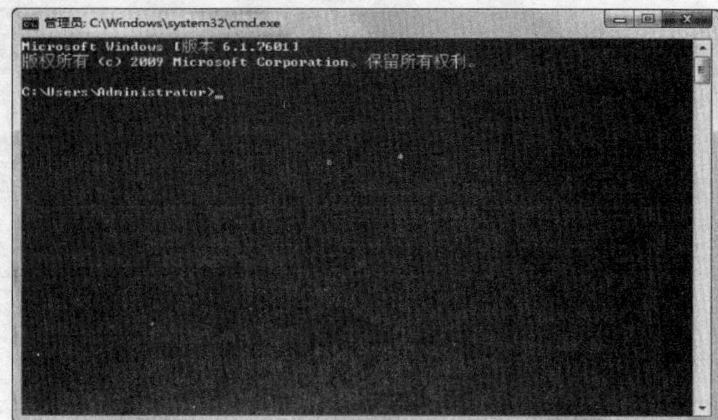

图 5.50 “管理员”命令窗口

（2）输入指令。

① netsh wlan set hostednetwork mode=allow

将承载网络模式设置为允许。其中 mode=allow 表示启用虚拟网卡。

② netsh wlan set hostednetwork ssid=无线网络名称 key=无线网络密码

例如：

ssid=jsjlw　　key=12345678

设置进入该虚拟无线网络（WiFi）的网络名称和密码，密码必须 8 位以上。

③ netsh wlan start hostednetwork

启动承载网络可以使用。

操作结果如图 5.51 所示。

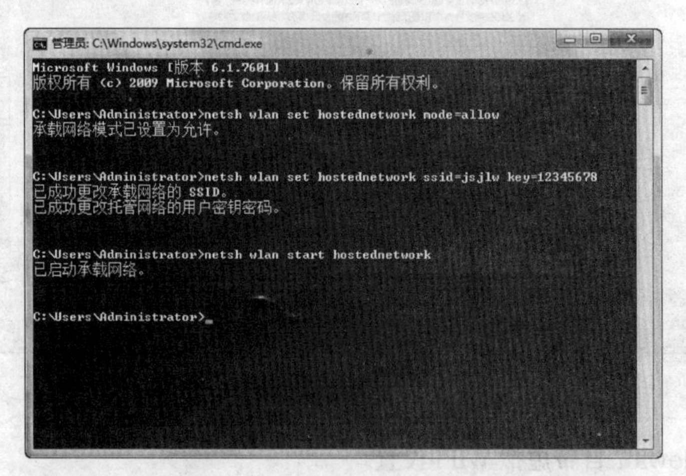

图 5.51 以管理员身份运行命令操作结果

（3）更改适配器设置。

① 单击任务栏右侧通知栏的或图标，在弹出的上弹式菜单中选择“打开网络和共享中心”选项，打开如图 5.52 所示的“网络和共享中心”窗口。发现在“查看活动网络”区多了一个名为“jsjlw”的工作网络，而且访问类型为“无法连接到网络”，连接为“无线网络连

接 2”，这个就是刚才虚拟出来的无线网络适配器。

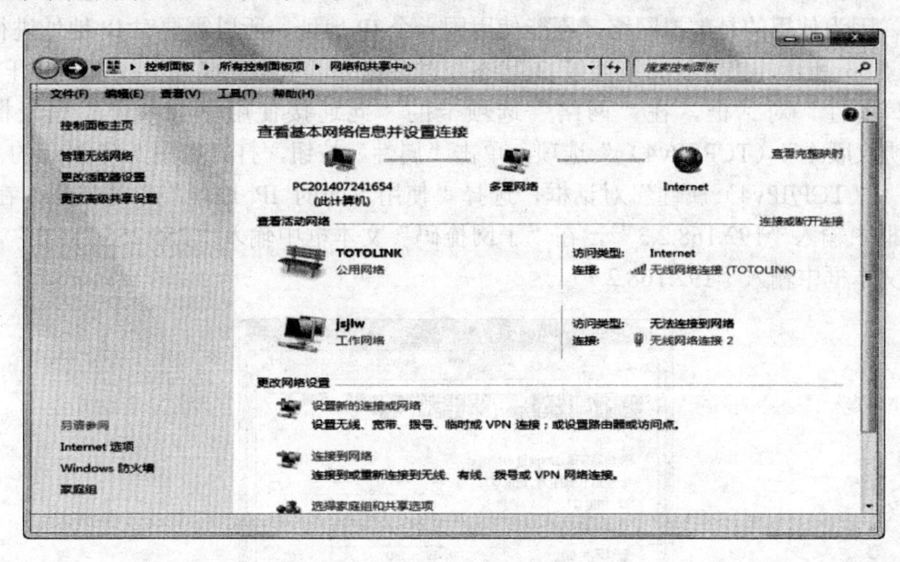

图 5.52　“网络和共享中心”窗口

② 单击“无线网络连接 2”超链接，打开如图 5.53 所示的“无线网络连接 2 状态”对话框，单击“属性”按钮，打开如图 5.54 所示的“无线网络连接 2 属性”对话框，勾选“允许其他网络用户通过此计算机的 Internet 连接来连接”复选框，在“家庭网络连接”下拉列表框中选择“无线网络连接”选项，单击“确定”按钮。

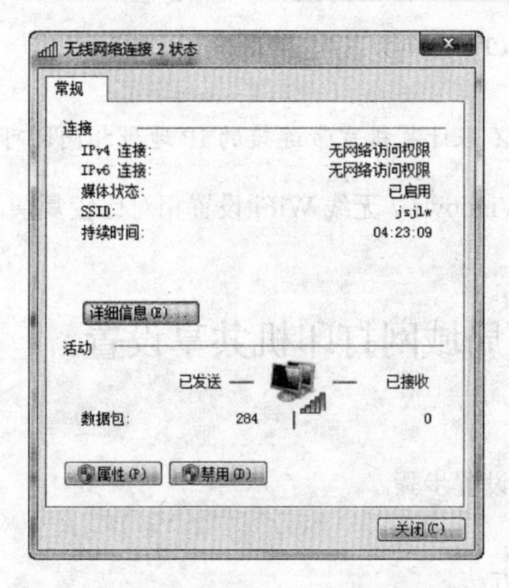

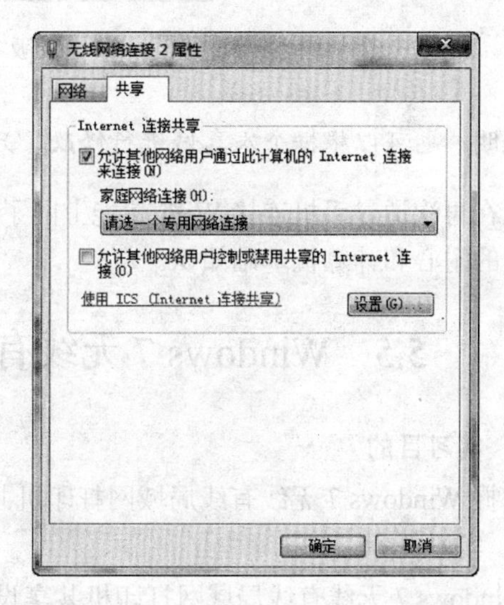

图 5.53　“无线网络连接 2 状态”对话框　　　　图 5.54“无线网络连接 2 属性”对话框

说明：本例是在家里的笔记本电脑上设置完成的，如果在办公室的网络和计算机上设置有所不同。

③ 设置虚拟无线网络的 IP。到这里 Windows 7 无线 WiFi 设置已经大致完成了，可以使

用个人手机进行 WiFi 搜索，看看是否能够找到设置的无线网络。如果能搜到说明前面的设置没有问题，因为使用的是虚拟网络，不能使用同一个 IP 地址，所以需要对 IP 地址进行修改。

在图 5.53 所示的“无线网络连接 2 状态”对话框中，单击“属性”按钮，打开“无线网络连接 2 属性”对话框，在“网络”选项卡的“此连接使用下列项目”列表框中选择“Internet 协议版本 4（TCP/IPv4）”选项，单击“属性”按钮，打开如图 5.55 所示的“Internet 协议版本 4（TCP/IPv4）属性”对话框，选择“使用下面的 IP 地址”单选按钮，在“IP 地址”文本框中输入“192.168.2.3”，在“子网掩码”文本框中输入“255.255.255.0”，在“默认网关”文本框中输入“192.168.2.1”。

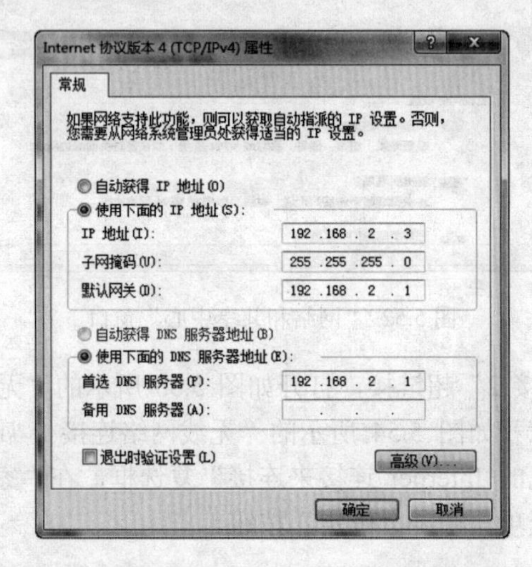

图 5.55 “Internet 协议版本 4（TCP/IPv4）属性”对话框

说明：也可以根据个人喜好进行修改，只要不跟计算机宽带连接的 IP 地址相同即可。

现在再次通过手机连接 WiFi 就能上网了，Windows 7 无线 WiFi 设置相对比较复杂，需要有一定的耐心和计算机基础知识。

5.5　Windows 7 无线有线局域网打印机共享设置

1. 实习目的

掌握 Windows 7 无线有线局域网打印机共享设置步骤。

2. 实习任务

Windows 7 无线有线局域网打印机共享设置方法。

3. 实习步骤

（1）将打印机通过 USB 数据线与计算机相连，打开打印机电源，并装好驱动程序。在“开始”菜单中选择“设备和打印机”选项，打开如图 5.56 所示的“设备和打印机”窗口，右击打印机名称，在弹出的快捷菜单中选择“打印机属性”选项，打开如图 5.57 所示的“hp LaserJet 1010 属性”对话框，在“共享”选项卡中勾选“共享这台打印机”复选框，单击

“确定”按钮。

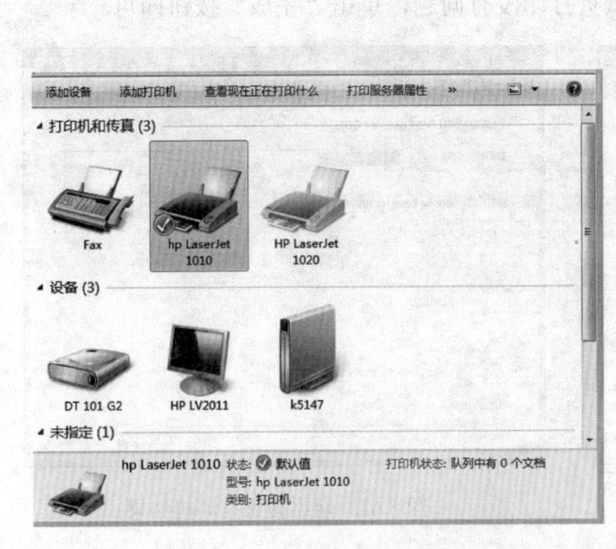

图 5.56 “设备和打印机”窗口　　　　图 5.57 “hp LaserJet 1010 属性”对话框

（2）右击任务栏右侧的或图标，在弹出的上弹式菜单中选择“打开网络和共享中心”选项，打开如图 5.58 所示的“网络和共享中心”窗口，单击左侧窗格的“更改高级共享设置”文字链接，打开如图 5.59 所示的“高级共享设置”窗口，在“网络发现”区选择“启用网络发现”单选按钮，在“文件和打印机共享”区选择“启用文件和打印机共享”单选按钮，单击“保存修改”按钮。

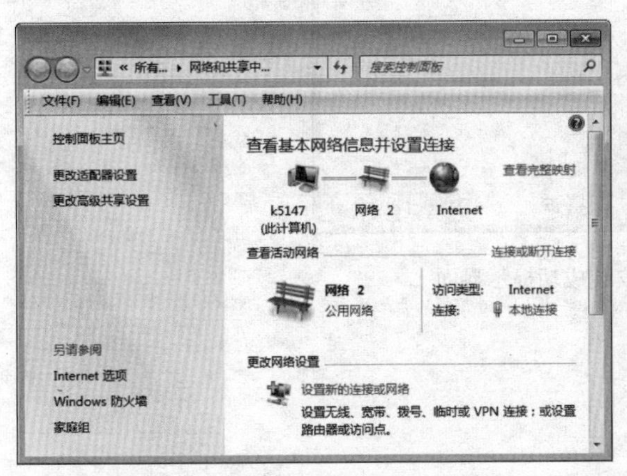

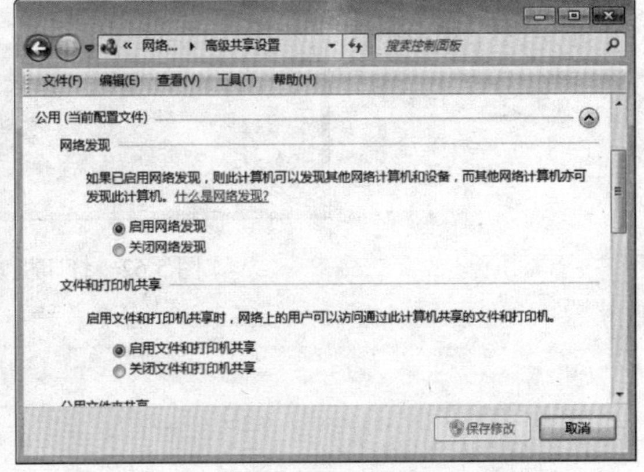

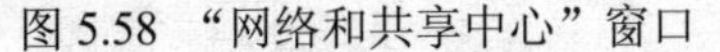

图 5.58 “网络和共享中心”窗口　　　　图 5.59 “高级共享设置”窗口

（3）在其他计算机上添加目标打印机。打开局域网上需要共享打印机的计算机，在“开始”菜单中选择“设备和打印机”选项，打开如图 5.56 所示的“设备和打印机”窗口，单击“添加打印机”按钮，打开如图 5.60 所示的“添加打印机”对话框，在“要安装什么类型的打印机”列表中选择“添加网络、无线或 Bluetooth 打印机”选项，单击“下一步”按钮，开始搜索网络上的打印机，搜索结果如图 5.61 所示。如果前面的设置都没有问题，选中目标打印机的名称，然后一直单击“下一步”按钮，如果想验证打印机是否“共享”成功，可单击图 5.62 中的“打印测试页”按钮，如果测试页打印没有问题，单击“完成”按钮即可。

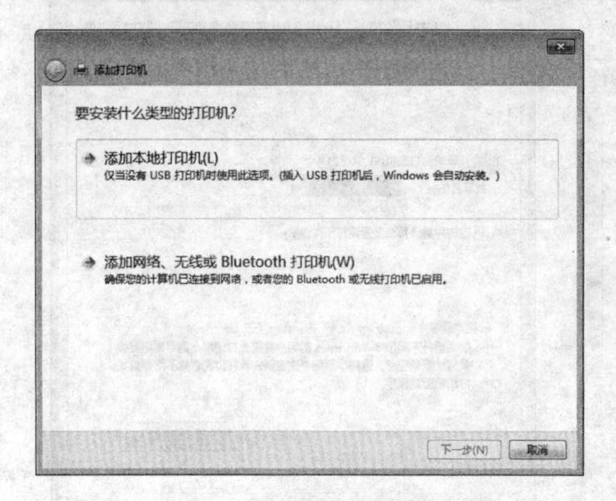

图 5.60 “添加打印机”对话框

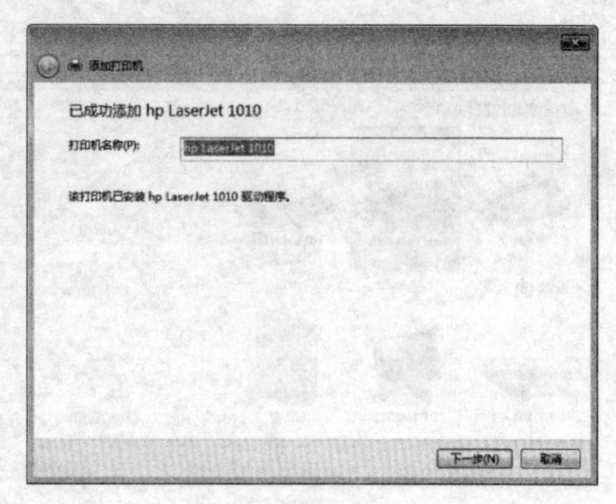

图 5.61　网络搜索打印机结果

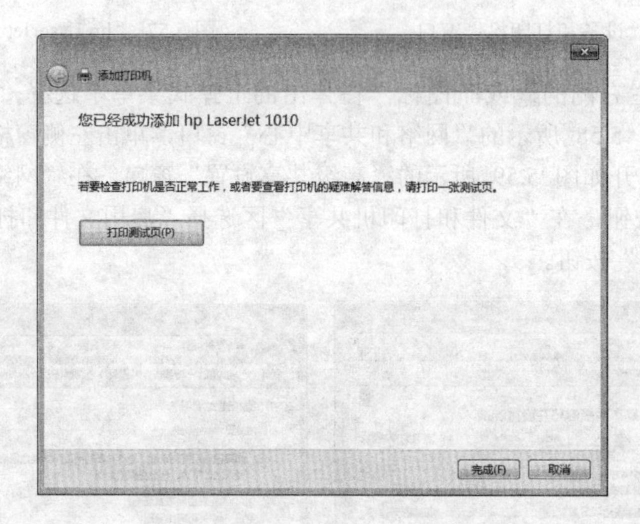

图 5.62　打印机安装成功提示界面

第 6 章　多媒体基础与 Windows 多媒体应用

6.1　Windows Live 照片库软件基本操作

1. 实习目的

（1）了解打开照片库的方法。

（2）掌握照片的编辑技巧。

（3）掌握照片颜色调节方法。

（4）掌握照片裁剪的方法。

2. 实习任务

（1）打开照片库。

（2）照片的编辑。

（3）照片颜色的调节。

（4）裁剪照片。

3. 实习步骤

任务 1　打开 Windows Live 照片库

在“开始”菜单的“所有程序”子菜单中选择“Windows Live 照片库”选项，打开如图 6.1 所示的“Windows Live 照片库”窗口，出现两个窗格，左窗格为照片库中照片和视频的库结构图，右窗格为按时间顺序显示的图片或视频。

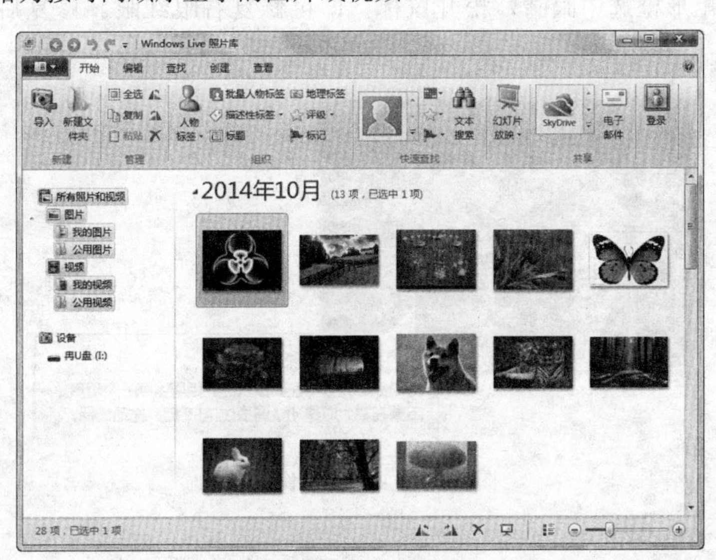

图 6.1　“Windows Live 照片库”窗口

任务 2 编辑照片

(1) 导入照片。在图 6.1 所示的“Windows Live 照片库”窗口的“开始”选项卡的“新建”组中，单击“导入”按钮，选择导入照片的驱动器和文件夹即可。

(2) 选择照片。导入照片后，在照片库中找一张要做成头像的照片，如图 6.2 所示，并双击打开。

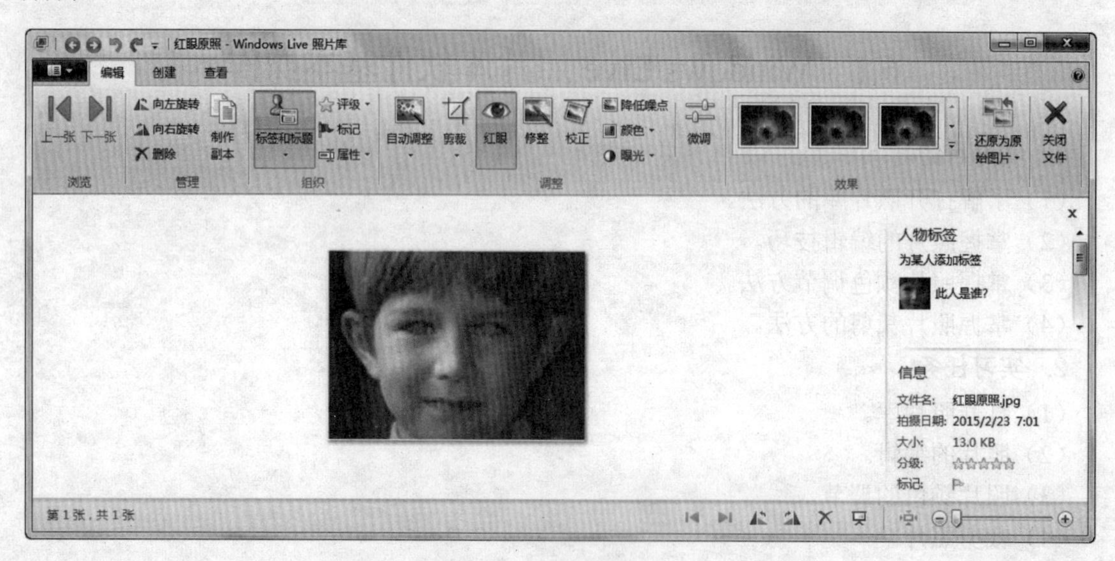

图 6.2 选择的照片

(3) 修复红眼。在“编辑”选项卡的“调整”组中单击“红眼”按钮，在照片右下侧显示如图 6.3 所示的“红眼”修复操作步骤。按照操作步骤在左眼的位置用鼠标拖出一个矩形框选中眼睛，如图 6.4 所示，松开鼠标，即可修复左眼红眼。同理，在右眼的位置用鼠标拖出一个矩形框选中眼睛，松开鼠标，即可修复右眼红眼。修复后的效果如图 6.5 所示。

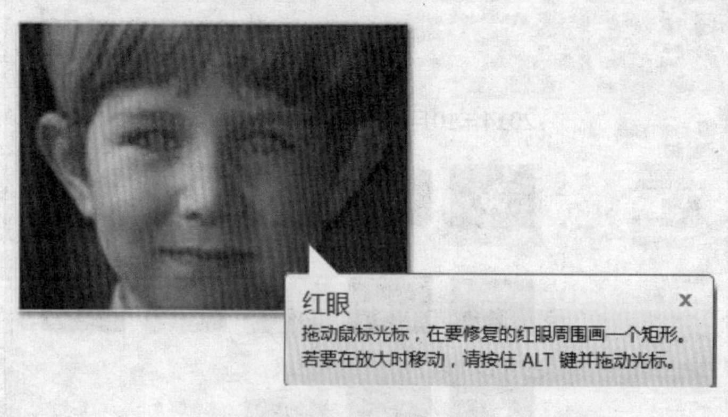

图 6.3 修复红眼操作方法

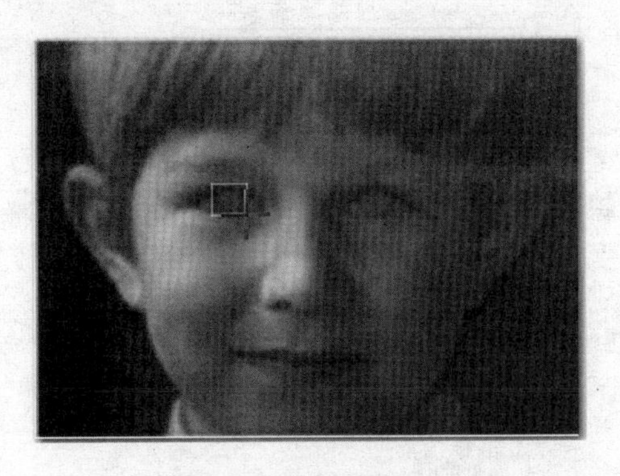

图 6.4　修复左眼的矩形框

图 6.5　修复红眼后的效果

任务 3　照片颜色的调节

（1）双击打开需要调节颜色的照片，如图 6.6 所示。

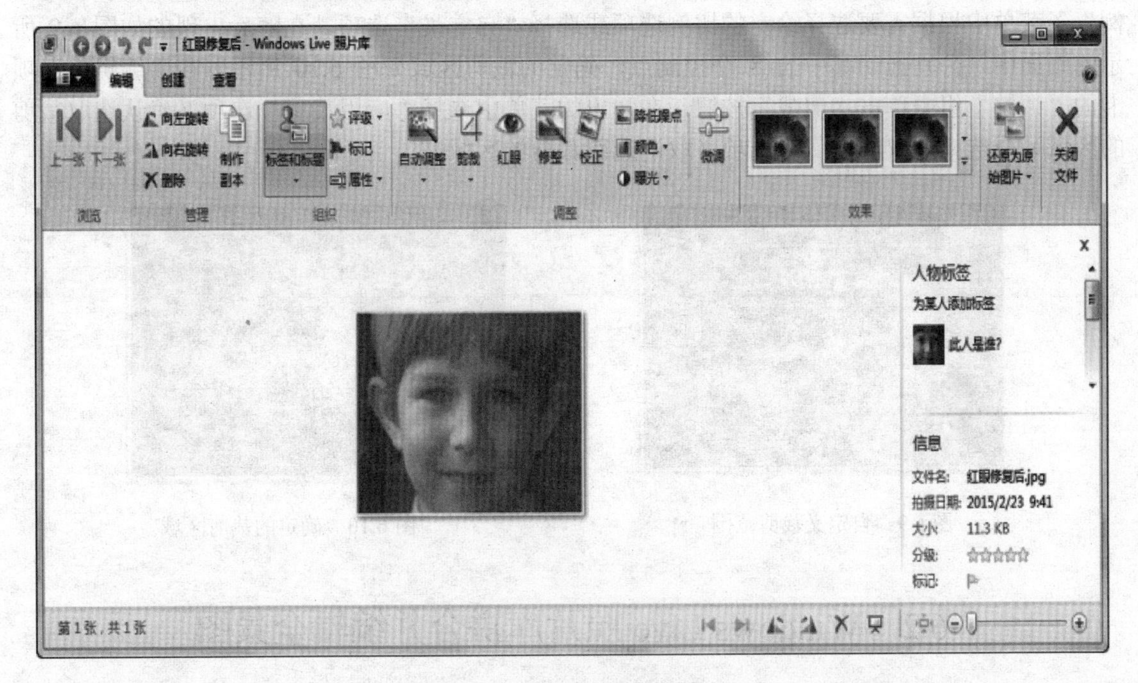

图 6.6　打开修复红眼后的照片

（2）在“编辑”选项卡的“调整”组中单击“自动调整”按钮，在弹出的下拉菜单中选择“自动调整”选项，如果照片的色彩还不尽如人意，可继续下面的步骤。

（3）在“编辑”选项卡的“调整”组中单击“颜色”按钮右侧的下三角按钮，在打开的如图 6.7 所示的“颜色调整”列表的“选择颜色调整”区选择一种适合的颜色调整方案。

（4）在“编辑”选项卡的“调整”组中单击“曝光”按钮右侧的下三角按钮，在打开的如图 6.8 所示的“曝光调整”列表的“选择曝光调整”区选择一种适合的曝光调整方案即可。

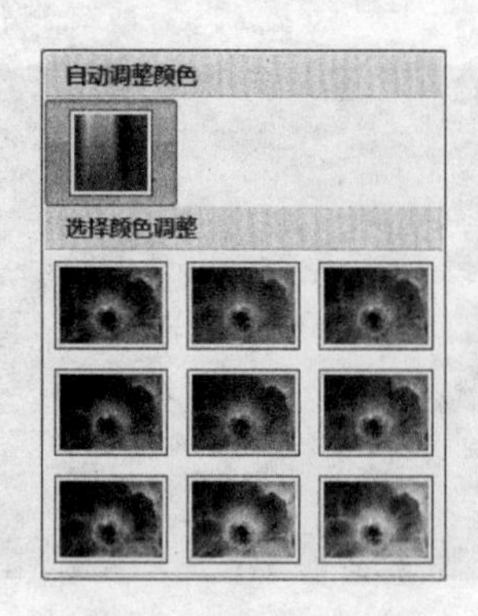

图 6.7 “颜色调整”列表

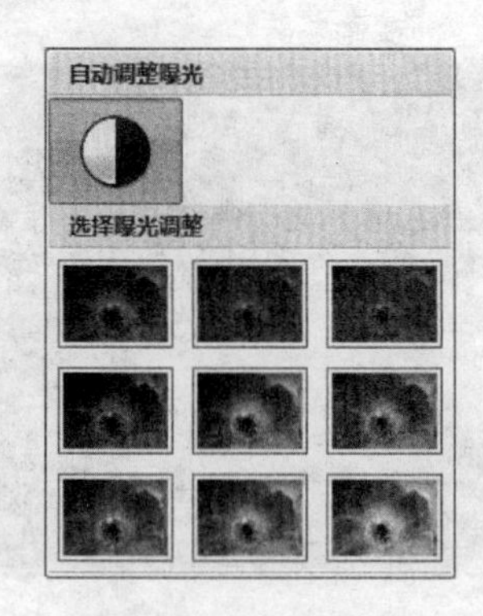

图 6.8 “曝光调整”列表

任务 4 裁剪照片

选中照片，在“编辑”选项卡的“调整”组中单击“剪裁”按钮，在弹出的菜单的“比例”子菜单中根据需要选择给定的比例选项或选择“自定义”选项，在随后出现的如图 6.9 所示的画面中，分别拖动其中的 8 个控制点，确定的裁剪区域如图 6.10 所示。在“编辑”选项卡的“调整”组中单击“剪裁”按钮，在弹出的菜单中选择“应用裁剪”选项（确认选取裁剪的区域）或选择“取消裁剪”选项（取消选取裁剪的区域）。

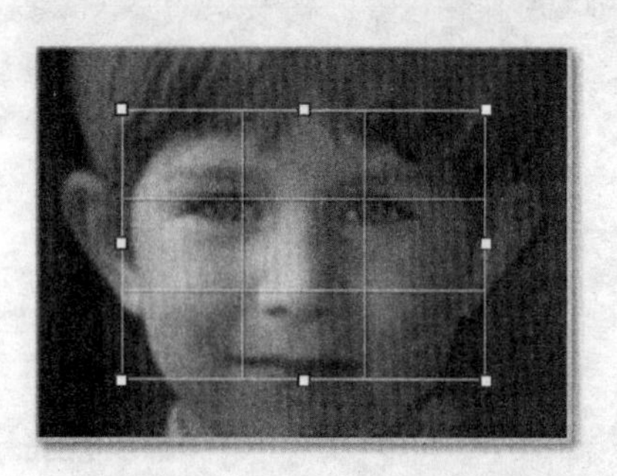

图 6.9 自定义裁剪范围

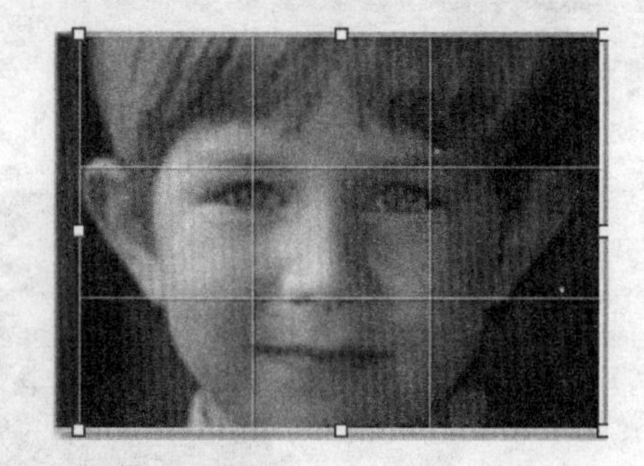

图 6.10 确定的裁剪区域

6.2 Windows Live 照片库拼合并编辑全景图

1. 实习目的

（1）掌握 Windows Live 照片库拼合全景图的方法。

（2）掌握 Windows Live 照片库编辑全景图的技巧。

2. 实习任务

（1）Windows Live 照片库拼合全景图。

（2）用 Windows Live 照片库编辑全景图。

3. 实习步骤

任务 1 Windows Live 照片库拼合全景图

（1）将需要拼合的素材图片放到“Windows Live 照片库”窗口中。在“开始”选项卡的

“新建”组中单击“导入”按钮，在打开的“导入照片和视频”对话框中选择要导入的照片或视频，单击“导入”按钮，将准备好的素材图片导入 Windows Live 照片库。

（2）在如图 6.11 所示的“Windows Live 照片库”窗口的左窗格的“我的图片”文件夹的“全景图片”文件夹中出现了需要拼合的 4 张图片。

图 6.11 “全景图片”文件夹中需要拼合的 4 张图片

（3）选中需要拼合的 4 张图片（按住 Ctrl 键依次单击图片即可），在“创建”选项卡的“工具”组中单击“全景照片”按钮，系统自动组合。

（4）组合完成后，在打开的如图 6.12 所示的“保存全景拼接”对话框中输入拼合后的图片的文件名（如“合成全景照片 拼接”）和保存位置。单击“保存”按钮，Windows Live 照片库将拼合后的照片保存在指定的地址中。

图 6.12 “保存全景拼接”对话框

拼合完成的图片如图 6.13 所示。

图 6.13 拼合完成的图片效果

说明：因为素材图片尺寸不一，拼合完成的图片的边缘难免会有不整齐的部分，下面对图片进行裁剪。

任务 2 用 Windows Live 照片库编辑全景图

（1）在“编辑”选项卡的“调整”组中单击“微调”按钮，如图 6.14 所示，窗口右边出现一列图片编辑的选项，主要有“调整曝光”、“调整颜色”、“校正照片”和“调整详细信息”。

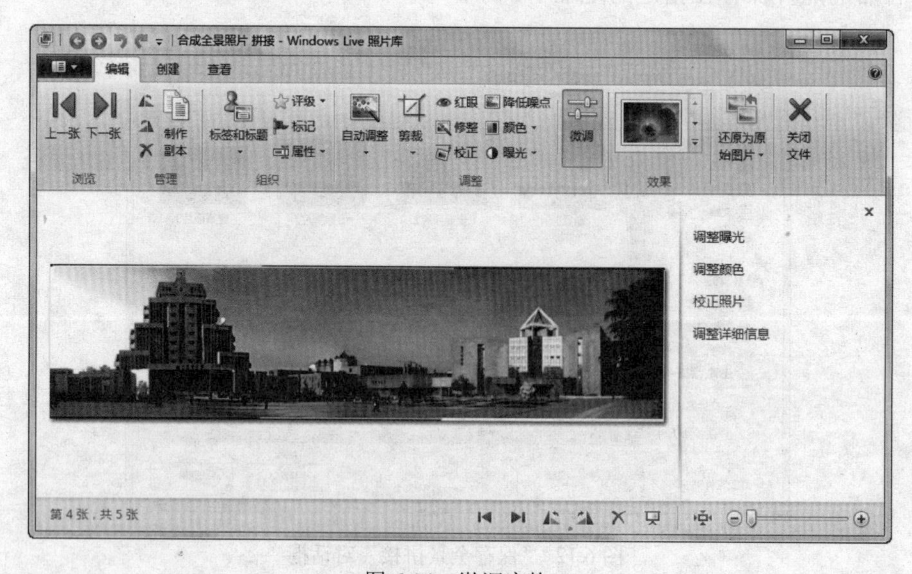

图 6.14 微调窗格

（2）单击“调整曝光”链接，打开如图 6.15 所示的“调整曝光”微调窗格。用户可根据需要分别左右拖动“亮度”、“对比度”、“阴影”和“突出显示”滑块，改变其当前值，效果可参考左侧的照片和直方图。

图 6.15 “调整曝光”微调窗格

（3）在如图 6.14 所示的微调窗格中单击“调整颜色”链接，打开如图 6.16 所示的“调整颜色”微调窗格。用户可根据需要分别左右拖动“色温”、“色调”和“饱和度”滑块，改变其当前值，效果可参考左侧的照片。

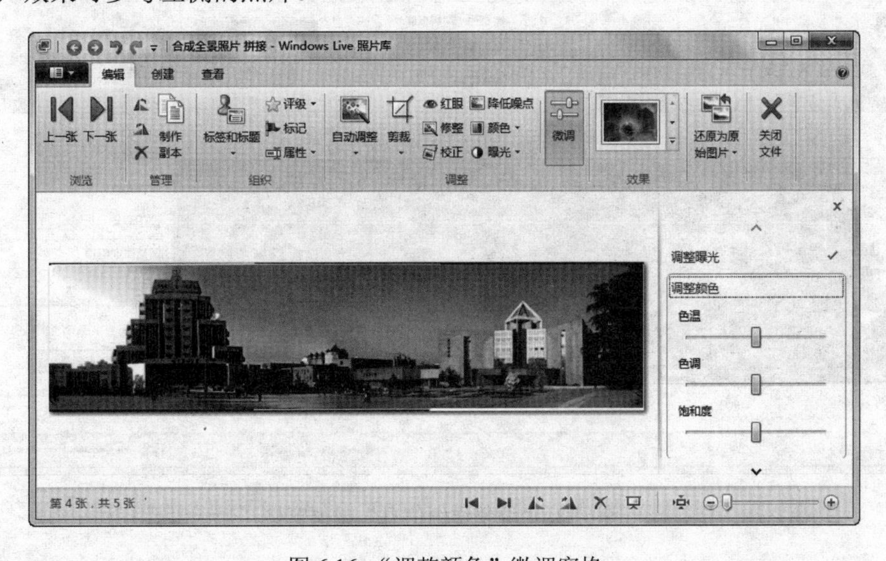

图 6.16 “调整颜色”微调窗格

（4）在如图 6.14 所示的微调窗格中单击“校正照片”链接，打开如图 6.17 所示的“校正照片”微调窗格。用户可根据需要左右拖动“校正照片”滑块，改变其当前值，效果可参考左侧的照片。

图 6.17 “校正照片”微调窗格

（5）在如图 6.14 所示的微调窗格中单击“调整详细信息”链接，打开如图 6.18 所示的“调整详细信息”微调窗格。用户可根据需要分别左右拖动“锐化”和“降低噪点”滑块，改变其当前值，效果可参考左侧的照片。

图 6.18 “调整详细信息”微调窗格

说明：也可直接在“编辑”选项卡的“调整”组中分别单击“曝光”、“颜色”、“校正”和“降低噪点”按钮完成步骤②、③、④和⑤的操作，但只能按系统已经做好的预案实现微调，不能做到精确微调。

（6）在“编辑”选项卡的“调整”组中单击“剪裁”按钮，在打开的如图 6.19 所示的下拉菜单的“比例”子菜单中根据实际需要选择其中的某一比例或“自定义”选项。在选择了“自定义”选项后左边的图片上出现如图 6.20 所示的带 8 个控制点的方框，可以用鼠标拖动这 8 个控制点，调整所需图片的裁剪范围。

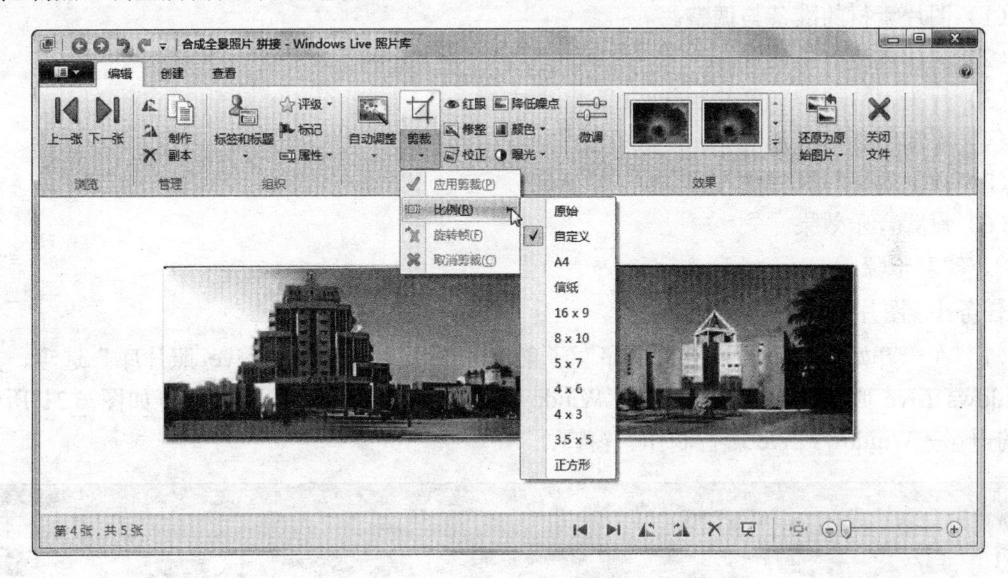

图 6.19　“剪裁”下拉菜单

图 6.20　“剪裁”区域选择

说明：选择其余选项时，控制点只有 4 个。

（7）裁剪范围选定之后，在“编辑”选项卡的“调整”组中单击“剪裁”按钮，在打开的下拉菜单中选择“应用剪裁”选项，系统会自动保存已做修改的照片。如果还需要其他的编辑处理，可以继续在右边的工具中选择。

如果现在到指定的文件夹中，就能看到编辑完成的图片。

6.3 照片制作成影片

1. 实习目的

（1）熟悉 Windows Live 照片库和影音制作各自的优缺点。

（2）掌握将静态的图片变为动态影音的技巧。

2. 实习任务

（1）图片素材的准备与调整。

（2）图片过渡效果设置。

（3）片头、片尾和字幕的制作。

（4）添加字幕与特效制作。

（5）视觉效果与纵横比设置。

（6）设置音乐效果。

3. 实习步骤

任务 1 图片素材的准备与调整

（1）在“开始”菜单的“所有程序”子菜单中选择“Windows Live 照片库”选项，打开“Windows Live 照片库”窗口，选择“Windows Live 影音制作”选项，打开如图 6.21 所示的“我的电影—Windows Live 影音制作”窗口。

图 6.21 “我的电影—Windows Live 影音制作”窗口

（2）添加照片素材。在“我的电影—Windows Live 影音制作”窗口的“开始”选项卡的“添加”组中单击“添加视频和照片”按钮，打开如图 6.22 所示的“添加视频和照片”对话框，在对话框中找到所要添加的照片并选中，单击“打开”按钮，将所选中照片添加到“我的电影—Windows Live 影音制作”窗口中。

（3）调整图片顺序。照片加入“我的电影—Windows Live 影音制作”窗口后，可在如图 6.23 所示的“我的电影—Windows Live 影音制作”窗口中用“剪切”和“粘贴”按钮来调整图片顺序。

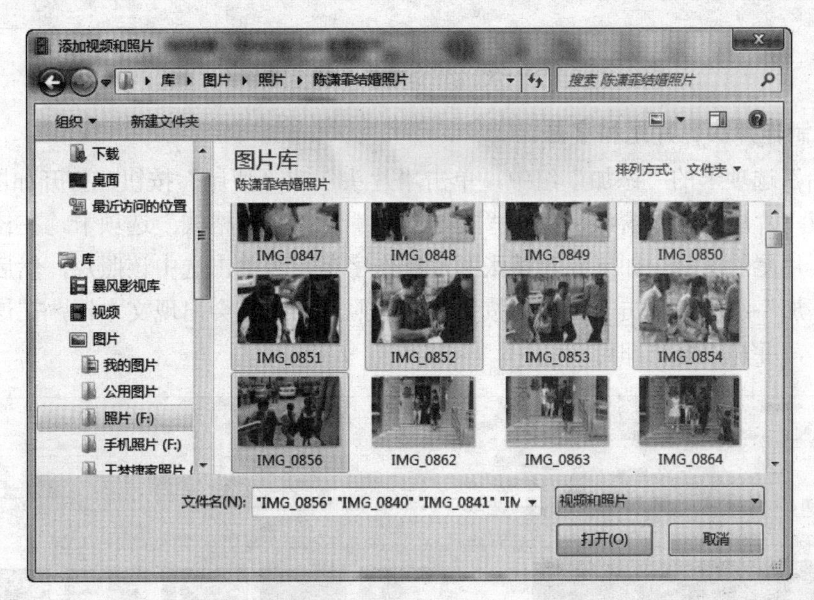

图 6.22 “添加视频和照片”对话框

图 6.23 添加照片后的“我的电影—Windows Live 影音制作”窗口

任务 2　图片过渡效果设置

照片调整好后，在“开始”选项卡的“轻松制片主题”组中选择合适的制片主题，如

图 6.24 所示，可以设置图片的过渡效果。

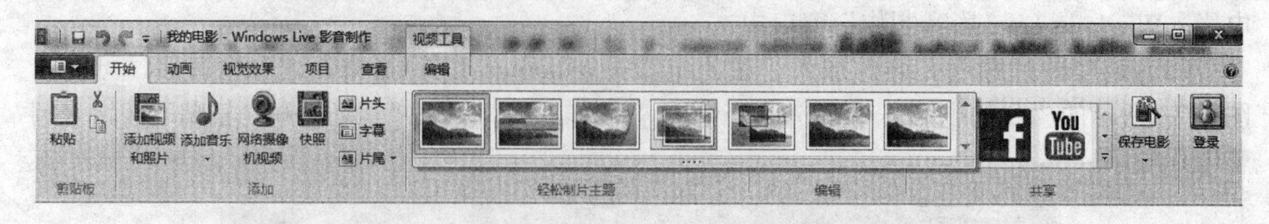

图 6.24 “轻松制片主题”组

任务 3　制作片头、片尾和字幕

在“开始”选项卡的“添加”组中，单击“片头”或“片尾”按钮，打开如图 6.25 所示的“片头”或“片尾”制作窗口，出现“文本工具”功能区“格式”选项卡，在该选项卡中可以添加片头、片尾的文字。如果要对某张照片制作字幕，可单击选中该照片，然后在“开始”选项卡的“添加”组中，单击“字幕”按钮，在该照片的下方会出现文本框，在该文本框中输入字幕的文字，并加以修饰即可。

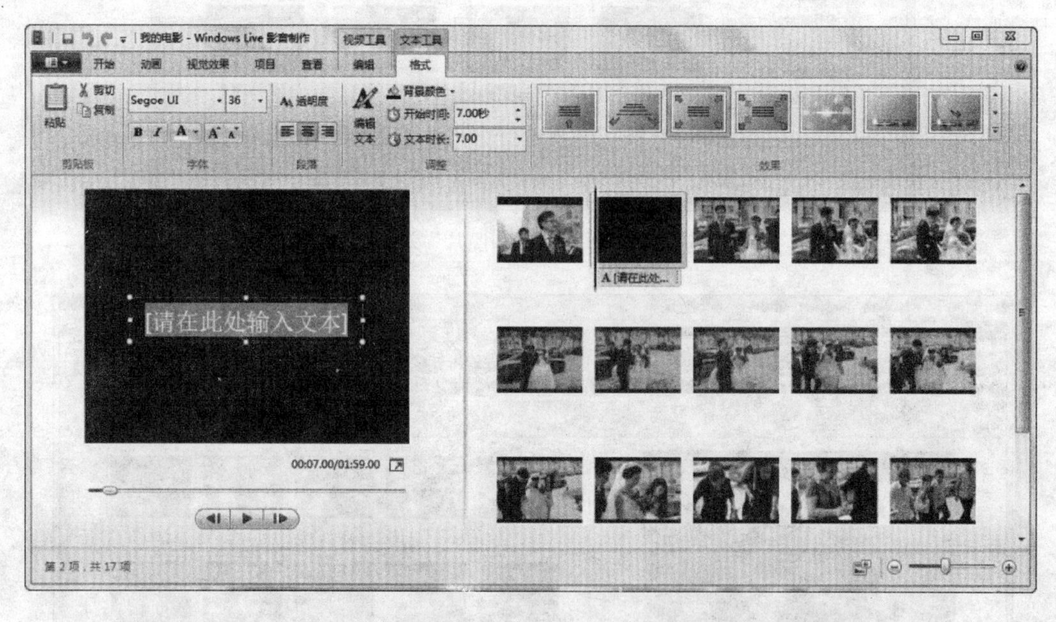

图 6.25 “片头”制作窗口

任务 4　添加字幕与特效制作

（1）添加效果。添加完片头、片尾和字幕的文字后，可对其添加显示效果，如字体、透明度、显示时间、换片字幕出现与退出的效果等。

单击选中片头、片尾或某一字幕，将光标移至“文本工具”功能区“格式”选项卡的“效果”组中的某一效果上，在窗口的左窗格中即可浏览效果，确定后单击鼠标左键即可。

（2）特效制作。单击选中要添加动画的照片，将光标移至如图 6.26 所示的“动画”选项卡的“过渡特技”组中的某个过渡特技上，在窗口的左窗格中即可浏览效果，确定后单击鼠标左键即可。也可以对每张图片或者视频的平移和缩放特效进行设置，方法同“过渡特技”设置。

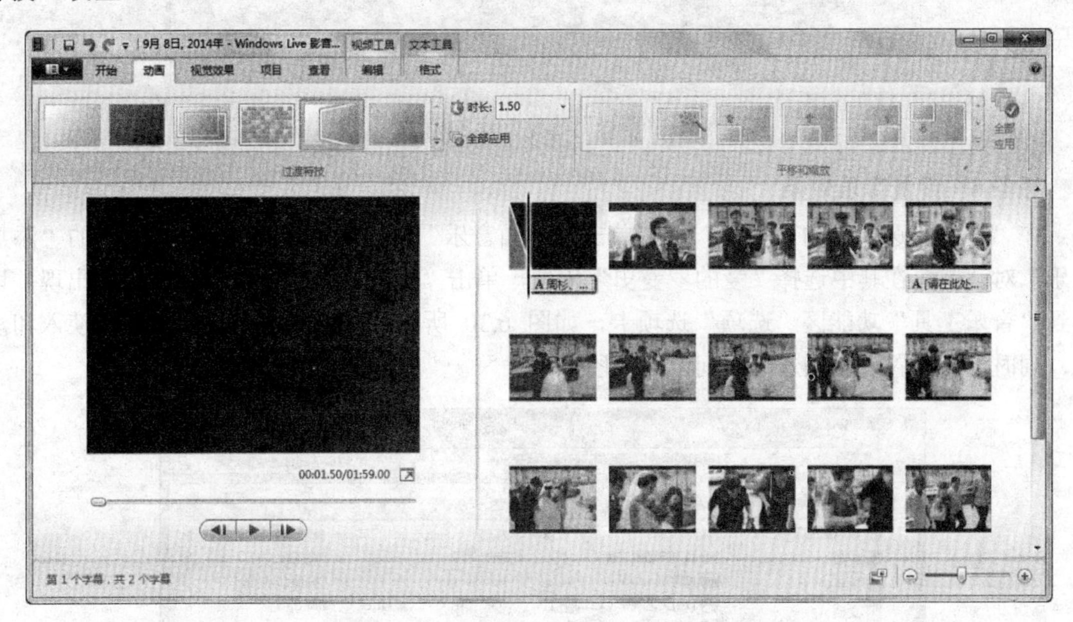

图 6.26　利用“动画”选项卡制作特效

任务 5　视觉效果与纵横比设置

（1）视觉效果。单击选中要添加视觉效果的照片，将光标移至如图 6.27 所示的“视觉效果”选项卡的“效果”组中的某个效果上，在窗口的左窗格中即可浏览效果，确定后单击鼠标左键即可。

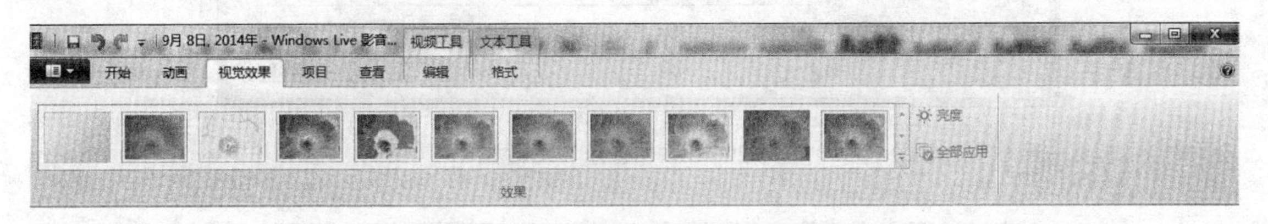

图 6.27 “视觉效果”选项卡的“效果”组

说明：在“视觉效果”选项卡的“效果”组中，有“艺术”、“黑白”、“电影”、“镜像”、“动作和淡化”5 类数十种不同的图片显示效果可供选择。

（2）纵横比设置。动画、特效和效果设置完成后，放映之前必须为影片设置播放时的横纵比，可根据个人的喜好和实际需要设置为“宽屏”或“标准”。

在如图 6.28 所示的“项目”选项卡的“纵横比”组中根据实际需求，单击“宽屏”或“标准”按钮即可。

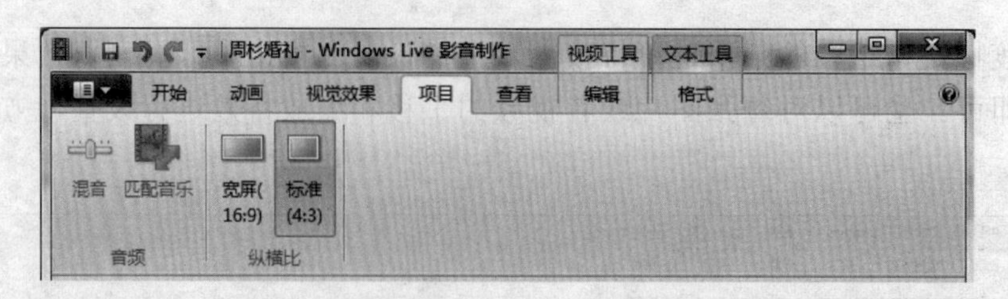

图 6.28 “项目”选项卡的“纵横比”组

任务 6 设置音乐效果

在“开始”选项卡的“添加”组中单击“添加音乐”按钮，打开如图 6.29 所示的“添加音乐”对话框，在其中选择“爱的罗曼史”乐曲，单击“打开”按钮，窗口顶部自动出现并切换到“音乐工具”功能区“选项”选项卡，如图 6.30 所示，在这里可以设置音乐的淡入和淡出，同时可以设置音乐插入的时间、时间段等。

图 6.29 “添加音乐”对话框

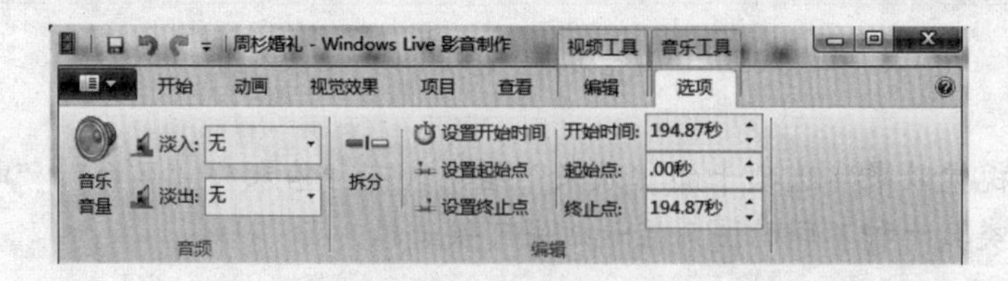

图 6.30 “音乐工具”功能区“选项”选项卡

最后，单击屏幕左上角的图标，在弹出的下拉菜单中选择“保存项目”选项，在打开的如图 6.31 所示的“保存项目”对话框中，输入保存文件的文件名，选择保存项目的存放位置后单击“保存”按钮即可完成影片制作。

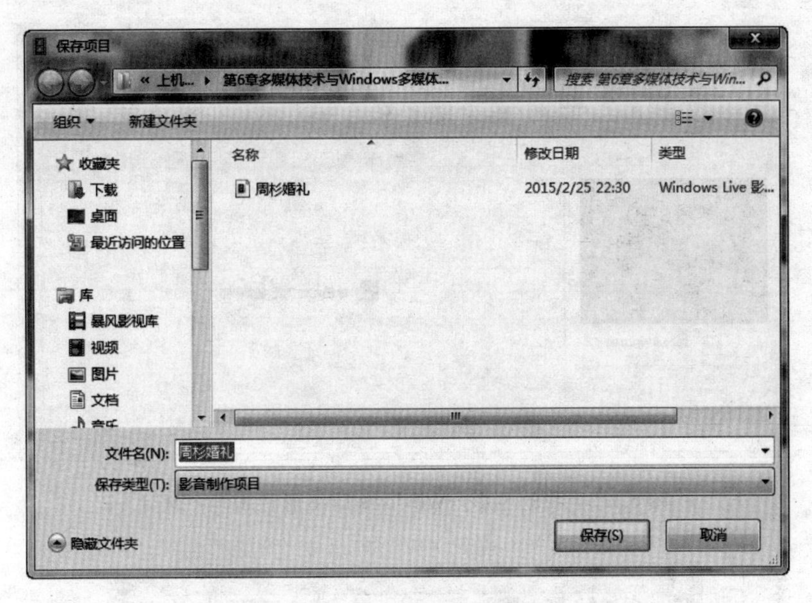

图 6.31 “保存项目”对话框

6.4　快速制作视频小电影

1. 实习目的

（1）了解小电影的制作过程。

（2）熟悉制作小电影的技巧。

（3）掌握用动和静的素材制作电影的方法。

2. 实习任务

（1）整理并将素材添加到“Windows Live 影音制作”窗口中。

（2）分割视频并剔除多余的素材。

（3）分别制作影片的片头和片尾。

（4）设置影片中不同场景之间切换的动画。

（5）添加视频的修饰效果。

（6）添加视频播放过程中的背景音乐。

（7）将制作完成的影片发布为自己所要格式的视频文件。

3. 实习步骤

任务 1　整理并将素材添加到“Windows Live 影音制作”窗口中

（1）在“开始”菜单的“所有程序”子菜单中选择“Windows Live 影音制作”选项，打开如图 6.32 所示的“我的电影—Windows Live 影音制作”窗口。在“开始”选项卡的“添加”组中单击“添加视频和照片”按钮，打开如图 6.33 所示的“添加视频和照片”对话框，选定制作小电影的视频和图片后单击“打开”按钮；此时素材会自动罗列在右侧窗口中，如图 6.34 所示，用户可以移动素材，调整前后顺序，确定影片中各个场景的出场顺序。

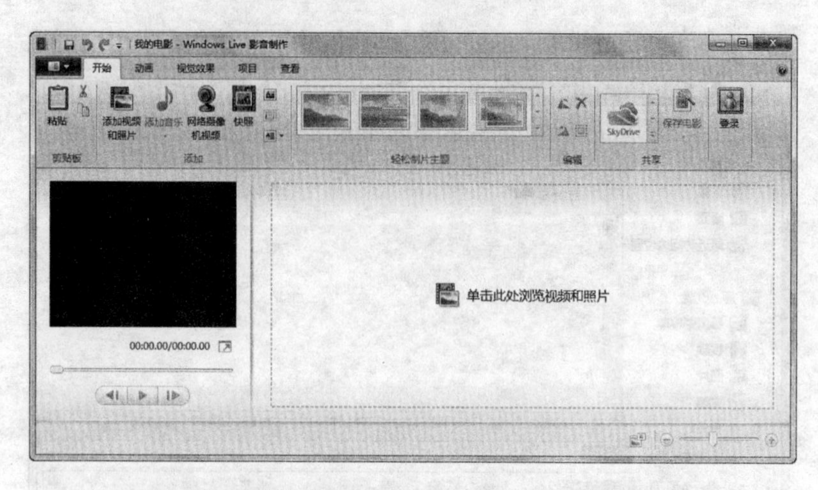

图 6.32 “我的电影—Windows Live 影音制作”窗口

图 6.33 “添加视频和照片”对话框

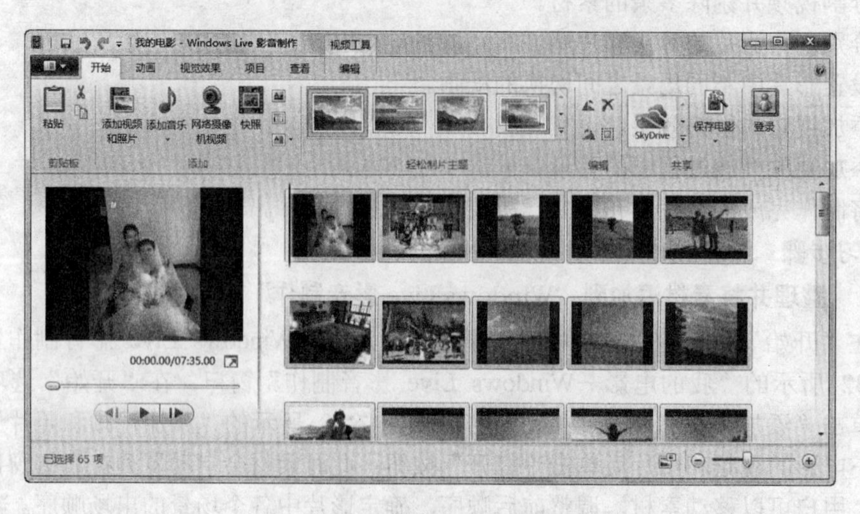

图 6.34 添加视频和照片

（2）切换到“开始”选项卡，将鼠标指向“轻松制片主题”组中的任意主题，在下面两个窗格中均可看到该主题的预览效果，一旦确定主题可单击鼠标左键，将素材快速整合成一段小电影。

说明：“Windows Live 影音制作”程序可以导入 23 种格式的视频文件（3GP、MPG 等）；7 种格式的音乐文件（MP3、WMV 等）和 15 种格式的图片文件（JPG、BMP 等）。

任务 2　分割视频并剔除多余的素材

（1）如果视频素材有些部分需要剔除，可选中视频，切换到如图 6.35 所示的“视频工具”功能区“编辑”选项卡。

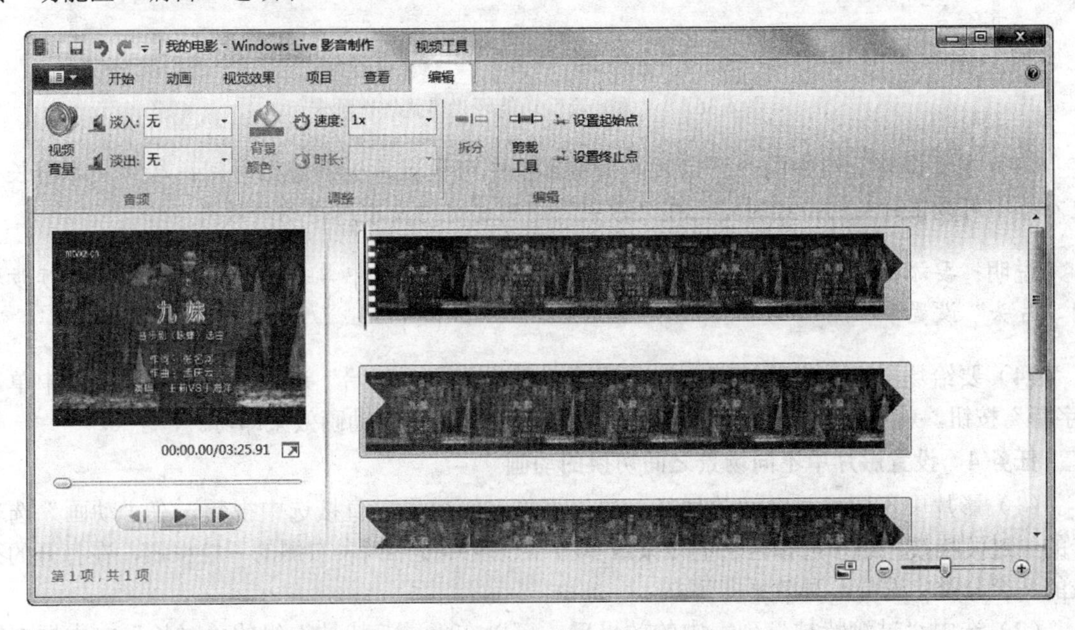

图 6.35　“视频工具”功能区“编辑”选项卡

（2）在其左侧窗格中单击“播放”按钮▶可观看视频，拖动播放滑块至保留视频的起点处，然后在“编辑”组中单击“设置起始点”按钮。

（3）再播放视频至结束处，在“编辑”组中单击“设置终止点”按钮，这部分视频就会被保留下来。如果要分割视频，可将播放滑块移动到分割处，单击“拆分”按钮。

（4）另外，此处还可修饰视频的声音效果（如“淡入淡出”）；单击“视频音量”按钮，在弹出的调节区可通过拖动其滑块调节配音音量。

任务 3　制作影片的片头和片尾

（1）在“开始”选项卡的“添加”组中单击“片头”按钮，切换到如图 6.36 所示的“文本工具”功能区“格式”选项卡，在左侧窗格中“我的电影”文本框中输入自己的影片名称。

（2）在“格式”选项卡的“字体”组中可以设置文本的字体、颜色、透明度等。在“调整”组中单击“背景颜色”按钮，在打开的“颜色”列表中可设置片头的背景颜色。

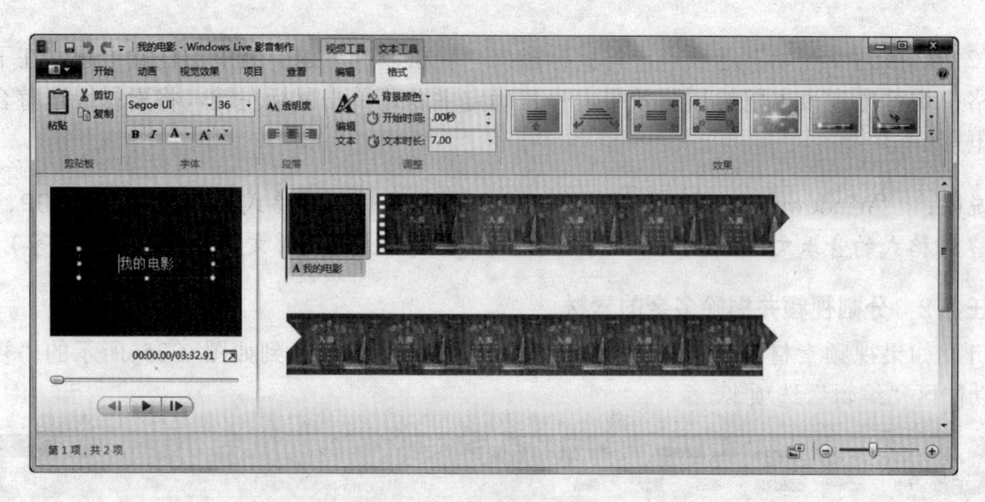

图 6.36 “文本工具”功能区“格式”选项卡

（3）在“调整”组中的“开始时间”文本框中可设置片头的起始时间；在“文本时长”文本框中可设置片头的持续时间；在“效果”组中还可为文本选择动画效果。

说明：要添加片尾，可在“开始”选项卡的“添加”组中单击“片尾”按钮，后续步骤同“片头”设置步骤。

（4）要给场景加上字幕，可先选中视频或图片，在“开始”选项卡的“添加”组中单击“字幕”按钮，就可在视频上输入文字，最后设置文字格式和动画效果即可。

任务 4 设置影片中不同场景之间切换的动画

（1）影片中不同场景之间的切换，建议添加过渡效果。直接选中视频，在“动画”选项卡的“过渡特技”组中选择合适的效果或单击“过渡特技”列表右侧的下拉按钮，在打开的列表的适合分类中选择一种效果即可。

（2）选中“过渡特技”列表中的效果后，可以在“过渡特技”组的“时长”文本框中输入时长来设置过渡效果的持续时间。使用这种方法可以为影片中需要添加切换效果的地方都加上过渡特效。

说明：过渡特效很多，特别有意思的是，“粉碎”型特效可将视频图片生成粉碎效果；“扫掠和卷曲”特效可生成翻页过渡效果，特别适合用于制作多媒体相册。

任务 5 添加视频的修饰效果

（1）如果要在视频中添加一些修饰效果，可先选中视频，然后在“视觉效果”选项卡的“效果”组的“效果”列表中，或单击“效果”列表右侧的下拉按钮，在打开的列表的适合分类中选择一种效果即可将效果添加到视频中。

（2）如果要给一段视频加上多种修饰，可单击“效果”列表右侧的下拉按钮，在打开的如图 6.37 所示的“视觉效果”列表中选择“多种效果”选项，打开如图 6.38 所示的“添加或删除效果”对话框，在“可用效果”列表框中选中一种合适的效果，单击“添加”按钮，可在右侧的“已显示的效果”列表框中看到该效果，选择完成后单击“应用”按钮即可。

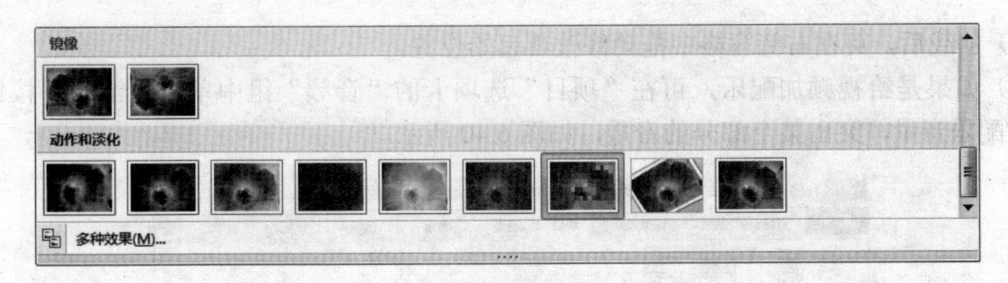

图 6.37　“视觉效果”列表

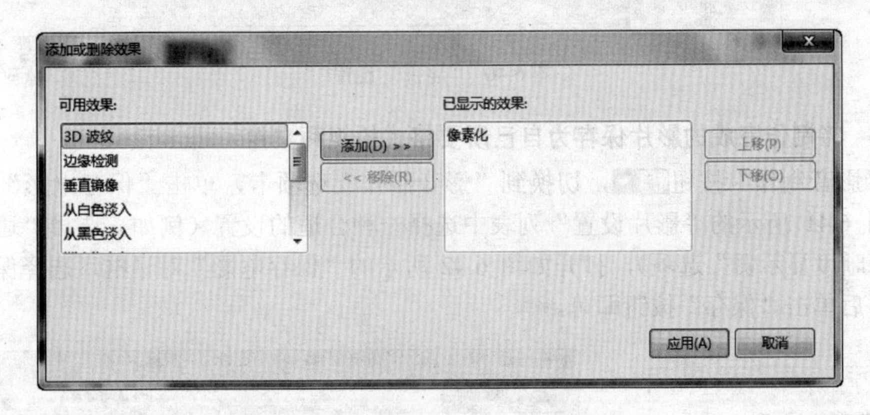

图 6.38　“添加或删除效果”对话框

任务 6　添加视频播放过程中的背景音乐

（1）如果影片中的场景需要配乐，可在“开始”选项卡的“添加”组中单击“添加音乐”按钮，在弹出的列表中选择“添加音乐”选项，在打开的如图 6.39 所示的“添加音乐”对话框中选择音乐文件，单击“打开”按钮。

图 6.39　“添加音乐”对话框

（2）加载后，可在右侧窗格中拖动修改其起始位置。

（3）如果是给视频加配乐，可在“项目”选项卡的“音频”组中单击“混音”按钮，设置视频/配乐音量，突出某个部分的音量，如图 6.40 所示。

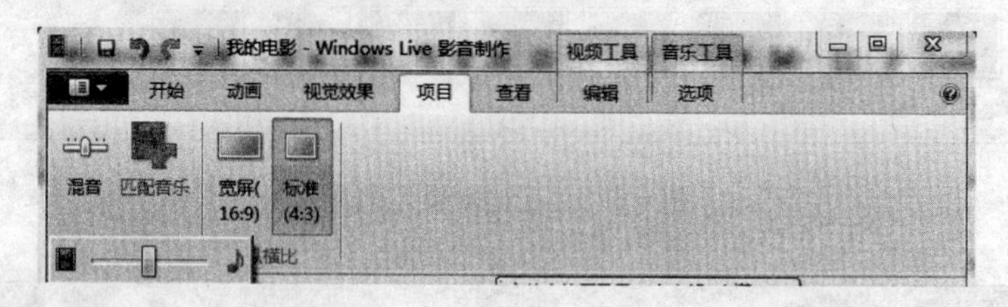

图 6.40 “混音”设置

任务 7 将制作完成的影片保存为自己所要格式的视频文件

单击“影音制作”按钮，切换到“影音制作”选项卡，单击“保存电影”按钮，在弹出的如图 6.41 所示的“影片设置”列表中选择一种合适的设置（例如，选择“通用设置”类的“高清晰度显示器”选项），打开如图 6.42 所示的“保存电影”对话框，选择保存位置，输入文件名后单击“保存”按钮即可。

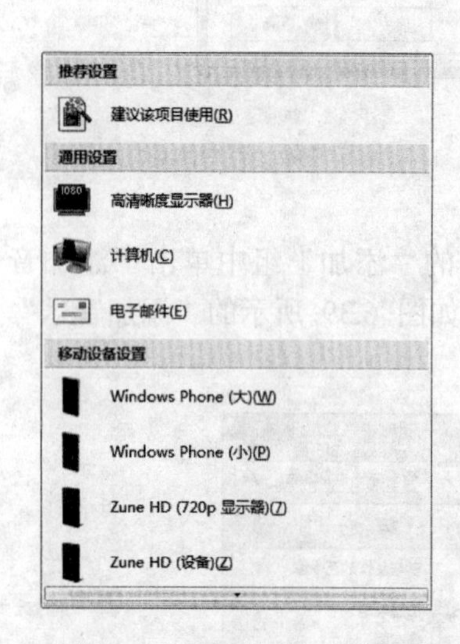

图 6.41 “影片设置”列表　　　　图 6.42 “保存电影”对话框

此时即可将自制影片发布为多种格式的视频文件。

如果系统中安装了 Windows DVD Maker，还可以直接将影片刻录成 DVD，非常方便。

如果要把视频放在网上，可选择标准清晰度、便携式设备或手机之类的视频效果。

如果要在高清设备上播放，可转换成“高清晰度”效果。

注意：影音制作输出的视频格式都是 WMV。

第 7 章　网络信息资源检索

7.1　网络信息检索工具使用

1. 实习目的

通过搜索引擎的检索实践，理解并基本掌握 Internet 信息检索方法。

2. 实习任务

（1）基础检索。

① 分类目录检索。

② 布尔逻辑检索。

③ 词组短语查询法。

（2）综合搜索引擎检索。

3. 实习步骤

任务 1　基础检索

（1）分类目录检索。

典型网站：搜狐（http://www.sogou.com/dir）、新浪（http://dir.iask.com/）。

检索习题：分别通过搜狐和新浪的分类目录检索体系查出我国银行网站的数量（写出其目录路径）。你认为哪个网站的目录编得更合理？为什么？

注意：完成此题只用鼠标单击分类目录，不需要输入汉字进行检索。

（2）布尔逻辑检索。

典型网站：百度（http://www.baidu.com）。

逻辑运算符有以下 3 种。

① 逻辑与：用空格表示。

② 逻辑或：用 A|B 表示。

③ 逻辑非：用 A−B（注意留空格）表示。

检索习题：记录命中网页数量和第一条记录的标题。

① 用逻辑“与”查出“信息管理”、“信息系统”有关的网页；“WTO”、“中国农业”有关的网页。

② 用逻辑“或”查出“成本会计”或“成本核算”有关网页；“会计电算化”或“电算化会计”有关网页。

③ 用逻辑“非”查出有关陕西科技大学的网页（要求不含“招生”）。

（3）词组短语查询法。

典型网站：百度（http://www.baidu.com）。

检索习题：通过百度的词组短语查询法“”查出有关“中国大学改名”的网页数量；不用词组短语查询法“”进行检索，比较两者的检索结果。

任务 2 综合搜索引擎检索

（1）Google 搜索（http://www.google.com）。

记录检索式和命中结果的数量。

① 一般检索。

a. 用逻辑与查出“网络经济”、“网络会计”相关的网页。

b. 使用 site（在特定的域或站点中进行搜索）查出在陕西科技大学网站（site:www.sust.edu.cn）中有关“英语四级考试”的网页。

c. 使用 intitle（在网页标题中进行搜索）查出有关“西安北大学城”的网页。

d. 使用 filetype（限定文献类型搜索）分别查出有关“会计报表”的 PPT（课件）和 PDF 文件。

e. 利用图像检索功能查出 Google 收集的马寅初的图像的数量，下载一张黑白个人照片。

② 高级检索。通过高级检索功能查出人民网网站 （http://www.people.com.cn）最近 3 个月标题含有“中国改革开放”的网页。

③ 特殊检索。

a. 用“天气”或“tq”命令查出西安第二天的最高温度。

b. 查出 5 公顷等于多少市亩。

④ 学术检索。查出陕西科技大学教师 2010 年以后在《计算机工程与应用》上发表的论文。检索结果包括查获的篇数；其中第一篇篇名。

（2）百度搜索（http://www.baidu.com）。

① 利用逻辑与编制检索式查出习近平论述“国际金融体制”相关的网页，并用二次检索功能（在结果中查找）查出其中涉及“亚太经合组织”的网页。

② 体会“百度快照”、“相关检索”的作用。

③ 通过高级检索功能查出百度收集的最近一年来哈尔滨工业大学（www.hit.edu.cn）发布的标题中含有“电子商务”的课件（PPT 文件）。检索结果包括查获文件数；其中第一个课件题名。

④ 百度的“常用检索”能提供的特殊型信息检索服务。

a. 通过“万年历”查出 1956 年 6 月 30 日对应的农历日期。

b. 通过“火车车次”查出西安到广州可乘坐的列车车次和始发时间。

（3）雅虎（http://yahoo.cn）。

① 利用逻辑与编制检索式查出“招商银行网上支付”相关的网页，注意观察其相关检索的特点。

② 查出“网络银行”相关的网页，通过“搜索选项”的时间筛选功能查看一周内发布的网页。

③ 利用高级检索功能（搜索选项）查出最近一个月发布、标题中含有“注册会计师”但不能含有“考试”的中文网页。检索结果包括查获网页数；其中第一个网页题名。

（4）搜狗（http://www.sogou.com）。

① 利用搜狗查找有关“会计委派制”的网页，按照检索提示查看类似网页并进一步进行

相关检索。

② 利用搜狗的“商机搜索”的产品库，查出江苏省的发电厂数量，并摘录其中一家位于南京的企业名称和联系电话。

③ 利用搜狗“新闻搜索”功能查找标题中含有“大学生助学贷款”（用逻辑与）的新闻。

（5）中国搜索（http://zhongsou.com/）。

① 观察中国搜索主页所提供的搜索类型。

② 查找有关“融资政策”的网页，注意观察其“相关词”的作用。

③ 利用图像搜索功能查获一幅武夷山风景图片（1 280×1 024 像素）。

（6）天网（http://www.sowang.com/beidatianwang.htm/）。

重点熟悉天网的文件检索功能。

① 查找网络下载工具软件 Netants，有多少个结果？

② 何处可获取张明敏演唱的《我的中国心》这一歌曲？

（7）souyo 中文博客搜索（http://www.souyo.com）。

① 利用“搜博客”功能查出名为“杨澜的 BLOG”的博客主页。

② 利用“搜日志”功能查出论及“就业难”的博客日志。

③ 利用“搜标签”功能查找有关“搜索引擎”的博客日志。

（8）和讯搜索（http://search.hexun.com/）。

① 在和讯百科中查出名为“货币危机”的解释。

② 查出论及上市公司“江苏高速”的新闻文章。

（9）多元搜索引擎。

① 万纬搜索（http://www.widewaysearch.com/）。通过万纬高级检索界面限定只在中文雅虎和中文 Google 中检索后，用逻辑与检索“会计从业人员资格审查”的相关网页，注意观察检索结果。

② 呀咕嘟（http://www.yagodu.com）。分别用比较搜索和聚合搜索查找“安徽黄山”的网页，注意观察来自不同搜索引擎的检索结果。再切换为图片检索并比较不同图像搜索引擎所查到有关“安徽黄山”的图片。

7.2　网络信息资源获取

1. 实习目的

熟悉各种信息资源数据库，学会查找并获取相关资源。

2. 实习任务

（1）万方数据资源系统。

（2）维普资讯网。

（3）数字图书馆。

（4）第四媒体。

（5）门户网站。

3. 实习步骤

任务 1　万方数据资源系统（http://www.wanfangdata.com.cn/）

（1）查看中国学位论文全文数据库所收集的标题中含有“计算机”的学位论文的篇数。

（2）查看中国学位论文全文数据库收集的陕西科技大学发表的、标题中含有“计算机网络”的学位论文。

（3）通过“资源浏览”的“按数据库浏览”方式查看万方所拥有的数据库。

任务 2　维普资讯网（http://www.cqvip.com/）

在中文科技期刊数据库中通过高级检索查出 2006 年以来在核心期刊上发表的与“预算会计”相关的文章篇数。

任务 3　数字图书馆

（1）中国知网（CNKI）（http://www.cnki.net）。

① 在 CNKI 主页查看现有期刊、图书、学位论文的收入时间范围和文献数量。

② 在中国企业创新知识网（http://www.cekd.cnki.net/）主页正上方的分类目录中查出该库收录的有关“租赁融资”知识的文献数量，摘录其中最新发表的一篇文献，包括题名、作者、出处（刊名、年份、刊期）；该库收录的有关“财务报表分析”知识的文献数量。

（2）在中国企业创新知识网的企业技术创新知识仓库系列中的“金融知识仓库”的期刊全文库的分类目录中查出有关欧美保险市场的期刊论文的篇数，并摘录其中最新发表的一篇文献，包括题名、作者、出处（刊名、年份、刊期）。

（3）超星数字图书馆（http://www.ssreader.com/）。

① 通过超星数字图书分类表查出该馆共收录的有关“货币理论”的图书数量。

② 通过超星数字图书分类表查出该馆共收录的论述统计方法的图书，摘录最新出版的一本图书的题录信息，包括题名、作者、出版社、出版时间。

（4）在北大方正 Apabi 数字图书馆（http://www.chinesebook.com.cn）中查出《会计新论》一书，并阅读其目次。

（5）查找所在的学校（院）数字图书馆馆藏的电子资源数量。

任务 4　第四媒体

（1）人民网（http://www.people.com.cn）。

①“经济频道”开设的栏目。找出最感兴趣的栏目。

②“教育频道”开设的栏目。查出大学英语新四级考试（2006 年 12 月 23 日）真题（A 卷）。

③ 通过“人民网搜索频道”（http://search.people.com.cn/）查找《人民日报》2007 年以来发表论及“会计制度”问题的文献。

④ 查看“经济”频道“理财”栏目的“收藏”专题的主要内容。

⑤ 通过“资料”频道查出陕西省省长“娄勤俭”的籍贯和参加工作时间。

（2）新华网（http://www.xinhuanet.com/）。

①“财经”频道开设的栏目。找出最感兴趣的栏目。

② 列举“财经”频道的“调查”栏目的特色。

③ 从“专题”频道的“财经”栏目查出有关“整治房地产市场秩序”问题的相关专题资

料汇编。

④ 在“新华资料”频道查出尼泊尔的国花和国兽；非洲统一组织的宗旨。

任务 5　门户网站

（1）新浪网（http://www.sina.com.cn/）。

① 财经频道。在“经济学人”栏目查出吴敬琏的工作单位；在“银行”栏目查出交通银行目前提供的金融卡服务，其中太平洋专用卡的使用特点。招商银行的“网上银行”栏目提供的金融服务。

② 新浪论坛。查找新浪论坛的“财经论坛”栏目分成的版块群。“理财纵横”栏目开设的版块。

（2）雅虎中国（http://www.yahoo.com.cn）。

通过“雅虎财经”栏目的证券市场栏目查出“东百集团”的证券代码和该公司的注册资本；美国上市公司“星巴克”的证券代码和当日价格幅度。

（3）搜狐（http://www.sohu.com）。

① 查找搜狐财经频道开设的金融证券栏目。介绍一个认为最具特色的栏目。

② 通过财经频道“搜狐理财”、“网站地图”栏目查到“个人理财工具大全”，并利用有关工具完成以下计算。

a. 西安市某教师税前工资 2 400 元，查出其税后工资金额。

b. 3 500 美元可兑换的人民币数额。

c. 利用最佳存款组合计算器算出 50 000 元人民币 5 年期间的最佳存款方式和到期的收益。

③ 查看“搜狐理财”栏目的理财学校提供的知识范围和内容。

④ 评估“搜狐教育”栏目能为你提供的有用的知识。

⑤ 从“搜狐教育”栏目找出 2006 年注册会计师考试《审计》试题及参考答案。

（4）网易（http://www.163.com/）。

① 查找财经频道开设的金融证券信息栏目。介绍一个认为最具特色的栏目。

② 在财经频道“个股查询”栏目查出“稀土高科”（600111）的法人代表、发行价格和发行数量。

③ 评价商业频道的“商学院”栏目能为你提供的信息。

7.3　网络信息检索

1. 实习目的

（1）掌握用搜索引擎在网上查找信息的方法。

（2）掌握电子期刊的检索方法。

（3）了解图书文献的检索方法。

（4）了解科学引文索引的检索方法。

（5）了解其他文献（如专利、会议、学位论文等）的检索方法。

2. 实习任务

（1）使用搜索引擎查找所需信息。

（2）电子期刊检索。

（3）图书文献检索。

（4）超星数字图书馆检索。

（5）科学引文索引数据库。

（6）其他文献检索。

3. 实习步骤

任务 1　使用搜索引擎查找所需信息

（1）在 Internet 上查找下列信息（任选一个），记录信息站点的 URL 地址、信息摘要，以及有特色的图片，并编辑一篇短文。

① 计算机网络发展简史。

② 常用的 Internet 服务。

③ 自己所喜欢的体育明星。

④ 如何欣赏古典音乐。

⑤ 自选题目。

图 7.1 是供参考的范例，自选题目“第一台电子计算机”，使用百度搜索引擎，检索两条有关 ENIAC 的信息和 3 条我国自主研制的电子计算机的信息，下载两幅图片，并根据以上资料编辑一篇 Word 文档。

第一台电子计算机

1946 年 2 月 14 日，世界上第一台电脑 ENIAC 在美国宾夕法尼亚大学诞生。

第二次世界大战期间，美国军方要求宾州大学莫奇来（Mauchly）博士和他的学生爱克特(Eckert)设计以真空管取代继电器的“电子化”电脑——ENIAC(Electronic Numerical Integrator and Calculator，电子数字积分器与计算器)，目的是用来计算炮弹弹道。

这部机器使用了 18800 个真空管，长 50 英尺，宽 30 英尺，占地 1500 平方英尺，重达 30 吨（大约是一间半的教室大，六只大象重）。它的计算速度快，每秒可从事 5000 次的加法运算，运作了九年之久。吃电很凶，据传 ENIAC 每次一开机，整个费城西区的电灯都为之黯然失色。

另外，真空管的损耗率相当高，几乎每 15 分钟就可能烧掉一支真空管，操作人员须花 15 分钟以上的时间才能找出坏掉的管子，使用上极不方便。曾有人调侃道：“只要那部机器可以连续运转五天，而没有一只真空管烧掉，发明人就要额手称庆了”。

从第一台计算机诞生至今已过去 50 多年了，在这期间，计算机以惊人的速度发展着，首先是晶体管取代了电子管，继而是微电子技术的发展，使得计算机处理器和存储器上的元件越做越小，数量越来越多，计算机的运算速度和存储容量迅速增加。

图 7.1　“第一台电子计算机”

（2）选择搜索引擎。启动浏览器，在其地址栏输入 WWW 搜索引擎的 URL 地址（例如，百度 http://www.baidu.com、天网搜索 http://www.sowang.com/beidatianwang.htm、谷歌 http://www.google.com、http://www.baigoogledu.com 等），进入该搜索引擎的主页，也可以通过中文搜索引擎指南（http://www.sowang.com/）选择搜索引擎。例如，在地址栏输入百度的 URL 地址，将打开百度搜索引擎，其搜索界面如图 7.2 所示。

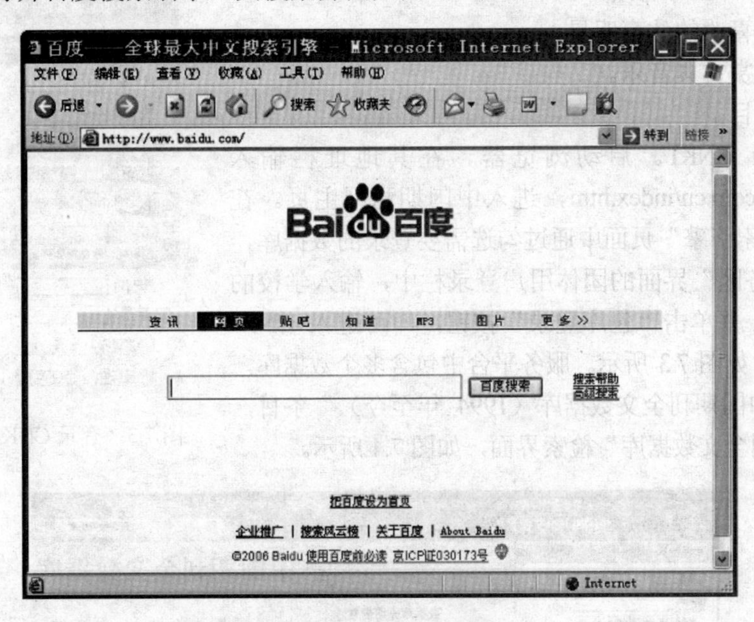

图 7.2 百度搜索引擎的搜索界面

（3）查看“帮助”信息，了解所选搜索引擎的使用特点。

（4）关键词检索。根据自己选定的主题，输入一个关键词，进行简单搜索，并从检索结果中筛选所需信息；输入两个或多个关键词，进行词组搜索；输入自然语句，进行语句搜索；并比较它们的检索结果。

（5）分类检索。按照搜索引擎提供的分类目录，如 163 分类目录（http://dmoz163.com/）、百度的网站导航（http://site.baidu.com），查找自己选定主题的相关信息。

（6）图片搜索。单击百度搜索引擎界面上的“图片”按钮，或在 IE 地址栏中输入百度图片搜索的 URL 地址 http://image.baidu.com/，切换到图片搜索引擎。根据自己选定的主题，搜索并下载 2～3 幅相关图片。

（7）将以上信息编辑成一篇短文，以 doc 格式保存，并发送到自己的电子邮箱。

（8）地图搜索。在 IE 浏览器的地址栏中输入百度地图搜索的 URL 地址 http://map.baidu.com/，打开百度地图搜索。在搜索框中输入“从深圳大学到华强北”，单击“百度搜索”按钮，百度搜索引擎可能会找到多个地点，可以进一步在“从”和“到”下拉列表框中选择更准确的地点。单击“公交换乘”按钮，显示所有从“深圳大学”到“华强北”的公交路线和地图。若单击“驾车路线”按钮，则显示详细的驾车路线、地图以及总里程。

任务 2 电子期刊检索

（1）检索关于下列内容（任选一个）的学术论文，并将其中一篇下载到本地计算机。

① 计算机网络发展简史。

② 常用的 Internet 服务。

③ 自己所喜欢的体育明星。

④ 如何欣赏古典音乐。

⑤ 自选题目。

（2）登录 CNKI。启动浏览器，在其地址栏输入 http://www.cnki.com.cn/index.htm，进入中国期刊网主页。在“CNKI 知识搜索引擎”页面中通过勾选需要登录的数据库，在“个性化服务区”界面的团体用户登录栏中，输入学校的用户名和密码，并单击“包库登录”按钮，即可进入 CNKI 知识服务平台，如图 7.3 所示。服务平台中包含多个数据库，单击其中的“中国期刊全文数据库（1994 年至今）”条目，打开“中国期刊全文数据库”检索界面，如图 7.4 所示。

图 7.3 登录 CNKI 知识服务平台

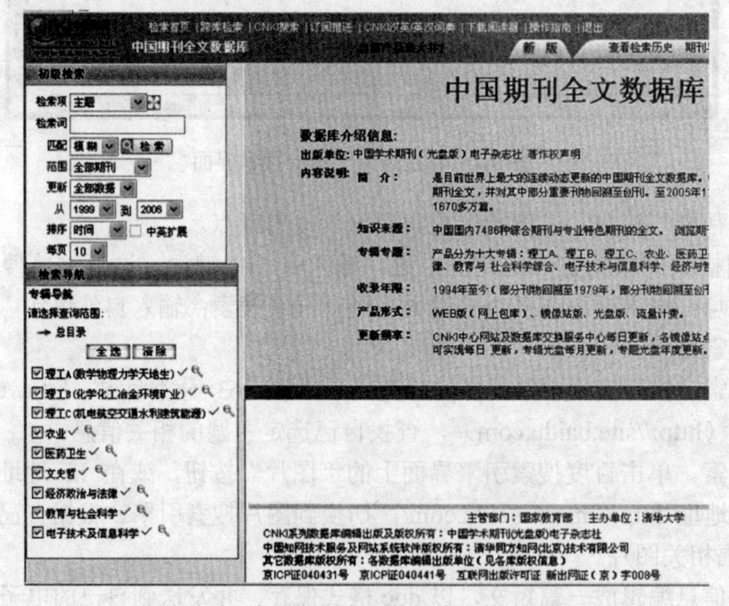

图 7.4 “中国期刊全文数据库”检索界面

（3）安装全文浏览器 CajViewer。中国期刊网数据库提供 CAJ 和 PDF 两种文件格式，阅读 CAJ 格式的文件，需要安装 CajViewer 软件，阅读 PDF 格式的文件，需要安装 PDF Reader 软件。以 CAJ 格式文件为例，在 CNKI 的登录页面或打开的“中国期刊全文数据库”页面中，单击“下载阅读器”按钮，从打开的“下载中心”页面中选择一个镜像站点，将 CajViewer 软件下载到本地计算机并安装。

（4）设置检索条件。CNKI 检索界面的“初级检索”区域中，“检索词”是用户必须输入的内容（用户根据检索信息确定的检索关键词），在其右边的文本框中输入检索关键词。“初级检索”区域中的其余6项可以使用默认值，也可以由用户根据检索信息酌情设置。例如，以自选题目“野生大熊猫的生存环境”为例，检索相关论文。在“检索词”文本框中输入“大熊猫的生存环境”；检索时间设定在从2000年到2006年，检索记录按其与检索词的相关度排列；其余使用默认值，如图7.5所示。

（5）选择查询范围。在CNKI检索界面的“检索导航”区域选择查询范围。例如，根据检索词“大熊猫的生存环境”，从总目录中只选择“农业”和“医药卫生”目录，如图7.6所示。

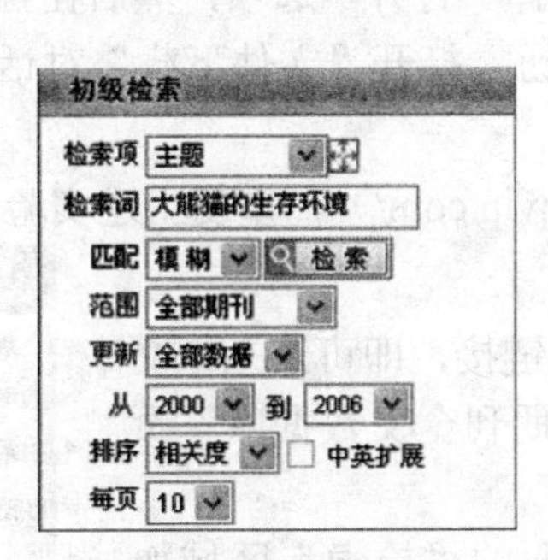

图7.5　检索条件

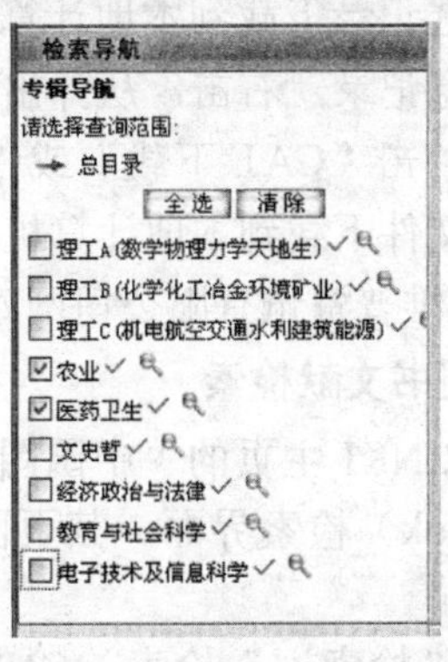

图7.6　“检索导航”区域

（6）显示检索结果。完成步骤（4）、（5）的操作之后，单击“初级检索”区域的“检索”按钮，即可得到检索结果。例如，根据检索词“大熊猫的生存环境”及设置，检索出满足条件的记录7条，并按其内容与检索词的相关程度（降序）排列，如图7.7所示。

图7.7　检索条目

（7）查看记录的检索项。单击检索结果中的任意一条记录，则会显示该记录的详细信息，并提供CAJ格式和PDF格式的全文下载链接，查看其篇名、作者、关键词、文章摘要等信息。

（8）阅读全文。选中检索结果中的任意记录，单击该记录左端的▣图标；或选中任意记录，右击，从弹出的快捷菜单中选择“打开”选项，然后在打开的该记录的详细信息中，单击“CAJ 下载”或“PDF 下载”按钮。打开“文件下载”对话框，单击“打开”按钮，阅读该篇文章的全文。需要指出的是，打开 CAJ 格式的文件，本地计算机须已安装 CajViewer 软件才能阅读全文；打开PDF格式的文件，本地计算机须已安装PDF Reader软件才能阅读全文。

（9）将所选记录下载到本地计算机。选中检索结果中的任意记录，单击该记录左端的▣图标；或选中任意记录，右击，从弹出的快捷菜单中选择“打开”选项，然后在打开的该记录的详细信息中，单击“CAJ 下载”或“PDF 下载”按钮。打开“文件下载”对话框，单击“保存”按钮，将文件下载到本地计算机。

（10）访问维普资讯有限公司网站（http://www.cqvip.com/），重复上述实验。

任务3　图书文献检索

（1）单击 CNKI 主页的“中国图书全文数据库”链接，即可进入中文图书（CNKIbook）检索界面。其页面布局与“中国期刊全文数据库”页面基本相同。

（2）输入“检索词”检索。CNKIbook 检索界面的“检索”区域如图 7.8 所示。在“检索词”文本框中输入书名，并设置检索项、范围与出版时间，然后单击“开始检索”按钮。从检索结果中查看记录的书名、作者、出版社、出版时间、价格，以及内容简介等信息。

图 7.8 “检索”区域

例如，输入检索词“C 语言程序设计”，选择检索项为“书名”、范围为“电工电子与计算机”，出版时间为“2010 到 2013”年。获得满足条件的记录 12 条。

（3）按“分类目录”检索。CNKIbook 检索界面的“导航”区域是一个按学科分类的树形目录结构。用户不需要输入检索词，只需按目录结构逐级检索即可。

例如，选择路径“电工电子与计算机>计算机技术>计算机软件”，获得记录 303 条。如果在“二次检索”文本框中输入“C 语言程序设计”，则可获得有关 C 语言程序设计的记录。试比较以上两种检索方法的特点。

（4）按“出版社”检索。在CNKIbook检索界面中，单击“出版社专柜”标签，打开“出版社专柜”页面，该页面的“导航”区域是按省市地区分类的。检索学校所在地区的出版社新书信息。

例如，检索北京地区、北京邮电大学出版社的新版图书。

（5）访问电子工业出版社网站（http://www.phei.com.cn/），重复上述实验。

任务4　超星数字图书馆检索

（1）打开超星数字图书馆镜像站点。如果所在学校已经购买了超星数字图书馆资源，则可以通过学校图书馆网页所提供的链接打开超星数字图书馆的镜像站点。例如，深圳大学的超星数字图书馆的镜像站点可通过如下方式打开：在 IE 浏览器中输入深圳大学图书馆的 URL 地址“http://www.lib.szu.edu.cn/”，打开图书馆页面，然后在该页面中将鼠标放到“电子图书”上，单击出现的“超星数字图书”条目，即可打开镜像站点，如图 7.9 所示。

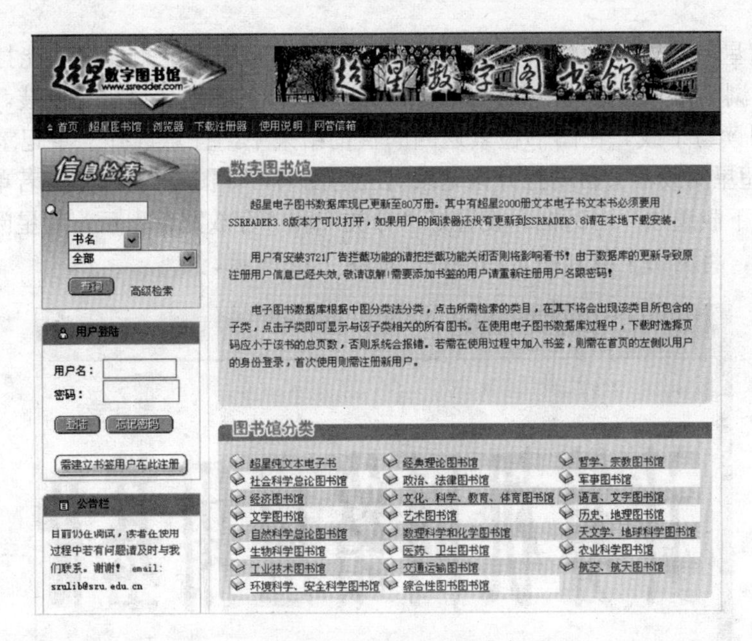

图 7.9　超星数字图书馆镜像站点页面

（2）图书检索。在镜像站点页面的“信息检索”区域，在🔍图标右边的文本框中输入查找的关键词，默认情况下按“书名”进行查询，查询范围为“全部”。如在文本框中输入“计算机网络”，单击“查询”按钮，返回 611 条记录，分 31 页显示，如图 7.10 所示。对于查询结果，可以通过单击页面中的“上一页”和“下一页”按钮进行翻页。也可以设置“信息检索”区域中的查询条件，实现按“作者”、“索书号”、“出版日期”进行查询，查询范围也可以根据要求进行设置。

图 7.10　超星数字图书馆图书检索结果

（3）安装超星阅读器。超星数字图书馆中的图书需要用超星阅读器才能打开。单击镜像站点页面中的“浏览器”按钮，下载“ssreader.exe”软件到本地计算机并安装。

（4）图书阅读与下载。在图书检索返回的查询结果中，任意选择一条记录，单击其中的“阅读”链接，超星阅读器会自动打开该记录对应的图书，如图 7.11 所示。若单击“下载”链接，则会打开“下载选项”对话框，设置好“分类”和“存放路径”后，超星阅读器软件会启动多个下载线程，将图书下载到指定的路径，如图 7.12 所示。

图 7.11 用超星阅读器打开图书

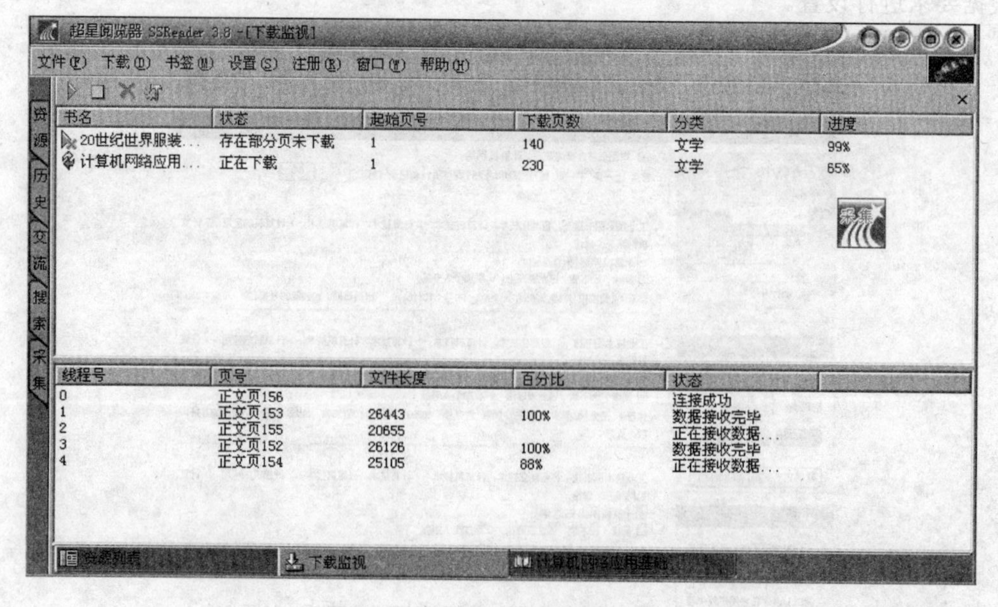

图 7.12 超星阅读器下载图书

任务 5　科学引文索引数据库

（1）美国工程索引（EI）数据库。美国工程索引（The Engineering Index，EI）是工程技术领域的综合性检索工具，由美国工程信息中心编辑出版，它把工程索引（Engineering Index）和工程会议（Engineering Meetings）综合在一起，囊括世界范围内工程的各个分支学科。数据库资料取自 2 600 种期刊、技术报告、会议论文和会议录，收录的每篇文献都包括书目信息和一个简短的文摘。

① 进入检索界面。若所在学校已经购买 EI 数据库，在 IE 浏览器的地址栏中输入 EI 数据库的 URL 地址“http://www.engineeringvillage2.org.cn/”，即可以打开 EI 数据库检索界面，如图 7.13 所示。

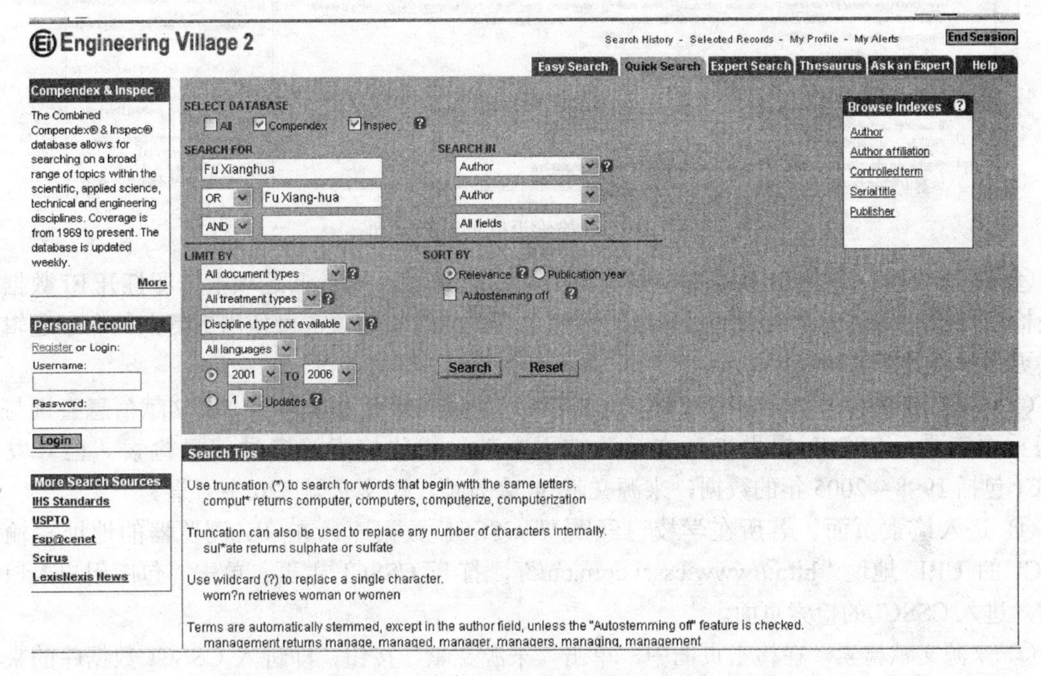

图 7.13　EI 数据库检索界面

② EI 快速检索。在 EI 检索页面中，默认情况下打开 Quick Search 选项卡，其中 SELECT DATABASE 区用于选择数据库，包括 All、Compendex 和 Inspec 3 个选项。SEARCH FOR 区用于输入检索的关键词，SEARCH IN 区用于限定检索的关键词，LIMIT BY 区用于限定检索的范围。例如，在 SELECT DATABASE 区中选择 Compendex 数据库，在 SEARCH FOR 区中分别输入关键词“Fu Xianghua”和“Fu Xiang-hua”，两个关键词之间的连接条件为“OR”，每个关键词在 SEARCH IN 区中限定为“Author”，在 LIMIT BY 区中设置检索的年限为“2001”到“2006”，其他选项采用默认设置，如图 7.13 所示。单击 Search 按钮，将返回 16 条记录，如图 7.14 所示。

③ 浏览记录。任意选择一条记录，单击记录旁边的 Abstract 链接，将打开该记录的摘要信息；单击记录旁边的 Detailed 链接，将打开该记录的详细信息。

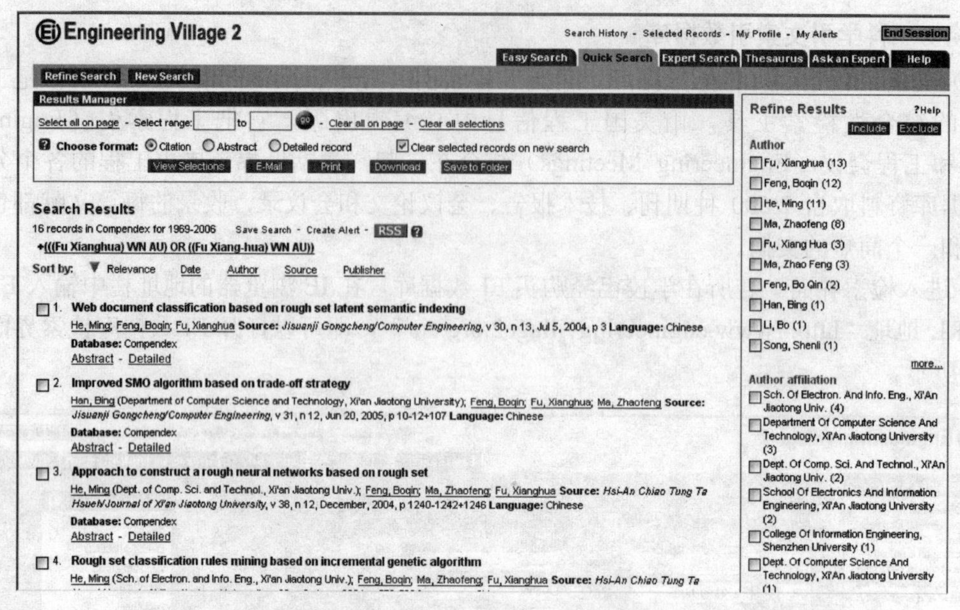

图 7.14 EI 检索返回的结果页面

④ EI 高级检索。在 EI 数据库检索页面中，选择 Expert Search 选项卡，即打开 EI 数据库高级检索页面。与快速检索相比，高级检索包含更多的检索选项，可使用更复杂的布尔逻辑，提供更强大而灵活的功能。

（2）中文社会科学引文索引 CSSCI。CSSCI 是我国社会人文科学主要文献信息查询与评价的重要工具，CSSCI 提供来源文献、被引文献、优化检索等多种信息检索。已开发的 CSSCI 包括 1998—2005 年的数据，来源文献 54 余万篇，引文文献 320 余万篇。

① 进入检索页面。若所在学校已经购买 CSSCI 数据库，在 IE 浏览器的地址栏输入 CSSCI 的 URL 地址“http://www.cssci.com.cn/”，打开 CSSCI 主页。单击“包库用户入口”按钮，进入 CSSCI 的检索页面。

② 来源文献检索。在检索页面中，单击“来源文献”按钮，即进入 CSSCI 数据库的来源文献检索界面，如图 7.15 所示。可以在检索界面中输入篇名、关键词、作者，以及选择学科类别、文献类型等信息，进行检索。

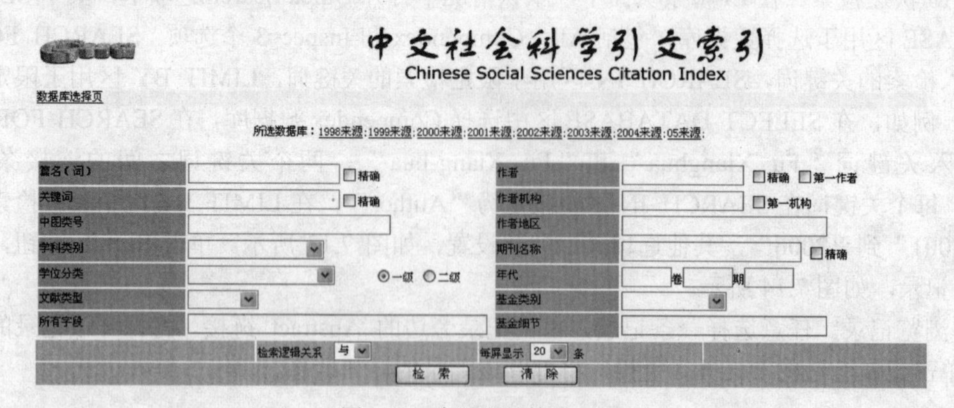

图 7.15 来源文献检索界面

③ 被引文献检索。在检索页面中，单击“被引文献”按钮，即进入 CSSCI 数据库的被引文献检索界面，如图 7.16 所示。可以在检索界面中输入被引文献的作者、期刊、篇名、年代等信息，进行检索。

图 7.16　被引文献检索界面

任务 6　其他文献检索

（1）学位论文检索。从 CNKI 主页选择“中国优秀博硕士学位论文全文数据库”，然后输入用户名和密码，即可进入学位论文检索界面。其页面布局与“中国期刊全文数据库”基本相同。例如，以“南极气候变化对全球的影响”为主题，检索近 3 年的学位论文。

访问国家科技图书文献中心网站（http://www.nstl.gov.cn）或万方数据公司网站（http://www.wanfangdata.com.cn/index.htm），重复上述实验。

（2）会议论文检索（会后文献）。从 CNKI 主页选择“中国重要会议论文全文数据库”，然后输入用户名和密码，即可进入会议信息检索界面。其页面布局与“中国期刊全文数据库”基本相同。仍以“南极气候变化对全球的影响”为主题，检索近 3 年的学术会议论文。

访问国家科技图书文献中心网站或万方数据公司网站，重复上述实验。

（3）会议信息检索（会前文献）。访问中国会议网站（http://www.chinameeting.com），浏览本年度举办的各种会议预告。

例如，查找 2005 年中国国际高新技术成果交易会信息技术与产品展的相关信息，记录会议的时间、地点、承办单位、联系人、联系方式等信息。

（4）专利文献检索。启动浏览器，在其地址栏输入 http://www.cnipr.com/，进入中国知识产权网主页。单击“专利检索”区域的“登录”按钮，打开“中外专利数据库服务平台”主页，如图 7.17 所示。

① 表格检索。在表格中输入一个或多个检索词（如专利号、名称等），然后单击“检索”按钮，检索满足条件的记录。

例如，在“名称”文本框中输入“相片打印机”，单击“检索”按钮，获得满足条件的记录 12 条。再单击某记录的专利号，则可显示该记录的摘要，即表格中的各项内容。

② 专利分类（IPC）检索。IPC 检索是一个按专利分类的树型目录结构。用户不需要输入检索词，只需按目录结构逐级检索即可。

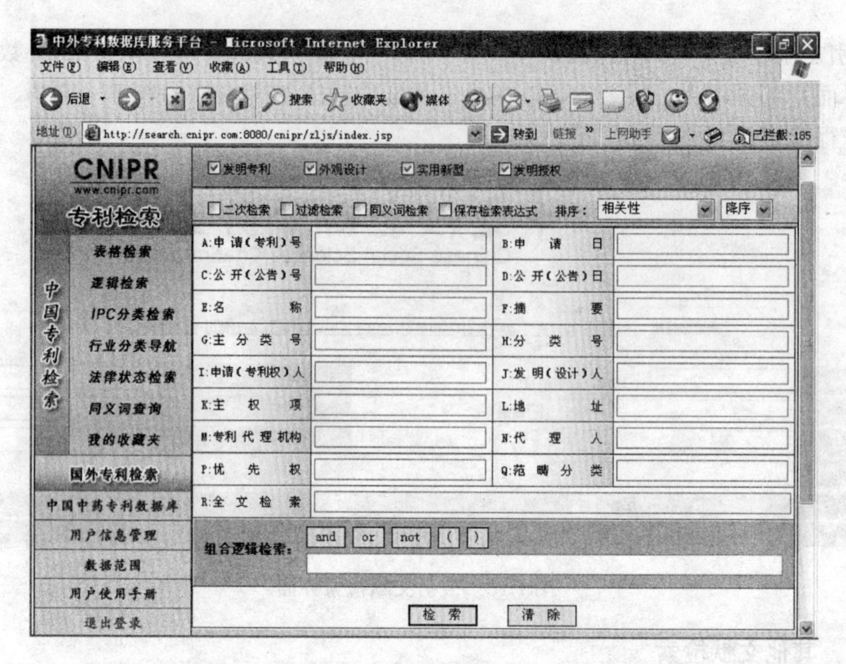

图 7.17 “中外专利数据库服务平台”主页

③ 行业分类导航。行业分类导航是一个按行业分类的树型目录结构。用户不需要输入检索词，只需按目录结构逐级检索即可。

例 7.1 在教学评估的计算机技能测试中，经常要求通过网络搜索引擎或网络数据库查找资料，并将结果通过电子邮件的方式发送到指定邮箱，要求如下。

（1）在学校期刊网上将“汪青松”代表作《从马克思主义中国化到中国化马克思主义的跃迁》的摘要作为文字内容输入到 Word 文档中第一段。

（2）在学校期刊网上将汪青松的 2005 年代表作目录信息作为文字内容输入到 Word 文档中第二段。

（3）根据从网上搜索到的各种信息，比较中国 J-10 战斗机与美国 F-16 战斗机。要求找出不少于 3 点比较，并以 Word 文件保存到自己有权限的文件夹中。

（4）以附件的形式，通过网上电子邮局将上述两个文件发到一个指定邮箱中。

可以按如下的步骤完成上述操作。

（1）根据前面介绍的中国期刊网检索的方法，登录到中国期刊网，选择进入中国期刊全文数据库检索页面，设置检索项如下：设置“作者”为“汪青松”，“篇名”为“从马克思主义中国化到中国化马克思主义的跃迁”，如图 7.18 所示；单击“检索”按钮，即可返回所要求文章的结果链接；打开该链接，可以看到该文章的相关信息页面，如图 7.19 所示。在该页面上将摘要信息复制到 Word 文档中。

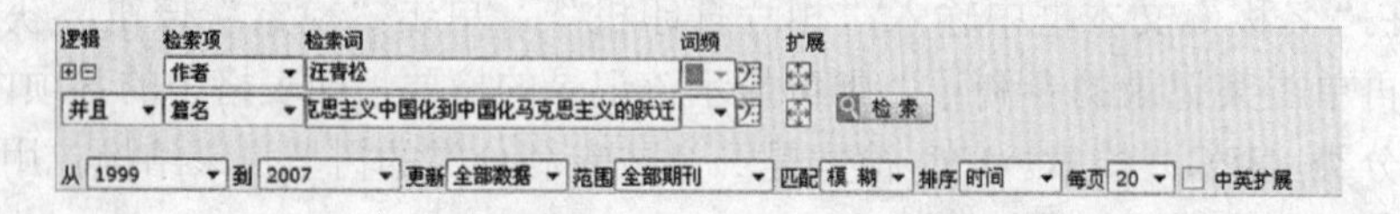

图 7.18 检索项设置

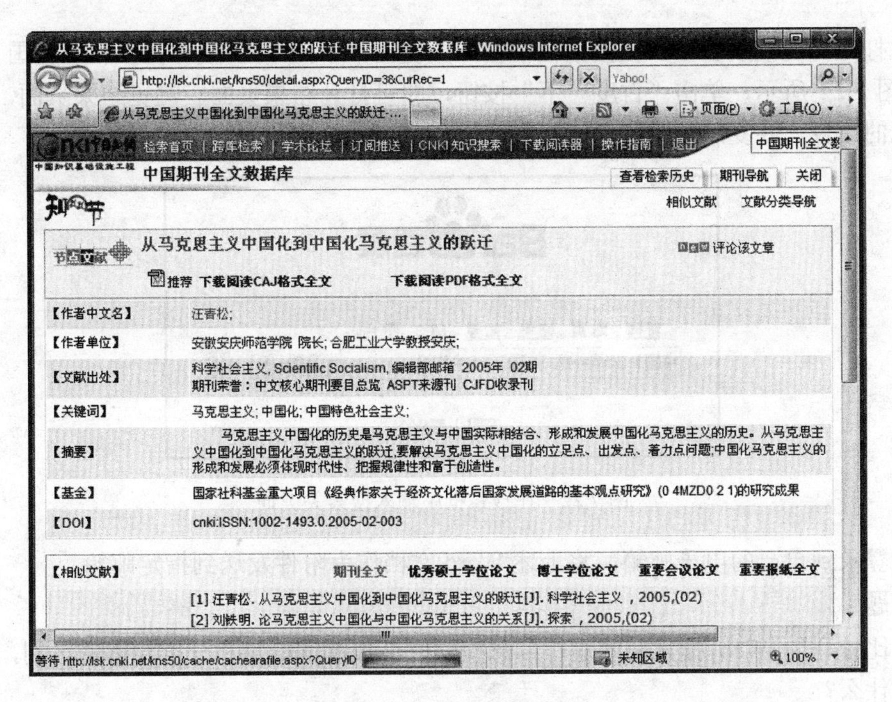

图 7.19　文章相关信息页面

（2）在全文期刊数据库检索页面中，设置检索项如下：设置“作者”为“汪青松”，设置检索的年份为“从 2005 到 2005”，如图 7.20 所示；单击“检索”按钮，即可返回汪青松 2005 年的文章，共 10 条记录，如图 7.21 所示。将结果页面中的记录信息复制到 Word 文档中。

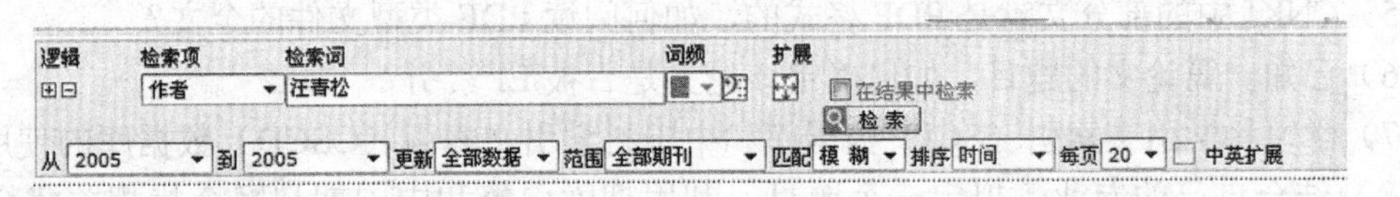

图 7.20　检索项设置

共有记录10条　首页　上页　下页　末页　1 /1 转页　全选　清除　存盘

序号	篇名	作者	刊名	年/期
1	社会主义和谐社会建设的“三维一体”与“三度统一”	汪青松	探索	2005/06
2	试论科学发展观的理论体系及历史地位	汪青松	当代世界与社会主义	2005/06
3	敬敷书院与皖江文化的和合内涵	汪青松	安庆师范学院学报(社会科学版)	2005/06
4	WGS-84坐标与BJ-54坐标之间的坐标转换问题	汪青松	煤炭技术	2005/11
5	小型真空加热炉在油田的现场应用	汪青松	能源工程	2005/04
6	科学发展观的形成背景与历史地位——兼与赵凌云、张连辉先生商榷	汪青松	当代中国史研究	2005/05
7	聚集效应与长江三角洲的经济一体化	卢卫强	商业研究	2005/16
8	从马克思主义中国化到中国化马克思主义的跃迁	汪青松	科学社会主义	2005/02
9	比较优势、竞争优势和后发优势——中国经济发展战略的选择	汪青松	商业研究	2005/08
10	论江泽民中国特色社会主义观	汪青松	党的文献	2005/01

共有记录10条　首页　上页　下页　末页　1 /1 转页　全选　清除　存盘

图 7.21　查询结果

（3）打开百度搜索引擎，在搜索框中输入关键词“中国 J-10 战斗机”和“美国 F-16 战斗机”，如图 7.22 所示，单击“百度一下”按钮，即可打开结果页面。浏览结果页面，找出对两种战斗机的比较，并复制粘贴到 Word 文件中。

图 7.22 在搜索框中输入搜索关键词

（4）登录到自己的电子邮箱，将上述 Word 文档作为附件发送到指定邮箱。

练习题

（1）比较利用 Web 搜索引擎进行信息检索时，关键词检索和分类检索的区别，它们各自的特点是什么？

（2）为什么第一次使用 CNKI 检索，必须先下载 CajViewer 软件或 PDF Reader 软件？

（3）如果检索结果和实验指导中的描述不尽相同，或者在一周内的两次检索结果也不完全相同，该如何解释？

（4）如何使用 CNKI 的高级检索？试使用高级检索完成上述实验。

（5）CNKI 中的部分文献是 PDF 格式的，如何阅读 PDF 类型文件的全文？

（6）已知一篇论文的题目，如何确定该论文是否被 EI 索引？

（7）学习科学引文索引（SCI）数据库和中国科学引文索引（CSCD）数据库的使用。

（8）结合自己的专业，拟定一个题目，利用搜索引擎和中国期刊网查找相关资料，并在 Word 软件中进行编辑整理，组织成一篇论文，最后利用 WinRAR 软件压缩后发送到指定邮箱。

下篇　办公实例案例解析

第 8 章　办公实例家庭案例解析

在计算机普及到家庭的今天，其与家庭有关的功能已不仅仅是写文章、听音乐、看 VCD，它还可以做很多事，如上网、工作、玩游戏等。本篇将从家庭娱乐和家庭理财方面入手，讲解如何利用 Office 组件制作贺卡、日历、画册、卡片等，同时还介绍如何建立一个家庭日常费用管理表来管理家庭的开支。希望读者在轻松愉快的制作过程中，熟练地掌握 Office 组件的使用方法和使用技巧。下面首先介绍贺卡的制作。

8.1　贺卡的制作

贺卡用于联络感情和互致问候，之所以深受人们的喜爱，是因为它具有温馨的祝福语言、浓郁的民俗色彩、传统的东方韵味、古典与现代交融的魅力，既方便又实用，是促进和谐的重要手段。图 8.1 为贺卡的样图。

图 8.1　贺卡样图

1. 页面设置

（1）启动 Word 2010，在“文件”菜单中选择“保存”选项，在打开的如图 8.2 所示的“另存为”对话框的“文件名”文本框中输入“贺卡”，单击“保存”按钮。

（2）在“页面布局”选项卡的“页面设置”组中单击“纸张大小”按钮，在打开的下拉列表中选择“32 开”选项；单击“页边距”按钮，在打开的下拉列表中选择“窄”选项；单击“纸张方向”按钮，在弹出的下拉列表中选择“横向”选项。

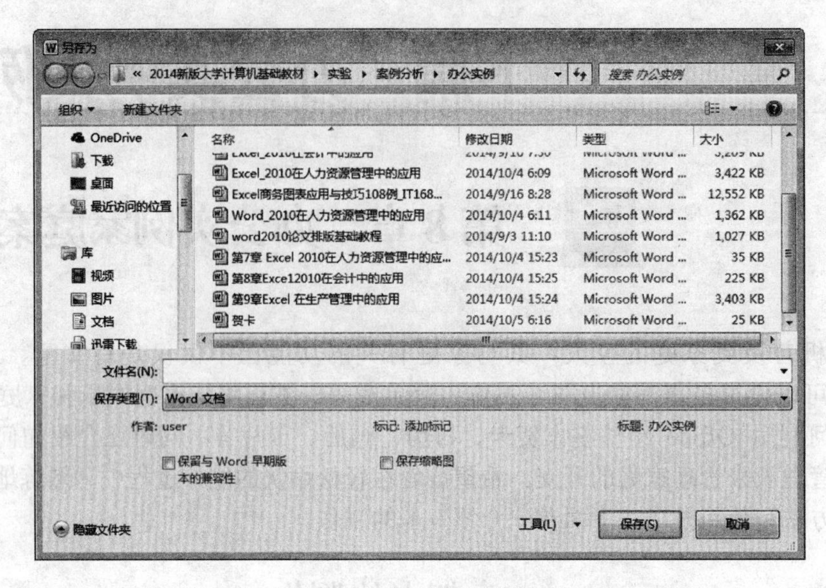

图 8.2 “另存为”对话框

2. 边框的使用

为了使贺卡具有漂亮的边框线，可以利用 Word 2010 的图案边框功能。

具体操作步骤如下。

(1) 在“开始”选项卡的“段落”组中单击“边框和底纹”按钮，在弹出的下拉列表中选择“边框和底纹”选项，打开如图 8.3 所示的“边框和底纹”对话框。

(2) 在“页面边框”选项卡的“艺术型”下拉列表框中选择一种边框形式，设置边框宽度为 12 磅，然后单击“选项”按钮，在“边框和底纹”对话框中，设置上、下、左、右边距都为 0，然后单击“确定”按钮，再单击“确定”按钮，效果如图 8.4 所示。

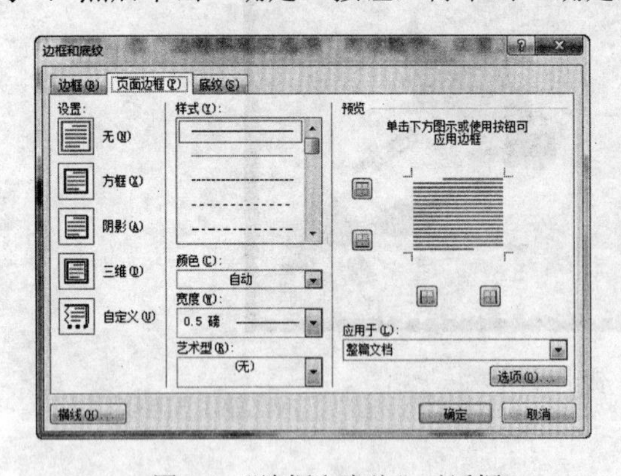

图 8.3 “边框和底纹”对话框

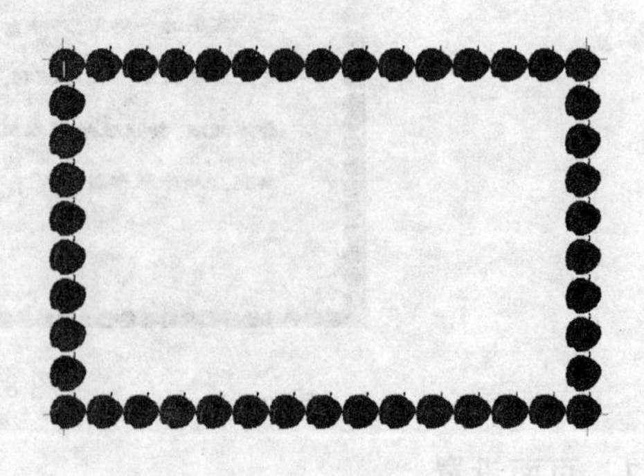

图 8.4　页面边框效果

3. 填充纹理

在边框内填充纹理。在“插入”选项卡的“插图”组中单击“形状”按钮，在弹出的“形状”列表的“基本形状”区中单击“矩形”形状，用鼠标在页面上画一个矩形，使其与边框大小一致。单击“绘图工具”功能区“格式”选项卡的“形状样式”组中的“形状填充”

按钮，在弹出的列表中选择“纹理”选项，在“纹理”列表中选择“羊皮纸”纹理。

4. 插入艺术字

在“开始”选项卡的“文本”组中单击“艺术字”按钮，在弹出的列表中选取合适的艺术字样式，在“编辑艺术字文字”对话框的“请在此放置您的文字”处覆盖输入贺词“新年快乐 万事如意”，字体设置为“华文彩云”，如果计算机中没有安装这种字体，也可设置为“隶书”，单击“确定”按钮完成艺术字的插入。调整艺术字的大小和位置，使其在合适的位置。效果如图 8.5 所示。

5. 插入图片并删除背景

（1）插入图片。在“插入”选项卡“插图”组中单击“图片”按钮，在打开的“插入图片”对话框中选取几个漂亮的图片，插入到文档中。调整图片的大小和位置，使整个画面协调。

（2）删除背景。单击选择要设置的图片，如图 8.6 所示的“New Year”图片，在“图片格式”功能区“格式”选项卡的“调整”组中单击“删除背景”按钮，在图片的周围会出现 8 个矩形控制点，如图 8.6 所示，将光标移至矩形边界的中间控制点，按下鼠标左键向边界方向拖动，选择“删除背景”的范围，在空白处单击，背景即可就被删除。效果如图 8.7 所示。

图 8.5　插入艺术字的效果

图 8.6　删除图片背景

6. 文本框的使用

（1）插入文本框。在“插入”选项卡的“文本”组中单击“文本框”按钮，在下拉列表中选择“绘制文本框”选项，用鼠标指针在窗口中的合适位置拖出一个文本框，在文本框中输入“祝亲爱的表哥、表嫂：在新的一年里，万事如意，合家欢乐，工作顺利，身体健康，并祝表嫂越来越漂亮，越来越年轻。”设置好文字的字体和颜色即可。

（2）修饰文本框。右击文本框，在弹出的快捷菜单中选择“设置形状格式”选项，打开如图 8.8 所示的“设置形状格式”对话框，在“填充”选项卡中选择“无填充”单选按钮，在“线条颜色”选项卡中选择“无线条”单选按钮，这时文本框的边框和内部都是透明的，贺词就像写在有纹理的背景上。最后效果如图 8.1 所示。

说明：也可利用 Word 2010 的“贺卡”模板建立相应的贺卡。

图 8.7 插入图片并删除背景后的效果

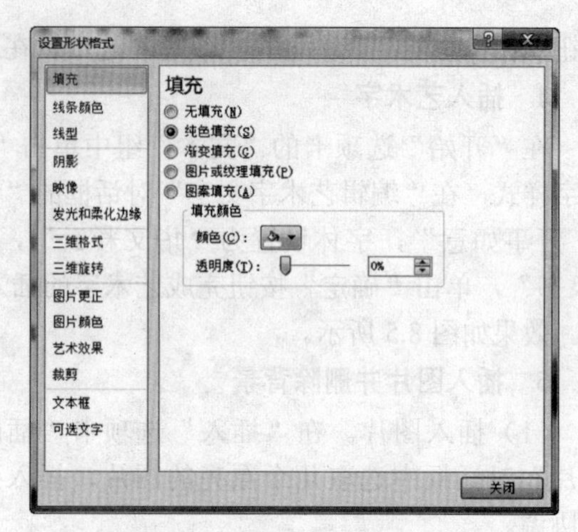

图 8.8 “设置形状格式”对话框

利用这些知识，还可以制作生日卡、信笺、请柬等，如果能在贺卡中加入扫描相片，或加入手写的贺词，会使贺卡更亲切、更漂亮。

8.2 家庭日常费用管理

本节主要介绍利用 Excel 2010 制作家庭日常费用管理表，并可按时间、按类别进行统计分析，从分析结果中知道哪些方面超支了，哪些方面的投入还有不足，为家庭理财提供帮助。

图 8.9 所示是一个利用 Excel 2010 建好的家庭日常费用管理表，读者可以把它打印出来，装订成册，每天记录开支情况，定期进行分析整理。

	A	B	C	D	E	F	G	H
1	日期	收入		开支			余额(元)	备注
2		来源	金额(元)	用途	类别	金额(元)		
3	2014/10/12	工资	14,000.00				14,000.00	两人工资
4	2014/10/13			订牛奶	喝	82.00	13,918.00	每天一袋
5	2014/10/14			买西服	穿	320.00	13,598.00	
6	2014/10/15			水电费	日用	54.00	13,544.00	
7	2014/10/16			蔬菜	吃	15.40	13,528.60	
8	2014/10/17	奖金	650.00				14,178.60	

Sheet1 Sheet2 Sheet3

图 8.9 家庭日常费用管理表

难点分析：下面主要分析用 Excel 2010 建立家庭日常费用管理表时会遇到的难点，并介绍如何进行数据统计和分析。

1. 建表说明

这个工作表中包括收入的来源和金额，支出的用途、类别和金额，同时自动计算出余额，如果有说明文字，可以记录在备注栏中。有了这份收支表，可以很清楚地知道家里的收入和支出情况。

2. 格式设置

在建表过程中，会发现所有表示金额的单元格都是小数点后保留两位数字的格式。如果新输入“50”，在单元格中会自动显示“50.00”，也就是精确到“分”，这和日常的记账习惯是一致的。这种格式可以统一设置，方法如下。

（1）先在 C 列的标题行上单击，按住 Ctrl 键，再单击 F 列、G 列，就选中了 C、F、G 3 列，右击，在弹出的快捷菜单中选择“设置单元格格式”选项，打开如图 8.10 所示的“设置单元格格式”对话框，在“数字”选项卡中，选择“分类”列表框中的“数值”选项，勾选“使用千位分隔符”复选框，在“负数”列表框中选择“-1,234.10”选项，单击“确定”按钮，完成单元格的格式设置。

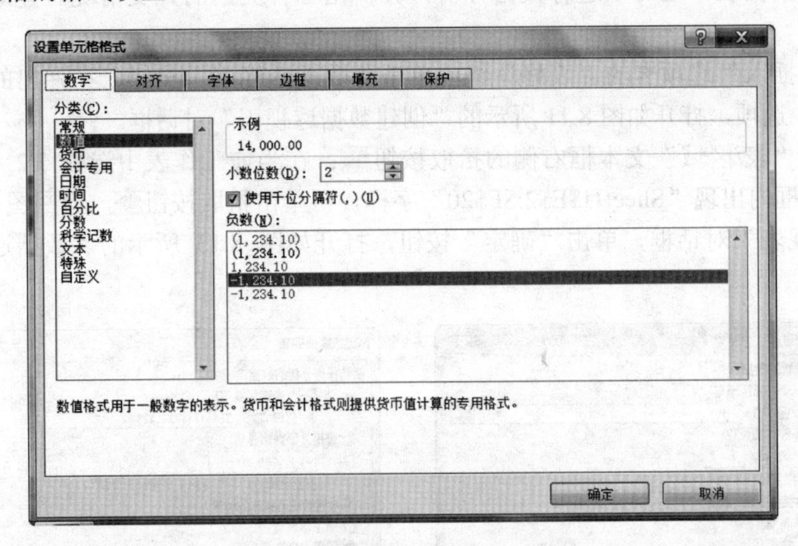

图 8.10 “设置单元格格式”对话框

说明： A 列是记录日期的，可以将这列的单元格设置为日期格式。

（2）单击选中 A 列，在如图 8.10 所示的“设置单元格格式”对话框的“数字”选项卡中，选择“分类”列表框中的“日期”选项，在“类型”列表框中选择“2001/3/14”形式，单击“确定”按钮，完成单元格的格式设置。这时，如果想在 A5 单元格中输入 2014 年 10 月 15 日，就在 A5 单元格中输入“10/15”，按 Enter 键，单元格内就自动显示为“2014/10/15”，这样就大大方便了数据的输入。

3. 公式的使用

有了 C 列和 F 列的原始数据后，可以在 G 列计算出剩余金额。这时使用公式来计算：在 G3 单元格中单击，输入“=C3-F3”，然后在 G4 单元格中单击，输入“=G3+C4-F4”，头两行中的剩余金额就都计算出来了。

4. 自动填充功能

可以利用数据的自动填充功能，完成 G 列余下的公式。选中 G3、G4 两个单元格，将鼠标指针移到选定单元格的右下方，使鼠标指针变为黑色加号，向下拖动鼠标指针直到没有数据的单元格，松开鼠标，G 列的值就都会自动填好，计算也自动完成了。

5. 数据的统计

可以根据这张数据表中的数据，统计出 8 月份家里的收入和开支。方法如下。

（1）选中 C3 到 C22 单元格，单击工具栏上的“自动求和”按钮，在 C22 单元格中就自动填入了这个月的收入金额。

（2）同理，选中 F3 到 F22 单元格，再单击“自动求和”按钮，在 F22 单元格中就自动填入了这个月的支出金额。

6. 数据的分析

根据这张数据表，还可以进行数据分析，分析出各种类别的开支情况。建立分析的方法如下。

（1）在“插入”选项卡的“表格”组中单击“数据透视表”按钮，在弹出的菜单中选择“数据透视表”选项，打开如图 8.11 所示的“创建数据透视表”对话框。

（2）单击“表/区域”文本框右侧的拾取按钮；在当前工作表中选取 E2 到 F20 单元格，这时文本框内出现“Sheet1!$E$2:$F$20”字样，再单击拾取按钮，返回图 8.12 所示的“创建数据透视表”对话框，单击“确定”按钮，打开如图 8.13 所示的“数据透视表字段列表”窗格。

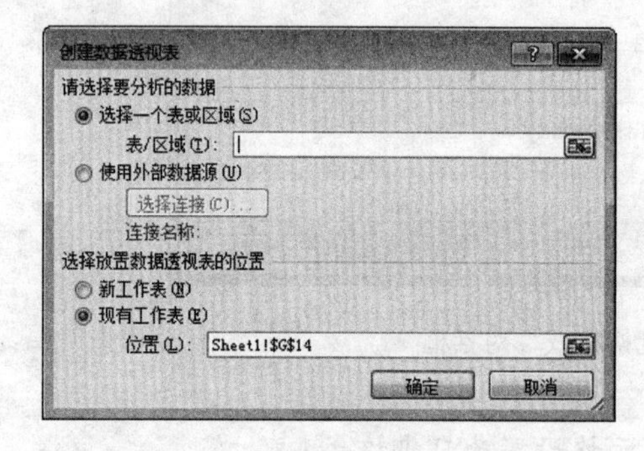

图 8.11 “创建数据透视表”对话框（1）

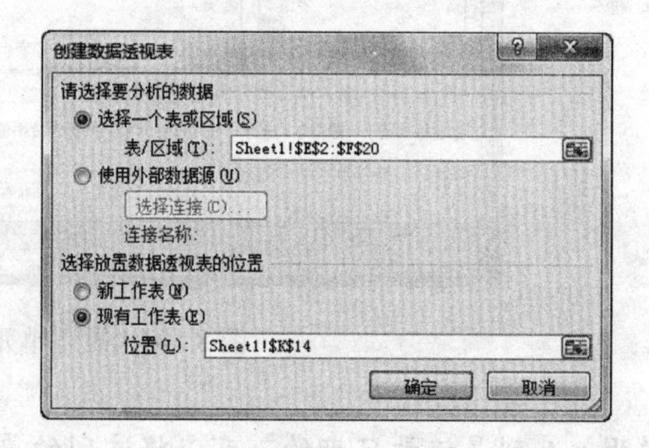

图 8.12 “创建数据透视表”对话框（2）

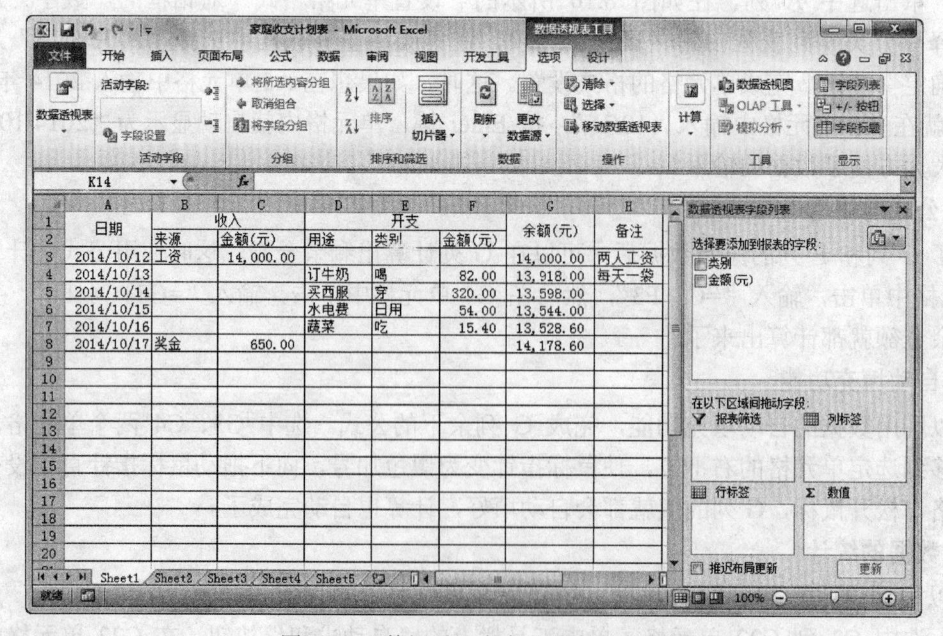

图 8.13 “数据透视表字段列表”窗格

（3）规划设计数据透视表。将右侧的“类别”选项拖到“列标签”区域，将“金额(元)”选项拖到“数值”区域，“金额（元）”就显示为“求和项：金额（元）”，最后单击“确定”按钮，再单击“完成”按钮，新的数据透视表就建成了。在这张新的工作表中，统计出各个开支类别的金额，如图 8.14 所示。

收入	开支			余额(元)	备注
金额(元)	用途	类别	金额(元)		
14,000.00				14,000.00	两人工资
	订牛奶	喝	82.00	13,918.00	每天一袋
	买西服	穿	320.00	13,598.00	
	水电费	日用	54.00	13,544.00	
	蔬菜	吃	15.40	13,528.60	
650.00				14,178.60	

图 8.14　数据透视表

（4）如果想统计出每个类别开支的金额，可以在已有的数据透视表上进行修改。单击“数据透视表字段列表”窗格右下角“数值”区“求和项：金额（元）”选项右侧的下三角按钮，从弹出的下拉菜单中选择“值字段设置”选项，打开如图 8.15 所示的“值字段设置”对话框，在“值汇总方式”选项卡的“计算类型”列表框中选择“求和”类型，这时名称显示为“求和项：金额（元）”，如图 8.16 所示。

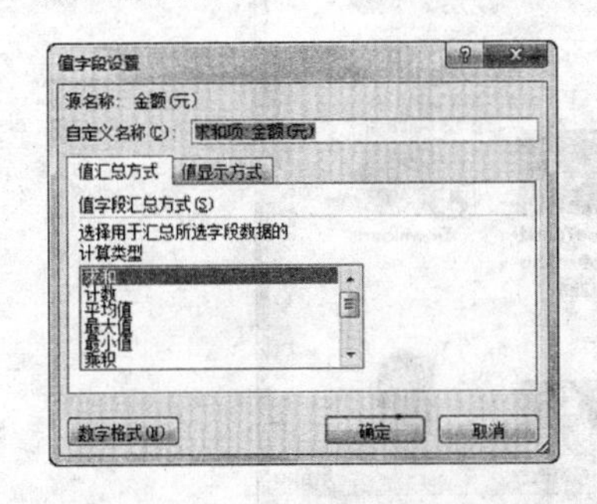

图 8.15　“值字段设置”对话框

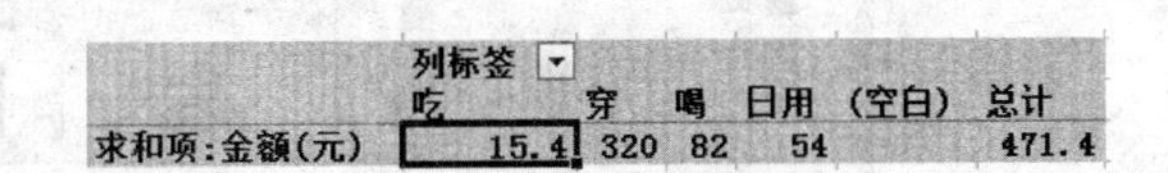

	列标签					
	吃	穿	喝	日用	(空白)	总计
求和项:金额(元)	15.4	320	82	54		471.4

图 8.16　设置值字段后的效果

说明：在 Excel 2010 中可以很方便地建立一个家庭日常费用管理表。在工作表建立的过程中，还可以根据自己的实际情况，增添列项目，建立“开支级别”、“收入类别”等项目，甚至还可以在备注栏中记录一些购买经验。

8.3　PowerPoint 2010 制作多媒体相册

PowerPoint 2010 有新建相册的功能，将自己的照片整理成一个有序播放的相册，还可以添加一些游记感想。下面介绍相册的制作过程。

（1）启动 PowerPoint 2010，在“插入”选项卡的“图像”组中单击“相册”按钮，在下拉列表中选择“新建相册”选项，打开如图 8.17 所示的“相册”对话框。

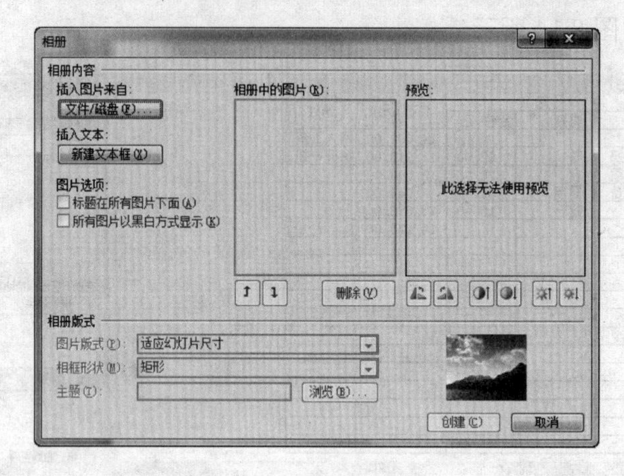

图 8.17 “相册”对话框

（2）在“相册”对话框的“相册内容”区单击“文件/磁盘”按钮，打开如图 8.18 所示的“插入新图片”对话框。

图 8.18 “插入新图片”对话框

（3）在对话框中选择照片所在的路径，选中需要加入相册的照片，单击“插入”按钮。

（4）回到图 8.19 所示的“相册”对话框，在“相册版式”区的“图片版式”下拉列表框中选择“1 张图片”或其他选项，在“相框形状”下拉列表框中选择“圆角矩形”选项，单击“主题”文本框右侧的“浏览”按钮，在本系统所有主题列表中选择一个主题。如果需要对相片进行透明度、对比度、角度调整，可单击图片缩略图下方的相应按钮对其进行调整，得到需要的效果。单击“创建”按钮，创建“相册”幻灯片。

图 8.19 “相册”对话框

（5）在如图 8.20 所示的“相册”幻灯片的“切换”选项卡的“计时”组中，勾选“设置自动换片时间”复选框，将换片方式设置为“自动”，并在其右侧将自动换片时间设置为 5 秒。在“切换到此幻灯片”组的切换方案中自选一种需要的效果（如“旋转”效果），在“计时”组中单击“全部应用”按钮，当然也可以设置每张幻灯片应用不同的效果。

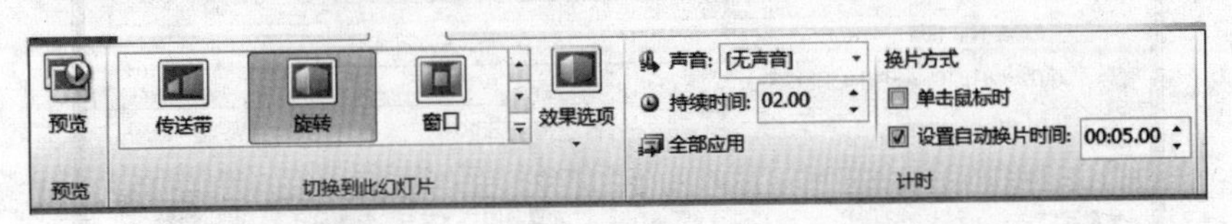

图 8.20 “相册”幻灯片的“切换”选项卡

（6）在“插入”选项卡的“媒体”组中单击“音频”按钮，在下拉列表框中选择“文件中的音频”选项，打开如图 8.21 所示的“插入音频”对话框，在相应的盘符和文件夹下选择需要的音频文件，单击“插入”按钮插入一段音乐。

图 8.21 “插入音频”对话框

（7）单击幻灯片上的“音频”图标，在“音频工具”功能区“播放”选项卡的“音频选项”组中勾选“循环播放，直到停止”和“放映时隐藏”两个复选框。

（8）如果还有需要，可以依据前面的步骤，在相册中加入照片和音频，完成后在“文件”菜单中选择“另存为”选项。

（9）在打开的如图 8.22 所示的“另存为”对话框中的“保存类型”下拉列表框中选择“Windows Media 视频”格式，选择存储位置，输入文件名，单击“保存”按钮。PowerPoint 2010 开始自动制作视频。

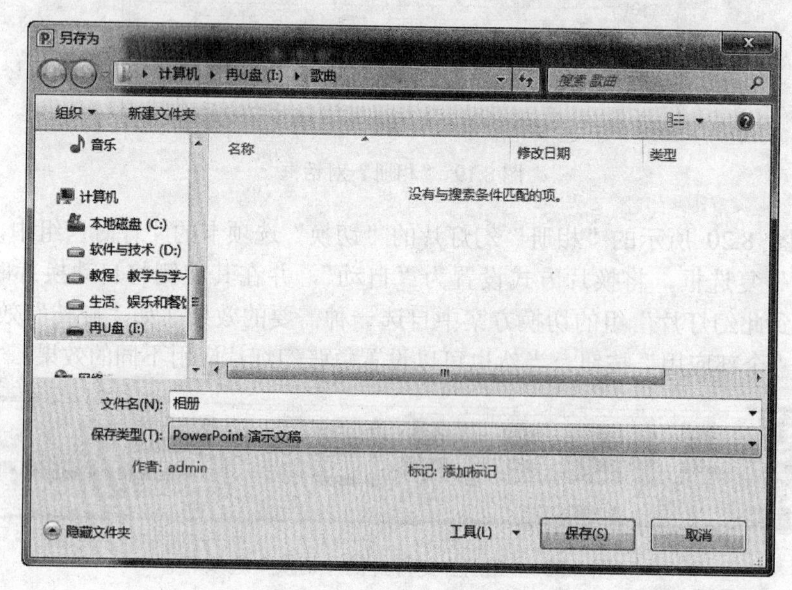

图 8.22 “另存为”对话框

提示：上面只是介绍了一个简单的相册操作过程，读者在实际体验中，可以尝试做更多的效果，或者添加一些文字等，让相册更加精美。注意要设置合适的换片时间，不能是 0，也不能太短，因为会导致看不清楚，影响效果。

8.4 制作个性书法字帖

书法是中华民族的艺术瑰宝之一，想写一手好字，在书法艺术上有所造诣，就必须临摹字帖，研习古人留下的“墨宝”。其实，书法字帖可以自行制作（DIY），利用 Word 2010 就可以根据自己的需要设计制作出与众不同的书法字帖。

1. 创建书法字帖

（1）运行 Word 2010，在“文件”菜单中选择“新建”选项，在如图 8.23 所示的“可用模板”区选择“书法字帖”选项，单击“创建”按钮。

图 8.23　创建书法字帖

（2）单击“创建”按钮后，Word 2010 会创建一个书法字帖文档，并打开如图 8.24 所示的“增减字符”对话框，选择“书法字体”单选按钮，并在下拉列表框中选择一种书法字体，按 Ctrl 键，在“可用字符”列表框中选择需要的文字，单击“添加”按钮，将选中的文字添加到字帖中，如果发现添加了不需要的文字，可以选中它们，单击“删除”按钮，将其从书法字帖中删除，完成文字添加后，单击“关闭”按钮，书法字帖的雏形就会出现在 Word 2010 的编辑窗口中。

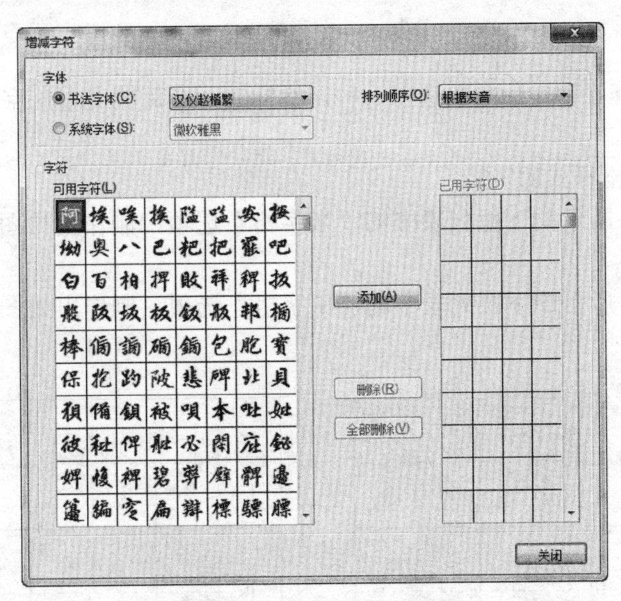

图 8.24　“增减字符”对话框

2. 修饰书法字帖

如果对生成的字帖不满意，可以增减文字，改变字体，修改网格和文字的样式、颜色，使制作出来的书法字帖更美观，更符合实际需要。

（1）修改网格样式。用 Word 2010 制作字帖，默认网格样式是米字格，可以修改成其他网格样式。

① 在“书法”选项卡中单击“网格样式”按钮，在如图 8.25 所示的下拉列表中列出了目前书法字帖中流行的米字格、田字格、田回格、九宫格和口字格等 5 种网格样式。

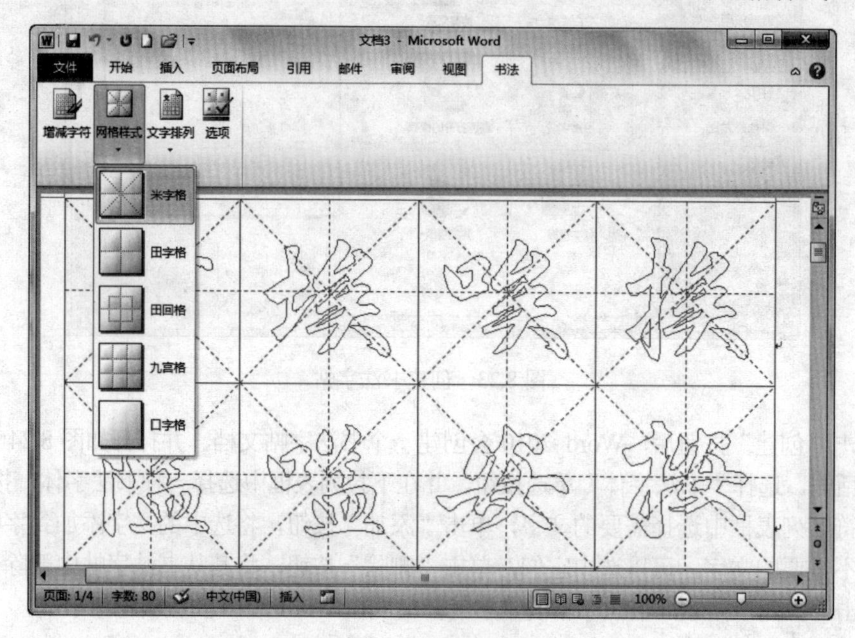

图 8.25 选择网格样式

② 根据自己的喜好和实际需要选择一种网格样式，即可改变书法字帖的网格样式，生成风格各异的书法字帖。

（2）制作不同网格样式的字帖。

① 选择图 8.25 所示的下拉列表中的“米字格”选项，制作出如图 8.26 所示的“米字格”网格样式字帖。

② 选择图 8.25 所示的下拉列表中的“田字格”选项，制作出如图 8.27 所示的“田字格”网格样式字帖。

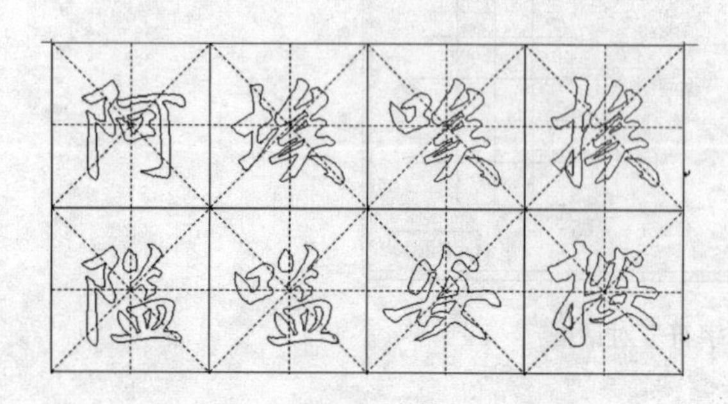

图 8.26 “米字格”网格样式字帖

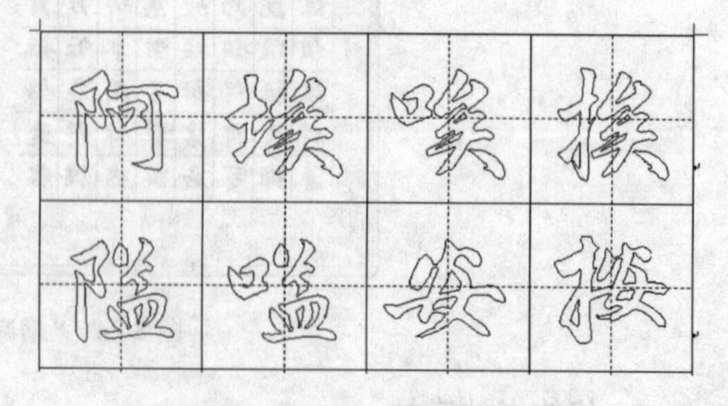

图 8.27 “田字格”网格样式字帖

③ 选择图 8.25 所示的下拉列表中的“田回格”选项，制作出如图 8.28 所示的“田回格”网格样式字帖。

④ 选择图 8.25 所示的下拉列表中的“九宫格”选项，制作出如图 8.29 所示的“九宫格”网格样式字帖。

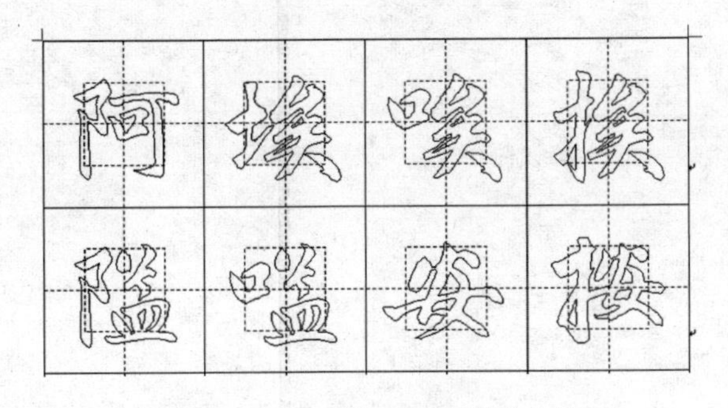

图 8.28 “田回格”网格样式字帖

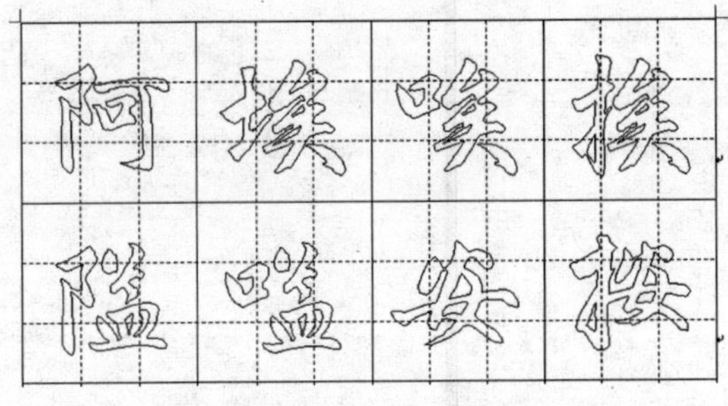

图 8.29 “九宫格”网格样式字帖

⑤ 选择图 8.25 所示的下拉列表中的“口字格”选项，制作出如图 8.30 所示的“口字格”网格样式字帖。

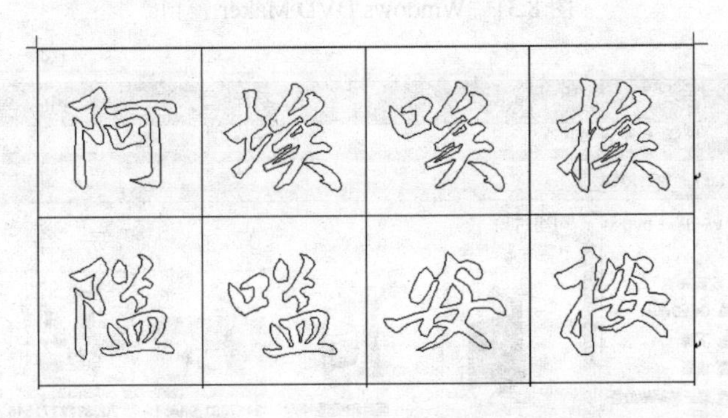

图 8.30 “口字格”网格样式字帖

8.5　制作自己的动感影集

下面介绍使用 Windows 7 自带的 Windows DVD Maker 来制作动感影集。

1. 添加照片或视频

（1）在“开始”菜单中选择 Windows DVD Maker 选项，打开如图 8.31 所示的 Windows DVD Maker 窗口。

（2）单击“添加项目”按钮，打开“添加项目到 DVD”窗口，打开如图 8.32 所示的“将项目添加到 DVD”对话框。选择并进入存储照片的文件夹，按住 Ctrl 键，用鼠标将所需要的照片一一选中，单击“添加”按钮，将选中的照片添加到 Windows DVD Maker 窗口中。添加的照片如图 8.33 所示。

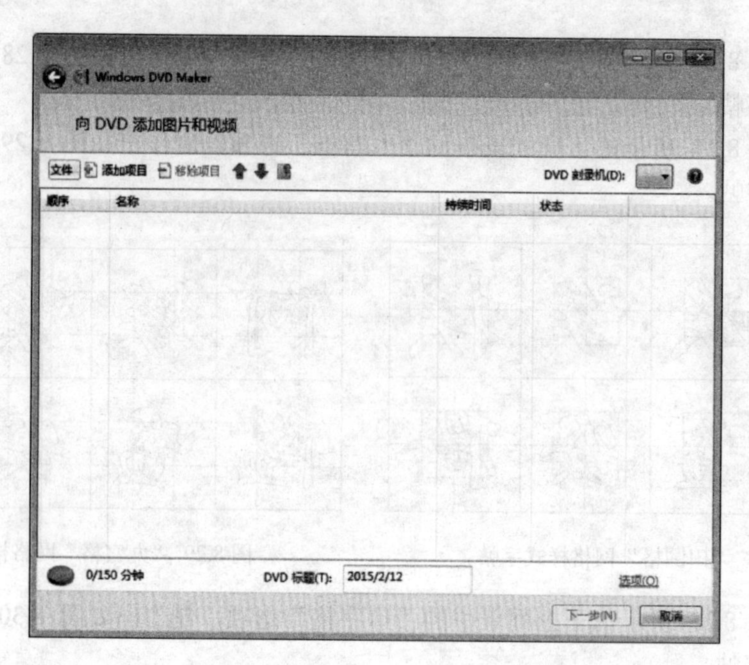

图 8.31 Windows DVD Maker 窗口

图 8.32 “将项目添加到 DVD”对话框

（3）给视频添加效果。单击右下方的“选项”文字链接，在打开的如图 8.34 所示的“DVD 选项”对话框中可以对 DVD 播放设置、DVD 纵横比、视频格式和 DVD 刻录速度以及临时文件的位置进行设置。

（4）在“选择 DVD 播放设置”区选择“使用 DVD 菜单播放和终止视频”单选按钮，以更好地控制视频播放和停止；如果家里配备的是全高清电视，则可以考虑采用“16:9”的 DVD 纵横比，以获得更好的视觉效果。单击“确定”按钮。

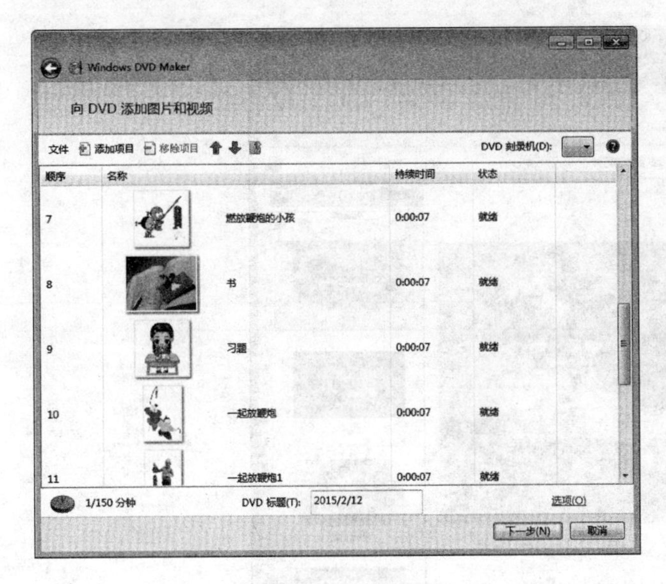

图 8.33　添加的照片

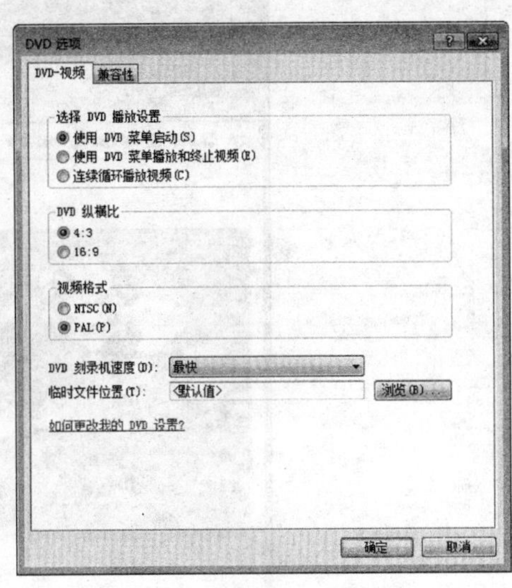

图 8.34　“DVD 选项”对话框

2. 制作动感影集并刻录

（1）单击“下一步”按钮，打开如图 8.35 所示的“准备刻录 DVD”界面，在界面右侧“菜单样式”列表框中选择一种菜单样式，如“滚动”菜单样式，效果如图 8.36 所示。

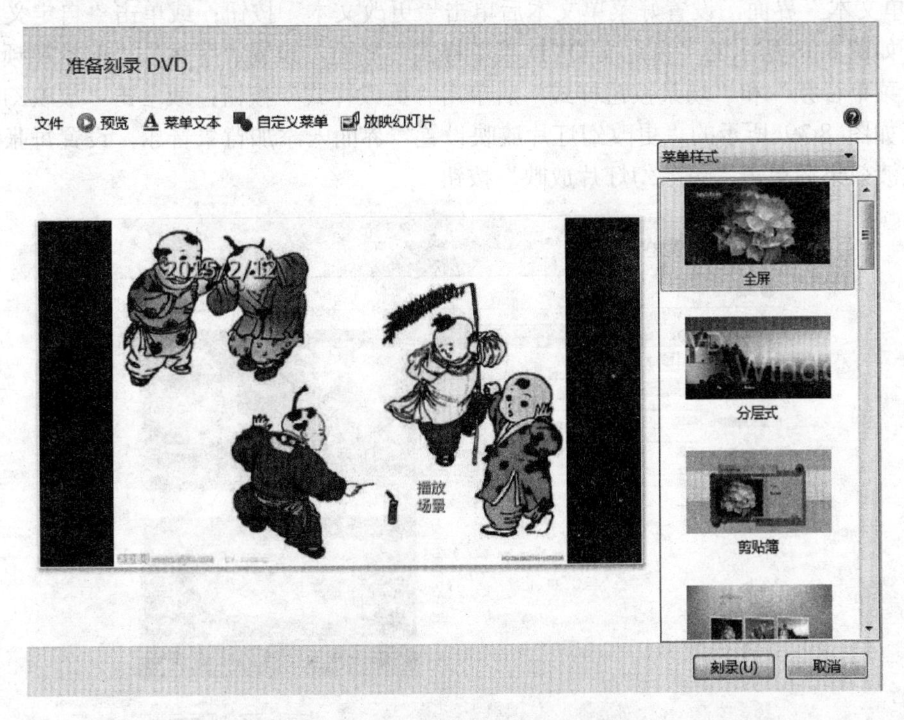

图 8.35　“准备刻录 DVD”界面

图 8.36 “滚动”菜单样式效果

（2）如果要进行更详细的设置，可单击“菜单文本”按钮，打开如图 8.37 所示的“更改 DVD 菜单文本”界面，设置好菜单文本后单击“更改文本”按钮；或单击“自定义菜单”按钮，打开如图 8.38 所示的“自定义 DVD 菜单样式”界面，设置“字体”、“前景视频”、“背景视频”、“菜单音频”和“场景按钮样式”后单击“更改样式”按钮；或单击“放映幻灯片”按钮，打开如图 8.39 所示的“更改幻灯片放映设置”界面，添加背景音乐，设置每张照片显示时间和过渡效果后单击“更改幻灯片放映”按钮。

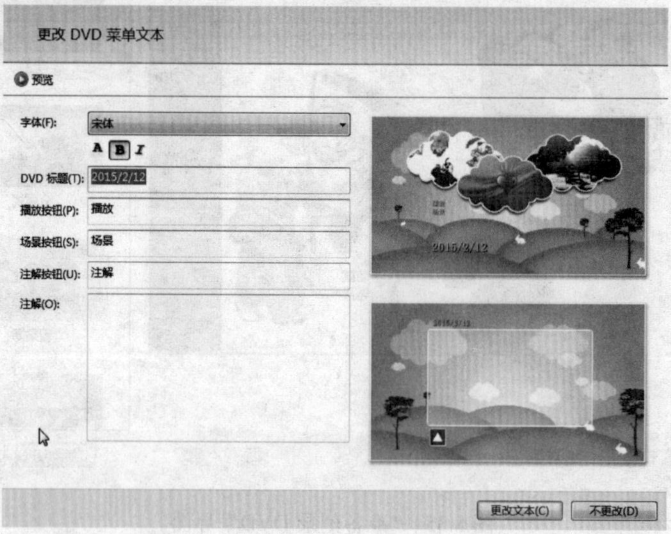

图 8.37 “更改 DVD 菜单文本”界面

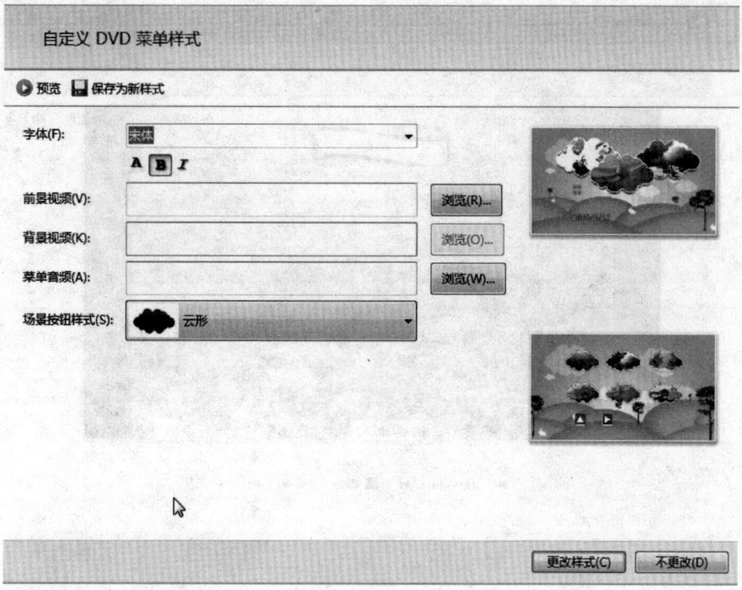

自定义 DVD 菜单样式

预览　保存为新样式

字体(F):　宋体

前景视频(V):　浏览(R)...

背景视频(K):　浏览(O)...

菜单音频(A):　浏览(W)...

场景按钮样式(S):　云形

更改样式(C)　不更改(D)

图 8.38 “自定义 DVD 菜单样式”界面

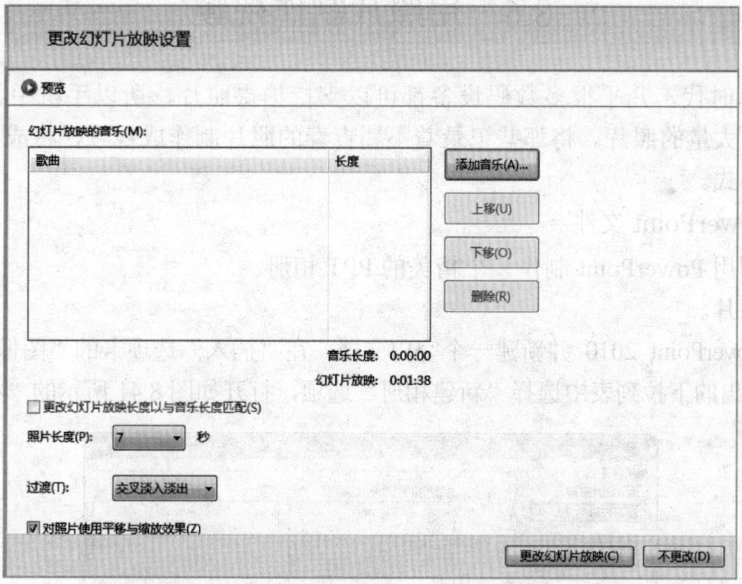

更改幻灯片放映设置

预览

幻灯片放映的音乐(M):

歌曲　长度

添加音乐(A)...　上移(U)　下移(O)　删除(R)

音乐长度: 0:00:00

幻灯片放映: 0:01:38

更改幻灯片放映长度以与音乐长度匹配(S)

照片长度(P): 7　秒

过渡(T): 交叉淡入淡出

对照片使用平移与缩放效果(Z)

更改幻灯片放映(C)　不更改(D)

图 8.39 “更改幻灯片放映设置”界面

（3）自定义设置完成后，单击“预览”按钮，打开如图 8.40 所示的“预览 DVD”界面，可以对场景效果和播放效果进行预览，如果感觉达到预期要求，单击“确定”按钮，关闭“预览 DVD”界面，在刻录机中放入一张空白 DVD 光碟，单击“刻录”按钮，Windows 7 开始刻录 DVD，刻录过程完全自动化，无须人工干预，只需耐心等待片刻，一张 DVD 视频光盘就制作完毕。

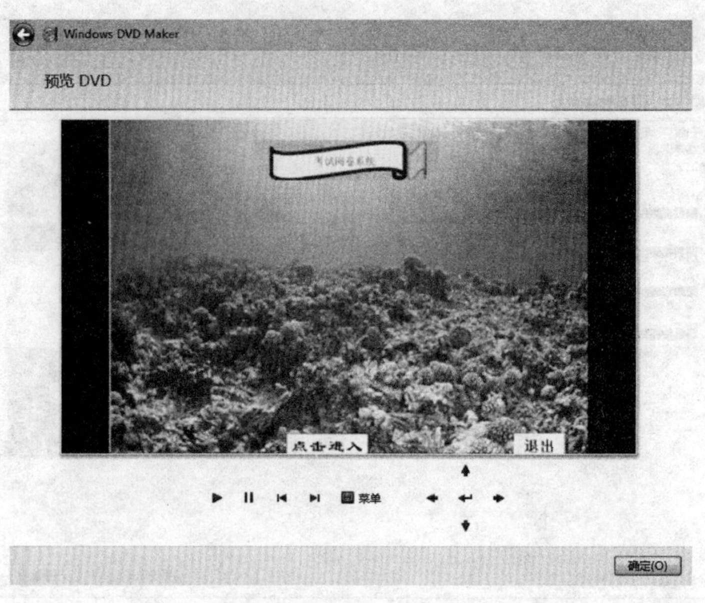

图 8.40 “预览 DVD”界面

8.6 用照片制作视频

如今是信息时代，几乎很多数码设备都可以支持拍摄照片，所以手机中、相机中或计算机中常常存储了大量的照片。将那些记录着不羁青春的照片制作成视频，将成为人们留下回忆的一种独特的方式。

1. 制作 PowerPoint 文件

首先需要利用 PowerPoint 制作一个精美的 PPT 相册。

（1）导入照片。

① 打开 PowerPoint 2010 并新建一个空白文档，在“插入”选项卡的“图像”组中单击“相册”按钮，在弹出的下拉列表中选择“新建相册”选项，打开如图 8.41 所示的“相册”对话框。

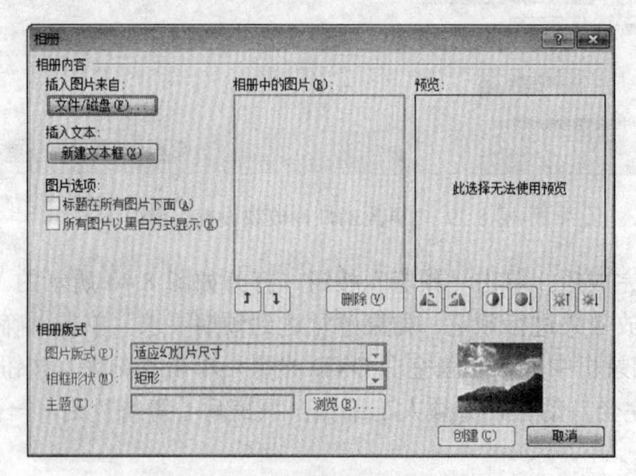

图 8.41 “相册”对话框

② 单击“相册内容”区的“文件/磁盘”按钮，打开如图 8.42 所示的“插入新图片”对话框，选择需要制作视频相册的照片，单击“插入”按钮。回到图 8.41 所示的“相册”对话框，单击“创建”按钮，回到 PowerPoint 窗口。

图 8.42 “插入新图片”对话框

（2）美化幻灯片。照片导入 PPT 空白文档之后，由于照片尺寸不同，所以有的 PPT 页面会出现大片的空白，影响美观。此时需要为 PPT 相册选择一个漂亮的背景图片，可以是静态的或者动态的。

① 美化背景。右击幻灯片页面，在弹出的快捷菜单中选择“设置背景格式”选项，打开如图 8.43 所示的“设置背景格式”对话框，在“填充”选项卡中选择“图片或纹理填充”单选按钮，单击“文件”按钮，打开如图 8.44 所示的“插入图片”对话框，在对话框中选择背景图片后，单击“插入”按钮。回到图 8.43 所示的“设置背景格式”对话框，单击“全部应用”按钮。

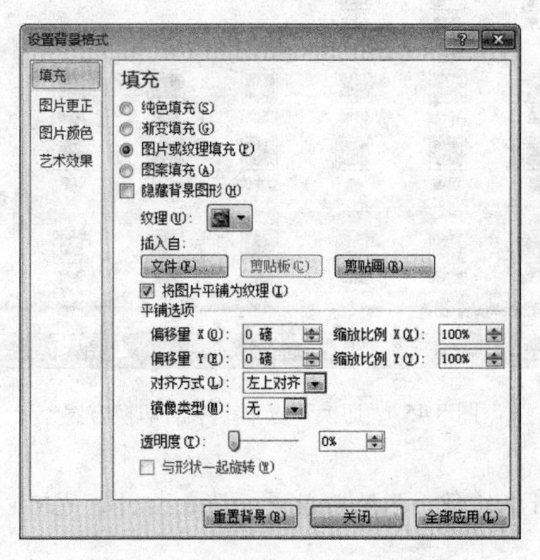

图 8.43 “设置背景格式”对话框

图 8.44 “插入图片”对话框

② 美化幻灯片。分别单击选中照片，然后拖动照片四周的点可缩放或旋转照片，使得照片在幻灯片页面显得平衡、美观，然后还可以通过“图片工具”功能区为照片添加边框或特效等。

③ 设置照片的动画特效。利用“切换”特效来设置动画效果，依次选中每一个幻灯片，在如图 8.45 所示的“切换”选项卡的“切换到此幻灯片”组中为其选择一种满意的切换方案即可。

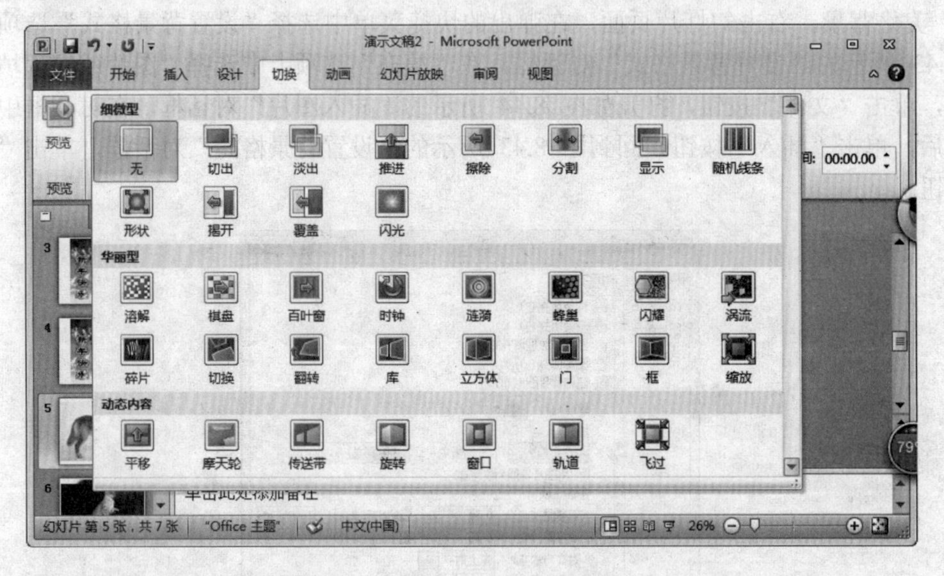

图 8.45 “切换”选项卡中的切换方案

说明：这个 PPT 相册中的每一张照片就是一张幻灯片，也可以将多张照片放在一张幻灯片中。

（3）保存幻灯片。动画效果设置完成之后，在“文件”菜单中选择“保存”选项，在打开的“另存为”对话框中选择文件保存位置，在“文件名”文本框中输入“相册”，单击“保存”按钮保存 PPT 相册。

说明：此时的 PPT 相册还称不上视频相册，因为它还只是 PPT 文档。

下面需要利用狸窝照片制作视频软件（又名狸窝 PPT 转换器）把 PPT 相册转换为视频相册。

2. 将 PPT 相册转换为视频相册

狸窝 PPT 转换器是将 PowerPoint 文件转换成视频格式文件的工具。输入 PPT 文件即可输出格式为 AVI、WMV、MPEG、FLV、MP4、VOB、3GP、3G2、MOV、IPOD、IPHONE、PSP、PMP 等流行的视频格式。转换后的视频相册仍保留 PPT 相册的效果。

（1）狸窝 PPT 转换器的功能特色如下。

① 输入格式：PPT、PPTX。

② 输出格式：AVI、WMV、MPEG、FLV、MP4、VOB、3GP、3G2、MOV、IPOD、IPHONE、PSP、PMP 等常用流行视频格式。

③ 自定义编辑文件：支持换片时间、添加背景音乐、声音设置、幻灯片宽高比、转换设置等设置。

④ 转换视频格式的参数设置：包括视频编码、比特率、分辨率、帧率、音频编码、采样率、声道等。

（2）操作步骤如下。

① 导入 PPT 文件。在“开始”菜单的 Leawo 子菜单中选择“狸窝 PPT 转换器”选项，打开如图 8.46 所示的“狸窝 PPT 转换器”界面，单击“添加”按钮，打开如图 8.47 所示的“打开”对话框，从中选择需要导入的 PPT 文件（如在上述保存的“相册”），单击“打开”按钮，将选中的“相册”文件导入到狸窝 PPT 转换器中。导入后的效果如图 8.48 所示。

图 8.46 “狸窝 PPT 转换器”界面

图 8.47　“打开”对话框

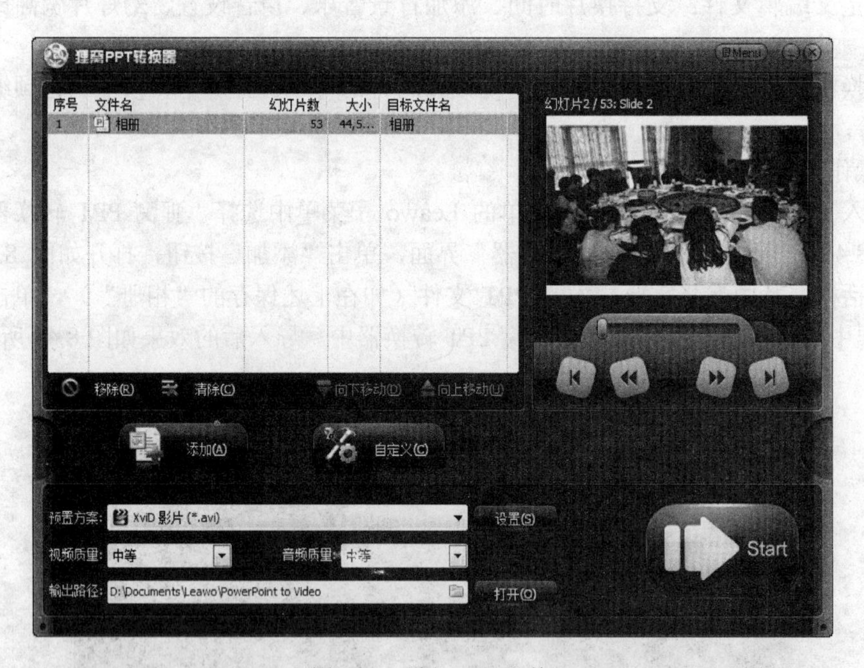

图 8.48　导入 PPT 文件

② 设置背景音乐。单击“自定义”按钮，打开如图 8.49 所示的“自定义设置”对话框，在“背景音乐”选项卡中单击左下角的“添加”按钮，在打开的“打开”对话框中选择适合该相册的背景音乐文件，单击“打开”按钮，回到图 8.49 所示的“自定义设置”对话框，即可为视频相册配上一段动听的音乐。可以选择 MP3 格式的音频或 MP4 格式的视频作为背景音乐。

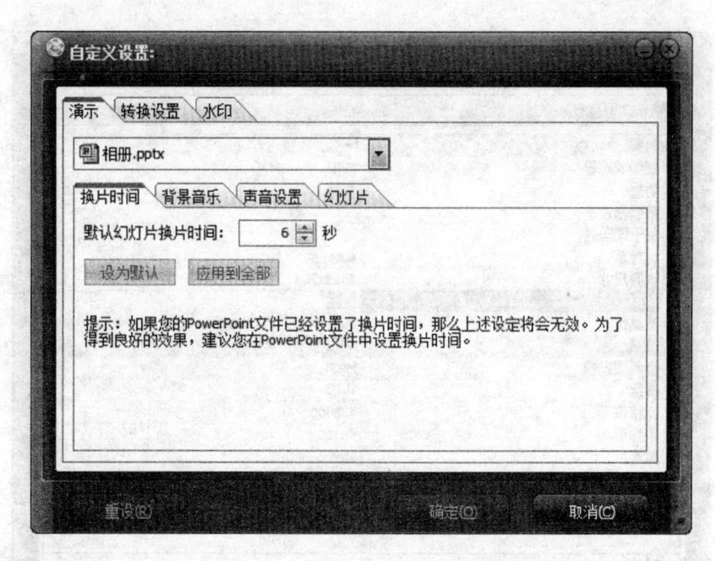

图 8.49 “自定义设置”对话框

③ 设置输出格式。单击“确定”按钮回到图 8.48 所示的软件主界面，单击“设置”按钮，打开如图 8.50 所示的“输出格式设定”对话框，设置视频相册的视频格式，可以直接根据播放设备选择格式，或者选择高清视频格式等，若要改变某项的参数可先选中此项，然后再单击该项右侧的下三角按钮，在弹出的下拉列表中选择需要改变的参数值，如图 8.51 所示，所有参数项都选择好后单击“确定”按钮。

图 8.50 “输出格式设定”对话框

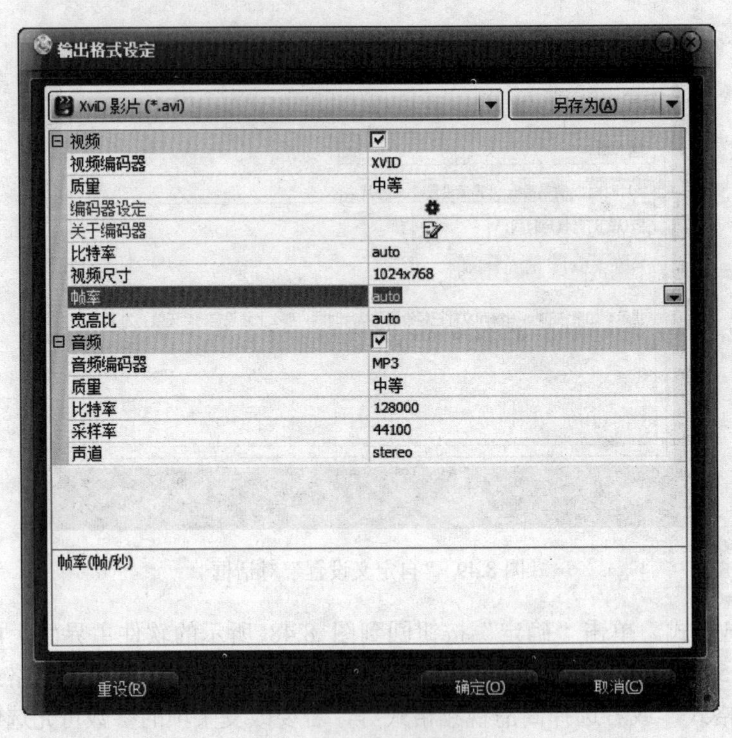

图 8.51　格式参数选择

④ 开始转换。单击 Start 按钮，打开如图 8.52 所示的“转换进行中，请稍候”对话框，开始转换 PPT 相册为视频相册。

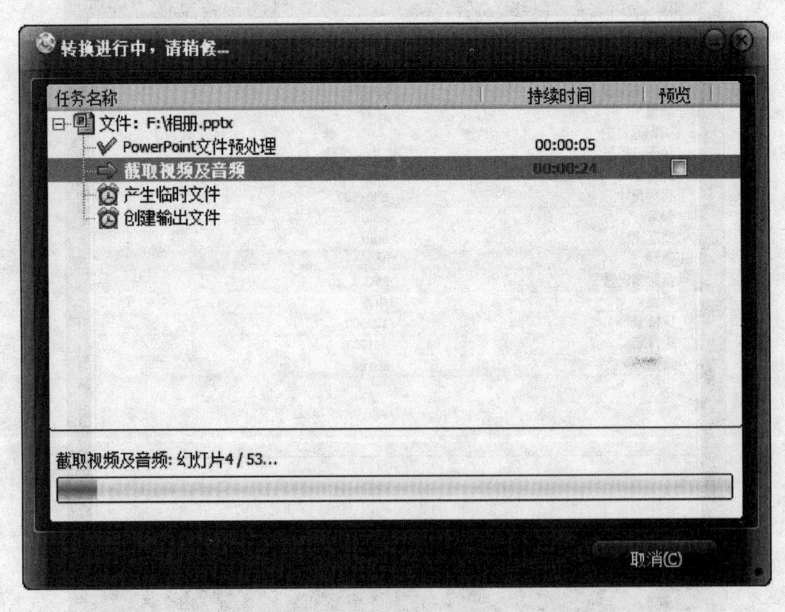

图 8.52　“转换进行中，请稍候”对话框

⑤ 转换成功，打开如图 8.53 所示的“PowerPoint 文件转换为视频成功”提示框，可以看

到视频相册总共耗时、输出格式、输出目录和视频存放的文件夹等信息，表示视频相册制作成功，可以单击“点击播放视频”链接观看视频相册的效果。

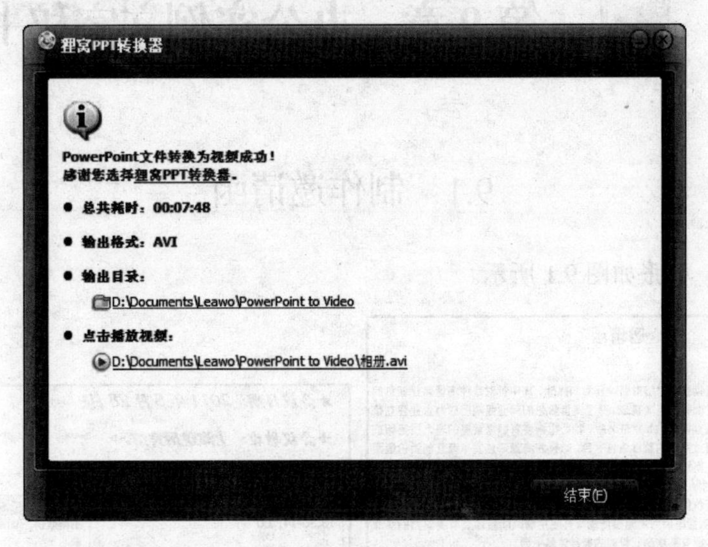

图 8.53 “PowerPoint 文件转换为视频成功”提示框

第 9 章　办公实例文字秘书案例解析

9.1　制作邀请函

制作邀请函，样张如图 9.1 所示。

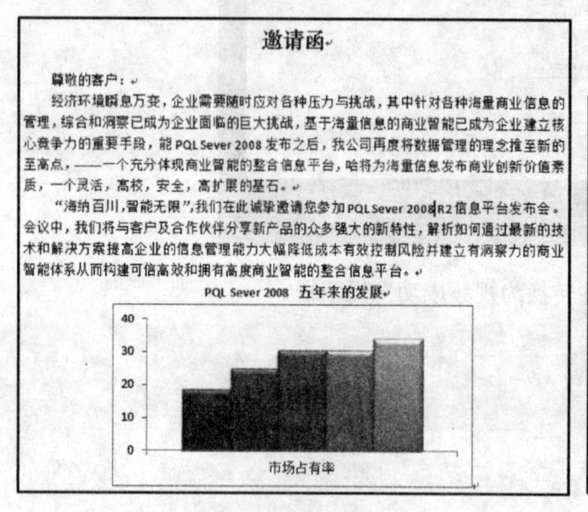

邀请函

尊敬的客户：

经济环境瞬息万变，企业需要随时应对各种压力与挑战，其中针对各种海量商业信息的管理，综合和洞察已成为企业面临的巨大挑战，基于海量信息的商业智能已成为企业建立核心竞争力的重要手段，能 PQL Sever 2008 发布之后，我公司再度将数据管理的理念推至新的至高点，——一个充分体现商业智能的整合信息平台，哈将为海量信息发布商业创新价值素质，一个灵活，高校，安全，高扩展的基石。

"海纳百川，智能无限"，我们在此诚挚邀请您参加 PQL Sever 2008 R2 信息平台发布会。会议中，我们将与客户及合作伙伴分享新产品的众多强大的新特性，解析如何通过最新的技术和解决方案提高企业的信息管理能力大幅降低成本有效控制风险并建立有洞察力的商业智能体系从而构建可信高效和拥有高度商业智能的整合信息平台。

(a) 简介

★会议日期：2011 年 5 月 28 日

★会议地点：上海建国宾馆。

★会议精彩日程安排

时间	活动安排
13:30-14：00	主题演讲，intel 信息管理与商业智能解决方案
14:35-15:25	信息平台，数据，泰然处理，——可信安全的信息平台让您的企业从容面对海量数据，微软及客户将与您分享最佳实践经验。
13：25- 16:15	决策平台智慧触手可及，分享探讨，微软新合作伙伴，客户商业智慧解决方案，六六如何帮助企业明智决策
16:15-16:30	问答与抽奖

风软软件公司

2011-5-10

提醒：届时请您携带名片及打印此份电子邀请函或网上成功注册页面莅会。

(b) 议程

图 9.1　邀请函样张

操作步骤如下。

（1）打开"邀请函.docx"文件，选中第 1 行的标题，在"开始"选项卡的"样式"组中单击右下角的对话框启动器按钮，打开"样式"任务窗格；单击下方的"新建样式"按钮，打开如图 9.2 所示的"修改样式"对话框，在"名称"文本框中输入"自定义标题"，单击"格式"按钮，选择"字体"选项，设置字体为华文中宋、加粗、三号；再单击"格式"按钮，选择"段落"选项，设置对齐方式为居中对齐、段前为 0 行、段后为 0.5 行、行距为单倍行距。

（2）选中第 2、3 段，在"开始"选项卡的"段落"组中单击右下角的对话框启动器按钮，在打开的"段落"对话框中设置"特殊格式"为"首行缩进"，"磅值"为 2 个字符。

（3）选择"会议日期"、"会议地点"、"会议精彩日程安排" 3 段文字，设置为斜体、四号、加粗、华文中宋。选择这 3 段文字，在"开始"选项卡的"段落"组中单击"项目符号"下拉按钮，选择"定义新项目符号"选项，打开如图 9.3 所示的"定义新项目符号"对话框，单击"图片"按钮，在打开的"图片项目符号"对话框中单击"导入"按钮，选择素材文件夹的"wjx.png"图片作为项目符号，如图 9.4 所示。

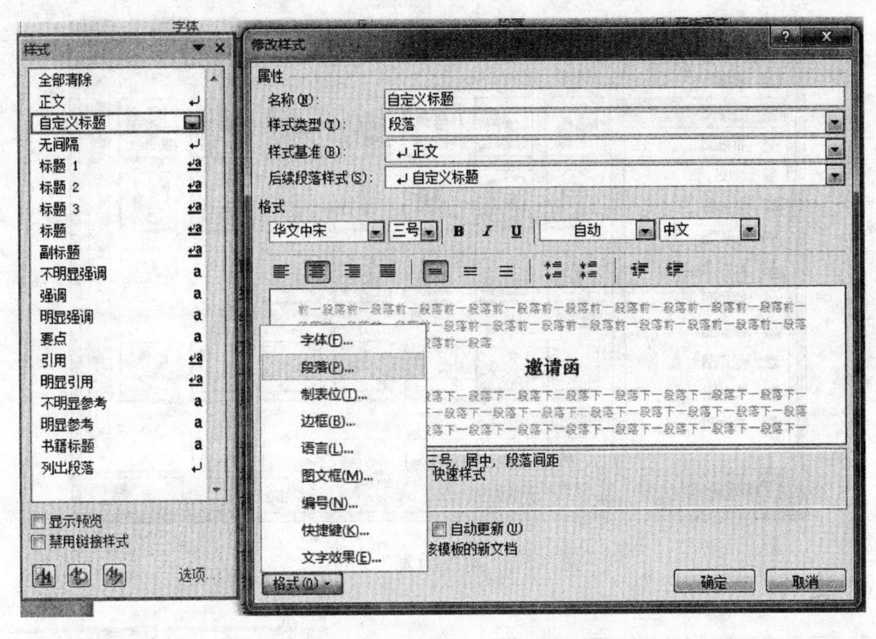

图 9.2　“修改样式”对话框

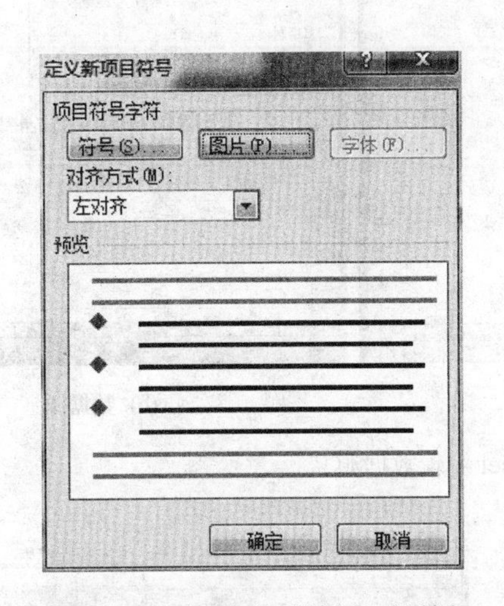

图 9.3　“定义新项目符号”对话框

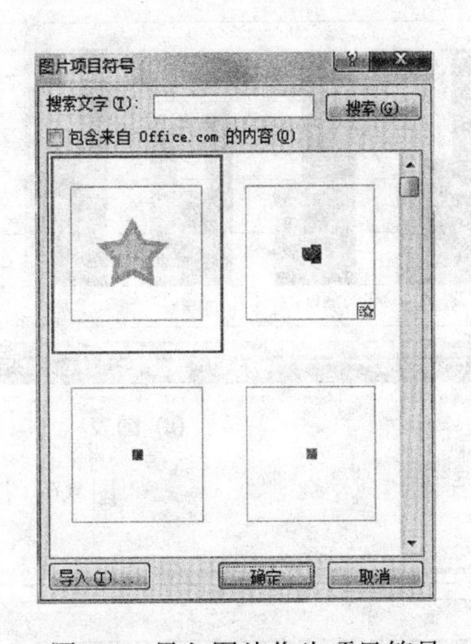

图 9.4　导入图片作为项目符号

（4）选中“PQL Server 2008 五年来的发展”文本，设置字体为小四、加粗、蓝色、居中对齐。在文字后回车换行，设置光标在该文字下方，在“插入”选项卡的“插图”组中单击“图表”按钮，打开如图 9.5 所示的“插入图表”对话框。选择“柱形图”分类下的“簇状柱形图”选项，单击“确定”按钮，系统自动启动 Excel 2010，并在 Word 中显示如图 9.6 所示的默认图表。将 Word 文档表格内的数据复制到 Excel 中，覆盖原来的示例数据，删除多余的数据行，可以看到，在改变 Excel 中的数据的同时 Word 中的图表自动变化，如图 9.7 所示。关闭 Excel。

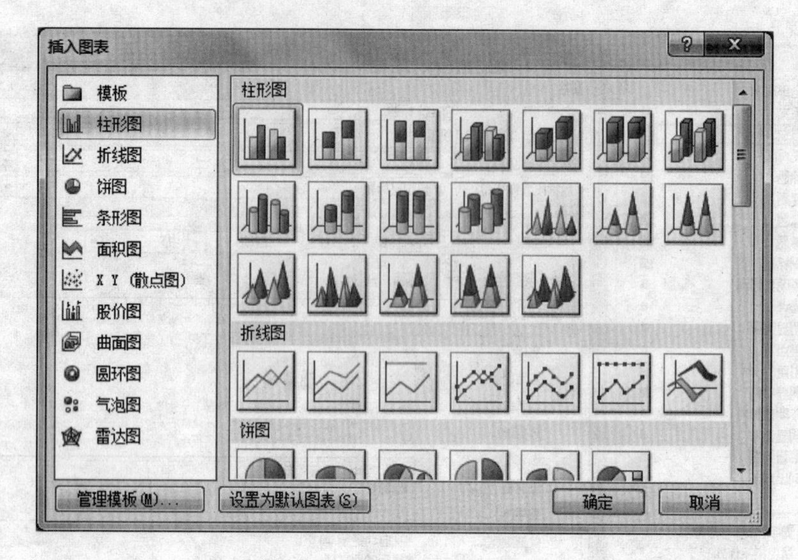

图 9.5 “插入图表”对话框

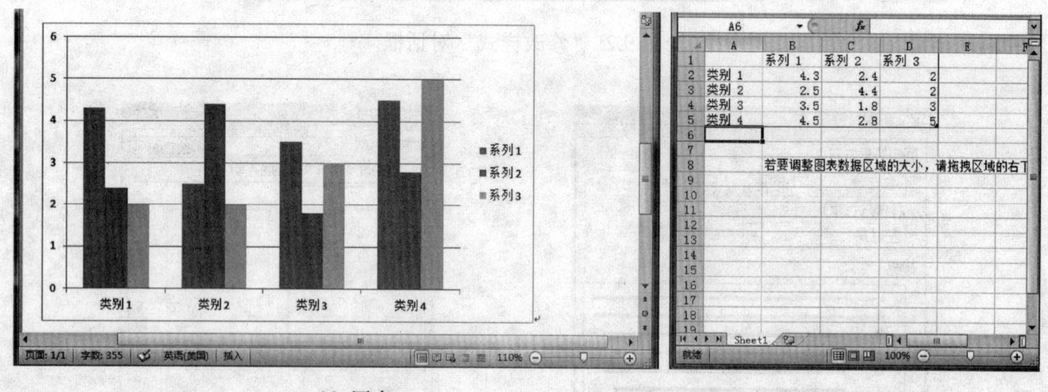

(a) 图表　　　　　　　　(b) 数据源

图 9.6　打开 Excel 编辑数据源

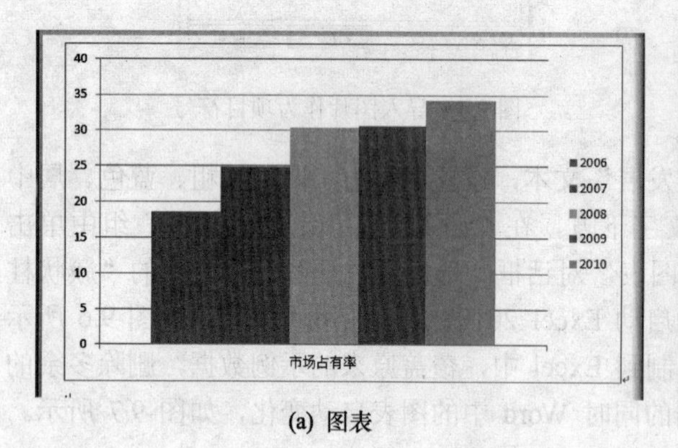

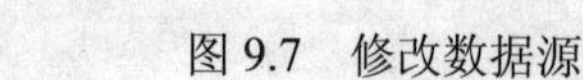

(a) 图表　　　　　　　　(b) 数据源

图 9.7　修改数据源

（5）选中图表数据系列，在“图表工具”功能区“设计”选项卡的“图表布局”组中单击“布局 3”按钮；在“图表样式”组中单击“样式 27”按钮，效果如图 9.8 所示。在“图表工具”功能区“布局”选项卡的“标签”组中单击“图例”下拉按钮，在下拉列表中选择“无”选项，取消图例。在“标签”组中单击“数据标签”下拉按钮，在下拉列表中选择“数据标签外”选项，显示数据标记。在“开始”选项卡中设置各坐标轴数字和数据标签字体为 8 号，图表标题为 16 号。选中绘图区，在“图表工具”功能区“布局”选项卡的“坐标轴”组中单击“网格线”下拉按钮，设置“主要横网格线”为“无”。

（6）选中整个图表，在“图表工具”功能区“格式”选项卡的“形状样式”组中选择“彩色轮廓-强调颜色 5”选项，单击“形状效果”下拉按钮，选择“预设”列表中的“预设 1”选项，如图 9.9 所示，设置图表外边框形状。在“图表工具”功能区“格式”选项卡的“大小”组中设置图表的高为 6 厘米，宽为 14 厘米。

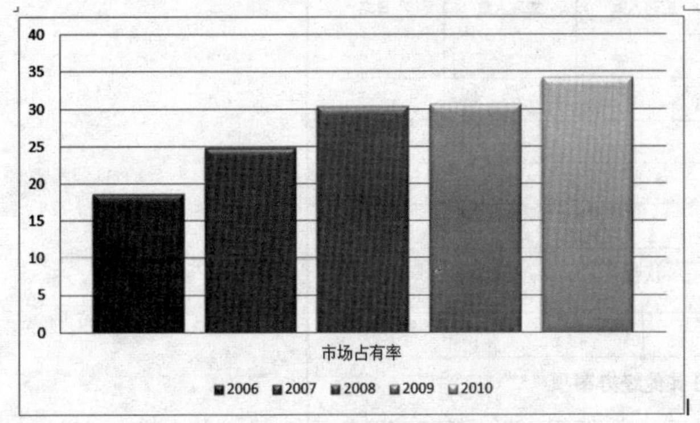

图 9.8　修改图表样式

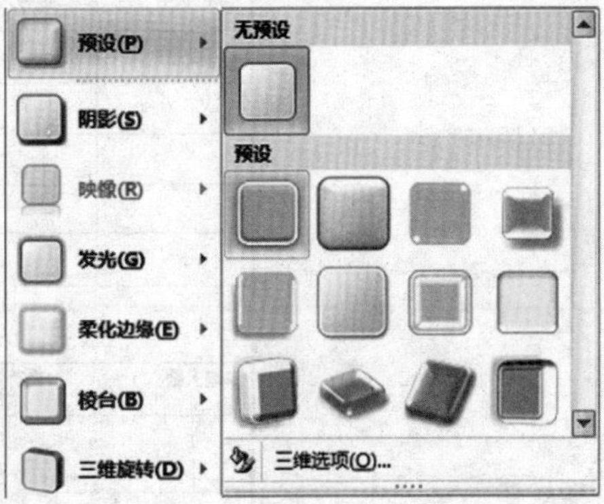

图 9.9　图表形状

（7）在“开始”选项卡的“段落”组中单击“显示/隐藏编辑标记”按钮，可以看到在每行文字中由制表符分隔。选中“会议精彩日程安排”下面的列表文字，在“插入”选项卡中的“表格”组中单击下拉按钮，在下拉菜单中选择“文字转换成表格”选项，打开如图 9.10 所示的“将文字转换成表格”对话框，看到默认的“文字分隔位置”为“空格”，默认的列数为“2”，这是根据将制表符作为分隔符自动得到的列数。

将文字转换成表格
表格尺寸
列数(C): 2
行数(R): 1
“自动调整”操作
固定列宽(W): 自动
根据内容调整表格(F)
根据窗口调整表格(D)
文字分隔位置
段落标记(P)　逗号(M)　空格(S)
制表符(T)　其他字符(O): -
确定　取消

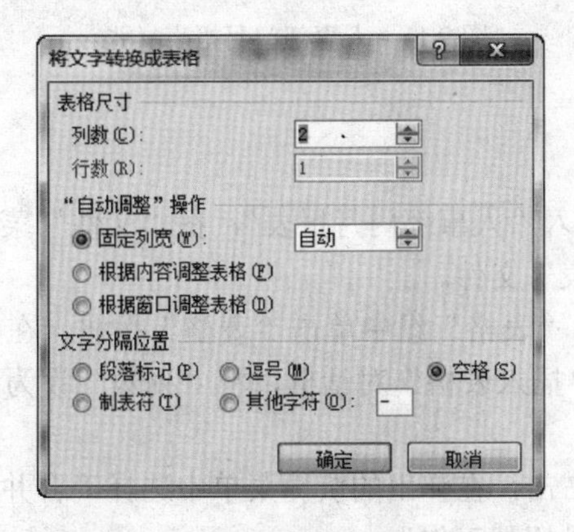

图 9.10　“将文字转换成表格”对话框

（8）选中表格第 1 行，在“开始”选项卡中的“字体”组中设置字体为加粗、居中对齐。在“表格工具”功能区“设计”选项卡的“底纹和边框”组中，设置底纹为“红色，强调文字 2，淡色，60%”，选中文档的最后一行文字，设置为加粗、楷体、小四号。保存文档为“邀请函.docx”。

9.2 制作人事部门月报表

制作人事部门月报表，样张如图 9.11 所示。

人事部门月报表

<table>
<tr><td colspan="5">人员招聘工作</td></tr>
<tr><td>说明</td><td>招聘人数</td><td>应聘人数</td><td>拟列人数</td><td>日期</td></tr>
<tr><td></td><td></td><td></td><td></td><td></td></tr>
<tr><td></td><td></td><td></td><td></td><td></td></tr>
<tr><td></td><td></td><td></td><td></td><td></td></tr>
<tr><td></td><td></td><td></td><td></td><td></td></tr>
<tr><td></td><td></td><td></td><td></td><td></td></tr>
</table>

<table>
<tr><td colspan="8">状况</td></tr>
<tr><td>辞退人数</td><td></td><td>流动人数</td><td></td><td>解职人数</td><td></td><td>停薪人数</td><td></td></tr>
<tr><td colspan="8">本月其他经办事项</td></tr>
<tr><td></td><td></td><td></td><td></td><td></td><td></td><td>人员迁调</td><td></td></tr>
<tr><td colspan="2">迟到早退</td><td colspan="3">人</td><td colspan="3">次</td></tr>
<tr><td rowspan="4">请假</td><td>病假</td><td colspan="3">人</td><td colspan="3">次</td></tr>
<tr><td>事假</td><td colspan="3">人</td><td colspan="3">次</td></tr>
<tr><td>婚假</td><td colspan="3">人</td><td colspan="3">次</td></tr>
<tr><td>工伤假</td><td colspan="3">人</td><td colspan="3">次</td></tr>
<tr><td colspan="2">旷工</td><td colspan="3">人</td><td colspan="3">次</td></tr>
</table>

图 9.11 人事部门月报表样张

操作步骤如下。

（1）制作表格。

① 启动 Word 2010，输入“人事部门月报表”，在“文件”菜单中选择“保存”选项，将文件保存为“人事部门月报表”文件。

② 在“插入”选项卡的“表格”组中单击“表格”按钮，在列表中选择“插入表格”选项，打开如图 9.12 所示的“插入表格”对话框，将“列数”设为“5”，“行数”设为“17”，单击“确定”按钮。

③ 选中表格第 1 行，右击，在弹出的快捷菜单中选择“合并单元格”选项，将第一行合并为一个单元格，输入“人员招聘工作”。

④ 在第 2 行的 5 个单元格中分别输入“说明”、“招聘人数”、“应聘人数”、“报到人数”和“日期”。

⑤ 分别选中第 8、10 行，右击，在弹出的快捷菜单中选择“合并单元格”选项，将第 8、10 行分别合并为一个单元格，分别输入“状况”、“本月其他经办事项”。

⑥ 分别选中第 9、11 行，右击，在弹出的快捷菜单中选择“合并单元格”选项，再右击合并后的单元格，在弹出的快捷菜单中选择“拆分单元格”选项，打开如图 9.13 所示的“拆分单元格”对话框，在“列数”文本框中输入“8”，保留“行数”文本框中的“1”，单击“确定”按钮。在第 9 行的第 1、3、5、7 列分别输入“辞退人数”、“流动人数”、“解职人数”和“停薪人数”；在第 11 行的第 7 列输入“人员迁调”。

图 9.12 “插入表格”对话框

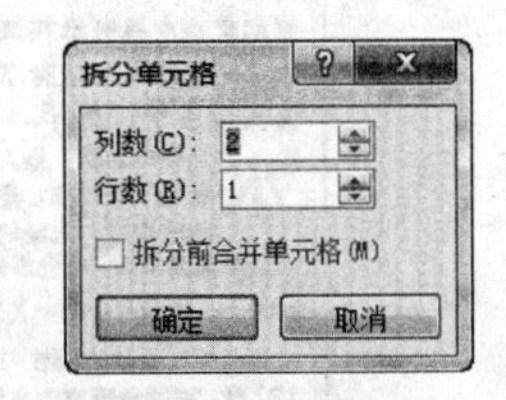

图 9.13 “拆分单元格”对话框

⑦ 分别选中第 12、17 行，右击，在弹出的快捷菜单中选择“合并单元格”选项，再右击合并后的单元格，在弹出的快捷菜单中选择“拆分单元格”选项，打开如图 9.13 所示的“拆分单元格”对话框，在“列数”文本框中输入“2”，保留“行数”文本框中的“1”，单击“确定”按钮。

⑧ 将光标移到第 13～16 行第 2 条竖线上，等光标变为⇹时，按住鼠标左键将该竖线拖动到合适位置（参见样图）放开鼠标左键。

⑨ 在“插入”选项卡的“表格”组中单击“表格”按钮，在弹出的列表中选择“绘制表格”选项，当光标变为笔的形状后，在第 12、17 行各画出一条和第 13～16 行的第 2 条竖线对齐的竖线，在第 13～16 行的第 2 条竖线左边画出一条竖线，选中第 13～16 行的第一个单元格，右击，在弹出的快捷菜单中选择“合并单元格”选项，将其合成为一个单元格。

⑩ 按照样表调整单元格的大小和竖线位置，输入其他文字。

（2）美化表格。

① 在“表格工具”功能区“设计”选项卡的“表格样式”组中选择表格样式为“浅色列表-强调文字颜色 6”，表格外框线为 3 磅，颜色为“橙色，强调文字颜色 6，深色，25%”，双线边框。

② 在“开始”选项卡的“段落”组中单击右下角的对话框启动器按钮，在打开的“段落”对话框中设置标题文字为华文琥珀、二号、居中，颜色为“橙色，强调文字颜色 6，深色，50%”。

③ 将光标定位在“人事部门月报表”标题的左侧，在“插入”选项卡的“符号”组中单击“符号”下拉按钮，在下拉列表中选择“其他符号”选项，在打开的“符号”对话框的“符

号”选项卡中单击“字体”右侧的下三角按钮，在列表中选择 Wingdings 选项，双击8符号，在将光标定位在“人事部门月报表”标题的右侧，双击ᘓ符号。表格中标题文字为华文中宋、小三号、居中，颜色为“橙色，强调文字颜色 6，深色，50%”。

表格效果如图 9.11 所示。

（3）在“文件”菜单中选择“保存”选项，将文件保存为“人事部门月报表.docx”。

9.3　制作倡议书

制作一封如图 9.14 所示的简洁、重点突出的节约水资源倡议书。

倡议书

水是生命之源，是基础性自然资源和战略性经济资源，是生态环境的控制性要素，水作为与粮食、能源同等重要的三大战略资源之一，在经济、社会发展和国家安全中具有极其重要的地位。可是我们的城市越来越美了，水却越来越脏了，我们的楼房越盖越高了，地下水也越来越少了，我们的收入越来越多了水源，却越来越少了，我们……

水是生命之源，是人类赖以生存和发展的物质基础，是城市的命脉、农业的命门、人类的命根。我国虽然水资源总量丰富，居世界第 6 位，但因人口基数大，我国水资源的人均拥有量却很少，仅为世界人均值的 1/5~1/4，排在世界第 121 位，被联合国定为水资源紧缺国家。然而，由于长期以来，水资源保护意识、节约意识淡薄，水资源的污染和浪费现象严重。我国年缺水量约 300 亿~400 亿吨。我国日缺水量达 1600 万吨，每年影响工业产值 2300 亿元。全国 2000 多万人饮水十分困难。这足以说明我国水资源紧缺的程度，节约用水刻不容缓。在全国第十四个节水周到来之际，因此我们向全院师生发出如下倡议：

一、节约用水是可持续发展的重要措施，人人要把节约用水放在首位，充分认识节水的必要性和重大意义，树立良好的节约用水意识，养成良好的节约用水习惯，杜绝长流水。

二、珍惜水就是珍惜您的生命，爱水、惜水、节水从现在做起，从我做起，从小事做起，提倡刷牙少用一口水，洗脸少用一杯水，洗澡少用一盆水，平时少用一滴水；洗涤时适量使用洗涤剂，不向水中倾倒剩饭、剩菜等污物。要求大家对发生在身边的用水浪费现象，敢说敢管，互相监督，共同保护利用好水资源。

同学们：节约用水，造福人类，利在当今，功在千秋。

面对世界缺水、中国缺水、滔博严重缺水的严峻形式，我们应以高度的责任感，为人类的生存和发展，积极行动起来，珍惜、节约每一滴水吧。

人类失去水源，世界将会怎样？但愿人类的最后一滴水，不要成为自己的眼泪。

图 9.14　倡议书样张

操作步骤如下。

（1）启动 Word 2010，在“文件”菜单中选择“新建”选项，创建一个空白文档。

录入如下文字。

倡　议　书

水是生命之源，是基础性自然资源和战略性经济资源，是生态环境的控制性要素，水作为与粮食、能源同等重要的三大战略资源之一，在经济、社会发展和国家安全中具有极其重要的地位。可是我们的城市越来越美了，水却越来越脏了，我们的楼房越盖越高了，地下水也越来越少了，我们的收入越来越多了，水源却越来越少了，我们……

水是生命之源，是人类赖以生存和发展的物质基础，是城市的命脉、农业的命门、人类的命根。我国虽然水资源总量丰富，居世界第 6 位，但因人口基数大，我国水资源的人均拥有量却很少，仅为世界人均值的 1/5～1/4，排在世界第 121 位，被联合国定为水资源紧缺国家。然而，由于长期以来，水资源保护意识、节约意识淡薄，水资源的污染和浪费现象严重。我国年缺水量为 300 亿～400 亿吨。我国 668 个城市有 400 多个城市缺水，日缺水量达 1 600 万吨，每年影响工业产值 2 300 亿元。全国 2 000 多万人饮水十分困难。这足以说明我国水资源紧缺的程度，节约用水刻不容缓。在全国第十四个节水周到来之际，我们向全院师生发出如下倡议：

一、节约用水是可持续发展的重要措施，人人要把节约用水放在首位，充分认识节水的必要性和重大意义，树立良好的节约用水意识，养成良好的节约用水习惯，杜绝长流水。

二、珍惜水就是珍惜您的生命，爱水、惜水、节水从现在做起，从我做起，从小事做起，提倡刷牙少用一口水，洗脸少用一杯水，洗浴少用一盆水，平时少用一滴水；洗浴时适量使用洗涤剂，不向水中倾倒剩饭、剩菜等污物。要求大家对发生在身边的用水浪费现象，敢说敢管，互相监督，共同保护利用好水资源。

同学们：节约用水，造福人类，利在当今，功在千秋。

面对世界缺水、中国缺水、淄博严重缺水的严峻形势，我们应以高度的责任感，为人类的生存和发展，积极行动起来，珍惜、节约每一滴水吧。

人类失去水源，世界将会怎样？但愿人类的最后一滴水，不要成为自己的眼泪。

说明：也可打开素材文件夹下的“倡议书.txt”文本文件，按 Ctrl+A 键选中所有文本，按 Ctrl+C 键复制到剪贴板。在“开始”选项卡的“剪贴板”组中单击“粘贴”按钮（或直接按 Ctrl+V 键），将文本粘贴到新文档中。单击快速访问工具栏上的“保存”按钮，在打开的“另存为”对话框中输入文件名“倡议书”，保存类型为默认的“Word 文档”，单击“确定”按钮。

（2）基本设置。

① 选中第 1 行文字“倡议书”，在“开始”选项卡的“样式”组中单击“标题”按钮，设置样式为“标题”；在“字体”组中，设置字体字号为“黑体”、“一号”、“加粗”，在“段落”组中单击“居中”按钮。选中所有文本，在“段落”组中单击右下角的对话框启动器按钮，打开“段落”对话框，设置“特殊格式”为首行缩进 2 个字符，效果如图 9.15 所示。

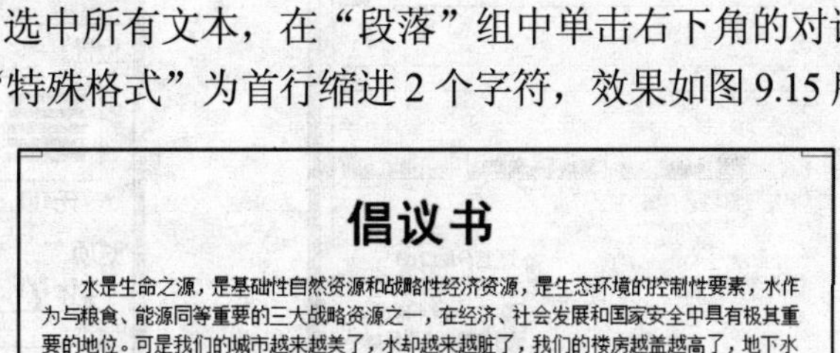

倡议书

水是生命之源，是基础性自然资源和战略性经济资源，是生态环境的控制性要素，水作为与粮食、能源同等重要的三大战略资源之一，在经济、社会发展和国家安全中具有极其重要的地位。可是我们的城市越来越美了，水却越来越脏了，我们的楼房越盖越高了，地下水也越来越少了，我们的收入越来越多了，水源，却越来越少了，我们……

水是生命之源，是人类赖以生存和发展的物质基础，是城市的命脉、农业的命门、人类

图 9.15　标题段落设置效果

② 将光标放在标题行，在“开始”选项卡的“段落”组中单击“边框和底纹”按钮右侧的下三角按钮，在下拉菜单中选择“边框和底纹”选项，打开如图 9.16 所示的“边框和底

纹”对话框，在“边框”选项卡的“设置”区中单击“自定义”按钮，在“样式”列表框中选择所需线形，将颜色设置为“蓝色”，将线条宽度设置为“3.0 磅”，将“应用于”设置为“段落”，在“预览”区中单击“下框线”按钮，设置段落边框。

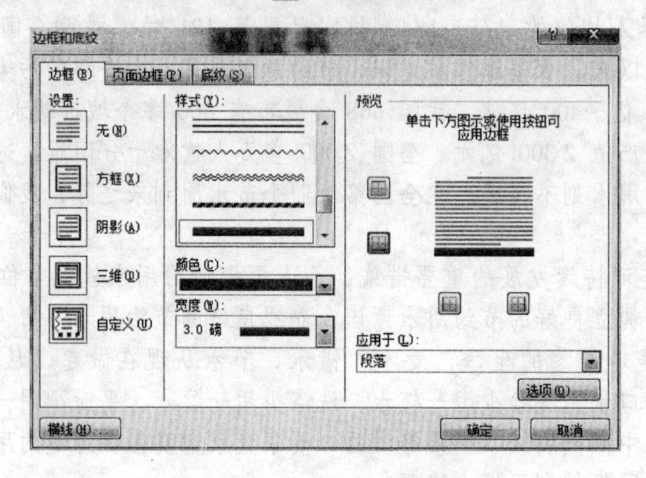

图 9.16　设置段落边框

注意：设置时，应先选择样式，再选择颜色和宽度，否则每次更改一种样式，都要重新选择颜色和宽度；不可以给文字设置单边的框线，只能设置四周的框线，段落才可以设置任意边的框线。

（3）选中“水”字，在“开始”选项卡的“编辑”组中单击“替换”按钮（也可按 Ctrl+H 键），在打开的如图 9.17 所示的“查找和替换”对话框的“替换”选项卡中，将光标定位在“替换为”文本框，单击“更多”按钮，在展开的界面中单击“格式”按钮，在弹出的菜单中选择“字体”选项，在打开的“字体”对话框中设置字体为蓝色、加着重号，单击“全部替换”按钮，将文档中的“水”字全部替换为统一格式。

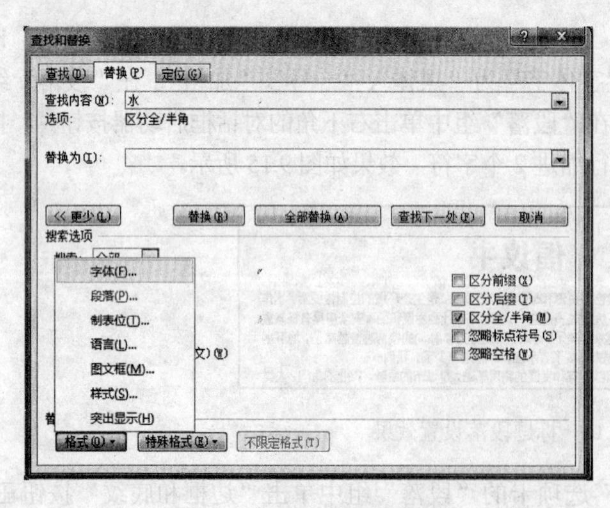

图 9.17 “查找和替换”对话框

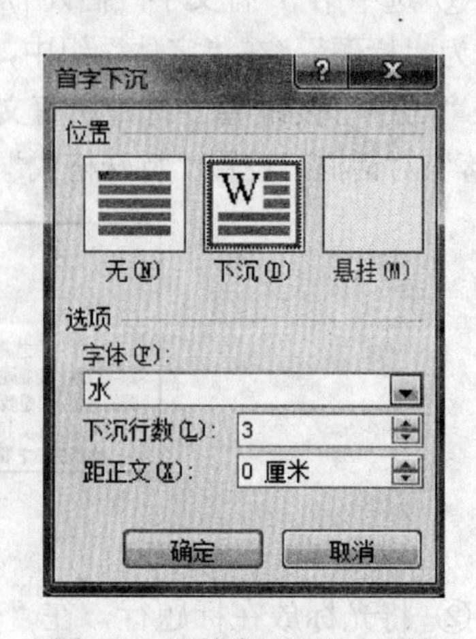

图 9.18 “首字下沉”对话框

注意：在设置替换的文本格式时，光标要放在“替换为”文本框中，否则光标会在“查找内容”文本框，反而找不到需要的内容。要删除设置的格式，单击“不限定格式”按钮即可。

（4）分栏。

① 分两栏。选中第二段文字，在“页面布局”选项卡的“页面设置”组中单击“分栏”按钮，在下拉列表中选择“两栏”选项，将第二段分为左右两栏。仍将光标放在第二段内，在“插入”选项卡的“文本”组中单击“首字下沉”下拉按钮，打开如图 9.18 所示的“首字下沉”对话框，在“位置”区单击“下沉”按钮，设置下沉行数为 3 行、字体为宋体、与正文的距离为 0 厘米。单击“确定”按钮。选中下沉的“水”字，在“开始”选项卡的“字体”组中将其设置为蓝色。

② 分多栏。在“页面布局”选项卡的“页面设置”组中单击“分栏”按钮，在下拉列表中选择“更多分栏”选项。打开如图 9.19 所示的“分栏”对话框，进行详细设置，取消勾选“栏宽相等”复选框，可以设置不等宽的分栏，勾选“分隔线”复选框，还可以为栏间添加分隔线等。分栏后，在第二段的前后出现分节符，如果没有看到分节符，可以在“开始”选项卡的“段落”组中单击“显示/隐藏编辑标记”按钮，将编辑标记显示出来，则可以看到如图 9.20 所示的分节符。

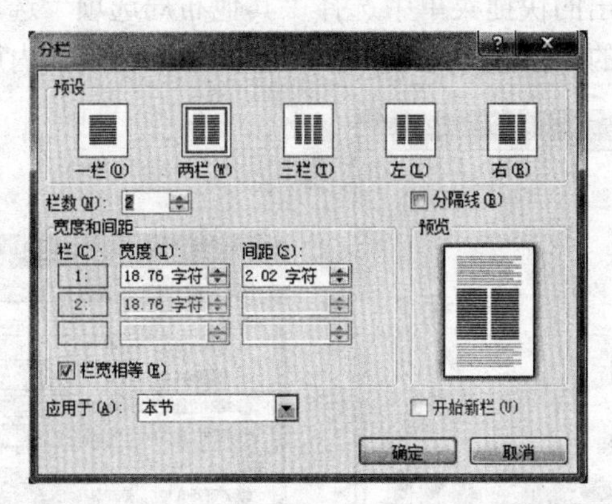

图 9.19　“分栏”对话框

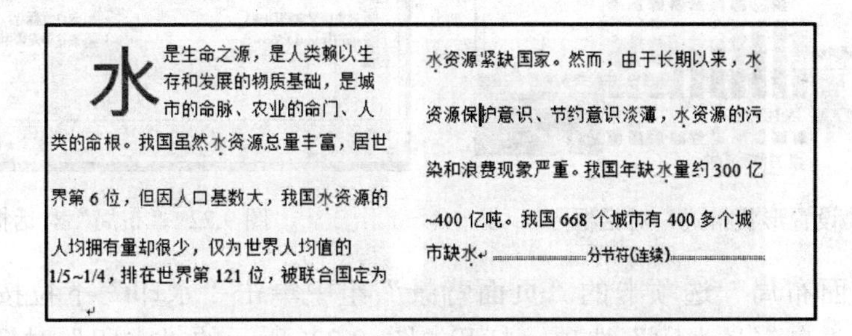

图 9.20　分栏效果及分节符显示

（5）将光标放在第二段内最后，按 Enter 键，在“插入”选项卡的“插图”组中单击“图片”按钮，打开“插入图片”对话框，选择图片“水滴.jpg”文件，插入到第二段末；单击选中图片，在“图片工具”功能区“格式”选项卡的“大小”组中单击对话框启动器按钮，打开“布局”对话框，在“大小”组中取消勾选“锁定纵横比”复选框，在高度和宽度的绝对值框中输入 4 和 5，单位为厘米，在“开始”选项卡“段落”组中设置图片“居中”。

（6）将光标放在“因此我们向师生们发出如下倡议：”文字前，按 Enter 键，另起一段。注意，按 Enter 键是为了分段，若只要换行，则按 Shift+Enter 键，输入一个换行符。

（7）选中倒数第二、三段，在“开始”选项卡的“段落”组中单击“编号”下拉按钮，选择样张所示编号；设置字体为黑体、五号；单击“段落”组中的对话框启动器按钮，打开“段落”对话框，设置为单倍行距、段前段后距离为 0.5 行。

（8）插入文本框。

① 选中最后一段，复制，然后在“插入”选项卡的“文本”组中单击“文本框”下拉按钮，在下拉列表中选择“简单文本框”选项，插入一个简单文本框，并将刚才复制的最后一段文本粘贴到文本框内。选中整个文本框，在“绘图工具”功能区“格式”选项卡的“形状样式”组中单击“更改形状”下拉按钮，在“基本形状”区中选择“棱台”图案。

② 右击文本框，在弹出的快捷菜单中选择“设置形状格式”选项，打开如图 9.21 所示的“设置形状格式”对话框，在“填充”选项卡中选择“渐变填充”单选按钮。

③ 右击文本框，在弹出的快捷菜单中选择“其他布局选项”选项，打开如图 9.22 所示的“布局”对话框，在对话框的“位置”选项卡中设置文本框在页面内居中。

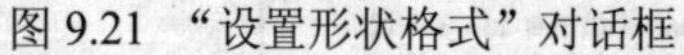

图 9.21 “设置形状格式”对话框

图 9.22 “布局”对话框

（9）在“页面布局”选项卡的“页面背景”组中单击“水印”下拉按钮，在弹出的下拉列表中选择“自定义水印”选项，打开如图 9.23 所示的“水印”对话框，选择“文字水印”单选按钮，设置字体为“华文楷体”，字号为“96”，颜色为“水蓝色”、“半透明”，版式为“斜式”。还可以设置图片水印，选择“无水印”单选按钮，则可以取消水印效果。

（10）在“页面布局”选项卡的“页面背景”组中单击“页面边框”按钮，打开如图 9.24 所示的“边框和底纹”对话框，在“页面边框”选项卡中单击▣按钮，在“艺术型”下拉列表框中选择如样张所示的艺术型边框，将颜色设为“紫色”，应用于“整篇文档”。

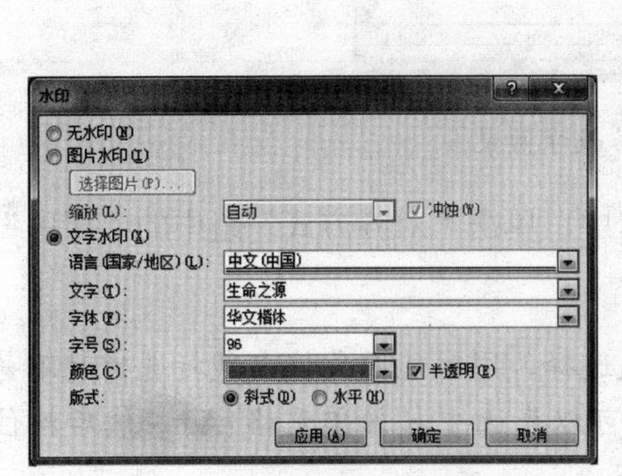

图 9.23 “水印”对话框

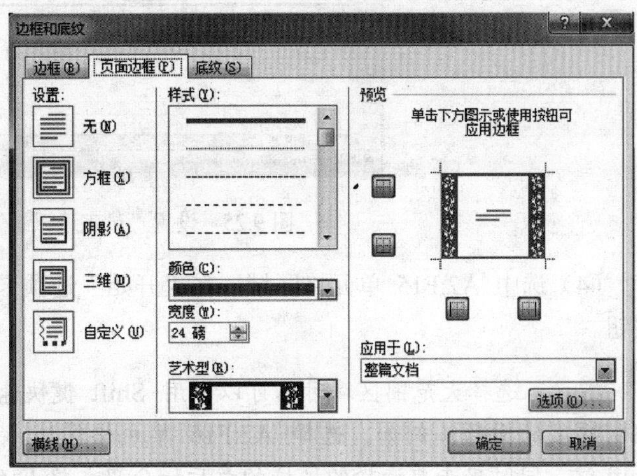

图 9.24 “边框和底纹”对话框

（11）单击快速访问工具栏的下拉按钮▾，在弹出的下拉列表中选择“打印预览和打印”选项，在快速访问工具栏中添加“打印预览”按钮，单击“打印预览”按钮，预览编辑完成的文档，单击快速工具栏上的“保存”按钮，保存文档到指定文件夹下。

注意：在操作过程中应及时保存文档，按 Ctrl+S 键可以直接保存文档，按 Ctrl+Shift+S 键可弹出“另存为”对话框。

9.4　制作员工通讯录

为方便联络，一般每个单位乃至各个部门都有自己的员工通讯录，因此制作一个简洁实用的通讯录便成为行政部门常见的工作任务。

1. 员工通讯录的建立

（1）打开 Excel 2010 新建工作簿，将工作簿保存为“员工通讯录.xlsx”，选择 Sheet1 工作表，右击 Sheet1 工作表标签，在弹出的快捷菜单中选择“重命名”选项，将工作表命名为“通讯录”。

（2）依次选择 A1 单元格、A2:F2 单元格区域，分别输入“员工通讯录”、“部门”、“姓名”、“性别”、“内线电话”、“手机”及“办公室”。

（3）选择 A1:F1 单元格区域，在“开始”选项卡的“对齐方式”组中单击“合并后居中”按钮。在“开始”选项卡的“字体”组中单击“字体”文本框右侧的下拉按钮，在弹出的下拉列表中选择“黑体”选项，在“字号”文本框中输入“16”，如图 9.25 所示。

提示：刚开始输入表格的基本文本信息时，不需要调整列宽和行高，一般在设置了字体大小后，列宽和行高才会出现不合适的情况，需要调整。

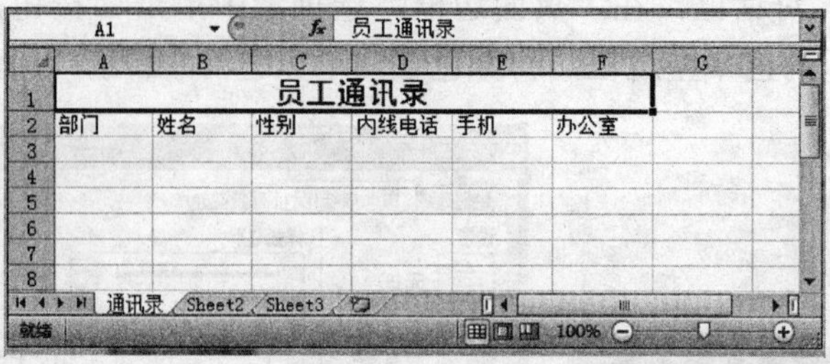

图 9.25　设置“员工通讯录”文字效果

（4）选中 A2:F15 单元格区域，在“开始”选项卡中，单击“对齐方式”组中的“居中”按钮。

提示： 选择大范围区域时，可以利用 Shift 键快速选择，同时能避免拖曳鼠标选择时不易控制幅度的问题。例如，选择 A2:F16 单元格区域，可以先选中起始单元格 A2，然后按住 Shift 键，同时单击要选择的区域的最后一个单元格 F16。

（5）依次输入员工的部门、姓名、性别、内线电话、手机和办公室等信息，适当调整列宽，最后效果如图 9.26 所示。

说明： 在输入部门、姓名、性别、内线电话、手机和办公室等信息时，可以从“第 9 章素材\通讯录.xlsx”工作簿中复制以上数据。

E3 单元格中显示 1.33E+10，是因为该列太窄，手机号码显示不下，自动显示为科学记数法，要想号码全部显示，调整该列宽度即可。

这样，一份员工通讯录就制作完毕。下面将介绍如何在通讯录中筛选到自己需要的信息。

2. 员工通讯录的筛选

如果要从通讯录中找到某一个员工的联系电话，或要得到某一部门的人员记录，可以利用自动筛选功能快速实现。

（1）打开“第 9 章素材\通讯录.xlsx”工作簿，单击任何一个有数据的单元格。

（2）在“数据”选项卡的“排序和筛选”组中单击“筛选”按钮，则每个字段后会增加一个“自动筛选”按钮，如图 9.27 所示。

（3）单击“部门”字段的“自动筛选”按钮。在弹出的下拉列表中选择“研发部”选项，单击“确定”按钮，则筛选出“研发部”所有员工的信息，如图 9.28 所示。

（4）单击“部门”字段的“自动筛选”按钮，在弹出的下拉列表中选择“全选”选项，单击“确定”按钮，即可显示出所有员工的数据。

3. 员工通讯录的排序

（1）打开“第 9 章素材\通讯录.xlsx”工作簿。

（2）在“数据”选项卡的“排序和筛选”组中单击“排序”按钮。

（3）打开如图 9.29 所示的“排序”对话框，在“主要关键字”下拉列表框中选择“部门”选项，在“排序依据”下拉列表框中选择“数值”选项，在“次序”下拉列表框中选择“升序”选项，然后单击“复制条件”按钮。

E3　fx 13302991233

	A	B	C	D	E	F
1	员工通讯录					
2	部门	姓名	性别	内线电话	手机	办公室
3	技术部	李丽	女	8000	1.33E+10	1001
4	技术部	王敏	女	8001	1.35E+10	1001
5	市场部	赵晨阳	男	8002	1.5E+10	1003
6	市场部	程小红	女	8003	1.59E+10	1003
7	办公室	王浩	男	8004	1.36E+10	1002
8	产品部	钱翔	男	8005	1.35E+09	1005
9	产品部	郑岚	女	8006	1.39E+10	1005
10	人力资源部	张颖	女	8007	1.38E+10	1004
11	研发部	刘源	男	8008	1.59E+10	1006
12	研发部	吴大伟	男	8009	1.33E+10	1006
13	人力资源部	丁斌	男	8010	1.37E+10	1004
14	技术部	任漫	女	8011	1.36E+10	1001
15	研发部	赵安	男	8012	1.86E+10	1006

图 9.26　员工通讯录

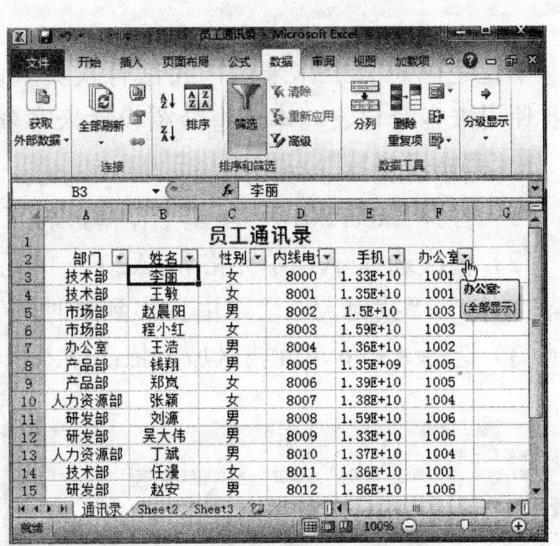

B3　fx 李丽

	A	B	C	D	E	F
1	员工通讯录					
2	部门	姓名	性别	内线电话	手机	办公室
3	技术部	李丽	女	8000	1.33E+10	1001
4	技术部	王敏	女	8001	1.35E+10	1001
5	市场部	赵晨阳	男	8002	1.5E+10	1003
6	市场部	程小红	女	8003	1.59E+10	1003
7	办公室	王浩	男	8004	1.36E+10	1002
8	产品部	钱翔	男	8005	1.35E+09	1005
9	产品部	郑岚	女	8006	1.39E+10	1005
10	人力资源部	张颖	女	8007	1.38E+10	1004
11	研发部	刘源	男	8008	1.59E+10	1006
12	研发部	吴大伟	男	8009	1.33E+10	1006
13	人力资源部	丁斌	男	8010	1.37E+10	1004
14	技术部	任漫	女	8011	1.36E+10	1001
15	研发部	赵安	男	8012	1.86E+10	1006

图 9.27　自动筛选

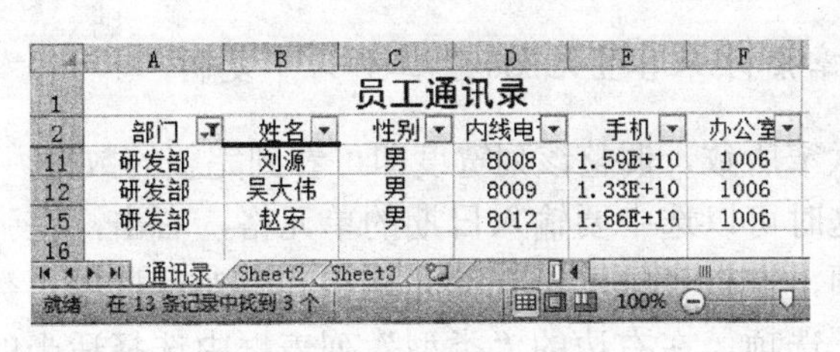

	A	B	C	D	E	F
1	员工通讯录					
2	部门	姓名	性别	内线电话	手机	办公室
11	研发部	刘源	男	8008	1.59E+10	1006
12	研发部	吴大伟	男	8009	1.33E+10	1006
15	研发部	赵安	男	8012	1.86E+10	1006
16						

图 9.28　筛选出“研发部”所有员工的信息

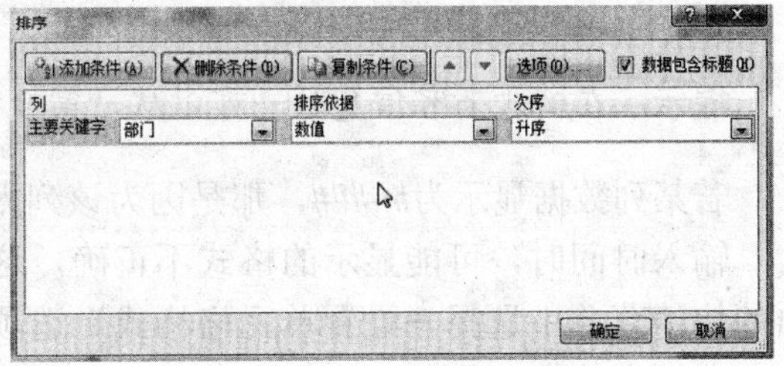

图 9.29　“排序”对话框

（4）图 9.29 所示的“排序”对话框变为图 9.30 所示的“排序”对话框，在“次要关键字”下拉列表框中选择“性别”选项，在“排序依据”下拉列表框中选择“数值”选项，在“次序”下拉列表框中选择“降序”选项，单击“确定”按钮。

通讯录中显示的通讯信息按部门排列，而同一部门的信息又按照“性别”排列。效果如图 9.31 所示。

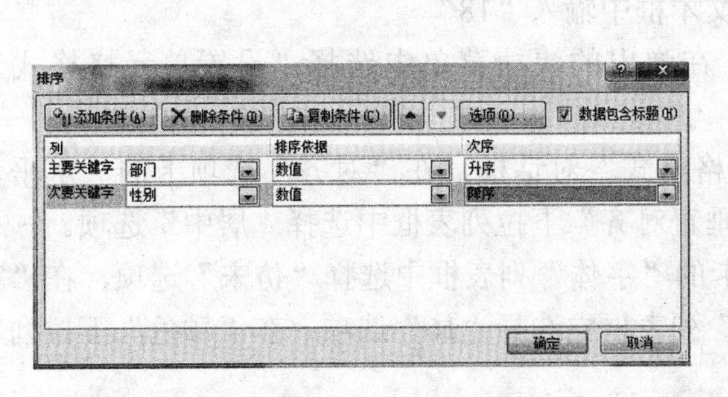

图 9.30　设置次要关键字的属性

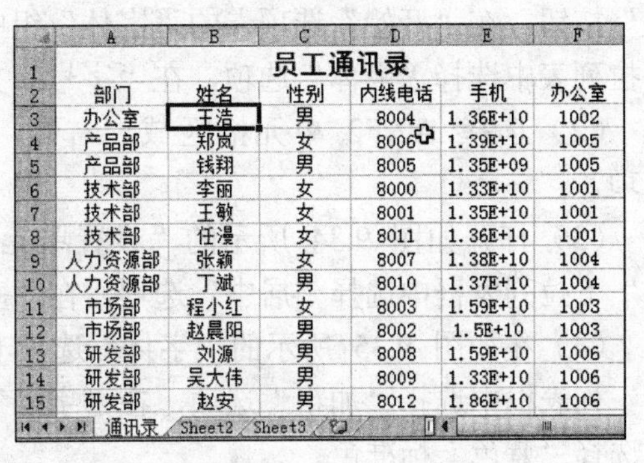

	A	B	C	D	E	F
1	员工通讯录					
2	部门	姓名	性别	内线电话	手机	办公室
3	办公室	王浩	男	8004	1.36E+10	1002
4	产品部	郑岚	女	8006	1.39E+10	1005
5	产品部	钱翔	男	8005	1.35E+09	1005
6	技术部	李丽	女	8000	1.33E+10	1001
7	技术部	王敏	女	8001	1.35E+10	1001
8	技术部	任漫	女	8011	1.36E+10	1001
9	人力资源部	张颖	女	8007	1.38E+10	1004
10	人力资源部	丁斌	男	8010	1.37E+10	1004
11	市场部	程小红	女	8003	1.59E+10	1003
12	市场部	赵晨阳	男	8002	1.5E+10	1003
13	研发部	刘源	男	8008	1.59E+10	1006
14	研发部	吴大伟	男	8009	1.33E+10	1006
15	研发部	赵安	男	8012	1.86E+10	1006

图 9.31　排序后的“员工通讯录”

9.5 制作来客登记表

单位之间总有工作来往，经常有人员来访，为了使管理程序更规范化，行政管理部门就需要使用来客登记表。本节将介绍设计来客登记表的方法。

1. 建立表格

（1）打开 Excel 2010，新建工作簿，将工作簿保存为“来客登记表.xlsx”。

（2）依次选择 A1 单元格和 A2:F2 单元格区域，分别输入“来客登记表”、“客户姓名”、“客户单位”、“找何人”、“事由”、“到来时间”及“离开时间”，如图 9.32 所示。

（3）选择 A3:F6 单元格区域，依次输入来客信息，适当调整行高和列宽，如图 9.33 所示。

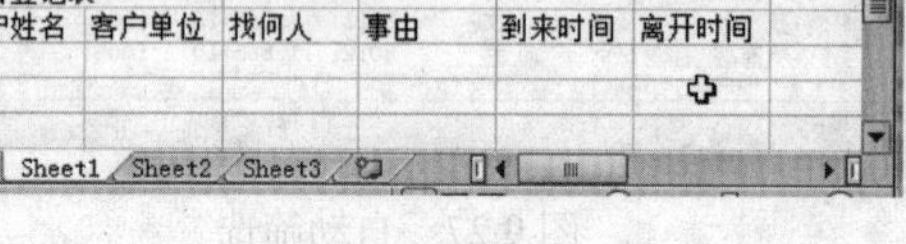

图 9.32 输入文字后的效果

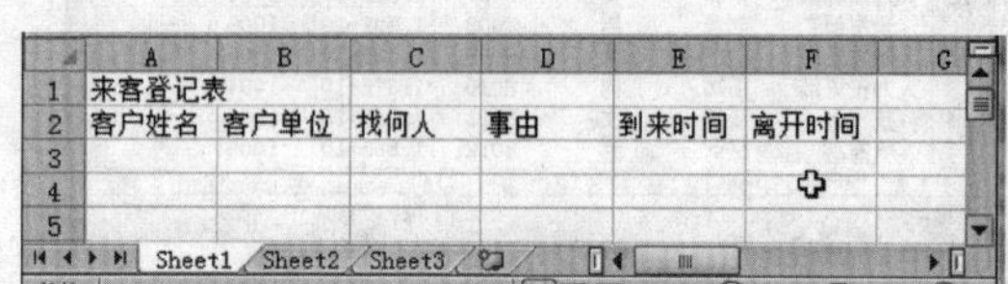

图 9.33 输入来客信息后的效果

提示：在输入来客信息时，可以从“第 9 章素材\来客登记.xlsx”工作簿中复制。

若某列数据显示为#####，那是因为该列太窄所致，调整该列宽度即可看到完整的数据。

输入时间时，可能显示的格式不正确，这时可以选中要输入日期的单元格，右击，在弹出的快捷菜单中选择“设置单元格格式”选项，在打开的“设置单元格格式”对话框的“数字”选项卡的“分类”列表框中选择“日期”选项，在右边的“类型”列表框中选择适当的格式。

（4）适当调整行高和列宽。

提示：一般将行高和列宽的大小调整为比文字宽松，这样表格才会显得美观。

2. 设置表头格式

（1）选择 A1:F1 单元格区域，在“开始”选项卡的“对齐方式”组中单击“合并后居中”按钮。在“开始”选项卡的“字体”组中单击“字体”文本框右侧的下拉按钮，在弹出的下拉列表中选择“黑体”选项，在“字号”文本框中输入“18”。

（2）选择 A2:F2 单元格区域，右击，在弹出的快捷菜单中选择“设置单元格格式”选项。

（3）打开如图 9.34 所示的“设置单元格格式”对话框，在“对齐”选项卡的“水平对齐”下拉列表框中选择“居中”选项，在“垂直对齐”下拉列表框中选择“居中”选项。

（4）在如图 9.35 所示的“字体”选项卡的“字体”列表框中选择“仿宋”选项，在“字形”列表框中选择“加粗”选项，在“字号”列表框中选择“16”选项，在“颜色”下拉列表中选择“蓝色”标准色。

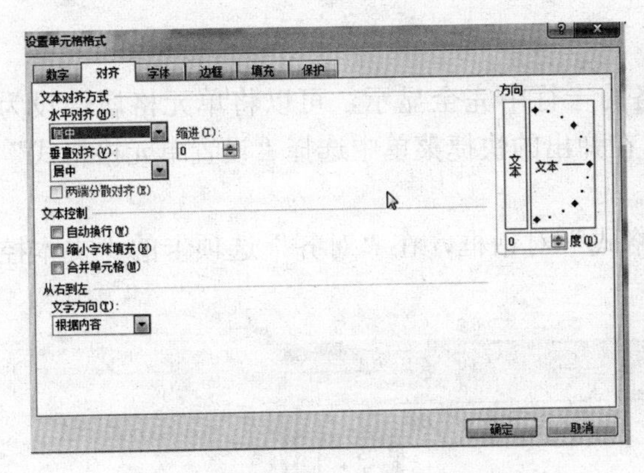

图 9.34 “设置单元格格式”对话框

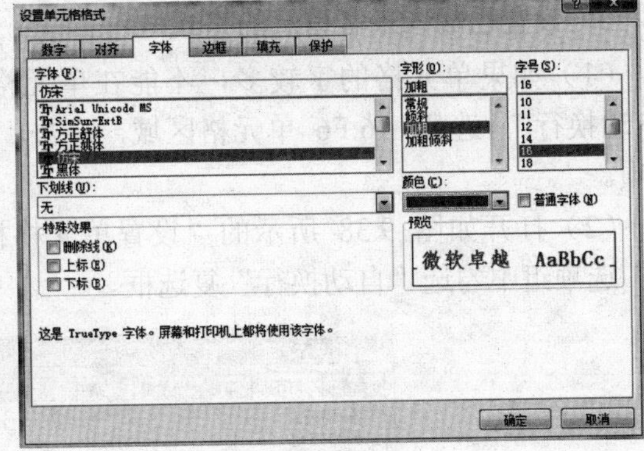

图 9.35 “字体”选项卡

（5）在如图 9.36 所示的“填充”选项卡的“背景色”调色板中选择“橙色”选项，在“图案颜色”下拉列表框中选择“橙色，强调文字颜色 6，深色 25%”主题颜色，在“图案样式”下拉列表框中选择“25%灰色”选项。

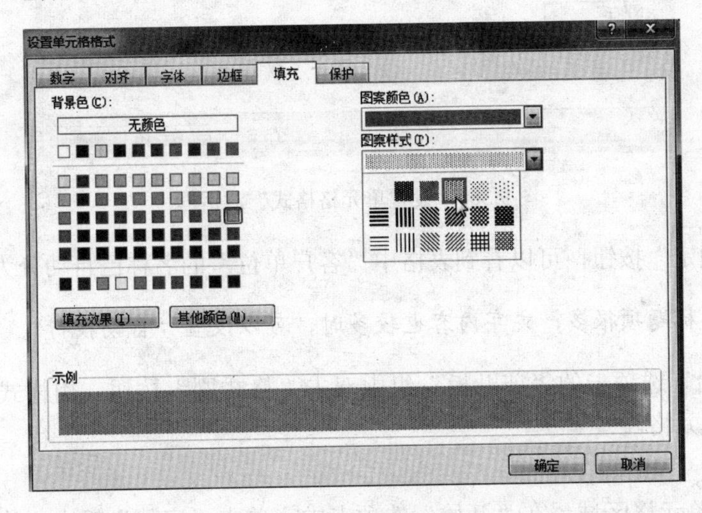

图 9.36 “填充”选项卡

提示：一般设置的背景色和图案效果都可以在对话框下方的“示例”区域中预览，若想设置填充效果，可以单击“填充效果”按钮进行设置。

（6）单击“确定”按钮，产生了相应的效果。由于文字大小发生了改变，所以这时需要再次调整列宽，调整后的效果如图 9.37 所示。

	A	B	C	D	E	F
1	来客登记表					
2	客户姓名	客户单位	找何人	事由	到来时间	离开时间
3	李天	北京联想公司	程小红	联系业务	2015/1/17 10:20	2015/1/17 11:40
4	张力	中国移动	王浩	电话业务	2015/2/18 14:00	2015/2/18 16:00
5	解梅	西安东方厂	钱翔	产品咨询	2015/3/5 9:30	2015/3/5 15:30
6	杜思	西安思维广告公	郑岚	广告投放	2015/3/20 8:50	2015/3/20 15:50

Sheet1　Sheet2　Sheet3

图 9.37 调整后的效果

3. 设置已输入来客信息的格式

（1）如果单元格的字较多，不能在单元格的一行中完全显示，可以将单元格属性设为“自动换行”。选择 A6:F6 单元格区域，右击，在弹出的快捷菜单中选择“设置单元格格式”选项。

（2）打开如图 9.38 所示的“设置单元格格式”对话框，在“对齐”选项卡的“文本控制”选项组中勾选“自动换行”复选框。

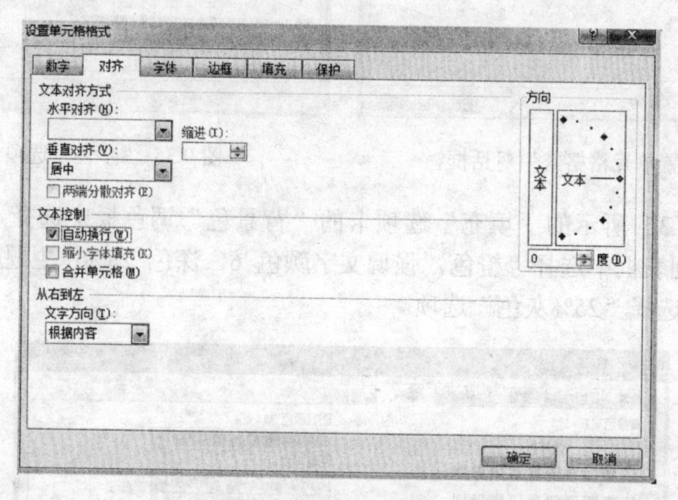

图 9.38　“设置单元格格式”对话框

（3）单击“确定”按钮，可以看到表格中“客户单位”的名称已自动分为两行显示。

提示：当表格标题项很多，文字内容也较多时，可以设置“自动换行”。

（4）在“开始”选项卡的“剪贴板”组中双击“格式刷”按钮，用格式刷的光标选中需要自动换行的单元格。

4. 添加边框

选择 A2:F6 单元格区域，在“开始”选项卡中，单击“字体”组中“边框”下拉按钮，在弹出的下拉列表中选择“所有框线”选项。

图 9.39 为黑色单线的内外框线已经设置完成的来客登记表。

	A	B	C	D	E	F
1	来客登记表					
2	客户姓名	客户单位	找何人	事由	到来时间	离开时间
3	李天	北京联想公司	程小红	联系业务	2015/1/17 10:20	2015/1/17 11:40
4	张力	中国移动	王浩	电话业务	2015/2/18 14:00	2015/2/18 16:00
5	解梅	西安东方厂	钱翔	产品咨询	2015/3/5 9:30	2015/3/5 15:30
6	杜思	西安思维广告公司	郑岚	广告投放	2015/3/20 8:50	2015/3/20 15:50

图 9.39　设置完成的来客登记表

第 10 章　办公实例企业管理案例解析

10.1　企业新进人员管理

在对企业新进人员进行管理时，需要使用多种表格，如人员登记表、培训表、培训成绩统计表等。利用 Excel 强大的表格制作功能，以及数据计算、查询等功能来进行新进人员的管理，则可以很大程度上提高工作效率。

10.1.1　案例概述

1. 应用环境分析

企业正常运作需要不断有新鲜血液注入，人员的管理是企业发展过程中最重要的环节之一。有效合理地开发、管理人才是企业走向成功的关键。企业人力资源管理部门要妥善地进行人力资源的管理，需要从多个方面做起，如人才的选聘、培训、考评等，这是人员管理的第一步。

在对企业新进人员进行管理时，需要使用多种表格，如人员登记表、培训表、培训成绩统计表等。

2. 制作流程

建立企业新进人员管理系统可以按照如图 10.1 所示的流程来操作，对于表中项目的安排，管理人员可根据实际工作需要灵活掌握。

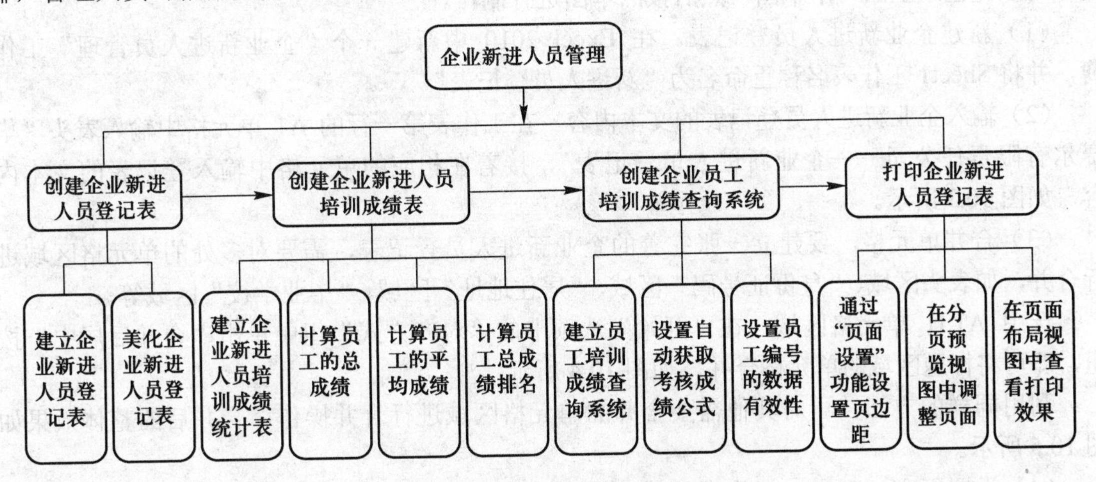

图 10.1　企业新进人员管理流程图

10.1.2　创建企业新进人员登记表

对于企业新录取的人员，企业人事部门要将该人员的相关信息登记存档，为此就需要制作一张特定格式的新进人员登记表。图 10.2 是创建的企业新进人员登记表效果图。

华赛尔有限责任公司—企业新进人员登记表								
表号：						登记日期：		
身份证号码	■■■■■■■■■■■■■■■■■■				员工编号			
姓名		性别		出生日期		民族		照片
身高		体重		健康状况		籍贯		
政治面貌		婚姻状况		兵役状况		视力		
居住地址				邮编		固定电话		
毕业学校				专业		学历		
手机		小灵通		E-mail				
所学语言1		等级		所学语言2		等级		
专业支撑1		专业职称2		其他				
就职部门		职业		到岗时间				
员工性质	1.劳动合同	2.劳动协议	3.农村富余	4.外劳力	5.其它			
学习或培训经历	起始单位	校/培训单位			专业/培训内容		文凭/培训证书	
	起始时间	单位名称			所在岗位		业绩	
工作经历								
技能与特长								

图 10.2　新进人员登记表效果

1. 建立企业新进人员登记表

企业新进人员登记表一般包括编号、姓名、身份证号码、出生日期、性别、工作时间、工龄、年龄、学历、职务等项目。在设计工作表前要对这些项目及表格的构造有一个明确的思路，可以先在纸上画一个草图，然后按照草图进行制作。

（1）新建企业新进人员登记表。在 Excel 2010 中新建一个“企业新进人员管理”工作簿，并将 Sheet1 工作表名称重命名为“新进人员登记表”。

（2）输入企业新进人员登记表的文本内容。在工作表第一行的 A1 单元格中输入表头“华赛尔有限责任公司——企业新进人员登记表”，接着在相应的单元格中输入登记表的文本内容，如图 10.3 所示。

（3）合并单元格。要建立一张完善的企业新进人员登记表，需要对多处的单元格区域进行合并，如表头区域、“身份证号码”区域、“居住地址”区域、“毕业学校”区域等。

选中 A1:I1 单元格区域，在“开始”选项卡的“对齐方式”组中单击“合并后居中”按钮，即可将标题区域的单元格合并，如图 10.4 所示。

利用同样的方法，再对其他需要合并的单元格区域进行合并操作，合并后的整体效果如图 10.5 所示。

（4）设置行高、列宽。工作表的默认行高、列宽尺寸比较小，此时需要对行高、列宽进行调整。

	A	B	C	D	E	F	G	H	I
1	公司一企业新进人员登记表								
2									
3	表号：							登记日期：	
4	身份证号码					员工编号			
5	姓名		性别		出生日期		民族		照片
6	身高		体重		健康状况		籍贯		
7	政治面貌		婚姻状况		兵役状况		视力		
8	居住地址				邮编		固定电话		
9	毕业学校				专业		学历		
10	手机		小灵通		E-mail				
11	所学语言1		等级		所学语言2		等级		
12	专业支撑1		专业职称2		其他				
13	就职部门		职业		到岗时间				
14	员工性质	1.劳动合同	2.劳动协议	3.农村富余	4.外劳力	5.其它			
15		起始单位	学校/培训单位			专业/培训内容		文凭/培训证书	
16									
17	学习或培训经历								
18									
19									
20		起始时间	单位名称			所在岗位		业绩	
21									
22	工作经历								
23									
24									
25	技能与特长								
26									
27									
28	与本人联系	姓名	年龄	性别	工作或学习单位			工作职位	学习专业

图 10.3　华赛尔有限责任公司——企业新进人员登记表

A1　fx　华赛尔有限责任公司-企业新进人员登记表

	A	B	C	D	E	F	G	H	I
1	华赛尔有限责任公司-新进人员培训成绩表								
2	编号	员工姓名	性别	培训课程					
3				规章制度	法律知识	管理知识	市场分析	电脑运用	营销操作
4	HSR1001	刘男	女	88	72	77	85	80	70
5	HSR1002	李刚	女	85	68	83	72	83	88
6	HSR1003	陈双双	女	88	72	77	85	80	70
7	HSR1004	叶小来	女	92	63	84	68	73	78
8	HSR1005	林佳	男	88	72	77	85	80	70

图 10.4　合并标题单元格

A1　fx　华赛尔有限责任公司-企业新进人员登记表

	A	B	C	D	E	F	G	H	I
1	华赛尔有限责任公司-新进人员培训成绩表								
2	编号	员工姓名	性别	培训课程					
3				规章制度	法律知识	管理知识	市场分析	电脑运用	营销操作
4	HSR1001	刘男	女	88	72	77	85	80	70
5	HSR1002	李刚	女	85	68	83	72	83	88
6	HSR1003	陈双双	女	88	72	77	85	80	70
7	HSR1004	叶小来	女	92	63	84	68	73	78

图 10.5　合并后的整体效果

方法一：手工调整表头行高和列宽，单击需要调整行高和列宽的行标号或列标号，将光标放在该行标号的下横线上或列标号右竖线上，等光标变为上下箭头的十字形✢或左右箭头的十字形✢时，按住鼠标左键向下或向右拖动即可。

方法二：通过“行高”和“列宽”对话框来调整信息文本的行高。

选中要调整行高或列宽的行或列，在“开始”选项卡的“单元格”组中单击“格式”按钮，在弹出的下拉列表中选择“行高”或“列宽”选项，在弹出的“行高”或“列宽”对话框中输入“行高”或“列宽”的具体数值，单击“确定”按钮即可。调整行高和列宽后的效果如图 10.6 所示。

	A	B	C	D	E	F	G	H	I
1	华赛尔有限责任公司—企业新进人员登记表								
2	表号:							登记日期:	
3	身份证号码					员工编号			
4	姓名		性别		出生日期		民族		
5	身高		体重		健康状况		籍贯		
6	政治面貌		婚姻状况		兵役状况		视力		
7	居住地址				邮编		固定电话		照片
8	毕业学校				专业		学历		
9	手机		小灵通		E-mail				
10	所学语言1		等级		所学语言2		等级		
11	专业支撑1		专业职称2		其他				
12	就职部门		职业		到岗时间				
13	员工性质	1.劳动合同	2.劳动协议	3.农村富余	4.外劳力	5.其它			
14		起始单位	学校/培训单位			专业/培训内容		文凭/培训证书	
15									
16	学习或培训经历								
17									
18									
19		起始时间	单位名称			所在岗位		业绩	

图 10.6　表格调整

（5）插入身份证号码输入方框。国家目前统一的身份证号码为 18 位，为了固定身份证号码，这里可以插入 18 个矩形。选中合并后的 B3 单元格，通过“符号”对话框连续插入 18 个矩形符号，如图 10.7 所示。

B3　fx ■■■■■■■■■■■■■■■■■■

	A	B	C	D	E	F	G	H	I
1	华赛尔有限责任公司—企业新进人员登记表								
2	表号:							登记日期:	
3	身份证号码	■■■■■■■■■■■■■■■■■■				员工编号			
4	姓名		性别		出生日期		民族		
5	身高		体重		健康状况		籍贯		
6	政治面貌		婚姻状况		兵役状况		视力		
7	居住地址				邮编		固定电话		照片
8	毕业学校				专业		学历		
9	手机		小灵通		E-mail				
10	所学语言1		等级		所学语言2		等级		
11	专业支撑1		专业职称2		其他				

图 10.7　插入身份证号码输入方框

2. 美化企业新进人员登记表

企业新进人员登记表的基本框架设置完成后，还需要对其进行美化设置操作，如设置文字格式、对齐方式、底纹与边框等。

（1）文字格式设置。对需要合并的单元格区域进行合并后，就可以对输入的信息进行文字格式设置，具体操作如下。

① 设置表头文字格式。在“字体”工具栏中完成文字格式的设置，效果如图 10.8 所示。

② 设置其他文本信息的文字格式，设置后的效果如图 10.9 所示。

（2）对齐方式设置。默认情况下表格中的数据都是以左端对齐方式显示的，这会影响表格的整体美观。可以设置数据的对齐方式为“居中”对齐。

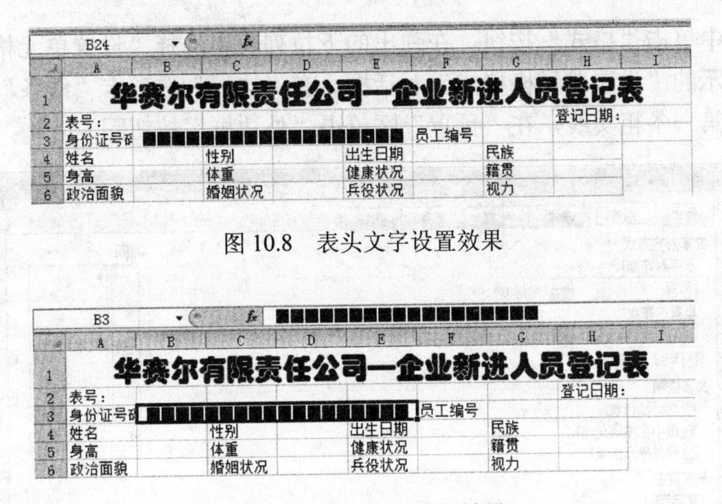

图 10.8　表头文字设置效果

图 10.9　其他文字设置效果

① 设置单元格以居中方式对齐。选中表格的所有单元格区域，在“开始”选项卡的“对齐方式”组中单击“垂直居中”按钮和“居中”按钮。效果如图 10.10 所示。

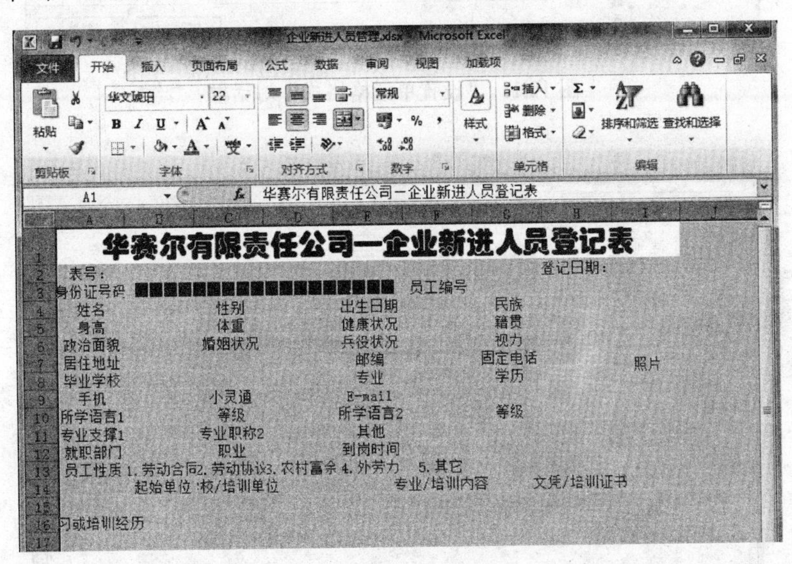

图 10.10　文本居中效果

② 设置单元格自动换行对齐。选中要设置对齐方式的单元格区域，在“开始”选项卡的“单元格”组中单击“格式”按钮，在弹出的下拉列表中选择“设置单元格格式”选项，打开如图 10.11 所示的“设置单元格格式”对话框，在“对齐”选项卡的“文本对齐方式”区设置“水平对齐”和“垂直对齐”都为“居中”，在“文本控制”选项组中勾选“自动换行”复选框，单击“确定”按钮。

（3）表格边框美化。在 Excel 2010 中，默认显示的辅助编辑表格线只是辅助表格设计，打印表格时它不会被打印。在实际创建表格时，必须重新设置表格的边框。

① 设置表格的外边框线。选中已创建的数据表格的全部单元格区域，在“开始”选项卡

的“单元格”组中单击“格式”按钮，在弹出的下拉列表中选择“设置单元格格式”选项，打开如图 10.12 所示的“设置单元格格式”对话框，在“边框”选项卡“线条”区的“样式”列表中选择右侧的第一条粗实线，在“预置”区单击“外边框”按钮⊞。

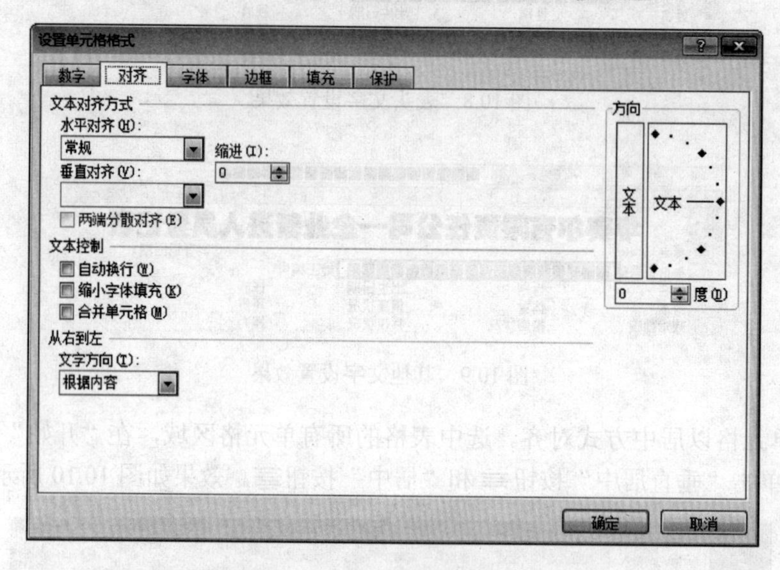

图 10.11 “设置单元格格式”对话框

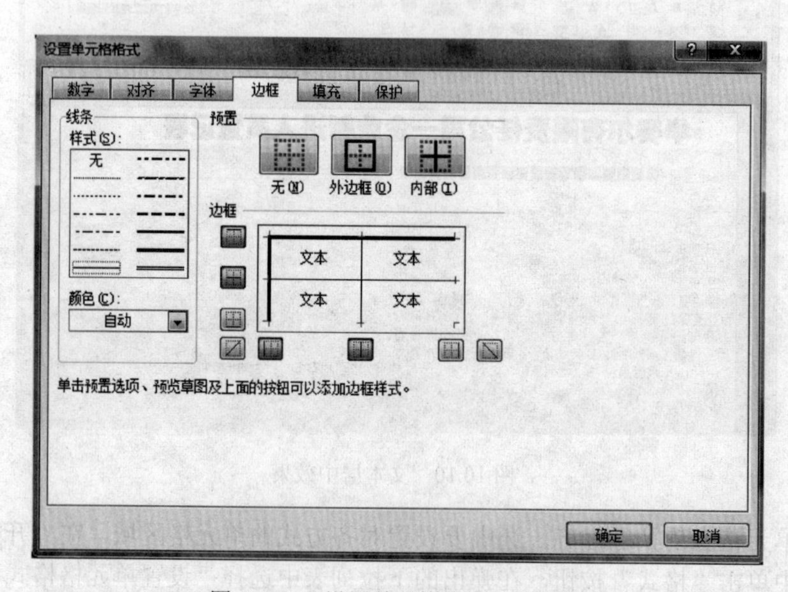

图 10.12 “设置单元格格式”对话框

② 设置表格的内边框线。在图 10.12 所示的“边框”选项卡的“线条”区的“样式”列表中选择左侧的第一条细实线，在“预置”区单击“内部”按钮⊞。单击“确定”按钮，其效果如图 10.13 所示。

（4）保存文件。在“文件”菜单中选择“保存”选项，保存“企业新进人员管理”工作簿。

	A	B	C	D	E	F	G	H	I	J
1	华赛尔有限责任公司—企业新进人员登记表									
2	表号：						登记日期：			
3	身份证号码	■■■■■■■■■■■■■■■■■■				员工编号				
4	姓名		性别		出生日期		民族			
5	身高		体重		健康状况		籍贯			
6	政治面貌		婚姻状况		兵役状况		视力			
7	居住地址				邮编		固定电话		照片	
8	毕业学校				专业		学历			
9	手机		小灵通		E-mail					
10	所学语言1		等级		所学语言2		等级			
11	专业支撑1		专业职称2		其他					
12	就职部门		职业		到岗时间					
13	员工性质	1. 劳动合同	2. 劳动协议	3. 农村富余	4. 外劳力	5. 其它				
14		起始单位	校/培训单位		专业/培训内容			文凭/培训证书		
15	学习或培训经历									
16										
17										
18										
19		起始时间	单位名称			所在岗位		业绩		
20										
21	工作经历									
22										

图 10.13　设置边框和表格线后的效果

10.1.3　创建企业新进人员培训成绩表

新进人员报到后，企业为了提高员工的素质、技能和综合能力，会对新进人员进行短期的培训。培训完成后，要对新进人员进行综合考核，从而评定员工各方面的技能与综合能力。为了方便企业人事部门对培训考核成绩进行管理，可以创建如图 10.14 所示的“企业新进人员培训成绩表”。

华赛尔有限责任公司-新进人员培训成绩表

编号	员工姓名	性别	培训课程						总成绩	平均成绩	名次
			规章制度	法律知识	管理知识	市场分析	电脑运用	智能操作			
HSR1001	刘男	女	88	72	77	85	80	70	472	78.67	4
HSR1002	李刚	女	85	68	83	72	83	88	479	79.83	1
HSR1003	陈双双	女	88	72	77	85	80	70	472	78.67	4
HSR1004	叶小来	女	92	63	84	68	73	78	458	76.33	14
HSR1005	林佳	男	88	72	77	85	80	70	472	78.67	4
HSR1006	彭力	男	86	65	73	87	89	71	471	78.50	8
HSR1007	范琳琳	女	80	84	82	69	80	71	466	77.67	11
HSR1008	易成亮	女	83	76	72	83	88	76	478	79.67	2
HSR1009	黄海蕊	女	90	73	68	65	78	80	454	75.67	15
HSR1010	张浩	男	83	72	72	73	88	84	472	78.67	4
HSR1011	曾春林	男	80	85	63	82	86	77	473	78.83	3
HSR1012	李峰	男	73	68	72	72	80	73	438	73.00	17
HSR1013	彭洁	男	80	85	65	68	83	78	459	76.50	13
HSR1014	徐瑜诚	男	80	77	68	65	87	77	454	75.67	15
HSR1015	丁昊	男	88	73	72	84	81	73	471	78.50	8
HSR1016	李继东	男	78	82	63	76	79	82	460	76.67	12
HSR1017	刘惠	男	88	72	82	73	83	72	470	78.33	10

图 10.14　企业新进人员培训成绩表

1. 建立企业新进人员培训成绩统计表

（1）建立“企业新进人员培训成绩统计表”框架。在“企业新进人员管理”工作簿中，将 Sheet2 工作表名称更改为“企业新进人员培训成绩统计表”，接着输入如图 10.15 所示的文本信息。

（2）分别合并 A2:A3、B2:B3、C2:C3、D2:I2、J2:J3、K2:K3、L2:L3 单元格区域，选中 A2:L3 单元格区域，单击“开始”选项卡的“对齐方式”组中的“居中”按钮☰。

（3）根据实际情况，可用鼠标拖动单元格框线或在“行高”和“列宽”对话框中适当调整行高、列宽以及文字格式。

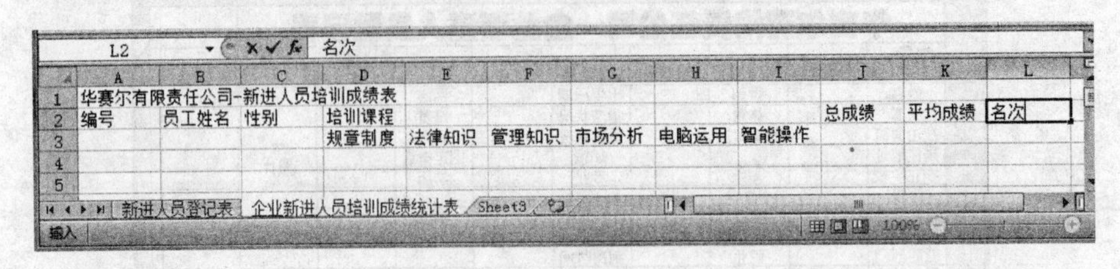

图 10.15　录入表内信息

（4）选中标题行，在“开始”选项卡的“字体”组中单击“填充颜色”按钮，在弹出的“颜色”列表中选择“浅蓝色”选项，设置单元格底纹为“浅蓝色”。

（5）设置内外边框。

① 设置外框线。选中所有数据表格，在“开始”选项卡的“单元格”组中单击“格式”按钮，在弹出的下拉列表中选择“设置单元格格式”选项，打开如图 10.12 所示的“设置单元格格式”对话框，在“边框”选项卡“线条”区的“样式”列表中选择右侧的第一条粗实线，在“预置”区单击“外边框”按钮。

② 设置表格的内边框线。在图 10.12 所示的“边框”选项卡的“线条”区的“样式”列表中选择左侧的第一条细实线，在“预置”区单击“内部”按钮。单击“确定”按钮，其效果如图 10.16 所示。

华赛尔有限责任公司-新进人员培训成绩表

编号	员工姓名	性别	培训课程						总成绩	平均成绩	名次
			规章制度	法律知识	管理知识	市场分析	电脑运用	智能操作			
HSR1001	刘男	女	88	72	77	85	80	70			
HSR1002	李刚	女	85	68	83	72	83	88			
HSR1003	陈双双	女	88	72	77	85	80	70			
HSR1004	叶小来	女	92	63	84	68	73	78			
HSR1005	林佳	男	88	72	77	85	80	70			
HSR1006	彭力	男	86	65	73	87	89	71			
HSR1007	范琳琳	女	80	84	82	69	80	71			
HSR1008	易成亮	女	83	76	72	83	88	76			

图 10.16　设置表格内外边框后的效果

（6）将“平均成绩”区域单元格设置为“数值”格式，并保留 2 位小数。

选中“平均成绩”区域单元格。在“开始”选项卡的“单元格”组中单击“格式”按钮，在弹出的下拉列表中选择“设置单元格格式”选项，打开如图 10.17 所示的“设置单元格格式”对话框，在“数字”选项卡的“分类”列表框中选择“数值”选项，在“示例”区的“小数位数”文本框中输入“2”，单击“确定”按钮。

2. 计算员工的总成绩

对新进人员进行统一培训后，需要对他们的学习成果进行考核。将考核成绩输入到“企业新进人员培训成绩统计表”工作表中，可以计算出员工的总成绩，以便全面了解每个新进人员。

（1）选中 J4 单元格，在“公式”选项卡的“函数库”组中单击“自动求和”按钮，即可在 J4 单元格中显示 SUM 函数和参与求和的区域，按 Enter 键，即可计算员工“刘男”培训考核总成绩，如图 10.18 所示。

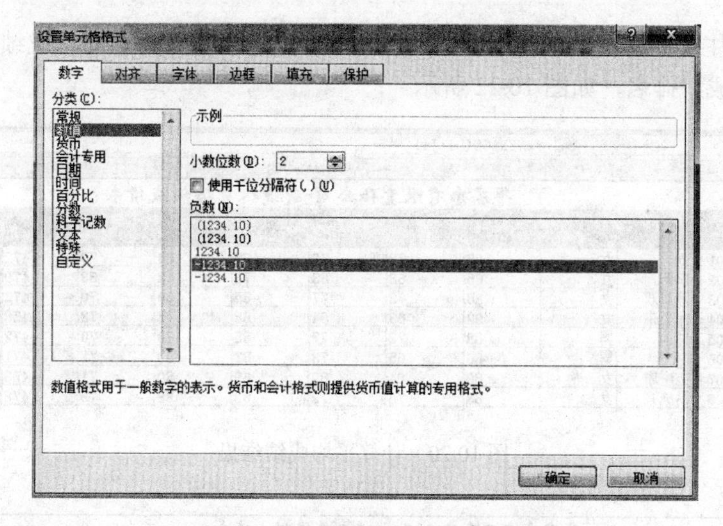

图 10.17 “设置单元格格式”对话框

SUM　=SUM(D4:I4)

	A	B	C	D	E	F	G	H	I	J	K	L
1	华赛尔有限责任公司-新进人员培训成绩表											
2	编号	员工姓名	性别	培训课程						总成绩	平均成绩	名次
3				规章制度	法律知识	管理知识	市场分析	电脑运用	智能操作			
4	HSR1001	刘男	女	88	72	77	85	80	70	=SUM(D4:I4)		
5	HSR1002	李刚	女	85	68	83	72	83	88	SUM(number1, [number2], ...)		
6	HSR1003	陈双双	女	88	72	77	85	80	70			
7	HSR1004	叶小来	女	92	63	84	68	73	78			

图 10.18　计算总成绩

（2）将公式填充到其他单元格中。将鼠标指针移至 J4 单元格右下角，在光标变为实心的十字形状时，按住鼠标左键向下拖动到 J20 单元格，松开鼠标左键，完成公式填充，计算出所有员工的培训考核总成绩，如图 10.19 所示。

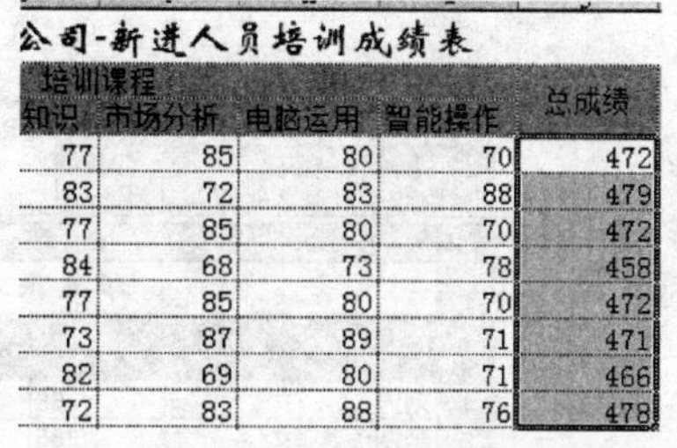

公司-新进人员培训成绩表

培训课程				总成绩
知识	市场分析	电脑运用	智能操作	
77	85	80	70	472
83	72	83	88	479
77	85	80	70	472
84	68	73	78	458
77	85	80	70	472
73	87	89	71	471
82	69	80	71	466
72	83	88	76	478

图 10.19　计算总成绩结果

3. 计算员工的平均成绩

（1）选中 K4 单元格，在“公式”选项卡的“函数库”组中单击“自动求和”下三角按钮，在弹出的下拉列表中选择“平均值”选项，即可在 J4 单元格中显示 AVERAGE 函数和参与求平均值的区域。用户需要将求平均值区域改为“D4:I4”，按 Enter 键，即可计算员工“刘男”培训考核的平均成绩。

（2）将公式填充到其他单元格。将鼠标指针移至 K4 单元格右下角，当光标变为实心的十字形状时，按住鼠标左键向下拖动到 K20 单元格，完成平均成绩的填充，计算出所有员工的培训考核平均成绩，如图 10.20 所示。

4. 计算员工总成绩排名

（1）选中 L4 单元格，在单元格中输入公式“=RANK(J4,$J$4:$J$20)”，按 Enter 键，即可计算员工“刘男”培训考核总成绩的排名，如图 10.21 所示。

（2）将公式填充到其他单元格中。将鼠标指针移至 L4 单元格右下角，当光标变为实心的十字形状时，按住鼠标左键向下拖动到 L20 单元格，完成所有员工的总成绩排名填充，计算出所有员工的总成绩排名，如图 10.22 所示。

K4　=AVERAGE(D4:J4)

	A	B	C	D	E	F	G	H	I	J	K
1	华赛尔有限责任公司-新进人员培训成绩表										
2	编号	员工姓名	性别	培训课程						总成绩	平均成绩
3				规章制度	法律知识	管理知识	市场分析	电脑运用	智能操作		
4	HSR1001	刘男	女	88	72	77	85	80	70	472	134.86
5	HSR1002	李刚	女	85	68	83	72	83	88	479	136.86
6	HSR1003	陈双双	女	88	72	77	85	80	70	472	134.86
7	HSR1004	叶小来	女	92	63	84	68	73	78	458	130.86
8	HSR1005	林佳	男	88	72	77	85	80	70	472	134.86
9	HSR1006	彭力	男	86	65	73	87	89	71	471	134.57
10	HSR1007	范琳琳	女	80	84	82	69	80	71	466	133.14
11	HSR1008	易成亮	女	83	76	72	83	88	76	478	136.57

图 10.20　计算平均成绩结果

华赛尔有限责任公司-新进人员培训成绩表												
编号	员工姓名	性别	培训课程						总成绩	平均成绩	名次	
			规章制度	法律知识	管理知识	市场分析	电脑运用	智能操作				
HSR1001	刘男	女	88	72	77	85	80	70	472	=RANK(J4, $J$4:$J$20)		
HSR1002	李刚	女	85	68	83	72	83	88	479	7 RANK(number, ref, [order])		
HSR1003	陈双双	女	88	72	77	85	80	70	472	78.67		
HSR1004	叶小来	女	92	63	84	68	73	78	458	76.33		
HSR1005	林佳	男	88	72	77	85	80	70	472	78.67		
HSR1006	彭力	男	86	65	73	87	89	71	471	78.50		
HSR1007	范琳琳	女	80	84	82	69	80	71	466	77.67		
HSR1008	易成亮	女	83	76	72	83	88	76	478	79.67		
HSR1009	黄海蕊	女	90	73	68	65	78	80	454	75.67		
HSR1010	张浩	男	83	72	72	73	88	84	472	78.67		
HSR1011	曾春林	男	80	85	63	82	86	77	473	78.83		
HSR1012	李峰	男	73	68	72	72	80	73	438	73.00		
HSR1013	彭洁	男	80	85	65	68	83	78	459	76.50		
HSR1014	徐瑜诚	男	80	77	68	65	87	77	454	75.67		
HSR1015	丁昊	男	88	73	72	84	81	73	471	78.50		
HSR1016	李继东	男	78	82	63	76	79	82	460	76.67		
HSR1017	刘惠	男	88	72	82	73	83	72	470	78.33		

图 10.21　使用 RANK 函数计算排名

剪贴板　　字体　　对齐方式　　数字

L4　=RANK(J4,$J$4:$J$20)

	B	C	D	E	F	G	H	I	J	K	L
1	华赛尔有限责任公司-新进人员培训成绩表										
2	员工姓名	性别	培训课程						总成绩	平均成绩	名次
3			规章制度	法律知识	管理知识	市场分析	电脑运用	智能操作			
4	刘男	女	88	72	77	85	80	70	472	78.67	4
5	李刚	女	85	68	83	72	83	88	479	79.83	1
6	陈双双	女	88	72	77	85	80	70	472	78.67	4
7	叶小来	女	92	63	84	68	73	78	458	76.33	14
8	林佳	男	88	72	77	85	80	70	472	78.67	4
9	彭力	男	86	65	73	87	89	71	471	78.50	8
10	范琳琳	女	80	84	82	69	80	71	466	77.67	11
11	易成亮	女	83	76	72	83	88	76	478	79.67	2
12	黄海蕊	女	90	73	68	65	78	80	454	75.67	15
13	张浩	男	83	72	72	73	88	84	472	78.67	4
14	增春林	男	80	85	63	82	86	77	473	78.83	3
15	李峰	男	73	68	72	72	80	73	438	73.00	17
16	彭洁	男	80	85	65	68	83	78	459	76.50	13
17	徐瑜诚	男	80	77	68	65	87	77	454	75.67	15
18	丁昊	男	88	73	72	84	81	73	471	78.50	8
19	李继东	男	78	82	63	76	79	82	460	76.67	12
20	刘惠	男	88	72	82	73	83	72	470	78.33	10

图 10.22　全部名次填充结果

10.1.4　创建企业员工培训成绩查询系统

建立企业员工培训成绩查询系统，就是为了从员工培训成绩统计表中快速地查询员工的考核成绩、总成绩、平均成绩等。

1. 建立员工培训成绩查询系统

（1）在“企业新进人员管理”工作簿中，将 Sheet3 工作表名称更改为“员工培训成绩查询系统”。合并 A1:L1 单元格区域，输入标题，将“企业新进人员培训成绩统计表”工作表中的列标识项复制到“员工培训成绩查询系统”工作表中的 A2:L2 单元格区域中。

（2）设置文字格式和项目单元格区域的底纹。

2. 设置自动获取考核成绩公式

“员工培训成绩查询系统”的基本框架建立完成后，接下来就需要在对应的单元格中使用函数建立自动获取信息公式。

（1）在 B3 单元格中输入公式“=INDEX(企业新进人员培训成绩统计表!$A$4:$L$20,MATCH($A$3,企业新进人员培训成绩统计表!$A$4:$A$20,0),2)”，按 Enter 键，即可从“企业新进人员培训成绩统计表”工作表中获取编号所对应的员工姓名。

（2）在 C3 单元格中输入公式“=INDEX(企业新进人员培训成绩统计表!$A$4:$L$20,MATCH($A$3,企业新进人员培训成绩统计表!$A$4:$A$20,0),3)”，按 Enter 键，即可从“企业新进人员培训成绩统计表”工作表中获取编号所对应的员工性别。

（3）在 D3 单元格中输入公式“=INDEX(企业新进人员培训成绩统计表!$A$4:$L$20,MATCH($A$3,企业新进人员培训成绩统计表!$A$4:$A$20,0),4)”，按 Enter 键，即可从“企业新进人员培训成绩统计表”工作表中获取编号所对应的员工“规章制度”成绩。

（4）在 E3 单元格中输入公式“=INDEX(企业新进人员培训成绩统计表!$A$4:$L$20,MATCH($A$3,企业新进人员培训成绩统计表!$A$4:$A$20,0),5)”，按 Enter 键，即可从“企业新进人员培训成绩统计表”工作表中获取编号所对应的员工“法律知识”成绩。

（5）在 F3 单元格中输入公式“=INDEX(企业新进人员培训成绩统计表!$A$4:$L$20,MATCH($A$3,企业新进人员培训成绩统计表!$A$4:$A$20,0),6)”，按 Enter 键，即可从“企业新进人员培训成绩统计表”工作表中获取编号所对应的员工“管理知识”成绩。

（6）在 G3 单元格中输入公式“=INDEX(企业新进人员培训成绩统计表!$A$4:$L$20,MATCH($A$3,企业新进人员培训成绩统计表!$A$4:$A$20,0),7)”，按 Enter 键，即可从“企业新进人员培训成绩统计表”工作表中获取编号所对应的员工“市场分析”成绩。

（7）在 H3 单元格中输入公式“=INDEX(企业新进人员培训成绩统计表!$A$4:$L$20,MATCH($A$3,企业新进人员培训成绩统计表!$A$4:$A$20,0),8)”，按 Enter 键，可以从“企业新进人员培训成绩统计表”工作表中获取编号所对应的员工“电脑应用”成绩。

（8）在 I3 单元格中输入公式“=INDEX(企业新进人员培训成绩统计表!$A$4:$L$20,MATCH($A$3,企业新进人员培训成绩统计表!$A$4:$A$20,0),9)”，按 Enter 键，即可从“企业新进人员培训成绩统计表”工作表中获取编号所对应的员工“智能操作”成绩。

（9）在 J3 单元格中输入公式“=INDEX(企业新进人员培训成绩统计表!$A$4:$L$20,

MATCH($A$3,企业新进人员培训成绩统计表!$A$4:$A$20,0),10)”，按 Enter 键，即可从“企业新进人员培训成绩统计表”工作表中获取编号所对应的员工总成绩。

（10）在 K3 单元格中输入公式“=INDEX(企业新进人员培训成绩统计表!$A$4:$L$20,MATCH($A$3,企业新进人员培训成绩统计表!$A$4:$A$20,0),11)”，按 Enter 键，即可从“企业新进人员培训成绩统计表”工作表中获取编号所对应的员工平均成绩。

（11）在 L3 单元格中输入公式“=INDEX(企业新进人员培训成绩统计表!$A$4:$L$20,MATCH($A$3,企业新进人员培训成绩统计表!$A$4:$A$20,0),12)”，按 Enter 键，即可从“企业新进人员培训成绩统计表”工作表中获取编号所对应的员工名次。

（12）当所有的公式分别在对应的单元格中输入完成后，因为没有“编号”数据，所以都以“#N/A”错误值显示，如图 10.23 所示。

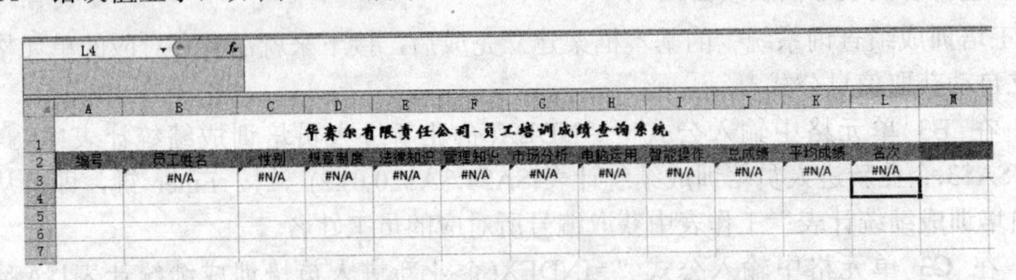

华赛尔有限责任公司-员工培训成绩查询系统

编号	员工姓名	性别	规章制度	法律知识	管理知识	市场分析	电脑运用	智能操作	总成绩	平均成绩	名次
	#N/A	#N/A	#N/A	#N/A	#N/A	#N/A	#N/A	#N/A	#N/A	#N/A	#N/A

图 10.23　对每个单元格数值进行查找

（13）当在“编号”字段中输入要查询的某位员工的编号后，就会在对应的项目下显示信息，如图 10.24 所示。

华赛尔有限责任公司-员工培训成绩查询系统

编号	员工姓名	性别	规章制度	法律知识	管理知识	市场分析	电脑运用	智能操作	总成绩	平均成绩	名次
HSR1006	彭力	男	86	65	73	87	89	71	471	78.5	8

图 10.24　根据编号查找员工信息结果展示

10.1.5　打印企业新进人员登记表

建立的企业新进人员登记表单，有时需要打印出来投入使用，为了使打印的效果更加美观，打印之前需要进行页面设置等操作。

1. 通过“页面设置”功能设置页边距

通过“页面设置”功能，可以对要打印的表进行上、下、左、右边距设置，从而将一张表在一张纸中打印出来。

（1）预览打印效果，在“文件”菜单中选择“打印”选项，在打开的“打印”选项卡的右窗格中会出现预览效果，可以查看页面大小是否合适，如果不合适则需要再进行设置。按 Esc 键返回编辑页面。

（2）设置页边距与纸张。单击“打印”选项卡左窗格下方的“页面设置”按钮，打开如图 10.25 所示的“页面设置”对话框，在“页边距”选项卡中可根据实际需要分别设置“左”、“右”、“上”、“下”边距，本例减小了“左”、“右”边距。在“页面”选项卡中选择纸张大小，本例选择“A4”纸张。

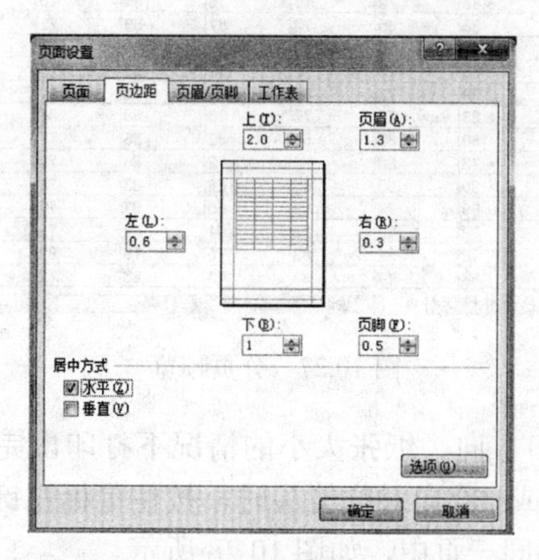

图 10.25 “页面设置”对话框

（3）再次执行步骤（1），效果如图 10.26 所示。

SUM　=RANK(J4,$J$4:$J$20)

	A	B	C	D	E	F	G	H	I	J	K	L
1	华赛尔有限责任公司-新进人员培训成绩表											
2	编号	员工姓名	性别	培训课程						总成绩	平均成绩	名次
3				规章制度	法律知识	管理知识	市场分析	电脑运用	职能操作			
4	HSR1001	刘男	女	88	72	77	85	80	70	472	78.67	=RANK(J4,$J$4:$J$20)
5	HSR1002	李刚	女	85	68	83	72	83	88	479	79.83	
6	HSR1003	陈双双	女	88	72	77	85	80	70	472	78.67	
7	HSR1004	叶小来	女	92	63	84	68	73	78	458	76.33	
8	HSR1005	林佳	男	88	72	77	85	80	70	472	78.67	
9	HSR1006	彭力	男	86	65	73	87	89	71	471	78.50	
10	HSR1007	范琳琳	女	80	84	82	69	80	71	466	77.67	
11	HSR1008	易成亮	女	83	76	72	83	88	76	478	79.67	
12	HSR1009	黄海蕊	女	90	73	68	65	78	80	454	75.67	
13	HSR1010	张浩	男	83	72	72	73	88	84	472	78.67	
14	HSR1011	增春林	男	80	85	63	82	86	77	473	78.83	
15	HSR1012	李峰	男	73	68	72	72	80	73	438	73.00	
16	HSR1013	彭洁	男	80	85	65	68	83	78	459	76.50	
17	HSR1014	徐瑜诚	男	80	77	68	65	87	77	454	75.67	
18	HSR1015	丁昊	男	88	73	72	84	81	73	471	78.50	
19	HSR1016	李继东	男	78	82	63	76	79	82	460	76.67	
20	HSR1017	刘惠	男	88	72	82	73	83	72	470	78.33	

新进人员登记表　企业新进人员培训成绩统计表　员工培训成绩查询系统

图 10.26　打印预览效果

注意：要获得预期的打印效果，可能需要多次调整、多次预览。

2. 在分页预览视图中调整页面

进入打印预览状态可以查看最终打印效果，如果页面大小不合适可再进行调整，从而获取最理想的打印效果。另外，在 Excel 的分页预览视图下也可以直接调整页面。

（1）进入分页预览视图。单击状态栏右侧的“分页预览”按钮，即可进入如图 10.27 所示的分页预览视图。加粗的线条为页与页之间的分隔线，可以看到一张完整的表格被分割到第 1 页与第 2 页中。

华赛尔有限责任公司-新进人员培训成绩表											
编号	员工姓名	性别	培训课程						总成绩	平均成绩	名次
			规章制度	法律知识	管理知识	市场分析	电脑运用	智能操作			
HSR1001	刘男	女	88	72	77	85	80	70	472	78.67	4
HSR1002	李刚	女	85	68	83	72	83	88	479	79.83	1
HSR1003	陈双双	女	88	72	77	85	80	70	472	78.67	4
HSR1004	叶小来	女	92	63	84	68	73	78	458	76.33	14
HSR1005	林佳	男	88	72	77	85	80	70	472	78.67	4
HSR1006	彭力	男	86	65	73	87	89	71	471	78.50	8
HSR1007	范琳琳	女	80	84	82	69	80	71	466	77.67	11
HSR1008	易成亮	女	83	76	72	83	88	76	478	79.67	2
HSR1009	黄海蕊	女	90	73	68	65	78	80	454	75.67	15
HSR1010	张浩	男	83	72	72	73	88	84	472	78.67	4
HSR1011	增春林	男	80	85	63	82	86	77	473	78.83	3
HSR1012	李峰	男	73	68	72	72	80	73	438	73.00	17
HSR1013	彭洁	男	80	85	65	68	83	78	459	76.50	13
HSR1014	徐瑜诚	男	80	77	68	65	87	77	454	75.67	15
HSR1015	丁昊	男	88	73	72	84	81	73	471	78.50	8
HSR1016	李继东	男	78	82	63	76	79	82	460	76.67	12
HSR1017	刘惠	男	88	72	82	73	83	72	470	78.33	10

新进人员登记表　企业新进人员培训成绩统计表　员工培训成绩查询系统

图 10.27　分页预览

（2）要实现在不改变打印方向、纸张大小的情况下打印出完整的表格，可以将光标定位到加粗线条上，当光标变成↕或↔双向对位箭头时，按住鼠标左键不放向下或右拖动至下或右侧边线上，整张表格即显示到同一页中，如图 10.28 所示。

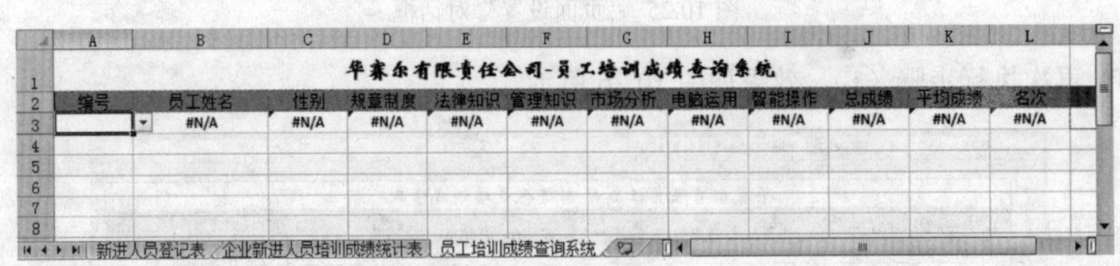

图 10.28　分页设置

3. 打印企业新进人员登记表

设置完纸张、页边距后，在“打印”选项卡的左窗格中设置好打印份数、打印机、单双面、横向纵向和缩放等参数后，单击“打印”按钮即可开始打印。

10.2　企业员工加班与考勤管理系统

本节介绍利用 Excel 的数据处理功能来进行加班与考勤数据的管理，从而保障数据处理的快速性、准确性。

10.2.1　案例概述

1. 应用环境分析

企业人力资源及行政管理是企业生存和发展的基础管理，也是企业各项活动顺利开展的保障，而员工加班与考勤管理就是企业日常管理工作中的重要部分。

企业由于业务发展需要，很多时候需要安排加班，加班时间、加班工资计算得是否合理将直接影响员工工作情绪，因此需要统一、合理、规范地管理；为了保障一个企业的整体性、统一性，必须制定考勤制度对员工的日常作息进行约束。因此，考勤管理中牵涉到月度考勤、年度考勤等多项数据的管理。

2. 制作流程

建立企业员工加班与考勤管理系统可以按照图 10.29 所示流程操作。对于流程中项目的安排次序，行政管理人员可根据实际工作需要灵活掌握。

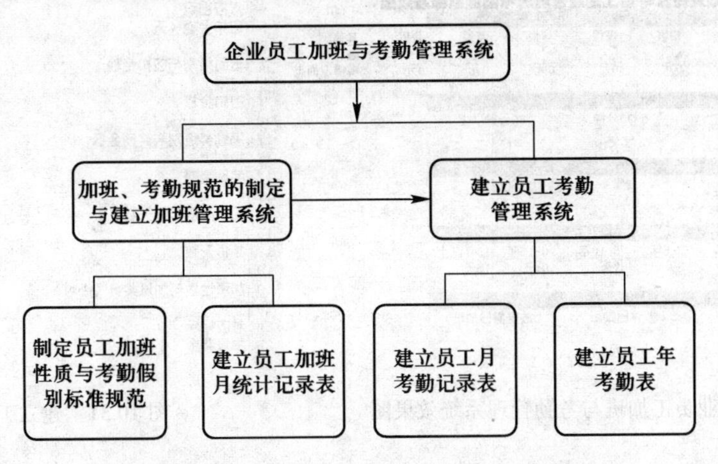

图 10.29　企业员工加班与考勤管理系统流程图

10.2.2　加班、考勤规范的制定与建立加班管理系统

在进行加班、考勤管理之前首先要根据企业的实际情况，将一些规范管理制度录入到工作表中。从而方便后面使用函数计算时引用，如员工迟到的级别以及应扣款、不同工龄对应的年假、加班的级别所对应的加班奖金等。

1. 制定员工加班性质与考勤假别标准规范

员工加班性质与考勤假别标准规范样表如图 10.30 所示。

（1）建立“员工加班性质与考勤假别标准规范”工作表。在工作表设计前对这些项目及表格的构造要有一个明确的思路，可以先在纸上画一个草图，然后按照草图进行制作。下面介绍具体的创建过程。

① 建立“员工加班性质与考勤假别标准规范”工作表框架。新建一个“企业员工考勤表”工作簿，将 Sheet1 工作表名称更改为“员工加班性质与考勤假别标准规范”，接着建立“员工加班性质与考勤假别标准规范”工作表的框架，如图 10.31 所示。

② 单元格合并和对齐方式设置。分别选中 A2:G2、A7:G7、A11:G11、A15:G15 和 A19:G19 单元格区域，分别在“开始”选项卡的“对齐方式”组中单击“合并后居中”按钮，在“开始”选项卡的“字体”组中单击“颜色填充”按钮右侧的下三角按钮，在打开的“颜色”列表中选择“浅蓝色”选项，效果如图 10.32 所示。

③ 行高、列宽和文字格式设置。在“字体”组中设置文字格式。手工调整行高和列宽。

④ 单元格底纹设置。右击要设置底纹的单元格，在弹出的快捷菜单中选择“设置单元格格式”选项，在打开的“设置单元格格式”对话框的“填充”选项卡中设置底纹为浅蓝色，或

在“开始”选项卡的“字体”组中单击“颜色填充”按钮右侧的下三角按钮，在弹出的“颜色”列表中选择“浅蓝色”选项。

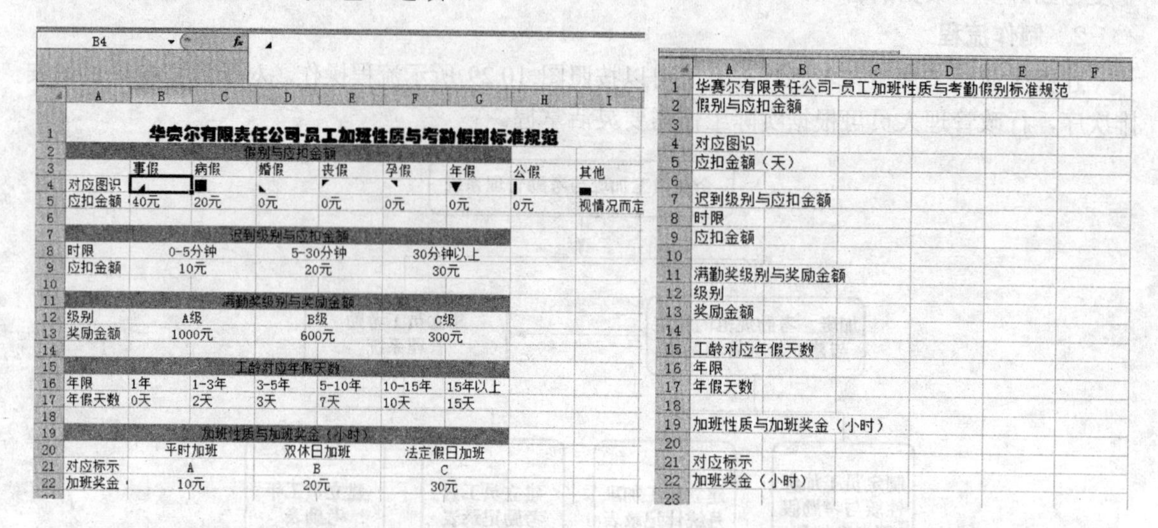

图 10.30　企业员工加班与考勤管理系统效果图　　　　图 10.31　建立工作表的框架

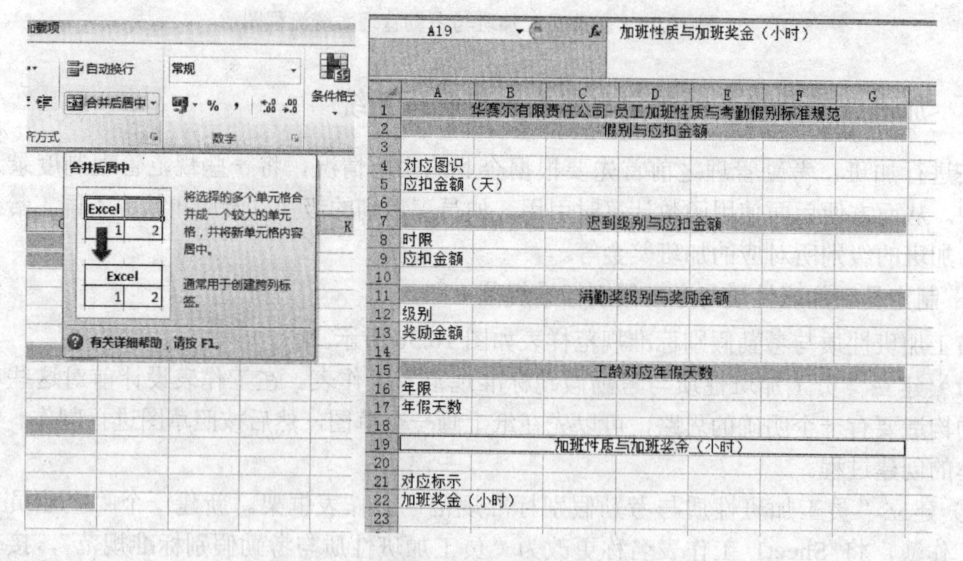

图 10.32　单元格合并

（2）插入特定的标识符号。为了区分不同的请假种类，此处可以使用不同的标识来代替。在“插入”选项卡的“符号”组中单击“符号”按钮，打开如图 10.33 所示的“符号”对话框，选择需要符号，单击“插入”按钮即可。

（3）输入相关规范标准。完成以上操作后，就可以输入相关的规范标准了，如考勤种类对应的处罚金额、迟到情况所对应的处罚金额等。相关规范标准输入后，效果如图 10.34 所示。

2. 建立员工加班月统计记录表

员工加班月统计记录表一般包括员工编号、员工姓名、部门、月份、加班日期、加班性质、加班开始时间、加班结束时间、加班耗时、加班原因、加班奖金、主管核实等项目。输入完整的项目要素后，逐一进行格式设置和美化，效果如图 10.35 所示。

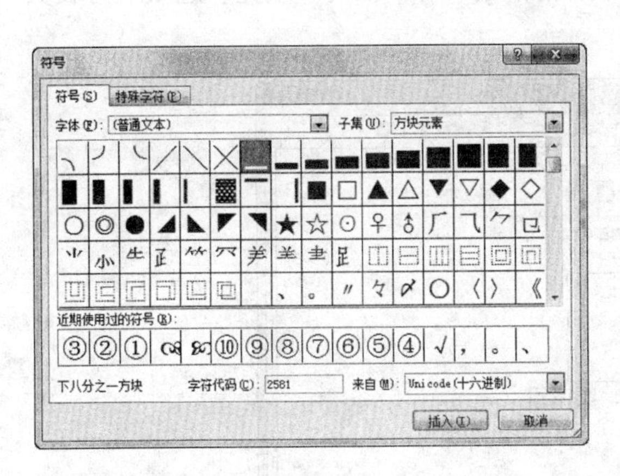

图 10.33　“符号”对话框

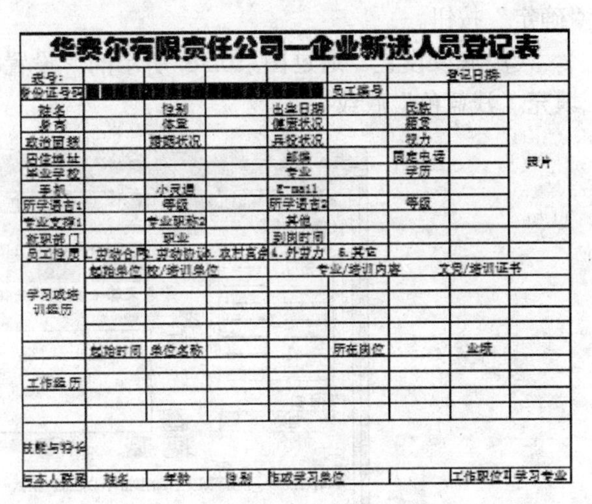

图 10.34　输入规范标准后的效果

	A	B	C	D	E	F	G	H
1	华赛尔有限责任公司-员工加班月统计记录表							
2	员工编号 HSR1005		员工姓名 林佳		部门		月份	
3	加班日期	加班性质	加班开始时	加班结束时	加班耗时	加班原因	加班奖金	主管核实
4	2007/5/5	C	10:00:00	16:00:00	6	五一值班	180元	刘勇
5	2007/5/6	A	17:30:00	20:00:00	2.5	新项目开发	25元	刘勇
6	2007/5/10	A	12:00:00	13:30:00	1.5	会见客户	15元	刘勇
7	2007/5/12	B	14:00:00	17:00:00	3	程序维护	60元	刘勇
8	2007/5/16	A	17:30:00	18:30:00	1	接待客户	10元	刘勇
9	2007/5/19	B	14:00:00	17:00:00	3	开发新项目	60元	刘勇
10	2007/5/20	B	14:00:00	17:00:00	3	开发新项目	60元	刘勇
11	2007/5/22	A	12:00:00	13:00:00	1	会见客户	10元	刘勇
12	2007/5/27	A	17:00:00	19:30:00	2.5	程序维护	25元	刘勇
13	2007/5/30	A	17:00:00	20:30:00	3.5	开发新项目	35元	刘勇

图 10.35 “员工加班月统计记录表”样表

（1）建立“员工加班月统计记录表”工作表。在工作表设计前应对这些项目及表格的构造有一个明确的思路，可以先在纸上画一个草图，然后按照草图进行制作。

① 建立“员工加班月统计记录表”工作表框架。在“企业员工考勤表”工作簿中，将 Sheet2 工作表名称更改为“员工加班月统计记录表”，按照图 10.35 所示的“员工加班月统计记录表”样表先输入表头。

② 选择 A1:H1 单元格区域，在“开始”选项卡的“对齐方式”组中单击“合并后居中”按钮，合并单元格区域 A1:H1 并居中显示表头。

③ 在“开始”选项卡的“字体”组中，设置文字格式，并手动调整行高和列宽。

④ 利用边框线绘制特定信息的下划线。右击 B2 单元格，在弹出的快捷菜单中选择“设

置单元格格式”选项，打开如图 10.36 所示的“设置单元格格式”对话框，在“边框”选项卡的线条“样式”列表中选择“粗实线”选项，在“边框”区单击“下边线”按钮▣，单击“确定”按钮。

⑤ 底纹设置。通过图 10.36 所示的“设置单元格格式”对话框的“填充”选项卡为表头填充“浅蓝色”底纹。

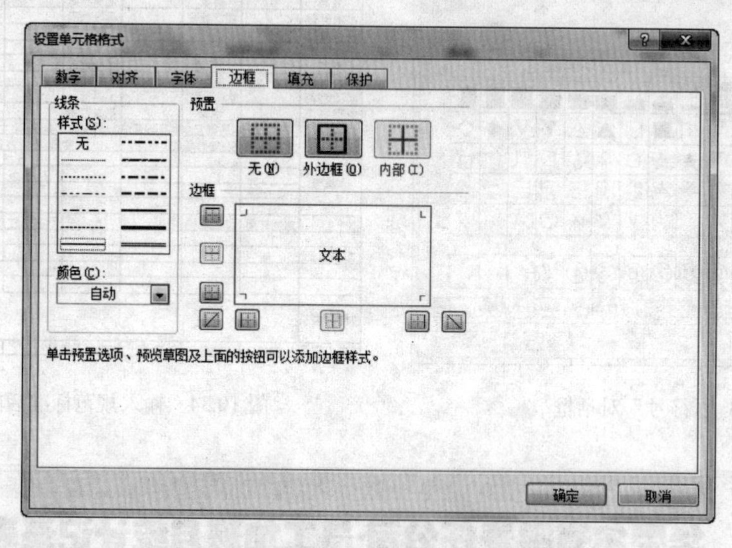

图 10.36 “设置单元格格式”对话框

（2）设置“加班日期”单元格区域格式为“日期”格式。选中“加班日期”列，右击，在弹出的快捷菜单中选择“设置单元格格式”选项，打开如图 10.36 所示的“设置单元格格式”对话框，在如图 10.37 所示的“数字”选项卡的“分类”列表框中选择“日期”选项，在“类型”列表框中选择日期显示效果。

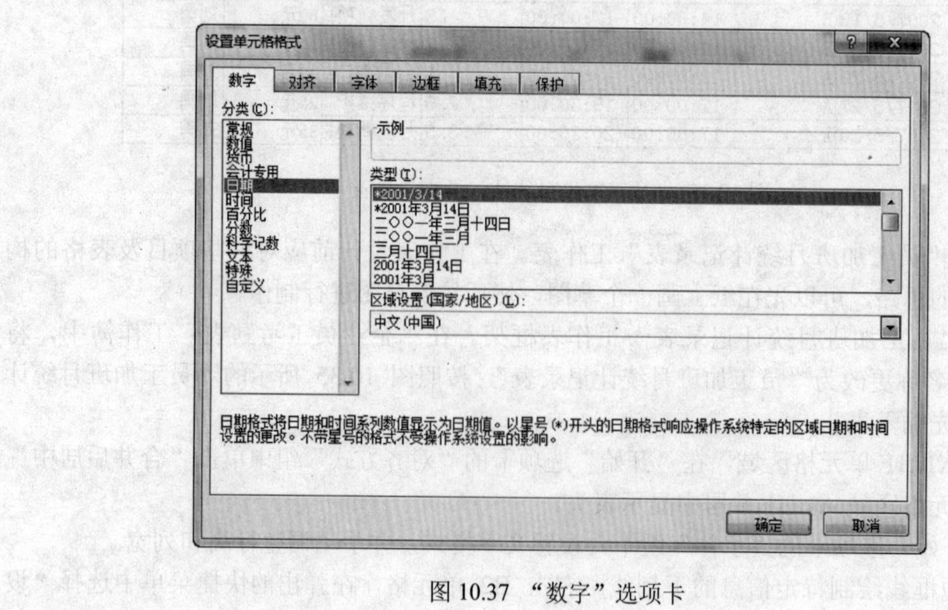

图 10.37 “数字”选项卡

（3）重复上述步骤，可设置“加班开始时间”和“加班结束时间”单元格区域格式为“时间”格式。

（4）设置“加班性质”列的数据有效性。在“员工加班性质与考勤假别标准规范”工作表中，规范了“加班性质”对应的标识，从而方便管理与操作。目前一般的加班分为 3 种性质，为了防止用户输入出错，这里可以使用 Excel 2010 提供的“数据有效性”功能来设置有效的下拉列表进行选择，从而避免输入出错。

选中“加班性质”数据区域，在“数据”选项卡的“数据工具”组中单击“数据有效性”按钮，打开如图 10.38 所示的“数据有效性”对话框，在“设置”选项卡的“有效性条件”区的“允许”下拉列表框中选择“序列”选项，选择“来源”为“员工加班性质与考勤假别标准规范”工作表中相关区域（或直接输入 A，B，C。注意“逗号”为英文状态下的标点符号），单击“确定”按钮。在如图 10.39 所示的“加班性质”数据区域的每个单元格中即可出现下拉列表框。

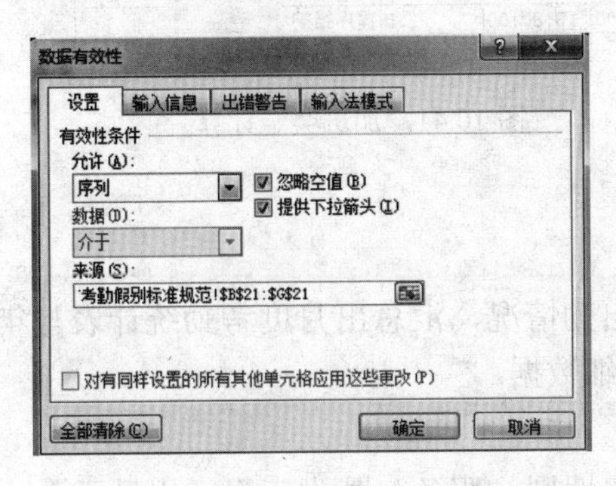

图 10.38 “数据有效性”对话框

2	员工编号 HSR1005		员工姓名 林佳		部门	
3	加班日期	加班性质	加班开始时	加班结束时	加班耗时	加班
4	2007/5/5		0:00:00	16:00:00		
5	2007/5/6	A	7:30:00	20:00:00		
6	2007/5/10	B	2:00:00	13:30:00		
7	2007/5/12		4:00:00	17:00:00		
8	2007/5/16	C	7:30:00	18:30:00		
9	2007/5/19		14:00:00	17:00:00		
10	2007/5/20		14:00:00	17:00:00		
11	2007/5/22		12:00:00	13:00:00		

图 10.39 数据有效性设置效果

（5）手工计算员工加班耗时。虽然可以通过“加班结束时间-加班开始时间”得到员工的加班耗时，但是计算出的这种耗时不能参加下面的“加班奖金”的计算。在计算“加班奖金”时，会自动将时间格式转换为数值格式（如“6:00:00”转换为数值“0.25”），这样就不能计算出正确的加班奖金额。所以这里需要手工计算员工的加班耗时，并将半小时（0:30:00）定义为数值“0.5”（如“2:30:00”为数值“2.5”）。手工计算员工加班耗时后的数值如图 10.40 所示。

3. 计算员工加班应得的奖金

在“员工加班月统计记录表”工作表中完成各项加班记录信息设置后，就可以根据加班的性质和小时数计算出员工加班应得的奖金。

提示：在“员工加工性质与考勤假别标准规范”工作表中已经规范了加班性质对应的加班奖金，所以在计算员工加班所得奖金时要参考规范来进行。

（1）选中 G4 单元格，输入公式“=IF(B4=员工加班性质与考勤假别标准规范!$B$21,员工加班月统计记录表!E4*10,IF(员工加班月统计记录表!B4=员工加班性质与考勤假别标准规范!$D$21,员工加班月统计记录表!E4*20,员工加班月统计记录表!E4*30))&"元"”，按 Enter 键，即可计算员工该天加班应得到的奖金。

（2）将公式填充到其他单元格中。将光标移至 G4 单元格右下角，当光标变成实心的十字形状时，按住鼠标左键向下拖至最后一个加班日期所对应的单元格，完成公式填充，计算出各日期员工加班所得的奖金，效果如图 10.41 所示。

C	D	E
有限责任公司-员工加班		
员工姓名　林佳		部门
加班开始时	加班结束时	加班耗时
10:00:00	16:00:00	6
17:30:00	20:00:00	2.5
12:00:00	13:30:00	1.5
14:00:00	17:00:00	3
17:30:00	18:30:00	1
14:00:00	17:00:00	3
14:00:00	17:00:00	3
12:00:00	13:00:00	1
17:00:00	19:30:00	2.5
17:00:00	20:30:00	3.5

图 10.40　加班耗时计算

=IF(B4=员工加班性质与考勤假别标准规范!$B$21,员工加班月统计记录表!E4*20,员工加班月统计记录表!E4*30)

C	D	E	F	G	H
责任公司-员工加班月统计记录表					
员工姓名　林佳		部门		月份	
加班开始时	加班结束时	加班耗时	加班原因	加班奖金	主管核实
10:00:00	16:00:00	6	五一值班	180元	
17:30:00	20:00:00	2.5	新项目开发	25元	
12:00:00	13:30:00	1.5	会见客户	15元	
14:00:00	17:00:00	3	程序维护	60元	
17:30:00	18:30:00	1	接待客户	10元	
14:00:00	17:00:00	3	开发新项目	60元	
14:00:00	17:00:00	3	开发新项目	60元	
12:00:00	13:00:00	1	会见客户	10元	
17:00:00	19:30:00	2.5	程序维护	25元	
17:00:00	20:30:00	3.5	开发新项目	35元	

图 10.41　加班奖金计算

10.2.3　建立员工考勤管理系统

考勤管理系统的建立可以系统地统计员工的出勤情况，汇总出月度考勤统计表与年度考勤统计表，并计算出未出勤应扣款、年假天数等详细数据。

1. 建立员工月考勤记录表

员工月考勤记录表一般包括编号、员工姓名、性别、职务、基本工资、出勤天数、请假天数、请假种类、是否是年假、应扣工资等项目。输入完整的项目要素后，利用公式计算数据，并逐一进行格式设置和美化，效果如图 10.42 所示。

	A	B	C	D	E	F	G	H	I	J
1	华资尔有限责任公司-员工考勤记录表									
2	月份：2007年8月		本月实际应出勤天数：22天				上报时间：2007年8月31日			
3	编号	员工姓名	性别	职务	基本工资	出勤天数	请假天数	请假种类	是否是年假	应扣工资
4	HSR1001	刘男	女	办公室主任	¥2,500.00	22	0	■	否	0
5	HSR1002	李刚	女	办公室副主	¥2,200.00	21	1	▼	是	0
6	HSR1003	陈双双	女	经理助理	¥2,000.00	22	0			0
7	HSR1004	叶小来	女	研发部主任	¥2,000.00	20	2	■	否	40
8	HSR1005	林佳	男	工程师	¥1,800.00	22	0			0
9	HSR1006	彭力	男	工程师	¥1,800.00	21.5	0.5	■	否	10
10	HSR1007	范琳琳	女	工程师	¥1,800.00	22	0			0
11	HSR1008	易成亮	女	工程师	¥1,800.00	21	1	■	否	20
12	HSR1009	黄海蕊	女	工程师	¥1,800.00	22	0			0
13	HSR1010	张浩	男	工程师	¥1,800.00	22	0			0
14	HSR1011	增春林	男	助理工程师	¥1,500.00	21	1	▎	否	0
15	HSR1012	李峰	男	工程师	¥1,800.00	17	5	■	否	100
16	HSR1013	彭洁	男	工程师	¥1,800.00	22	0			0
17	HSR1014	徐瑜诚	男	工程师	¥1,800.00	19	3	◤	否	0
18	HSR1015	丁昊	男	助理工程师	¥1,500.00	22	0			0
19	HSR1016	李继东	男	市场部经理	¥1,500.00	22	0			0
20	HSR1017	刘惠	男	市场调研	¥1,000.00	19.5	2.5	◣	否	0
21	HSR1018	甘倩淇	男	市场调研	¥1,000.00	22	0			0

员工加班性质与考勤假别标准规范 / 员工加班月统计记录表 / 员工月考勤记录表

图 10.42　员工考勤记录表

（1）建立“员工月考勤记录表”工作表。在工作表设计前对这些项目及表格的构造要有一个明确的思路，可以先在纸上画一个草图，然后按照草图进行制作。

① 建立“员工月考勤记录表”工作表框架。在“企业员工考勤表”工作簿中，将 Sheet3 工作表名称更改为“员工月考勤记录表”，接着输入如图 10.43 所示内容，设置文字的对齐方式，合并相关单元格，填充底纹。

	A	B	C	D	E	F	G	H	I	J
1	华贲尔有限责任公司-员工考勤记录表									
2	月份：2007年8月		本月实际应出勤天数：22天				上报时间：2007年8月31日			
3	编号	员工姓名	性别	职务	基本工资	出勤天数	请假天数	请假种类	是否是年假	应扣工资
4										
5										
6										
7										
8										
9										

图 10.43 “员工月考勤记录表”工作表的表头效果

② 输入员工基本资料和当月考勤数据，具体数据如图 10.44 所示。

	A	B	C	D	E	F	G	H	I	J
1	华贲尔有限责任公司-员工考勤记录表									
2	月份：2007年8月		本月实际应出勤天数：22天				上报时间：2007年8月31日			
3	编号	员工姓名	性别	职务	基本工资	出勤天数	请假天数	请假种类	是否是年假	应扣工资
4	HSR1001	刘男	女	办公室主任	2500	22	0			
5	HSR1002	李刚	女	办公室副主	2200	21	1			
6	HSR1003	陈双双	女	经理助理	2000	22	0			
7	HSR1004	叶小来	女	研发部主任	2000	20	2			
8	HSR1005	林佳	男	工程师	1800	22	0			
9	HSR1006	彭力	男	工程师	1800	21.5	0.5			
10	HSR1007	范琳琳	女	工程师	1800	22	0			
11	HSR1008	易成亮	女	工程师	1800	21	1			
12	HSR1009	黄海蕊	女	工程师	1800	22	0			
13	HSR1010	张浩	男	工程师	1800	22	0			
14	HSR1011	增春林	男	助理工程师	1500	21	1			
15	HSR1012	李峰	男	工程师	1800	17	5			
16	HSR1013	彭洁	男	工程师	1800	22	0			
17	HSR1014	徐瑜诚	男	工程师	1800	19	3			
18	HSR1015	丁昊	男	助理工程师	1500	22	0			
19	HSR1016	李继东	男	市场部经理	1500	22	0			
20	HSR1017	刘惠	男	市场调研	1000	19.5	2.5			
21	HSR1018	甘倩淇	男	市场调研	1000	22	0			

图 10.44 “员工月考勤记录表”工作表的数据

（2）冻结“员工月考勤记录表”工作表的标题。对于员工较多的企业，表格比较大，这样表的列标识就无法看到，从而给员工资料输入带来麻烦。这时可以使用 Excel 2010 提供的“冻结窗格”功能来冻结列标识。

在“员工月考勤记录表”工作表中，选中 A4 单元格。在“视图”选项卡的“窗口”组中单击“冻结窗格”按钮，在下拉列表中选择“冻结拆分窗格”选项，即可使 A1:J3 单元格区域不会随着鼠标滚动。

（3）设置“基本工资”单元格区域的格式为“货币”格式。选中“基本工资”列数据区域，右击，在弹出的快捷菜单中选择“设置单元格格式”选项，打开如图 10.45 所示的“设置单元格格式”对话框，在“数字”选项卡的“分类”列表框中选择“货币”选项，设置“小数位数”为“2”，在“货币符号（国家/地区）”下拉列表框中选择人民币符号¥。

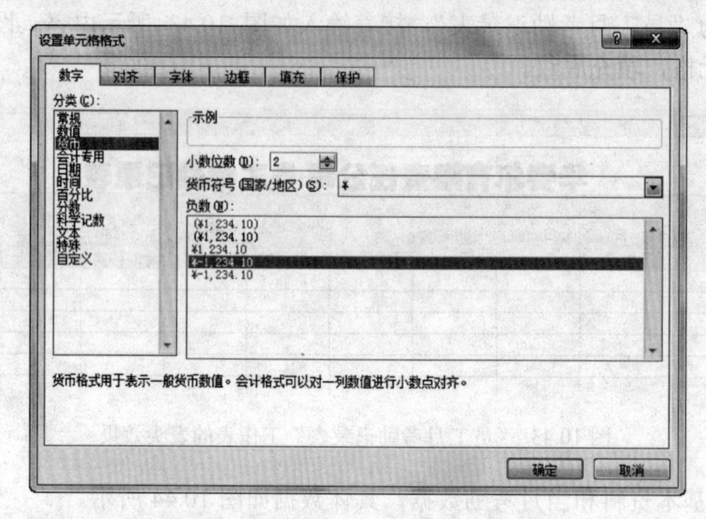

图 10.45 “设置单元格格式”对话框

（4）设置“请假种类”列的数据有效性。在“员工加班性质与考勤假别标准规范”工作表中，规范了请假种类对应的图标识，从而方便管理与操作。由于请假种类较多，为了防止用户输入出错，使用 Excel 2010 提供的“数据有效性”功能来设置有效的下拉列表进行选择，从而避免输入出错。效果如图 10.46 所示，具体操作参考 10.2.2 节相关内容。

	A	C	D	E	F	G	H	I	J
1		华资尔有限责任公司-员工考勤记录表							
2	月份：20	本月实际应出勤天数：22天				上报时间：2007年8月31日			
3	编号	性别	职务	基本工资	出勤天数	请假天数	请假种类	是否是年伯	应扣工资
4	HSR1001	女	办公室主任	¥2,500.00	22	0			
5	HSR1002	女	办公室副主	¥2,200.00	21	1			
6	HSR1003	女	经理助理	¥2,000.00	22	0			
7	HSR1004	女	研发部主任	¥2,000.00	20	2			
8	HSR1005	男	工程师	¥1,800.00	22	0			
9	HSR1006	男	工程师	¥1,800.00	21.5	0.5			
10	HSR1007	女	工程师	¥1,800.00	22	0			
11	HSR1008	女	工程师	¥1,800.00	21	1			
12	HSR1009	女	工程师	¥1,800.00	22	0			

图 10.46　设置“请假种类”列的数据有效性

（5）判断员工未出勤是否在休年假。年假是员工享受的公司给定的休假，在年假期间用户的基本工资、奖金等将不进行任何扣除。但是员工休年假不能超出预定天数（年假的天数与员工的工龄成比例关系，如何计算员工的年假，将在“建立员工年考勤表”部分进行介绍），这里需要判断员工未出勤是否在休年假，可以通过下面的操作来判断。

① 选中 I5 单元格，输入公式“=IF(H4=员工加班性质与考勤假别标准规范!$G$4,"是","否")”，按 Enter 键，即可判断员工“刘男”未出勤是否在休年假。

② 将公式填充到其他单元格。将光标移至 I5 单元格右下角，当光标变为实心的十字形状

时，按住鼠标左键向下拖动到最后员工对应的单元格，完成公式填充，判断其他员工未出勤是否在休年假，效果如图 10.47 所示。

	A	B	C	D	E	F	G	H	I	J
1		华贠尔有限责任公司-员工考勤记录表								
2	月份：2007年8月		本月实际应出勤天数：22天				上报时间：2007年8月31日			
3	编号	员工姓名	性别	职务	基本工资	出勤天数	请假天数	请假种类	是否是年假	应扣工资
4	HSR1001	刘男	女	办公室主任	¥2,500.00	22	0	■	否	
5	HSR1002	李刚	女	办公室副主	¥2,200.00	21	1	▼	是	
6	HSR1003	陈双双	女	经理助理	¥2,000.00	22	0			
7	HSR1004	叶小来	女	研发部主任	¥2,000.00	20	2	◢	否	
8	HSR1005	林佳	男	工程师	¥1,800.00	22	0			
9	HSR1006	彭力	男	工程师	¥1,800.00	21.5	0.5	■	否	
10	HSR1007	范琳琳	女	工程师	¥1,800.00	22	0			
11	HSR1008	易成亮	女	工程师	¥1,800.00	21	1	■	否	
12	HSR1009	黄海蕊	女	工程师	¥1,800.00	22	0			
13	HSR1010	张浩	男	工程师	¥1,800.00	22	0			
14	HSR1011	增春林	男	助理工程师	¥1,500.00	21	1	▌	否	
15	HSR1012	李峰	男	工程师	¥1,800.00	17	5	■	否	
16	HSR1013	彭洁	男	工程师	¥1,800.00	22	0			
17	HSR1014	徐瑜诚	男	工程师	¥1,800.00	19	3	◤	否	
18	HSR1015	丁昊	男	助理工程师	¥1,500.00	22	0			
19	HSR1016	李继东	男	市场部经理	¥1,500.00	22	0			
20	HSR1017	刘惠	男	市场调研	¥1,000.00	19.5	2.5	◣	否	
21	HSR1018	甘倩淇	男	市场调研	¥1,000.00	22	0			

图 10.47　判断是否休年假的效果

2. 计算员工本月未出勤而扣除的工资

在“员工月考勤记录表”工作表中完成各项出勤信息输入后，就可以根据请假的种类和天数，计算出应扣除的工资数额。

提示：在“员工加班性质及考勤假别标准规范”工作表中已经规范了请假种类对应的应扣金额，所以在计算员工本月未出勤而扣除的工资时要参考规范来进行。因“其他”请假种类和迟到所扣除的工资是根据不同的情况而定的，在上面输入“出勤天数”和“请假天数”时已经将其换算成小数形式，所以这里规定“其他”请假种类和迟到应扣工资为 100 元。

（1）选中 J4 单元格，输入公式“=IF(G4=0,0,IF(H4=员工加班性质与考勤假别标准规范!$B$4,G4*40,IF(H4=员工加班性质与考勤假别标准规范!$C$4,G4*20,IF(H4=员工加班性质与考勤假别标准规范!$I$4,G4*100,0))))”，按 Enter 键，判断员工“刘男”是否有未出勤情况。并根据未出勤种类计算应扣工资。

（2）将公式填充到其他单元格中。将光标移至 J4 单元格右下角，当光标变为实心的十字形状时，按住鼠标左键向下拖动到最后员工对应的单元格，完成公式填充，计算出所有员工本月因未出勤而扣除的工资。效果如图 10.48 所示。

3. 建立员工年考勤表

员工年考勤表一般包括编号、员工姓名、性别、职务、入厂时间、工龄、年假天数、满勤奖级别、满勤奖金额等项目。输入完整的项目要素后，利用公式计算数据，并逐一进行格式设置和美化，效果如图 10.49 所示。

（1）建立“员工年考勤表”工作表

在工作表设计前要对这些项目及表格的构造有一个明确的思路，可以先在纸上画一个草图，然后按照草图进行制作。

华资尔有限责任公司-员工考勤记录表

月份： 2007年8月 本月实际应出勤天数： 22天 上报时间：2007年8月31日

编号	员工姓名	性别	职务	基本工资	出勤天数	请假天数	请假种类	是否是年假	应扣工资
HSR1001	刘男	女	办公室主任	¥2,500.00	22	0	■	否	0
HSR1002	李刚	女	办公室副主	¥2,200.00	21	1	▼	是	0
HSR1003	陈双双	女	经理助理	¥2,000.00	22	0			0
HSR1004	叶小来	女	研发部主任	¥2,000.00	20	2	■	否	40
HSR1005	林佳	男	工程师	¥1,800.00	22	0			0
HSR1006	彭力	男	工程师	¥1,800.00	21.5	0.5	■	否	10
HSR1007	范琳琳	女	工程师	¥1,800.00	22	0			0
HSR1008	易成亮	女	工程师	¥1,800.00	21	1	■	否	20
HSR1009	黄海蕊	女	工程师	¥1,800.00	22	0			0
HSR1010	张浩	男	工程师	¥1,800.00	22	0			0
HSR1011	增春林	男	助理工程师	¥1,500.00	21	1	▌	否	0
HSR1012	李峰	男	工程师	¥1,800.00	17	5	■	否	100
HSR1013	彭洁	男	工程师	¥1,800.00	22	0			0
HSR1014	徐瑜诚	男	工程师	¥1,800.00	19	3	◤	否	0
HSR1015	丁昊	男	助理工程师	¥1,500.00	22	0			0
HSR1016	李继东	男	市场部经理	¥1,500.00	22	0			0
HSR1017	刘惠	男	市场调研	¥1,000.00	19.5	2.5	◣	否	0
HSR1018	甘倩淇	男	市场调研	¥1.000.00	22	0			0

图 10.48 应扣工资计算结果

I3 =IF(H3=员工加班性质与考勤假别标准规范!$B$12,员工加班性质与考勤假别标准规范!$B$13,IF(H3=员工加班性质与考勤假别标准规范!$D$12,员工加班性质与考勤假别标准规范!$D$13,IF(H3=员工加班性质与考勤假别标准规范!$F$12,员工加班性质与考勤假别标准规范!$F$13,0)))

华赛尔有限责任公司-员工年考勤表

编号	员工姓名	性别	职务	入厂时间	工龄	年假天数	满勤奖级别	满勤奖金额
HSR1001	刘男	女	办公室主任	1995年5月1日	20	15天	A级	1000元
HSR1002	李刚	女	办公室副主	1990年3月1日	25	15天	A级	1000元
HSR1003	陈双双	女	经理助理	2002年3月1日	13	10天	B级	600元
HSR1004	叶小来	女	研发部主任	1997年2月1日	18	15天	A级	1000元
HSR1005	林佳	男	工程师	1993年3月1日	22	15天	A级	1000元
HSR1006	彭力	男	工程师	2002年8月1日	13	10天	B级	600元
HSR1007	范琳琳	女	工程师	1999年10月1日	16	15天	A级	1000元
HSR1008	易成亮	女	工程师	1997年6月1日	18	15天	B级	600元
HSR1009	黄海蕊	女	工程师	2001年3月1日	14	10天	B级	600元
HSR1010	张浩	男	工程师	1996年4月1日	19	15天	A级	1000元
HSR1011	增春林	男	助理工程师	1995年5月11日	20	15天	A级	1000元
HSR1012	李峰	男	工程师	1997年3月2日	18	15天	A级	1000元
HSR1013	彭洁	男	工程师	1995年2月3日	20	15天	A级	1000元
HSR1014	徐瑜诚	男	工程师	1999年1月4日	16	15天	A级	1000元
HSR1015	丁昊	男	助理工程师	1988年10月5日	27	15天	A级	1000元
HSR1016	李继东	男	市场部经理	1996年4月6日	19	15天	A级	1000元
HSR1017	刘惠	男	市场调研	1995年5月17日	20	15天	A级	1000元
HSR1018	甘倩淇	男	市场调研	1995年5月18日	20	15天	A级	1000元

图 10.49 员工年考勤表

① 建立“员工年考勤表”工作表框架。在“企业员工考勤表”工作簿中，新建一个 Sheet4 工作表，将 Sheet4 工作表名称改为“员工年考勤表”，接着输入如图 10.50 所示的“员工年考勤表”工作表框架文字。

② 选择 A1:I1 单元格区域，在“开始”选项卡的“对齐方式”组单击“合并后居中”按钮，完成第一行单元格合并、居中。选择标题文字，在“字体”组中设置字体为“华文琥珀”，字号为“三号”。

③ 通过“设置单元格格式”对话框中的“边框”和“填充”选项卡进行底纹和边框设置。

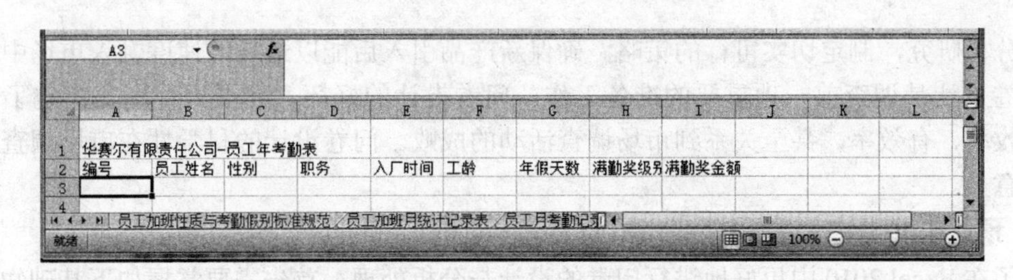

图 10.50　“员工年考勤表”工作表框架

④ 按照样张输入员工基本资料。

（2）计算员工的工龄。在“员工年考勤表”工作表中，员工的工龄直接决定年假，所以这里要计算员工的工龄。

在 F3 单元格中输入公式“=YEAR(TODAY())-YEAR(E3)”，按 Enter 键，即可计算出第一位员工的工龄。向下填充公式，快速得到所有员工的工龄，如图 10.49 所示。

（3）计算员工应有的年假。所谓年假，就是员工在本公司工作达到一定的年限所享受的除法定假日之外的休假。在年假期间享受公司的原有待遇。计算员工应有年假，具体操作如下。

在 G3 单元格中输入公式“=IF(F3>15,15,IF(F3>10,10,IF(F3>5,7,IF(F3>3,3,IF(F3>1,1,0)))))&"天"”，按 Enter 键，即可根据员工工龄计算出第一位员工的年假天数。向下填充公式，快速得到所有员工的年假天数，如图 10.49 所示。

（4）计算员工满勤奖金额。所谓满勤奖金额，就是员工在本公司工作达到一年，通过每月的考勤统计出员工在该年的出勤天数，根据出勤天数规定满勤奖级别和对应的奖金额。计算员工满勤奖金额，具体操作如下。

在 I3 单元格中输入公式“=IF(H3=员工加班性质与考勤假别标准规范!$B$12,员工加班性质与考勤假别标准规范!$B$13,IF(H3=员工加班性质与考勤假别标准规范!$D$12,员工加班性质与考勤假别标准规范!$D$13,IF(H3=员工加班性质与考勤假别标准规范!$F$12,员工加班性质与考勤假别标准规范!$F$13,0)))”，按 Enter 键，即可根据员工满勤奖级别计算出第一位员工的满勤奖金额，向下填充公式，快速得到所有员工的满勤奖金额，如图 10.49 所示。

10.3　新产品市场调查与分析

在 Excel 中可以设计调查问卷，同时利用 Excel 中提供的函数、图表等功能对调查结果进行分析研究。本节以某公司计划研发一种计算机电视一体机为例，介绍新产品研发前的市场调查与分析，从而准确地给新产品定位。

10.3.1　案例概述

一般来说，一件商品投入市场都需要经历 4 个阶段，即引入期、成长期、成熟期和衰退期。因此，企业要取得长足的发展，必然需要适时引入新产品。而引入新产品前需要对市场进行充分调研，了解新产品的市场反应，掌握消费者对新产品的接受程度，然后对这些原始的资料进行分析研究，制定切实可行的策略。确保新产品引入后能以最快的速度融入市场中去。

问卷设计是调查前一项重要的准备工作。问卷设计的好坏，在很大程度上决定了调查问卷的回收率、有效率，甚至关系到市场调查活动的成败。问卷设计的科学性在市场调查中具有关键性意义。

1. 预备知识

为了在 Excel 2010 中更好地进行问卷的设计与分析处理，首先需要掌握如下基础知识。

（1）单元格的相对引用与绝对引用。所谓相对数据源引用，是指把一个含有单元格地址的公式复制到一个新的位置时，公式中的单元格地址会随之改变。所谓绝对数据源引用，是指把公式复制或者填入到新位置，公式中的固定单元格地址保持不变。

（2）COUNTIF 函数。COUNTIF 函数用于计算单元格区域中满足给定条件的单元格的个数。具体语法如下：

COUNTIF(Range,Criteria)

Range：需要计算其中满足条件的单元格数目的单元格区域。

Criteria：确定哪些单元格将被计算在内的条件，其形式可以为数字、表达式或文本。

应用举例：按性别统计员工人数，如图 10.51 所示。

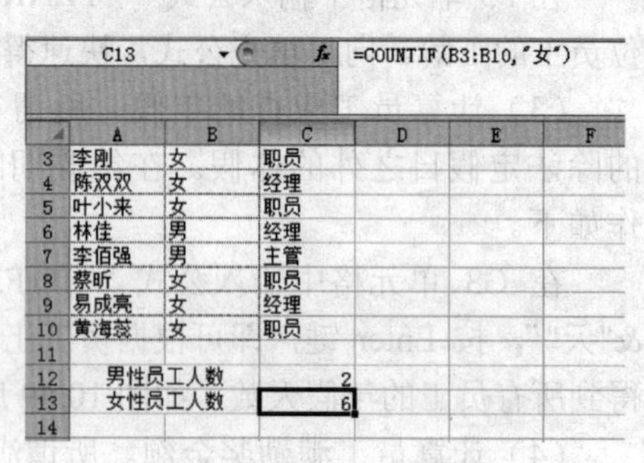
C13　=COUNTIF(B3:B10,"女")

	A	B	C	D	E	F
3	李刚	女	职员			
4	陈双双	女	经理			
5	叶小来	女	职员			
6	林佳	男	经理			
7	李佰强	男	主管			
8	蔡昕	女	职员			
9	易成亮	女	经理			
10	黄海蕊	女	职员			
11						
12	男性员工人数		2			
13	女性员工人数		6			
14						

图 10.51　COUNTIF 函数举例

2. 制作流程

要完整地进行问卷的设计与统计分析，可以遵循如图 10.52 所示的流程操作。

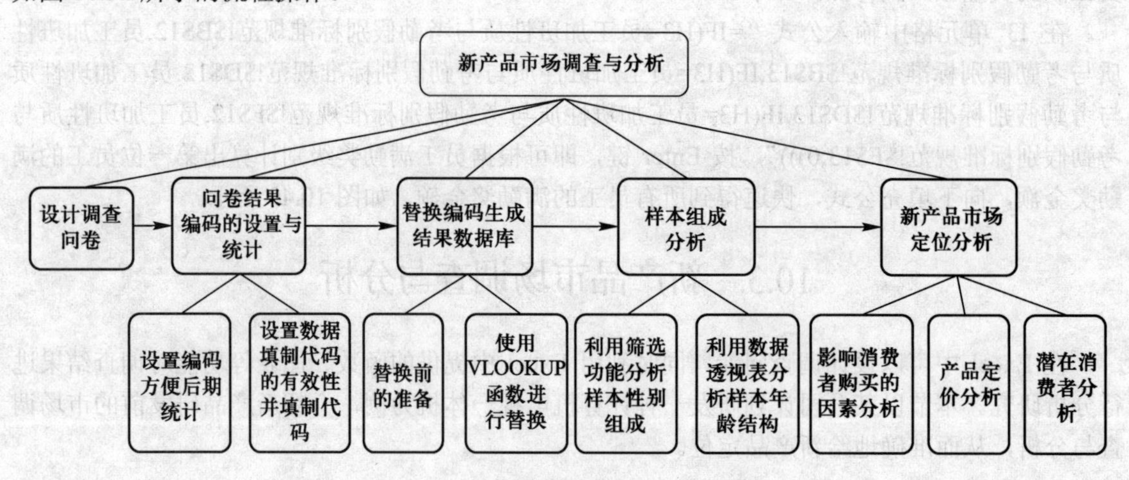

图 10.52　问卷的设计与统计分析流程

10.3.2　设计调查问卷

设计问卷的目的是为了更好地收集市场信息，因此在问卷设计过程中，首先要把握调查的目的和要求，同时力求使问卷取得被调查者的充分合作，保证提供准确有效的信息。具体可分为以下几个步骤。

（1）根据调查目的，确定所需的信息资料，然后在此基础上进行问题的设计与选择。

（2）确定问题的顺序。一般将简单的、容易回答的问题放在前面，逐渐移向难度较大的问题。问题的排列要有关联、合乎逻辑，便于填卷人合作并产生兴趣。

（3）问卷的测试与修改。

1. 建立表头信息

（1）新建工作簿，并命名为“新产品市场调查与分析”，双击 Sheet1 工作表名，将其重命名为“调查问卷”。

（2）选中 A1:I1 单元格区域，在“开始”选项卡的“对齐方式”组中单击“合并后居中”按钮，在合并后的单元格中输入如图 10.53 所示的表格标题“电脑电视一体机调查问卷”。

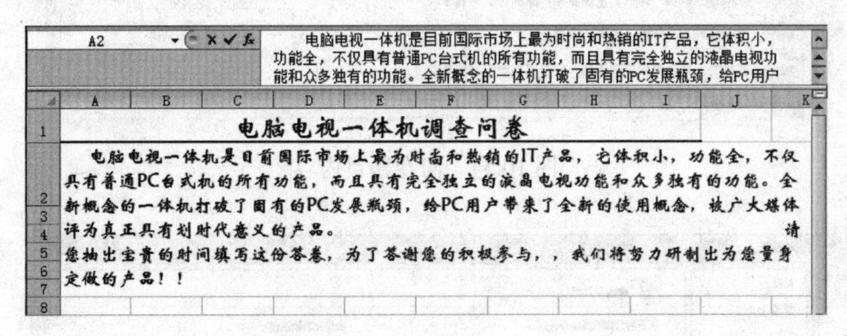

图 10.53　问卷表头与前言

（3）选中 A2:I2 单元格区域，在“开始”选项卡的“对齐方式”组中设置对齐方式为靠上左对齐，然后在单元格中输入调查问卷的前言，如图 10.53 所示。

（4）调整行高让文字全部显示出来。文字可以完整显示出来是因为当前处于编辑状态。当选择其他单元格时，文字则只能显示一行，因此需要调整行高将文字完整显示出来。

（5）在“字体”组中重新设置标题与前言文字的格式，设置完成后效果如图 10.53 所示。

2. 设计问卷调查主体

问卷调查主体是市场调查问卷最重要的部分，其内容需要事先规划并拟订好。问卷一般都是由相关的问题和可选择答案组成的，从问题的答案中可以看出被调查者对某一事物的态度。

（1）在“调查问卷”工作表中输入问卷题目，如图 10.54 所示。

（2）添加“插入控件”工具栏。由于在拟订的题目后面需要设计选择答案，而一般设计单选按钮与复选框可以方便被调查者的选择。使用“插入控件”工具栏可以方便地绘制出单选按钮与复选框。Excel 2010 默认状态下并未显示出“插入控件”工具栏。因此首先要将控件工具添加到快速访问工具栏中。

在“文件”菜单中选择“Excel 选项”选项，打开如图 10.55 所示的“Excel 选项”对话框，切换到“自定义功能区”选项卡，勾选右侧的“开发工具”复选框。

（3）在“开发工具”选项卡的“控件”组中单击“插入”下三角按钮，弹出如图 10.56 所示的“控件”列表，单击“表单控件”类的单选按钮 ◉（窗体控件），当光标变为十字形状时，拖动鼠标绘制单选按钮。默认的单选按钮名称为“选项按钮 1”、“选项按钮 2”。

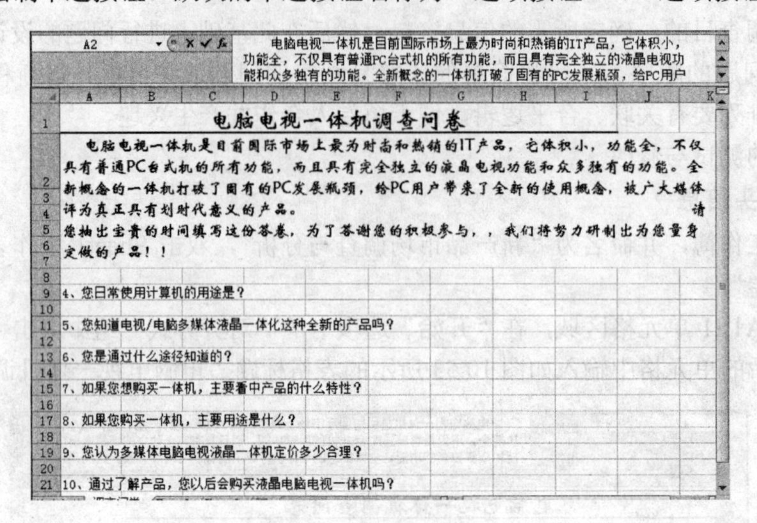

图 10.54　问卷题目内容

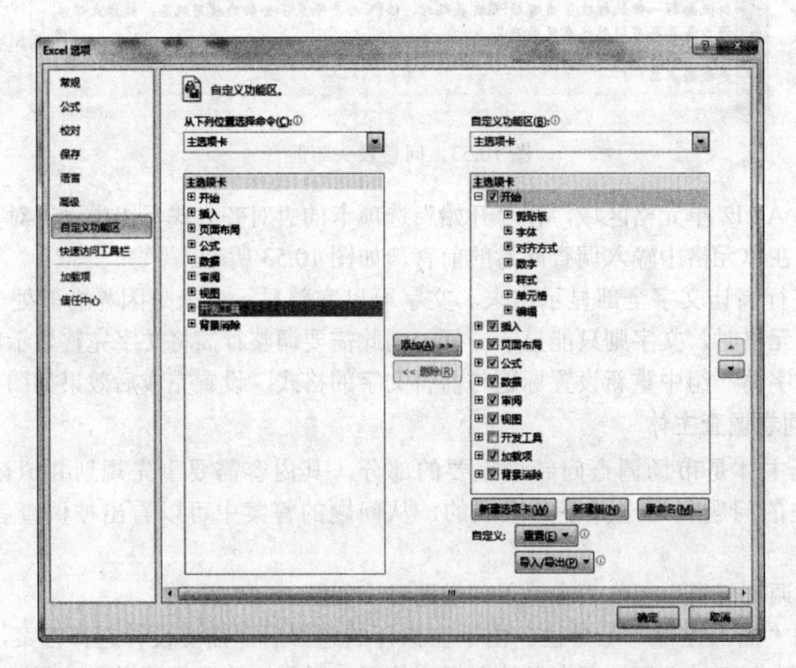

图 10.55　添加控件工具

（4）右击要重命名的单选按钮，在弹出的快捷菜单中选择“编辑文字”选项，输入新名或编辑旧名，如图 10.57 所示。

提示：通常一个题目会有多个答案以供选择，因此需要绘制多个单选按钮或复选框。此时可以按住 Ctrl 键不放，选中之前已创建的某个单选按钮拖动一次即可快速复制一个，然后更改其名称即可。或者直接使用“复制”和“粘贴”命令来完成。

图 10.56　控件列表

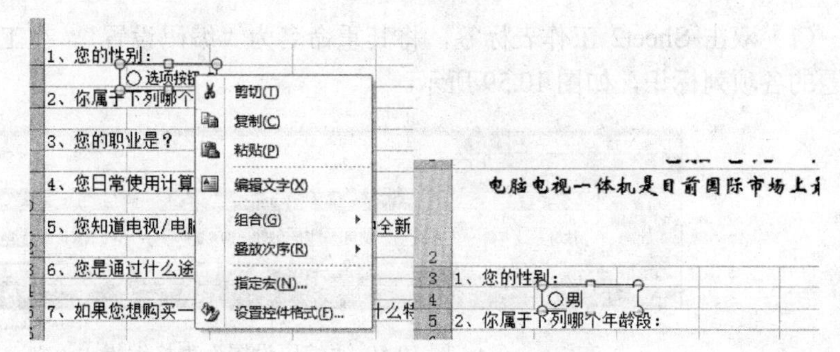

图 10.57　更改单选按钮的名称

（5）按照步骤（3）和（4）的方法，在图 10.56 所示的“控件”列表的“表单控件”类单击复选框☑（窗体控件），绘制复选框并对其重命名。

（6）按相同的方法使用单选按钮与复选框绘制出所有答案选项，如图 10.58 所示。

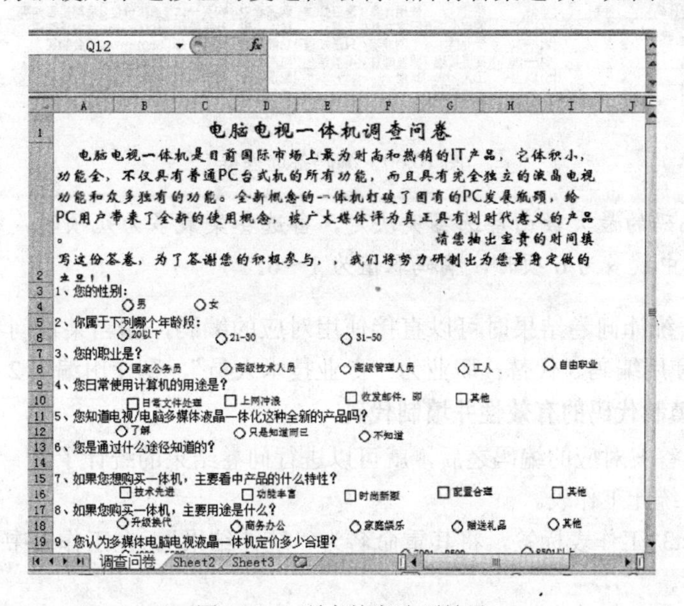

图 10.58　所有答案选项效果

（7）在“视图”选项卡的“显示”组中，取消勾选“网格线”复选框。

10.3.3　问卷结果编码的设置与统计

调查问卷设计完成后，需要发出问卷进行调查。现假设这项工作已经完成了，本次市场调查共发出 80 份问卷，收回问卷后，去除 5 份无效问卷不作统计，然后按本节介绍的方法来设置编码与统计调查结果。

1. 设置编码方便后期统计

设置编码的目的在于方便结果的统计，因为问卷中的每个题目都有多项答案，而且每份问卷中的答案都不一样，因此事先设置好每一项答案所对应的编码，然后在进行统计时直接统计编码，可以简化录入工作。

（1）双击 Sheet2 工作表标签，将其重命名为“编码设置”。在工作表中依次输入关于问卷问题的各项列标识，如图 10.59 所示。

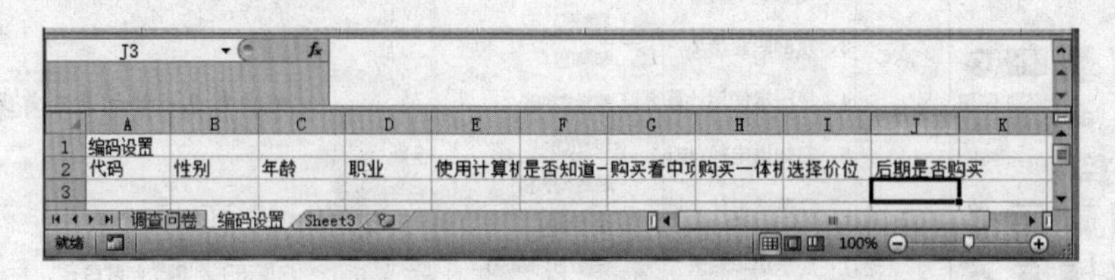

	A	B	C	D	E	F	G	H	I	J	K
1	编码设置										
2	代码	性别	年龄	职业	使用计算机	是否知道一	购买看中项	购买一体机	选择价位	后期是否购买	
3											

图 10.59 “编码设置”表格编辑

（2）此处以数字 1～6 来代替问卷题目中各个备选答案，分别将各题目的备选答案输入到表格中，如图 10.60 所示。

	A	B	C	D	E	F	G	H	I	J	K
1	编码设置										
2	代码	性别	年龄	职业	使用计算机	是否知道一	购买看中项	购买一体机	选择价位	后期是否购买	
3	1	男	20以下	国家公务员	日常文件处	了解	技术先进	升级换代	4000--550	会考虑购买	
4	2	女	21--30	专业技术人	上网冲浪	只是知道而	功能丰富	商务办公	5501--700	不会购买	
5	3		31--50	高层管理人	收发邮件、	不清楚	时尚新颖	家庭娱乐	7001--8500		
6	4		51以上	工人	其他		配置合理	赠送礼品	8501以上		
7	5			自由职业			绿色环保	其他			
8	6						其他				

图 10.60　编码备选答案

提示：此处编码的最大数由备选答案决定，备选答案最多为几项时，编码的最大值则为几，即当备选答案中最多为 6 项时，编码取值为 1～6。

设置编码后，统计问卷结果时可以直接使用对应的编码，如当某份问卷的被调查者年龄为“31～50”，则使用编码 3 代替；职业为“专业技术人员”，则使用编码 2 代替，依此类推。

2. **设置数据填制代码的有效性并填制代码**

设置好各备选答案对应的编码之后，就可以进行问卷结果的统计了。

（1）建立结果统计工作表。

① 双击 Sheet3 工作表标签，将其重命名为“统计结果”。在工作表中依次输入关于问卷问题的各项列标识。

对于多选项的设置：为了统计需要，当选择项为多项时，需要以多列来处理，如本例中“使用计算机用途”为多选项，因此在表中使用“使用计算机用途 1”与“使用计算机用途 2”表示；“购买看重项”为多选项，使用“购买看重项 1”、“购买看重项 2”、“购买看重项 3”表示。

② 由于有些列标识较长，一个单元格无法完整显示，如果通过调整列宽让其完全显示，那么单元格则会过宽。此时可以设置单元格的格式为“自动换行”，当单元格中文字超出单元格宽度时自动换行。

③ 设置完成后，重新调整列宽，让文字合理显示出来，如图 10.61 所示。

	A	B	C	D	E	F	G	H	I	J	K	L	M
1	问卷结果统计												
2	代码	性别	年龄	职业	使用计算机用途1	使用计算机用途2	是否知道一体机	购买看中项1	购买看中项2	购买看中项3	购买一体机用途	选择价位	后期是否购买
3													
4													

图 10.61　统计表表头设置

（2）设置数据有效性以防止错误编码的输入。

① 设置“性别”列的数据有效性。选中“性别”列，在“数据”选项卡的“数据工具”组中单击“数据有效性”下三角按钮，打开如图 10.62 所示的“数据有效性”对话框的“设置”选项卡，在“有效性条件”区“允许”下拉列表框中选择“序列”选项，在“来源”文本框中填写编码“1,2”，单击“确定”按钮，此时，“性别”列每个单元格区域会出现下拉列表，并出现相应选项。

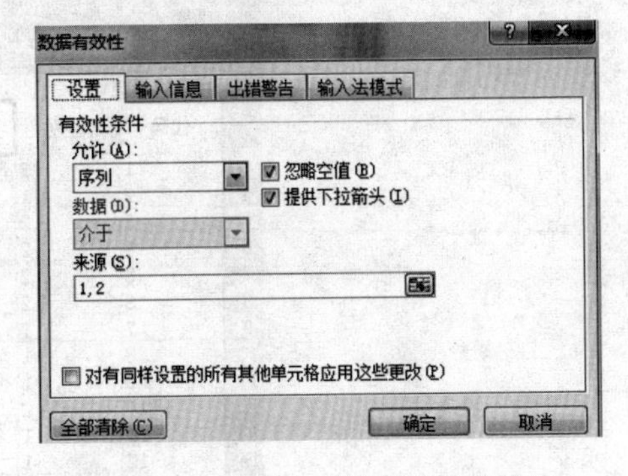

图 10.62　设置序列数据有效性效果

提示：在设置“有效性条件”为“序列”后，在设置来源时，注意各个值之间要使用半角逗号隔开，否则不能显示正确的序列。

② 根据其他列中编码的最大值，可以按相同的方法设置各列的有效性序列，从而实现在统计问卷结果时，直接从下拉列表中选择输入。

③ 设置完成后，即可进行问卷结果的统计。统计结果如图 10.63 所示。

	A	B	C	D	E	F	G	H	I	J	K	L	M
1	问卷结果统计												
2	代码	性别	年龄	职业	使用计算机用途1	使用计算机用途2	是否知道一体机	购买看中项1	购买看中项2	购买看中项3	购买一体机用途	选择价位	后期是否购买
3	1	2	3	1	1	3	1	2	3	4	1	1	1
4	2	1	3	2	1	4	2	1	2	4	1	1	1
5	3	2	4	1	1	3	1	1	2	5	2	1	1
6	4	2	2	2	1	3	2	1	2	5	1	2	1
7	5	2	1	1	1	3	2	1	3	5	1	2	2
8	6	2	3	4	1	3	2	1	2	6	1	1	1
9	7	1	3	3	1	4	1	1	4	5	3	2	2
10	8	1	2	4	1	4	2	1	3	4	4	1	1
11	9	1	4	2	2	3	3	1	1	3	4	2	2
12	10	2	2	1	2	4	1	2	1	4	4	4	1
13	11	1	1	1	2	3	2	2	6	4	3	3	2
14	12	1	2	2	1	4	2	2	1	5	2	3	1
15	13	2	3	1	1	3	2	2	6	5	2	3	2
16	14	2	4	3	2	4	1	2	3	5	1	2	1
17	15	2	1	2	1	3	1	1	3	6	2	4	2

调查问卷　编码设置　统计结果

就绪　100%

图 10.63　统计结果

10.3.4　替换编码生成结果数据库

上面使用编码来代替选择答案是为了方便统计，统计完成后还需要将编码重新转换为各项选择答案，才能形成调查结果数据库。此时的转换工作可以借助于 Excel 中的函数来实现，操作十分简便。

1. 替换前的准备

在进行替换编码前需要在“统计结果”工作表中预留出位置来显示具体的选择答案；同时，为了方便后面公式的引用还需要将“编码设置”工作表中的区域定义为名称。

（1）重新设置“统计结果”工作表。

① 选中 C 列，在“开始”选项卡的“单元格”组中单击“插入”按钮，选择“插入列”

选项，此时在“性别”列右侧插入一个空列，用于返回“性别”可选答案，如图 10.64 所示。

C2　性别

	A	B	C	D	E	F	G
1	问卷结果统计						
2	代码	性别	性别	年龄	职业	使用计算机用途1	使用计算机用途2
3	1	2		3	1	1	3
4	2	1		3	2	1	4
5	3	2		4	1	1	3
6	4	2		2	2	1	3
7	5	2		1	1	1	3
8	6	2		3	4	1	3
9	7	1		3	3	1	4
10	8	1		2	4	1	4
11	9	1		4	2	2	3
12	10	2		2	1	2	4
13	11	1		1	1	2	3
14	12	1		2	2	1	4
15	13	2		3	1	1	3
16	14	2		4	3	2	4
17	15	2		1	2	1	3

图 10.64　插入空列

② 按相同的方法在各列后都插入一列用于显示具体的选择答案。

③ 取消插入列的数据有效性格式。插入了多列后，插入的列也自动套用设置的数据有效性格式，即如果直接在插入的列中输入值，则会打开如图 10.65 所示的对话框。

此时需要手动清除新插入列的数据有效性。按住 Ctrl 键，选中新插入的各个空白列，在“数据”选项卡的“数据工具”组中单击“数据有效性”按钮，在弹出的快捷菜单中选择“全部清除”选项。

（2）将设置的代表备选答案的编码定义为名称。将之前设置的代表备选答案的编码定义为特定的名称，则可以方便后面利用公式将编码转换为备选答案。

切换到“编码设置”工作表中，选中 A2:J8 单元格区域，在“公式”选项卡的“定义的名称”组中单击“定义名称”按钮，打开如图 10.66 所示的“新建名称”对话框，将 A2:J8 单元格区域定义为名称“编码”。单击“确定”按钮。

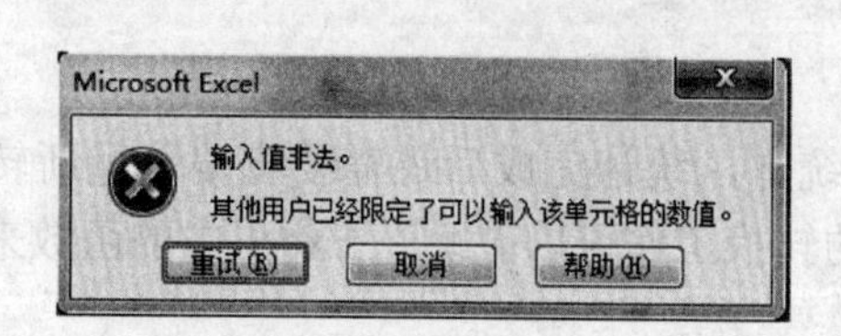

图 10.65　有效性验证

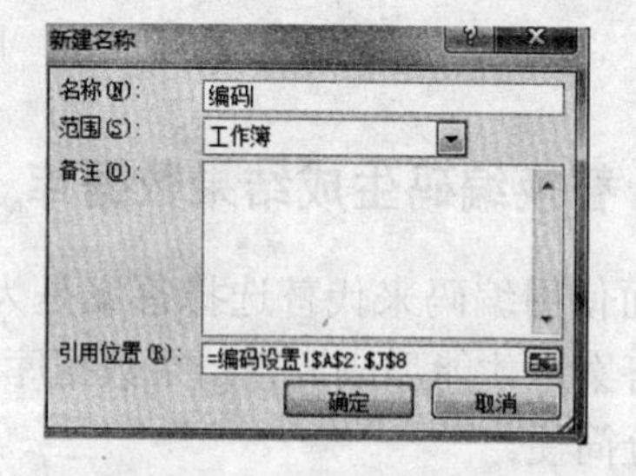

图 10.66 “新建名称”对话框

2. 使用 VLOOKUP 函数进行替换

使用 VLOOKUP 函数可以按照各列中的编码从“编码设置”工作表中返回备选答案。

（1）利用公式返回问卷结果。

① 设置“性别”列的公式。选中 C3 单元格，引用定义的名称输入公式“=VLOOKUP

(B3,编码,2)”，按 Enter 键，即可根据 B3 单元格的编码返回性别。

② 复制 C3 单元格的公式到该列的其他单元格，可以快速返回其他问卷的“性别”，如图 10.67 所示。

③ 设置“年龄”列的公式。选中 E3 单元格，输入公式“=VLOOKUP(D3,编码,3)”，按 Enter 键，即可根据 D3 单元格的编码返回年龄，复制公式到该列其他单元格可返回实际答案，如图 10.67 所示。

④ 按相同的方法设置“职业”列的公式。选中 G3 单元格，输入公式“=VLOOKUP(F3,编码,4)”，按 Enter 键，即可根据 F3 单元格的编码返回职业，复制公式到该列其他单元格可返回实际答案，如图 10.67 所示。

⑤ 按相同的方法设置“使用计算机用途 1”列的公式。选中 I3 单元格，输入公式“=VLOOKUP(H3,编码,5)”，按 Enter 键，即可根据 H3 单元格的编码返回使用计算机用途，复制公式到该列其他单元格可返回实际答案，如图 10.67 所示。

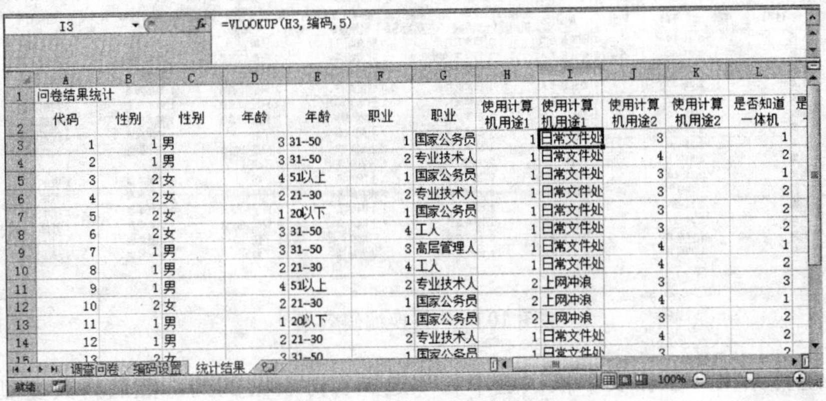

图 10.67　VLOOKUP 函数使用效果

⑥ 对于可以复选的问卷题目，在设置公式时直接复制公式后更改要查找的对象即可，而不必更改指定的列序号。

⑦ 按相同的方法可依照各列的编码返回各项问卷的答案。在设置公式时都使用 VLOOKUP 函数来实现，只需要更改要查找的对象并设置要返回的列数即可。

⑧ 当答卷的第 5 题回答为“不清楚”时，即编码为 3 时，直接跳到最后一题，因此第 6～8 题的公式需要添加一个 IF 函数，即使用 IF 函数判断第 5 题答案为“不清楚”时，返回空值；否则使用前面的公式返回答案。选中 O3 单元格，输入公式“=IF(L3=3,"", VLOOKUP(N3,编码,7))”，按 Enter 键，即可返回答案，复制公式到该列其他单元格中，当 L 列中的编码为 3 时，O 列中返回空值，如图 10.68 所示。

⑨ 按相同的方法设置“购买看中项 2”、“购买看中项 3”、“购买一体机用途”、“选择价位”列的公式，即使用 IF 函数。

⑩ 公式设置完成后，显示结果如图 10.69 所示。

（2）新建工作表用于保存最终统计结果。

① 单击“插入工作表”按钮插入新工作表，并将新工作表重命名为“问卷结果数据库”。

	H	I	J	K	L	M	N	O	P	Q	R	S	T
1													
2	使用计算机用途1	使用计算机用途1	使用计算机用途2	使用计算机用途2	是否知道一体机	是否知道一体机	购买看中项1	购买看中项1	购买看中项2	购买看中项2	购买看中项3	购买看中项3	购买一体机用途
3	1	日常文件处	3	收发邮件、	1	了解	2	功能丰富	3		4		1
4	1	日常文件处	3	收发邮件、	2	只是知道而	1	技术先进	2		4		1
5	1	日常文件处	1	日常文件处	1	了解	1	技术先进	2		5		2
6	1	日常文件处	3	收发邮件、	2	只是知道而	1	技术先进	2		5		1
7	1	日常文件处	1	日常文件处	2	只是知道而	1	技术先进	3		5		1
8	1	日常文件处	3	收发邮件、	2	只是知道而	1	技术先进	2		6		1
9	1	日常文件处	2	上网冲浪	1	了解	1	技术先进	4		5		3
10	1	日常文件处	2	上网冲浪	2	只是知道而	1	技术先进	3		4		4
11	2	上网冲浪	3	收发邮件、	3	不清楚	1		1		3		4
12	2	上网冲浪	2	上网冲浪	1	了解	2	功能丰富	1		4		4
13	2	上网冲浪	3	收发邮件、	2	只是知道而	2	功能丰富	6		4		3
14	1	日常文件处	2	上网冲浪	2	只是知道而	2	功能丰富	1		5		2
15	1	日常文件处	2	上网冲浪	2	只是知道而	2	功能丰富	6		5		2
16	2	上网冲浪	1	日常文件处	1	了解	2	功能丰富	3		5		1
17	1	日常文件处	3	收发邮件、	1	了解	1	技术先进	3		6		2

图 10.68　多选项结果选择效果

	A	B	C	D	E	F	G	H	I	J	K	L	M	N	O	P	Q	R	S
1	问卷结果统计																		
2	代码	性别	性别	年龄	年龄	职业	职业	使用计算机用途1	使用计算机用途1	使用计算机用途2	使用计算机用途2	是否知道一体机	是否知道一体机	购买看中项1	购买看中项1	购买看中项2	购买看中项2	购买看中项3	购买看中项3
3	1	1	男	3	31–50	1	国家公务员	1	日常文件处	3	收发邮件、	1	了解	2	功能丰富	3	时尚新颖	4	配置合理
4	2	1	男	3	31–50	2	专业技术人	1	日常文件处	3	收发邮件、	2	只是知道而	1	技术先进	2	功能丰富	4	配置合理
5	3	2	女	4	51以上	1	国家公务员	1	日常文件处	1	日常文件处	1	了解	1	技术先进	2	功能丰富	5	绿色环保
6	4	2	女	2	21–30	2	专业技术人	1	日常文件处	3	收发邮件、	2	只是知道而	1	技术先进	2	功能丰富	5	绿色环保
7	5	2	女	1	20以下	1	国家公务员	1	日常文件处	1	日常文件处	2	只是知道而	1	技术先进	3	时尚新颖	5	绿色环保
8	6	2	女	3	31–50	4	工人	1	日常文件处	3	收发邮件、	2	只是知道而	1	技术先进	2	功能丰富	6	其他
9	7	1	男	3	31–50	3	高层管理人	1	日常文件处	2	上网冲浪	1	了解	1	技术先进	4	配置合理	5	绿色环保
10	8	1	男	2	21–30	4	工人	1	日常文件处	2	上网冲浪	2	只是知道而	1	技术先进	3	时尚新颖	4	配置合理
11	9	1	男	4	51以上	2	专业技术人	2	上网冲浪	3	收发邮件、	3	不清楚	1		1		3	
12	10	2	女	2	21–30	1	国家公务员	2	上网冲浪	2	上网冲浪	1	了解	2	功能丰富	1	技术先进	4	配置合理
13	11	1	男	1	20以下	1	国家公务员	2	上网冲浪	3	收发邮件、	2	只是知道而	2	功能丰富	6	其他	4	配置合理
14	12	1	男	2	21–30	2	专业技术人	1	日常文件处	2	上网冲浪	2	只是知道而	2	功能丰富	1	技术先进	5	绿色环保
15	13	2	女	3	31–50	1	国家公务员	1	日常文件处	2	上网冲浪	2	只是知道而	2	功能丰富	6	其他	5	绿色环保
16	14	2	女	4	51以上	3	高层管理人	2	上网冲浪	1	日常文件处	1	了解	2	功能丰富	3	时尚新颖	5	绿色环保
17	15	2	女	1	20以下	2	专业技术人	1	日常文件处	3	收发邮件、	1	了解	1	技术先进	3	时尚新颖	6	其他
18																			

图 10.69　替换编码效果

② 在“统计结果”工作表中依次选中各项返回实际答案的列，然后将其复制到“问卷结果数据库”工作表中，如图 10.70 所示。

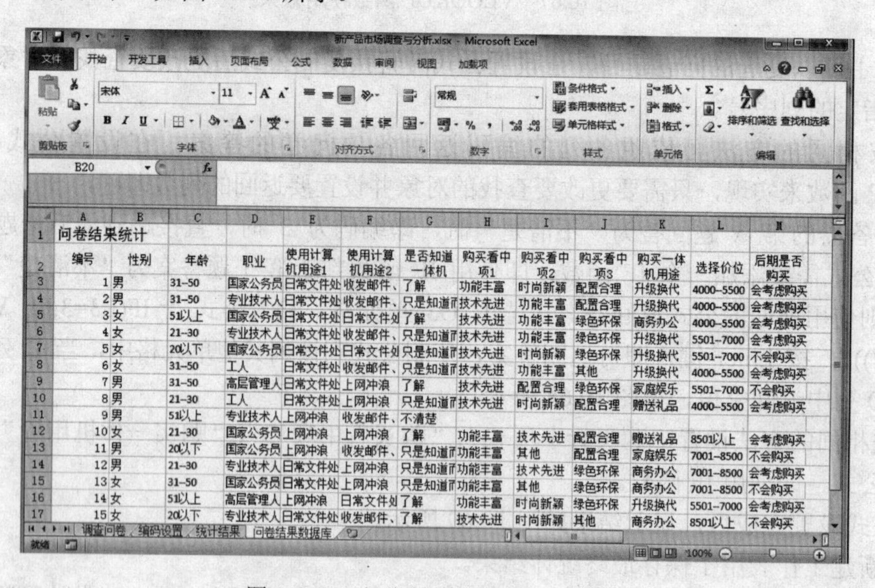

	A	B	C	D	E	F	G	H	I	J	K	L	M
1	问卷结果统计												
2	编号	性别	年龄	职业	使用计算机用途1	使用计算机用途2	是否知道一体机	购买看中项1	购买看中项2	购买看中项3	购买一体机用途	选择价位	后期是否购买
3	1	男	31–50	国家公务员	日常文件处	收发邮件、	了解	功能丰富	时尚新颖	配置合理	升级换代	4000–5500	会考虑购买
4	2	男	31–50	专业技术人	日常文件处	收发邮件、	只是知道而	技术先进	功能丰富	配置合理	升级换代	4000–5500	会考虑购买
5	3	女	51以上	国家公务员	日常文件处	日常文件处	了解	技术先进	功能丰富	绿色环保	商务办公	4000–5500	会考虑购买
6	4	女	21–30	专业技术人	日常文件处	收发邮件、	只是知道而	技术先进	功能丰富	绿色环保	升级换代	5501–7000	会考虑购买
7	5	女	20以下	国家公务员	日常文件处	日常文件处	只是知道而	技术先进	时尚新颖	绿色环保	升级换代	5501–7000	不会购买
8	6	女	31–50	工人	日常文件处	收发邮件、	只是知道而	技术先进	功能丰富	其他	升级换代	4000–5500	会考虑购买
9	7	男	31–50	高层管理人	日常文件处	上网冲浪	了解	技术先进	配置合理	绿色环保	家庭娱乐	5501–7000	不会购买
10	8	男	21–30	工人	日常文件处	上网冲浪	只是知道而	技术先进	时尚新颖	配置合理	赠送礼品	4000–5500	会考虑购买
11	9	男	51以上	专业技术人	上网冲浪	收发邮件、	不清楚						
12	10	女	21–30	国家公务员	上网冲浪	上网冲浪	了解	功能丰富	技术先进	配置合理	赠送礼品	8501以上	会考虑购买
13	11	男	20以下	国家公务员	上网冲浪	收发邮件、	只是知道而	功能丰富	其他	配置合理	家庭娱乐	7001–8500	不会购买
14	12	男	21–30	专业技术人	日常文件处	上网冲浪	只是知道而	功能丰富	技术先进	绿色环保	商务办公	7001–8500	会考虑购买
15	13	女	31–50	国家公务员	日常文件处	上网冲浪	只是知道而	功能丰富	其他	绿色环保	商务办公	7001–8500	不会购买
16	14	女	51以上	高层管理人	上网冲浪	日常文件处	了解	功能丰富	时尚新颖	绿色环保	升级换代	5501–7000	会考虑购买
17	15	女	20以下	专业技术人	日常文件处	收发邮件、	了解	技术先进	时尚新颖	其他	商务办公	8501以上	不会购买

图 10.70　“问卷结果数据库”表效果

10.3.5　样本组成分析

在完成了问卷调查结果的统计之后，首先要对样本的组成进行分析，一般需要分析样本的性别组成、年龄组成、职业的组成等。

1. 利用筛选功能分析样本性别组成

使用筛选功能可以对样本的组成情况进行统计。

（1）单击“插入工作表”按钮插入新工作表，并将其重命名为“样本组成分析”，然后输入如图 10.71 所示的信息。

（2）切换到“问卷结果数据库”工作表中，添加自动筛选并筛选出“性别”为“男”的记录，如图 10.72 所示。

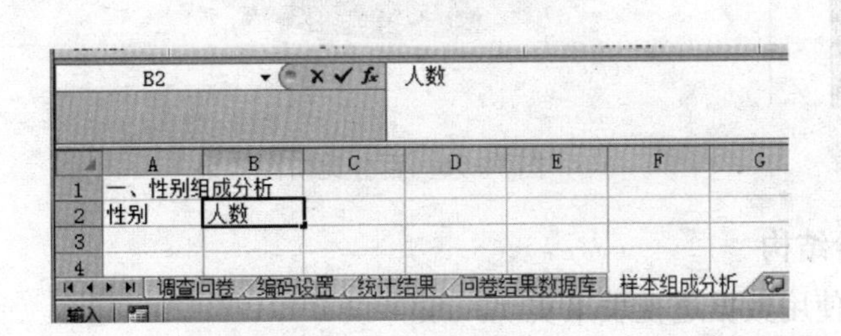

图 10.71 “样本组成分析”表

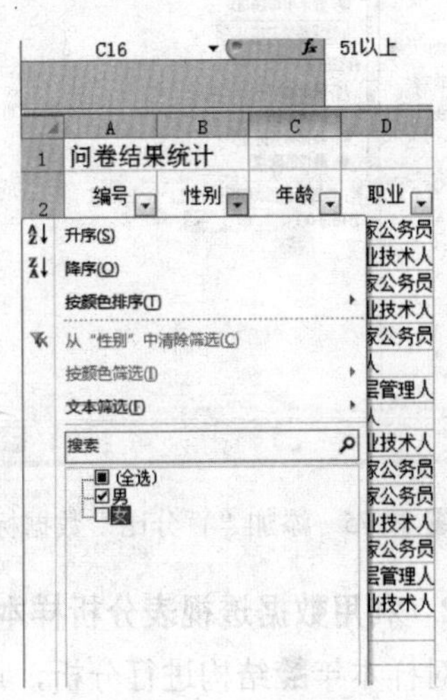

图 10.72　筛选性别

（3）切换到“样本组成分析”工作表中，显示统计结果为男、女的人数，如图 10.73 所示。

（4）建立饼形图表显示样本性别组成比例，切换到“样本组成分析”工作表中，选中 A2:B4 单元格区域，在“插入”选项卡的“图表”组中单击“饼图”下三角按钮，如图 10.74 所示，选择“三维饼图”选项，在工作表区域插入一个饼型图。

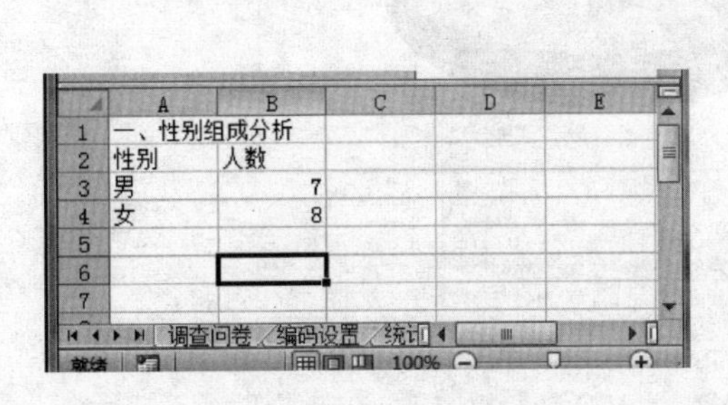

图 10.73　分析结果

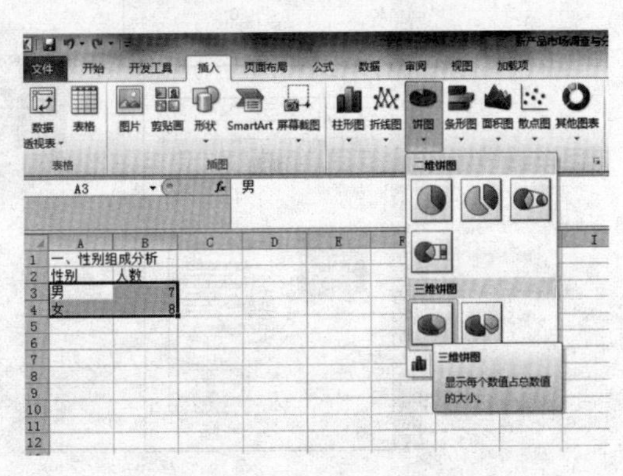

图 10.74　创建饼图

（5）选中图表，在“图表工具”功能区“布局”选项卡的“标签”组中单击“数据标签”下三角按钮，在弹出的下拉列表中选择“其他数据标签选项”选项，打开如图 10.75 所示的“设置数据标签格式”对话框，在“标签选项”选项卡中勾选“百分比”复选框，为图表添加“百分比”数据标签。

（6）设置完成后，即可在扇面上显示出样本中男、女各占比例，然后在图表中重新输入标题，显示效果如图 10.76 所示。

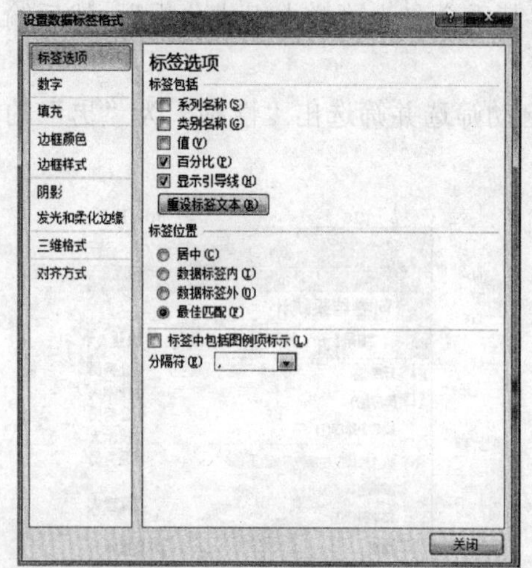

图 10.75　添加“百分比”数据标签　　　　图 10.76　百分比饼图效果

2. 利用数据透视表分析样本年龄结构

对样本年龄结构进行分析，可以使用数据透视表来实现。

（1）切换到“问卷结果数据库”工作表中，选中“年龄”数据区域，在“插入”选项卡的“表格”组中单击“数据透视表”按钮，即可打开如图 10.77 所示的数据透视表。

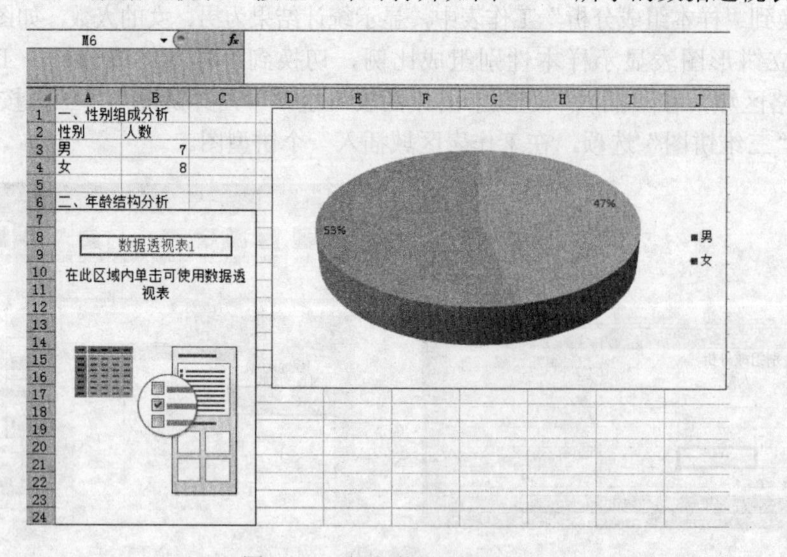

图 10.77　插入数据透视表

（2）设置“年龄”字段为行标签，同时设置“年龄”字段为计数项，如图 10.78 所示。

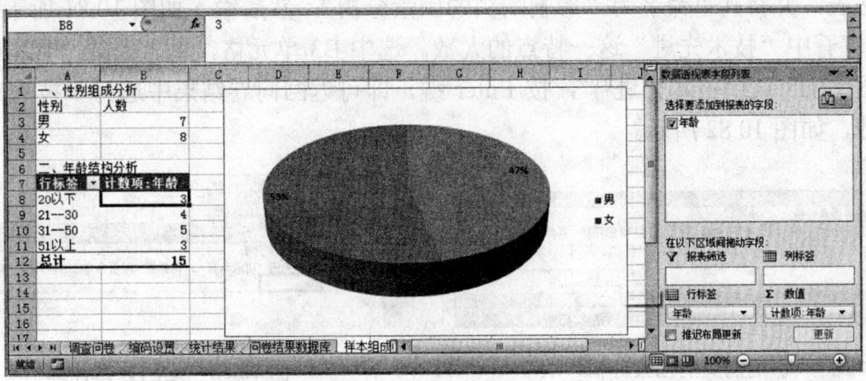

图 10.78　设置数据透视表效果

（3）建立数据透视图。选中图 10.78 左侧的“行标签”单元格，在“插入”选项卡的“图表”组中单击“饼图”按钮，在弹出的如图 10.79 所示的“饼图”列表的“二位饼图”区选择饼图，插入一个以“年龄”为计数项的饼图。

（4）为图表添加“百分比”数据标签。

（5）设置完成后，即可在扇面上显示出样本中各年龄段的比例，然后在数据透视表中重新输入标题，显示效果如图 10.80 所示。

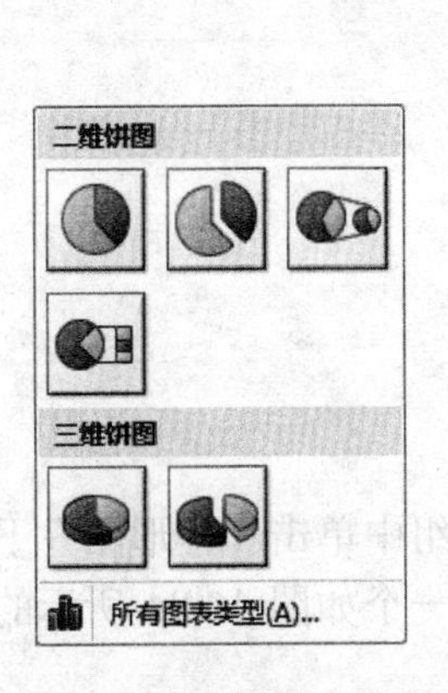

图 10.79　“饼图”列表

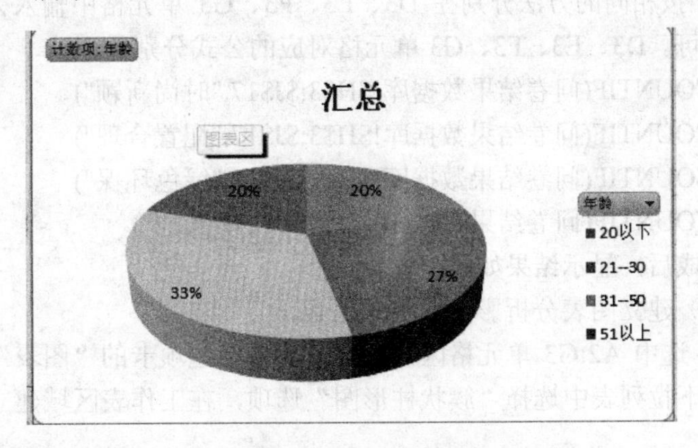

图 10.80　数据透视图效果

10.3.6　新产品市场定位分析

新产品市场定位是市场调查的最终目的，因此针对问卷调查的结果，需要进行市场定位分析，为最终的决策提供依据。市场定位分析通常包括影响消费者购买因素分析和可接受价格分析等。

要对影响消费者购买的因素进行分析，首先需要统计出问卷结果中各个因素的被选中条数，然后再进行分析。

（1）利用公式统计各购买看中项的人数。

① 在“新产品市场调查与分析”工作簿的工作表标签右侧单击“插入工作表”按钮，插入新工作表，并将其重命名为“影响购买的因素分析”，然后输入如图 10.81 所示的信息。

② 计算看中“技术先进”这一特点的人数。选中 B3 单元格，输入公式“=COUNTIF (问卷结果数据库!H3:J17,"技术先进")”，按 Enter 键，即可返回问卷结果中选择“技术先进”这一特点的人数，如图 10.82 所示。

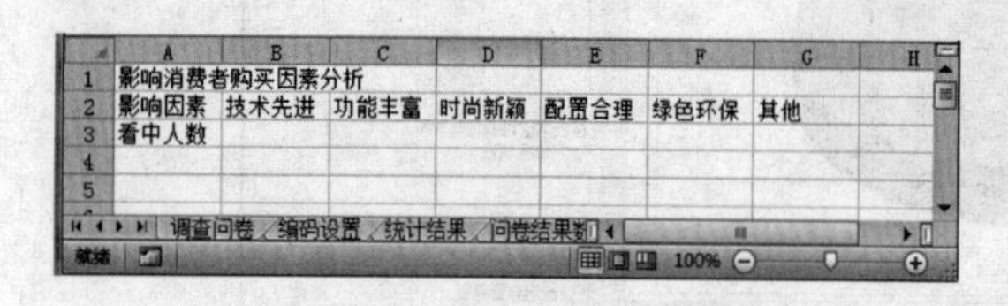

图 10.81 “影响购买的因素分析”表

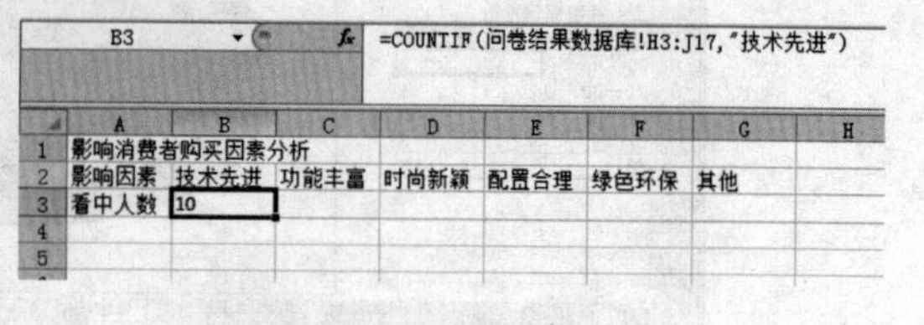

图 10.82　返回数据计算

提示：公式“=COUNTIF(问卷结果数据库!$H$3:$J$77,"技术先进")”的含义是从“问卷结果数据库”工作表的 H3:J77 单元格区域中查找选择“技术先进”这一项的人数（“值”），并返回找到的个数。

③ 计算看中“功能丰富”这一特点的人数。选中 C3 单元格，输入公式“=COUNTIF (问卷结果数据库!$H$3:$J$17,"功能丰富")”，按 Enter 健，即可返回问卷结果中选择“功能丰富”这一特点的人数。

④ 按相同的方法分别在 D3、E3、F3、G3 单元格中输入公式，公式中只需要更改查找的对象即可。D3、E3、F3、G3 单元格对应的公式分别如下：

=COUNTIF(问卷结果数据库!$H$3:$J$17,"时尚新颖")

=COUNTIF(问卷结果数据库!$H$3:$J$17,"配置合理")

=COUNTIF(问卷结果数据库!$H$3:$J$17,"绿色环保")

=COUNTIF(问卷结果数据库!$H$3:$J$17,"其他")

输入完成后，显示结果如图 10.83 所示。

（2）建立图表分析影响购买的因素。

① 选中 A2:G3 单元格区域，在“插入”选项卡的“图表”组中单击“柱形图”下三角按钮，在下拉列表中选择“簇状柱形图”选项，在工作表区域建立一个如图 10.84 所示的簇状柱形图。

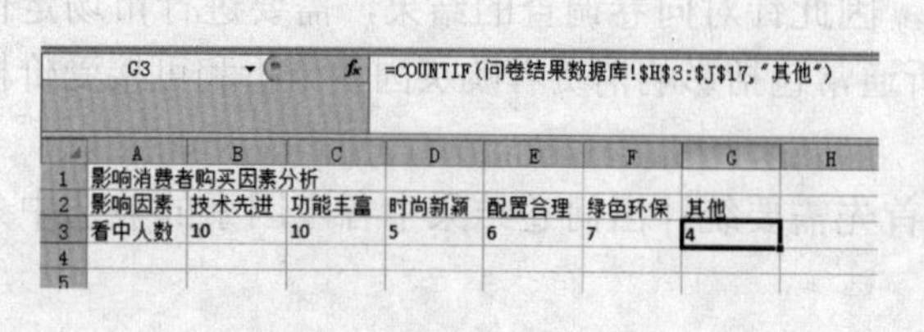

图 10.83　数据分析计算结果

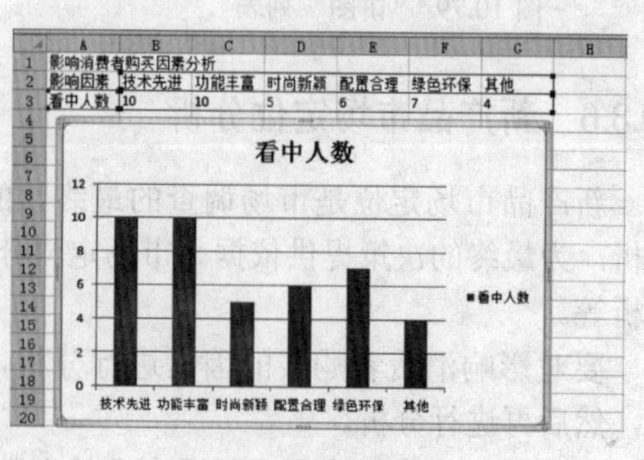

图 10.84　簇状柱形图

② 单击选中图表，在“图表工具”功能区“设计”选项卡的“图表样式”组中单击“样式 27”按钮，更改簇状柱形图显示效果。

③ 在图表标题框中重新输入图表标题，并对图表文字格式进行设置（可以直接在“开始”选项卡的“字体”组中设置，也可以右击图表，在浮动工具栏中设置），图表效果如图 10.85 所示。从图表中可以直观地看出，“功能丰富”这一特点是多数消费者看中的，其次是“技术先进”这一特点。

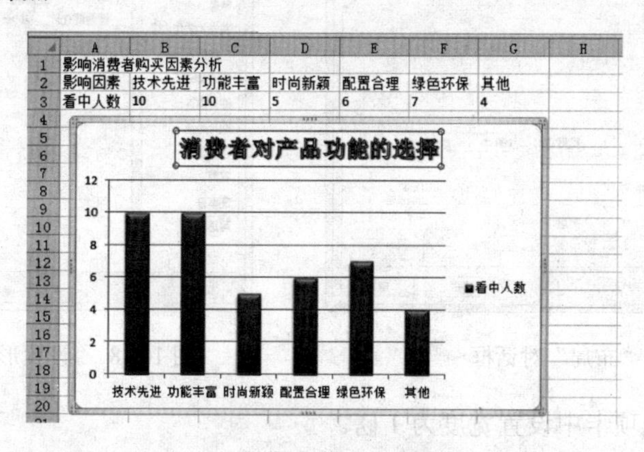

图 10.85　簇状柱形图最终效果

10.4　商场海报制作

制作商场海报，样张如图 10.86 所示。

1. 制作海报主体

（1）启动 Word 2010，在快速访问工具栏上单击“新建”按钮或按 Ctrl+N 键，新建一个空白文档，在“文件”菜单中选择“保存”选项，将新文档保存为“海报.docx”文件。

（2）设置画布样式。

① 在“插入”选项卡的“插图”组中单击“形状”下三角按钮，选择“新建绘图画布”选项，在页面上画出一个空白绘图画布区；单击边框线选中画布，在“绘图工具”功能区“格式”选项卡的“大小”组中单击对话框启动器按钮，打开如图 10.87 所示的“布局”对话框，切换到“大小”选项卡，取消勾选“锁定纵横比”复选框，设置“高度”的“绝对值”为“12.3 厘米”，“宽度”的“绝对值”为“9 厘米”。

② 右击所绘画布，在弹出的快捷菜单中选择“设置绘图画布格式”选项，打开如图 10.88 所示的“设置形状

图 10.86　海报样张

格式”对话框。在“线条颜色”选项卡中的“线条颜色”区选择“实线”单选按钮，设置线条颜色为“橙色，强调文字颜色 6，淡色 40%”。

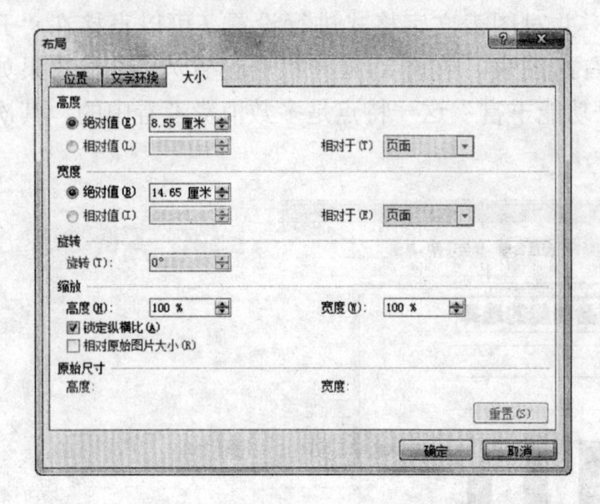

图 10.87 “布局”对话框

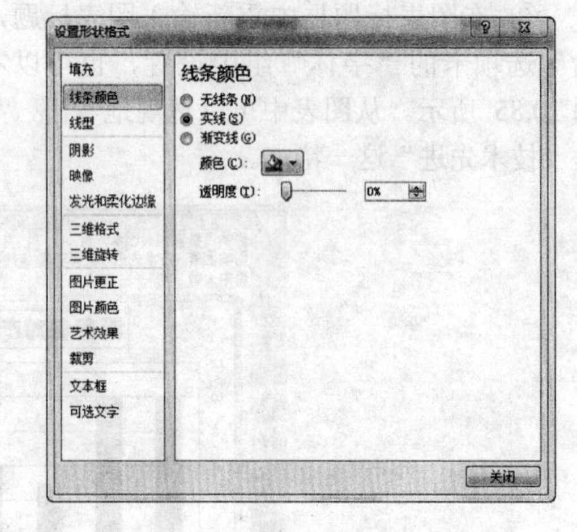

图 10.88 “设置形状格式”对话框

③ 在“线型”选项卡中设置宽度为 1 磅。

④ 在如图 10.89 所示的“填充”选项卡中选择“渐变填充”单选按钮，在“类型”下拉列表框中选择“线性”选项，在“方向”下拉列表框中选择“线性对角，左上到右下”选项，选中渐变光圈的停止点 1，如图 10.90 所示，单击“颜色”按钮，设置颜色为“黄色”。选中中间停止点，单击“删除渐变光圈”按钮，删除中间停止点，只留下最右侧的停止点 2，单击“颜色”按钮，设置为“橙色，强调文字颜色 6，淡色 80%”。

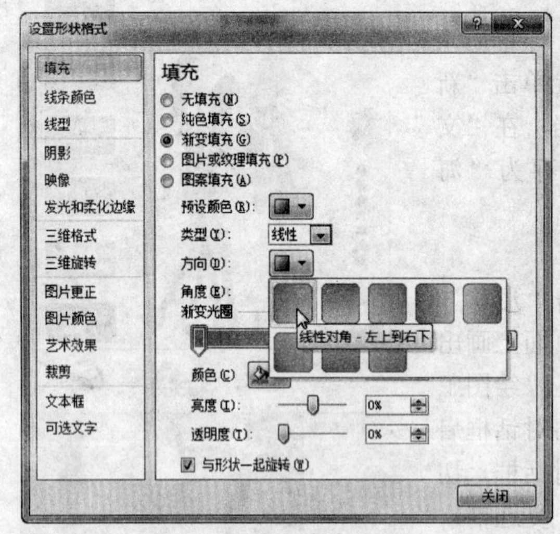

图 10.89　设置填充效果

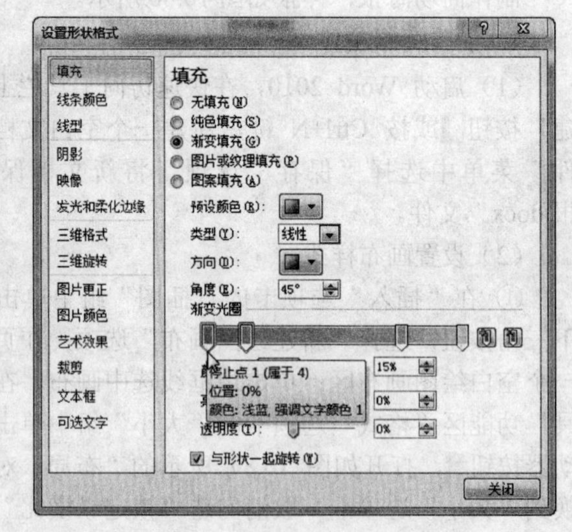

图 10.90　设置渐变填充效果

（3）选中绘图画布，参照样张分别在画布中插入素材图片“gw1.png”、“gw2.png”、“gw10.png”、“gw4.png”，并分别选中插入图片，在“图片工具”功能区“格式”选项卡的

“调整”组中单击“删除背景”按钮，可将插入图片的白色背景去除。

（4）在“插入”选项卡的“文本”组中单击“文本框”下三角按钮，在下拉列表中选择“绘制竖排文本框”选项，按样张输入文本，设置字体为“华文新魏”、“四号”、“紫色”。选中文本框，在“绘图工具”功能区“格式”选项卡的“形状样式”组中单击“形状轮廓”下三角按钮，在下拉列表中选择“无轮廓”选项。在“艺术样式”组中单击“外观样式”下三角按钮，在如图 10.91 所示的列表中选择第 4 行第 5 列“渐变填充-紫色，强调文字颜色 4，映像”选项，得到带有倒影的文字效果。

（5）选中绘图画布，在“插入”选项卡的“文本”组中单击“艺术字”下三角按钮，在下拉列表中选择“填充-橙色，强调文字颜色 6，暖色粗糙棱台”选项，在打开的“请在此放置您的文字”文本框中输入“金秋浪漫购物季”。选中文字，设置为“宋体”、“32 号”、“左对齐”。单击艺术字的边框，选中全部艺术字，在“绘图工具”功能区“格式”选项卡的“艺术字样式”组中单击“文本效果”下三角按钮，在如图 10.92 所示的下拉列表中选择“转换”选项下的“左近右远”效果，设置艺术字的排列形状。在“艺术字样式”组中单击“文本效果”下三角按钮，在如图 10.93 所示的“文本效果”下拉列表中选择“发光”选项下的“发光变体”列表中的第 2 行第 6 列的发光效果。

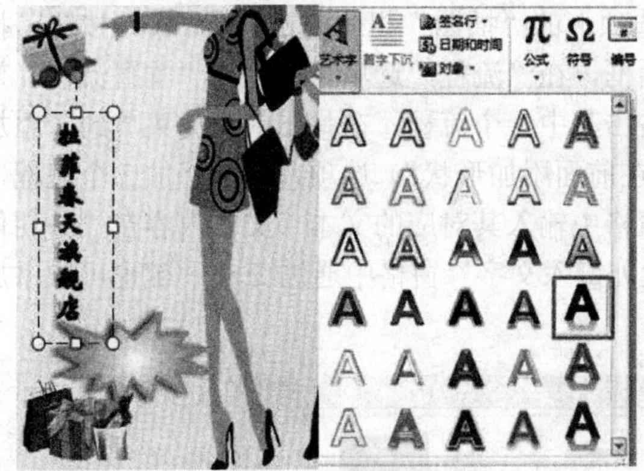

图 10.91　设置文本框文字效果

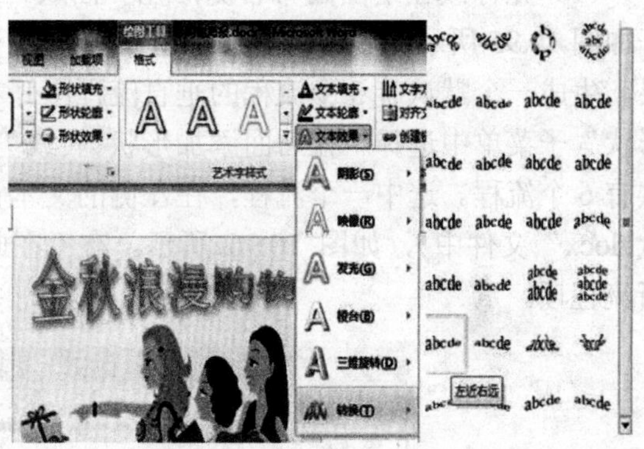

图 10.92　设置艺术字形状

（6）插入自选图形。

① 在“插入”选项卡的“插图”组中单击“形状”下三角按钮，在其下拉列表中的“星与旗帜”类别中单击“爆炸形 1”形状，插入一个自选图形。

② 选中该图形，在“绘图工具”功能区“格式”选项卡的“大小”组中，设置“高度”的“绝对值”为“1.8 厘米”，“宽度”的“绝对值”为“2 厘米”。

③ 在“绘图工具”功能区“格式”选项卡的“形状样式”组中单击右下角的对话框启动器按钮，打开如图 10.94 所示的“设置形状格式”对话框，在“线条颜色”选项卡中设置“线条”为“实线”，“线条颜色”为“橙色”；在“线型”选项卡中设置“宽度”为“1 磅”；在“填充”选项卡中设置为“渐变填充”，“类型”设置为“射线”，“方向”设置为“中心辐射”，“渐变光圈停止点 1”为“白色”、“位置”为“0”，“停止点 2”为“橙色”、“位置”为“75%”，“停止点 3”为“橙色”、“位置”为“100%”。

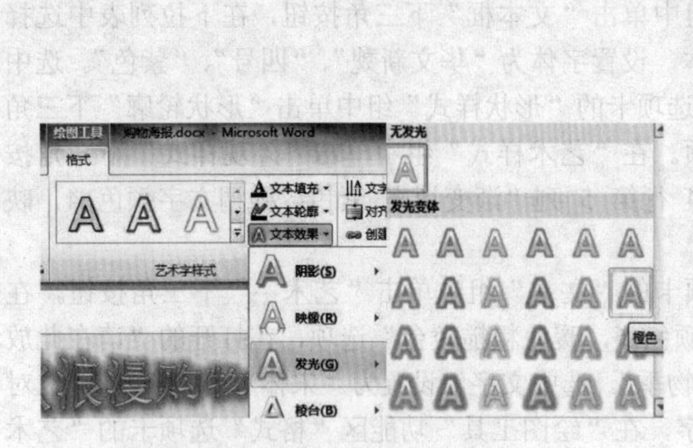

图 10.93　设置艺术字发光效果

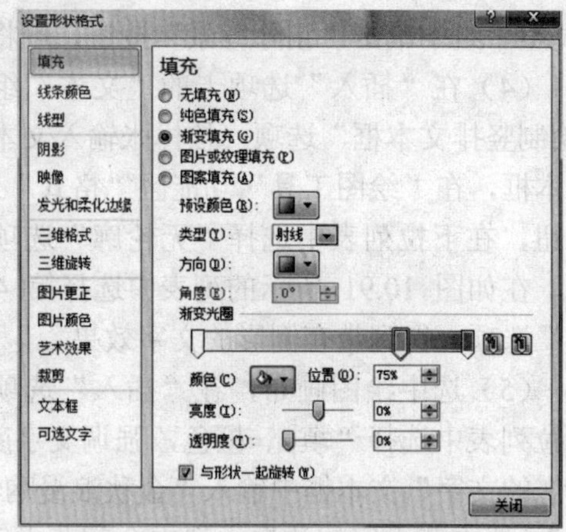

图 10.94　设置自选图形填充效果

④ 在“绘图工具”功能区“格式”选项卡的“形状样式”组中单击“形状效果”下三角按钮，设置“阴影”为“外部、向左偏移”，为爆炸形自选图形设置阴影效果。

2. **制作分期付款 SmartArt 流程图**

（1）光标放在绘图画布右侧，在“插入”选项卡的“插图”组中单击 SmartArt 按钮，打开如图 10.95 所示的“选择 SmartArt 图形”对话框，在“流程”选项卡中选择“垂直流程”效果，生成一个默认有 3 个流程的垂直流程图。右击其中一个流程，在弹出的快捷菜单的“添加形状”子菜单中选择“在后面添加形状”（或“在前面添加形状”）选项，分别添加 3 个流程，共有 6 个流程。选中一个流程，在左侧的文本窗格中输入其对应的文本（文本内容在“分期付款.docx”文件中），如图 10.96 所示。在“在此处键入文字”窗格中通过 Enter 键也可以添加新流程项。

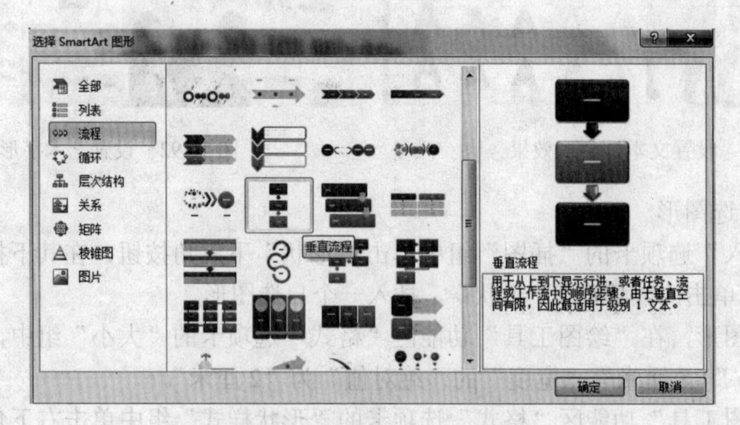

图 10.95　插入 SmartArt 流程图

（2）关闭左侧的文本窗格，选中整个流程图，在“SmartArt 工具”功能区“格式”选项卡的“大小”组中，设置“高度”为“12.3 厘米”，“宽度”为“5.3 厘米”。按住 Ctrl 键，分别单击各个流程项，则同时选中 6 个流程项，同样在“大小”组中设置各个流程项的“宽度”为“5 厘米”，在“开始”选项卡设置文字大小为 8。

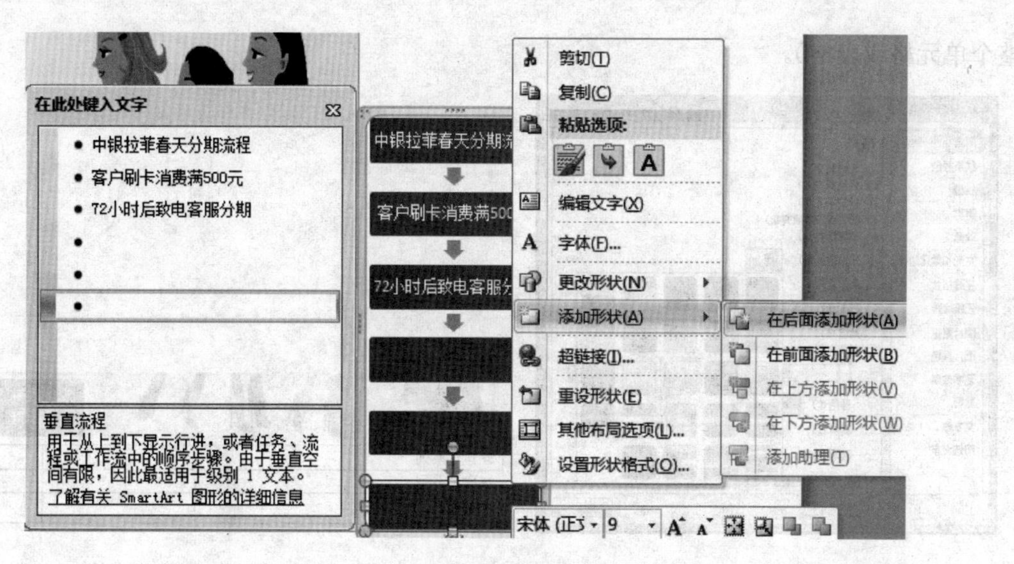

图 10.96　输入 SmartArt 流程图文字

选中整个流程图，当鼠标变为 4 个方向的箭头时，右击，在弹出的快捷菜单中选择“设置对象格式”选项，打开如图 10.97 所示的“设置形状格式”对话框，在“填充”选项卡中选择“渐变填充”单选按钮，将“预设颜色”设置为“麦浪滚滚”，即设置整个 SmartArt 流程图的背景颜色。按住 Ctrl 键，单击选中多个流程形状，右击，在弹出的快捷菜单中选择“设置形状格式”选项，在打开的如图 10.97 所示的“设置形状格式”对话框的“填充”选项卡中选择“纯色填充”单选按钮，设置各个流程项的填充颜色为紫色，如样张所示。

（3）将光标放在绘图画布所在的段落，在“开始”选项卡的“段落”组中设置段落居中。单击“段落”组右下角的对话框启动器按钮，在打开的“段落”对话框中设置段前和段后间距为 0。

3. 制作商品列表部分

（1）将光标放在绘图画布所在的段落最后，按 Enter 键，新起一段。在“插入”选项卡的“表格”组中单击“表格”下三角按钮，选择“插入表格”选项，打开“插入表格”对话框，设置插入表格为 3 行 4 列，单击“确定”按钮，即可在图片底部插入如图 10.98 所示表格，分别在表格第 1 列中填入图中文字。

（2）参照样张，将光标放在相应表格框中，插入素材文件夹下的相应图片。选中各个图片，手动调整表格中图片大小，使各行各列高度、宽度保持基本一致。

（3）选中整个表格，在“表格工具”功能区“设计”选项卡的“表格样式”组中选择“浅色底纹-强调文字颜色 2”选项，给整个表格设置边框和底纹样式。选中表格第 1 行第 1 列的文本，在“开始”选项卡的“段落”组中单击“边框和底纹”下三角按钮，在弹出的下拉列表中选择“边框和底纹”选项，打开如图 10.99 所示的“边框和底纹”对话框，在“底纹”选项卡的“填充”下拉列表框中选择“其他颜色”选项，在打开的“颜色”对话框中选择“淡紫色”选项（RGB 颜色值分别为 255、204、255），在“应用于”下拉列表框中选择“文字”选项（注意，“应用于”不要设置为“单元格”或“表格”，因为底纹只是应用在文字上，而不是整个单元格或表格）。

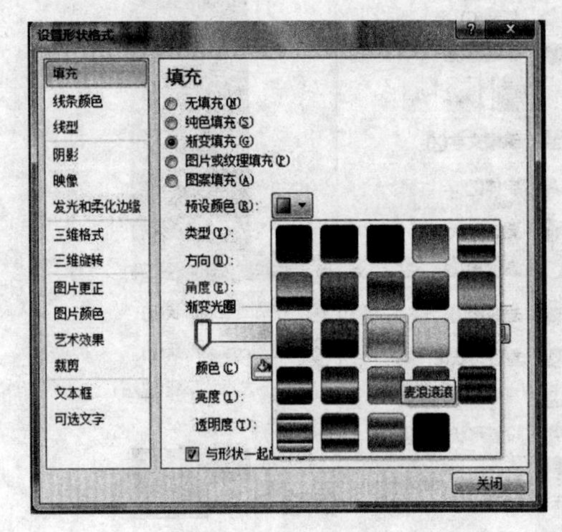

图 10.97　设置 SmartArt 图形背景　　　　　图 10.98　插入 3 行 4 列表格

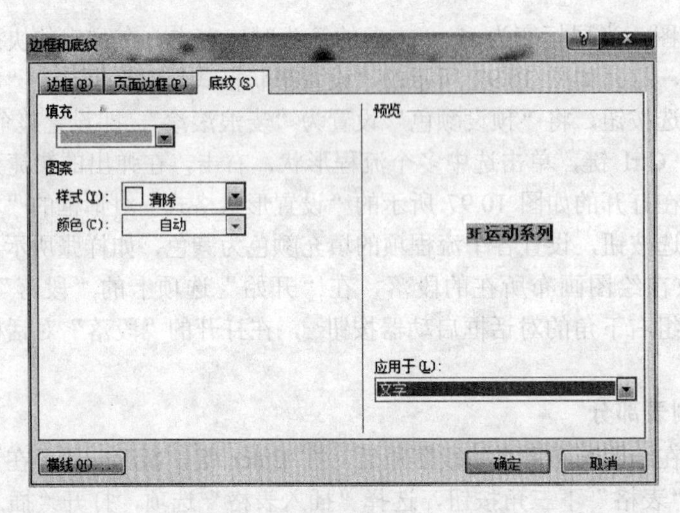

图 10.99　设置表格内文本的背景

（4）选中设置好格式的文本，在“开始”选项卡的“剪贴板”组中双击“格式刷”按钮，单击第 1 列各个单元格的文字，则将格式复制到第 1 列的各个单元格。（格式刷可以将设置好的格式应用到其他对象上，单击“格式刷”按钮可以复制格式一次，双击可以复制任意次，再次单击“格式刷”按钮可以取消格式复制状态。）

（5）在“文件”菜单中选择“另存为”选项，在打开的“另存为”对话框的“文件名”文本框中输入“海报.docx”作为文件名，单击“保存”按钮保存文档，效果如图 10.86 所示。

第 11 章　办公实例学生应用案例解析

11.1　制作学期课表

（1）在“我的文档”文件夹中新建 Word 2010 文档。

（2）分别使用双击和右击方式打开这个文档。

（3）使用前面介绍的不同方法打开 Word 2010 文档。

（4）课表的样张如图 11.1 所示。

课　程　表

	星期一	星期二	星期三	星期四	星期五
1–2	操作系统	英语	数据结构	数据库	数据结构
3–4	数据结构	计算机网络	计算方法	英语	Web技术
午休					
5–6	软件工程	体育	Web技术	软件工程	计算方法
7–8	数据库	网络安全	操作系统	计算机网络	操作系统
晚自习					

图 11.1　课表样张

1. 页面设置

（1）选定纸张大小及方向。

① Word 默认的纸张是 A4，对于课程表来说太大了。在“页面布局”选项卡的“页面布局”组中单击“纸张大小”按钮，在其下拉列表中选择“大 32 开”选项。

② 单击“纸张方向”按钮，并在其下拉列表中选择“横向”选项。

（2）修改页边距。

① Word 2010 提供了常用页边距，用于快捷地调整页边距。在“页面布局”选项卡的“页面设置”组中单击“页边距”按钮，在打开的下拉列表中的常用页边距中选择即可修改当前文档的页边距。

② 页边距也可以手动调节，在文档右侧滑动条的上方有一个“标尺”按钮，单击之后会在编辑区显示纵、横方向两个标尺，在标尺的灰白分界线的“右缩进”标志和“左缩进”标志上按住鼠标拖动可以手动调整页边距。

2. 使用表格工具绘制表格

（1）编辑标题。在刚打开的文档中输入“课程表”，并在这几个字上双击将其全选。被选中后文字显示淡灰色底色。在“开始”选项卡的“字体”组中单击“字体”和“字号”按钮右侧的下三角按钮，在弹出的下拉列表中分别选择“黑体”和“一号”选项，将“课程表”3 个字设置为“黑体”、“一号”，如图 11.2 所示。

然后在“开始”选项卡的“段落”组中单击“居中”按钮，使“课程表”3 个字居中显示。

（2）插入表格。在“插入”选项卡的“表格”组中单击“表格”按钮，在弹出的下拉列表中滑动鼠标（不按任何键），待列表上显示如图 11.3 所示的“6×7 表格”时单击，这时文档中就插入了一个 6 列 7 行的表格。

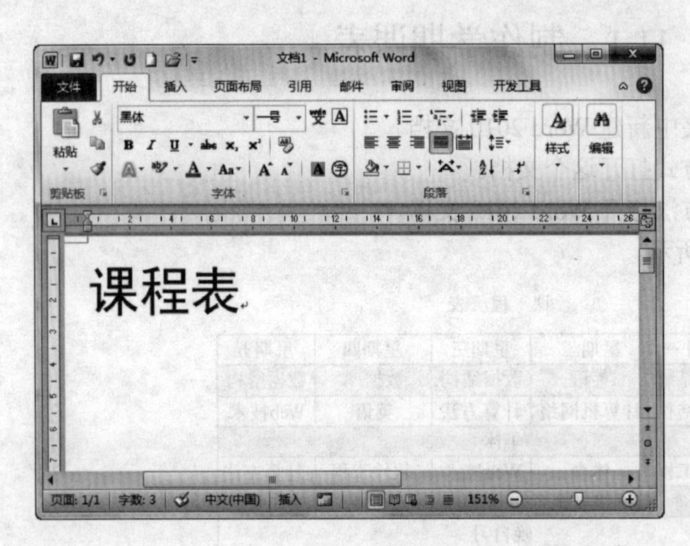

图 11.2　修改文字字体

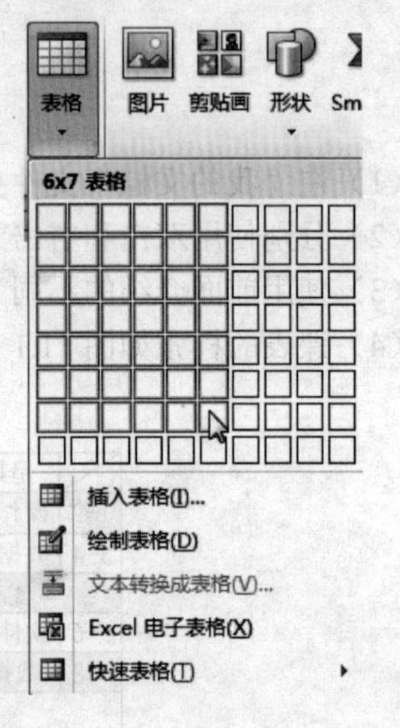

图 11.3　选定表格行、列数

（3）改变表格样式。这时功能区自动出现“表格工具”功能区“设计”和“布局”两个选项卡。按住 Ctrl 键选中第 2、4、6 行表格，在“表格工具”功能区“设计”选项卡的“表格样式”组中单击“底纹”按钮，在打开的如图 11.4 所示的“颜色”列表的“主题颜色”区选择“红色－强调文字颜色 2，淡色 60%”选项，刚选择的表格行的颜色即可变为淡红色。

（4）改变边框风格。将鼠标移动到表格左上角的十字方块处，待光标变为 4 个方向的箭头时单击，选中整个表格。

在“表格工具”功能区“设计”选项卡的“表格样式”组中单击“边框”按钮右侧的下三角按钮，在弹出的下拉列表中选择“所有框线”选项。这时表格边框风格变为网格状。

（5）修改单元格对齐方式。保持整个表格的选定状态。在“表格工具”功能区“布局”选项卡的“对齐方式”组中单击“水平居中”按钮，将表格所有单元格的对齐方式设为“水平居中”。

（6）使用“绘制表格”功能。在“表格工具”功能区“设计”选项卡的“绘图边框”组中单击“绘制表格”按钮，这时光标变为画笔状。移动光标到表格左上角按下鼠标左键不放，向右下拖动到这个单元格的右下角松开鼠标，第一个单元格就出现一条斜线，如图 11.5 所示。再次单击“绘制表格”按钮放弃选定这个功能。

提示：“绘制表格”的功能非常多，可以直接用这个功能绘制一个表格。

（7）合并单元格。将光标移动到第 4 行的左侧，单击将整行选中。在“表格工具”功能区“布局”选项卡的“合并”组中单击“合并单元格”按钮，将第 4 行合并为一个单元格。以同样的方法合并最后一行。

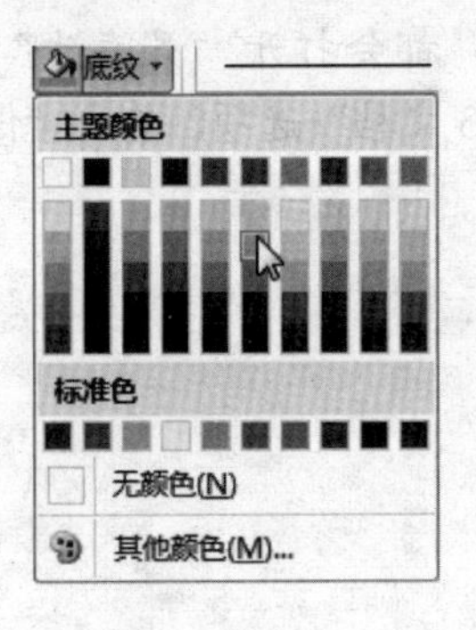

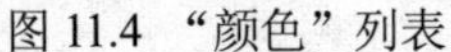

图 11.4 “颜色”列表

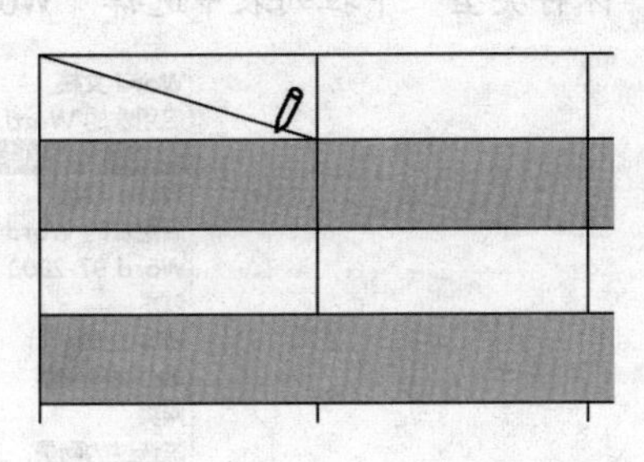

图 11.5　绘制表格

（8）输入文字。在设计好的表格中输入当前学期的课程，效果如图 11.1 所示。

3. **文档的保存和打印**

（1）保存文档。

① 当使用 Word 2010 所编辑的当前文档是打开的旧文档时，可直接按 Ctrl+S 键或单击屏幕左上角快速访问工具栏中的“保存”按钮直接保存文档。否则会打开“另存为”对话框提示用户指定保存路径。

② 使用“另存为”对话框，可以将文档修改为其他名称或类型，也可以将文档保存在其他路径。这里将文档名修改为“课程表”，并保存到容易找到的位置。

（2）打印文档。需要打印文档时，可以单击左上角快速访问工具栏中的“打印预览和打印”按钮，或在“文件”菜单中选择“打印”选项。这时文档编辑区变为如图 11.6 所示的打印设置和预览界面。在这里可以进行如选择打印机、打印份数等设定，也可以直观地在右侧打印预览界面中看到打印效果。确认连接打印机后，即可单击“打印”按钮打印文档。

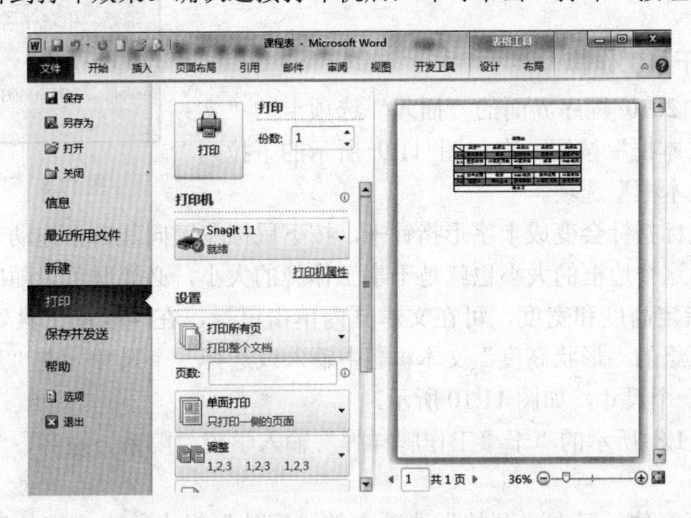

图 11.6　Word 2010 的打印设置和预览界面

说明：可以在“另存为”对话框中将文档保存为较低版本的 Word 文档，以便使用低版本 Word 程序时可直接打开文档。如果是第一次保存文档，单击左上角快速访问工具栏中的“保存”按钮或在“文件”菜单中选择“另存为”选项，都会打开“另存为”对话框。在如图 11.7 所示的“保存类型”下拉列表中选择“Word 97-2003 文档”选项，单击“保存”按钮。

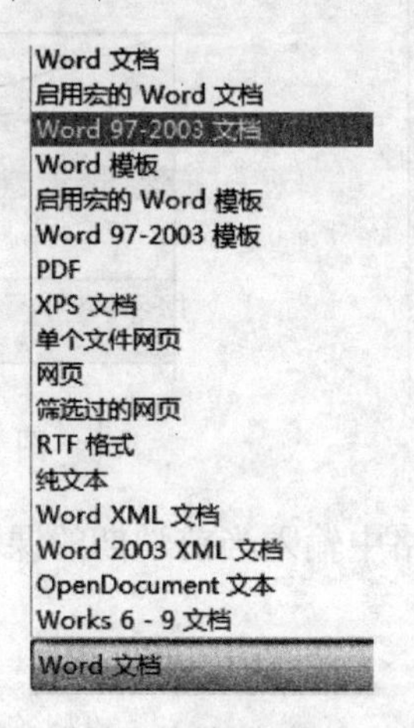

图 11.7　保存为较低版本的 Word 文档

提示：不但能保存为 Word 文档，还能保存为其他类型文档甚至 PDF 文档或网页。

11.2　批量制作干事工作牌

干事工作牌相当于在某个社团身份的一个认证。下面介绍使用 Word 2010 制作如图 11.8 所示的干事工作牌的方法。

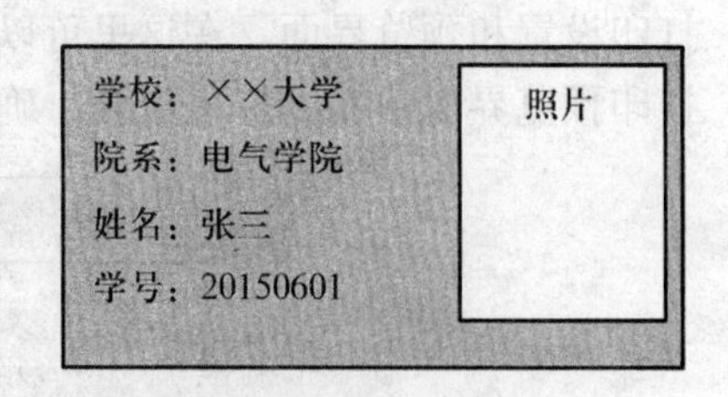

图 11.8　干事工作牌样牌

1. 制作单个干事工作牌

（1）在 Word 2010 程序界面的“插入”选项卡的“文本”组中单击“文本框”按钮，在如图 11.9 所示的下拉列表中选择“绘制文本框”选项。

（2）此时，鼠标指针会变成十字形指针＋，按下鼠标左键向其右下拖动十字形指针在文档中拖出一个边框。这个边框的大小也就是干事工作牌的大小，必要时可以随时调整。

（3）如果要指定高度和宽度，可在文本框内单击鼠标，在“绘图工具”功能区“格式”选项卡的“大小”组的“形状高度”文本框中输入或选择一个尺寸，在“形状宽度”文本框中输入或选择一个尺寸，如图 11.10 所示。

（4）按照图 11.8 所示的“干事工作牌样牌”输入学校、院系、姓名、学号和照片等文字并排版。

（5）若要改变字体，可在“开始”选项卡的“字体”组中单击“字体”按钮右侧的下三角按钮，在弹出的列表中根据自己的实际需要选择对应的字体。如果要对字体颜色、效果等进行设置，在“字体”组中单击相应的按钮即可。

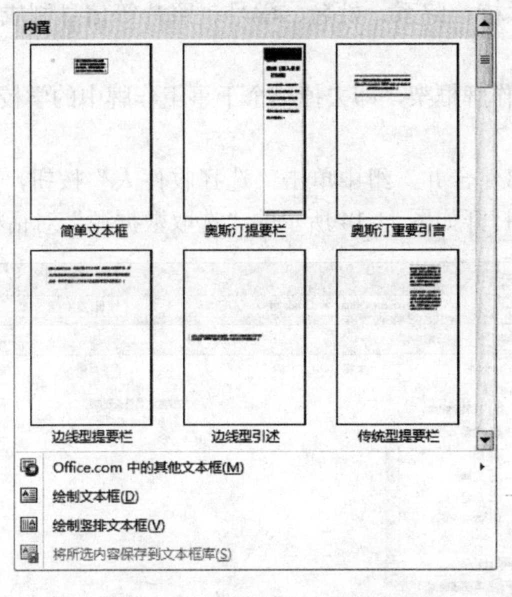

图 11.9 “文本框”下拉列表

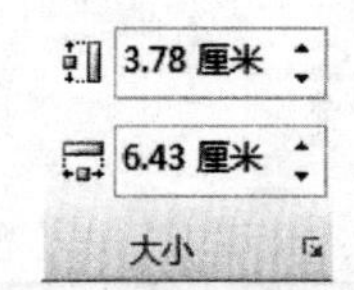

图 11.10　指定文本框大小

（6）如果要做详细设计，可单击“字体”组右下角的对话框启动器按钮，打开如图 11.11 所示的“字体”对话框，在“高级”选项卡中的“间距”下拉列表框中选择“加宽”选项，并在后面的“磅值”文本框内输入或通过单击“增减”按钮将其设置成“2 磅”，最后单击“确定”按钮。

（7）单击文本框，打开“绘图工具”功能区“格式”选项卡，可以对这个工作牌的形状样式进行个性化的调整，效果如图 11.12 所示。

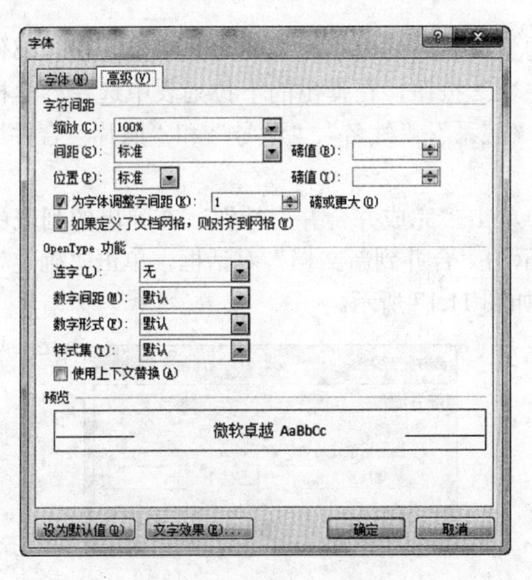

图 11.11 “字体”对话框

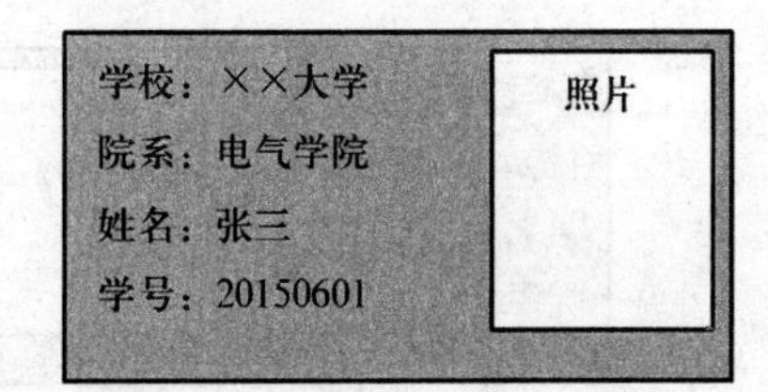

图 11.12　干事工作牌效果图

2. 制作批量干事工作牌

（1）首先将干事工作牌所需要的学校、院系、姓名、学号、照片等信息制成表格，保存在“干事信息表”Word 文档中。

（2）制作如图 11.13 所示的干事工作牌框架，即去掉单个干事工作牌中的学校、院系、姓名和学号后的数据，只保留框架。

（3）在“邮件”选项卡的“开始邮件合并”组中单击“选择收件人”按钮，在弹出的下拉列表中选择“使用现有列表”选项，打开如图 11.14 所示的“选取数据源”对话框。

学校：
院系：
姓名：
学号：
照片

图 11.13　干事工作牌框架

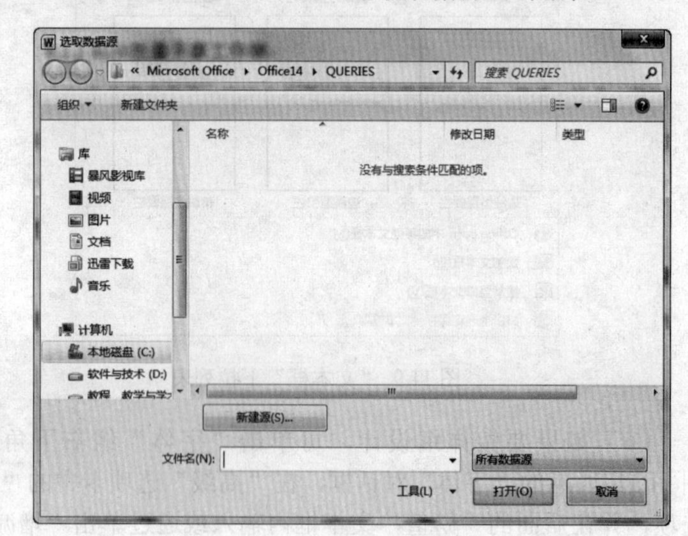

图 11.14　“选取数据源”对话框

（4）在“选取数据源”对话框中选取刚才建立的“干事信息表”文档，单击“打开”按钮。

（5）将光标移至“干事工作牌”框架的学校后面的段落标记左边并单击，在“邮件”选项卡的“编写插入域”组中单击“插入合并域”按钮，在弹出的下拉列表中选择“学校”选项，完成“学校”合并域的插入。同理完成“院系”、“姓名”、“学号”和“照片”合并域的插入。完成后效果如图 11.15 所示。

（6）在“邮件”选项卡的“完成”组中单击“完成并合并”按钮。在弹出的列表中选择“编辑单个文档”选项，打开如图 11.16 所示的“合并到新文档”对话框，单击“确定”按钮完成整体合并并生成全部干事工作牌。效果如图 11.17 所示。

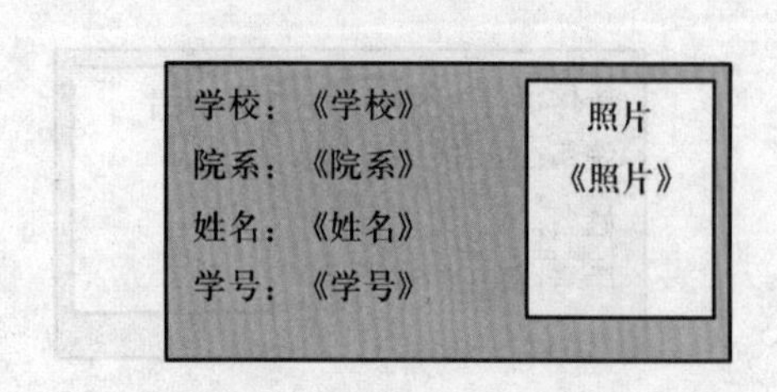

图 11.15　插入合并域后的效果

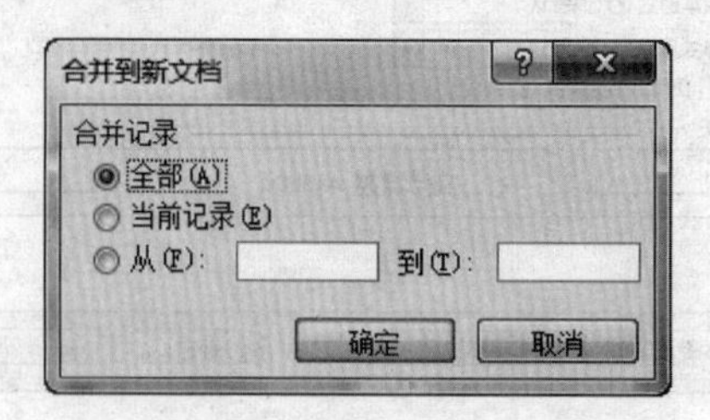

图 11.16　“合并到新文档”对话框

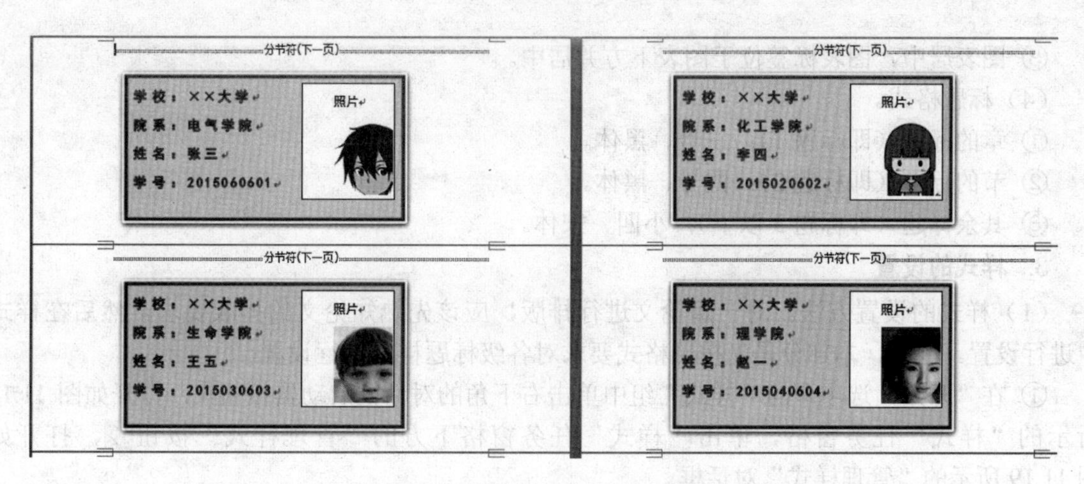

图 11.17　批量制作的干事工作牌

11.3　毕业设计论文排版

1. 说明

（1）在开始写论文时，应先熟读论文的格式要求，在写论文的过程中就将格式调整好，这无疑是最好的选择，论文完成了再来修改会比较麻烦。

（2）如果论文格式已经被弄得乱七八糟，不知从何开始按照格式要求下手进行排版，最好的方式就是将整篇论文的格式全部去除（按 Ctrl+A 键全选，按 Ctrl+Shift+N 键清除格式，建议先备份），再按照下面所介绍的技巧进行论文的格式化。

（3）在开始排版论文之前，应该要知道格式和样式的关系。简单地说，样式就是众多格式的一个合集。Word 2010 预置了很多样式，这些样式是不可以删除的，但是可以被修改，当然也可以新建自己想要的样式，Word 2010 提供的样式已经能够基本满足需求，要做的只是将预置的样式中那些不符合要求的格式修改为所需的格式。而且使用预置的样式进行排版，对日后批量地修改格式也非常有帮助。

2. 所采用的格式

（1）目录格式。

① 章的标题的字号：小四、黑体。

② 节的标题的字号：五号、黑体。

③ 目的标题的字号：小五、宋体。

（2）页眉、页脚格式。

① 每页需加“页眉”和“页码”。

② 页眉为各章的大标题。

（3）正文排版格式。

① 字体、字号：宋体、五号。

② 段落格式：首行缩进两字符、单倍行距。

③ 图表居中，图表标签位于图表下方并居中。

（4）标题格式。

① 章的标题（即标题 1）：三号、黑体。

② 节的标题（即标题 2）：四号、黑体。

③ 其余标题（即标题 3 以下）：小四、宋体。

3. 样式的设置

（1）样式的设置方法。对一篇论文进行排版，应该先熟知论文的排版要求，然后在样式中进行设置。例如，本部分是先按照格式要求对各级标题样式进行设置。

① 在“开始”选项卡的“样式”组中单击右下角的对话框启动器按钮，打开如图 11.18 所示的“样式”任务窗格，单击“样式”任务窗格下方的“管理样式”按钮，打开如图 11.19 所示的“管理样式”对话框。

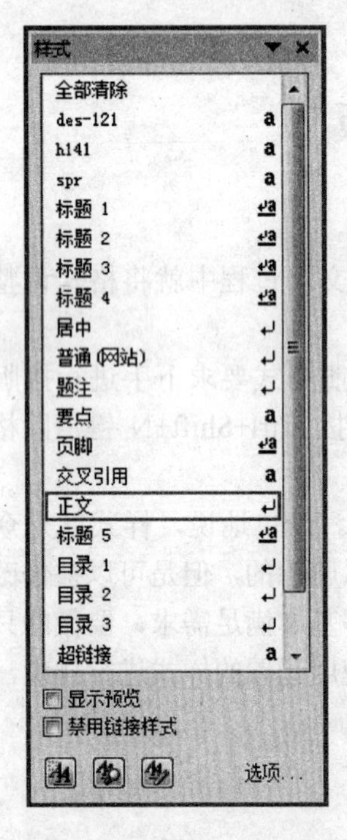

图 11.18 “样式”任务窗格

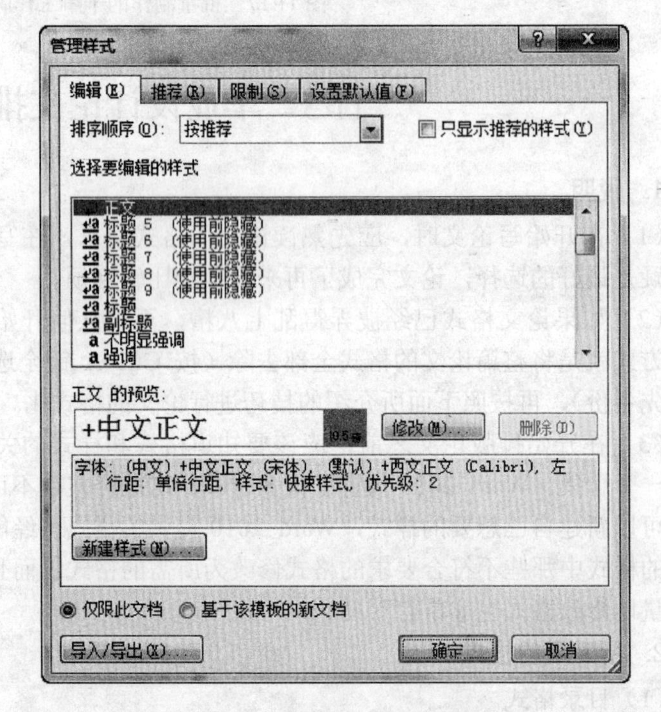

图 11.19 “管理样式”对话框

② 在“管理样式”对话框中切换到如图 11.20 所示的“推荐”选项卡。在“样式”列表中选择需要使用的样式，然后单击“显示”按钮。

现在，根据本文的格式要求，修改“标题 1”、“标题 2”和“标题 3”样式中的格式。

单击图 11.18 所示的“样式”任务窗格中的“标题 1”样式右侧的下拉箭头（鼠标移至“标题 1”样式时自动显示），在弹出的列表中选择“修改”选项，打开如图 11.21 所示的“修改样式”对话框。

本文中对标题 1 的格式要求为“三号”、“黑体”，可直接在“修改样式”对话框的“格式”区对其进行修改，若还需要对“标题 1”样式的字体、段落等格式进行修改，可以单击

“修改样式”对话框左下角的“格式”按钮，在打开的列表中选择相应的选项对具体样式进行修改。

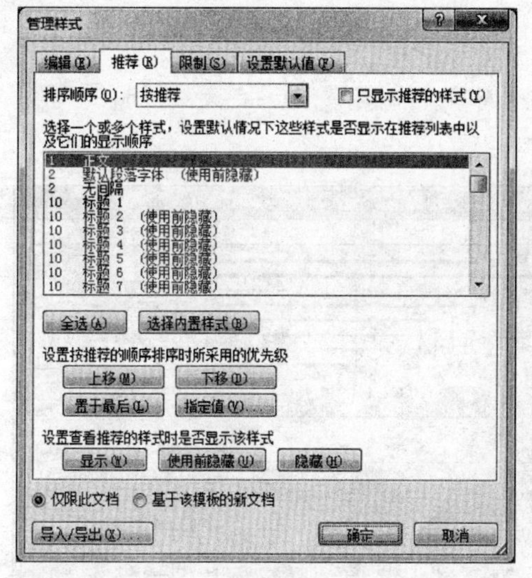

图 11.20 “推荐”选项卡

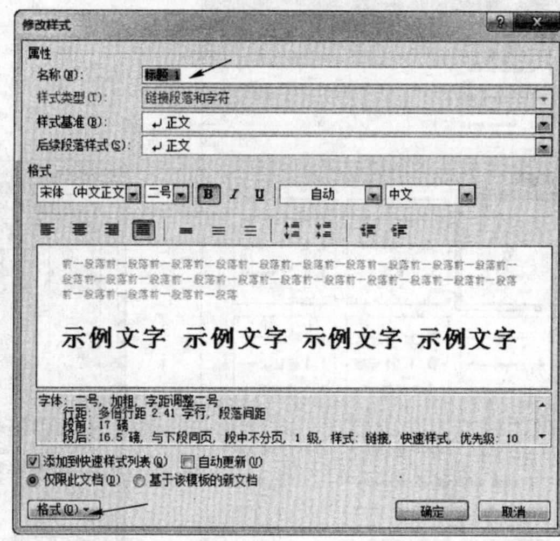

图 11.21 “修改样式”对话框

依次按要求修改好标题 2 和标题 3 的样式备用。

这里仅仅就标题样式的修改作了简单的说明，读者也可根据自身的需求，在“样式集”中找到自己想要的样式进行修改和使用。

（2）样式的设置说明。

①“正文”样式说明。格式要求中有对正文的格式要求，但是不能随便更改样式集中的“正文”的格式，因为很多样式都是基于“正文”的。例如，对指定的文字或段落执行“全部清除”命令后，剩下的格式就是“正文”的格式。不妨新建一个文档，随便输入一些内容，修改里面的“正文”样式，再执行“全部清除”命令就一目了然了。

② 大纲等级说明。默认的“标题 1”样式所含的大纲等级是 1 级，“标题 2”是 2 级，以此类推，Word 总共支持 9 个大纲等级的设置。而大纲等级所起到的作用是至关重要的，例如，后面将介绍的多级符号、目录的生成等就完全依赖于大纲等级的设置。

（3）多级符号。

① 自动生成章节号。若要在标题的前面自动生成章节号，如“第 X 章”、“1.1”等，需要对标题进行大纲等级设置，具体的设置请参见前述的样式设置。设置好标题样式后，在“开始”选项卡的“段落”组中单击“多级列表”按钮，弹出下拉列表如图 11.22 所示，选择“定义新的多级列表”选项，打开如图 11.23 所示的“定义新多级列表”对话框。

在该对话框中，可以对编号的各个属性进行设置，在此对以下几个比较重要的参数加以解释，请读者注意理解。

a．要在库中显示的级别：对多个文段级别进行编号。

b．将级别链接到样式：对标题进行编号，因此要将级别链接到标题样式，而这里的标题样式即是前面设置好的标题样式，如果标题的设置没有使用 Word 提供的“标题”系列样式，就把级别链接到自己新建的样式上，效果是一样的，注意，不是样式不能链接。依据论文中使用的标题样式级别，分别将编号格式级别链接到不同的标题样式。

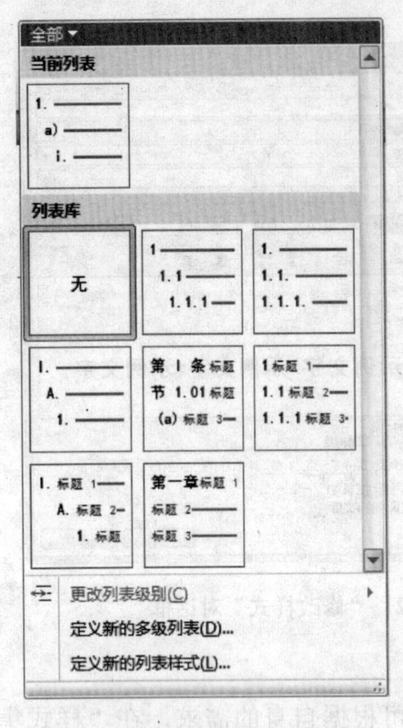

图 11.22 “多级列表”下拉列表

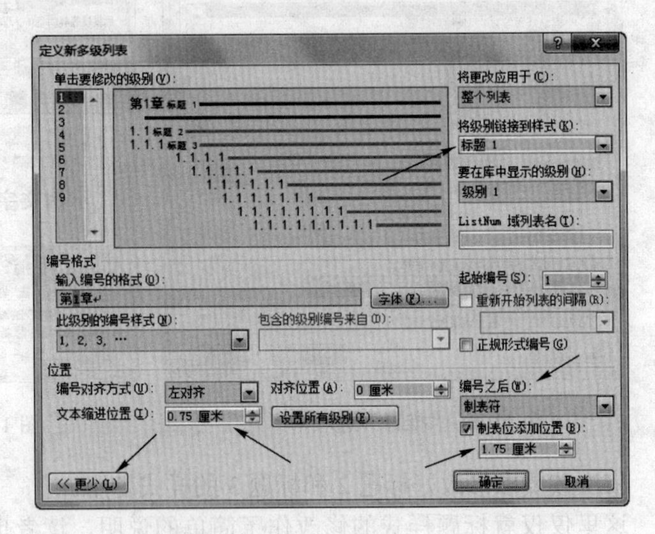

图 11.23 “定义新多级列表”对话框

c．正规形式编号：将编号强制设为 1、1.1、1.1.1 等。

② 图表或公式标签中带章节号。图表或公式标签即题注的自动生成请参见“题注”部分，若要题注中包含章节号，章节号必须是用多级符号自动生成的，否则题注中无法包含章节号，在“引用”选项卡的“题注”组中单击“插入题注”按钮，打开“题注”对话框，如图 11.24 所示。在对话框中单击“编号”按钮，打开“题注编号”对话框，在对话框中勾选“包含章节号”复选框即可，如图 11.25 所示。

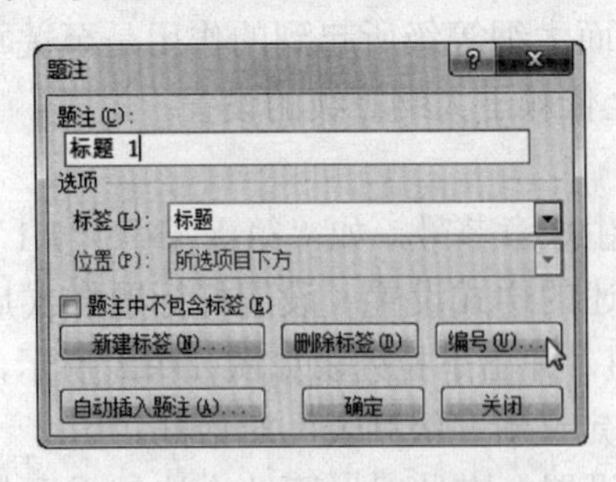

图 11.24 “题注”对话框

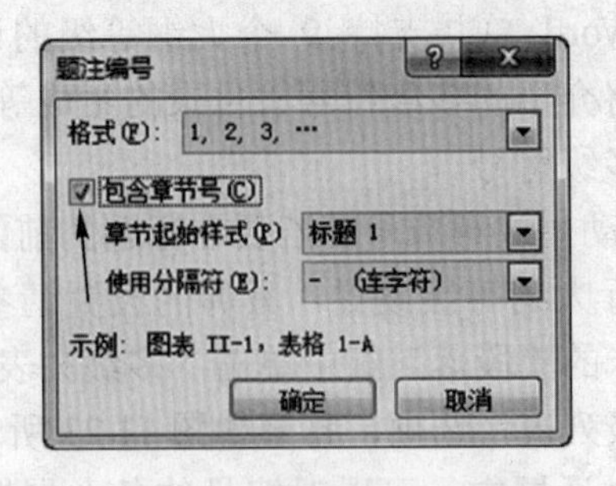

图 11.25 “题注编号”对话框

③ 关于多级符号的说明。若章节号是用多级符号自动生成的，在后期论文的修改中将会十分方便。例如，在论文中任意位置插入一章或一节的内容，后面的章节号均会自动更改，无须手动修改，既节省时间，又避免出错。

4. 正文的排版

（1）标题部分的排版。将光标定位至需要被设置为标题的文段中，单击“样式”任务窗格中所需要的格式，即可完成标题的格式及大纲的设置。

（2）文字部分的排版。对正文的文字部分的排版比较简单，选中要进行格式设置的内容，在“开始”选项卡的“字体”组中按需要设置即可。若需要进一步对字体进行设置可在“开始”选项卡的“字体”组单击右下角的对话框启动器按钮，打开如图 11.26 所示的“字体”对话框。在“字体”选项卡中设置相应的格式后单击“确定”按钮。

在“开始”选项卡的“段落”组中单击右下角的对话框启动器按钮，打开如图 11.27 所示的“段落”对话框。在“缩进和间距”选项卡中设置相应的格式后单击“确定”按钮。

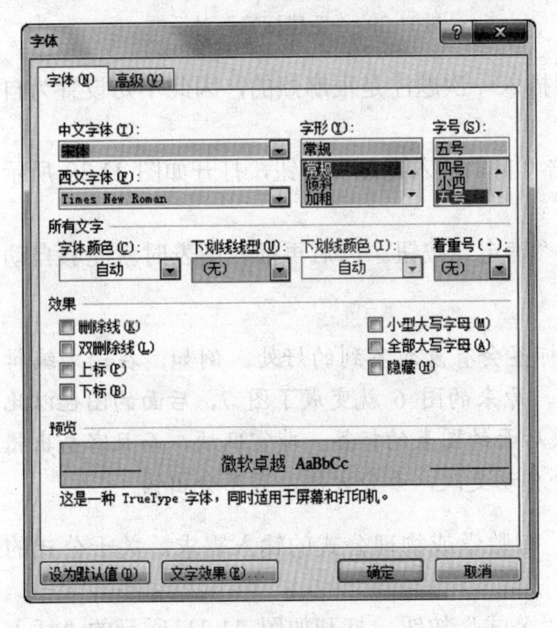

图 11.26 “字体”对话框

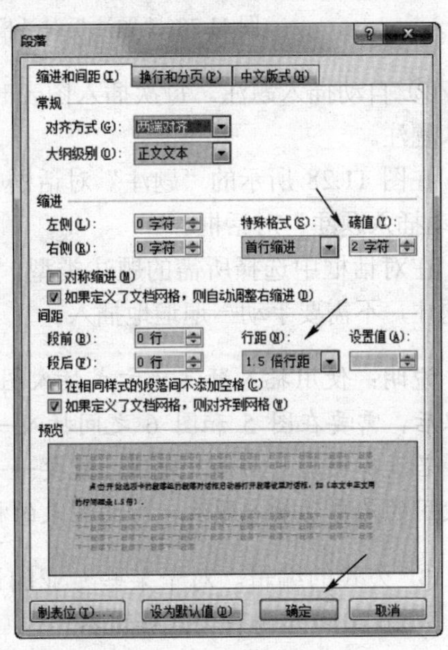

图 11.27　段落设置对话窗口

说明：某些论文的段落格式要求为“X 磅”，此时可在“段落”对话框的“缩进和间距”选项卡中的“行距”下拉列表框中选择“固定值”选项，再在后面的“设置值”文本框中输入所需的“X 磅”值，单击“确定”按钮即可。

（3）图表及公式部分的排版。

① 题注。图片标签采用的是插入题注的方式生成的，采用这种方法初期看似麻烦，但是对于论文后期的修改是大有好处的，尤其是需要生成图表目录时，这一步必不可少。具体的操作如下。

选中插入的图片，在“引用”选项卡的“题注”组中单击“插入题注”按钮，打开如图 11.28 所示的“题注”对话框。

在“题注”对话框的“标签”下拉列表框中选择所需的标签，单击“确定”按钮即可。

若在“题注”对话框的“标签”下拉列表框中没有所需要的标签，可在图 11.28 所示的

"题注"对话框中单击"新建标签"按钮，打开如图 11.29 所示的"新建标签"对话框，在"标签"文本框中输入自定义的标签名。

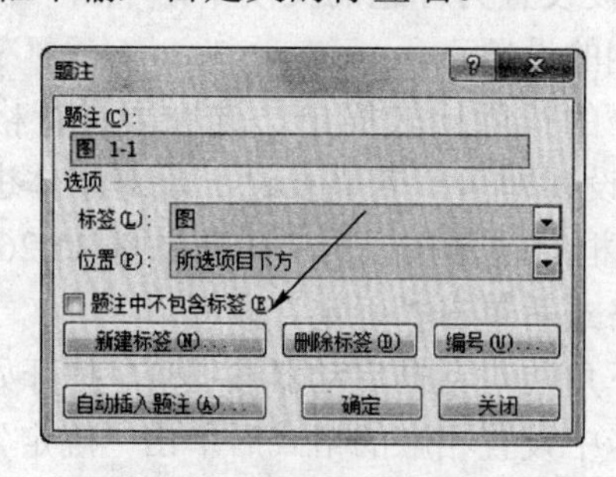

图 11.28 "题注"对话框

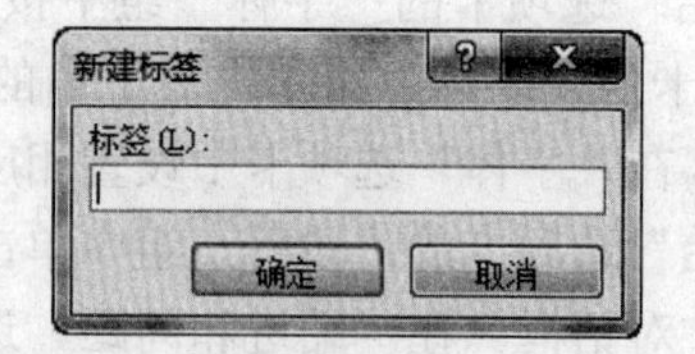

图 11.29 "新建标签"对话框

② 自动插入题注。每次插入图表时都要插入一次题注是很麻烦的，因此不妨设置为自动插入题注。

在图 11.28 所示的"题注"对话框中单击"自动插入题注"按钮，打开如图 11.30 所示的"自动插入题注"对话框。

在对话框中选择所需的题注类型，单击"确定"按钮。以后再插入图表时就能够自动插入题注，不需要手动一遍遍地插入。

说明：使用插入题注的方式插入图表的标签会有意想不到的好处。例如，在论文编辑完成以后，需要在图 5 和图 6 之间插入一幅图，原来的图 6 就变成了图 7，后面的图也以此类推。若没有使用自动插入题注，就要一一更改后面的图表的标签，非常麻烦，而且容易出错，若使用的是自动插入题注，后面图表的标签会自动更改，十分方便，且不会出错。

③ 公式的编辑。对于某些专业的论文，有数学或物理公式的输入需求。关于公式的录入，Word 2010 本身有公式编辑器。

在"插入"选项卡的"符号"组中单击"公式"按钮，打开如图 11.31 所示的"插入公式"列表。

如果在"内置"列表中有需要的"公式"模板，单击该模板即可。

如果在"内置"列表中没有需要的"公式"模板，可选择列表下方的"插入新公式"选项，打开如图 11.32 所示的"公式工具"功能区"设计"选项卡。

插入"在此处键入公式"占位符，根据需要在"公式工具"功能区"设计"选项卡的"结构"组中单击某一结构按钮，在弹出的"结构"下拉列表中选择其子结构，如单击"根式"按钮，在下拉列表中选择简单根式子结构$\sqrt{\square}$，在如图 11.33 所示的子结构中输入具体数据即可。

（4）标签的交叉引用。在论文的编辑中，免不了要在文中使用图表的标签进行说明，如"如图 X 所示"，这时就需要用到交叉引用。将光标放在"如"字后面，在"引用"选项卡的"题注"组单击"交叉引用"按钮，如图 11.34 所示。在"交叉引用"对话框的"引用内容"下拉列表框中按需求选择需要引用的内容，如图 11.35 所示。

图 11.30 “自动插入题注”对话框

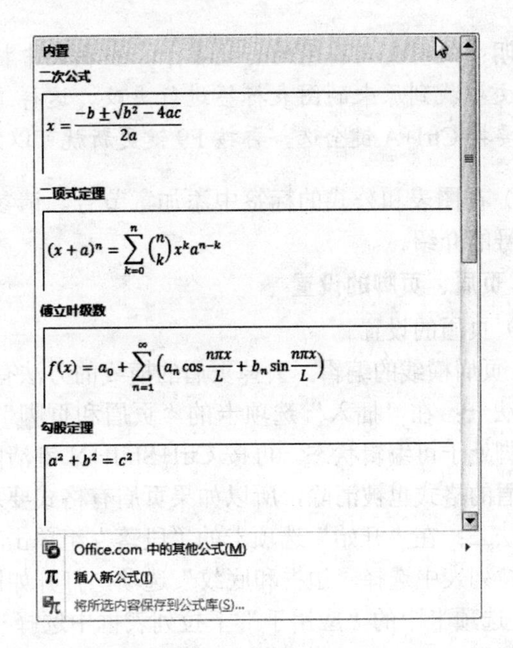

图 11.31 “插入公式”列表

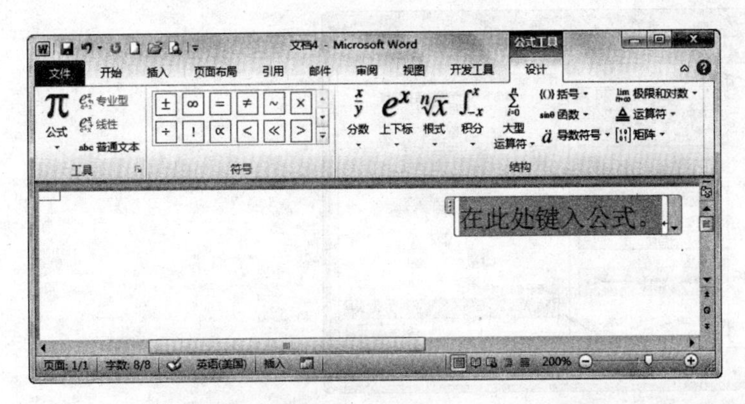

图 11.32 “公式工具”功能区“设计”选项卡

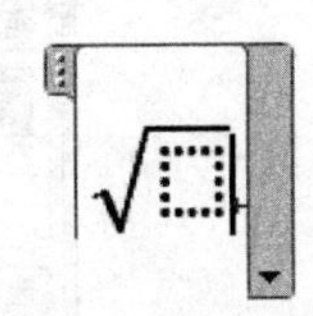

图 11.33 简单根式子结构

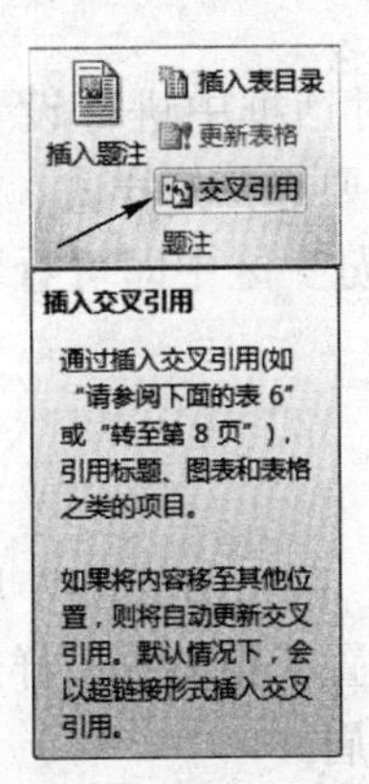

图 11.34 单击“交叉引用”按钮

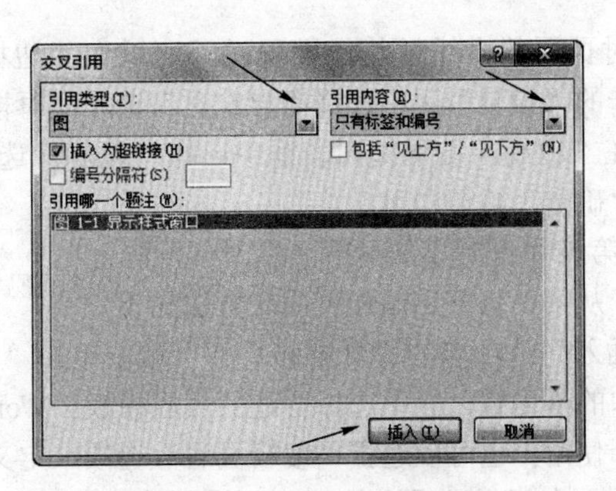

图 11.35 “交叉引用”对话框

说明：使用交叉引用的好处在于，当在文中插入新的图片后，若没有使用交叉引用，还需要在文中找到原来的图表标签进行更改，这样工作量大，且容易出错，而使用了交叉引用后，只要按 Ctrl+A 键全选，再按 F9 键更新就可以完成文中图表标签的修改，且不会出错。

（5）在图表和公式的标签中添加章节号。请参见“多级符号”部分对图表或公式标签中带章节号的介绍。

5. 页眉、页脚的设置

（1）页眉的设置。

① 页眉横线的编辑。去掉页眉的横线的方法有以下两种。

方法一：在“插入”选项卡的“页眉和页脚”组中单击“页眉”或“页脚”按钮，使页眉、页脚处于可编辑状态。再按 Ctrl+Shift+N 键清除格式。这种方法虽然能快速地去除横线，但是页眉的格式也被清除，所以如果页眉有格式要求，此法不适用。

方法二：在“开始”选项卡的“段落”组单击“边框和底纹”按钮右侧的下三角按钮，在其下拉列表中选择“边框和底纹”选项，打开如图 11.36 所示的“边框和底纹”对话框。在“边框”选项卡中的“应用于”下拉列表框中选择“段落”选项，在“设置”区中选择“无”选项，单击“确定”按钮。这样页眉的横线就去掉了，而且页眉的其他格式也被保留。

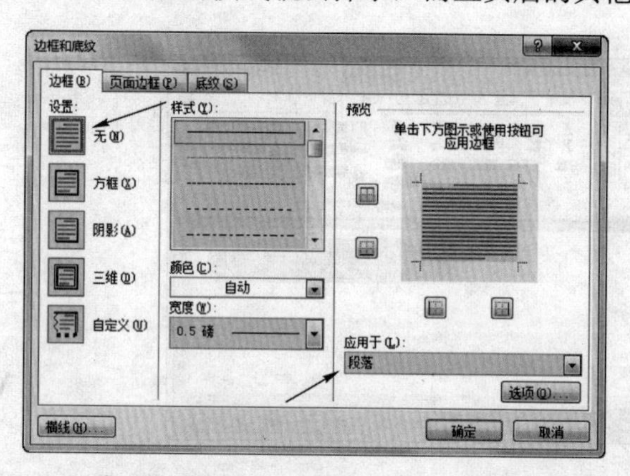

图 11.36 “边框和底纹”对话框

需要对页眉的横线做其他设置时，可以在“边框和底纹”对话框中进行设置。在“边框”选项卡的“设置”区中选择“自定义”选项，再根据自己的需要选择好样式、颜色和宽度等，然后在“应用于”下拉列表框中选择“段落”选项，在“预览”区中即可看到设置的边框，单击“确定”按钮即可。

② 从第 X 页开始添加页眉。

例如，从第 2 页开始添加页眉，方法如下。

在“插入”选项卡的“页眉和页脚”组中单击“页眉”按钮，在如图 11.37 所示的“页眉”列表中的“内置”区中选择合适的页眉模板。Word 2010 中内置了很多页眉样式，可以根据需要选择使用，也可以选择“编辑页眉”选项来定义个性化的页眉。

在“页面布局”选项卡的“页面设置”组中单击右下角的对话框启动器按钮，打开如

图 11.38 所示的"页面设置"对话框，在"版式"选项卡的"页眉和页脚"区中勾选"首页不同"复选框，还可以根据需要选择应用于本节或者整篇文档。这样设置以后删除首页的页眉即可实现从第 2 页开始添加页眉。

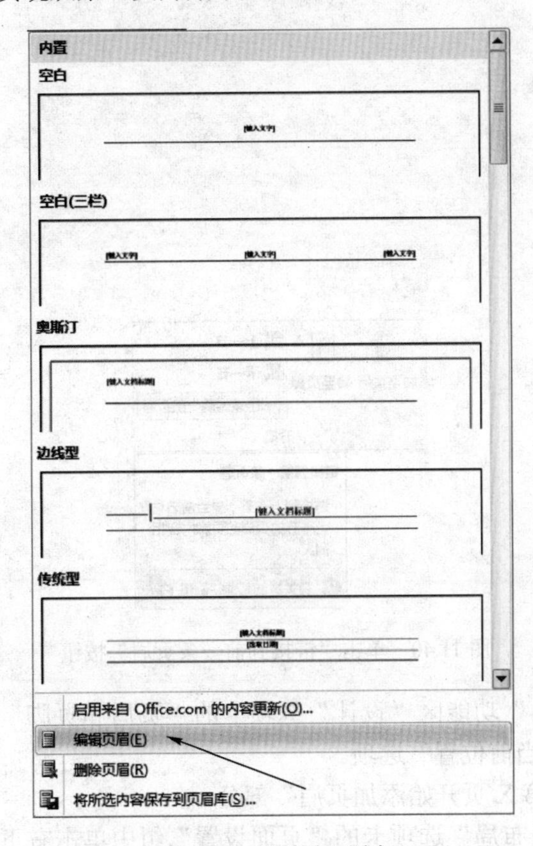

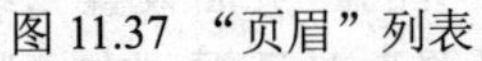

图 11.37 "页眉"列表

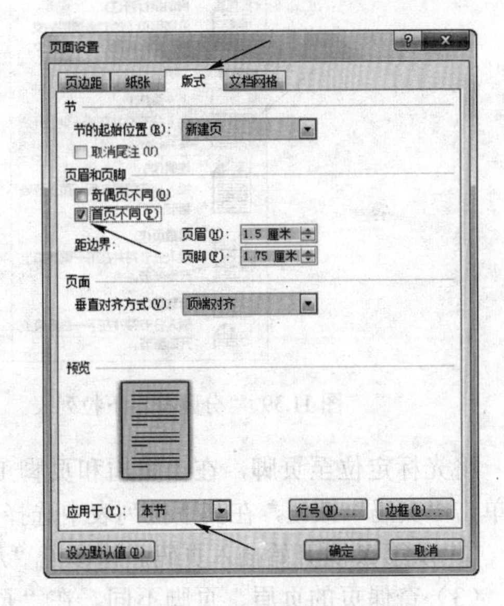

图 11.38 "页面设置"对话框

又如，从第任意页开始添加页眉。此处以第 3 页开始添加页眉为例，方法如下。

将光标移至第 2 页末尾，在"页面布局"选项卡的"页面设置"组中单击"分隔符"按钮，在弹出的如图 11.39 所示的下拉列表中选择"下一页"选项，这样就插入了一个分节符。可以在左下方的状态栏发现插入分节符以后，第 1 页和第 2 页变成了"1 节"，而第 3 页变成了"2 节"。Word 中很多编辑对象都是以"节"为单位的，如"页眉"。

将光标移至第 3 页，在"插入"选项卡的"页眉和页脚"组中单击"页眉"或者"页脚"按钮，在下拉列表中选择"编辑页眉"或者"编辑页脚"选项，使页眉、页脚处于可编辑状态。

如图 11.40 所示，在"页眉和页脚工具"功能区"设计"选项卡的"导航"组中单击"链接到前一条页眉"按钮取消页眉或页脚与上一节的链接。此时再编辑第 3 页的页眉时，前面一节的页眉将不被编辑。

（2）页脚的设置。

① 插入页码，方法如下。

在“插入”选项卡的“页眉和页脚”组中单击“页眉”或者“页脚”按钮，在其下拉列表中选择“编辑页眉”或者“编辑页脚”选项，使页眉、页脚处于可编辑状态。

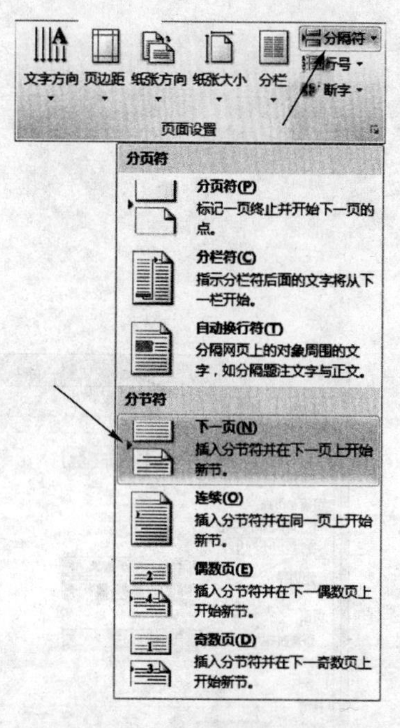

图 11.39 “分隔符”下拉列表

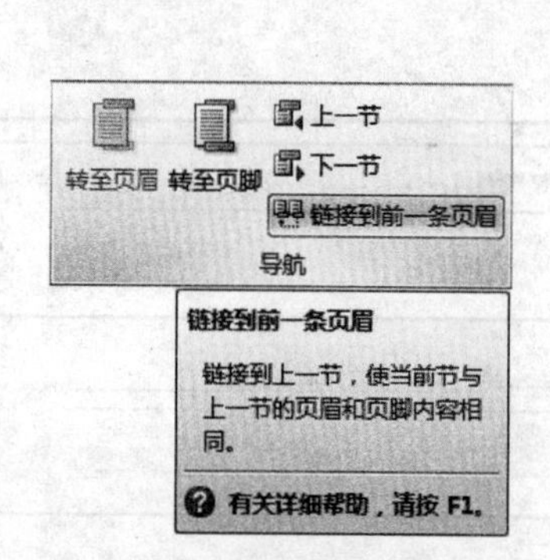

图 11.40 单击“链接到前一条页眉”按钮

将光标定位至页脚，在“页眉和页脚工具”功能区“设计”选项卡的“页眉和页脚”组中单击“页码”按钮，在其下拉列表中选择“当前位置”选项。

② 从第 X 页开始插入页码。请参见“从第 X 页开始添加页眉”部分。

（3）奇偶页的页眉、页脚不同。在“页面布局”选项卡的“页面设置”组中单击右下角的对话框启动器按钮，打开如图 11.41 所示的“页面设置”对话框，在“版式”选项卡的“页眉和页脚”区中勾选“奇偶页不同”复选框，还可以根据需要选择应用于本节或者整篇文档，单击“确定”按钮。这样设置以后即可分开编辑论文中奇数页页眉和偶数页页眉。

（4）各章节不同的页眉、页脚设置。论文中有时会要求用各章的大标题作为页眉。这需要先对论文中的各章进行分节，将光标定位至前一章的末尾，在“页面布局”选项卡的“页面设置”组中单击“分隔符”按钮，这样就插入了一个分节符，将光标定位至本章。在“页眉页脚工具”功能区“设计”选项卡“导航”组中单击“链接到前一条页眉”按钮，取消页眉或页脚与上一节的链接。此时再编辑本章的页眉时，前面章节的页眉将不被编辑。

6. 脚注[①]和尾注[②]的设置

（1）脚注的插入。先选中需要被注释的字词，在“引用”选项卡的“脚注”组中单击“插入脚注”按钮。也可以单击“脚注”组右下角的对话框启动器按钮，打开如图 11.42 所示

① 在正文下端或在各表下端的附注。

② 尾注和脚注一样，是一种对文本的补充说明。脚注一般位于页面的底部，可以作为文档某处内容的注释；尾注一般位于文档的末尾，列出引文的出处等。

示的“脚注和尾注”对话框，在对话框内选择“脚注”单选按钮，设置好需要的格式后单击“插入”按钮，这时光标会自动跳至本页的末尾，此时即可输入脚注。

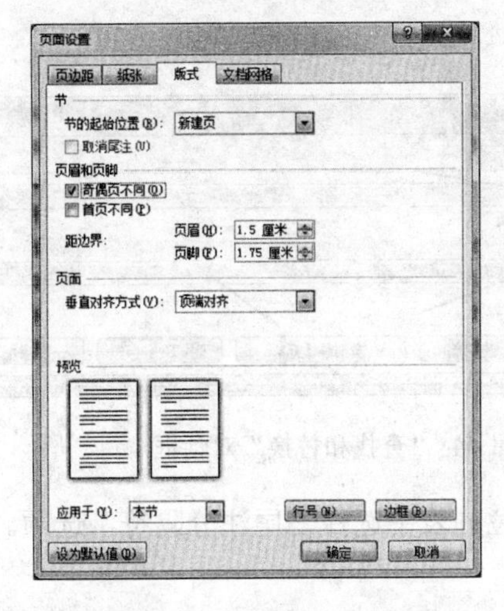

图 11.41 “页面设置”对话框

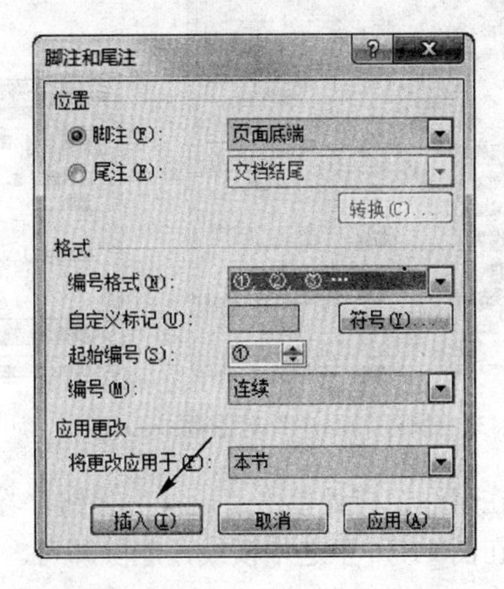

图 11.42 “脚注和尾注”对话框

（2）尾注的插入。先选中需要注释的字词或文段，在“引用”选项卡的“脚注”组单击右下角的对话框启动器按钮，打开如图 11.43 所示的“脚注和尾注”对话框，在对话框内选择“尾注”单选按钮，设置好需要的格式后单击“插入”按钮，这时光标会自动跳至文章的末尾，此时即可输入参考文献等信息。

注意：在文中首次插入脚注或尾注时，必须在“脚注和尾注”对话框的“应用更改”区的“将更改应用于”下拉列表框中选择“本节”选项，否则会自动插入一个分节符，造成不必要的麻烦。

（3）参考文献的编号格式设置。论文中的参考文献编号格式要求一般都是“[1]”、“[2]”形式，但是在尾注的编码格式中并没有这一编码格式。不妨先把编码格式选为默认的“1，2，3，…”，按 Ctrl+H 键打开如图 11.44 所示的“查找和替换”对话框，在“查找内容”文本框中输入“^e”尾注标记（在“查找和替换”对话框中单击“更多”按钮，再单击“特殊格式”按钮，在弹出的列表中选择“尾注标记”选项即可输入“^e”）。或在“查找内容”文本框中输入“^f”脚注标记（在“查找和替换”对话框中单击“更多”按钮，再单击“特殊格式”按钮，在弹出的列表中选择“脚注标记”选项即可输入“^f”）。在“替换为”文本框中输入“[^&]”（^&表示所查找内容），单击“全部替换”按钮。

（4）删除尾注分隔符。很多人不喜欢尾注分隔符的那条横线和段落标记（即参考文献的那条横线和回车符），删除的步骤如下。

① 在“视图”选项卡的“文档视图”组中单击“草稿”按钮，将页面视图切换到草稿视图。

② 在“引用”选项卡的“脚注”组中单击“显示备注”按钮。

③ 在打开的如图 11.45 所示的“显示备注”对话框的“请选择”选项组中选择“查看尾

注区”单选按钮，单击“确定”按钮。

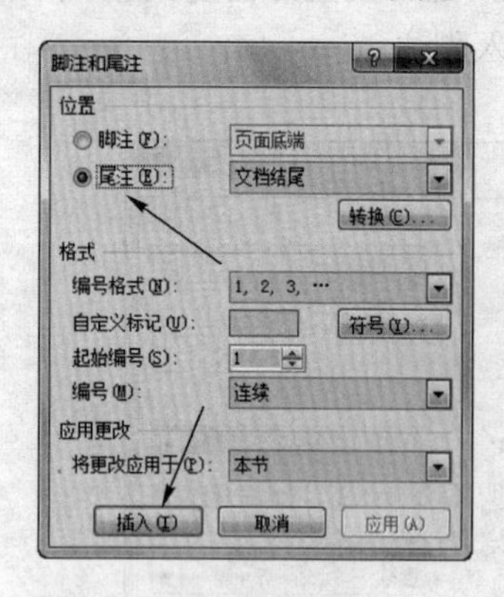

图 11.43 “脚注和尾注”对话框

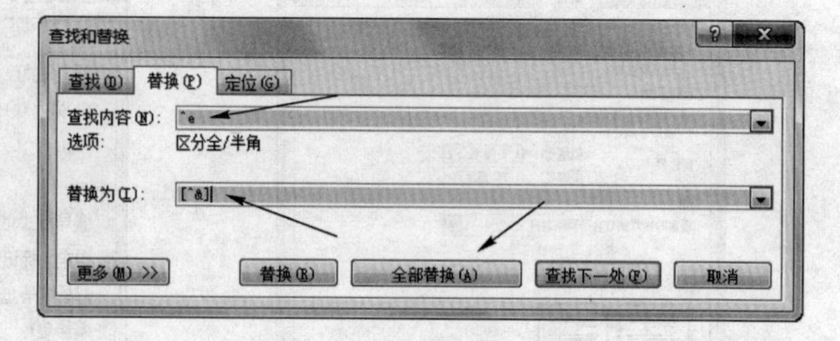

图 11.44 “查找和替换”对话框

④ 在尾注窗口处单击“尾注”按钮，在其下拉列表中选择“尾注分隔符”选项。

⑤ 在图 11.46 中选中横线，删除即可。

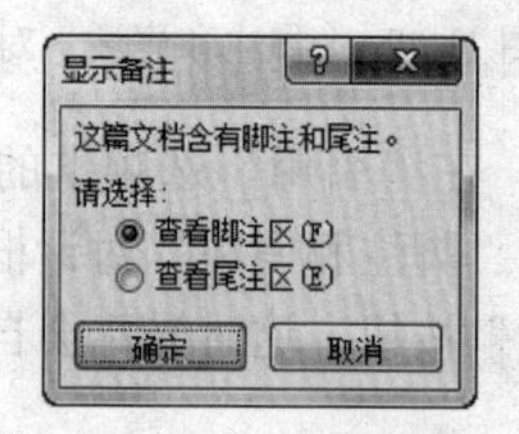

图 11.45 “显示备注”对话框

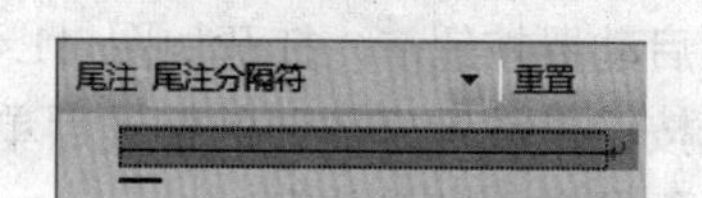

图 11.46 删除尾注分隔符

注意：不能一并删除段落标记，但是可以将它缩小到可以忽略的大小，选中段落标记，将其字号设为 1 磅即可。

（5）关于脚注和尾注的说明。使用脚注和尾注后，只要光标停留在被注释的字词或文段上时，注释会自动出现。而且脚注和尾注会自动依据在文中的位置编号，删改脚注和尾注时也会自动更改编号，且双击脚注和尾注的编号时能快速地找到脚注和尾注在文中的位置。

7. 索引的编制

（1）标记索引项。要编制索引，就要先确定索引关键词，这里以“正文”、“样式”、“图表”、“页眉”、“页脚”、“索引”、“脚注”、“尾注”、“目录”等作为索引关键词。现在以标记索引项“正文”为例，介绍索引项的标记及索引的生成。

首先选中“正文”二字，然后在“引用”选项卡的“索引”组中单击“标记索引项”按钮或按 Alt+Shift+X 键，打开如图 11.47 所示的“标记索引项”对话框，单击“标记全部”按钮，这样文中所有的“正文”字符都会被标记为索引项。这时候 Word 会自动把很多默认隐藏的格式标记显示出来，在编辑完索引之后再在“开始”选项卡的“段落”组中单击“显示/隐藏编辑标记”按钮即可隐藏这些标记。

（2）索引的生成。在索引项标记完成以后即可正式生成索引目录。

在“引用”选项卡的“索引”组中单击“插入索引”按钮，打开如图 11.48 所示的“索引”对话框，在对话框中根据自己的喜好或者论文的格式要求设置好索引的格式，最后单击“确定”按钮即可。

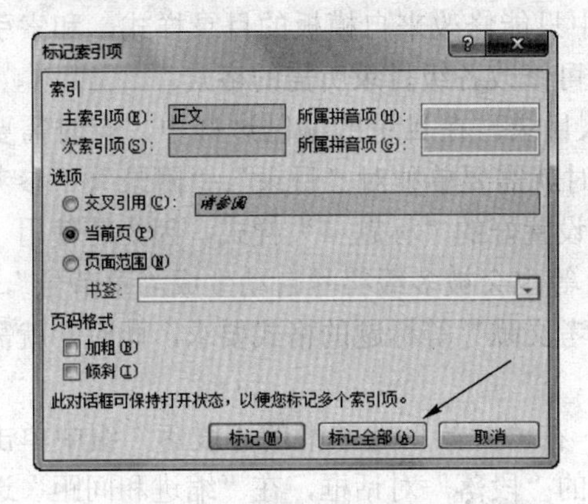

图 11.47 “标记索引项”对话框

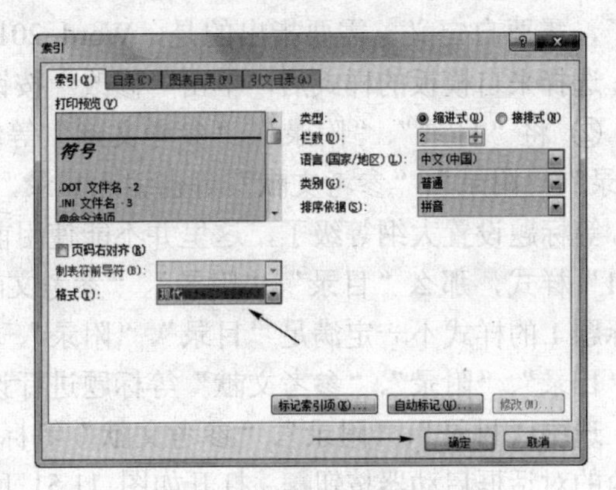

图 11.48 “索引”对话框

8. 目录的生成

（1）插入目录。当整篇论文的排版基本完成后，就可以插入目录了。若是前面的章节号、标题等是按照前面给出的技巧设置的，自动生成目录将会非常简单。

① 将光标移至要插入目录的位置。

② 在“引用”选项卡的“目录”组中单击“目录”按钮，在打开的如图 11.49 所示的“目录”下拉列表中选择“插入目录”选项，打开如图 11.50 所示的“目录”对话框。使用了几个标题级别就在“显示级别”文本框中设置相应的数量，这里设置为 3，单击“确定”按钮即可生成目录。

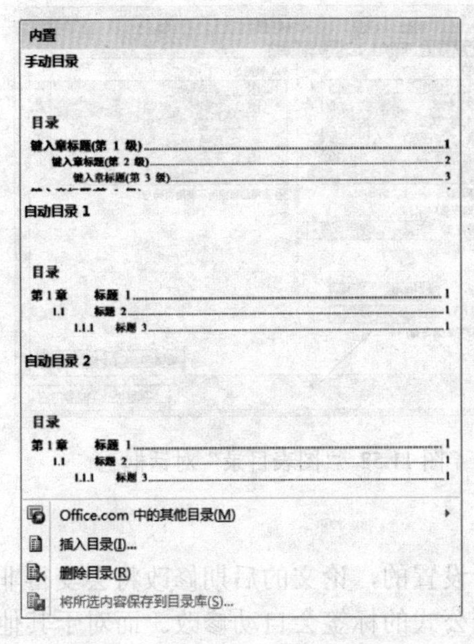

图 11.49 “目录”下拉列表

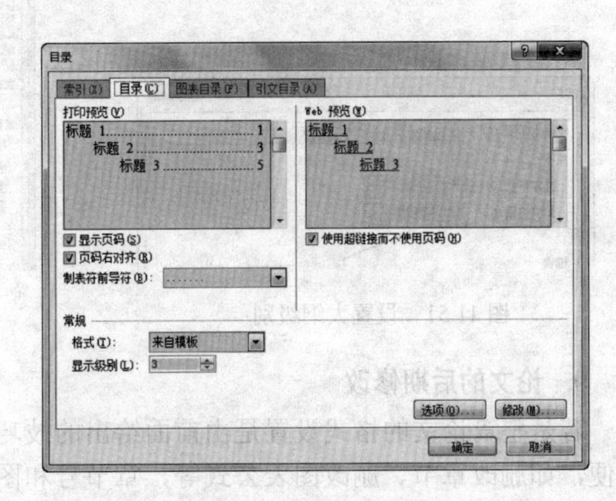

图 11.50 “目录”对话框

（2）修改目录格式。

① 修改目录格式。有些论文对目录的格式有要求，这时就不能使用 Word 提供的目录样式了，需要自定义。需要指出的是，Word 2010 中只能修改来自模板的目录样式，和索引相似。选择来自模板的样式后，单击“修改”按钮即可修改各级目录所需的格式。

② 将“目录”、“附录”、“参考文献”等编入目录。在目录的编制过程中，有时需要将“目录”、“附录”、“参考文献”等也编入目录，此时就需要单独对“目录”、“附录”、“参考文献”等标题设置大纲等级了，这里并不能使用前面设置好的“标题 1”样式，因为若使用“标题 1”样式，那么“目录”、“附录”、“参考文献”等也会被多级符号自动生成“章节号”，而且标题 1 的样式不一定满足“目录”、“附录”、“参考文献”等标题的格式要求，此时，就需要对“目录”、“附录”、“参考文献”等标题进行设置。

选中“目录”、“附录”、“参考文献”等标题，在“开始”选项卡的“段落”组中单击右下角的对话框启动器按钮，打开如图 11.51 所示的“段落”对话框，在“缩进和间距”选项卡的“常规”区的“大纲级别”下拉列表框中选择“1 级”选项，此时就完成了对“目录”等标题的大纲级别设置。右击目录，在弹出的快捷菜单中选择“更新整个目录”选项，即完成对目录的编制。

（3）插入图表目录。若论文中每一张图表的标签都是用插入题注的方式生成的，就能够很轻松地插入图表目录，有关题注的插入方式请参见前述图表及公式部分的排版。

① 将光标移至要插入图表目录的位置。

② 在“引用”选项卡的“题注”组中单击“插入表目录”按钮，打开如图 11.52 所示的“图表目录”对话框。在“常规”区的“题注标签”下拉列表框中选择所需要使用的题注标签，单击“确定”按钮即可生成图表目录。

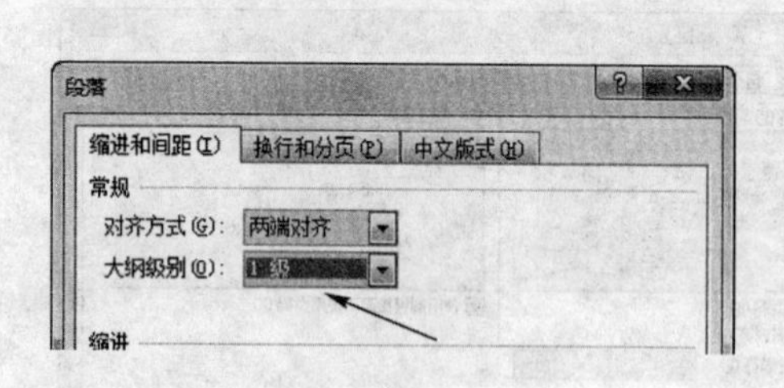

图 11.51 设置大纲级别

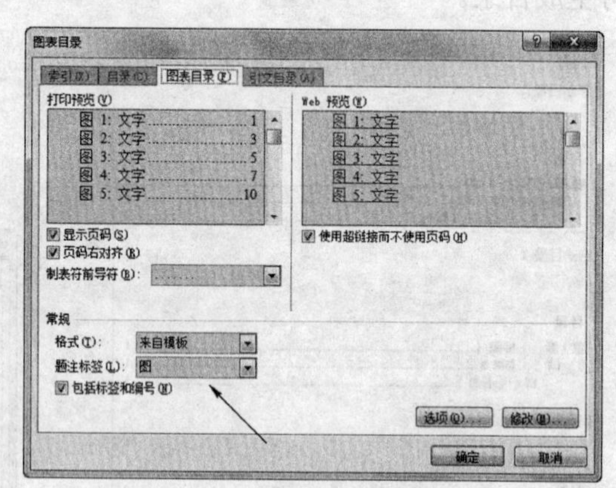

图 11.52 “图表目录”对话框

9. 论文的后期修改

若是整篇论文的格式设置是由前面给出的技巧所设置的，论文的后期修改将会变得非常方便，如删改章节、删改图表公式等，章节号和图表公式的标签会自动修改。而对于其他内容，如正文的格式修改，则只需在“样式”列表中修改即可完成整篇论文的格式调整。

第 12 章　办公实例行政管理案例解析

本章根据行政管理中实际应用的需要，介绍会议记录表、工作日程安排表等 8 种行政管理中常用表格的建立和设计。

12.1　设计办公室来电记录表

在行政管理中难免有电话来往，甚至有些业务工作要通过电话来联络和处理，因此有必要设计来电记录表对接听的电话进行记录，以方便查询管理。样张如图 12.1 所示。

图 12.1 “办公室来电记录表”样张

1. 建立表格

（1）打开 Excel 2010，新建工作簿，拖曳鼠标选择 A1:I1 单元格区域，在“开始”选项卡的“对齐方式”组中，单击“合并后居中”按钮，选择“合并后居中”选项，如图 12.2 所示。

（2）选择合并后的单元格区域，输入文本“办公室来电记录表”，并单击“加粗”按钮。

（3）依次选择 A2 至 I2 单元格，分别输入表头“日期”、“时间”、“来电人”、“来电单位”、“找何人”、“内容”、“联系电话”、“如何处理”及“其他情况”，如图 12.3 所示。

（4）拖曳鼠标选择 A2:I2 单元格区域，单击“居中”按钮实现单元格内容居中。分别将光标移至各列中间，拖曳鼠标将各列调整为所需宽度，效果如图 12.4 所示。

提示：调整行高或列宽，使用上面介绍的方法简单快捷，但不精确。可以通过在“开始”选项卡的“单元格”组中单击“格式”按钮，在弹出的如图 12.5 所示的下拉列表中选择“行高”或“列宽”选项，在打开的“行高”和“列宽”对话框中输入数值来精确设置行高和列宽。

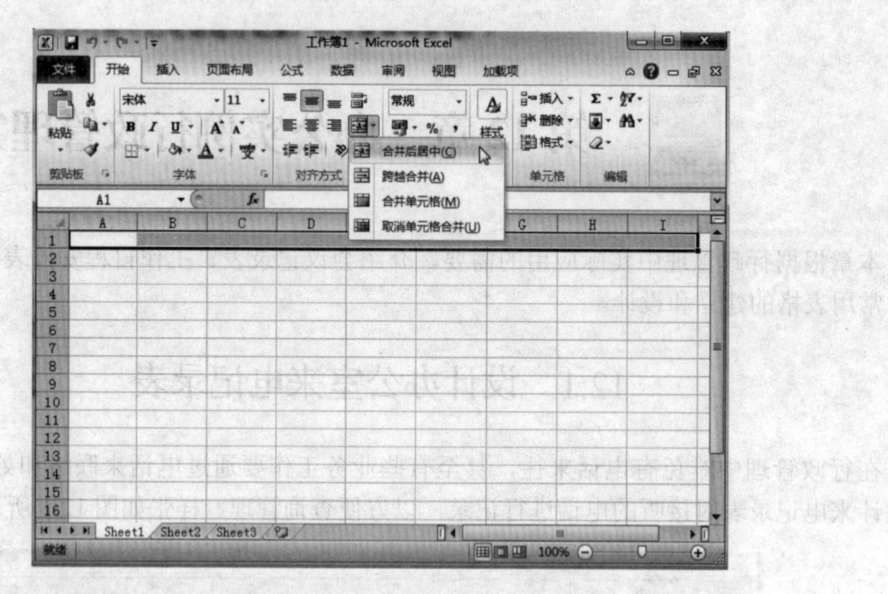

图 12.2 选择“合并后居中”选项

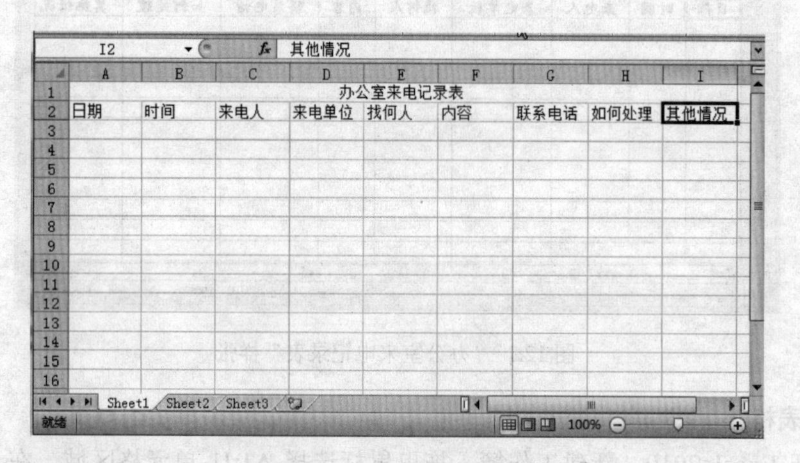

图 12.3 输入表头内容

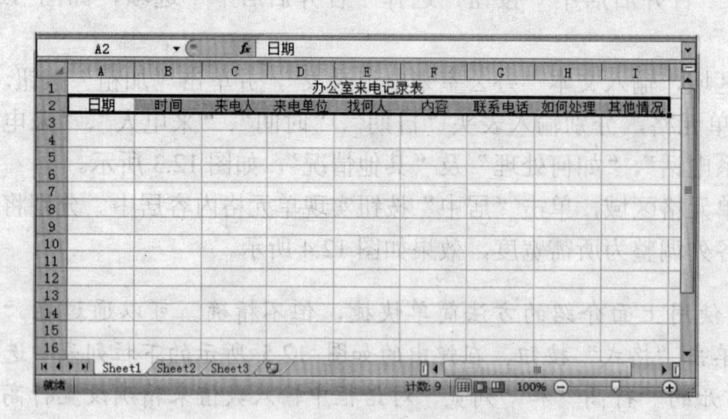

图 12.4 调整表头后的效果

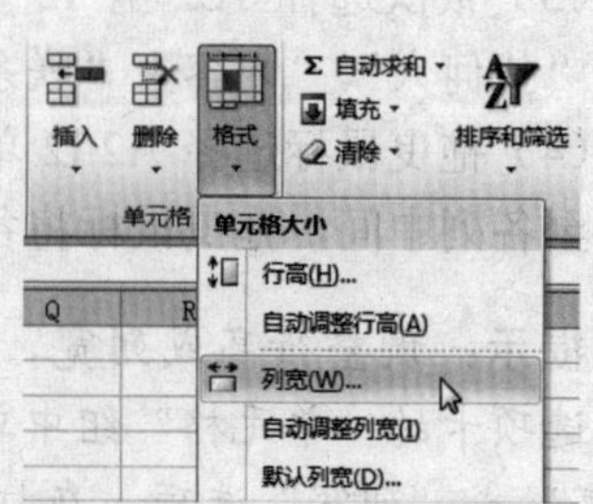

图 12.5 “格式”下拉列表

2. 设置边框

（1）选择 A2:I14 单元格区域并右击，在弹出的快捷菜单中选择“设置单元格格式”选项，打开如图 12.6 所示的“设置单元格格式”对话框，打开“边框”选项卡。

（2）在“样式”列表框中选择第二列的“双线”选项，在“颜色”下拉列表框中选择“蓝色”标准颜色，单击“预置”区中的“外边框”按钮，在“边框”预览区中即可显示单元格区域添加的外边框，如图 12.7 所示，并且粗细正是刚才所选的。

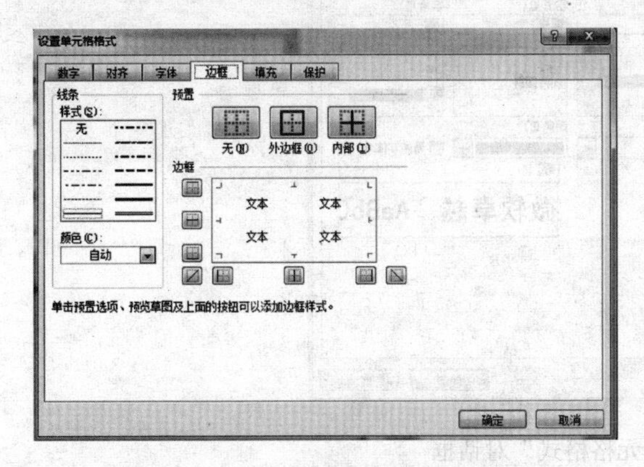

图 12.6 “设置单元格格式”对话框

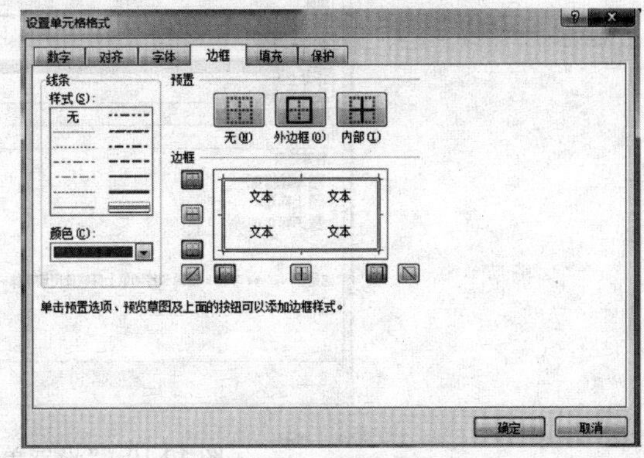

图 12.7 添加边框预览效果

提示：为单元格添加边框时，应先选定线条样式，再在“无”、“外边框”、“内部”3 种边框类型中选择其中一种即可。

（3）按照同样方法添加内边框。在图 12.6 所示的“设置单元格格式”对话框的“样式”列表框中选择第一列第 6 种线条，在“颜色”下拉列表框中选择“红色”标准颜色，在“预置”区单击“内边框”按钮，在“边框”预览区中即可显示单元格区域添加的内边框，如图 12.8 所示。

（4）单击“确定”按钮，则表格显示出内外框线，效果如图 12.9 所示，使用起来更清晰方便。

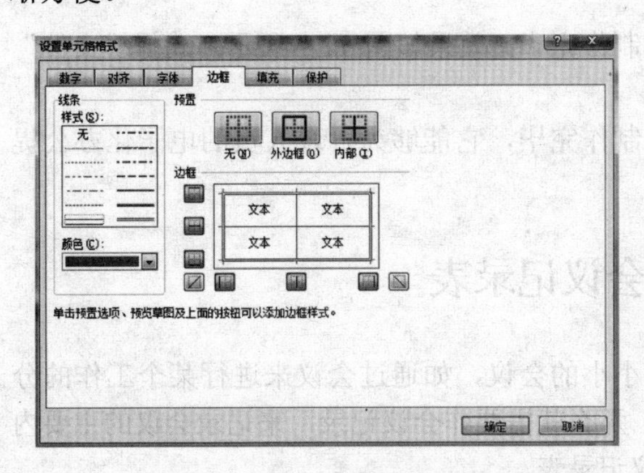

图 12.8 添加内边框效果

图 12.9 添加内、外边框线的效果

3. 设置格式

（1）右击 A1 单元格，在弹出的快捷菜单中选择“设置单元格格式”选项，在打开的如图 12.10 所示的“设置单元格格式”对话框的“字体”选项卡的“字体”列表框中选择“黑体”选项，在“字号”列表框中选择“20”选项。

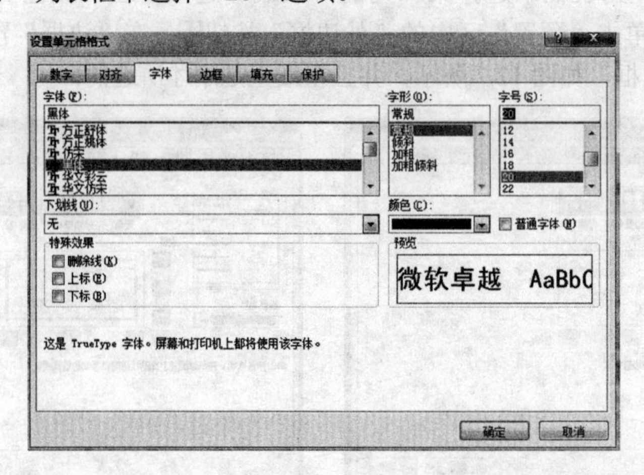

图 12.10 “设置单元格格式”对话框

（2）单击“确定”按钮，回到工作表中，可以看到“办公室来电记录表”工作表已经发生改变。

（3）选择 A2:I2 单元格区域并右击，在弹出的快捷菜单中选择“设置单元格格式”选项。在打开的如图 12.10 所示的“设置单元格格式”对话框的“字体”选项卡的“字体”列表框中选择“楷体”选项，在“字形”列表框中选择“加粗”选项，在“字号”列表框中选择“12”选项。

（4）单击“确定”按钮，回到工作表中，可以看到第二行的文字效果也发生了改变。

提示：单元格文字的字体、字号和字形设置也可以通过在“开始”选项卡的“字体”组中单击“字体”和“字号”等按钮来进行。

（5）至此，“办公室来电记录表”工作表就制作完毕，效果如图 12.1 所示，选择“文件”菜单中的“另存为”选项进行保存。

经过以上操作，一张简单的来电记录表就制作完毕，它能够为行政人员的电子化办公提供一定的帮助。

12.2 设计会议记录表

行政管理工作中难免会经常举行一些大大小小的会议，如通过会议来进行某个工作的分配、某个文件精神的传达或某个议题的讨论等，那么就需要作会议记录，来记录会议的主要内容、通过的决议等。这节主要介绍如何设计会议记录表。

1. **新建表格**

（1）打开 Excel 2010，新建工作簿，保存文件为“会议记录表”，选择 Sheet1 工作表，右击 Sheet1 工作表标签，在弹出的快捷菜单中选择“重命名”选项，将工作表命名为“会议记录”。

提示：当一个工作簿中包含多个工作表，且每个工作表都有数据时，一般要为每个工作表单独命名，以方便在工作表间切换。

（2）如图 12.11 所示，依次选择 A1:A7 单元格区域，分别输入表头“会议记录表”、“会议时间”、“记录人”、“会议主题”、“参加者”、“缺席者”及“发言人”。

（3）分别选择 E2、E3、B7 和 F7 单元格，输入文字“会议地点”、“主持人”、“内容摘要”、“备注”。

2. **设置“会议记录”表文字的格式**

（1）选择 A1:F1 单元格区域，右击，在弹出的快捷菜单中选择“设置单元格格式”选项。

（2）在打开的如图 12.12 所示的“设置单元格格式”对话框中切换到“对齐”选项卡。

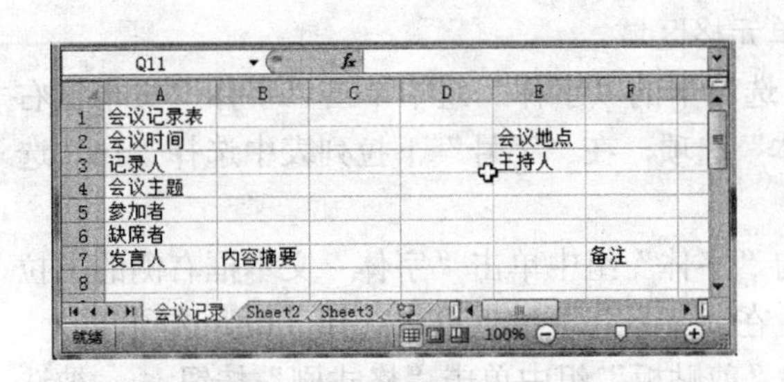

图 12.11　“会议记录”表内容

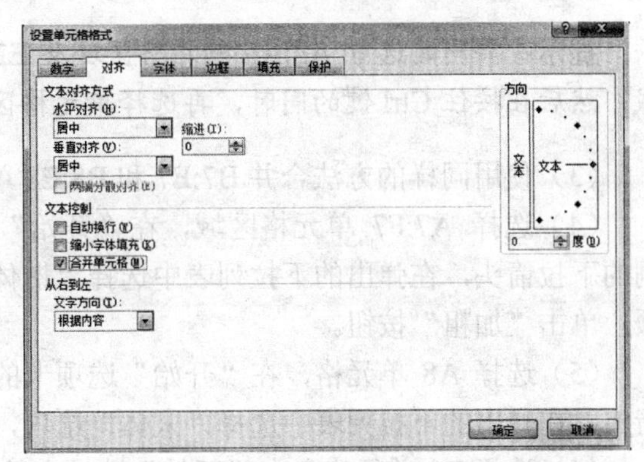

图 12.12　“设置单元格格式”对话框

（3）在“水平对齐”和“垂直对齐”下拉列表框中选择“居中”选项，在“文本控制”选项组中勾选“合并单元格”复选框。

提示：合并单元格时，如果在选中要合并的区域后，在“开始”选项卡的“对齐方式”组中单击“合并后居中”按钮，也可以实现单元格合并，并且文字的水平和垂直位置都居中。

（4）在如图 12.13 所示的“字体”选项卡的“字体”列表框中选择“华文新魏”选项，在“字形”列表框中选择“加粗”选项，在“字号”列表框中选择“20”选项。

（5）单击“确定”按钮，则“会议记录”表的位置和字体都发生了改变，效果如图 12.14 所示。

3. **设置其他文字的格式**

（1）参照上述方法，依次合并 B2:D2、B3:D3、B4:F4、B5:F5 和 B6:F6 单元格区域，并将其字号均设为“12”。

（2）选择 A2:A6 和 E2:E3 单元格区域，在“开始”选项卡的“字体”组中单击“字体”

文本框右侧的下拉箭头，在弹出的下拉列表中选择“宋体”选项，在“字号”下拉列表中选择“14”选项，适当调整列宽适应文字。

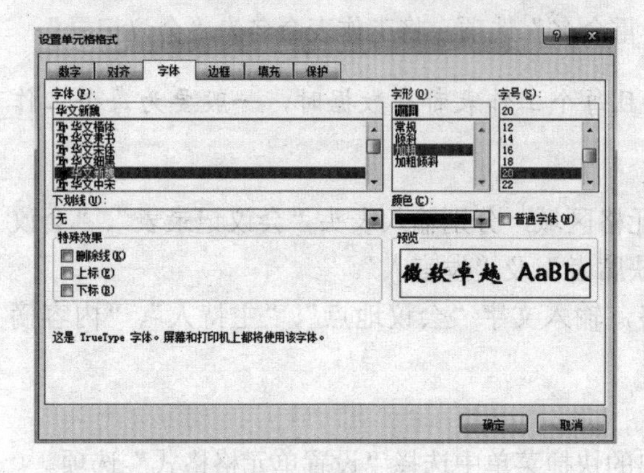

图 12.13 “字体”选项卡

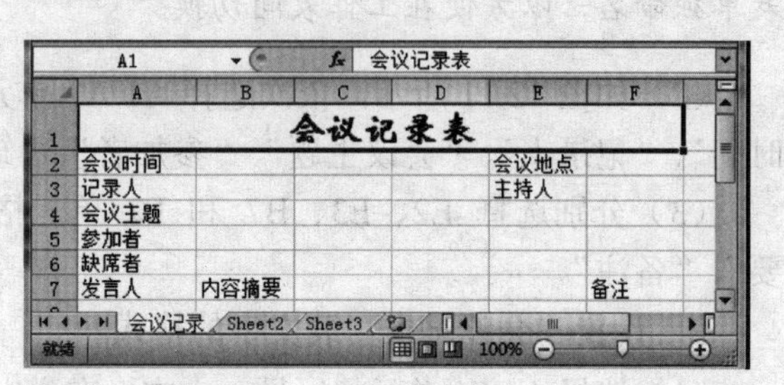

图 12.14 文字的格式设置效果

提示： 要同时选中 A2:A6 单元格区域及 E2:E3 单元格区域，可以先选择 A2:A6 单元格区域，然后在按住 Ctrl 键的同时，再选择单元格区域 E2:E3。

（3）使用同样的方法合并 B7:E7 和 B8:E8 单元格区域。

（4）选择 A7:F7 单元格区域，在“开始”选项卡的“字体”组中单击“字体”文本框右侧的下拉箭头，在弹出的下拉列表中选择“楷体”选项，在“字号”下拉列表中选择“16”选项，单击“加粗”按钮。

（5）选择 A8 单元格，在“开始”选项卡的“字体”组中单击“字体”文本框右侧的下拉箭头，在弹出的下拉列表中选择“宋体”选项，在“字号”下拉列表中选择“12”选项。

（6）选择 B8 单元格，在“开始”选项卡的“剪贴板”组中单击“格式刷”按钮，被选中的区域呈虚线闪烁，光标变为带格式刷的形式，如图 12.15 所示。

（7）用带格式刷的光标选中 B9:E12 单元格区域，该区域样式会变得和 B8 单元格一样，如图 12.16 所示。

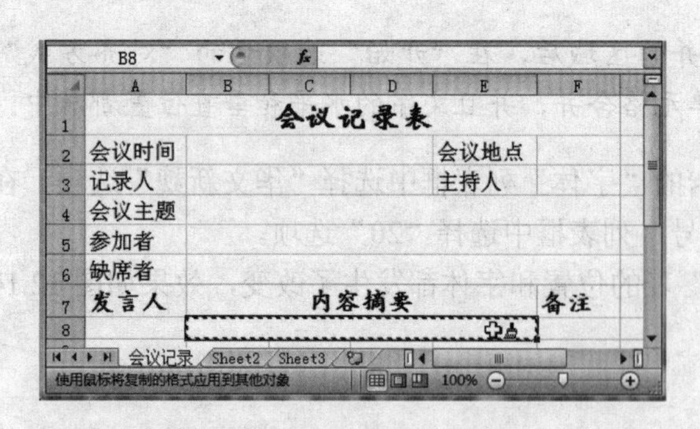

图 12.15 光标变为带格式刷的形式

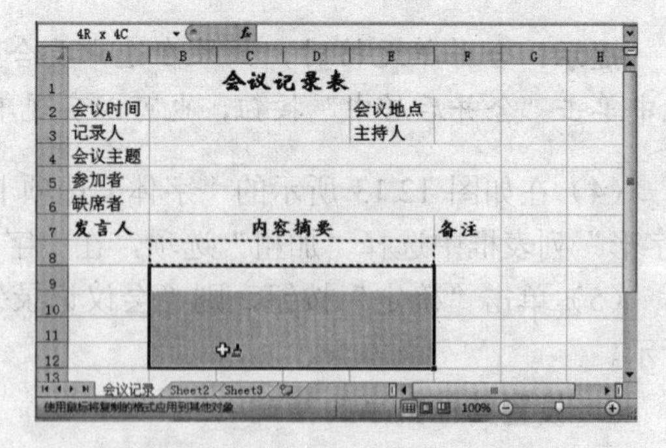

图 12.16 设置其他文字的格式效果

提示： 使用“格式刷”后，可以在“开始”选项卡的“剪贴板”组中单击“格式刷”按钮，即可取消。也可按 Esc 键取消“格式刷”功能。

4. 添加边框

（1）选择 A1:F12 单元格区域，在“开始”选项卡的“字体”组中单击“边框”按钮右侧的下拉箭头，在弹出的下拉列表中选择“所有框线”选项。

（2）图 12.17 为黑色单线的内外框线已经设置完毕的“会议记录”表。

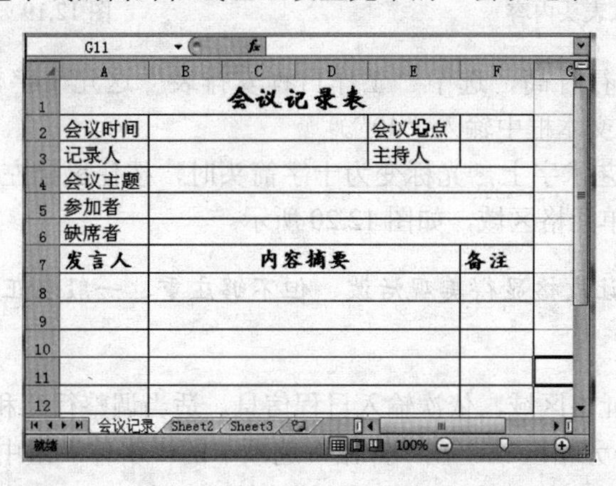

图 12.17　设置黑色单线内外框线的“会议记录”表

（3）在“文件”菜单中选择“保存”或“另存为”选项保存“会议记录”表。

“会议记录”表制作完成后，可以为记录会议内容、传达会议精神提供一个良好的平台。

12.3　设计工作日程安排表

为了有计划地安排工作，并有条不紊地进行工作，就需要设计一个工作日程安排表，以直观地安排近期要做的工作和查看已经完成的工作。

1. 建立表格

（1）打开 Excel 2010 并新建工作簿，将工作簿保存为“工作日程安排表.xlsx”，选择 Sheet1 工作表。

（2）依次选择 A2:F2 单元格区域，分别输入表头“日期”、“时间”、“工作内容”、“地点”、“准备内容”及“参与人员”，如图 12.18 所示。

（3）选择 A1:F1 单元格区域，在“开始”选项卡的“对齐方式”组中单击“合并后居中”按钮。选择 A2:F2 单元格区域，在“开始”选项卡的“字体”组中单击“字体”文本框右侧的下拉箭头，在弹出的下拉列表中选择“华文楷体”选项，在“字号”下拉列表中选择“16”选项，在“对齐方式”组中单击“居中”按钮☰。

（4）在“插入”选项卡的“文本”组中单击“艺术字”按钮。在弹出的列表中选择第 3 行第 4 列的样式。

（5）工作表中出现“请在此键入您自己的内容”艺术字框，单击此艺术字框并输入“工作日程安排表”，如图 12.19 所示。

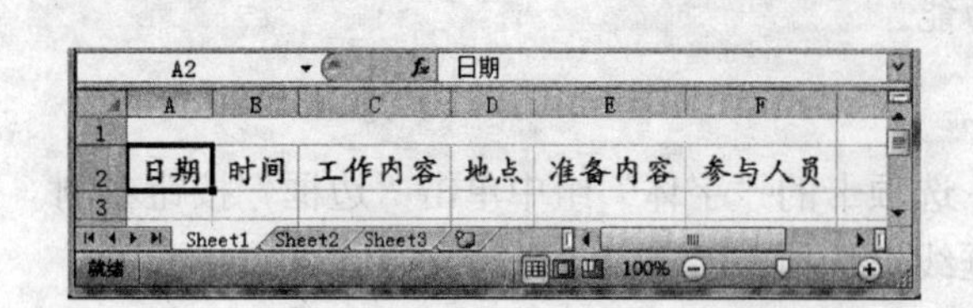

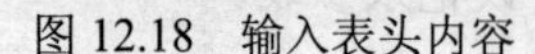
图 12.18　输入表头内容

图 12.19　插入艺术字

（6）适当调整第一行行高，选中“工作日程安排表”这几个字，在“开始”选项卡的“字体”组中的“字号”文本框中输入“40”。

（7）将光标放置在艺术字上，光标变为十字箭头时，按住鼠标左键，拖曳至适当位置，把艺术字放置在 A1:F1 单元格区域，如图 12.20 所示。

提示：艺术字可以让表格显得美观活泼，但不够庄重，一般在正式的表格中，应避免使用艺术字。

（8）选择 A3:F5 单元格区域，依次输入日程信息。适当调整行高和列宽。

（9）选择 A2:F5 单元格区域，在“开始”选项卡的“字体”组中单击“边框”按钮⊞右侧的下拉箭头，在弹出的下拉列表中选择“所有框线”，为 A2:F5 单元格区域设置边框，如图 12.21 所示。

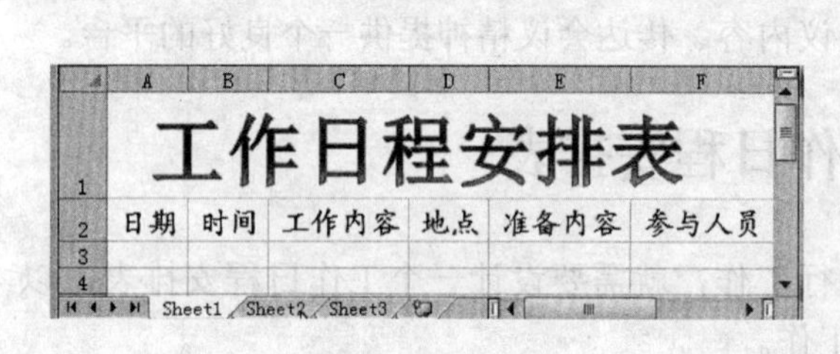

图 12.20　移动艺术字

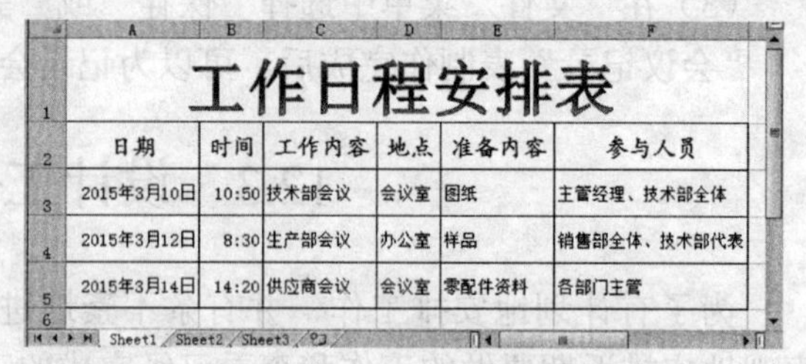

图 12.21　设置边框线

提示：在输入日程信息时，可以从有关素材的“工作日程安排.xlsx”工作簿中复制以上数据。

2. 设置条件格式

（1）选择 A3:A9 单元格区域，在“开始”选项卡的“样式”组中单击“条件格式”按钮，在弹出的下拉列表中选择“新建规则”选项，打开如图 12.22 所示的“新建格式规则”对话框，在“选择规则类型”列表框中选择“只为包含以下内容的单元格设置格式”选项，在“编辑规则说明”区的第一个下拉列表框中选择“单元格值”选项，第二个下拉列表框中选择“大于”选项，在右侧文本框中输入“=today()”。

提示：函数 TODAY()可以返回日期格式的当前日期，大于“=TODAY()”表示大于当天的日期，即以后的日期。

（2）在“新建格式规则”对话框中单击“格式”按钮，打开如图 12.23 所示的“设置单元格格式”对话框。在“填充”选项卡的“背景色”列表中选择“蓝色”选项，在“示例”区可以看到预览效果。

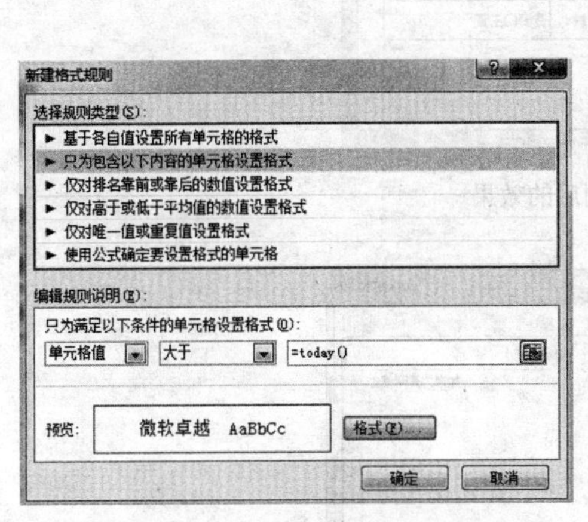

图 12.22 “新建格式规则”对话框

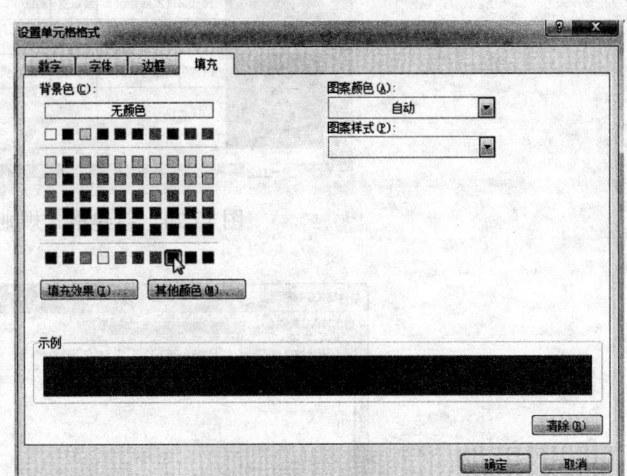

图 12.23 “设置单元格格式”对话框

（3）单击“确定”按钮，回到“新建格式规则”对话框，再次单击“确定”按钮。

（4）重复第（1）步，在打开的“新建格式规则”对话框的“选择规则类型”列表框中选择“只为包含以下内容的单元格设置格式”选项，在“编辑规则说明”区的第一个下拉列表框中选择“单元格值”选项，第二个下拉列表框中选择“等于”选项，在右侧文本框中输入“=today()”。

（5）在“新建格式规则”对话框中单击“格式”按钮，打开如图 12.23 所示的“设置单元格格式”对话框。在“填充”选项卡的“背景色”列表中选择“黄色”选项，在“示例”区可以看到预览效果。

（6）单击“确定”按钮，则回到“新建格式规则”对话框，再次单击“确定”按钮。

（7）参照第（1）～（4）步，新建规则，在“编辑规则说明”区的第一个下拉列表框中选择“单元格值”选项，第二个下拉列表框中选择“小于”选项，在右侧文本框中输入“=today()”。将日期小于当天的单元格背景设为红色，则工作表的设置效果如图 12.24 所示。可以看到，当天之前的日期背景色为红色，当天的为黄色，而之后的为蓝色，尚未编辑的也呈红色。

说明：如果编辑条件格式时，不小心多设了规则或设错了规则，可以在“开始”选项卡的“样式”组中单击“条件格式”按钮，在弹出的下拉列表中选择“管理规则”选项，打开如图 12.25 所示的“条件格式规则管理器”对话框，可以看到当前已有的规则，单击其中的“新建规则”、“编辑规则”和“删除规则”按钮即可对条件格式进行添加、更改和删除设置。

（8）继续输入日期日程，已定义格式的单元格就会遵循这些条件，显示不同的背景色。

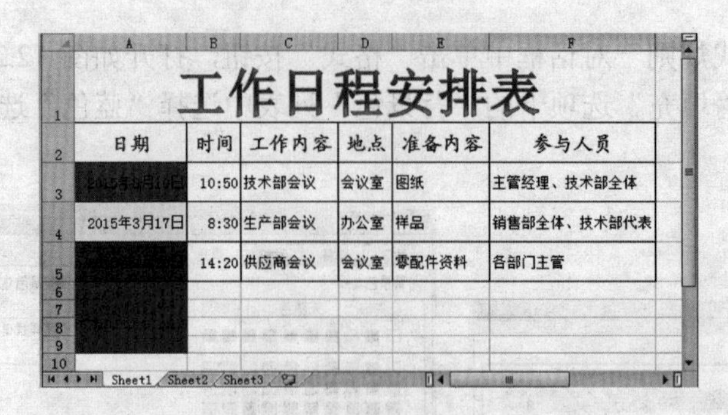

图 12.24　新建格式规则后的效果

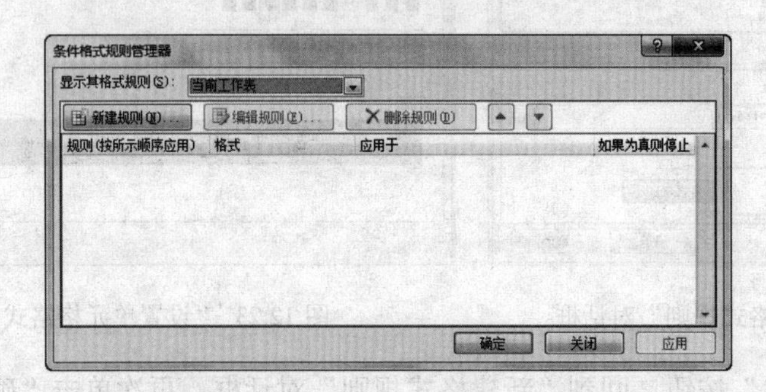

图 12.25 “条件格式规则管理器”对话框

12.4　设计任务分工与时间安排表

有的工作规模比较大，程序比较复杂，所需时间较长，需要几个部门或两个以上人员分工合作才能完成，各自承担一个项目。这时候就有必要设计一个任务分工与时间安排表，来落实各个部门或人员在不同时期不同任务中的具体工作。

下面以某公司举办大型会议为例，详细介绍如何设计任务分工与时间安排表。

1. 新建表格

（1）打开 Excel 2010，新建一个工作簿，将工作簿保存为“任务分工与时间安排表.xlsx”。右击 Sheet1 工作表标签，在弹出的快捷菜单中选择“重命名”选项，将工作表重命名为“安排表”。

（2）按照图 12.26 所示，依次在 A1:Z13 单元格区域输入相应的具体工作内容和时间，调整行高和列宽。

提示：在输入工作内容和时间时，可以从“第 12 章素材\任务分工与时间安排表.xlsx”工作簿中复制以上数据。

2. 设置各部门图标

假定由 3 个部门 A、B、C 来完成该会议的准备工作，为了方便，用不同的图标来区别这 3 个部门的工作。

（1）右击 C15 单元格，在弹出的快捷菜单中选择“设置单元格格式”选项，打开如图 12.27 所示的“设置单元格格式”对话框。

（2）在“填充”选项卡的“背景色”列表中选择“橙色”选项，在“图案样式”下拉列表框中选择“6.25%灰色”选项。

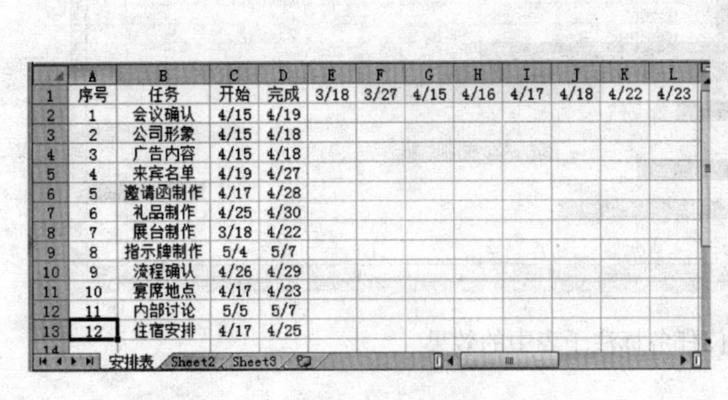

	A	B	C	D	E	F	G	H	I	J	K	L
1	序号	任务	开始	完成	3/18	3/27	4/15	4/16	4/17	4/18	4/22	4/23
2	1	会议确认	4/15	4/19								
3	2	公司形象	4/15	4/18								
4	3	广告内容	4/15	4/18								
5	4	来宾名单	4/19	4/27								
6	5	邀请函制作	4/17	4/28								
7	6	礼品制作	4/25	4/30								
8	7	展台制作	3/18	4/22								
9	8	指示牌制作	5/4	5/7								
10	9	流程确认	4/26	4/29								
11	10	宴席地点	4/17	4/23								
12	11	内部讨论	5/5	5/7								
13	12	住宿安排	4/17	4/25								

图 12.26　输入工作内容和时间

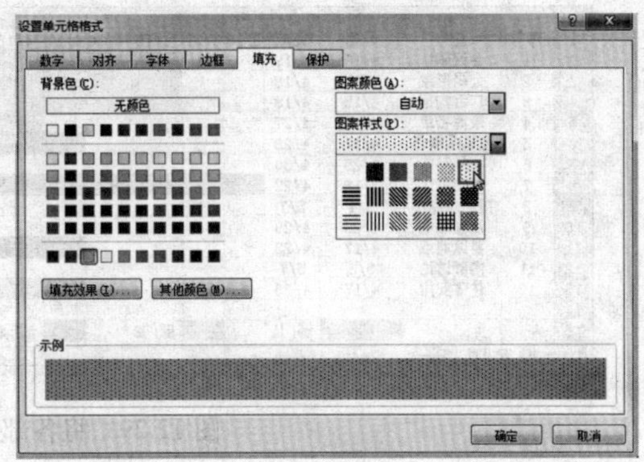

图 12.27　“设置单元格格式”对话框

（3）单击“确定”按钮，回到工作表，被选中的单元格格式就发生了改变，在 D15 单元格中输入“部门 A”。

（4）右击 F15 单元格，在弹出的快捷菜单中选择“设置单元格格式”选项，打开如图 12.27 所示的“设置单元格格式”对话框。

（5）在“填充”选项卡的“背景色”列表中选择“浅绿”选项，在“图案样式”下拉列表框中选择“细逆对角线条纹”选项。

（6）单击“确定”按钮，回到工作表，被选中的单元格格式就发生了改变。在 G15 单元格中输入“部门 B”。

（7）使用同样的方法设定部门 C 的图标，整体效果如图 12.28 所示。

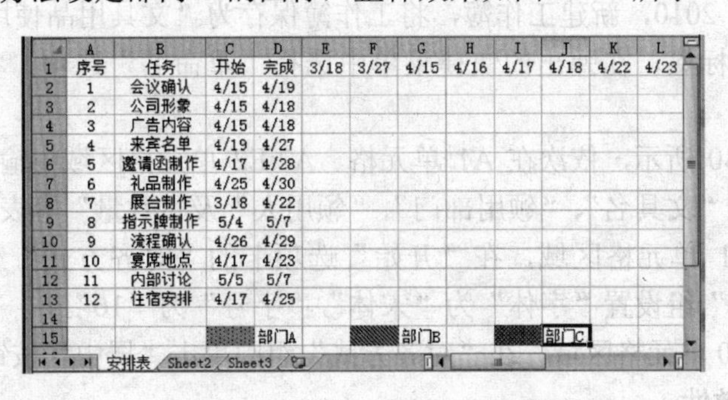

	A	B	C	D	E	F	G	H	I	J	K	L
1	序号	任务	开始	完成	3/18	3/27	4/15	4/16	4/17	4/18	4/22	4/23
2	1	会议确认	4/15	4/19								
3	2	公司形象	4/15	4/18								
4	3	广告内容	4/15	4/18								
5	4	来宾名单	4/19	4/27								
6	5	邀请函制作	4/17	4/28								
7	6	礼品制作	4/25	4/30								
8	7	展台制作	3/18	4/22								
9	8	指示牌制作	5/4	5/7								
10	9	流程确认	4/26	4/29								
11	10	宴席地点	4/17	4/23								
12	11	内部讨论	5/5	5/7								
13	12	住宿安排	4/17	4/25								
14												
15				部门A			部门B			部门C		

图 12.28　设置各部门图标效果

提示： 在制作进度、任务和分工等表格时，利用不同的颜色来表示不同的内容，会使表格简单明了、清楚易懂。

3. 将各部门任务标注于表中

（1）例如，部门 A 完成“广告内容”和“公司形象”部分，则先选中 C15 单元格，在

“开始”选项卡的“剪贴板”组中单击“格式刷”按钮，被选中的区域呈虚线闪烁，光标变为带格式刷的形式。

（2）用带格式刷的光标选中 G3:J4 单元格区域，该区域样式会变得和 C15 单元格一样。

（3）用同样的方法将各个时间段各部门的任务标注到表中，最后效果如图 12.29 所示。

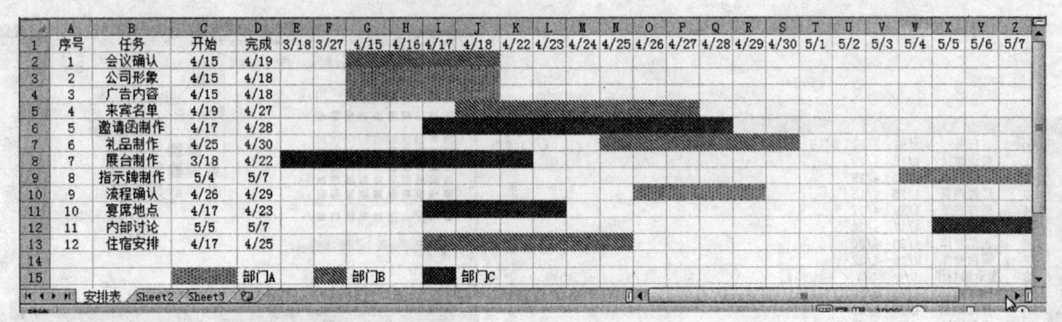

序号	任务	开始	完成	3/18	3/27	4/15	4/16	4/17	4/18	4/22	4/23	4/24	4/25	4/26	4/27	4/28	4/29	4/30	5/1	5/2	5/3	5/4	5/5	5/6	5/7
1	会议确认	4/15	4/19																						
2	公司形象	4/15	4/18																						
3	广告内容	4/15	4/18																						
4	来宾名单	4/19	4/27																						
5	邀请函制作	4/17	4/28																						
6	礼品制作	4/25	4/30																						
7	展台制作	3/18	4/22																						
8	指示牌制作	5/4	5/7																						
9	流程确认	4/26	4/29																						
10	宴席地点	4/17	4/23																						
11	内部讨论	5/5	5/7																						
12	住宿安排	4/17	4/25																						
			部门A			部门B			部门C																

图 12.29　将各部门任务标注于表中的效果

（4）因为 5 月 1 日到 5 月 3 日是劳动节，所以选中 T2:V13 单元格区域，在“开始”选项卡的“字体”组中单击“填充颜色”按钮后的下拉箭头，在弹出的下拉列表中选择“白色，背景 1，深色 50%”主题颜色。

“安排表”制作完成后，可以随时了解工作完成的进度和时间的安排等情况。

12.5　设计文具用品使用情况统计表

一般单位中，需要的办公用品的种类繁多，用量较大，需要专门的人力对其进行管理。下面将介绍制作文具用品使用情况统计表的设计步骤。

1. 新建表格

（1）打开 Excel 2010，新建工作簿，将工作簿保存为“文具用品使用情况统计表.xlsx”，右击 Sheet1 工作表标签，在弹出的快捷菜单中选择“重命名”选项，将工作表的名字改为“统计表”。

（2）按照图 12.30 所示，依次在 A1 单元格、A2:E2 单元格区域中输入“文具用品使用情况统计表”、“日期”、“文具名”、“领用部门”、“领用人”及“数量”等表头内容。

（3）选择 A1:E1 单元格区域，在“开始”选项卡的“对齐方式”组中单击“合并后居中”按钮。在“字体”组设置“字体”为“宋体”，“字号”为“16”。

（4）选中 A2:E10 单元格区域，在“对齐方式”组中单击“居中”按钮。

2. 设置数据有效性

（1）选中“数量”所在的 E 列，在“数据”选项卡的“数据工具”组中单击“数据有效性”按钮，在下拉列表中选择“数据有效性”选项，打开如图 12.31 所示的“数据有效性”对话框。

提示：设置数据有效性的目的是为了保证某些单元格根据用户的需要输入，不会超出预设的范围。

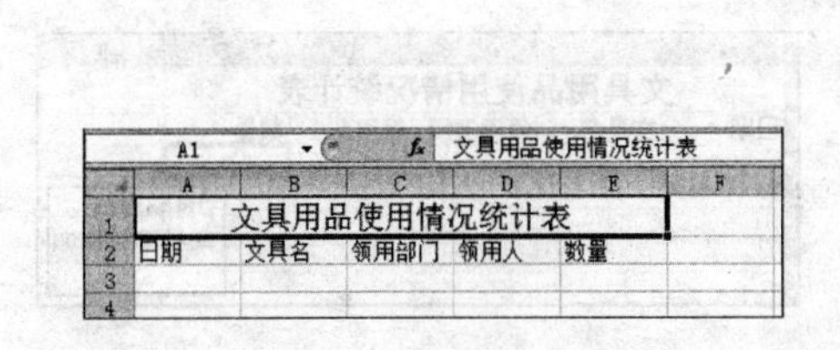

图 12.30　输入表头内容

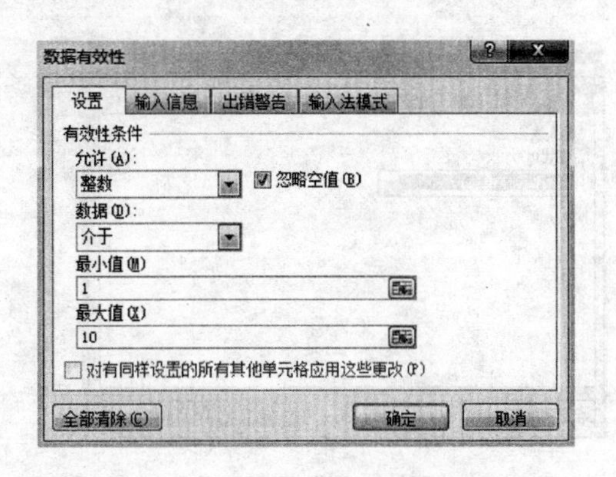

图 12.31　“数据有效性”对话框

（2）在“设置”选项卡的“有效性条件”区的“允许”下拉列表框中选择“整数”选项，在“数据”下拉列表框中选择“介于”选项，在“最小值”文本框中输入“1”，在“最大值”文本框中输入“10”。

提示：领取量的最大值和最小值视公司制度而定。

（3）在图 12.32 所示的“输入信息”选项卡中勾选“选定单元格时显示输入信息”复选框，在“标题”文本框中输入“节约办公用品”，在“输入信息”文本框中输入“最高领取量是 10!”。

（4）在如图 12.33 所示的“出错警告”选项卡中勾选“输入无效数据时显示出错警告”复选框，在“样式”下拉列表框中选择“警告”选项，在“标题”文本框中输入“领取量超过限量”，在“错误信息”文本框中输入“领取量不能超过 10！”。

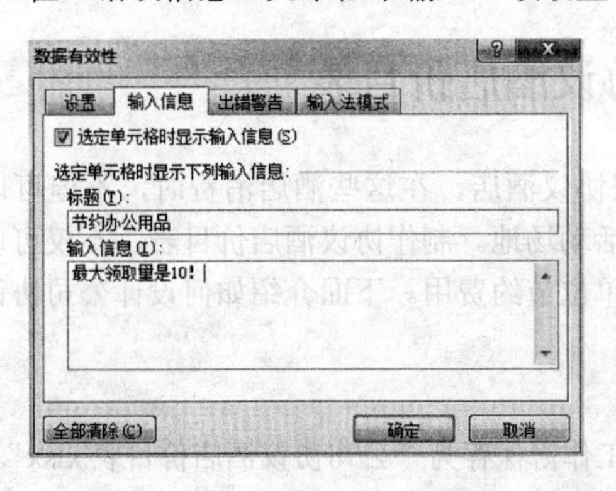

图 12.32　“输入信息”选项卡

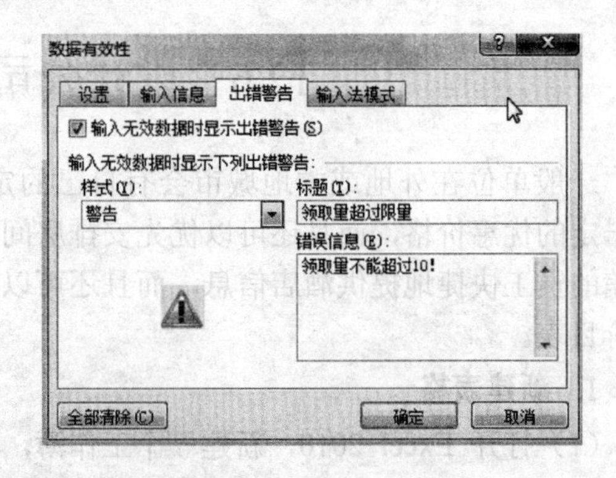

图 12.33　“出错警告”选项卡

（5）在如图 12.34 所示的“输入法模式”选项卡的“模式”下拉列表框中选择“关闭（英文模式）”选项，以保证在该列输入内容时始终不是英文输入法。

（6）单击“确定”按钮，则数据有效性就设置完成。如图 12.35 所示，单击 E3 单元格，则旁边出现一个黄色的信息框。

（7）如图 12.36 所示，在 E3 单元格中输入“12”，按 Enter 键后会显示警示框，如果要继续，单击“是”按钮，则警示框消失，可以继续输入。

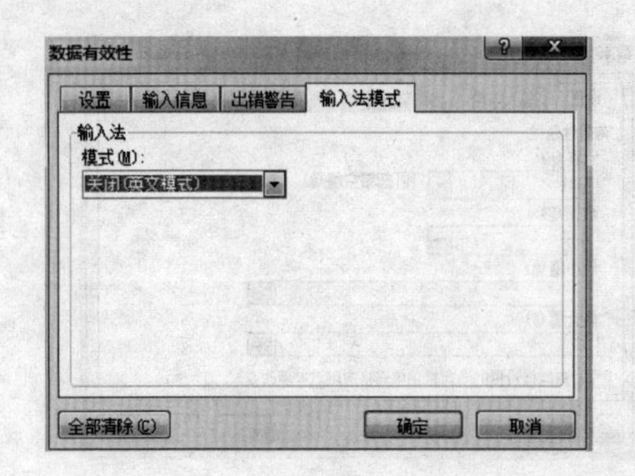

图 12.34 “输入法模式”选项卡

图 12.35 设置数据有效性的效果

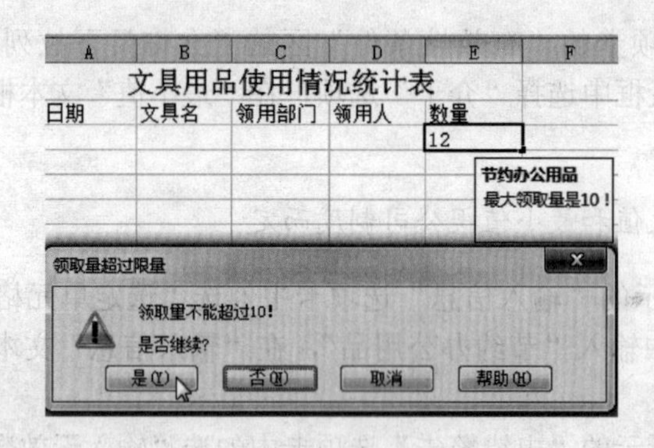

图 12.36 出错后的警示框

提示：如在警示框中单击“否”按钮，则需重新输入数据，直到符合规定条件为止。

12.6 设计公司协议酒店价目表

一般单位在外地或本地城市会有自己的定点协议酒店，在这些酒店消费时，不但可以享受一定的优惠价格，而且还可以优先安排房间和活动场地。制作协议酒店价目表，不仅可以为出差的员工快捷地提供酒店信息，而且还可以为单位节约费用。下面介绍如何设计公司协议酒店价目表。

1. 新建表格

（1）打开 Excel 2010，新建一个工作簿，将工作簿保存为“公司协议酒店价目表.xlsx”。右击 Sheet1 工作表标签，在弹出的快捷菜单中选择“重命名”选项，将工作表命名为“价目表”。

（2）依据图 12.37，在 A1 单元格、A2:G3 单元格区域分别输入表头信息。

提示：设置表格第二行地区名的目的在于建立超链接，以便快速查找不同城市的酒店信息。

2. 设置表头格式

（1）选择 A1:G1 单元格区域，右击，在弹出的快捷菜单中选择“设置单元格格式”选项。打开如图 12.38 所示的“设置单元格格式”对话框。

（2）在“对齐”选项卡的“水平对齐”下拉列表框中选择“居中”选项，在“垂直对齐”下拉列表框中选择“居中”选项，在“文本控制”选项组中勾选“合并单元格”复选框。

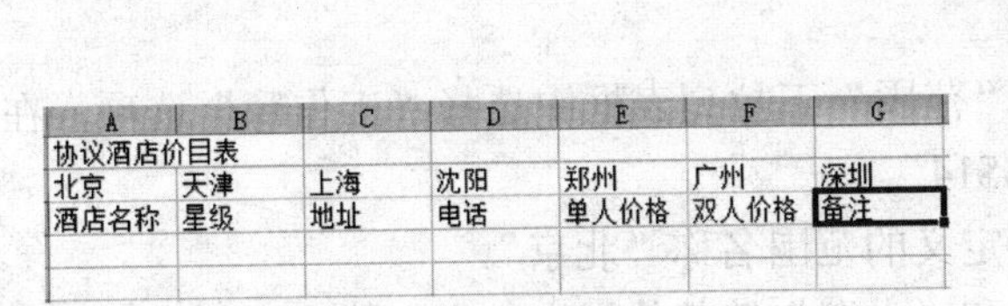

A	B	C	D	E	F	G
协议酒店价目表						
北京	天津	上海	沈阳	郑州	广州	深圳
酒店名称	星级	地址	电话	单人价格	双人价格	备注

图 12.37　输入表头内容

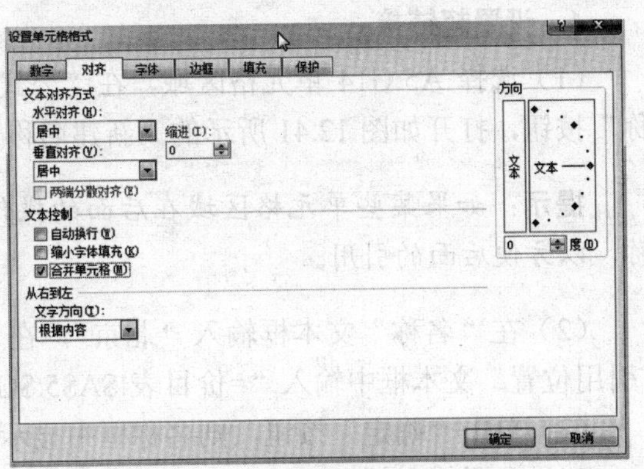

图 12.38 “设置单元格格式”对话框

（3）在“字体”选项卡的“字体”列表框中选择“华文行楷”选项，在“字形”列表框中选择“加粗”选项，在“字号”列表框中选择“16”选项。

（4）选择 A2:G3 单元格区域，在“开始”选项卡的“字体”组中设置“字体”为“华文楷体”，“字号”为“14”，在“对齐方式”组中单击“居中”按钮≣。适当调整列宽以适应文字。

（5）在“开始”选项卡的“字体”组中单击“填充颜色”按钮后的下拉箭头，在弹出的下拉列表中选择“水绿色，强调文字颜色 5，淡色 60%”主题颜色。

（6）在第 3 行行号上右击，在弹出的快捷菜单中选择“插入”选项，这时会在第二行和第 3 行之间增加一行，格式和第 3 行相同，左边出现一个“格式刷”图标，如图 12.39 所示。

（7）单击“格式刷”图标，在弹出的下拉列表中选择“清除格式”单选按钮。新增加行的格式被清除，插入一个空白行。

3. **输入酒店相关信息**

（1）如图 12.40 所示，从 A5 单元格开始，依次输入各地酒店的相关信息。

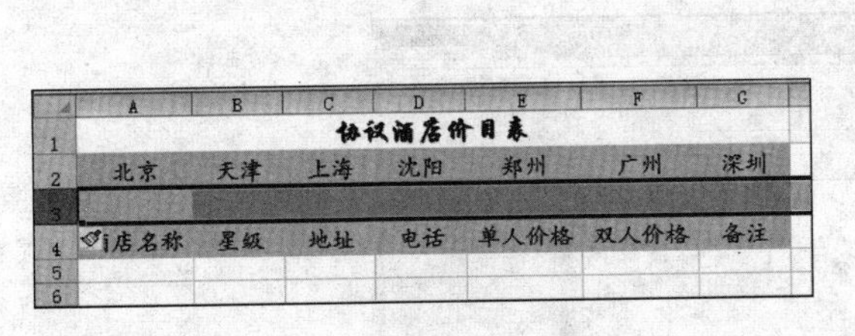

	A	B	C	D	E	F	G
1	协议酒店价目表						
2	北京	天津	上海	沈阳	郑州	广州	深圳
3							
4	酒店名称	星级	地址	电话	单人价格	双人价格	备注
5							
6							

图 12.39　插入行

A	B	C	D	E	F	G
协议酒店价目表						
北京	天津	上海	沈阳	郑州	广州	深圳
酒店名称	星级	地址	电话	单人价格	双人价格	备注
北京**饭店	5	北京市***	010-*******	标准间：330 商务间：370	标准间：520 商务间：570	最晚离开时间： 18：30
北京**饭店	5	北京市***	010-*******	标准间：340 商务间：380	标准间：520 商务间：571	最晚离开时间： 18：30
北京**饭店	4	北京市***	010-*******	标准间：320 商务间：372	标准间：480 商务间：520	最晚离开时间： 18：30
北京**饭店	3	北京市***	010-*******	标准间：250 商务间：260	标准间：420 商务间：473	最晚离开时间： 18：30

图 12.40　输入各地酒店的相关信息

提示：在输入酒店信息时，可以从“第 12 章素材\公司协议酒店价目表.xlsx”工作簿中复制以上数据。

（2）选择 A5:G74 单元格区域，在"开始"选项卡的"字体"组中单击"填充颜色"按钮右侧的下拉箭头，在弹出的下拉列表中选择"橙色，强调文字颜色 6，淡色 60%"主题颜色。

4. 设置超链接

（1）选择 A5:G14 单元格区域，在"公式"选项卡中单击"定义的名称"组中的"定义名称"按钮，打开如图 12.41 所示的"新建名称"对话框。

提示：如果某些单元格区域在后面的操作中需经常引用，那么可以事先为该区域定义名称，以方便后面的引用。

（2）在"名称"文本框输入"北京"，在"范围"下拉列表框中选择"工作簿"选项，在"引用位置"文本框中输入"=价目表!$A$5:$G$14"。

（3）单击"确定"按钮，则名称框中显示定义的范围名称"北京"。

（4）参照第（1）～（3）步，为"天津"和"上海"等其他城市定义名称。

（5）若要更改已建立的名称，可在"公式"选项卡的"定义的名称"组中单击"名称管理器"按钮。在打开的如图 12.42 所示的"名称管理器"对话框中对选中的名称进行编辑或删除。

图 12.41 "新建名称"对话框

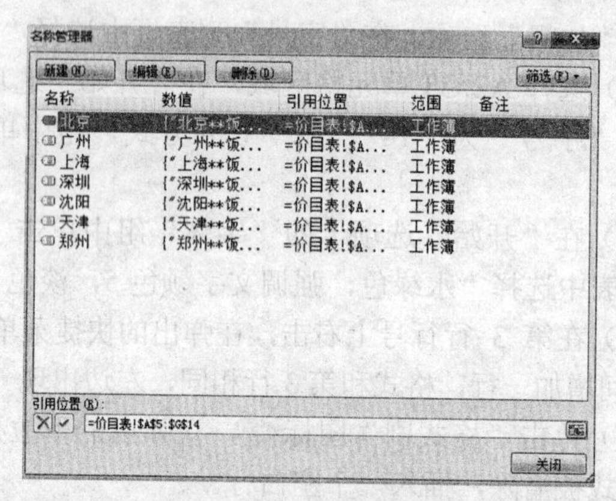

图 12.42 "名称管理器"对话框

（6）下面为第二行的地区增加超链接，右击 A2 单元格，在弹出的快捷菜单中选择"超链接"选项，打开如图 12.43 所示的"插入超链接"对话框。

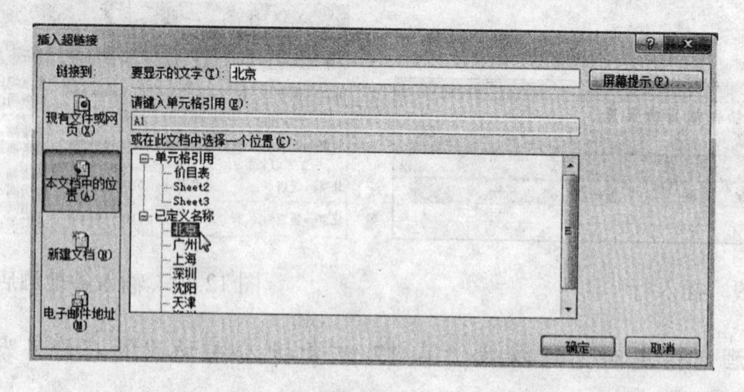

图 12.43 "插入超链接"对话框

（7）单击“链接到”区的“本文档中的位置”按钮，在“或在此文档中选择一个位置”列表框中选择“已定义的名称”区的“北京”选项。

（8）“北京”超链接已设置完成，当光标移到该单元格时，光标变为手形，表示可以打开该链接。

提示：在“插入超链接”对话框左侧单击“本文档中的位置”按钮之外的其他 3 个按钮，再按步骤选择要链接的内容，可以在本文档中链接其他的文件或邮件信息。

（9）用同样的方法为其他城市设置超链接。

（10）如图 12.44 所示，超链接全部制作完成后，用户可以方便地查看不同城市的酒店信息，例如，单击 C2 单元格就可以直接跳转到上海市的酒店信息区域，并且这些信息颜色会突出显示。

协议酒店价目表

北京	天津	上海	沈阳	郑州	广州	深圳
酒店名称	星级	地址	电话	单人价格	双人价格	备注
北京**饭店	5	北京市***	010-*******	标准间：330 商务间：370	标准间：520 商务间：570	最晚离开时间： 18：30
北京**饭店	5	北京市***	010-*******	标准间：340 商务间：380	标准间：520 商务间：571	最晚离开时间： 18：30
北京**饭店	4	北京市***	010-*******	标准间：320 商务间：372	标准间：480 商务间：520	最晚离开时间： 18：30
北京**饭店	3	北京市***	010-*******	标准间：250 商务间：260	标准间：420 商务间：473	最晚离开时间： 18：30
北京**饭店	3	北京市***	010-*******	标准间：260 商务间：280	标准间：420 商务间：460	最晚离开时间： 18：30

图 12.44　已设置完所有超链接的效果

12.7　设计差旅申请表

单位员工或职工难免会经常出差，出差之前都要填写差旅审批表，报请领导审批，下面学习如何制作差旅申请表。

1. 新建表格

（1）打开 Excel 2010，新建一个工作簿，将工作簿保存为“差旅申请表.xlsx”，右击 Sheet1 工作表标签，在弹出的快捷菜单中选择“重命名”选项，将工作表名改为“申请表”。

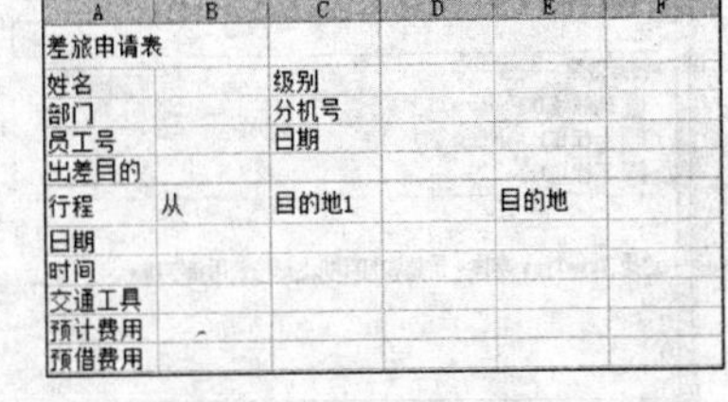

A	B	C	D	E	F
差旅申请表					
姓名		级别			
部门		分机号			
员工号		日期			
出差目的					
行程	从	目的地1		目的地	
日期					
时间					
交通工具					
预计费用					
预借费用					

图 12.45　输入表格数据

（2）按照图 12.45，依次输入表格信息。

提示：在输入表格信息时，可以从有关素材“第 12 章素材\差旅申请表.xlsx”工作簿中复制以上数据。

若差旅中间还要去目的地以外的地方，则可以在第 6 行增加“目的地 2”和“目的地 3”等。

2. 设置格式

（1）选择 A1:E1 单元格区域，右击，在弹出的快捷菜单中选择“设置单元格格式”选项。

（2）打开如图 12.46 所示的“设置单元格格式”对话框，在“对齐”选项卡的“水平对齐”下拉列表框中选择“居中”选项，在“垂直对齐”下拉列表框中选择“居中”选项，在“文本控制”选项组中选择“合并单元格”复选框。

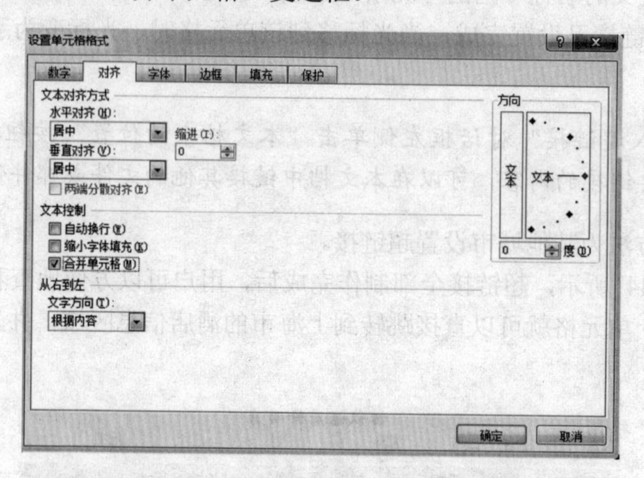

图 12.46 “设置单元格格式”对话框

（3）在如图 12.47 所示的“字体”选项卡的“字体”列表框中选择“宋体”选项，在“字形”列表框中选择“加粗”选项，在“字号”列表框中选择“16”选项。

（4）单击“确定”按钮，则“申请表”工作表的位置和字体都发生相应改变。

（5）参照第（1）～（4）步的方法，合并 D2:E2、D3:E3、D4:E4、B5:C5、D5:E5、B10:E10、B11:E11 和 C6:D6 单元格区域，效果如图 12.48 所示。

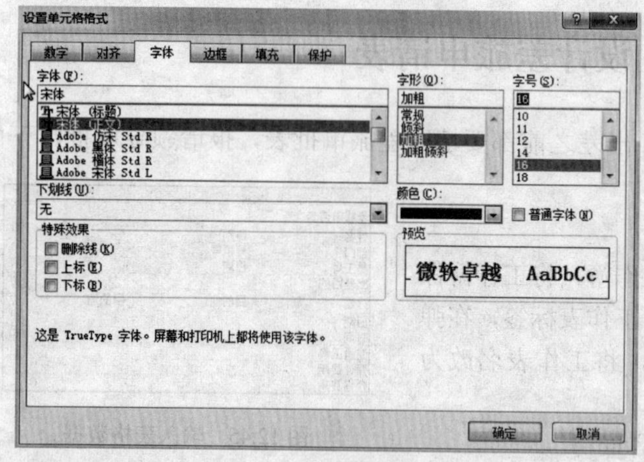

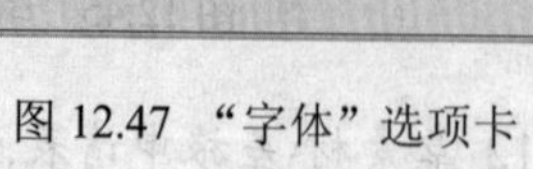

图 12.47 “字体”选项卡

图 12.48 合并单元格的效果

（6）选择 A2:E11 单元格区域，在“开始”选项卡的“字体”组中设置“字体”为“华文楷体”，“字号”为“14”，适当调整列宽以适应文字。

（7）如图 12.49 所示，在第 12 行和第 13 行分别输入“制单”、“认可”、“审核”、“同意付款”、“收款人”、“日期”等文字。

（8）在第 12 行行号上右击，在弹出的快捷菜单中选择“插入”选项，这时会在第 11 行和第 13 行之间增加一行。用同样的方法在第 14 行插入一行，效果如图 12.50 所示。

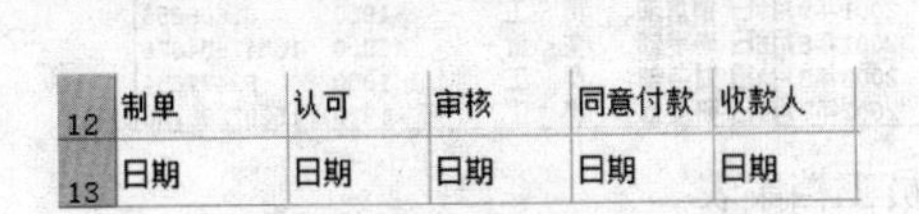

图 12.49　输入落款信息

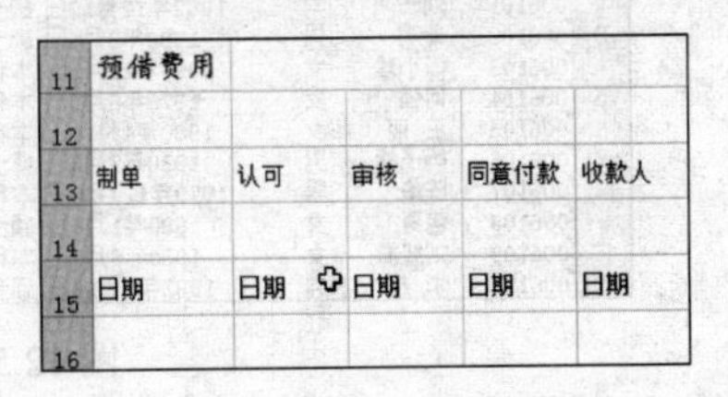

图 12.50　插入行后的效果

3. 添加边框

（1）选择 A2:E11 单元格区域，在“开始”选项卡的“字体”组中单击“边框”按钮田右侧的下拉箭头，在弹出的下拉列表中选择“所有框线”选项。

（2）选择 A13:E15 单元格区域，在“开始”选项卡的“字体”组中单击“边框”按钮田右侧的下拉箭头，在弹出的下拉列表中选择“外侧框线”选项。设置完成后如图 12.51 所示。

差旅申请表				
姓名		级别		
部门		分机号		
员工号		日期		
出差目的				
行程	从		目的地1	目的地
日期				
时间				
交通工具				
预计费用				
预借费用				
制单	认可	审核	同意付款	收款人
日期	日期	日期	日期	日期

图 12.51　完成后的差旅申请表

12.8　制作员工档案

一般单位的人力资源部门需要详细的员工档案以备查询。本例将介绍员工档案表的制作。通过本例的练习，掌握设置单元格格式、添加或编辑批注以及设置边框等方法。

1. 新建表格

（1）打开 Excel 2010，新建一个工作簿，将工作簿保存为“员工档案表.xlsx”，右击 Sheet1 工作表标签，在弹出的快捷菜单中选择“重命名”选项，将工作表命名为“档案表”。

（2）依次在 A1:J1 单元格区域分别输入“员工编号”、“姓名”、“性别”、“出生日期”、“学历”、“参加工作时间”、“部门”、“职务”、“工资”和“联系电话”等表头信息。

（3）按照图 12.52，从 A2 单元格开始输入员工基本信息。

	A	B	C	D	E	F	G	H	I	J
1	员工编号	姓名	性别	出生日期	学历	参加工作时间	部门	职务	工资	联系电话
2	006101	刘一飞	男	1982年12月12日	硕士	2004年7月2日	销售部	员　工	2000	68527632
3	006102	秦明	男	1980年3月4日	硕士	2002年7月4日	销售部	副主管	2200	86993822
4	006103	张小珍	女	1980年12月5日	本科	2002年7月5日	财务部	主　管	2000	13687625637
5	006104	何强	女	1978年6月1日	本科	2002年7月6日	人事部	主　管	1980	13084529687
6	006105	王　丽	女	1980年4月16日	本科	2002年7月7日	人事部	员　工	1960	62558759
7	006106	杨子峰	男	1980年7月8日	博士	2004年7月8日	研发部	主　管	2000	13898457676
8	006107	陈华	男	1979年12月25日	本科	2001年9月9日	销售部	员　工	1960	63608856
9	006108	包青	女	1980年1月6日	硕士	2001年8月5日	研发部	主　管	2500	13547654676
10	006109	刘红微	女	1980年8月9日	本科	2003年3月2日	财务部	员　工	1950	62477654
11	006110	李　超	男	1982年7月16日	硕士	2002年7月4日	研发部	员　工	1970	15297886756

图 12.52　员工档案表

提示：在输入员工信息时，可以从“第 12 章素材\员工档案表.xlsx”工作簿中复制以上数据。

2. **设置格式**

（1）选择 A1:J1 单元格区域，右击，在弹出的快捷菜单中选择“设置单元格格式”选项。打开如图 12.46 所示的“设置单元格格式”对话框。

（2）在“对齐”选项卡的“水平对齐”下拉列表框中选择“居中”选项，在“垂直对齐”下拉列表框中选择“居中”选项。

（3）在“字体”选项卡的“字体”列表框中选择“黑体”选项，在“字形”列表框中选择“常规”选项，在“字号”列表框中选择“16”选项。

（4）单击“确定”按钮，表头设置完成，如图 12.53 所示。

员工编号	姓名	性别	出生日期	学历	参加工作时间	部门	职务	工资	联系电话
006101	刘一飞	男	1982年12月12日	硕士	2004年7月2日	销售部	员　工	2000	68527632
006102	秦明	男	1980年3月4日	硕士	2002年7月4日	销售部	副主管	2200	86993822
006103	张小珍	女	1980年12月5日	本科	2002年7月5日	财务部	主　管	2000	13687625637
006104	何强	女	1978年6月1日	本科	2002年7月6日	人事部	主　管	1980	13084529687
006105	王　丽	女	1980年4月16日	本科	2002年7月7日	人事部	员　工	1960	62558759
006106	杨子峰	男	1980年7月8日	博士	2004年7月8日	研发部	主　管	2000	13898457676
006107	陈华	男	1979年12月25日	本科	2001年9月9日	销售部	员　工	1960	63608856
006108	包青	女	1980年1月6日	硕士	2001年8月5日	研发部	主　管	2500	13547654676
006109	刘红微	女	1980年8月9日	本科	2003年3月2日	财务部	员　工	1950	62477654
006110	李　超	男	1982年7月16日	硕士	2002年7月4日	研发部	员　工	1970	15297886756

图 12.53　设置表头格式后的效果

（5）选择 A2:J11 单元格区域，在“开始”选项卡的“字体”组中设置“字体”为“宋体”，“字号”为“12”，在“对齐方式”组中单击“居中”按钮，适当调整列宽以适应文字。

3. **设置批注**

（1）右击 B5 单元格，在弹出的快捷菜单中选择“插入批注”选项。

（2）在单元格右上角出现一个红色的小三角符号，同时出现一个浅黄底色的文本框。在该文本框中输入员工备注信息“已婚”，如图 12.54 所示。当光标移到该单元格上时，就会显示出批注信息。

	A	B	C	D	E	F	G	H	I
1	员工编号	姓名	性别	出生日期	学历	参加工作时间	部门	职务	工资
2	006101	刘一飞	男	1982年12月12日	硕士	2004年7月2日	销售部	员　工	2000
3	006102	秦明	男	1980年3月4日	硕士	2002年7月4日	销售部	副主管	2200
4	006103	张小珍		5日	本科	2002年7月5日	财务部	主　管	2000
5	006104	何强		1日	本科	2002年7月6日	人事部	主　管	1980
6	006105	王　丽		6日	本科	2002年7月7日	人事部	员　工	1960
7	006106	杨子峰		8日	博士	2004年7月8日	研发部	主　管	2000
8	006107	陈华		25日	本科	2001年9月9日	销售部	员　工	1960
9	006108	包青	女	1980年1月6日	硕士	2001年8月5日	研发部	主　管	2500
10	006109	刘红微	女	1980年8月9日	本科	2003年3月2日	财务部	员　工	1950
11	006110	李　超	男	1982年7月16日	硕士	2002年7月4日	研发部	员　工	1970

图 12.54　插入批注

（3）使用同样的方法设置其他员工的批注信息。

（4）已设置的批注信息，还可以更改或删除。右击要更改的单元格，在弹出的快捷菜单中选择“编辑批注”或“删除批注”选项即可。

4. 添加边框

选择 A1:J11 单元格区域，在“开始”选项卡的“字体”组中单击“边框”按钮田右侧的下拉箭头，在弹出的下拉列表中选择“所有框线”选项，为单元格区域添加边框，效果如图 12.55 所示。

	A	B	C	D	E	F	G	H	I	J
1	员工编号	姓名	性别	出生日期	学历	参加工作时间	部门	职务	工资	联系电话
2	006101	刘一飞	男	1982年12月12日	硕士	2004年7月2日	销售部	员　工	2000	68527632
3	006102	秦明	男	1980年3月4日	硕士	2002年7月4日	销售部	副主管	2200	86993822
4	006103	张小珍	女	1980年12月5日	本科	2002年7月5日	财务部	主　管	2000	13687625637
5	006104	何强	女	1978年6月1日	本科	2002年7月6日	人事部	主　管	1980	13084529687
6	006105	王　丽	女	1980年4月16日	本科	2002年7月7日	人事部	员　工	1960	62558759
7	006106	杨子峰	男	1980年7月8日	博士	2004年7月8日	研发部	主　管	2000	13898457676
8	006107	陈华	男	1979年12月25日	本科	2001年9月9日	销售部	员　工	1960	63608856
9	006108	包青	女	1980年1月6日	硕士	2001年8月5日	研发部	主　管	2500	13547654676
10	006109	刘红微	女	1980年8月9日	本科	2003年3月2日	财务部	员　工	1950	62477654
11	006110	李　超	男	1982年7月16日	硕士	2002年7月4日	研发部	员　工	1970	15297886756

图 12.55　添加边框后的效果

第 13 章　办公实例人力资源管理案例解析

在人力资源管理中，经常会涉及表格的设计与建立，系统的建立和信息的筛选等，利用 Excel 2010 可以让这些工作事半功倍。

13.1　设计人力资源招聘流程表

招聘作为公司的重要管理任务，在人力资源管理中占据着极其重要的位置，与其他人力资源管理职能也有着密切的关系。本节将主要介绍人力资源招聘流程表的制作。

1. 插入艺术字

为了美化流程表，表头信息可以使用艺术字，在工作表中插入艺术字的操作步骤如下。

（1）在 Excel 2010 中，新建如图 13.1 所示的“工作簿 1”空白工作簿。

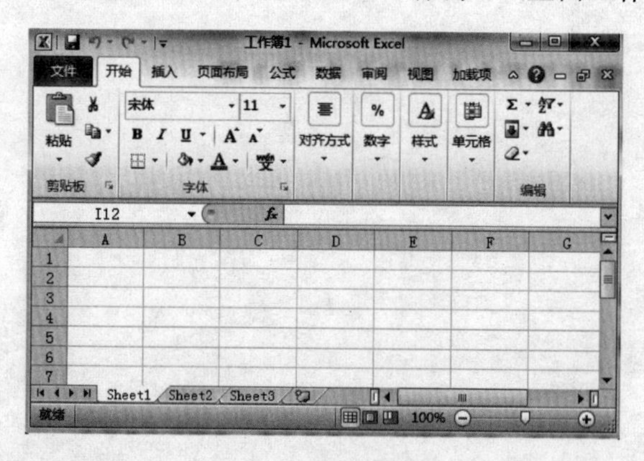

图 13.1　空白工作簿

（2）在“插入”选项卡的“文本”组中单击“艺术字”按钮，在弹出的“艺术字样式”列表中选择第 3 行第 4 列的样式，工作表中出现如图 13.2 所示的“请在此放置您的文字”艺术字框。

（3）将光标定位在艺术字框中，输入“人力资源招聘流程表”，如图 13.3 所示。

请在此放置您的文字

图 13.2　艺术字框

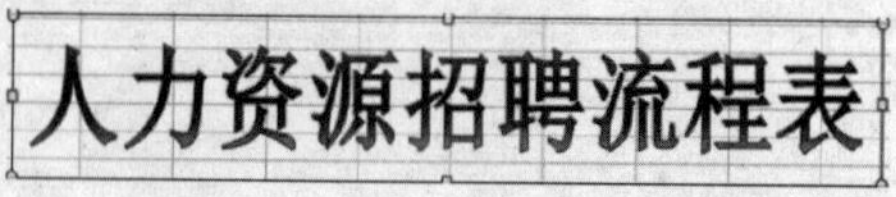

人力资源招聘流程表

图 13.3　输入艺术字内容

（4）选中“人力资源招聘流程表”文本，在“开始”选项卡的“字体”组中的“字号”文本框中输入“36”。

（5）将鼠标指针放置在艺术字的边框上，当指针变为 4 个方向的形状✥时，按住鼠标左键，将其拖曳至单元格区域 A1:G4 中，如图 13.4 所示。

2. **制作流程图**

（1）单击单元格 A5，在“插入”选项卡的“插图”组中单击“形状”按钮，在弹出的“形状”列表中选择“流程图”区的“过程”形状。当光标变为 4 个方向的形状✥时，在适当位置拖曳鼠标，即可创建一个如图 13.5 所示的“过程”形状。

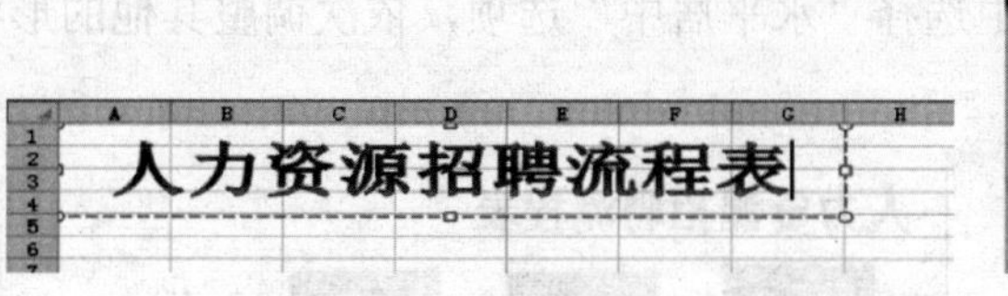

图 13.4 移动艺术字

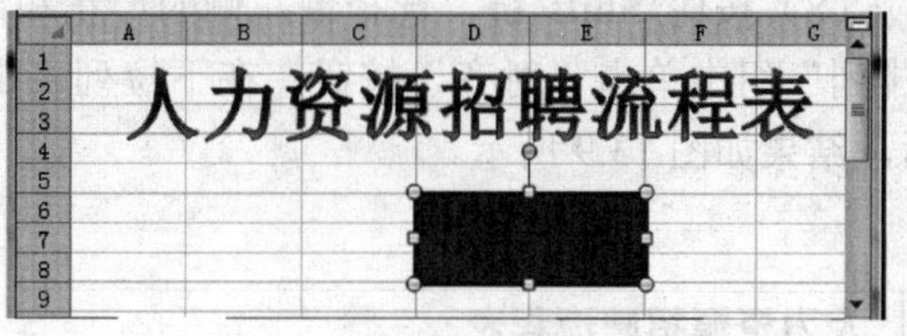

图 13.5 “过程”图形创建

（2）右击形状，在弹出的快捷菜单中选择“编辑文字”选项。

（3）在形状中光标闪烁处输入文字“提出用人申请”，并设置文本的字体为“宋体”、字号为“12”，并设置为“居中”和“水平居中”。效果如图 13.6 所示。

提示：可以调整形状的大小，具体方法是将鼠标指针移至形状周围的小圆圈控制点上，当指针变为 4 个方向的箭头时，拖动鼠标调整即可。

（4）选中形状，在“绘图工具”功能区“格式”选项卡的“形状样式”组中单击“形状效果”按钮，在弹出的下拉列表中选择“发光”选项，在列表的“发光变体”组中选择第一行第一列的样式，可以看到形状效果相应地发生改变。

（5）在“插入”选项卡的“插图”组中单击“形状”按钮，在弹出的“形状”列表中选择“线条”组中的“箭头”形状↘，当指针变为十字形状时，在如图 13.7 所示的“过程”形状下方拖曳鼠标，即可绘制一个箭头，在“绘图工具”功能区“格式”选项卡的“形状样式”组中单击“形状轮廓”按钮，设置箭头的粗细。

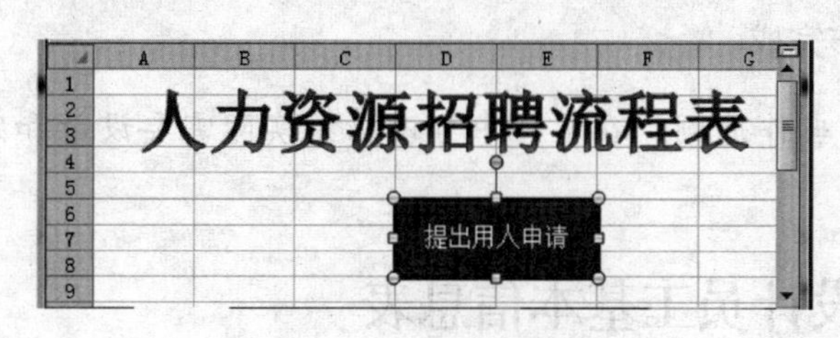

图 13.6 设置形状文字格式效果

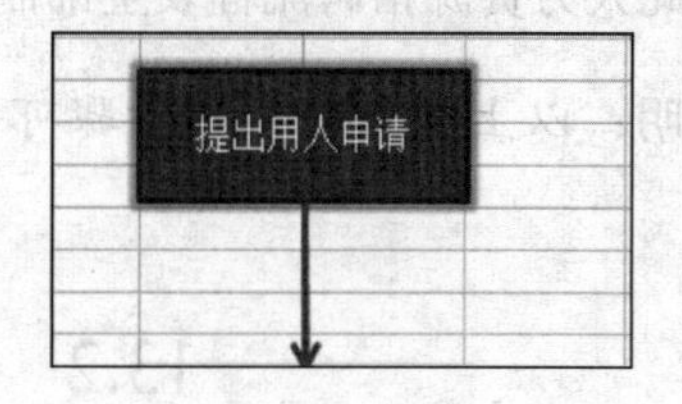

图 13.7 画带箭头的方向线

（6）参照步骤（1）～（5）设置其他“过程”形状。完成后的效果如图 13.8 所示。

提示：设置其他形状时，可以选中创建好的形状，按住 Ctrl 键拖曳鼠标，将其复制到合适的位置，然后稍作修改即可。

（7）选中“下达正式录取通知”形状，在“绘图工具”功能区“格式”选项卡的“插入形状”组中单击“编辑形状”按钮，在弹出的下拉列表中选择“更改形状”选项，在弹出的

“形状”列表的“流程图”组中单击“终止”形状⬭，如图 13.9 所示的“下达正式录取通知”形状发生改变，然后适当调整该形状的大小。

提示：“下达正式录取通知”是招聘流程的最后一步，因此用“终止”形状来代替“过程”形状。

（8）按住 Shift 键，选择最左侧的形状和箭头，在“绘图工具”功能区“格式”选项卡的“排列”组中单击“对齐”按钮，在下拉列表中选择“水平居中”选项，依次调整其他的形状后，结果如图 13.9 所示。

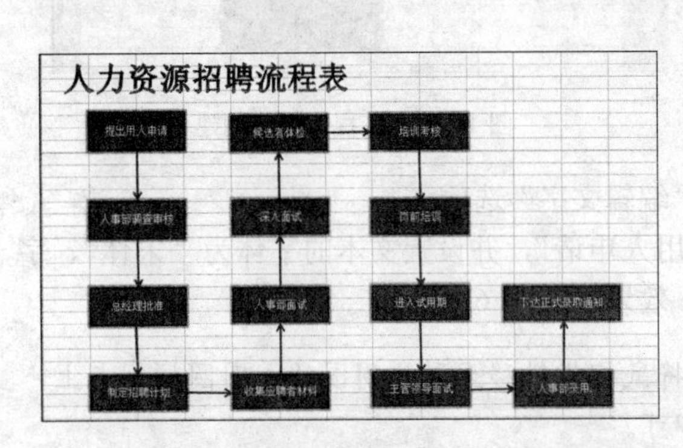

图 13.8　完成的初步“过程”形状

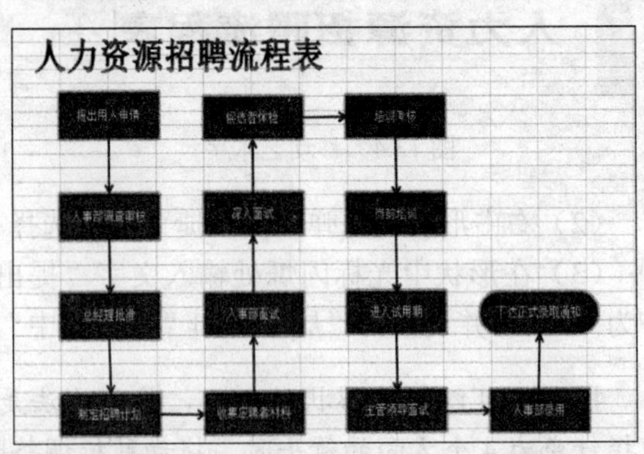

图 13.9　“整改形状”和编辑后的效果

3. 保存流程表

（1）一般在招聘流程表中还可以链接一些招聘过程中需要的表格。选中相应流程形状，右击，在弹出的快捷菜单中选择“超链接”选项，在打开的“插入超链接”对话框中选择要链接的文件路径，单击“确定”按钮。

（2）在“文件”菜单中选择“保存”选项，在打开的“另存为”对话框的“文件名”文本框中输入“人力资源招聘流程表.xlsx”，单击“保存”按钮。

至此人力资源招聘流程表全部制作完成。

说明：以上介绍的操作步骤可以当作范例，在工作中可以根据实际需要设计和完善此表格。

13.2　设计员工基本信息表

每个企业都要建立一个员工基本信息表，以便于人事管理。本节主要介绍如何设计一个员工基本信息表。

1. 建立员工基本信息表

下面主要介绍如何建立员工基本信息表以及正确输入员工信息。

（1）建立表格。打开 Excel 2010，新建一个工作簿，选择 Sheet1 工作表，依次在单元格区域 A1:H1 中分别输入如图 13.10 所示的信息。

	A	B	C	D	E	F	G	H
1	员工编号	姓名	性别	出生日期	所在部门	人员级别	入职时间	基本工资
2								
3								
4								
5								

图 13.10　输入的标题信息

选中 A～H 列，在“开始”选项卡的“对齐方式”组中单击“居中”按钮，然后依次输入如图 13.11 所示的“员工基本信息”表内容（在输入员工信息时，可以从“第 13 章素材\员工基本信息.xlsx”文件中复制以上数据）。

员工编号	姓名	性别	出生日期	所在部门	人员级别	入职时间	基本工资
	陈青花	女	1973/8/28	市场部	部门经理	2004/2/2	
	田秋秋	男	1968/7/17	研发部	部门经理	2000/4/15	
	柳峰菲	女	1962/12/14	研发部	研发人员	2002/9/5	
	李冬	女	1970/11/11	研发部	研发人员	1999/5/15	
	蔡峰	男	1971/4/30	研发部	研发人员	2004/9/16	
	王宝超	男	1969/5/28	研发部	研发人员	1998/7/8	
	高强	男	1975/12/7	研发部	部门经理	1998/6/11	
	李晓云	女	1980/6/25	办公室	普通员工	2007/4/15	
	张春	男	1977/8/18	办公室	部门经理	2000/8/24	
	谢夏原	男	1982/7/21	办公室	普通员工	2005/9/9	
	刘谛特	女	1975/2/17	办公室	普通员工	1999/7/1	
	王渥	男	1976/5/12	测试部	测试人员	1999/5/8	
	郑茂宇	男	1962/9/28	测试部	部门经理	1986/9/9	
	刘大山	男	1978/8/26	测试部	测试人员	2001/12/26	
	赵丹宝	女	1977/3/2	技术支持部	部门经理	2003/6/25	
	冯登	男	1959/6/22	技术支持部	技术人员	1996/5/6	
	章榭宝	男	1973/8/15	技术支持部	技术人员	2004/6/25	
	刘火云	男	1961/12/22	技术支持部	技术人员	1985/6/19	
	李丽	女	1974/10/30	技术支持部	技术人员	1990/5/6	
	芸林	女	1960/8/30	市场部	技术人员	1998/10/12	
	林锐雪	女	1977/4/13	市场部	技术人员	2002/6/14	
	梅林	女	1983/5/5	市场部	公关人员	2006/6/8	

图 13.11 “员工基本信息”表

（2）设置编号和工资。

① 在单元格 A2 中输入“1”，按 Enter 键确认。

② 右击单元格 A2，在弹出的快捷菜单中选择“设置单元格格式”选项。打开如图 13.12 所示的“设置单元格格式”对话框，在“数字”选项卡的“分类”列表框中选择“自定义”选项，在“类型”文本框中输入“000”。

③ 单击“确定”按钮，返回到工作表，即可看到刚才输的“1”已变为“001”。把鼠标指针放在单元格右下角的填充柄上，当指针变为十字形状✚时向下拖曳快速填充数据。

④ 当拖曳至最后一个单元格时，下方出现如图 13.13 所示的“自动填充选项”按钮，将鼠标指针放在该按钮上，会出现一个下拉箭头，单击该箭头，在弹出的列表中选择“填充序列”单选按钮，员工编号数据将按顺序自动填充。

⑤ 员工编号填充效果如图 13.14 所示。用自动填充的方法要比用键盘输入快捷方便得多。

⑥ 依次输入员工的基本工资信息，如图 13.15 所示。

⑦ 选中 H2:H23 单元格区域并右击，在弹出的快捷菜单中选择“设置单元格格式”选项。打开如图 13.12 所示的“设置单元格格式”对话框，在“数字”选项卡的“分类”列表框中选择“货币”选项，设置“小数位数”为“2”，在“货币类型”下拉列表框中选择“¥”类型。

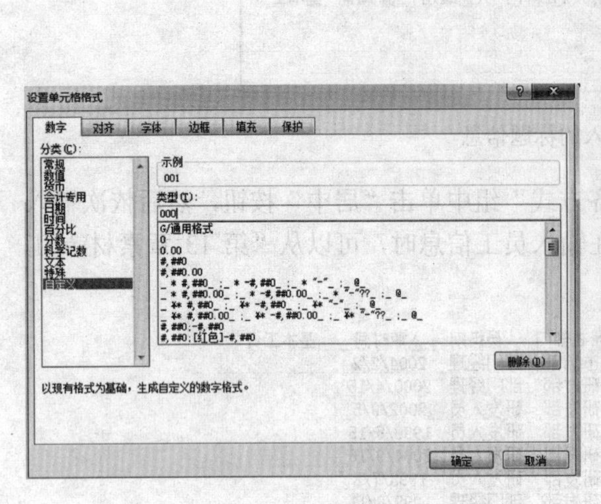

图 13.12　“设置单元格格式”对话框

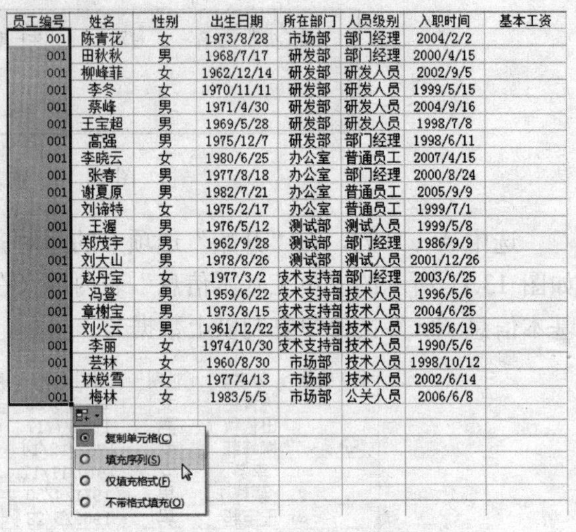

员工编号	姓名	性别	出生日期	所在部门	人员级别	入职时间	基本工资
001	陈青花	女	1973/8/28	市场部	部门经理	2004/2/2	
001	田秋秋	男	1968/7/17	研发部	部门经理	2000/4/15	
001	柳峰菲	女	1962/12/14	研发部	研发人员	2002/9/5	
001	李冬	女	1970/11/11	研发部	研发人员	1999/5/15	
001	蔡峰	男	1971/4/30	研发部	研发人员	2004/9/16	
001	王宝超	男	1969/5/28	研发部	研发人员	1998/7/8	
001	高强	男	1975/12/7	研发部	部门经理	1998/6/11	
001	李晓云	女	1980/6/25	办公室	普通员工	2007/4/15	
001	张春	男	1977/8/18	办公室	部门经理	2000/8/24	
001	谢夏原	男	1982/7/21	办公室	普通员工	2005/9/9	
001	刘谛特	女	1975/2/17	办公室	普通员工	1999/7/1	
001	王渥	男	1976/5/12	测试部	测试人员	1999/5/8	
001	郑茂宇	男	1962/9/28	测试部	部门经理	1986/9/9	
001	刘大山	男	1978/8/26	测试部	测试人员	2001/12/26	
001	赵丹宝	女	1977/3/2	技术支持部	部门经理	2003/6/25	
001	冯聋	男	1959/6/22	技术支持部	技术人员	1996/5/6	
001	章榭宝	男	1973/8/15	技术支持部	技术人员	2004/6/25	
001	刘火云	男	1961/12/22	技术支持部	技术人员	1985/6/19	
001	李丽	女	1974/10/30	技术支持部	技术人员	1990/5/6	
001	芸林	女	1960/8/30	市场部	技术人员	1998/10/12	
001	林锐雪	女	1977/4/13	市场部	技术人员	2002/6/14	
001	梅林	女	1983/5/5	市场部	公关人员	2006/6/8	

图 13.13　自动填充选项

员工编号	姓名	性别	出生日期	所在部门	人员级别	入职时间	基本工资
001	陈青花	女	1973/8/28	市场部	部门经理	2004/2/2	
002	田秋秋	男	1968/7/17	研发部	部门经理	2000/4/15	
003	柳峰菲	女	1962/12/14	研发部	研发人员	2002/9/5	
004	李冬	女	1970/11/11	研发部	研发人员	1999/5/15	
005	蔡峰	男	1971/4/30	研发部	研发人员	2004/9/16	
006	王宝超	男	1969/5/28	研发部	研发人员	1998/7/8	
007	高强	男	1975/12/7	研发部	部门经理	1998/6/11	
008	李晓云	女	1980/6/25	办公室	普通员工	2007/4/15	
009	张春	男	1977/8/18	办公室	部门经理	2000/8/24	
010	谢夏原	男	1982/7/21	办公室	普通员工	2005/9/9	
011	刘谛特	女	1975/2/17	办公室	普通员工	1999/7/1	
012	王渥	男	1976/5/12	测试部	测试人员	1999/5/8	
013	郑茂宇	男	1962/9/28	测试部	部门经理	1986/9/9	
014	刘大山	男	1978/8/26	测试部	测试人员	2001/12/26	
015	赵丹宝	女	1977/3/2	技术支持部	部门经理	2003/6/25	
016	冯聋	男	1959/6/22	技术支持部	技术人员	1996/5/6	
017	章榭宝	男	1973/8/15	技术支持部	技术人员	2004/6/25	
018	刘火云	男	1961/12/22	技术支持部	技术人员	1985/6/19	
019	李丽	女	1974/10/30	技术支持部	技术人员	1990/5/6	
020	芸林	女	1960/8/30	市场部	技术人员	1998/10/12	
021	林锐雪	女	1977/4/13	市场部	技术人员	2002/6/14	
022	梅林	女	1983/5/5	市场部	公关人员	2006/6/8	

图 13.14　填充效果

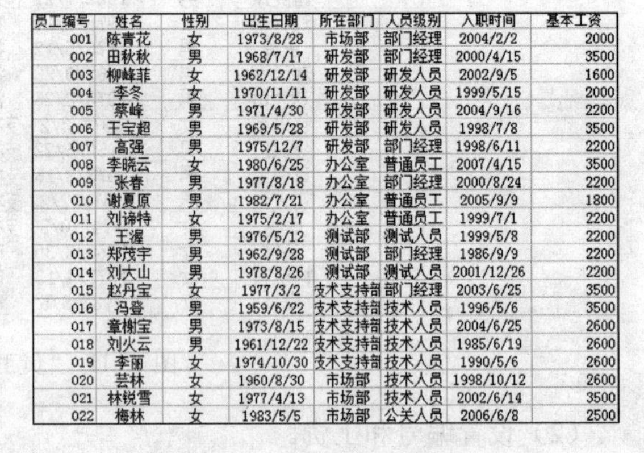

员工编号	姓名	性别	出生日期	所在部门	人员级别	入职时间	基本工资
001	陈青花	女	1973/8/28	市场部	部门经理	2004/2/2	2000
002	田秋秋	男	1968/7/17	研发部	部门经理	2000/4/15	3500
003	柳峰菲	女	1962/12/14	研发部	研发人员	2002/9/5	1600
004	李冬	女	1970/11/11	研发部	研发人员	1999/5/15	2000
005	蔡峰	男	1971/4/30	研发部	研发人员	2004/9/16	2200
006	王宝超	男	1969/5/28	研发部	研发人员	1998/7/8	3500
007	高强	男	1975/12/7	研发部	部门经理	1998/6/11	2200
008	李晓云	女	1980/6/25	办公室	普通员工	2007/4/15	3500
009	张春	男	1977/8/18	办公室	部门经理	2000/8/24	2200
010	谢夏原	男	1982/7/21	办公室	普通员工	2005/9/9	1800
011	刘谛特	女	1975/2/17	办公室	普通员工	1999/7/1	2200
012	王渥	男	1976/5/12	测试部	测试人员	1999/5/8	2200
013	郑茂宇	男	1962/9/28	测试部	部门经理	1986/9/9	2200
014	刘大山	男	1978/8/26	测试部	测试人员	2001/12/26	2200
015	赵丹宝	女	1977/3/2	技术支持部	部门经理	2003/6/25	3500
016	冯聋	男	1959/6/22	技术支持部	技术人员	1996/5/6	3500
017	章榭宝	男	1973/8/15	技术支持部	技术人员	2004/6/25	2600
018	刘火云	男	1961/12/22	技术支持部	技术人员	1985/6/19	2600
019	李丽	女	1974/10/30	技术支持部	技术人员	1990/5/6	2600
020	芸林	女	1960/8/30	市场部	技术人员	1998/10/12	2600
021	林锐雪	女	1977/4/13	市场部	技术人员	2002/6/14	3500
022	梅林	女	1983/5/5	市场部	公关人员	2006/6/8	2500

图 13.15　输入基本工资信息

⑧ 单击“确定”按钮，得到如图 13.16 所示的格式。

⑨ 在“文件”菜单中选择“保存”选项，在打开的“另存为”对话框的“文件名”文本框中输入“员工基本信息表.xlsx”，单击“保存”按钮。

2. 排序和筛选员工数据

员工基本信息表制作已完成，但由于输入信息时没有分门别类，所以表格中的数据非常杂乱，查找比较困难，下面利用排序和筛选功能解决这个问题。

（1）打开制作完成的“员工基本信息表.xlsx”文件，单击数据区域内的任一单元格，在“数据”选项卡的“排序和筛选”组中单击“排序”按钮。

（2）打开如图 13.17 所示的“排序”对话框，在“主要关键字”下拉列表框中选择“人员级别”选项，在“排序依据”下拉列表框中选择“数值”选项，在“次序”下拉列表框中选择“升序”选项，单击“复制条件”按钮。

（3）如图 13.18 所示，在“排序”对话框中显示出“次要关键字”的属性，在“次要关键字”下拉列表框中选择“性别”选项，在“排序依据”下拉列表框中选择“数值”选项，在“次序”下拉列表框中选择“降序”选项。

员工编号	姓名	性别	出生日期	所在部门	人员级别	入职时间	基本工资
001	陈青花	女	1973/8/28	市场部	部门经理	2004/2/2	¥2,000.00
002	田秋秋	男	1968/7/17	研发部	部门经理	2000/4/15	¥3,500.00
003	柳峰菲	女	1962/12/14	研发部	研发人员	2002/9/5	¥1,600.00
004	李冬	女	1970/11/11	研发部	研发人员	1999/5/15	¥2,000.00
005	蔡峰	男	1971/4/30	研发部	研发人员	2004/9/16	¥2,200.00
006	王宝超	男	1969/5/28	研发部	研发人员	1998/7/8	¥3,500.00
007	高强	男	1975/12/7	研发部	部门经理	1998/6/11	¥2,200.00
008	李晓云	女	1980/6/25	办公室	普通员工	2007/4/15	¥3,500.00
009	张春	男	1977/8/18	办公室	部门经理	2000/8/24	¥2,200.00
010	谢夏原	男	1982/7/21	办公室	普通员工	2005/9/9	¥1,800.00
011	刘谛特	女	1975/2/17	办公室	普通员工	1999/7/1	¥2,200.00
012	王渥	男	1976/5/12	测试部	测试人员	1999/5/8	¥2,200.00
013	郑茂宇	男	1962/9/28	测试部	部门经理	1986/9/9	¥2,200.00
014	刘大山	男	1978/8/26	测试部	测试人员	2001/12/26	¥2,200.00
015	赵丹宝	女	1977/3/2	技术支持部	部门经理	2003/6/25	¥3,500.00
016	冯登	男	1959/6/22	技术支持部	技术人员	1996/5/6	¥3,500.00
017	章榭宝	男	1973/8/15	技术支持部	技术人员	2004/6/25	¥2,600.00
018	刘火云	男	1961/12/22	技术支持部	技术人员	1985/6/19	¥2,600.00
019	李丽	女	1974/10/30	技术支持部	技术人员	1990/5/6	¥2,600.00
020	芸林	女	1960/8/30	市场部	技术人员	1998/10/12	¥2,600.00
021	林锐雪	女	1977/4/13	市场部	技术人员	2002/6/14	¥3,500.00
022	梅林	女	1983/5/5	市场部	公关人员	2006/6/8	¥2,500.00

图 13.16　将基本工资设置为“¥”格式

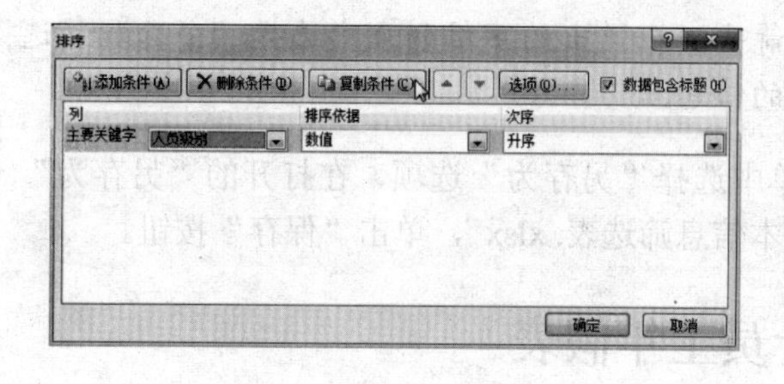

图 13.17　“排序”对话框

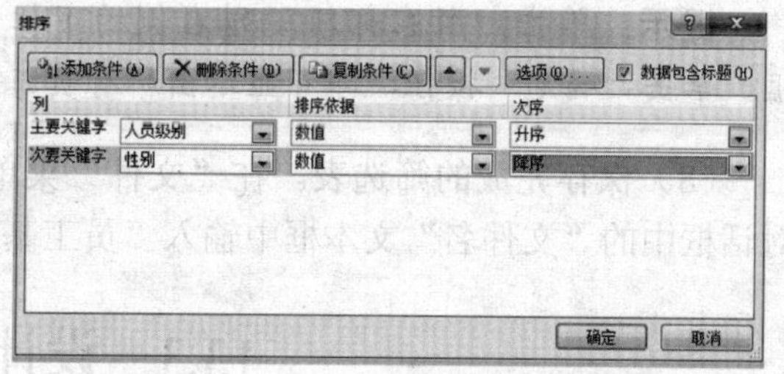

图 13.18　“排序”对话框的“次要关键字”输入框

（4）单击“确定”按钮，如图 13.19 所示，员工基本信息表中相同级别的信息显示在一起，而同一级别内又按照女员工在前男员工在后的顺序排列显示。

（5）数据的筛选。选中任一有数据的单元格，在“数据”选项卡的“排序和筛选”组中单击“筛选”按钮，如图 13.20 所示，在标题行的列标题右侧出现一个下拉箭头。

员工编号	姓名	性别	出生日期	所在部门	人员级别	入职时间	基本工资
001	陈青花	女	1973/8/28	市场部	部门经理	2004/2/2	¥2,000.00
015	赵丹宝	女	1977/3/2	技术支持部	部门经理	2003/6/25	¥3,500.00
002	田秋秋	男	1968/7/17	研发部	部门经理	2000/4/15	¥3,500.00
007	高强	男	1975/12/7	研发部	部门经理	1998/6/11	¥2,200.00
009	张春	男	1977/8/18	办公室	部门经理	2000/8/24	¥2,200.00
013	郑茂宇	男	1962/9/28	测试部	部门经理	1986/9/9	¥2,200.00
012	王渥	男	1976/5/12	测试部	测试人员	1999/5/8	¥2,200.00
014	刘大山	男	1978/8/26	测试部	测试人员	2001/12/26	¥2,200.00
022	梅林	女	1983/5/5	市场部	公关人员	2006/6/8	¥2,500.00
019	李丽	女	1974/10/30	技术支持部	技术人员	1990/5/6	¥2,600.00
020	芸林	女	1960/8/30	市场部	技术人员	1998/10/12	¥2,600.00
021	林锐雪	女	1977/4/13	市场部	技术人员	2002/6/14	¥3,500.00
016	冯登	男	1959/6/22	技术支持部	技术人员	1996/5/6	¥3,500.00
017	章榭宝	男	1973/8/15	技术支持部	技术人员	2004/6/25	¥2,600.00
018	刘火云	男	1961/12/22	技术支持部	技术人员	1985/6/19	¥2,600.00
008	李晓云	女	1980/6/25	办公室	普通员工	2007/4/15	¥3,500.00
011	刘谛特	女	1975/2/17	办公室	普通员工	1999/7/1	¥2,200.00
010	谢夏原	男	1982/7/21	办公室	普通员工	2005/9/9	¥1,800.00
003	柳峰菲	女	1962/12/14	研发部	研发人员	2002/9/5	¥1,600.00
004	李冬	女	1970/11/11	研发部	研发人员	1999/5/15	¥2,000.00
005	蔡峰	男	1971/4/30	研发部	研发人员	2004/9/16	¥2,200.00
006	王宝超	男	1969/5/28	研发部	研发人员	1998/7/8	¥3,500.00

图 13.19　增加“次要关键字”排序后的效果

员工编	姓名	性别	出生日期	所在部	人员级	入职时间	基本工资
001	陈青花	女	1973/8/28	市场部	部门经理	2004/2/2	¥2,000.00
015	赵丹宝	女	1977/3/2	技术支持部	部门经理	2003/6/25	¥3,500.00
002	田秋秋	男	1968/7/17	研发部	部门经理	2000/4/15	¥3,500.00
007	高强	男	1975/12/7	研发部	部门经理	1998/6/11	¥2,200.00
009	张春	男	1977/8/18	办公室	部门经理	2000/8/24	¥2,200.00
013	郑茂宇	男	1962/9/28	测试部	部门经理	1986/9/9	¥2,200.00
012	王渥	男	1976/5/12	测试部	测试人员	1999/5/8	¥2,200.00
014	刘大山	男	1978/8/26	测试部	测试人员	2001/12/26	¥2,200.00
022	梅林	女	1983/5/5	市场部	公关人员	2006/6/8	¥2,500.00
019	李丽	女	1974/10/30	技术支持部	技术人员	1990/5/6	¥2,600.00
020	芸林	女	1960/8/30	市场部	技术人员	1998/10/12	¥2,600.00
021	林锐雪	女	1977/4/13	市场部	技术人员	2002/6/14	¥3,500.00
016	冯登	男	1959/6/22	技术支持部	技术人员	1996/5/6	¥3,500.00
017	章榭宝	男	1973/8/15	技术支持部	技术人员	2004/6/25	¥2,600.00
018	刘火云	男	1961/12/22	技术支持部	技术人员	1985/6/19	¥2,600.00
008	李晓云	女	1980/6/25	办公室	普通员工	2007/4/15	¥3,500.00
011	刘谛特	女	1975/2/17	办公室	普通员工	1999/7/1	¥2,200.00
010	谢夏原	男	1982/7/21	办公室	普通员工	2005/9/9	¥1,800.00
003	柳峰菲	女	1962/12/14	研发部	研发人员	2002/9/5	¥1,600.00
004	李冬	女	1970/11/11	研发部	研发人员	1999/5/15	¥2,000.00
005	蔡峰	男	1971/4/30	研发部	研发人员	2004/9/16	¥2,200.00
006	王宝超	男	1969/5/28	研发部	研发人员	1998/7/8	¥3,500.00

图 13.20“筛选”结果

（6）单击“所在部门”列右侧的下拉箭头，在弹出的如图 13.21 所示的下拉列表的“文本筛选”列表中仅勾选“市场部”复选框。

（7）单击“确定”按钮，如图 13.22 所示，筛选出“市场部”所有员工的基本信息。

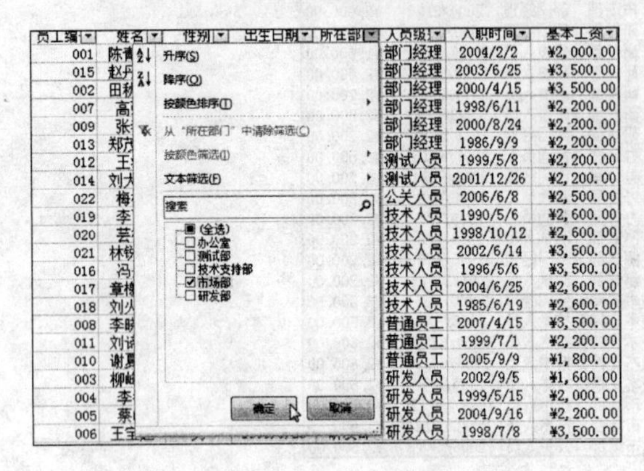

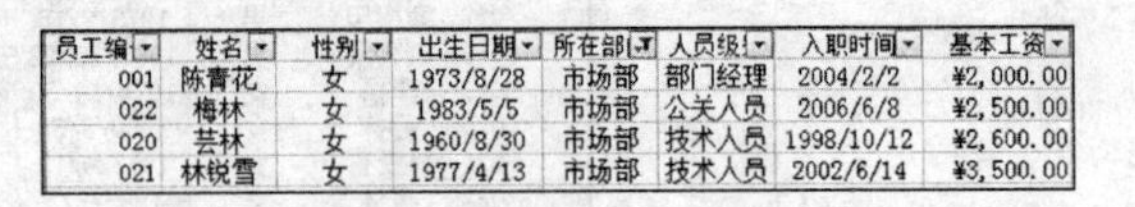

员工编号	姓名	性别	出生日期	所在部门	人员级别	入职时间	基本工资
001	陈青花	女	1973/8/28	市场部	部门经理	2004/2/2	¥2,000.00
022	梅林	女	1983/5/5	市场部	公关人员	2006/6/8	¥2,500.00
020	芸林	女	1960/8/30	市场部	技术人员	1998/10/12	¥2,600.00
021	林锐雪	女	1977/4/13	市场部	技术人员	2002/6/14	¥3,500.00

图 13.21　选择“筛选”选项　　　　图 13.22　按“市场部”筛选结果

提示：单击“所在部门”列右侧的下拉箭头，在弹出的下拉列表中选择“全选”复选框，单击“确定”按钮，即可显示出所有员工的信息。

（8）保存完成的筛选表。在“文件”菜单中选择“另存为”选项，在打开的“另存为”对话框中的“文件名”文本框中输入“员工基本信息筛选表. xlsx”，单击“保存”按钮。

13.3　设计员工年假表

有效的管理才能培养出优秀的员工，而优秀的员工才能支撑起一个成功的企业，因此对企业来说员工的管理非常重要。本节主要介绍建立员工年假表的方法。

1. 建立表格

（1）在 Excel 2010 中，新建一个空白工作簿，选择 Sheet1 工作表，复制“第 13 章素材\员工年假表.xlsx”文件中的员工资料数据。右击 Sheet1 工作表标签，在弹出的快捷菜单中选择“重命名”选项，将工作表命名为“年假表”，如图 13.23 所示。

	A	B	C	D	E	F	G	H
1	员工编号	姓名	性别	出生日期	所在部门	人员级别	入职时间	基本工资
2	001	陈青花	女	1973/8/28	市场部	部门经理	2004/2/2	¥2,000.00
3	002	田秋秋	男	1968/7/17	研发部	部门经理	2000/4/15	¥3,500.00
4	003	柳峰菲	女	1962/12/14	研发部	研发人员	2002/9/5	¥1,600.00
5	004	李冬	女	1970/11/11	研发部	研发人员	1999/5/15	¥2,000.00
6	005	蔡峰	男	1971/4/30	研发部	研发人员	2004/9/16	¥2,200.00
7	006	王宝超	男	1969/5/28	研发部	研发人员	1998/7/8	¥3,500.00
8	007	高强	男	1975/12/7	研发部	部门经理	1998/6/11	¥2,200.00
9	008	李晓云	女	1980/6/25	办公室	普通员工	2007/4/15	¥3,500.00
10	009	张春	男	1977/8/18	办公室	部门经理	2000/8/24	¥2,200.00

年假表 / Sheet2 / Sheet3

图 13.23　将工作表命名为“年假表”

（2）在单元格 I1 和 J1 中，分别输入“工龄”和“年假天数”，如图 13.24 所示。

（3）选择 Sheet2 工作表，复制“第 13 章素材\年假规则.xlsx”文件中的数据，右击 Sheet2 工作表标签，在弹出的快捷菜单中选择“重命名”选项，将工作表命名为“年假规则”。

提示：“年假规则”表是根据企业员工年假标准制作的，年假规范为：任职不满一年的员工，不享受年假；任职满一年的员工，年假为 8 天；任职一年以上的员工，工龄每增加一年，年假增加 1 天；任职 15 年以上的员工，年假均为 26 天，“年假规则”表如图 13.25 所示。

员工编号	姓名	性别	出生日期	所在部门	人员级别	入职时间	基本工资	工龄	年假天数
001	陈青花	女	1973/8/28	市场部	部门经理	2004/2/2	¥2,000.00		
002	田秋秋	男	1968/7/17	研发部	部门经理	2000/4/15	¥3,500.00		
003	柳峰菲	女	1962/12/14	研发部	研发人员	2002/9/5	¥1,600.00		
004	李冬	女	1970/11/11	研发部	研发人员	1999/5/15	¥2,000.00		
005	蔡峰	男	1971/4/30	研发部	研发人员	2004/9/16	¥2,200.00		
006	王宝超	男	1969/5/28	研发部	研发人员	1998/7/8	¥3,500.00		
007	高强	男	1975/12/7	研发部	部门经理	1998/6/11	¥2,200.00		
008	李晓云	女	1980/6/25	办公室	普通员工	2007/4/15	¥3,500.00		
009	张春	男	1977/8/18	办公室	部门经理	2000/8/24	¥2,200.00		
010	谢夏原	男	1982/7/21	办公室	普通员工	2005/9/9	¥1,800.00		
011	刘谛特	女	1975/2/17	办公室	普通员工	1999/7/1	¥2,200.00		
012	王渥	男	1976/5/12	测试部	测试人员	1999/5/8	¥2,200.00		
013	郑茂宇	男	1962/9/28	测试部	部门经理	1986/9/9	¥2,200.00		
014	刘大山	男	1978/8/26	测试部	测试人员	2001/12/26	¥2,200.00		
015	赵丹宝	女	1977/3/2	技术支持部	部门经理	2003/6/25	¥3,500.00		
016	冯登	男	1959/6/22	技术支持部	技术人员	1996/5/6	¥3,500.00		
017	章榭宝	男	1973/8/15	技术支持部	技术人员	2004/6/25	¥2,600.00		
018	刘火云	男	1961/12/22	技术支持部	技术人员	1985/6/19	¥2,600.00		
019	李丽	女	1974/10/30	技术支持部	技术人员	1990/5/6	¥2,600.00		
020	芸林	女	1960/8/30	市场部	技术人员	1998/10/12	¥2,600.00		
021	林锐雪	女	1977/4/13	市场部	技术人员	2002/6/14	¥3,500.00		
022	梅林	女	1983/5/5	市场部	公关人员	2006/6/8	¥2,500.00		

图 13.24　增加“工龄”和“年假天数”两列

年假规则	
工龄	年假（天）
0	0
1	8
2	9
3	10
4	11
5	12
6	13
7	14
8	15
9	16
10	17
11	18
12	19
13	20
14	21
15	26
16	26
17	26

图 13.25　年假规则

2. 计算工龄

（1）单击“年假表”工作表中的单元格 L2，在编辑栏中直接输入公式“=YEAR(NOW())-YEAR(G2)”。

（2）按 Enter 键确认，发现计算结果不正确。这是因为单元格格式不正确。

（3）右击单元格 I2，在弹出的快捷菜单中选择“设置单元格格式”选项，在打开的“设置单元格格式”对话框的“数字”选项卡的“分类”列表框中选择“数值”选项，设置“小数位数”为“0”。

（4）单击“确定”按钮，即可看到单元格 I2 显示的计算结果为“11”。

（5）将鼠标指针放在单元格 L2 右下角的填充柄上，当指针变为十字形状+时拖动，将公式复制到单元格区域 L3:I6，L6 单元格显示计算结果为“11”，由于当前时间为“2015 年 3 月 18 日”，所以“蔡峰”的实际工龄不满 11 年，所以需要增加 IF 函数来更正。

（6）在单元格 L2 中输入公式“=YEAR(NOW())-YEAR(G2) -IF(DATE(YEAR(G2), MONTH(NOW()), DAY(NOW())) <=G2,1,0)”，按 Enter 键确认。

（7）将鼠标指针放在单元格 L2 右下角的填充柄上，当指针变为十字形状+时拖动，将公式复制到该列的其他单元格中，这时显示“蔡峰”的工龄为 10 年，如图 13.26 所示。

提示：公式“=YEAR(NOW())-YEAR(G2)-IF(DATE(YEAR(G2), MONTH(NOW()), DAY(NOW()))<=G2,1,0)”中，DATE(YEAR(G2),MONTH(NOW()), DAY(NOW()))表示返回单元格 G2 中的年份，与当前的月份和日期（2015 年 3 月 18 日）组成时间；DATE(YEAR(G2), MONTH(NOW()), DAY(NOW()))<=G2 表示返回的这个时间小于或等于 G2 表示的时间（2004 年 2 月 2

日）；IF(DATE(YEAR(G2), MONTH(NOW()), DAY(NOW()))<=G2,1, 0)表示如果返回的这个时间小于或等于 G2 表示的时间，则输出数值 1，否则输出 0。

员工编号	姓名	性别	出生日期	所在部门	人员级别	入职时间	基本工资	工龄	年假天数
001	陈青花	女	1973/8/28	市场部	部门经理	2004/2/2	¥2,000.00	11	
002	田秋秋	男	1968/7/17	研发部	部门经理	2000/4/15	¥3,500.00	14	
003	柳峰菲	女	1962/12/14	研发部	研发人员	2002/9/5	¥1,600.00	12	
004	李冬	女	1970/11/11	研发部	研发人员	1999/5/15	¥2,000.00	15	
005	蔡峰	男	1971/4/30	研发部	研发人员	2004/9/16	¥2,200.00	10	
006	王宝超	男	1969/5/28	研发部	研发人员	1998/7/8	¥3,500.00	16	
007	高强	男	1975/12/7	研发部	部门经理	1998/6/11	¥2,200.00	16	
008	李晓云	女	1980/6/25	办公室	普通员工	2007/4/15	¥3,500.00	7	
009	张春	男	1977/8/18	办公室	部门经理	2000/8/24	¥2,200.00	14	
010	谢夏原	男	1982/7/21	办公室	普通员工	2005/9/9	¥1,800.00	9	
011	刘谛特	女	1975/2/17	办公室	普通员工	1999/7/1	¥2,200.00	15	
012	王渥	男	1976/5/12	测试部	测试人员	1999/5/8	¥2,200.00	15	
013	郑茂宇	男	1962/9/28	测试部	部门经理	1986/9/9	¥2,200.00	28	
014	刘大山	男	1978/8/26	测试部	测试人员	2001/12/26	¥2,200.00	13	
015	赵丹宝	女	1977/3/2	技术支持部	部门经理	2003/6/25	¥3,500.00	11	
016	冯登	男	1959/6/22	技术支持部	技术人员	1996/5/6	¥3,500.00	18	
017	章树宝	男	1973/8/15	技术支持部	技术人员	2004/6/25	¥2,600.00	10	
018	刘火云	男	1961/12/22	技术支持部	技术人员	1985/6/19	¥2,600.00	29	
019	李丽	女	1974/10/30	技术支持部	技术人员	1990/5/6	¥2,600.00	24	
020	芸林	女	1960/8/30	市场部	技术人员	1998/10/12	¥2,600.00	16	
021	林锐雪	女	1977/4/13	市场部	技术人员	2002/6/14	¥3,500.00	12	
022	梅林	女	1983/5/5	市场部	公关人员	2006/6/8	¥2,500.00	8	

图 13.26 “工龄”列计算结果

3. 计算年假天数

（1）在“年假表”工作表中选择单元格 J2，在“公式”选项卡的“函数库”组中单击“插入函数”按钮，打开如图 13.27 所示的“插入函数”对话框。

（2）在“或选择类别”下拉列表框中选择“查找与引用”选项，在“选择函数”列表框中选择 VLOOKUP 函数，单击“确定”按钮，打开如图 13.28 所示的“函数参数”对话框。

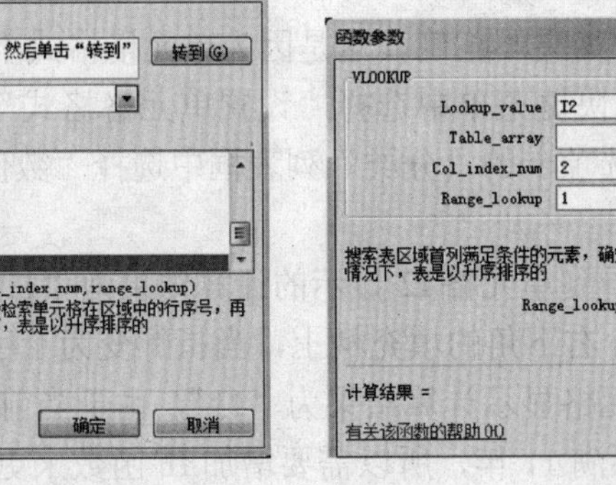

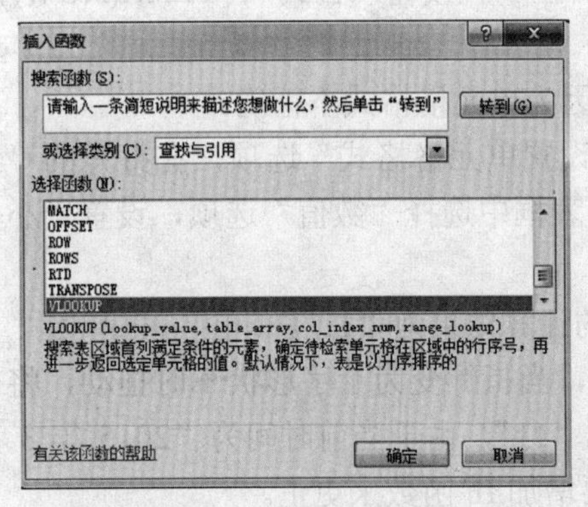

图 13.27 “插入函数”对话框

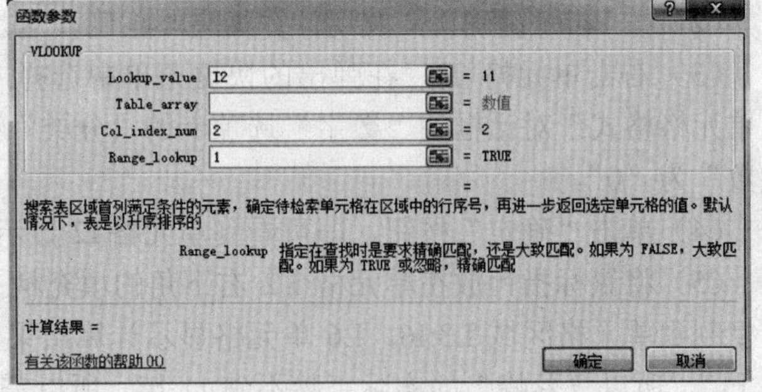

图 13.28 “函数参数”对话框

（3）在“Lookup_value”文本框中输入“I2”，在“Col_index_num”文本框中输入“2”，在“Range_lookup”文本框中输入“1”。

（4）单击“Table_array”文本框右侧的“折叠”按钮。

（5）如图 13.29 所示，“函数参数”对话框折叠变小，将光标移至“年假规则”工作表中，选择单元格区域 A3:B20。

（6）此时单元格区域为“相对引用”，可以按 F4 键，将单元格区域“相对引用”变为“绝对引用”，如图 13.30 所示。这样无论引用该函数的单元格区域如何变化，变为“绝对引用”的单元格区域地址都不会变化。

VLOOKUP　=VLOOKUP(I2,年假规则!年假规则!A3:B20,2,1)

函数参数

年假规则!年假规则!A3:B20

	A	B
1	年假规则	
2	工龄	年假（天）
3	0	0
4	1	8
5	2	9
6	3	10
7	4	11
8	5	12
9	6	13
10	7	14
11	8	15
12	9	16
13	10	17
14	11	18
15	12	19
16	13	20
17	14	21
18	15	26
19	16	26
20	17	26

图 13.29　折叠后的“函数参数”对话框

图 13.30　单元格“绝对引用”

（7）单击折叠对话框右侧的“展开”按钮，返回到如图 13.31 所示的“函数参数”对话框，此时在“Table_array”文本框中已经填入选择区域。

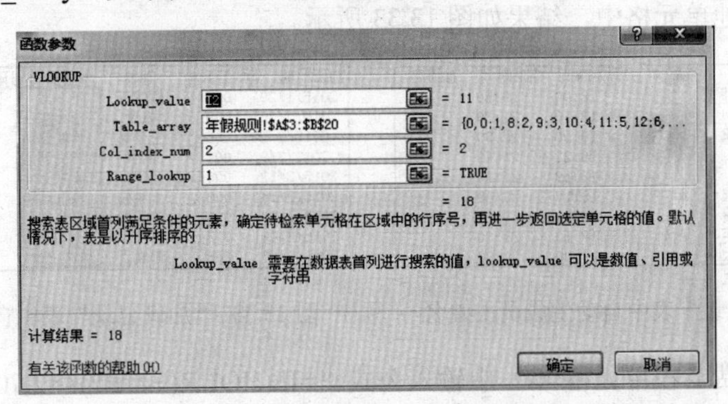

图 13.31　填入数据区域的函数参数

说明：参数“年假规则!$A$3；$B$20”表示“年假规则”工作表中的单元格区域 A3:B20。

（8）单击“确定”按钮，则计算出员工的年假天数。

（9）将鼠标指针放在单元格 J2 右下角的填充柄上，当指针变为十字形状时拖动，将公式复制到该列的其他单元格中，则所有员工的年假天数都可以计算出来。

（10）在“文件”菜单中选择“保存”选项，将工作簿命名为“员工年假表.xlsx”，单击“保存”按钮即可。

13.4　设计出勤管理表

为了便于进行人员出勤情况的统计和管理，公司需要建立“加班记录”和“缺勤记录”两个表格。下面首先介绍如何建立“加班记录”表。

1. 设计“加班记录”表

（1）打开“第 13 章素材\出勤管理.xlsx”工作簿，包含 4 个工作表，分别是“年假表”、“加班记录”、“缺勤记录”和“年假规则”。

（2）选择“加班记录”工作表。

（3）设置自动显示员工姓名。选择单元格 C2，在编辑栏中直接输入公式“=VLOOKUP(B2,年假表!$A$2:$B$23,2,1)”，按 Enter 键，第一个员工的姓名会自动显示出来。

（4）将鼠标指针放在单元格 C2 右下角的填充柄上，当指针变为十字形状✚时拖动，将公式复制到该列的其他单元格中，得到所有员工的姓名，如图 13.32 所示。

（5）设置自动显示员工所属部门。单击单元格 D2，在编辑栏中直接输入公式“=VLOOKUP(B2,年假表!$A$2:$D$23,5,1)”，单击✔按钮确认，员工所属部门自动显示出来。

说明：公式“=VLOOKUP(B2,年假表!$A$2:$D$23,5,1)”中第 3 个参数设置为“5”表示取满足条件的记录在“年假表!$A$2:$D$23”区域中第 5 列的值。

（6）将鼠标指针放在单元格 D2 右下角的填充柄上，当指针变为十字形状✚时拖动，将公式复制到该列的其他单元格中，结果如图 13.33 所示。

加班日期	员工编号	姓名	所属部门	开始时间	结束时间	加班费
2015/1/29	003	柳峰菲		18:00	19:50	
2015/[illegible]/20	009	张春		18:10	21:30	
2015/3/1	006	王宝超		19:00	22:30	
2015/3/9	007	高强		19:22	21:49	
2015/3/12	005	蔡峰		18:19	23:10	
2015/3/14	006	王宝超		19:12	22:05	
2015/3/20	011	刘谛特		18:00	19:50	
2015/3/20	013	郑茂宇		18:10	21:30	
2015/3/27	008	李晓云		19:00	22:30	

图 13.32 “加班记录”表中自动生成员工姓名

加班日期	员工编号	姓名	所属部门	开始时间	结束时间	加班费
2015/1/29	003	柳峰菲	研发部	18:00	19:50	
2015/2/20	009	张春	办公室	18:10	21:30	
2015/3/1	006	王宝超	研发部	19:00	22:30	
2015/3/9	007	高强	研发部	19:22	21:49	
2015/3/12	005	蔡峰	研发部	18:19	23:10	
2015/3/14	006	王宝超	研发部	19:12	22:05	
2015/3/20	011	刘谛特	办公室	18:00	19:50	
2015/3/20	013	郑茂宇	测试部	18:10	21:30	
2015/3/27	008	李晓云	办公室	19:00	22:30	

图 13.33 “加班记录”表中自动生成所属部门

（7）计算加班费。在单元格 G2 中输入公式“=IF(HOUR(F2−E2)<=2,70,140)”，单击✔按钮确认。

说明：加班时间在两小时以内，加班费为 70 元；超过两个小时，加班费为 140 元。

（8）使用填充方法将公式复制到该列的其他单元格中，则可计算出如图 13.34 所示的所有加班员工的加班费。

2. 设计“缺勤记录”表

制作“缺勤记录”表之前，先了解公司的缺勤管理制度，有以下几种情况：请病假一天计半天工资；请事假按天扣除工资；迟到 20 分钟以内扣 50 元，超过 20 分钟扣 100 元；每月按实际天数计算，如 8 月份有 31 天，则每天的工资就是基本工资除以 31 天。

（1）打开如图 13.35 所示的“缺勤记录”工作表。

加班日期	员工编号	姓名	所属部门	开始时间	结束时间	加班费
2015/1/29	003	柳峰菲	研发部	18:00	19:50	70
2015/2/20	009	张春	办公室	18:10	21:30	140
2015/3/1	006	王宝超	研发部	19:00	22:30	140
2015/3/9	007	高强	研发部	19:22	21:49	70
2015/3/12	005	蔡峰	研发部	18:19	23:10	140
2015/3/14	006	王宝超	研发部	19:12	22:05	70
2015/3/20	011	刘谛特	办公室	18:00	19:50	70
2015/3/20	013	郑茂宇	测试部	18:10	21:30	140
2015/3/27	008	李晓云	办公室	19:00	22:30	140

图 13.34 “加班记录”表中“加班费”的计算结果

员工编号	姓名	所属部门	病假天数	事假天数	迟到分钟	基本工资	病假扣款	事假扣款	迟到扣款	总计
002	田秋秋	研发部	1	0	18	¥3,500.00				
007	高强	研发部	2	3	0	¥2,200.00				
007	高强	市场部	3	5	30	¥2,500.00				
019	李丽	技术支持部	0	2	40	¥2,600.00				
020	芸林	市场部	1	1	15	¥2,600.00				

图 13.35 “缺勤记录”工作表

（2）计算病假扣款。单击单元格 H2，在编辑栏中直接输入公式“=ROUND(G2/31*D2/2, 0)”。

提示：公式“=ROUND(G2/31*D2/2, 0)”表示用每天的工资（G2/31）乘以病假天数的一半（D2/2），然后四舍五入取整数，其中第 2 个参数为“0”就表示结果不保留小数。由于企业规定病假一天按半天扣款，所以要用每天的工资乘以病假天数的一半。

（3）将鼠标指针放在单元格 H2 右下角的填充柄上，当指针变为十字形状时拖动，将公式复制到该列的其他单元格中，则所有员工的病假扣款如图 13.36 所示。

员工编号	姓名	所属部门	病假天数	事假天数	迟到分钟	基本工资	病假扣款
002	田秋秋	研发部	1	0	18	¥3,500.00	56
007	高强	研发部	2	3	0	¥2,200.00	71
007	高强	市场部	3	5	30	¥2,500.00	121
019	李丽	技术支持部	0	2	40	¥2,600.00	0
020	芸林	市场部	1	1	15	¥2,600.00	42

图 13.36 “缺勤记录”表中“病假扣款”的计算结果

（4）按照同样的方法计算事假扣款。单击单元格 I2，在编辑栏中直接输入公式“=ROUND (G2/31*E2,0)”，然后进行公式填充，计算出如图 13.37 所示的所有员工的事假扣款。

	A	B	C	D	E	F	G	H	I
1	员工编号	姓名	所属部门	病假天数	事假天数	迟到分钟	基本工资	病假扣款	事假扣款
2	002	田秋秋	研发部	1	0	18	¥3,500.00	56	0
3	007	高强	研发部	2	3	0	¥2,200.00	71	213
4	007	高强	市场部	3	5	30	¥2,500.00	121	403
5	019	李丽	技术支持部	0	2	40	¥2,600.00	0	168
6	020	芸林	市场部	1	1	15	¥2,600.00	42	84

图 13.37 “缺勤记录”表中“事假扣款”的计算结果

提示：公式“=ROUND(G2/31*E2,0)”表示用每天的工资（G2/31）乘以事假天数（E2），结果取整数。由于公司规定事假不计薪金，所以要用每天的工资乘以事假天数。

（5）按照同样的方法计算迟到扣款。单击单元格 J2，在编辑栏中直接输入公式“=ROUND(IF(F2>20,100,50-IF(F2=0, 50,0)),0)”，然后进行公式填充，计算出如图 13.38 所示的所有员工的迟到扣款。

员工编号	姓名	所属部门	病假天数	事假天数	迟到分钟	基本工资	病假扣款	事假扣款	迟到扣款
002	田秋秋	研发部	1	0	18	¥3,500.00	56	0	50
007	高强	研发部	2	3	0	¥2,200.00	71	213	0
007	高强	市场部	3	5	30	¥2,500.00	121	403	100
019	李丽	技术支持部	0	2	40	¥2,600.00	0	168	100
020	芸林	市场部	1	1	15	¥2,600.00	42	84	50

图 13.38 “缺勤记录”表中“迟到扣款”的计算结果

提示：公式“=ROUND(IF(F2>20,100, 50−IF(F2=0, 50, 0)), 0)”表示如果该员工迟到的时间超过 20 分钟（F2>20），则显示结果为 100；如果迟到，但不超过 20 分钟，IF(F2=0, 50, 0)的结果为 0，50−IF(F2=0, 50, 0)的结果为 50；但如果没有迟到，即迟到时间为 0，则 IF(F2=0, 50, 0)的结果为 50，50−IF(F2=0, 50, 0)的结果为 0。该公式的依据是公司规定迟到时间以 20 分钟为分界点，超过扣 100 元，不超过扣 50 元，不迟到不扣款。

（6）下面计算合计扣款。在单元格 G2 中输入公式“=H2+I2+J2”，然后进行公式填充，计算出如图 13.39 所示的员工总计扣款额。

K2　　fx　=H2+L2+J2

	A	B	C	D	E	F	G	H	I	J	K
1	员工编号	姓名	所属部门	病假天数	事假天数	迟到分钟	基本工资	病假扣款	事假扣款	迟到扣款	总计
2	002	田秋秋	研发部	1	0	18	¥3,500.00	56	0	50	106
3	007	高强	研发部	2	3	0	¥2,200.00	71	213	0	71
4	007	高强	市场部	3	5	30	¥2,500.00	121	403	100	221
5	019	李丽	技术支持部	0	2	40	¥2,600.00	0	168	100	100
6	020	芸林	市场部	1	1	15	¥2,600.00	42	84	50	92

图 13.39 “缺勤记录”表中“总计”扣款数的计算结果

（7）在“文件”菜单中选择“另存为”选项，将工作簿另存为“员工出勤管理表.xlsx”，单击“保存”按钮。

13.5　设计业绩管理及业绩评估系统

员工取得的业绩好，公司的业务发展就好，所以公司业务的发展主要体现在员工的业绩表现上，因此人事部门在月底对员工的业绩管理是非常必要和重要的。

1. 设计业绩管理表

业绩管理表的具体设计步骤如下。

（1）打开“第 13 章素材\业绩管理及业绩奖金评估.xlsx”工作簿，如图 13.40 所示，包含 3 个工作表，分别是“业绩管理表”、“业绩奖金标准表”和“业绩奖金评估表”。

（2）计算累计业绩。选择“业绩管理表”工作表中的单元格 C3，在编辑栏中直接输入公式“=SUM(D3:O3)”，按 Enter 键确认。

提示：假如当前为 5 月末，只有 1～5 月份的业绩，但公式“=SUM(D3:O3)”中参数单元格区域 D3:O3 已包含 1～12 月份的业绩，所以当输入 6 月份（含）以后的业绩时，单元格 C3 将自动重新计算累计业绩。

（3）将鼠标指针放在单元格 C3 右下角的填充柄上，当指针变为十字形状✚时拖动，将公式复制到该列的其他单元格中，计算出如图 13.41 所示的所有员工的累计业绩。

员工编号	姓名	累计业绩	各月份业绩						
			1月	2月	3月	4月	5月	6月	7月
001	陈青花		39300	53500	65670	42500	34500		
002	田秋秋		20010	22800	34500	40000	53500		
003	柳峰菲		32100	43200	23450	30000	22800		
004	李冬		56700	34560	65490	38900	43200		
005	蔡峰		38700	56700	23900	45600	34560		
006	王宝超		43400	42400	42300	65400	56700		
007	高强		23400	23560	32490	84320	42400		
008	李晓云		23460	34560	43890	32190	23560		
009	张春		56900	34500	32900	13400	34560		

业绩管理表　业绩奖金标准表　业绩奖金评估表

图 13.40 “业绩管理及业绩奖金评估.xlsx”工作簿

员工编号	姓名	累计业绩	各月份业绩						
			1月	2月	3月	4月	5月	6月	7月
001	陈青花	235470	39300	53500	65670	42500	34500		
002	田秋秋	170810	20010	22800	34500	40000	53500		
003	柳峰菲	151550	32100	43200	23450	30000	22800		
004	李冬	238850	56700	34560	65490	38900	43200		
005	蔡峰	199460	38700	56700	23900	45600	34560		
006	王宝超	250200	43400	42400	42300	65400	56700		
007	高强	206170	23400	23560	32490	84320	42400		
008	李晓云	157660	23460	34560	43890	32190	23560		
009	张春	172260	56900	34500	32900	13400	34560		

图 13.41 “业绩管理表”工作表中“累计业绩”的计算结果

（4）在累计业绩中，可以通过添加图表来形象表示业绩。选择单元格区域 D4:H4，在“插入”选项卡的“图表”组中单击“柱形图”按钮，在弹出的“图表”下拉列表中选择“三维柱形图”组中的“三维簇状柱形图”选项。

（5）如图 13.42 所示，工作表中生成一个“田秋秋”的业绩图表，同时多出“图表工具”功能区“设计”、“布局”及“格式”3 个选项卡。

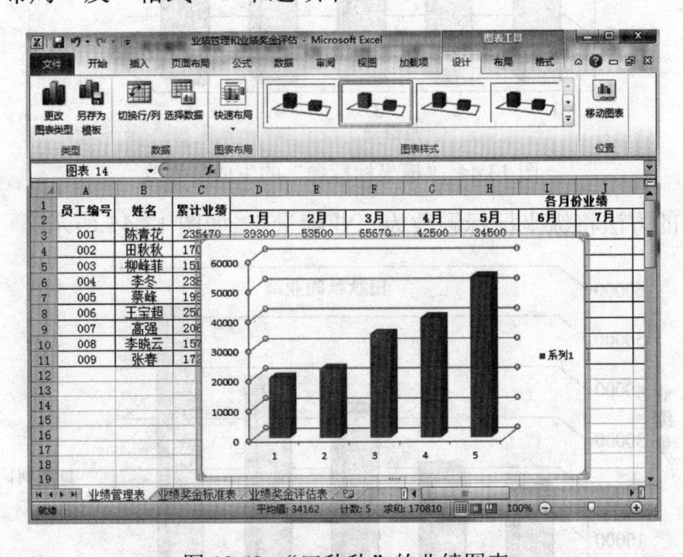

图 13.42 “田秋秋”的业绩图表

（6）在“图表工具”功能区“布局”选项卡的“标签”组中单击“图表标题”按钮，在弹出的下拉列表中选择“图表上方”选项。在图表顶部显示出“图表标题”，将其改为“田秋秋的业绩”，如图 13.43 所示。

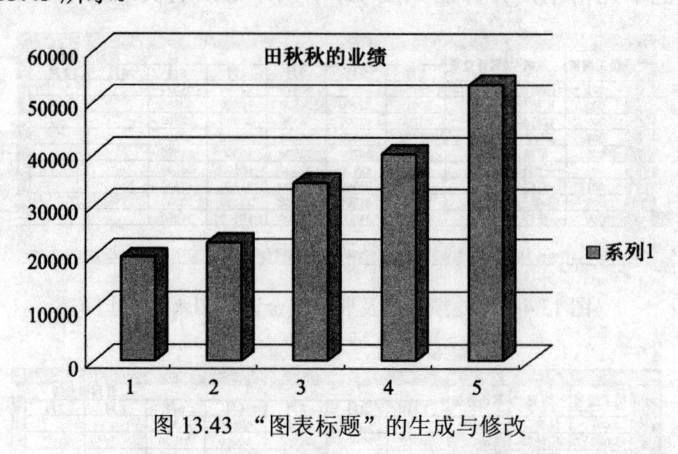

图 13.43 “图表标题”的生成与修改

（7）在“图表工具”功能区“布局”选项卡的“标签”组中单击“坐标轴标题”按钮，在弹出的下拉列表中选择“主要横坐标标题”选项，在子菜单中选择“坐标轴下方标题”选项，将横坐标标题改为“月份”，如图 13.44 所示。

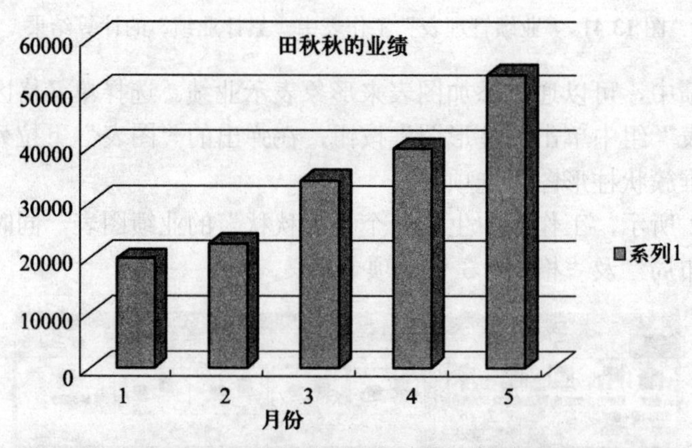

图 13.44 “横坐标标题”的生成与修改

（8）使用同样的方法将纵坐标标题改为“业绩量”，如图 13.45 所示。

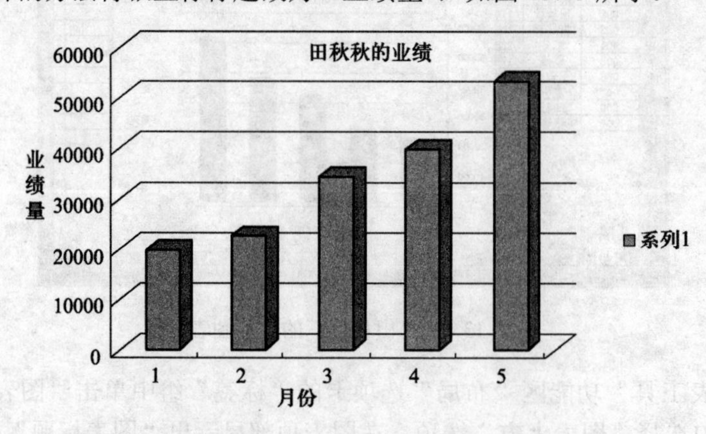

图 13.45 “纵坐标标题”的生成与修改

（9）分析图已全部设置完成，可以直观地看到员工“田秋秋”每月取得的业绩。

2. 设计业绩奖金评估表

只有对员工的业绩给予一定的奖励，才能最大程度地调动员工的积极性。下面介绍如何根据奖金评估标准来评估员工的业绩奖金。

说明：“业绩奖金标准表”工作表中的数据是根据某企业的业绩奖金标准得来的。主要有以下几条：单月销售额在 34 999 元以下的，没有基本业绩奖金；单月销售额在 35 000～49 999 元的，按销售额的 3%发放基本业绩奖金；单月销售额在 50 000～79 999 元的，按销售额的 6%发放基本业绩奖金；单月销售额在 80 000～119 999 元的，按销售额的 9%发放基本业绩奖金；单月销售额在 120 000 元以上的，按销售额的 12%发放基本业绩奖金，但基本业绩奖金不得超过 48 000 元；累计销售额超过 220 000 元，公司给予一次性 18 000 元的奖励。

（1）选择“业绩奖金标准表”工作表。

（2）按住 Ctrl 键，再单击“业绩奖金评估表”工作表标签，选中“业绩奖金评估表”工作表。

（3）设置自动显示销售业绩额，即 5 月份的销售业绩。选择“业绩奖金评估表”工作表中的单元格 C2，在编辑栏中直接输入公式“=VLOOKUP(A2,业绩管理表!$A$3:$H$11,8,1)”，按 Enter 键确认，可以看到单元格 C2 中自动显示员工“陈青花”5 月份的业绩量。

提示：公式“=VLOOKUP(A2,业绩管理表!$A$3:$H$11,8,1)”中第 3 个参数设置为“8”表示取满足条件的记录在“业绩管理表!$A$3:$H$11”区域中第 8 列的值。

（4）设置自动显示累计业绩额。单击单元格 E2，在编辑栏中直接输入公式“=VLOOKUP(A2,业绩管理表!$A$3:$C$11,3,1)”，按 Enter 键确认，可以看到单元格 E2 中自动显示员工“陈青花”的累计业绩额。

（5）按照同样的方法计算奖金比例。单击单元格 D2，在编辑栏中直接输入公式“=HLOOKUP(C2,业绩奖金标准表!$B$2:$F$3, 2)”，按 Enter 键确认，可以看到单元格 D2 中自动显示员工的奖金比例。

提示：公式“=HLOOKUP(C2,业绩奖金标准表!$B$2:$F$3,2)”中第 3 个参数设置为“2”表示取满足条件的记录在“业绩奖金标准表!$B$2:$F$3”区域中第 2 行的值。

（6）使用同样的方法计算基本业绩奖金。单击单元格 F2，在编辑栏中直接输入公式“=IF(C2<=400000,C2*D2,"48,000")”，按 Enter 键确认。

提示：公式“=IF(C2<=400000,C2*D2, "48,000")”的含义为当单元格 C2 数据小于等于 400 000 时，返回结果为单元格 C2 乘以单元格 D2，否则返回 48 000 元。因为公司规定，单月销售额在 120 000 元以上的，按销售额的 12%发放基本业绩奖金，但基本业绩奖金不得超过 48 000 元，基本业绩奖金 48 000 元对应的销售额为 400 000 元。

（7）计算累计业绩奖金。在单元格 G2 中输入公式“=IF(E2>220000,18000,0)”，按 Enter

键确认，即可计算出累计业绩奖金。

（8）在单元格 H2 中输入公式“=F2+G2”，按 Enter 键确认，计算出业绩总奖金额。

（9）使用填充柄复制公式，将公式填充到其他单元格中，计算出如图 13.46 所示的所有员工相应的业绩额及奖金。

	A	B	C	D	E	F	G	H
1	员工编号	姓名	销售业绩额	奖金比例	累计业绩额	基本业绩奖金	累计业绩奖金	业绩总奖金额
2	001	陈青花	34500	0	235470	0	18000	18000
3	002	田秋秋	53500	0.06	170810	3210	0	3210
4	003	柳峰菲	22800	0	151550	0	0	0
5	004	李冬	43200	0.03	238850	1296	18000	19296
6	005	蔡峰	34560	0	199460	0	0	0
7	006	王宝超	56700	0.06	250200	3402	18000	21402
8	007	高强	42400	0.03	206170	1272	0	1272
9	008	李晓云	23560	0	157660	0	0	0
10	009	张春	34560	0	172260	0	0	0

图 13.46 “业绩奖金评估表”工作表中的计算结果

（10）在“文件”菜单中选择“另存为”选项，将工作簿另存为“业绩管理及业绩评估系统.xlsx”，然后单击“保存”按钮保存文件即可。

13.6　设计薪资管理系统

人事部门管理薪资的一个重要手段就是对企业员工的薪资管理，薪资管理需要对大量的数据进行统计汇总，工作量非常繁杂，使用 Excel 2010 进行自动管理将大大提高工作效率。

1. 自动更新基本工资

使用 Excel 2010 可以建立一个随时更新的数据库，方便快速地调阅数据。让每个员工的基本工资都自动更新的具体方法如下。

（1）打开“第 13 章素材\薪资管理.xlsx”工作簿，如图 13.47 所示，包含两个工作表，分别为“薪资调整”和“薪资汇总”。

（2）选择“薪资调整”工作表，选择单元格区域 A2:E10，在“公式”选项卡的“定义的名称”组中单击“定义名称”按钮，打开如图 13.48 所示的“新建名称”对话框。

	A	B	C	D	E	F
1	员工编号	姓名	所属部门	调整日期	调整工资	
2	001	陈青花	市场部	2014/7/20	¥4,000.00	
3	002	田秋秋	研发部	2014/7/20	¥5,500.00	
4	003	柳峰菲	研发部	2014/7/20	¥3,200.00	
5	004	李冬	研发部	2014/7/20	¥3,500.00	
6	005	蔡峰	研发部	2014/7/20	¥4,500.00	
7	006	王宝超	研发部	2014/7/20	¥4,800.00	
8	007	高强	研发部	2014/7/20	¥3,600.00	
9	008	李晓云	办公室	2014/7/20	¥5,000.00	
10	009	张春	办公室	2014/7/20	¥3,600.00	

薪资调整　薪资汇总　Sheet3

图 13.47 “薪资管理.xlsx”工作簿

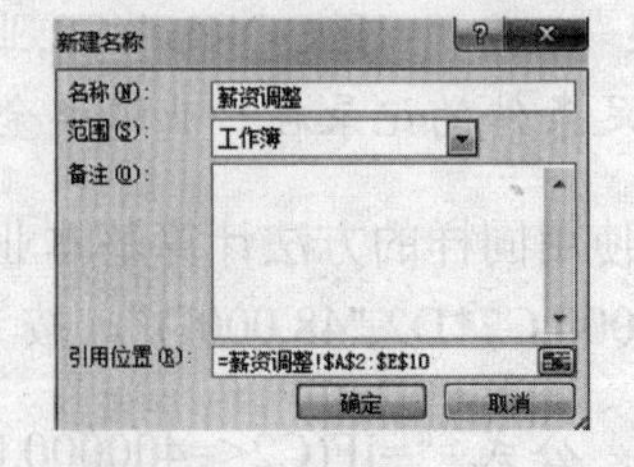

图 13.48 “新建名称”对话框

（3）在“名称”文本框中输入“薪资调整”，在“范围”下拉列表框中选择“工作簿”选项，在“引用位置”文本框中输入“=薪资调整!$A$2:$E$10”。

（4）单击“确定”按钮，则名称框中显示定义的范围名称“薪资调整”。

（5）单击“薪资汇总”工作表标签，选择单元格 D2，在编辑栏中直接输入公式“=VLOOKUP

(A2,薪资调整,5)”，按 Enter 键确认，则可自动显示出“陈青花”的基本工资。

（6）将鼠标指针放在单元格 D2 右下角的填充柄上，当指针变为十字形状时拖动，将公式复制到该列的其他单元格中，则可自动显示出如图 13.49 所示的员工的基本工资。

D2　=VLOOKUP(A2, 薪资调整, 5)

	A	B	C	D	E	F	G	H	I	J
1	员工编号	姓名	所属部门	基本工资	加班费	缺勤扣款	业绩奖金	税前工资	应交所得税	应发工资
2	001	陈青花	市场部	¥4,000.00						
3	002	田秋秋	研发部	¥5,500.00						
4	003	柳峰菲	研发部	¥3,200.00						
5	004	李冬	研发部	¥3,500.00						
6	005	蔡峰	研发部	¥4,500.00						
7	006	王宝超	研发部	¥4,800.00						
8	007	高强	研发部	¥3,600.00						
9	008	李晓云	办公室	¥5,000.00						
10	009	张春	办公室	¥3,600.00						

薪资调整　薪资汇总　Sheet3

图 13.49　“薪资汇总”表的“基本工资”计算结果

2. 奖金及扣款数据的链接

Excel 2010 中有一种非常好用的功能——数据链接，这项功能最大的优点就是结果会随着数据源的变化自动更新。下面主要介绍如何实现数据的链接。

（1）打开“第 13 章素材\业绩表.xlsx”文件。

（2）选中“薪资汇总”工作表，输入图 13.50 所示的“加班费”和“缺勤扣款”字段的数值。

员工编号	姓名	所属部门	基本工资	加班费	缺勤扣款	业绩奖金	税前工资	应交所得税	应发工资
001	陈青花	市场部	¥4,000.00	¥70.00	¥115.00				
002	田秋秋	研发部	¥5,500.00	¥140.00	¥709.00				
003	柳峰菲	研发部	¥3,200.00	¥140.00	¥771.00				
004	李冬	研发部	¥3,500.00	¥70.00	¥326.00				
005	蔡峰	研发部	¥4,500.00	¥70.00	¥268.00				
006	王宝超	研发部	¥4,800.00	¥140.00	¥620.00				
007	高强	研发部	¥3,600.00	¥140.00	¥855.00				
008	李晓云	办公室	¥5,000.00	¥70.00	¥423.00				
009	张春	办公室	¥3,600.00	¥140.00	¥224.00				

图 13.50　“加班费”和“缺勤扣款”字段数据

（3）设置业绩奖金的链接。单击单元格 G2，在编辑栏中直接输入公式“=VLOOKUP(A2,[业绩表.xlsx]业绩奖金评估!$A$2:$H$10,8)”，按 Enter 键确认，在单元格 G2 中显示出员工的业绩奖金，再自动填充其他员工的业绩奖金，计算结果如图 13.51 所示。

员工编号	姓名	所属部门	基本工资	加班费	缺勤扣款	业绩奖金	税前工资	应交所得税	应发工资
001	陈青花	市场部	¥4,000.00	¥70.00	¥115.00	¥18,000.00			
002	田秋秋	研发部	¥5,500.00	¥140.00	¥709.00	¥3,210.00			
003	柳峰菲	研发部	¥3,200.00	¥140.00	¥771.00	¥0.00			
004	李冬	研发部	¥3,500.00	¥70.00	¥326.00	¥19,296.00			
005	蔡峰	研发部	¥4,500.00	¥70.00	¥268.00	¥0.00			
006	王宝超	研发部	¥4,800.00	¥140.00	¥620.00	¥21,402.00			
007	高强	研发部	¥3,600.00	¥140.00	¥855.00	¥1,272.00			
008	李晓云	办公室	¥5,000.00	¥70.00	¥423.00	¥0.00			
009	张春	办公室	¥3,600.00	¥140.00	¥224.00	¥0.00			

图 13.51　“业绩表”工作表的“业绩奖金”计算结果

（4）在单元格 H2 中输入公式“=D2+E2−F2+G2”，按 Enter 键确认，计算出税前工资，同样填充公式到本列的其他单元格中，计算结果如图 13.52 所示。

员工编号	姓名	所属部门	基本工资	加班费	缺勤扣款	业绩奖金	税前工资	应交所得税	应发工资
001	陈青花	市场部	¥4,000.00	¥70.00	¥115.00	¥18,000.00	¥21,955.00		
002	田秋秋	研发部	¥5,500.00	¥140.00	¥709.00	¥3,210.00	¥8,141.00		
003	柳峰菲	研发部	¥3,200.00	¥140.00	¥771.00	¥0.00	¥2,569.00		
004	李冬	研发部	¥3,500.00	¥70.00	¥326.00	¥19,296.00	¥22,540.00		
005	蔡峰	研发部	¥4,500.00	¥70.00	¥268.00	¥0.00	¥4,302.00		
006	王宝超	研发部	¥4,800.00	¥140.00	¥620.00	¥21,402.00	¥25,722.00		
007	高强	研发部	¥3,600.00	¥140.00	¥855.00	¥1,272.00	¥4,157.00		
008	李晓云	办公室	¥5,000.00	¥70.00	¥423.00	¥0.00	¥4,647.00		
009	张春	办公室	¥3,600.00	¥140.00	¥224.00	¥0.00	¥3,516.00		

图 13.52 “业绩表”工作表的“税前工资”计算结果

3. 计算个人所得税

依照我国税法规定，企业员工应缴纳个人所得税，而一般计算应纳税额用的是超额累进税率，计算起来比较麻烦和烦琐，而使用 Excel 2010 会使计算变得简便。

（1）参考所得税率表，发现公司 001、004 和 006 号员工适用的所得税率为 25%，扣除数为 1 375，据此编辑公式，在单元格 I2 中输入公式“=H2*25%-1375”，按 Enter 键确认，计算出应纳税款。用同样的方法求另外两个员工的税款。

（2）参考所得税率表，发现公司 002 号员工适用的所得税率为 20%，扣除数为 375，据此编辑公式，在单元格 I3 中输入公式“=H3*20%-375”，按 Enter 键确认，计算出应纳税款。

（3）参考所得税率表，发现公司其他员工适用的所得税率为 15%，扣除数为 125，据此编辑公式，在单元格 I4 中输入公式“=H3*20%-375”，按 Enter 键确认，计算出应纳税款。用同样的方法求出其他员工的税款，计算结果如图 13.53 所示。

	A	B	C	D	E	F	G	H	I	J
1	员工编号	姓名	所属部门	基本工资	加班费	缺勤扣款	业绩奖金	税前工资	应交所得税	应发工资
2	001	陈青花	市场部	¥4,000.00	¥70.00	¥115.00	¥18,000.00	¥21,955.00	¥4,113.75	
3	002	田秋秋	研发部	¥5,500.00	¥140.00	¥709.00	¥3,210.00	¥8,141.00	¥1,253.20	
4	003	柳峰菲	研发部	¥3,200.00	¥140.00	¥771.00	¥0.00	¥2,569.00	¥260.35	
5	004	李冬	研发部	¥3,500.00	¥70.00	¥326.00	¥19,296.00	¥22,540.00	¥4,260.00	
6	005	蔡峰	研发部	¥4,500.00	¥70.00	¥268.00	¥0.00	¥4,302.00	¥520.30	
7	006	王宝超	研发部	¥4,800.00	¥140.00	¥620.00	¥21,402.00	¥25,722.00	¥5,055.50	
8	007	高强	研发部	¥3,600.00	¥140.00	¥855.00	¥1,272.00	¥4,157.00	¥498.55	
9	008	李晓云	办公室	¥5,000.00	¥70.00	¥423.00	¥0.00	¥4,647.00	¥572.05	
10	009	张春	办公室	¥3,600.00	¥140.00	¥224.00	¥0.00	¥3,516.00	¥402.40	

图 13.53 “业绩表”工作表的“应交所得税”计算结果

（4）员工的应发工资应为税前工资减去应交所得税，所以，在单元格 J2 中输入公式“=H2-I2”，求出员工的应发工资，填充得到所有员工的应发工资。计算结果如图 13.54 所示。

	A	B	C	D	E	F	G	H	I	J
1	员工编号	姓名	所属部门	基本工资	加班费	缺勤扣款	业绩奖金	税前工资	应交所得税	应发工资
2	001	陈青花	市场部	¥4,000.00	¥70.00	¥115.00	¥18,000.00	¥21,955.00	¥4,113.75	¥17,841.25
3	002	田秋秋	研发部	¥5,500.00	¥140.00	¥709.00	¥3,210.00	¥8,141.00	¥1,253.20	¥6,887.80
4	003	柳峰菲	研发部	¥3,200.00	¥140.00	¥771.00	¥0.00	¥2,569.00	¥260.35	¥2,308.65
5	004	李冬	研发部	¥3,500.00	¥70.00	¥326.00	¥19,296.00	¥22,540.00	¥4,260.00	¥18,280.00
6	005	蔡峰	研发部	¥4,500.00	¥70.00	¥268.00	¥0.00	¥4,302.00	¥520.30	¥3,781.70
7	006	王宝超	研发部	¥4,800.00	¥140.00	¥620.00	¥21,402.00	¥25,722.00	¥5,055.50	¥20,666.50
8	007	高强	研发部	¥3,600.00	¥140.00	¥855.00	¥1,272.00	¥4,157.00	¥498.55	¥3,658.45
9	008	李晓云	办公室	¥5,000.00	¥70.00	¥423.00	¥0.00	¥4,647.00	¥572.05	¥4,074.95
10	009	张春	办公室	¥3,600.00	¥140.00	¥224.00	¥0.00	¥3,516.00	¥402.40	¥3,113.60

图 13.54 “业绩表”工作表的“应发工资”计算结果

（5）在“文件”菜单中选择“另存为”选项，将工作簿另存为“薪资管理系统.xlsx”，单击“保存”按钮即可。

13.7　设计员工年度考核系统

一般人事部门都会在年终或季度末对员工的表现做一次考核，这不但可以对员工的工作进行督促和检查，还可以根据考核情况发放年终和季度奖金。

1. 设置数据有效性和计算综合考核成绩

（1）设置数据有效性。

① 打开“第 13 章素材\员工年度考核.xlsx”工作簿，如图 13.55 所示，包含两个工作表，分别为“年度考核表”和“年度考核奖金标准”。

提示：企业的年度考核将对排在前几名的员工给予奖金奖励，假定标准为第 1 名奖金 10 000 元；第 2、3 名奖金 7 000 元；第 4、5 名奖金 4 000 元：第 6～10 名奖金 2 000 元。

② 选中“出勤考核”所在的 D 列，在“数据”选项卡的“数据工具”组中单击“数据有效”按钮，在弹出的下拉列表中选择“数据有效性”选项，打开如图 13.56 所示的“数据有效性”对话框。

	A	B	C	D	E	F	G	H	I	J
1	员工编号	姓名	所属部门	出勤考核	工作态度	工作能力	业绩考核	综合考核	排名	年度奖金
2	001	陈青花	市场部							
3	002	田秋秋	研发部							
4	003	柳峰菲	研发部							
5	004	李冬	研发部							
6	005	蔡峰	研发部							
7	006	王宝超	研发部							
8	007	高强	研发部							
9	008	李晓云	办公室							
10	009	张春	办公室							

图 13.55 “员工年度考核.xlsx”工作簿

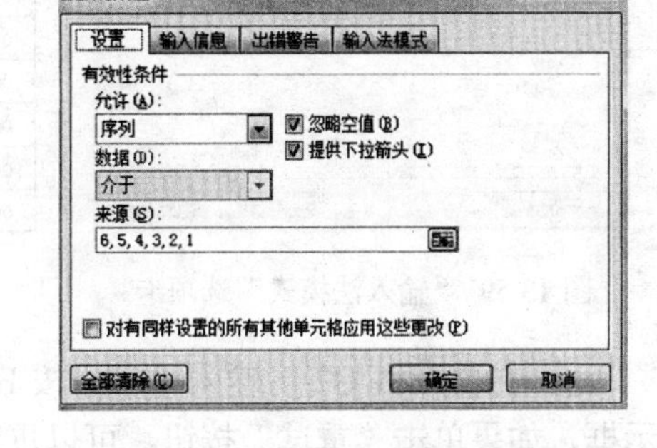

图 13.56 “数据有效性”对话框

③ 在“设置”选项卡的“允许”下拉列表框中选择“序列”选项，在“来源”文本框中输入“6,5,4,3,2,1”。

提示：假设企业对员工的考核成绩分为 6、5、4、3、2、1 共 6 个等级，从 6 到 1 依次降低。另外，在输入“6,5,4,3,2,1”时中间的逗号要在半角模式下输入。

④ 在如图 13.57 所示的“输入信息”选项卡中勾选“选定单元格时显示输入信息”复选框，在“标题”文本框中输入“请输入考核成绩”，在“输入信息”文本框中输入“可以在下拉列表中选择”。

⑤ 在如图 13.58 所示的“出错警告”选项卡中勾选“输入无效数据时显示出错警告”复选框，在“样式”下拉列表框中选择“停止”选项，在“标题”文本框中输入“考核成绩错误”，在“错误信息”文本框中输入“请到下拉列表中选择”。

⑥ 在如图 13.59 所示的“输入法模式”选项卡中的“模式”下拉列表框中选择“关闭（英文模式）”选项，以保证在该列输入内容时始终不是英文输入法。

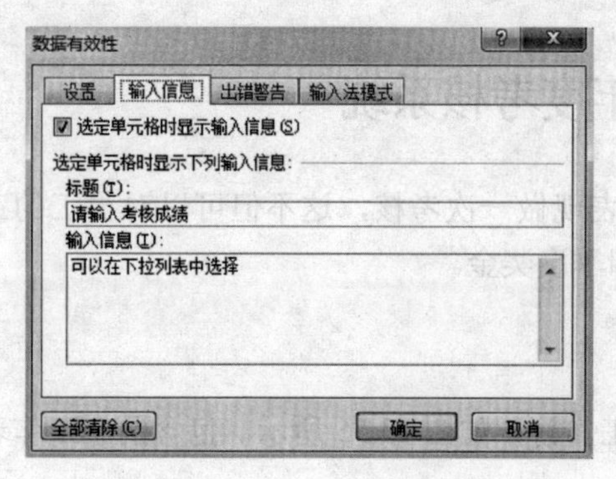

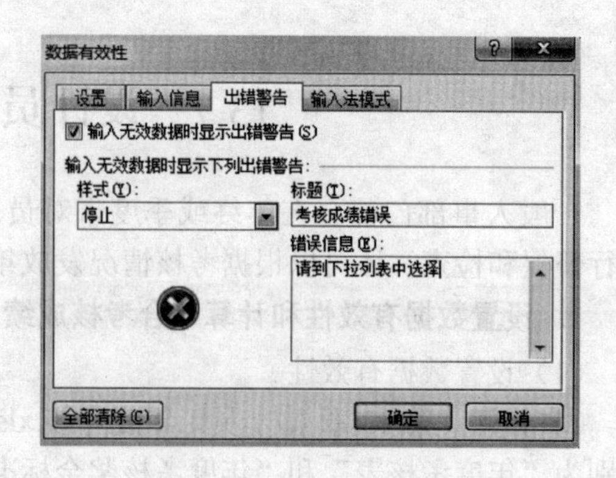

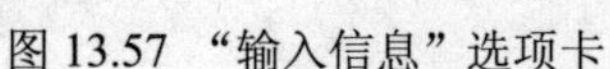
图 13.57 “输入信息”选项卡　　图 13.58 “出错警告”选项卡

⑦ 单击“确定”按钮，则数据有效性设置完毕。单击单元格 D2，则其下方出现一个如图 13.60 所示的黄色信息框。

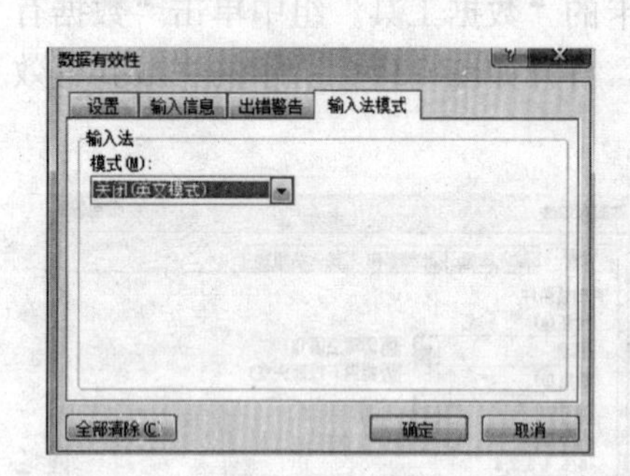

图 13.59 “输入法模式”选项卡

员工编号	姓名	所属部门	出勤考核	工作态度	工作能力	业绩考核	综合考核	排名	年度奖金
001	陈青花	市场部							
002	田秋秋	研发部							
003	柳峰菲	研发部							
004	李冬	研发部							
005	蔡峰	研发部							
006	王宝超	研发部							
007	高强	研发部							
008	李晓云	办公室							
009	张春	办公室							

图 13.60 输入数据时的“数据有效性”提示框

⑧ 在单元格 D2 中输入“8”，按 Enter 键后会打开如图 13.61 所示的“考核成绩错误”提示框，如果单击“重试”按钮，可以重新输入。

⑨ 参照步骤①～⑦设置 E、F、G 列的数据有效性，并依次输入员工的成绩，结果如图 13.62 所示。

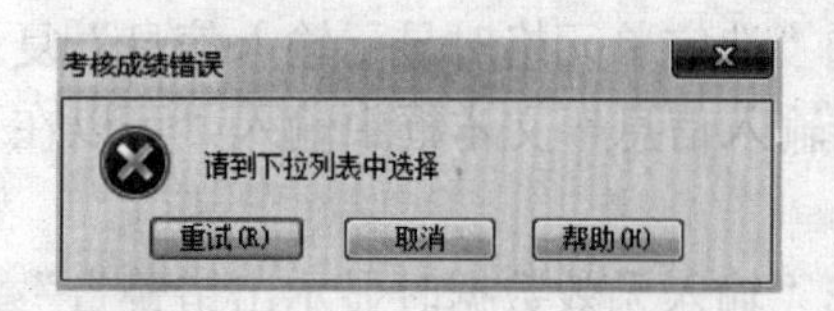

图 13.61 “考核成绩错误”提示框

	A	B	C	D	E	F	G	H	I	J
1	员工编号	姓名	所属部门	出勤考核	工作态度	工作能力	业绩考核	综合考核	排名	年度奖金
2	001	陈青花	市场部	6	5	4	3			
3	002	田秋秋	研发部	2	4	4	3			
4	003	柳峰菲	研发部	2	3	2	1			
5	004	李冬	研发部	5	3	6	5			
6	005	蔡峰	研发部	3	2	1	1			
7	006	王宝超	研发部	3	4	4	6			
8	007	高强	研发部	1	1	3	2			
9	008	李晓云	办公室	4	3	1	1			
10	009	张春	办公室	5	2	2	1			

图 13.62 设置“数据有效性”后业绩输入结果

（2）计算综合考核成绩。在单元格 H2 中输入公式“=SUM(D2:G2)”，按 Enter 键确认，然后将鼠标指针放在单元格 H2 右下角的填充柄上，当指针变为十字形状时拖动，将公式复制到该列的其他单元格中，计算所有员工的综合考核成绩，如图 13.63 所示。

2. 设置条件格式

（1）选择单元格区域 H2:H10，在“开始”选项卡的“样式”组中单击“条件格式”按钮，在下拉列表中选择“新建规则”选项，打开如图 13.64 所示的“新建格式规则”对话框。

	A	B	C	D	E	F	G	H	I	J
1	员工编号	姓名	所属部门	出勤考核	工作态度	工作能力	业绩考核	综合考核	排名	年度奖金
2	001	陈青花	市场部	6	5	4	3	18		
3	002	田秋秋	研发部	2	4	4	3	13		
4	003	柳峰菲	研发部	2	3	2	1	8		
5	004	李冬	研发部	5	3	6	5	19		
6	005	蔡峰	研发部	3	2	1	1	7		
7	006	王宝超	研发部	3	4	4	6	17		
8	007	高强	研发部	1	1	3	2	7		
9	008	李晓云	办公室	4	3	1	1	9		
10	009	张春	办公室	5	2	2	1	10		

图 13.63　员工综合考核成绩计算结果

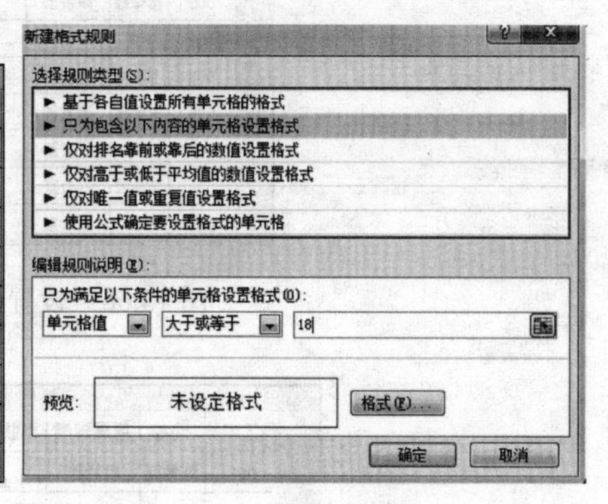

图 13.64　“新建格式规则”对话框

（2）在“选择规则类型”列表框中选择“只为包含以下内容的单元格设置格式”选项，在“编辑规则说明”区域的第一个下拉列表框中选择“单元格值”选项，在第二个下拉列表框中选择“大于或等于”选项，在右侧文本框中输入“18”。

（3）单击“格式”按钮，打开如图 13.65 所示的“设置单元格格式”对话框，在“填充”选项卡的“背景色”列表中选择“红色”选项，在“示例”区可以看到预览效果。

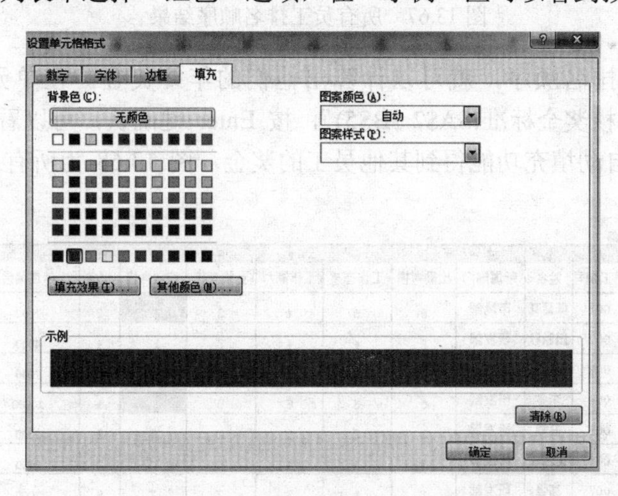

图 13.65　“设置单元格格式”对话框

（4）单击“确定”按钮，返回“新建格式规则”对话框，单击“确定”按钮。如图 13.66 所示，18 分及 18 分以上的员工的“综合考核”单元格呈红色背景色显示，非常醒目。

3. 计算员工年终奖金

（1）对员工综合考核成绩进行排序。在单元格 I2 中输入公式“=RANK(H2,$H$2:$H$10,0)”，按 Enter 键确认，在单元格 I2 显示出排名顺序，使用自动填充功能得到其他员工的排名顺序，结果如图 13.67 所示。

	A	B	C	D	E	F	G	H	I	J
1	员工编号	姓名	所属部门	出勤考核	工作态度	工作能力	业绩考核	综合考核	排名	年度奖金
2	001	陈青花	市场部	6	5	4	3	[illegible]		
3	002	田秋秋	研发部	2	4	4	3	13		
4	003	柳峰菲	研发部	2	3	2	1	8		
5	004	李冬	研发部	5	3	6	5	[illegible]		
6	005	蔡峰	研发部	3	2	1	1	7		
7	006	王宝超	研发部	3	4	4	6	17		
8	007	高强	研发部	1	1	3	2	7		
9	008	李晓云	办公室	4	3	1	1	9		
10	009	张春	办公室	5	2	2	1	10		

图 13.66　设置格式规则后“综合考核”列显示结果

	A	B	C	D	E	F	G	H	I	J
1	员工编号	姓名	所属部门	出勤考核	工作态度	工作能力	业绩考核	综合考核	排名	年度奖金
2	001	陈青花	市场部	6	5	4	3	[illegible]	2	
3	002	田秋秋	研发部	2	4	4	3	13	4	
4	003	柳峰菲	研发部	2	3	2	1	8	7	
5	004	李冬	研发部	5	3	6	5	[illegible]	1	
6	005	蔡峰	研发部	3	2	1	1	7	8	
7	006	王宝超	研发部	3	4	4	6	17	3	
8	007	高强	研发部	1	1	3	2	7	8	
9	008	李晓云	办公室	4	3	1	1	9	6	
10	009	张春	办公室	5	2	2	1	10	5	

图 13.67　所有员工排名顺序结果

（2）有了员工的排名顺序，就可以计算出他们的年终奖金。在单元格 J2 中输入公式“=LOOKUP(I2,年度考核奖金标准!$A$2:$B$5)”，按 Enter 键确认，可以看到在单元格 J2 中显示出年终奖金，使用自动填充功能得到其他员工的奖金，图 13.68 为所有员工“年度奖金”计算结果。

	A	B	C	D	E	F	G	H	I	J
1	员工编号	姓名	所属部门	出勤考核	工作态度	工作能力	业绩考核	综合考核	排名	年度奖金
2	001	陈青花	市场部	6	5	4	3	[illegible]	2	7000
3	002	田秋秋	研发部	2	4	4	3	13	4	4000
4	003	柳峰菲	研发部	2	3	2	1	8	7	2000
5	004	李冬	研发部	5	3	6	5	[illegible]	1	10000
6	005	蔡峰	研发部	3	2	1	1	7	8	2000
7	006	王宝超	研发部	3	4	4	6	17	3	7000
8	007	高强	研发部	1	1	3	2	7	8	2000
9	008	李晓云	办公室	4	3	1	1	9	6	2000
10	009	张春	办公室	5	2	2	1	10	5	4000

图 13.68　所有员工“年度奖金”计算结果

（3）在“文件”菜单中选择“另存为”选项，将工作簿另存为“员工年度考核系统.xlsx”，单击“保存”按钮保存文件即可。

第 14 章　办公实例会计应用案例解析

利用 Excel 2010 建立会计凭证表、账簿和科目汇总表后，繁杂的会计核算工作将会变得非常简单快捷、正确可靠。本章介绍利用 Excel 2010 建立会计凭证表、账簿和科目汇总表等的详细操作方法。

14.1　建立会计科目表

企业在开展具体的会计业务之前，首先根据其经济业务设置会计科目表，企业的会计科目表通常包括总账科目和明细科目。

1. 建立会计科目表

会计科目表是对会计对象的具体内容进行分类核算的项目。会计科目表一般按会计要素分为资产类科目、负债类科目、所有者权益科目、成本类科目和损益类科目 5 大类，如图 14.1 所示。

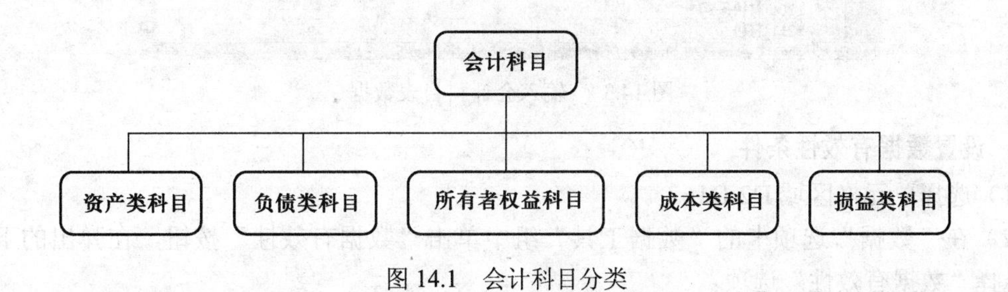

图 14.1　会计科目分类

提示： 会计科目一般包括一级科目、二级科目和明细科目，内容包括科目编号、总账科目、科目级次和借贷方向等，当财务部门设定好科目后，才能利用 Excel 2010 创建会计科目表。

创建会计科目表的具体操作步骤如下。

（1）在 Excel 2010 中，新建一个空白工作簿，并保存为“会计科目表.xlsx”文件。

（2）在单元格 A1 到 G1 中分别输入“科目编号”、“总账科目”、“明细科目”、“余额方向”、“科目级次”、“期初余额（借）”和“期初余额（贷）”，并调整列宽，使文字能够完全显示，如图 14.2 所示。

（3）根据事先编制好的会计科目表，在工作表单元格区域 A2:A162 输入“科目编号”数据、单元格区域 B2:B162 输入“总账科目”数据和单元格区域 C2:C162 输入“明细科目”数据（输入的数据可参照有关会计科目表数据），结果如图 14.3 所示。

	A	B	C	D	E	F	G	H
1	科目编号	总账科目	明细科目	余额方向	科目级次	期初余额(借)	期初余额(贷)	
2								
3								
4								
5								
6								
7								

Sheet1　Sheet2　Sheet3

图 14.2　建立会计科目表并输入标题

	A	B	C	D	E	F	G
1	科目编号	总账科目	明细科目	余额方向	科目级次	期初余额(借)	期初余额(贷)
2	1001	现金					
3	1002	银行存款					
4	100201	银行存款	建设银行				
5	100202	银行存款	工商银行				
6	1009	其他货币资金					
7	1101	短期投资					
8	110101	短期投资	股票				
9	110102	短期投资	债券				
10	110103	短期投资	基金				
11	110110	短期投资	其他				
12	1102	短期投资跌价准备					
13	1111	应收票据					
14	1121	应收股利					
15	1122	应收利息					
16	1131	应收账款					
17	1131	应收账款	雁塔公司				
18	1131	应收账款	延安公司				
19	1131	应收账款	科大公司				
20	1133	其他应收款					
21	1141	坏账准备					
22	1151	预付账款					
23	1161	应收补贴款					
24	1201	材料采购					
25	1211	材料					

Sheet1　Sheet2　Sheet3

图 14.3　输入会计科目表数据

2. 设置数据有效性条件

（1）选择单元格区域 D2:D162。

（2）在“数据”选项卡的“数据工具”组中单击“数据有效性”按钮，在弹出的下拉列表中选择“数据有效性”选项。

（3）打开如图 14.4 所示的“数据有效性”对话框的“设置”选项卡，在“允许”下拉列表框中选择“序列”选项，在“来源”文本框中输入“借,贷”。

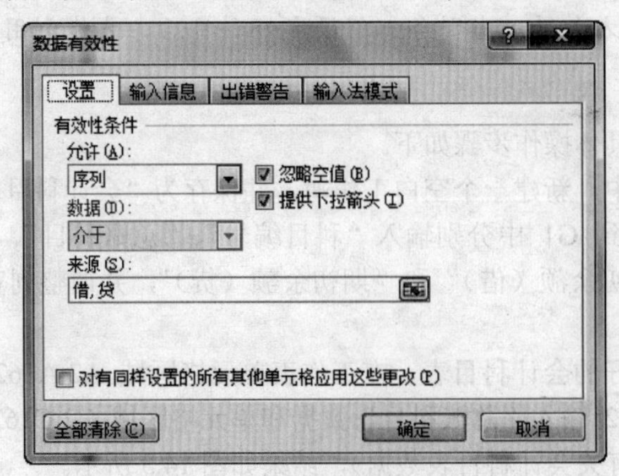

图 14.4 “数据有效性”对话框

提示： 输入来源内容时，各序列项间必须用英文状态下的逗号隔开，否则不能以序列显示。

（4）设置输入信息。切换到如图 14.5 所示的“输入信息”选项卡，在“标题”文本框中输入“选择余额方向”，在“输入信息”文本框中输入“从下拉列表中选择该科目的余额方向”。

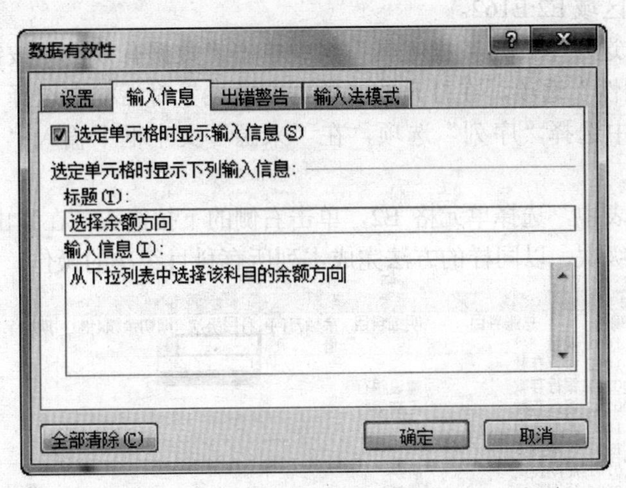

图 14.5　设置输入信息

（5）设置出错信息。切换到如图 14.6 所示的“出错警告”选项卡，在“样式”下拉列表框中选择“停止”选项，在“标题”文本框中输入“出错了”，在“错误信息”文本框中输入“余额方向只有‘借’和‘贷’”，单击“确定”按钮。

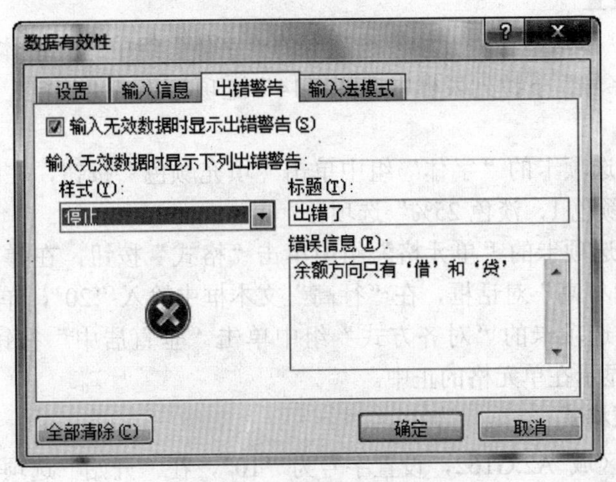

图 14.6　设置出错警告信息

提示： 在“数据有效性”对话框中的“出错警告”选项卡下的“样式”下拉列表框中有“停止”、“信息”和“警告”3 种输入无效数据时的响应方式。“停止”选项表示阻止输入无效数据；“信息”选项表示显示可输入无效数据的信息；“警告”选项表示可显示警告信息。

（6）设置完成后，选择“余额方向”列中的单元格时，会给出提示信息，这时如果单击单元格后面的下拉箭头，会弹出含有“借”和“贷”的列表以供选择；当输入的内容不在“借”和“贷”的范围时，则会给出警告信息。

（7）以从列表中选择的方法完成“余额方向”列中所有余额方向的选择操作。

3．填充科目级次

（1）选择单元格区域 E2:E162。

（2）在“数据”选项卡的“数据工具”组中单击“数据有效性”按钮，在弹出的下拉列表中选择“数据有效性”选项，在打开的“数据有效性”对话框中选择“设置”选项卡，在“允许”下拉列表框中选择“序列”选项，在“来源”文本框中输入“1,2”，单击“确定”按钮。

（3）返回到工作表中，选择单元格 E2，单击右侧的下拉箭头，在弹出的如图 14.7 所示的下拉列表中选择科目级次，以同样的方法完成本列所有科目级次的操作。

	A	B	C	D	E	F	G
1	科目编号	总账科目	明细科目	余额方向	科目级次	期初余额(借)	期初余额(贷)
2	1001	现金		借			
3	1002	银行存款			1		
4	100201	银行存款	建设银行		2		
5	100202	银行存款	工商银行				
6	1009	其他货币资金					
7	1101	短期投资					
8	110101	短期投资	股票				
9	110102	短期投资	债券				
10	110103	短期投资	基金				
11	110110	短期投资	其他				
12	1102	短期投资跌价准备					

Sheet1 / Sheet2 / Sheet3

图 14.7　科目级次有效性设置

4．表头字段的设置

（1）选择 A1:G1 区域，在“开始”选项卡的“字体”组中的“字体”下拉列表框中选择“黑体”选项，在“字号”下拉列表框中选择“14”选项，单击“加粗”按钮 **B**，并调整各列宽，使文字显示完全。

（2）在“开始”选项卡的“字体”组中单击“填充颜色”按钮，在弹出的下拉列表中选择“蓝色，强调文字颜色 1，淡色 25%”选项。

（3）在“开始”选项卡的“单元格”组中单击“格式”按钮，在弹出的下拉列表中选择“行高”选项，打开“行高”对话框，在“行高”文本框中输入“20”，单击“确定”按钮。

（4）在“开始”选项卡的“对齐方式”组中单击“垂直居中”按钮和“居中”按钮，将标题行的文字显示在单元格的正中。

5．设置数据区域格式

（1）选择单元格区域 A2:G162，设置字号为“10”，在“开始”选项卡的“对齐方式”组中单击“垂直居中”按钮和“文本左对齐”按钮，将选择的文字左对齐。

（2）在“开始”选项卡的“单元格”组中单击“格式”按钮，在弹出的下拉列表中选择“行高”选项，在打开的“行高”对话框的“行高”文本框中输入“18”，单击“确定”按钮。

（3）选择 A1:G162 单元格区域，在“开始”选项卡的“单元格”组中单击“格式”按钮，在弹出的下拉列表中选择“自动调整列宽”选项，使单元格数据区域的列宽自动调整。

（4）设置后的会计科目表如图 14.8 所示。

	A	B	C	D	E	F	G
1	科目编号	总账科目	明细科目	余额方向	科目级次	期初余额（借）	期初余额（贷）
2	1001	现金		借	1		
3	1002	银行存款					
4	100201	银行存款	建设银行				
5	100202	银行存款	工商银行				
6	1009	其他货币资金					
7	1101	短期投资					
8	110101	短期投资	股票				
9	110102	短期投资	债券				
10	110103	短期投资	基金				
11	110110	短期投资	其他				
12	1102	短期投资跌价准备					
13	1111	应收票据					
14	1121	应收股利					
15	1122	应收利息					
16	1131	应收账款					
17	1131	应收账款	雁塔公司				
18	1131	应收账款	延安公司				
19	1131	应收账款	科大公司				

图 14.8　会计科目表美化后的效果

6．保存会计科目表

会计科目表创建、美化完成后，需要保存所做的工作，操作如下。

（1）单击快速访问工具栏中的“保存”按钮，保存工作簿。

（2）单击窗口标题栏右侧的“关闭”按钮，退出 Excel 2010。

14.2　建立会计凭证表

会计凭证是记录经济业务、明确经济责任、按一定格式编制的以登记会计账簿的书面证明。本节将介绍在 Excel 2010 中建立会计凭证表的方法。

1．设计会计凭证表

记账凭证按其反映经济业务的类型不同分为收款凭证、付款凭证和转账凭证 3 大类，设计会计凭证表的具体操作步骤如下。

（1）新建一个工作簿，保存为“会计凭证表.xlsx”文件。

（2）向工作表输入会计凭证表中的标题、单位、摘要等信息，如图 14.9 所示。

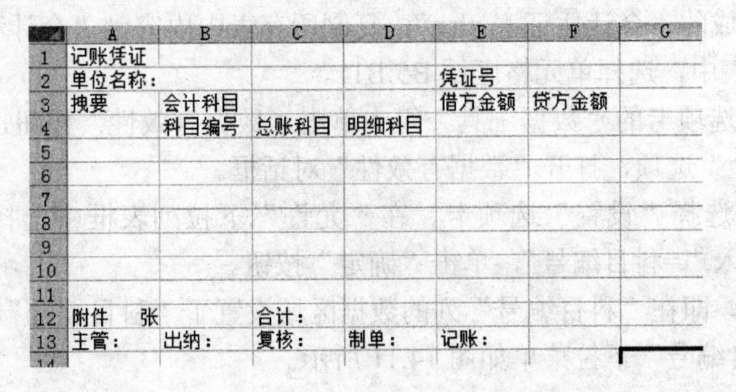

	A	B	C	D	E	F	G
1	记账凭证						
2	单位名称：				凭证号		
3	摘要	会计科目			借方金额	贷方金额	
4		科目编号	总账科目	明细科目			
5							
6							
7							
8							
9							
10							
11							
12	附件　　张		合计：				
13	主管：	出纳：	复核：	制单：	记账：		
14							

图 14.9　会计凭证表基本格式

（3）设置标题行文字格式为“合并后居中”、“黑体”、“16”。正文部分文字格式为“宋体”、“11”，分别合并单元格区域 A3:A4、B3:D3、E3:E4、F3:F4，并设置所有单元格的对齐方式为垂直居中。

（4）设置单元格区域 B4:D4 的对齐方式为水平居中，并分别为所有单元格区域设置合适的行高和列宽。

（5）选择单元格区域 A3:F13，在“开始”选项卡的“字体”组中单击“边框”按钮田右侧的下三角按钮，在弹出的下拉列表中选择“所有框线”选项。

设置完成后的会计凭证表如图 14.10 所示。

	A	B	C	D	E	F
1	记账凭证					
2	单位名称：				凭证号	
3	摘要	会计科目			借方金额	贷方金额
4		科目编号	总账科目	明细科目		
5						
6						
7						
8						
9						
10						
11						
12	附件　张		合计：			
13	主管：	出纳：	复核：	制单：	记账：	
14						

图 14.10　设置后的会计凭证表

2. 建立会计凭证表

会计凭证表设计好后，就可以利用数据有效性规则创建“科目编号”下拉菜单。具体的操作步骤如下。

（1）创建“科目编号”下拉菜单。

① 打开“第 14 章素材\会计科目表数据.xlsx”文件，选择单元格区域 A2:A162，在“公式”选项卡的“定义的名称”组中单击“定义名称”按钮，打开“编辑名称”对话框，在“名称”文本框中输入“科目编号”，单击“确定”按钮。

② 打开创建完成的“会计凭证表.xlsx”，复制所有表中内容到“会计科目表数据.xlsx”工作簿的 Sheet2 工作表中，选择单元格区域 B5:B11。

③ 在“数据”选项卡的“数据工具”组中单击“数据有效性”按钮，在弹出的下拉列表中选择“数据有效性”选项，打开“数据有效性”对话框。

④ 在对话框中选择“设置”选项卡，在“允许”下拉列表框中选择“序列”选项，在“来源”文本框中输入“=科目编号”，单击“确定”按钮。

⑤ 返回工作表，即在“科目编号”列的数据区域设置了“科目编号”下拉菜单。

创建好的“科目编号”下拉菜单如图 14.11 所示。

	A	B	C	D	E	F
1			记账凭证			
2	单位名称：				凭证号	
3	摘要	会计科目			借方金额	贷方金额
4		科目编号	总账科目	明细科目		
5						
6		1001 1002 100201 100202 1009 1101 110101 110102				
7						
8						
9						
10						
11						
12	附件　　张		合计：			
13	主管：	出纳：	复核：	制单：	记账：	

图 14.11 “科目编号”下拉菜单

（2）输入凭证数据。

① 在单元格 C2 中输入公式“=TODAY()”，按 Enter 键得到当前系统的日期。

提示：“TODAY()”函数用于返回当前日期的序列号。序列号是 Excel 2010 日期和时间计算使用的日期代码。

② 在 Sheet2 工作表中依次输入“购买设备”和“付租金”的会计科目及相应借贷方发生额。

③ 在“文件”菜单中选择“另存为”选项，将工作簿另存为“记账凭证.xlsx”文件。

设置完成后的结果如图 14.12 所示。

	A	B	C	D	E	F
1			记账凭证			
2	单位名称：		2015/2/24		凭证号	
3	摘要	会计科目			借方金额	贷方金额
4		科目编号	总账科目	明细科目		
5	购买设备	100201	银行存款	建行		5000
6	付租金	1001	现金			1000
7						
8						
9						
10						
11						
12	附件　　张		合计：			
13	主管：	出纳：	复核：	制单：	记账：	
14						

图 14.12　记账凭证

④ 用同样的方法分别创建收款凭证、付款凭证和转账凭证并设置格式。

3．会计凭证数据的筛选

Excel 2010 工作表中数据较多时，查找起来非常麻烦，用数据筛选的方法将所需数据筛选出来，将无用的数据隐藏起来，会起到事半功倍的效果。数据筛选的具体操作步骤如下。

（1）打开“第 14 章素材\会计科目表数据.xlsx”文件，选择数据区域内的任一单元格。

（2）在“数据”选项卡的“排序和筛选”组中单击“筛选”按钮，进入“自动筛选”状态，此时在标题行每列的右侧出现一个下拉箭头。

（3）单击“总账科目”列右侧的下拉箭头，在弹出的下拉列表中的“文本筛选”列表框中取消勾选“全选”复选框，勾选“银行存款”复选框，单击“确定”按钮。工作表中将仅列出“银行存款”的所有业务，其他业务被隐藏。

（4）在“文件”菜单中选择“另存为”选项，将文件另存为“筛选表.xlsx”文件，如图 14.13 所示。

	A	B	C	D	E	F	G
1	科目编号	总账科目	明细科目	余额方向	科目级次	期初余额（借）	期初余额（贷）
3	1002	银行存款		借	1		
4	100201	银行存款	建设银行	借	2		
5	100202	银行存款	工商银行	借	2		
26							
27							
28							
29							
30							
31							
32							

图 14.13　筛选后的工作表

14.3　建立日记账簿

会计账簿的设置和登记是日常会计核算工作的中心环节，处于承上启下的地位，对提供会计信息有着非常重要的意义。

1．设计日记账簿格式

现金日记账是用来核算和监督库存现金每天的收入、支出和结存情况的账簿。现金日记账一般有三栏式和多栏式两种类型格式，三栏式现金日记账的表头一般包括日期、凭证号数、摘要、对应科目、收入、支出及结余项目。

以三栏式现金日记账为例，设计现金日记账的具体操作步骤如下。

（1）新建“现金日记账”工作簿。

① 在 Excel 2010 中，新建一个空白工作簿，并保存为“现金日记账.xlsx”文件。

② 双击工作表的 Sheet1 标签，重命名为“现金日记账”。

（2）输入表中数据并设置格式。

① 在工作表中输入“现金日记账”工作表表头的所有数据信息。

② 按照图 14.14 所示设置单元格的对齐方式、自动换行，以及合并后居中，并调整各列的列宽。

	A	B	C	D	E	F	G	H
1	现金日记账							
2	2010年		凭证种类	摘要	对应科目	收入	支出	结余
3	月	日						
4	8	1						
5								
6								
7								
8								
9								
10								
11								
12								
13								
14								
15								
16		31		本期发生额及期末余额				

图 14.14 “现金日记账”工作表

③ 选择单元格区域 A2:H16，在“开始”选项卡的“字体”组中单击“边框”按钮右侧的下拉按钮，在弹出的下拉列表中选择“所有框线”选项。工作表中除标题行外的单元格区域均设置了框线，如图 14.15 所示。

	A	B	C	D	E	F	G	H
1	现金日记账							
2	2010年		凭证种类	摘要	对应科目	收入	支出	结余
3	月	日						
4	8	1						
5								
6								
7								
8								
9								
10								
11								
12								
13								
14								
15								
16		31		本期发生额及期末				

图 14.15　加边框的“现金日记账”工作表

（3）利用数据有效性创建“凭证种类”下拉菜单。

① 选择单元格 C4，在“数据”选项卡的“数据工具”组中单击“数据有效性”按钮，在弹出的下拉列表中选择“数据有效性”选项。

② 在弹出的“数据有效性”对话框中，选择“设置”选项卡，在“允许”下拉列表框中选择“序列”选项，在“来源”文本框中输入“银收,银付,现收,现付,转”，单击“确定”按钮。

③ 返回工作表，在单元格 C4 右侧出现了下拉箭头，输入数据时可以单击下拉箭头，从弹出的下拉列表中选择凭证种类。

④ 选择单元格 C4，将鼠标指针放在单元格右下角，当指针变成+时向下拖曳鼠标，在单元格区域 C5:C15 中填充复制单元格 C4 的格式。

设置后结果如图 14.16 所示。

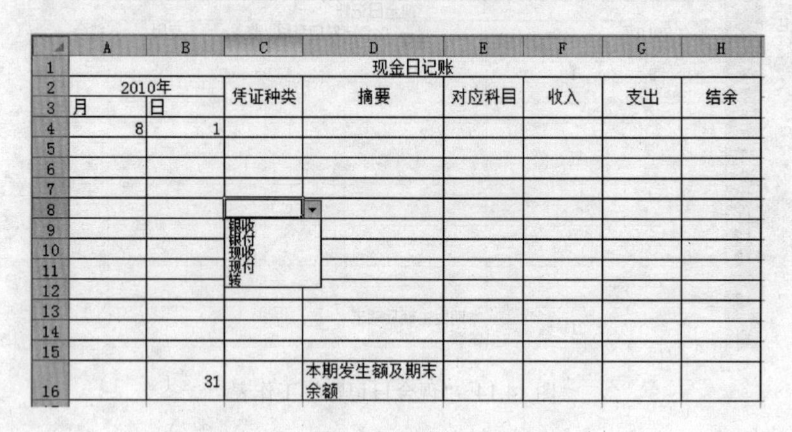

	A	B	C	D	E	F	G	H
1	现金日记账							
2	2010年		凭证种类	摘要	对应科目	收入	支出	结余
3	月	日						
4	8	1						
5								
6								
7								
8								
9			银收					
10			银付					
11			现收					
12			现付					
13			转					
14								
15								
16		31		本期发生额及期末余额				

图 14.16 “凭证种类”下拉菜单

2. 在日记账簿中设置借贷不平衡自动提示

在会计核算中，同一会计事项必须同方向、同时间和同金额登记，以确保输入账户的借贷方金额相等，在日记账中可使用“IF()”函数设置借贷不平衡提示信息。具体的操作步骤如下。

（1）输入如图 14.17 所示的数据，或直接打开“第 14 章素材\现金日记账.xlsx”文件。其中 H5=H4+F5-G5，下拉自动生成 H6、H7、H8。

H5　名称框　fx =H4+F5-G5

	A	B	C	D	E	F	G	H
1	现金日记账							
2	2010年		凭证种类	摘要	对应科目	收入	支出	结余
3	月	日						
4	8	1		期初余额				100
5		1	银付	提取现金	银行存款	20000		20100
6		1	现收	罚款收入	营业外收入	30		20130
7		1	现付	发放工资	应付工资		20000	130
8		1	现付	购买办公用品	管理费用		20	110
9								
10								
11								
12								
13								
14								
15								
16		31		本期发生额及期末余额				

图 14.17　输入“现金日记账”工作表的数据

（2）选择单元格 I16，输入公式“=IF(F16=(G16+H16),"", "借贷不平! ")”。如果借贷不平衡就会给出“借贷不平!”的提示。

（3）按 Enter 键，如图 14.18 所示，在单元格 I16 中给出了“借贷不平!”的提示。

（4）如图 14.19 所示，在单元格 H16 中更改数据“200”为“100”，由于借方和贷方的金额相等，所以在单元格 I16 中没有任何提示。

I16　=IF(F16=(G16+H16),"","借贷不平！")

	A	B	C	D	E	F	G	H	I
1	现金日记账								
2	2010年		凭证种类	摘要	对应科目	收入	支出	结余	
3	月	日							
4	8	1		期初余额				100	
5		1	银付	提取现金	银行存款	20000		20100	
6		1	现收	罚款收入	营业外收入	30		20130	
7		1	现付	发放工资	应付工资		20000	130	
8		1	现付	购买办公用品	管理费用		20	110	
9									
10									
11									
12									
13									
14									
15									
16		31		本期发生额及期末余额		81000	80900	200	借贷不平！

图 14.18　借贷不平

I16　=IF(F16=(G16+H16),"","借贷不平！")

	A	B	C	D	E	F	G	H	I
1	现金日记账								
2	2010年		凭证种类	摘要	对应科目	收入	支出	结余	
3	月	日							
4	8	1		期初余额				100	
5		1	银付	提取现金	银行存款	20000		20100	
6		1	现收	罚款收入	营业外收入	30		20130	
7		1	现付	发放工资	应付工资		20000	130	
8		1	现付	购买办公用品	管理费用		20	110	
9									
10									
11									
12									
13									
14									
15									
16		31		本期发生额及期末余额		81000	80900	100	

图 14.19　没有借贷不平

14.4　建立分类账簿

分类账簿是对全部经济业务进行反映的会计账簿，通过分类账簿可以了解企业管理需要的各个会计要素项目的详细程序，便于实施有效的管理，实现企业的经营目标。

提示：分类账簿是按照分类账户开设和登记的账簿，对企业的全部经济业务进行总括的分类反映。一般分为总分类账簿和明细分类账簿。总分类账是编制会计报表的主要依据，明细分类账是对各有关会计要素项目进行较为详细的分类反映，是对总分类账的必要补充说明，还为编制会计报表提供所需的详细资料。

1. 设计分类账簿格式

总分类账一般有三栏式和多栏式两种格式，不同格式的分类账分别满足不同的管理和核算需要。下面以物质采购总分类账为例介绍分类账簿的格式的创建方法。分类账一般采用借、贷、余三栏式账页格式，表头包括日期、凭证、摘要、借方、贷方、借或贷和余额等内容。

（1）新建工作簿。

① 在 Excel 2010 中，新建一个空白工作簿，保存为“物质采购总分类账.xlsx”文件。

② 双击工作表的 Sheet1 标签，重命名为“物质采购总分类账”。

（2）输入表中的数据信息。

① 在工作表中输入如图 14.20 所示的数据信息。

② 按图 14.20 所示设置工作表中相应的单元格的合并居中、对齐方式和自动换行格式。

③ 在“开始”选项卡的“单元格”组中单击“格式”按钮，在弹出的下拉列表中分别选择“行高”和“列宽”选项，设置工作表的行高和列宽。

④ 选择单元格 A1，将字体设置为“黑体”，将字号设置为“16”，选择单元格区域 A2:I11，将字体设置为“宋体”，将字号设置为“11”。

⑤ 选择单元格区域 A2:I11，在“开始”选项卡的“字体”组中单击“边框”按钮右侧的下三角按钮，在弹出的下拉列表中选择“所有框线”选项，设置后除标题行外的单元格区域均添加上了框线。

设置后的结果如图 14.20 所示。

	A	B	C	D	E	F	G	H	I
1	物质采购总分类账								
2	2010年		凭证		摘要	借方	贷方	借或贷	余额
3	月	日	种类	号数					
4									
5									
6									
7									
8									
9									
10									
11					本期发生额及期末余额				

图 14.20 “物质采购总分类账”工作表格式

（3）利用数据有效性创建表中凭证“种类”下拉菜单。

① 选择单元格 C4，在“数据”选项卡的“数据工具”组中单击“数据有效性”按钮，在弹出的下拉列表中选择“数据有效性”选项。

② 在打开的“数据有效性”对话框中选择“设置”选项卡，在“允许”下拉列表框中选择“序列”选项，在“来源”文本框中输入“银收,银付,现收,现付,转”，单击“确定”按钮。

③ 返回工作表，在单元格 C4 右侧出现下拉箭头，输入数据时可以单击该下拉箭头，从弹出的下拉列表中选择凭证种类。

④ 选择单元格 C4，将鼠标指针放在单元格右下角，当指针变成+时向下拖曳鼠标至单元格 C10，复制单元格 C4 的格式，如图 14.21 所示。

⑤ 利用同样方法，在“借或贷”列下面的单元格数据区域中创建下拉列表，下拉列表内容为“借,贷,平”，如图 14.22 所示。

	A	B	C	D	E	F	G	H	I
1	物质采购总分类账								
2	2010年		凭证		摘要	借方	贷方	借或贷	余额
3	月	日	种类	号数					
4									
5									
6			银收 银付 现收 现付 转						
7									
8									
9									
10									
11					本期发生额及期末余额				

图 14.21　凭证种类的设置

	A	B	C	D	E	F	G	H	I
1	物质采购总分类账								
2	2010年		凭证		摘要	借方	贷方	借或贷	余额
3	月	日	种类	号数					
4									
5									
6								借 贷 平	
7									
8									
9									
10									
11					本期发生额及期末余额				

图 14.22　借或贷的设置

（4）设置数据区域格式。

① 按住 Ctrl 键，同时选择单元格区域 F2:F11、G2:G11 和 I2:I11。

② 在“开始”选项卡的“数字”组中单击“会计数字格式”按钮右侧的下三角按钮，在弹出的下拉列表中选择“其他会计数字格式”选项。

③ 在打开的“设置单元格格式”对话框中选择“数字”选项卡，在“分类”列表框中选择“会计专用”选项，在“小数位数”文本框中输入“2”，在“货币符号”下拉列表框中选择“¥”符号，单击“确定”按钮。

④ 工作表中 3 列数据区域的格式设置为小数点后保存两位小数，并使用会计专用格式，输入数值后显示效果如图 14.23 所示。

	A	B	C	D	E	F	G	H	I
1	物质采购总分类账								
2	2010年		凭证		摘要	借方	贷方	借或贷	余额
3	月	日	种类	号数					
4						¥ 200.00			
5									
6							¥ 200.00		
7									
8									¥ 20.00
9									
10									
11					本期发生额及期末余额				

图 14.23　设置会计专用格式

2. 建立总分类账表

不同的账户名称登记总账的依据也不同。这里以物质采购明细账为例讲述总分类账的登记方法。

假设借、贷双方均无期初余额，根据“第 14 章素材\物质采购明细账”文件，登记 8 月 8 日采购物资的第一笔账。

（1）用同样的方法根据物质采购明细账登记本月的剩余业务。

（2）计算本期发生额。在单元格 F11 中输入公式“=SUM(F4:F10)”，按 Enter 键得到本期借方发生额；在单元格 G11 中输入公式“=SUM(G4:G10)”，按 Enter 键得到本期贷方发生额。

（3）在单元格 I11 中输入公式“=F11-G11”，按 Enter 键得到本期余额。

（4）由于本期余额大于零，在单元格 H11 中选择下拉列表中的“借”选项。

（5）至此，物质采购分类账簿创建完毕，如图 14.24 所示。若要保存文件，选择“文件”菜单中的“另存为”选项，在打开的“另存为”对话框中的“文件名”文本框中输入“物资采购总分类账.xlsx”，单击“保存”按钮即可。

物质采购总分类账 - Microsoft Excel

文件 开始 插入 页面布局 公式 数据 审阅 视图

E16

	A	B	C	D	E	F	G	H	I
1	物质采购总分类账								
2	2010年		凭证		摘要	借方	贷方	借或贷	余额
3	月	日	种类	号数					
4	8	1			月初余额			平	¥ -
5		8	转	1	购入100kg	¥ 1,000.00		借	¥ 1,000.00
6		12	现付	1	运杂费	¥ 50.00		借	¥ 1,050.00
7		12	转	2	材料入库		¥ 1,050.00	平	¥ -
8		15	银付	1	购入材料200kg	¥ 11,000.00		借	¥11,000.00
9		15	转	3	材料入库		¥ 11,000.00	平	¥ -
10		28	银付	3	购入材料100kg，未入库	¥ 990.00		借	¥ 990.00
11					本期发生额及期末余额	¥ 13,040.00	¥ 12,050.00	借	¥ 990.00
12									

图 14.24 物质采购总分类账

14.5 建立科目汇总表

当实现总体分类后，有时会对特定时间段的财务进行分析，这就需要更为详细的汇总表，而科目汇总表就可对一定时期的所有经济业务进行统计分类汇总。

1. 设计科目汇总表格式

科目汇总表是一定时期的经济业务在会计核算过程中有承上启下的作用，将一定时期内发生的经济业务分类汇总，同时也为编制会计报表提供数据。设计科目汇总表格式的具体操作步骤如下。

（1）新建“科目汇总表”工作簿。

① 在 Excel 2010 中，新建一个空白工作簿，保存为“科目汇总表.xlsx”文件。

② 双击工作表的 Sheet1 标签，重命名为“科目汇总表”。

（2）输入表中信息并设置格式。

① 在科目汇总表中输入如图 14.25 所示的信息。

② 在“开始”选项卡的“对齐方式”组中单击“合并后居中”按钮和“自动换行”按钮，在工作表中设置相应的单元格合并居中和自动换行格式。

③ 在“开始”选项卡中，将标题字体设置为“黑体”，字号设置为“16”，其他文本字体设置为“宋体”，字号设置为“11”。

④ 在“开始”选项卡的“单元格”组中单击“格式”按钮，在弹出的下拉列表中选择“行高”和“列宽”选项，分别设置工作表的行高和列宽，并设置单元格的对齐方式。

⑤ 选择单元格区域 A3:E14，在“开始”选项卡的“字体”组中单击“边框”按钮右侧的下三角按钮，在弹出的下拉列表中选择“所有框线”选项。在工作表中除标题行外的单元格区域均设置了框线，如图 14.25 所示。

科目汇总表

2014年8月1日至10日

会计科目	记账	本期发生额		记账凭证起讫号数
		借方	贷方	

图 14.25　科目汇总表格式

2. 建立科目汇总表

科目汇总实际上就是汇总凭证录入，下面以科大公司科目汇总表 10 天汇总一次为例，利用筛选功能对汇总表中汇总发生额的数据进行录入。

（1）利用筛选功能汇总银行存款借方发生额。

① 依次打开“第 14 章素材\科目汇总表.xlsx”文件和“凭证录入.xlsx”文件。

② 选择单元格区域 A2:I3，在“数据”选项卡的“排序和筛选”组中单击“筛选”按钮，进入“自动筛选”状态，此时在标题行每列的右侧出现一个下拉箭头，如图 14.26 所示。

③ 在工作表中单击“借方”列右侧的下拉箭头，在弹出的下拉列表中取消勾选“全选”复选框，勾选“银行存款”复选框，单击“确定”按钮。

④ 返回工作表，筛选出所有关于借方银行存款的记录。

⑤ 选择单元格区域 G4:G14，此时状态栏中已经显示“求和:65,000.00”的计算结果。

⑥ 返回“科目汇总表.xlsx”文件，在单元格 A5 中输入“银行存款”，在单元格 C5 中输入计算结果“65000”，如图 14.27 所示。

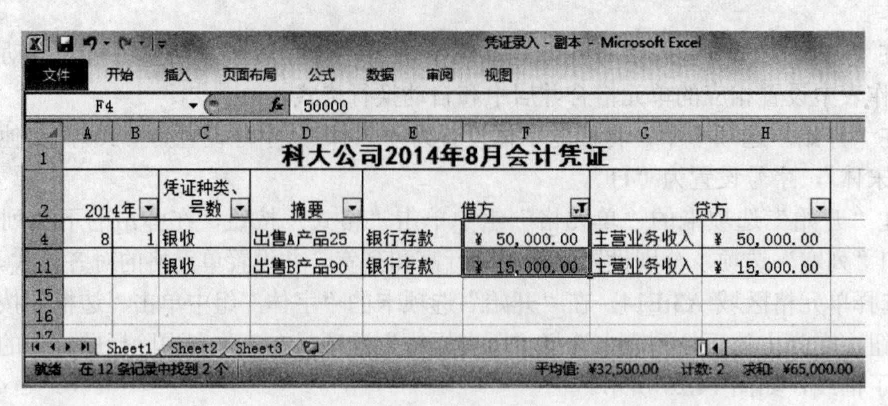

	A	B	C	D	E	F	G	H
1	科大公司2014年8月会计凭证							
2	2014年		凭证种类、号数	摘要		借方		贷方
4	8	1	银收	出售A产品25	银行存款	¥ 50,000.00	主营业务收入	¥ 50,000.00
11			银收	出售B产品90	银行存款	¥ 15,000.00	主营业务收入	¥ 15,000.00

图 14.26　筛选结果

	A	B	C	D	E
1	科目汇总表				
2	2014年8月1日至10日				
3	会计科目	记账	本期发生额		记账凭证起讫号数
4			借方	贷方	
5	银行存款		65000		
6					
7					
8					
9					
10					
11					
12					
13					

图 14.27　在科目汇总表中填写信息

（2）计算其他会计科目的发生额。

① 利用筛选功能分别求出“现金”、“其他应收款”、“材料采购”、“应付账款”和“主营业务收入”的发生额，填入科目汇总表中。并且输入记账凭证记号数。

② 利用求和函数“SUM()”分别求出借、贷方发生额的合计数。

③ 选择单元格区域 C5:D14，单击“开始”选项卡“数字”组中的“会计数字格式”按钮，添加货币符号。

最终的科目汇总表如图 14.28 所示。

	A	B	C	D	E
1	科目汇总表				
2	2014年8月1日至10日				
3	会计科目	记账	本期发生额		记账凭证起讫号数
4			借方	贷方	
5	银行存款		¥ 65,000.00	¥ 27,500.00	（1）现金收贷款第一号；（2）现金付款凭证第1号至第7号；（3）银行收款凭证第1号至第5号；（4）银行收款凭证第1号至第5号；（5）转账凭证第1号至第10号；
6	现金		¥ 2,000.00	¥ 350.00	
7	其他应收款		¥ 300.00	¥ -	
8	材料采购		¥ 20,900.00	¥ 10,450.00	
9	应付账款		¥ 22,500.00	¥ 7,400.00	
10	主营业务收入		¥ -	¥ 65,000.00	
11	合计		¥ 110,700.00	¥110,700.00	
12					
13					
14					
15					

图 14.28　完整的科目汇总表

 第 15 章　办公实例生产管理案例解析

在生产管理中，经常会用到插入图表、建立数据透视表和链接数据等，利用 Excel 2010 强大的功能可以轻而易举地实现。

本章结合生产管理的实际应用，介绍生产部门业务能力分析表、生产计划综合报表、产品制作单、新产品开发测试情况登记表、新产品开发测试统计表、产品成本核算系统、生产成本透视表 7 个生产管理中常用表格设计和建立的方法。

15.1　设计生产部门业务能力分析表

对于生产部门来说，业务能力的强弱是非常重要的，所以对生产部门业务能力的分析也是非常必要和必须的。图 15.1 所示为“生产部门业务能力分析表”样表和“分析图表”样表。

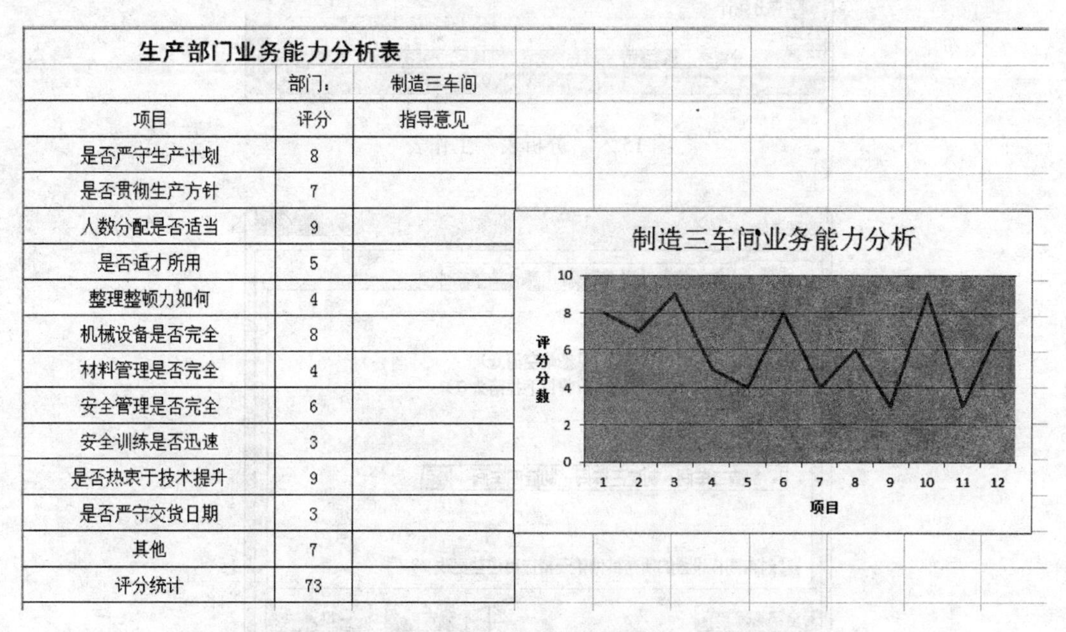

生产部门业务能力分析表

	部门:	制造三车间
项目	评分	指导意见
是否严守生产计划	8	
是否贯彻生产方针	7	
人数分配是否适当	9	
是否适才所用	5	
整理整顿力如何	4	
机械设备是否完全	8	
材料管理是否完全	4	
安全管理是否完全	6	
安全训练是否迅速	3	
是否热衷于技术提升	9	
是否严守交货日期	3	
其他	7	
评分统计	73	

图 15.1　“生产部门业务能力分析表”样表和“分析图表”样表

1. 建立表格

（1）打开 Excel 2010，新建工作簿，右击 Sheet1 工作表标签，在弹出的快捷菜单中选择“重命名”选项，将工作表命名为“分析表”。

（2）依次选择各单元格区域，分别输入表格信息，结果如图 15.2 所示。

2. 设置数据有效性

（1）选中图 15.2 所示的 C2 单元格，在“数据”选项卡的“数据工具”组中单击“数据有

效性”按钮，在弹出的下拉列表中选择“数据有效性”选项。

（2）在打开的如图 15.3 所示的“数据有效性”对话框的“设置”选项卡中，在“允许”下拉列表框中选择“序列”选项，在“来源”文本框中输入“制造一车间，制造二车间，制造三车间，制造四车间”。

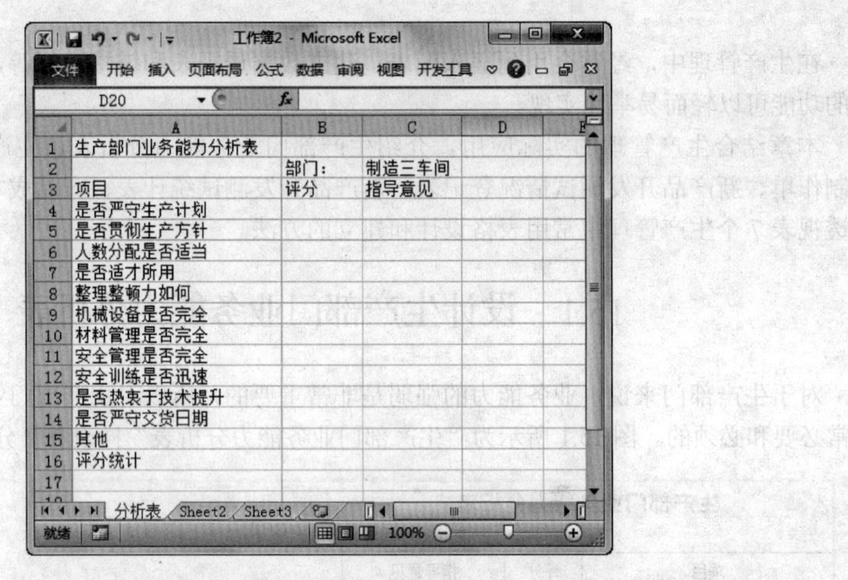

图 15.2 “分析表”工作表

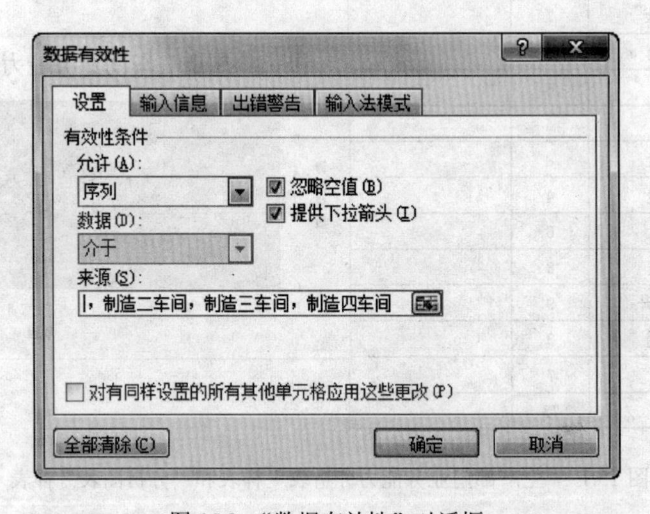

图 15.3 “数据有效性”对话框

注意：输入内容的分割号为西文逗号。

（3）切换到如图 15.4 所示的“输入信息”选项卡，勾选“选定单元格时显示输入信息”复选框，在“标题”文本框中输入“请输入部门”，在“输入信息”文本框中输入“可以在下拉列表中选择”。

（4）切换到如图 15.5 所示的“出错警告”选项卡，勾选“输入无效数据时显示出错警告”复选框，在“样式”下拉列表框中选择“停止”选项，在“标题”文本框中输入“部门错误”，在“错误信息”文本框中输入“请到下拉列表中选择”。

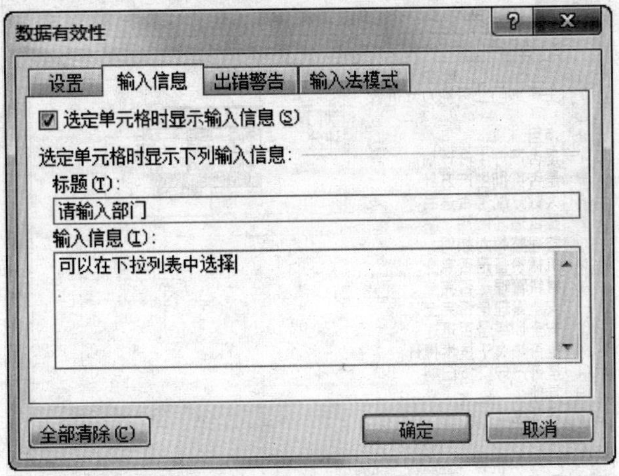

数据有效性

设置　输入信息　出错警告　输入法模式

☑ 选定单元格时显示输入信息(S)

选定单元格时显示下列输入信息:

标题(T):

请输入部门

输入信息(I):

可以在下拉列表中选择

全部清除(C)　确定　取消

图 15.4 “输入信息”选项卡

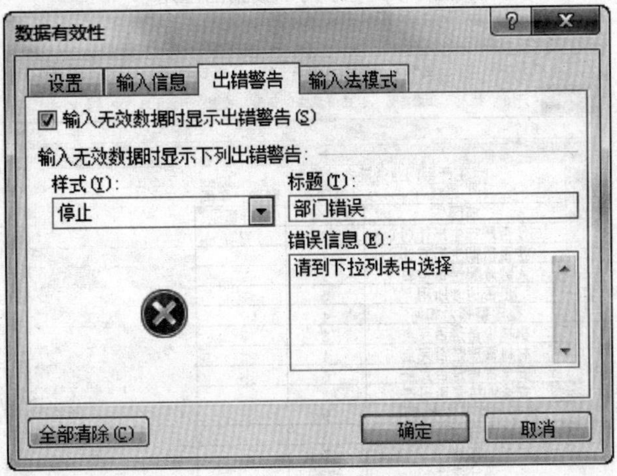

数据有效性

设置　输入信息　出错警告　输入法模式

☑ 输入无效数据时显示出错警告(S)

输入无效数据时显示下列出错警告:

样式(Y):　标题(T):

停止　部门错误

错误信息(E):

请到下拉列表中选择

全部清除(C)　确定　取消

图 15.5 “出错警告”选项卡

提示：当“输入信息”选项卡和“出错警告”选项卡中的各项内容没有固定的格式时，用户可以根据需要自己设定。

（5）单击“确定”按钮，则数据有效性就设置完成了。单击如图 15.6 所示的 C2 单元格右侧的下拉箭头即可选择部门。在其中选择“制造一车间”选项。

（6）调整行高和列宽，并设置单元格对齐方式为“居中”，选中 A1:C1 单元格区域，在“开始”选项卡的“对其方式”组中单击“合并后居中”按钮；选中 A3:C16 单元格区域，在“开始”选项卡的“字体”组中单击“边框”按钮田右侧的下三角按钮，在打开的“边框”列表中单击“所有边框”按钮田，选中 B16 单元格，在“开始”选项卡的“编辑”组中单击“自动求和”按钮Σ，效果如图 15.7 所示。

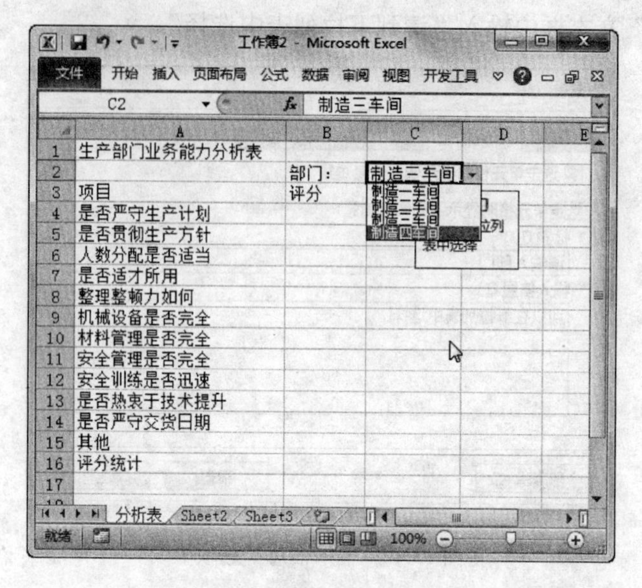

图 15.6 “序列”数据的应用

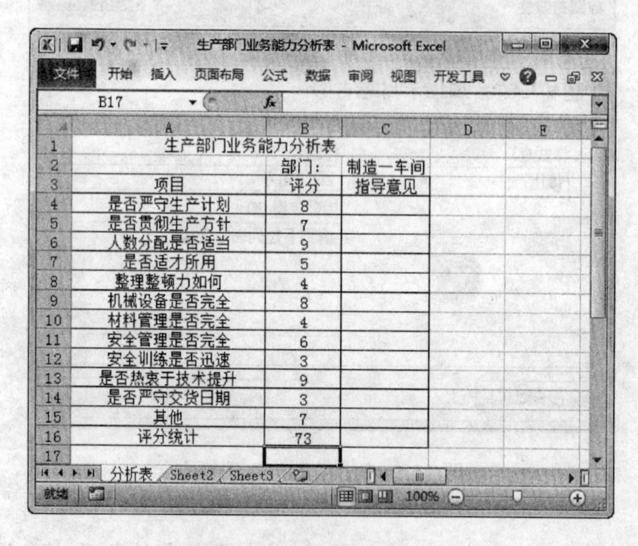

图 15.7 设置格式效果

3. 建立图表

（1）在图 15.8 所示的“分析表”工作表的“评分”列依次输入所评的分数，然后在 B16 单元格中输入公式“=SUM(B4:B15)”，然后按 Enter 键确认，得到评分统计数。

（2）为了更直观地反映该部门的业务能力，可以插入图表更形象地进行分析。选择 B4:B15 单元格区域，在“插入”选项卡的“图表”组中单击“折线图”按钮，在弹出的如图 15.9 所示的“折线”图表类型中选择“二维折线图”区中的“折线图”类型。

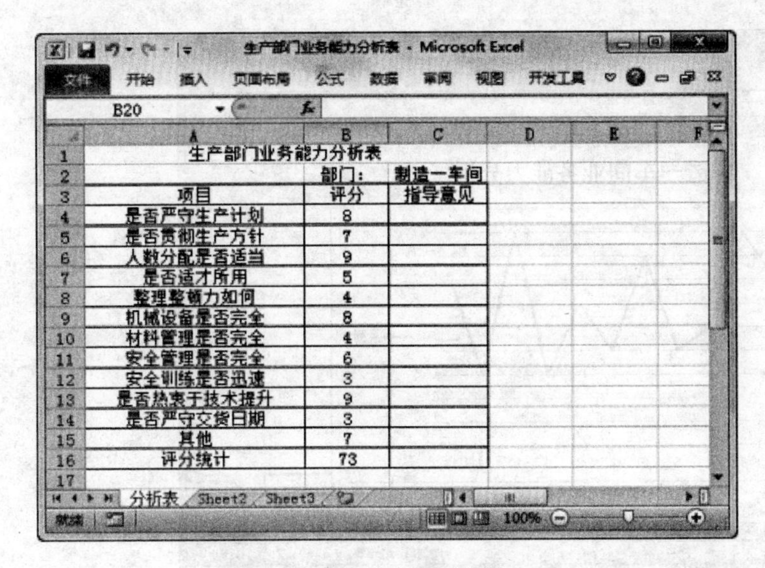

生产部门业务能力分析表		
	部门：	制造一车间
项目	评分	指导意见
是否严守生产计划	8	
是否贯彻生产方针	7	
人数分配是否适当	9	
是否适才所用	5	
整理整顿力如何	4	
机械设备是否完全	8	
材料管理是否完全	4	
安全管理是否完全	6	
安全训练是否迅速	3	
是否热衷于技术提升	9	
是否严守交货日期	3	
其他	7	
评分统计	73	

图 15.8　输入并求出评分值

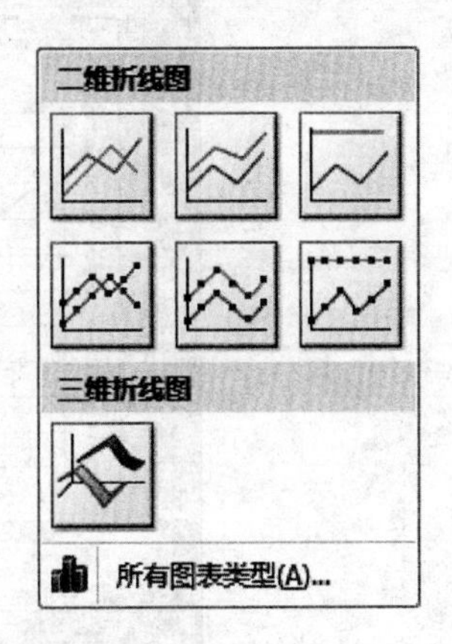

图 15.9 “折线”图表类型

（3）这时可以看到工作表中生成一个如图 15.10 所示的“业绩图表”，同时在选项卡中增加了“图表工具”功能区中的“设计”、“布局”和“格式”3 个选项卡。

（4）在“布局”选项卡的“标签”组中单击“图表标题”按钮，在弹出的列表中选择“图表上方”选项。

（5）在图表顶部显示出“图表标题”，将其改为“制造一车间业务能力分析”，如图 15.11 所示。然后在“布局”选项卡的“标签”组中单击“坐标轴标题”按钮，在弹出的列表的“主要横坐标标题”子列表中选择“坐标轴下方标题”选项。

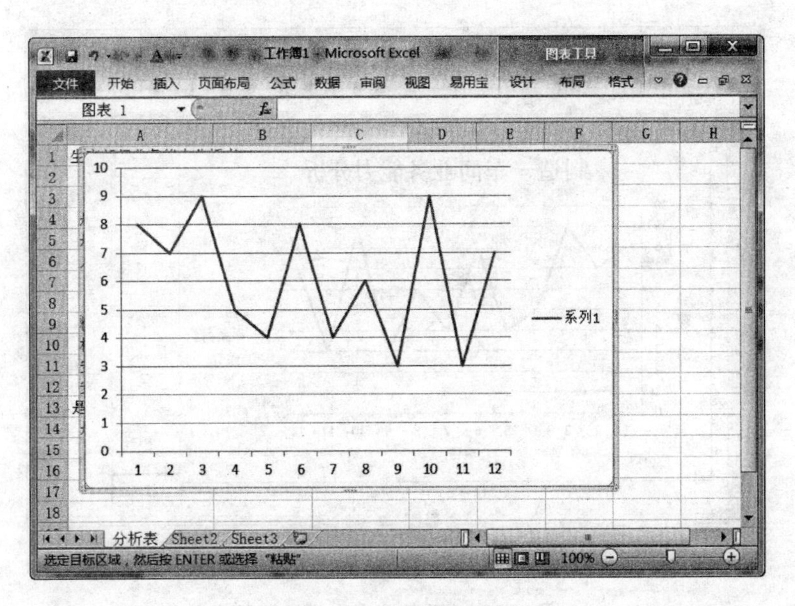

图 15.10　业绩图表

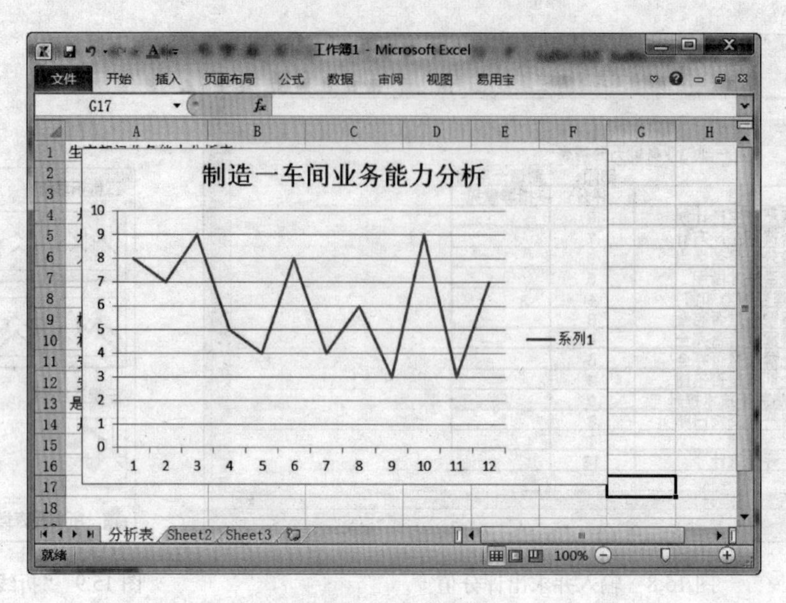

图 15.11 “图表标题”

（6）将横坐标标题改为“项目”，使用同样的方法将纵坐标标题改为“分数”，如图 15.12 所示。

完成分析图的设置。可以清楚地看到“制造一车间”各项业务能力的对比，效果如图 15.12 所示。

（7）在“文件”菜单中选择“保存”选项。

（8）在打开的如图 15.13 所示的“另存为”对话框的“文件名”文本框内输入“生产部门业务能力分析表”，单击“保存”按钮。

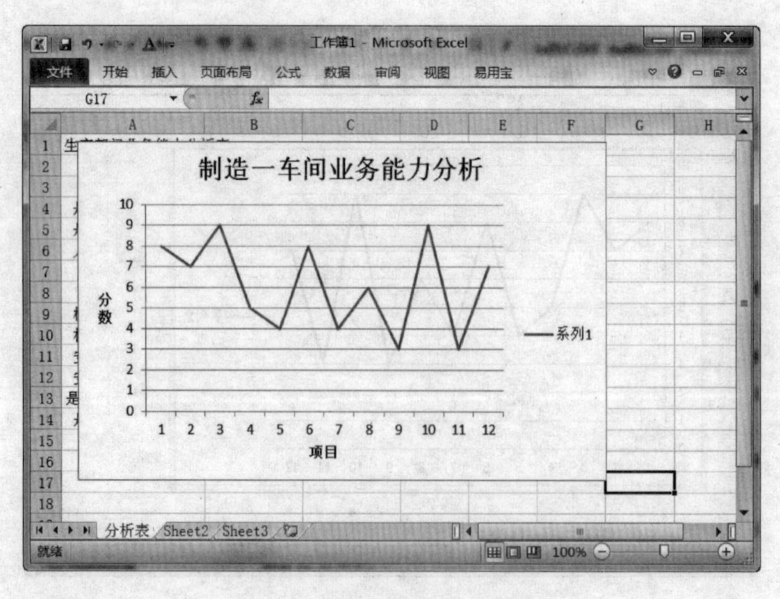

图 15.12 “业绩图表”最后效果

图 15.13 “另存为”对话框

本节通过对生产部门业务能力分析表的设计，重点讲述了插入图表的方法。

15.2 设计生产计划综合报表

生产部门在工作之前都必须制定生产计划，生产计划的制定不仅要考虑市场的销售情况，更要考虑企业的能力。“生产计划综合报表”样表如图 15.14 所示。

图 15.14 “生产计划综合报表”样表

1. 建立表格

（1）打开 Excel 2010 并新建“工作簿 1”，右击 Sheet1 工作表，在弹出的快捷菜单中选择“重命名”选项，将工作表命名为“计划表”。

（2）依次选择各单元格区域，分别输入表格信息，如图 15.15 所示。

（3）依据图 15.14 设置单元格的合并形式，单元格中文字的字体、字号、换行并调整列宽，效果如图 15.16 所示。

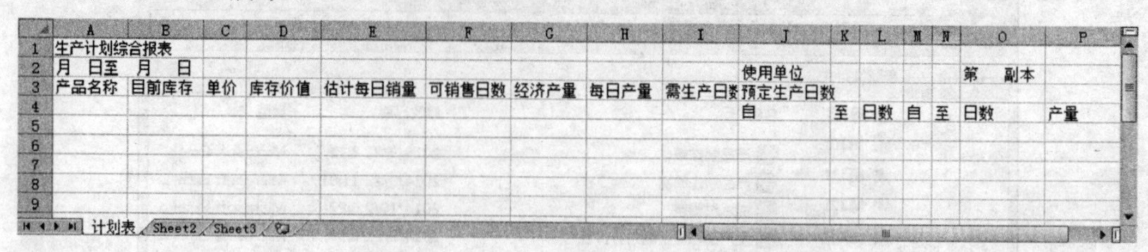

图 15.15　输入“计划表”工作表的数据

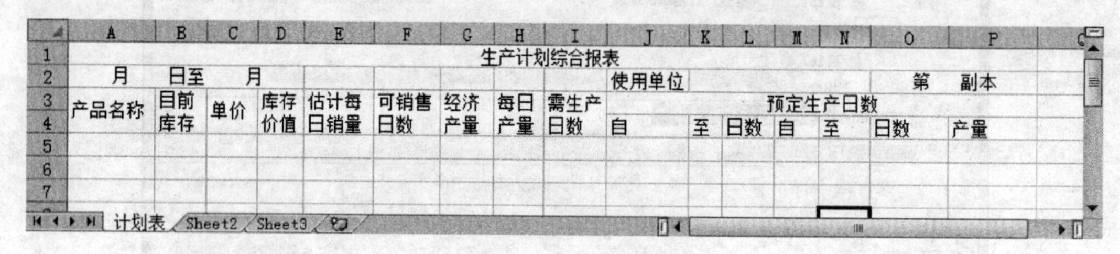

图 15.16　调整后的效果

2. 分隔工作表

当某一个部门生产的产品比较多，数量比较大时，可以对工作表进行分隔，从而便于操作。

（1）将光标放在工作表右上角的水平分隔线处，此时光标变为上下方向的双向箭头。

（2）按住鼠标左键拖曳至要分隔的位置，效果如图 15.17 所示。

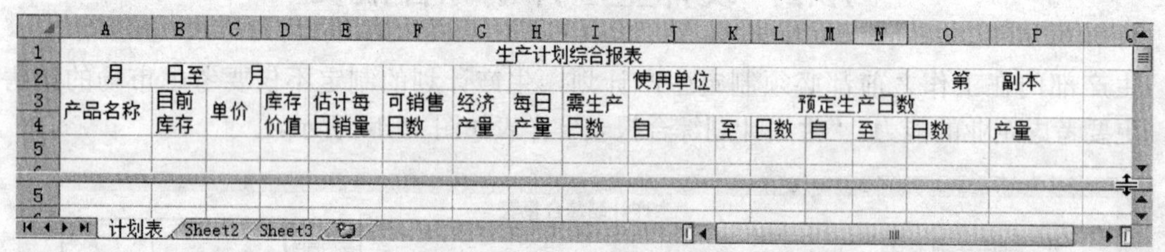

图 15.17　鼠标左键拖曳效果图

（3）释放左键，则工作表就被水平分隔为两部分了，如图 15.18 所示，每部分都有独立的滚动条，拖曳垂直滚动条，每部分都可以看到整个工作表。

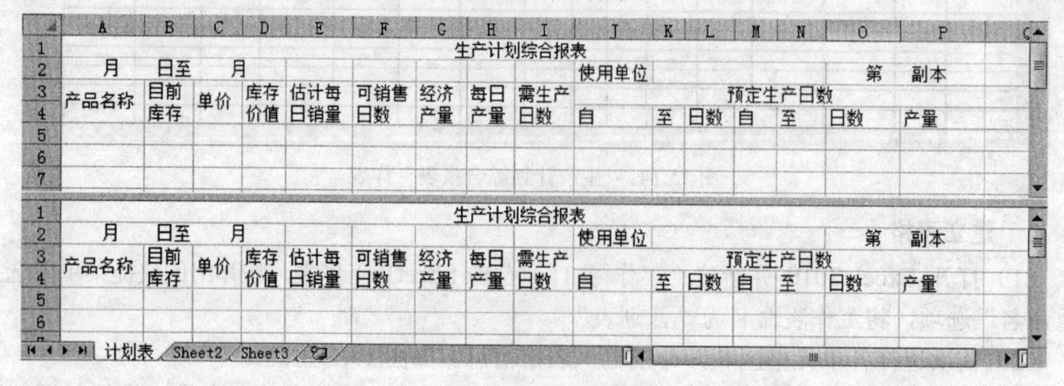

图 15.18　分割表格后的效果

（4）如果输入数据，例如，在 A4 单元格中输入“钳子”，如图 15.19 所示，则两部分同时更新显示。

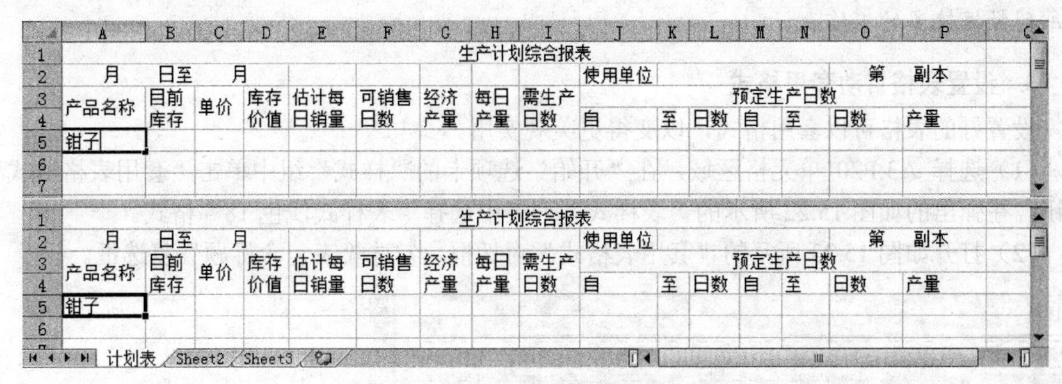

图 15.19　分割后输入数据的效果

（5）将光标移至表格中间的“分割线”上，拖曳鼠标至最上方时放开，则工作表就能回到原始状态。

（6）将光标放在工作表右下角的垂直分隔线处，此时光标变为左右方向的双向箭头。

（7）按住鼠标左键拖曳至要分隔的位置，释放左键，则工作表就被垂直分隔为两部分了，如图 15.20 所示。

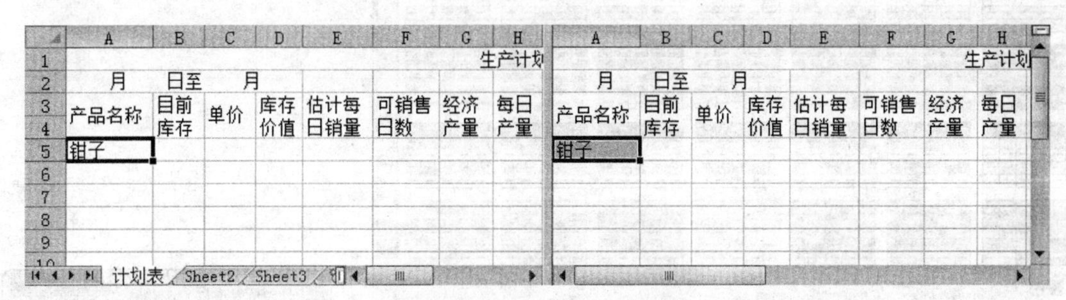

图 15.20　垂直分割后的效果

（8）同时使用水平分隔和垂直分隔时，可以将工作表分为 4 个部分，每部分都将独立操作，同时更新，效果如图 15.21 所示。

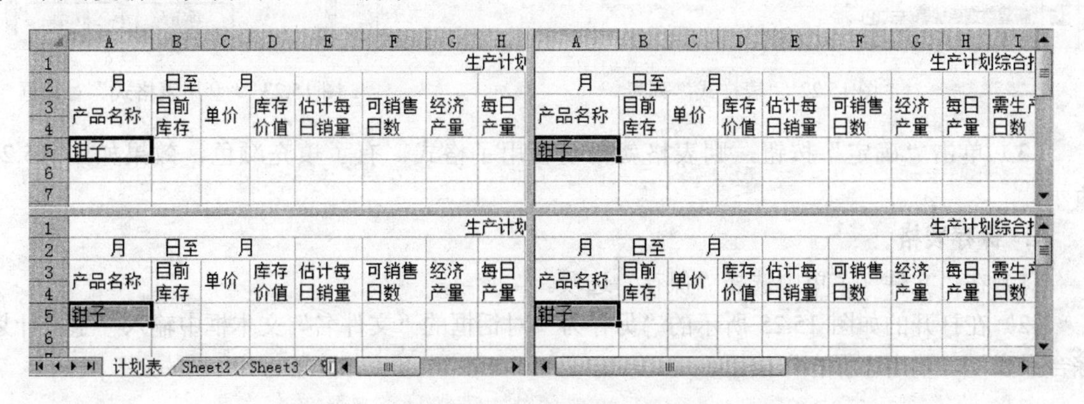

图 15.21　同时使用水平分隔和垂直分隔时的效果

提示：分隔工作表的最大目的是，当工作表较大，编辑数据时可以使表头保持在屏幕的可见位置，而在编辑右边的内容时可以看到最左边的提示栏目内容。这项功能主要适用于每行或每列数据较多的工作表。

3. 设置表格自动套用格式

设置好的表格可以套用格式，以变得更美观实用。

（1）选择 A3:P20 单元格区域，在“开始”选项卡的“样式”组中单击“套用表格格式”按钮，在弹出的如图 15.22 所示的“表样式”列表中选择“表样式浅色 18”格式。

（2）打开如图 15.23 所示的“套用表格式”对话框，勾选“表包含标题”复选框。

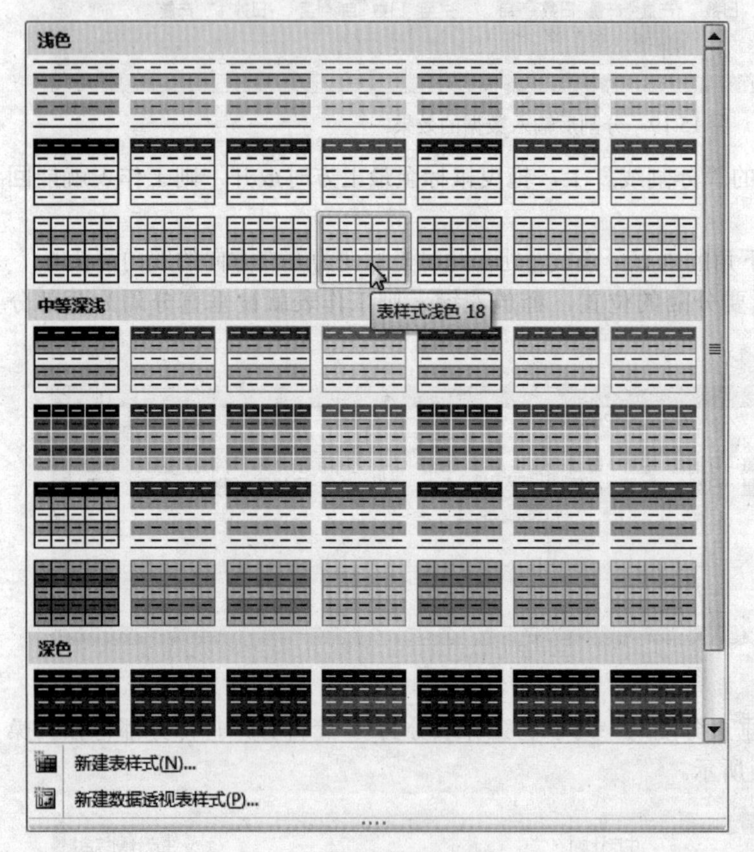

图 15.22 “表样式”列表

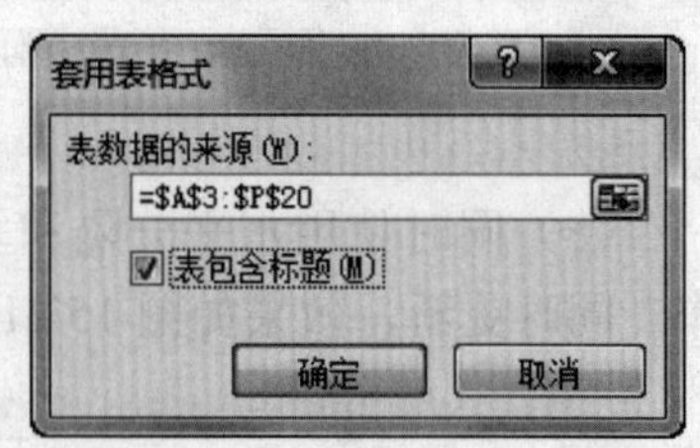

图 15.23 “套用表格式”对话框

（3）单击“确定”按钮，则表格就自动套用了格式，有了填充颜色，效果如图 15.24 所示。

4. 保存表格

（1）在“文件”菜单中选择“保存”选项。

（2）在打开的如图 15.25 所示的“另存为”对话框的“文件名”文本框中输入“生产计划综合报表”，单击“保存”按钮。

图 15.24　自动套用表格效果

图 15.25　“另存为”对话框

本节通过设计生产计划综合报表，主要介绍工作表分割的方法以及自动套用格式功能的使用方法。

15.3　设计产品制作单

生产管理中常用的工作表之一就是产品制作单，下面主要讲解如何制作一张既美观又实用的产品制作单。样表如图 15.26 所示。

1. 新建表格

（1）打开 Excel 2010，新建工作簿，选择 Sheet1 工作表，右击，在弹出的快捷菜单中选择“重命名”选项，将工作表命名为“制作单”。在 A1 单元格中输入标题“产品制作单”。

产 品 制 作 单					
年　　月　　日				制作编号：	
产品名称		数量		需要日期	
客户		目的			
制作方法		参考资料			
		审核		填单	

图 15.26 “产品制作单”样表

（2）依次在 A2:E7 单元格区域，依据图 15.26 所示的样表输入表格信息，如图 15.27 所示。

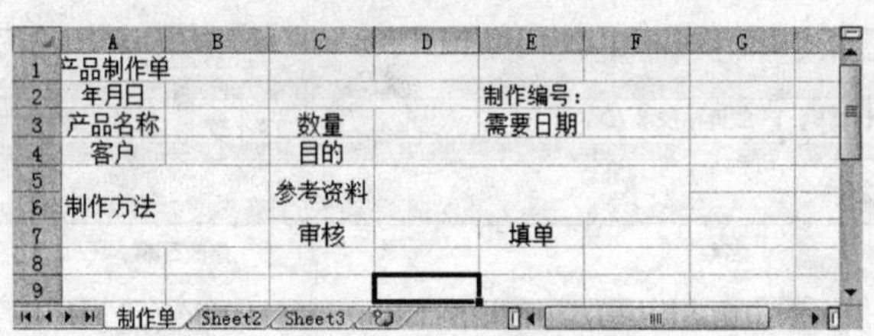

图 15.27　输入表格数据

2. 设置格式

（1）选定 A1:F1 单元格区域，右击，在弹出的快捷菜单中选择“设置单元格格式”选项。

（2）在打开的如图 15.28 所示的“设置单元格格式”对话框的“对齐”选项卡的“文本对齐方式”区的“水平对齐”和“垂直对齐”下拉列表框中都选择“居中”选项，在“文本控制”选项组中勾选“合并单元格”复选框。

（3）在如图 15.29 所示的“字体”选项卡的“字体”列表框中选择“宋体”选项，在“字形”列表框中选择“加粗”选项，在“字号”列表框中选择“16”选项。

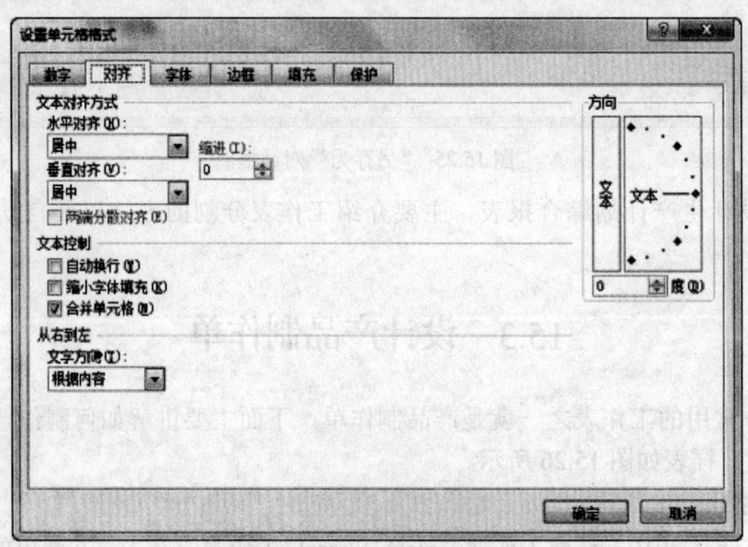

图 15.28 “设置单元格格式”对话框

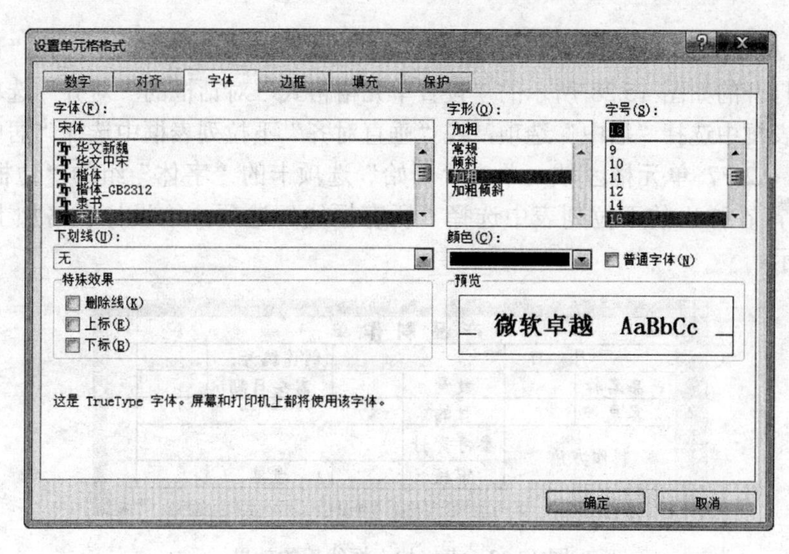

图 15.29 “字体”选项卡

（4）单击“确定”按钮，则表头设置效果如图 15.30 所示。

（5）选定 A2:F7 单元格区域，在“开始”选项卡的“字体”组中单击“字体”文本框后的下拉箭头，在弹出的下拉列表中选择“楷体_GB2312”选项，在“字号”文本框中输入“16”，在“对齐方式”组中单击“居中”按钮，适当调整列宽以适应文字，效果如图 15.31 所示。

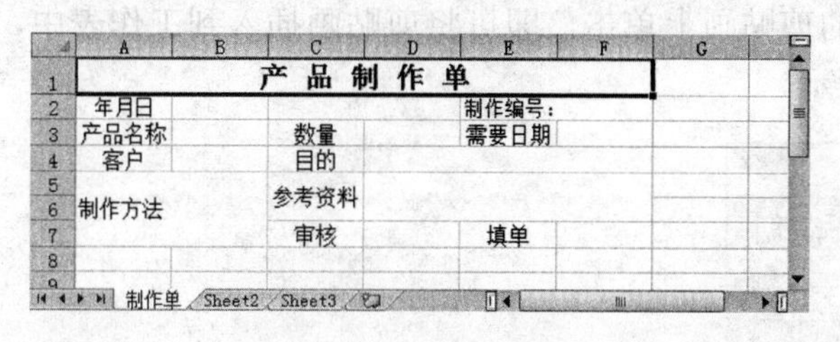

图 15.30　设置标题格式

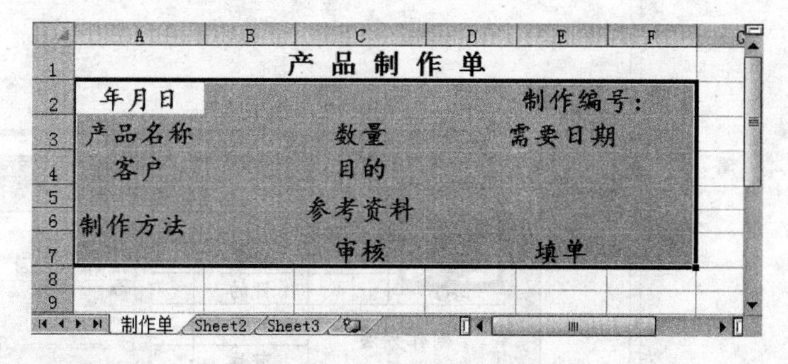

图 15.31　设置表格文本格式

（6）选择 A2:B2、C2:D2、D4:F4、A5:B7 和 D5:F6 单元格区域，在“开始”选项卡的“对齐方式”组中单击“合并后居中”按钮。

（7）选择 A5:B7 和 D5:F6 单元格区域并右击，在弹出的快捷菜单中选择“设置单元格格式”选项，在打开的如图 15.28 所示的“设置单元格格式”对话框的“对齐”选项卡的“水平对齐”下拉列表框中选择“居中”选项，在“垂直对齐”下拉列表框中选择“居中”选项。

（8）选择 A2:F7 单元格区域，单击“开始”选项卡的“字体”组的“边框”按钮右侧的下拉箭头，在弹出的下拉列表中选择“所有框线”选项，给设计表格加上框线，效果如图 15.32 所示。

	A	B	C	D	E	F
1			产品制作单			
2	年　月　日				制作编号：	
3	产品名称		数量		需要日期	
4	客户		目的			
5	制作方法		参考资料			
6						
7			审核		填单	

制作单 Sheet2 Sheet3

图 15.32　表格加上框线后的效果

3. 插入剪贴画

（1）选中 A1 单元格，在“插入”选项卡的“插图”组中单击“剪贴画”按钮，则打开如图 15.33 所示的“剪贴画”任务窗格。

（2）在“搜索文字”文本框中输入“工业”，单击“搜索”按钮。即可在下方列表中显示与工业相关的剪贴画。

（3）在所要选择的剪贴画上单击，即可将剪贴画插入到工作表中，将剪贴画移动到左上角位置，如图 15.34 所示。

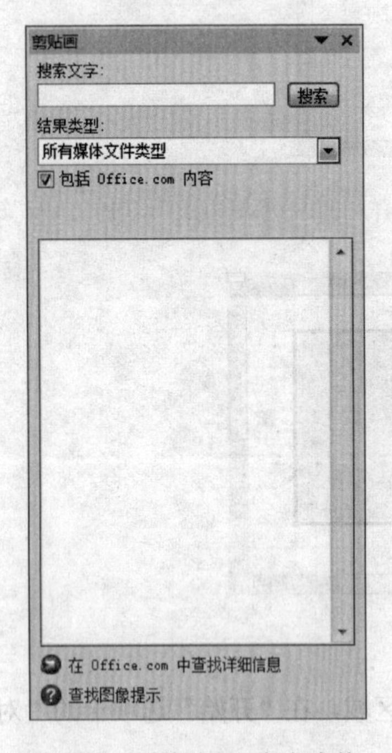

图 15.33　“剪贴画”任务窗格

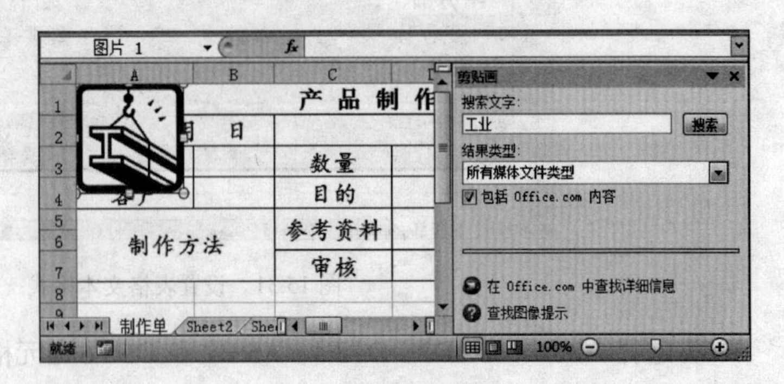

图 15.34　插入剪贴画

提示：如果发现插入的剪贴画过大，可以将光标放在剪贴画的控制点上，当光标变为双向箭头时拖曳调整大小。

（4）适当调整剪贴画的大小和第一行的行高，效果如图 15.35 所示。关闭“剪贴画”任务窗格。

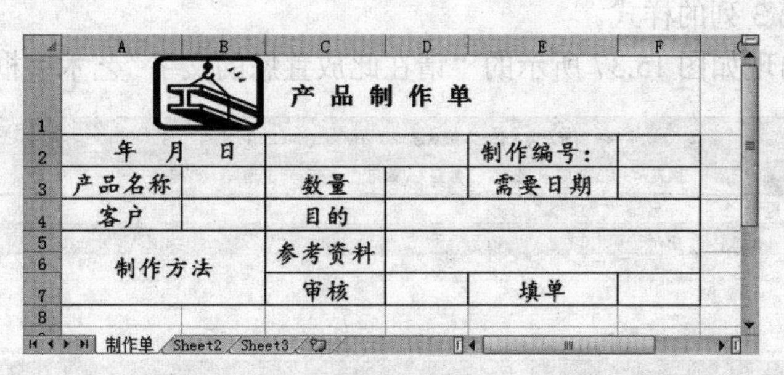

产品制作单			
年　月　日		制作编号：	
产品名称	数量	需要日期	
客户	目的		
制作方法	参考资料		
	审核	填单	

图 15.35　插入剪贴画后的效果

4. 保存产品制作单

（1）在“文件”菜单中选择“保存”选项。

（2）在打开的“另存为”对话框的“文件名”文本框中输入“产品制作单”，将工作簿命名为“产品制作单.xlsx”，单击“保存”按钮。

本节通过讲解产品制作单的制作，重点介绍了插入剪贴画的方法。

15.4　设计新产品开发测试情况登记表

要想使企业在市场上能够立于不败之地，就必须经常对产品进行更新换代。新产品开发系统一般包括两个表格：新产品开发测试情况登记表、新产品开发测试统计表。

本节先介绍新产品开发测试情况登记表的设计。

1. 新建工作表

（1）打开如图 15.36 所示的“新产品开发情况登记表数据源.xlsx”工作簿中的“数据源”工作表。

部门	产品规格	选用材料
制造一车间	大	金属材料1
制造二车间	中	金属材料2
制造三车间	小	金属材料3
制造四车间		合金材料1
		合金材料2
		合金材料3
		木质材料1
		木质材料2
		木质材料3

图 15.36　“新产品开发情况登记表数据源”工作簿

（2）右击 Sheet2 工作表标签，在弹出的快捷菜单中选择“重命名”选项，将工作表 Sheet2 重命名为“登记表”。

2. **插入艺术字**

（1）选中 A1 单元格，在“插入”选项卡的“文本”组中单击“艺术字”按钮，在弹出的列表中选择第 5 行第 3 列的样式。

（2）工作表中出现如图 15.37 所示的“请在此放置您的文字”艺术字框。

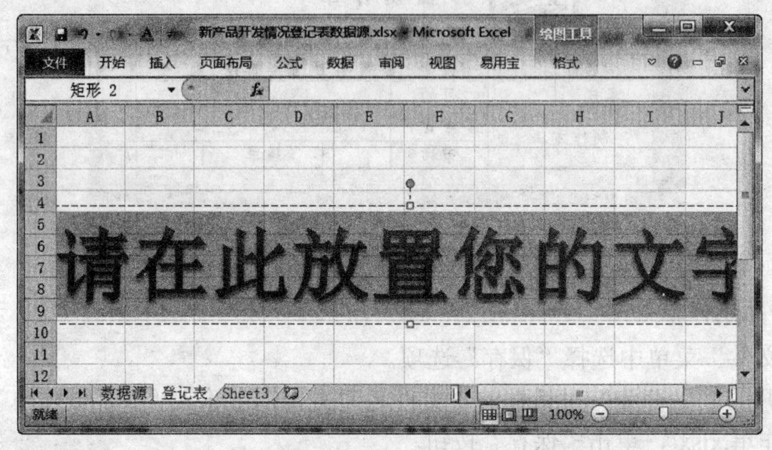

图 15.37 插入艺术字

（3）选中这些文字，并输入“新产品开发测试情况登记表”。

（4）选中刚输入的文字，在“开始”选项卡的“字体”组中单击“字号”文本框右侧下三角按钮，在弹出的“字号”列表中选择“32”选项，效果如图 15.38 所示。

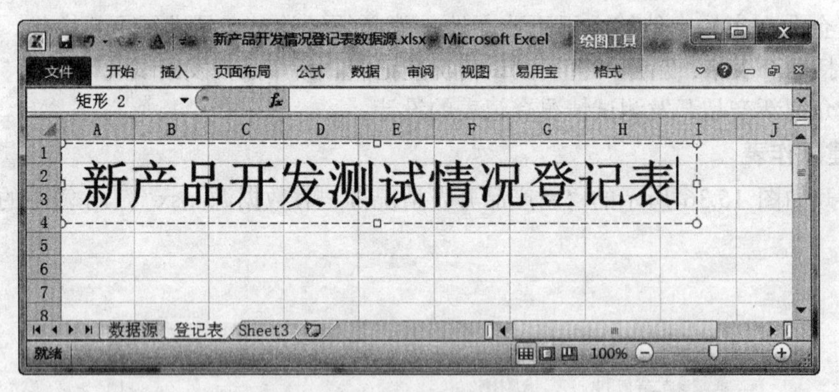

图 15.38 设置字号后的效果

（5）将光标放置在艺术字上，光标变为十字箭头时，按住鼠标左键，拖曳至适当位置。

3. **编辑下拉选项**

（1）在 G7 单元格中输入“部门”。

（2）右击功能区，在弹出的快捷菜单中选择“自定义功能区”选项。

（3）在打开的如图 15.39 所示的“Excel 选项”对话框的右侧列表中勾选“开发工具”复选框。

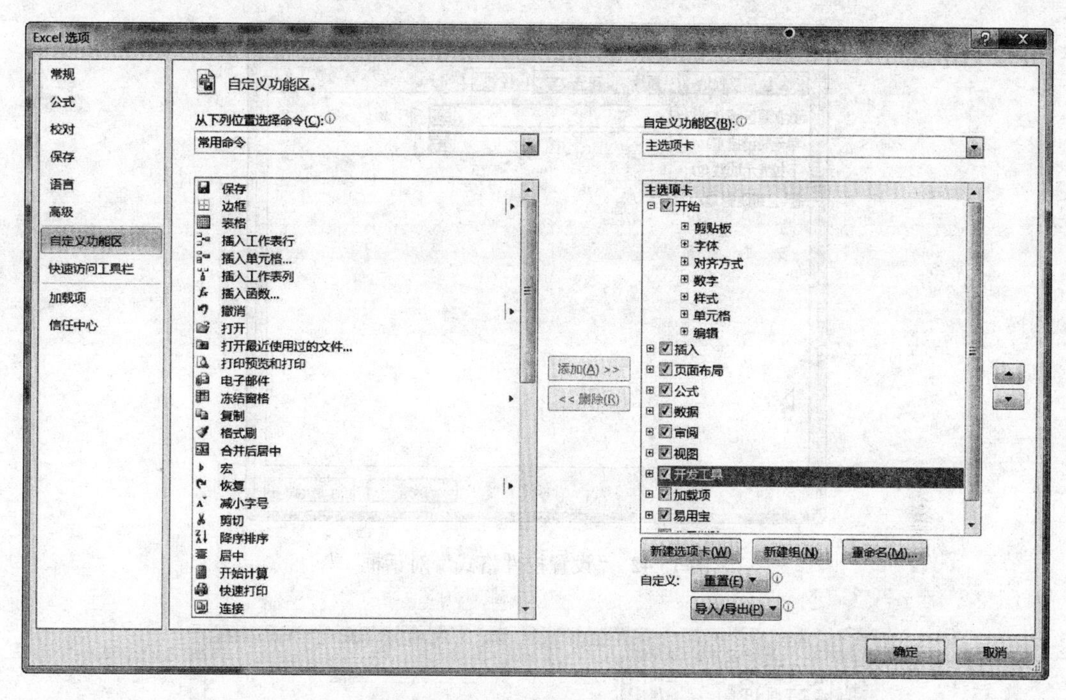

图 15.39 “Excel 选项”对话框

（4）单击“确定”按钮，在功能区显示“开发工具”选项卡，在“开发工具”选项卡的“控件”组中单击“插入”按钮，在弹出的如图 15.40 所示的控件列表的“表单控件”组中单击“组合框”按钮，光标变为十字形状。

（5）在“部门”单元格后的空白区域选择合适的位置，按住鼠标左键直接拖曳，到合适的位置释放鼠标即建立了如图 15.41 所示的一个组合框。

图 15.40　控件列表

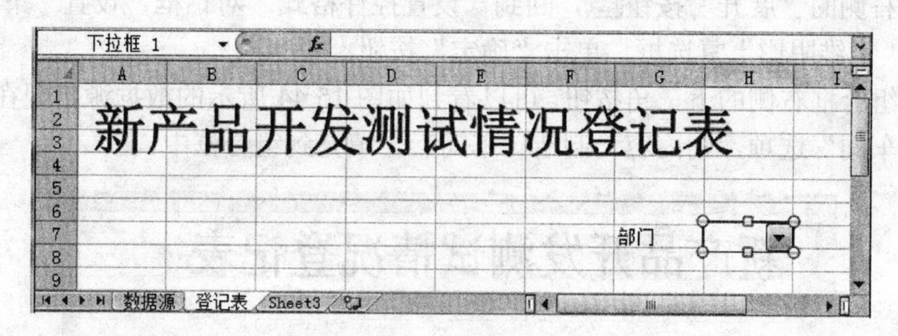

图 15.41　创建组合框

（6）右击“组合框”控件的边框，在弹出的快捷菜单中选择“设置控件格式”选项，打开如图 15.42 所示的“设置控件格式”对话框。

（7）在“控制”选项卡中单击“数据源区域”文本框右侧的“折叠”按钮，回到工作表中，选择 A2:A5 单元格区域，如图 15.43 所示。

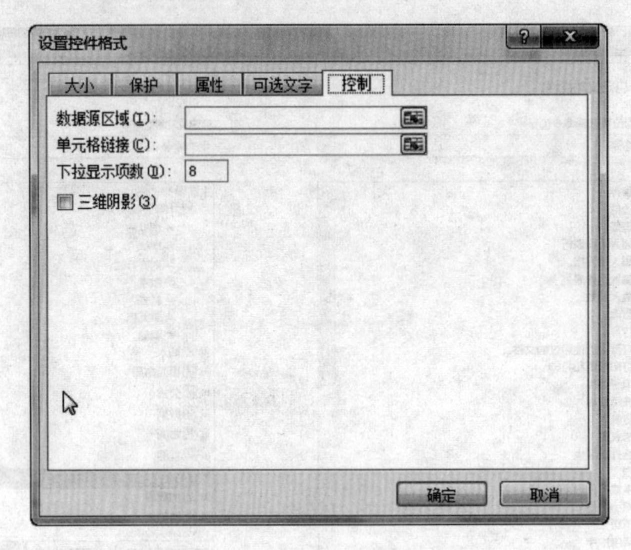

图 15.42 “设置控件格式”对话框

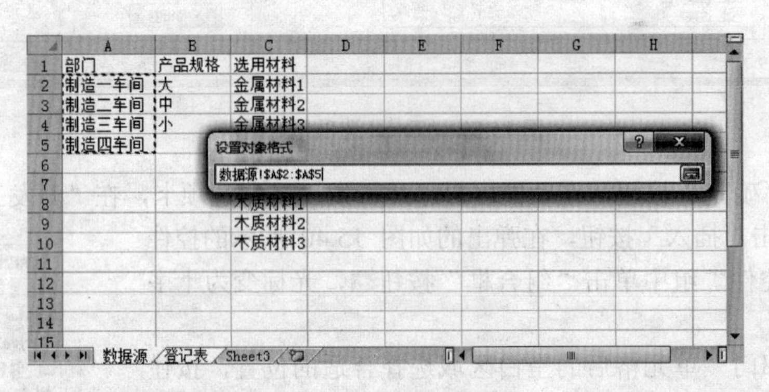

图 15.43 选择数据源

（8）单击右侧的“展开”按钮，回到“设置控件格式”对话框，设置“下拉显示项数”为“4”，勾选“三维阴影”复选框，单击“确定”按钮。

（9）单击组合框右侧的下三角按钮，可以看到如图 15.44 所示的数据源出现在下拉列表中，选择“制造二车间”选项，则内容“制造二车间”会填充到组合框中。

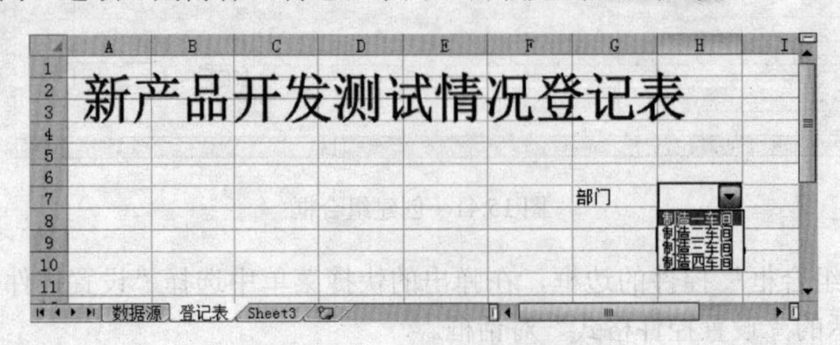

图 15.44 控件格式设置效果

4. 编辑单选按钮

（1）在 A8 和 G8 单元格中分别输入“产品名称”和“日期”。在“开发工具”选项卡的“控件”组中单击“插入”按钮，在弹出的如图 15.40 所示的“控件”列表的“表单控件”组中单击“分组框”按钮，光标变为十字形状。

（2）在文本框下面的空白区域选择合适的位置，按住鼠标左键直接拖曳，到合适的位置释放鼠标即可，创建的分组框如图 15.45 所示。

（3）单击建立好的分组框左上角的“分组框 2”文本，输入“产品规格”，适当调整分组框大小，如图 15.46 所示。

图 15.45　创建分组框

图 15.46　输入分组框标题

提示：要想调整分组框的大小，可以将光标置于分组框的控制点上，当光标变为双向箭头时，拖动即可。而将光标置于分组框上，当光标变为双向十字箭头时拖动，可以调整分组框的位置。

（4）在“开发工具”选项卡的“控件”组中单击“插入”按钮，在弹出的如图 15.40 所示的“控件”列表的“表单控件”中单击“单选按钮”。

（5）光标变为十字形状，在分组框中拖动，可画出一个单选按钮，如图 15.47 所示。

图 15.47 创建“单选按钮”控件

提示：将光标置于单选按钮的控制点上，当光标变为双向箭头时，拖动即可改变单选按钮的大小。而将光标置于单选按钮的控制点上，当光标变为双向十字箭头时拖动，可以调整单选按钮的位置。

5. **美化单选按钮**

刚做好的单选按钮没有填充颜色，显得不够美观。下面通过设置控件格式为单选按钮添加底色。

（1）选中单选按钮旁边的文本“选项按钮”，将其修改为“大”，使用同样方法再添加两个按钮，将文本修改为“中”和“小”，如图 15.48 所示。

（2）右击单选按钮的边框，在弹出的快捷菜单中选择“设置控件格式”选项，打开如图 15.49 所示的“设置控件格式”对话框，在“颜色与线条”选项卡的“填充”区的“颜色”下拉列表框中选择“填充效果”选项，打开如图 15.50 所示的“填充效果”对话框。

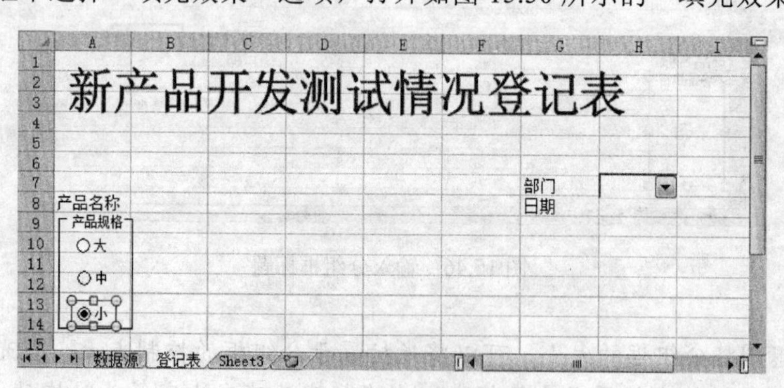

图 15.48 修改单选按钮的文本

（3）在“填充效果”对话框的“渐变”选项卡的“颜色”选项组中选择“单色”单选按钮，在“颜色 1”下拉列表框中选择“玫瑰红”颜色。

（4）依次单击“确定”按钮，关闭“填充效果”和“设置控件格式”对话框，如图 15.51 所示，单选按钮即被填充为“玫瑰红”渐变效果。依照上面的步骤为另外两个按钮设置效果。

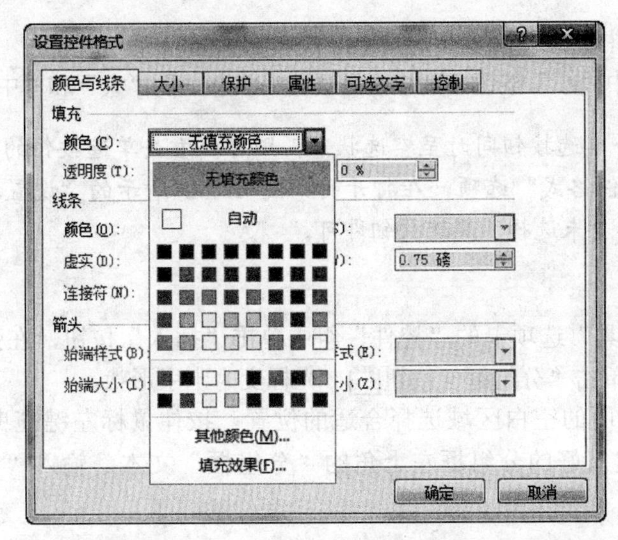

图 15.49　“设置控件格式”对话框

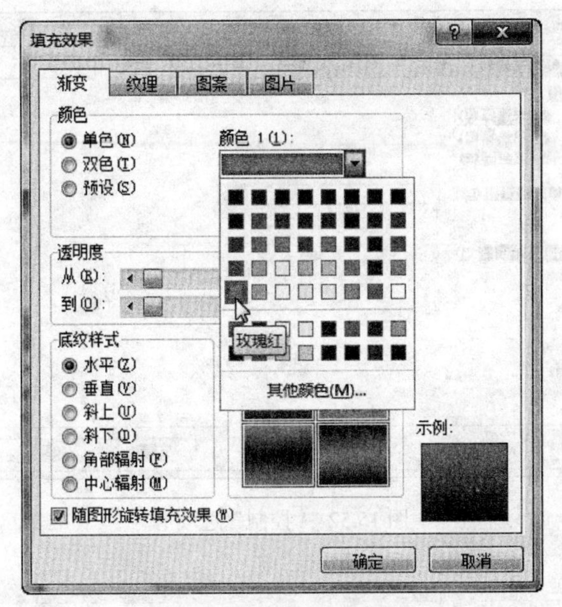

图 15.50　“填充效果”对话框

图 15.51　设置控件填充色的效果

（5）单击分组框中“大”按钮，则按钮呈被选中状态。

（6）单击分组框中“小”按钮，则按钮呈被选中状态，而“大”和“中”按钮呈空选状态。

提示：若要 3 个单选按钮同时呈空选状态，则可以右击单选按钮的边框，在弹出的快捷菜单中选择“设置控件格式”选项，在打开的如图 15.52 所示的“设置控件格式”对话框的“控制”选项卡中选择“未选择”单选按钮即可。

6. 编辑多选项

（1）在“开发工具”选项卡的“控件”组中单击“插入”按钮，在弹出的“控件”列表的“表单控件”组中单击“分组框”按钮，光标变为十字形状。

（2）在文本框下面的空白区域选择合适的位置，按住鼠标左键拖曳，到合适的位置释放鼠标即可，单击建立好的分组框左上角的“分组框”文本，输入“选用材料”，效果如图 15.53 所示。

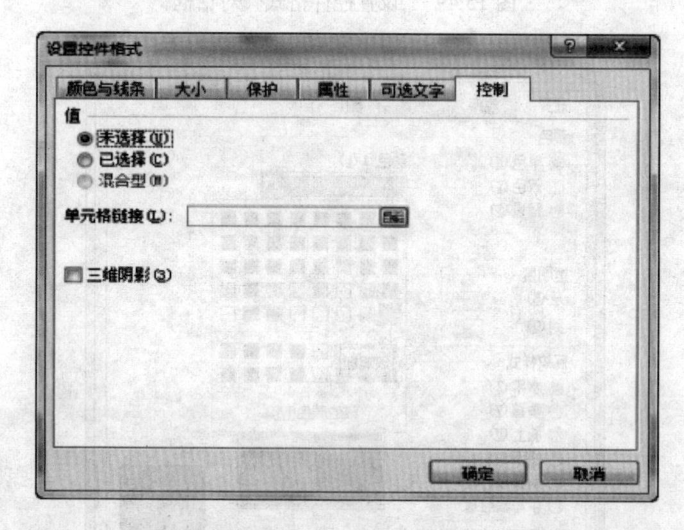

图 15.52 “控制”选项卡

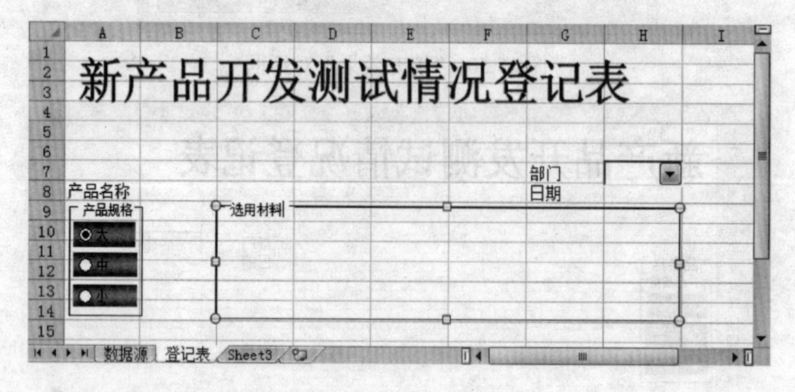

图 15.53 插入分组框

（3）在“开发工具”选项卡的“控件”组中单击“插入”按钮，在打开的“控件”列表的“表单控件”组中单击“复选框”按钮☑。

（4）光标变为十字形状，在分组框中拖动，可得到一个复选框。选中复选框内的文本“复选框”，将其修改为“金属材料 1”，效果如图 15.54 所示。

（5）右击“复选框”控件的边框，在弹出的快捷菜单中选择“设置控件格式”选项。在打开的如图 15.55 所示的“设置控件格式”对话框的“颜色与线条”选项卡的“填充”区的“颜色”下拉列表框中选择“填充效果”选项，打开如图 15.56 所示的“填充效果”对话框。

图 15.54　插入“复选框”控件

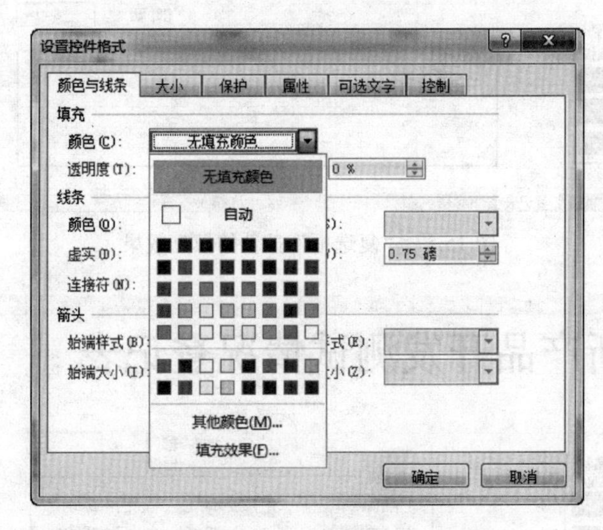

图 15.55　“设置控件格式”对话框

（6）在对话框的“纹理”选项卡的“纹理”列表中选择“花岗岩”纹理。

（7）单击两次“确定”按钮，关闭对话框。如图 15.57 所示，将“复选框”控件填充为“白色大理石”纹理效果。

7. 完成测试情况登记表

（1）建立“合金材料”、“木质材料”等复选框，如图 15.58 所示。

（2）单击分组框中“合金材料 1”和“合金材料 2”复选框，两者都呈被选中状态。

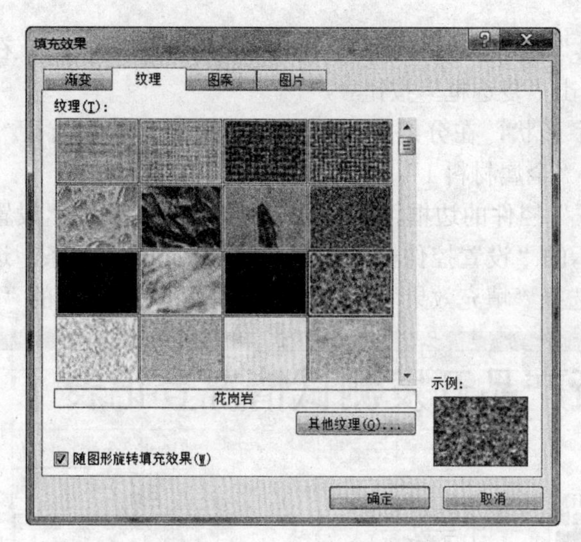

图 15.56 “填充效果”对话框

图 15.57 “复选框”控件的填充效果

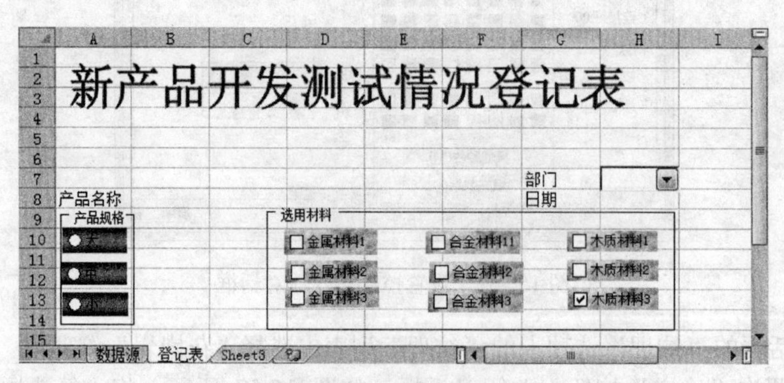

图 15.58 建立其他复选框

提示：再次单击分组框中“合金材料 1”复选框，则复选框变为空选状态。

（3）在 A16、A17、E16、E17 和 G16 单元格分别输入“产品规范及说明”、“参与研究人员”、“预算”、“批示”和“支出”等其他项目，如图 15.59 所示。

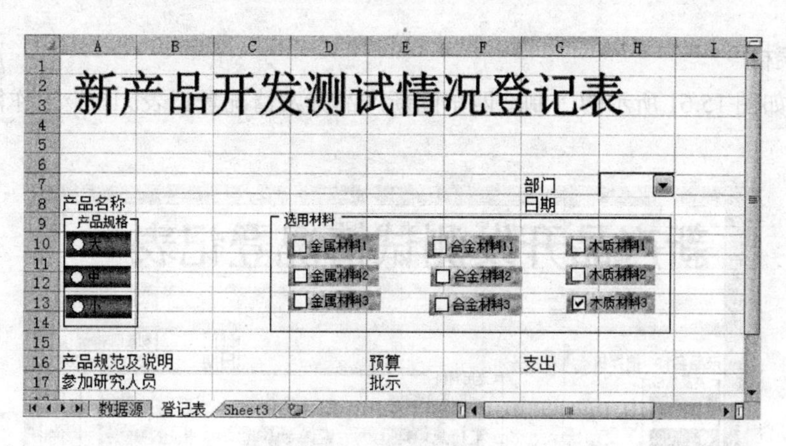

图 15.59　添加其他项目

（4）在“文件”菜单中选择“另存为”选项，在打开的如图 15.60 所示的“另存为”对话框的“文件名”文本框中输入“新产品开发情况登记表”，单击“保存”按钮。

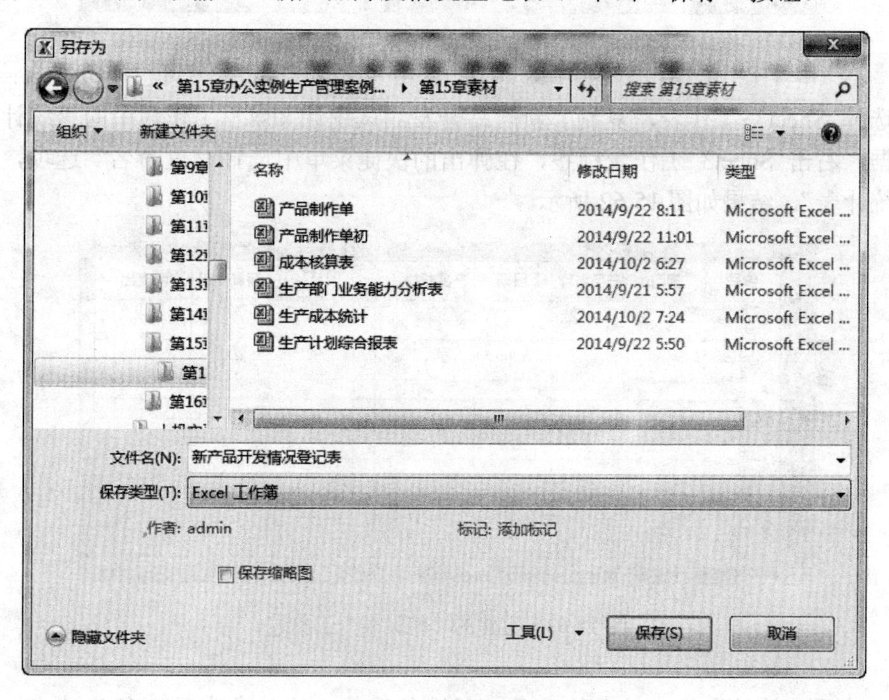

图 15.60　“另存为”对话框

15.5　设计新产品开发测试统计表

一般企业在新产品研究成功之前都要进行大量的测试，每一次的结果都是非常重要的，本节介绍如何对这些结果进行统计。

1. 新建表格

（1）打开如图 15.61 所示的“制造四车间新产品开发情况登记表.xlsx”工作簿。

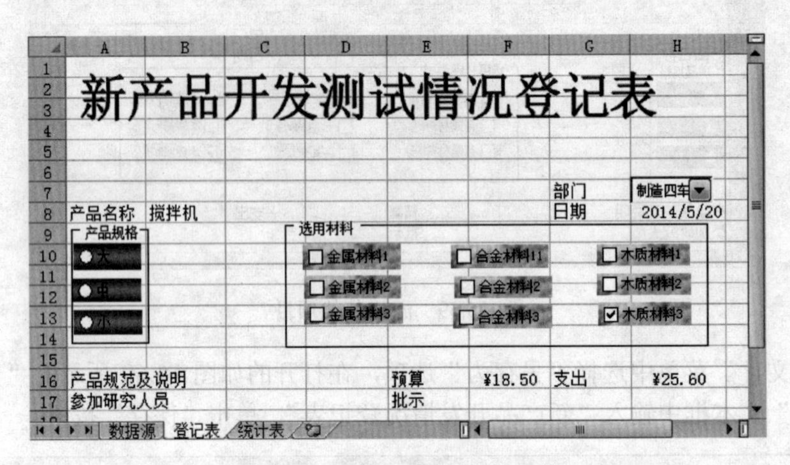

图 15.61　“制造四车间新产品开发情况登记表”工作簿

（2）选择 Sheet3 工作表，复制“新产品开发测试统计.xlsx”工作簿中的“统计表”工作表中的数据，右击 Sheet3 工作表标签，在弹出的快捷菜单中选择“重命名”选项，将工作表命名为“统计表”，结果如图 15.62 所示。

编号	部门	产品名称	日期	产品规格	选用材料						预算支出	实际支出
					1	2	3	4	5	6		
1												
2												
3												
4												
5												
6												
7												
8												
9												
10												
11												
12												
13												

图 15.62　重建的“统计表”工作表

提示： 为了统计的方便，对表格的每一行进行编号，统计表中的一行就对应一份新产品开发测试情况登记表。

2. 建立部门和产品名称的链接

（1）单击“登记表”工作表标签，右击“部门”文本右侧的组合框，在弹出的快捷菜单中选择“设置控件格式”选项，打开如图 15.63 所示“设置控件格式”对话框，在“控制”选项卡的“单元格链接”文本框中输入“统计表!$B$3”。

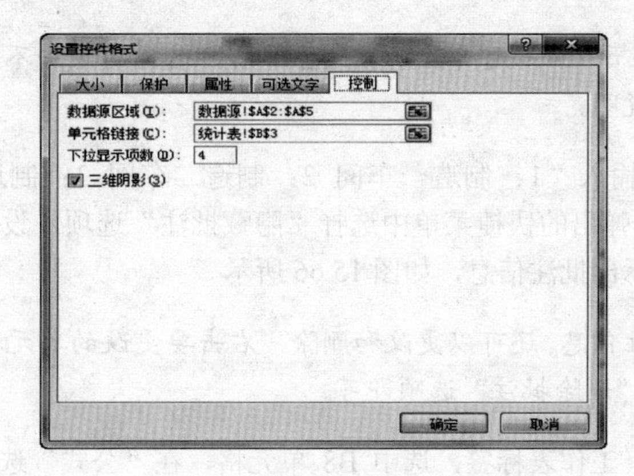

图 15.63 “设置控件格式”对话框

（2）单击“确定”按钮，单击“统计表”工作表标签，此时在部门的选项与“统计表”工作表的 B3 单元格之间建立了链接关系，在“部门”组合框中选择“制造四车间”选项，“统计表”工作表中 B3 单元格显示为“4”，结果如图 15.64 所示。

（3）右击“统计表”工作表的 B3 单元格，在弹出的快捷菜单中选择“插入批注”选项。如图 15.65 所示，则在该单元格右上角出现一个红色的小三角符号，同时出现一个浅黄底色的文本框。

	A	B	C	D	E	F	G	H	I	J	K	L	M
1	编号	部门	产品名称	日期	产品规格	选用材料						预算支出	实际支出
2						1	2	3	4	5	6		
3	1	4											
4	2												
5	3												
6	4												
7	5												
8	6												
9	7												
10	8												
11	9												
12	10												
13	11												
14	12												
15	13												

数据源　登记表　统计表

图 15.64 “统计表”工作表与“登记表”工作表的控件之间建立关系

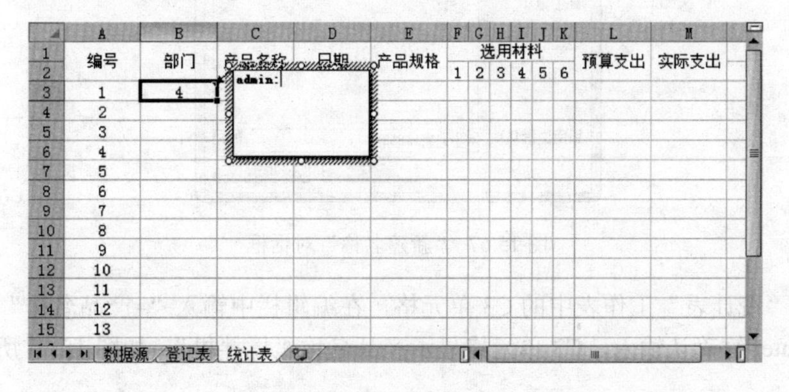

图 15.65 插入批注

提示：B3 单元格显示“4”是用数字来代替部门，这样的做法不是每个用户都能看明白的，所以要添加批注来说明。

（4）在该文本框中输入“1：制造一车间 2：制造二车间 3：制造三车间 4：制造四车间”，右击批注边框，在弹出的快捷菜单中选择“隐藏批注”选项，设置完成后，当光标移到该单元格上时，就会显示出批注信息，如图 15.66 所示。

提示：设置好的批注信息，还可以更改和删除，右击要更改的单元格，在弹出的快捷菜单中选择“编辑批注”或“删除批注”选项即可。

（5）单击“登记表”工作表标签，选中 B8 单元格，在“公式”选项卡的“定义的名称”组中单击“定义名称”按钮。

（6）在打开的如图 15.67 所示的“新建名称”对话框的“名称”文本框中输入“产品名称”；在“范围”下拉列表框中选择“工作簿”选项；在“引用位置”文本框中输入“=登记表!$B$8”。单击“确定”按钮，B8 单元格的名称就被定义为“产品名称”。

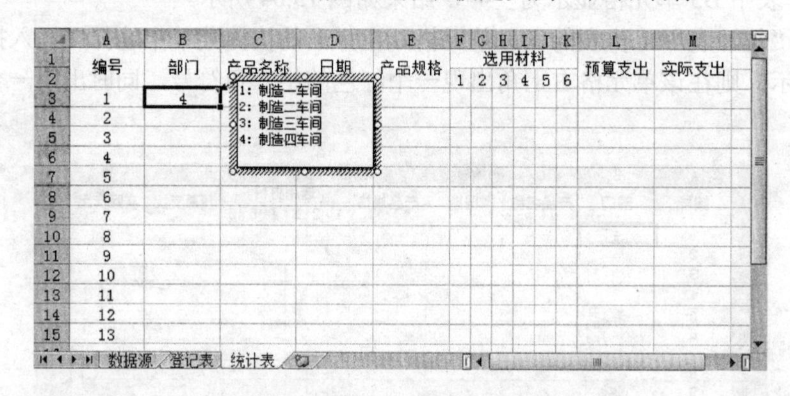

图 15.66　输入批注内容

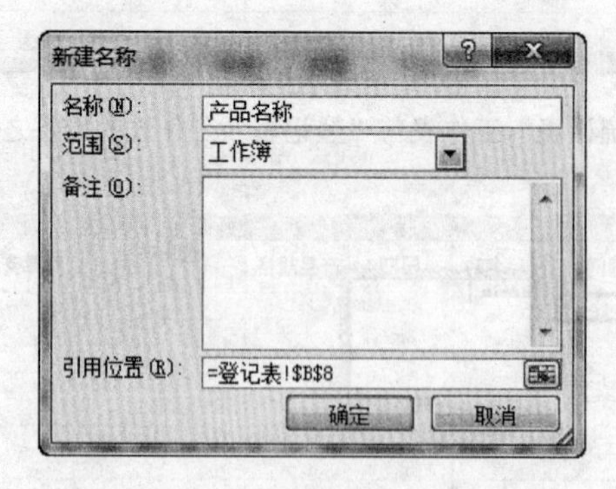

图 15.67 “新建名称”对话框

（7）单击“统计表”工作表中的 C3 单元格，在编辑栏中输入“=产品名称”。

（8）按 Enter 键确认输入，C3 单元格显示产品名称“搅拌机”，如图 15.68 所示。

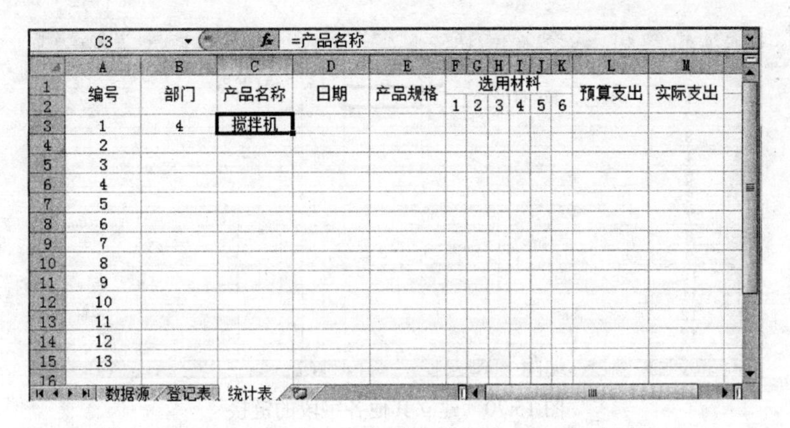

图 15.68　建立“登记表”和“统计表”工作表之间的链接

3. 建立其他各字段的链接

（1）选择“登记表”工作表。右击产品规格的单选按钮，在弹出的快捷菜单中选择“设置控件格式”选项，打开如图 15.69 所示的“设置控件格式”对话框，在“控制”选项卡的“单元格链接”文本框中输入“统计表!$E$3”。

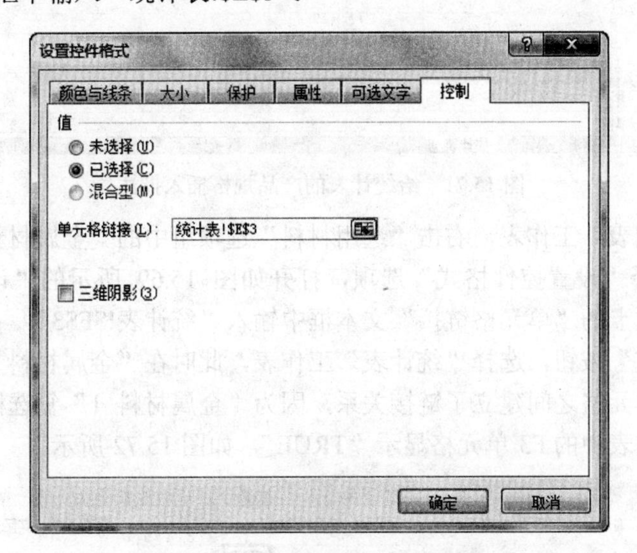

图 15.69　“设置控件格式”对话框

（2）单击“确定”按钮，选择“统计表”工作表，此时产品规格的选项与“统计表”工作表的 E3 单元格之间建立了链接关系，若在“产品规格”选项组中选择“大”单选按钮，则“统计表”工作表中 E3 单元格显示“1”，结果如图 15.70 所示。

（3）右击 B3 单元格，在弹出的快捷菜单中选择“插入批注”选项，则该单元格右上角出现一个红色的小三角符号，同时出现一个浅黄底色的文本框。在该文本框中输入“产品规格 1：大 2：中 3：小”，如图 15.71 所示。设置完成后，当光标移到该单元格上时，就会显示出批注信息。

	A	B	C	D	E	F	G	H	I	J	K	L	M
1	编号	部门	产品名称	日期	产品规格	选用材料						预算支出	实际支出
2						1	2	3	4	5	6		
3	1	4	搅拌机		1								
4	2												
5	3												
6	4												
7	5												
8	6												
9	7												
10	8												
11	9												
12	10												
13	11												
14	12												
15	13												

数据源 登记表 统计表

图 15.70 建立其他各字段的链接

	A	B	C	D	E	F	G	H	I	J	K	L	M
1	编号	部门	产品名称	日期	产品规格	选用材料						预算支出	实际支出
2													
3	1	4	搅拌机		1								
4	2												
5	3												
6	4												
7	5												
8	6												
9	7												
10	8												
11	9												
12	10												
13	11												
14	12												
15	13												

产品规格:
1: 大
2: 中
3: 小

数据源 登记表 统计表

图 15.71 给统计表的产品规格插入批注

（4）选择“登记表”工作表，右击“选用材料”选项组中的“金属材料 1”复选框，在弹出的快捷菜单中选择“设置控件格式”选项，打开如图 15.69 所示的“设置控件格式”对话框，在“控制”选项卡的“单元格链接”文本框中输入“统计表!$F$3”。

（5）单击“确定”按钮，选择“统计表”工作表，此时在“金属材料 1”复选框与“统计表”工作表的 F3 单元格之间建立了链接关系，因为“金属材料 1”复选框处于被选中状态，所以“统计表”工作表中的 F3 单元格显示“TRUE”，如图 15.72 所示。

	A	B	C	D	E	F	G	H	I	J	K	L	M
1	编号	部门	产品名称	日期	产品规格	选用材料						预算支出	实际支出
2						1	2	3	4	5	6		
3	1	4	搅拌机		1	TRUE							
4	2												
5	3												
6	4												
7	5												
8	6												
9	7												
10	8												
11	9												
12	10												
13	11												
14	12												
15	13												

数据源 登记表 统计表

图 15.72 设置选用材料之间的链接

提示：当“金属材料 1”复选框被选中时，F3 单元格则显示“TRUE”，如果未被选中则不显示或显示“FALSE”。

（6）使用同样的方法为 F3 单元格设置批注“1：金属材料 1”，如图 15.73 所示。

	A	B	C	D	E	F	G	H	I	J	K	L	M
1	编号	部门	产品名称	日期	产品规格	选用材料						预算支出	实际支出
2						1	2						
3	1	4	搅拌机		1	TRUE	1: 金属材料1						
4	2												
5	3												
6	4												
7	5												
8	6												
9	7												
10	8												
11	9												
12	10												
13	11												
14	12												
15	13												

数据源　登记表　统计表

图 15.73　给金属材料插入批注

（7）参照前面的方法将其他金属材料和合金材料的复选框与“统计表”工作表中相应的单元格建立链接，并分别添加批注，如图 15.74 所示。

（8）参照前面介绍的链接“产品名称”的方法将“日期”、“预算支出”和“实际支出”数据进行链接，如图 15.75 所示。

	A	B	C	D	E	F	G	H	I	J	K	L	M
1	编号	部门	产品名称	日期	产品规格	选用材料						预算支出	实际支出
2						1	2	3	4	5	6		
3	1	4	搅拌机		1	TRUE				TRUE			
4	2												
5	3												
6	4												
7	5												
8	6												
9	7												
10	8												
11	9												
12	10												
13	11												
14	12												
15	13												

数据源　登记表　统计表

图 15.74　给其他金属和合金材料建立链接

	A	B	C	D	E	F	G	H	I	J	K	L	M
1	编号	部门	产品名称	日期	产品规格	选用材料						预算支出	实际支出
2						1	2	3	4	5	6		
3	1	4	搅拌机	2014/5/20	1	TRUE				TRUE		¥18.50	¥25.60
4	2												
5	3												
6	4												
7	5												
8	6												
9	7												
10	8												
11	9												
12	10												
13	11												
14	12												
15	13												

数据源　登记表　统计表

图 15.75　为日期、预算支出、实际支出建立链接

通常单元格的默认格式为“常规”，输入时间后不能正确显示，往往会显示一个 5 位数字，

这时可以右击要输入日期的单元格，在弹出的快捷菜单中选择“设置单元格格式”选项，在打开的“设置单元格格式”对话框的“数字”选项卡的“分类”列表框中选择“日期”选项，在右边的“类型”列表框中选择适当的格式，将单元格格式设为“日期”类型，就不会出错了。

同样，设置货币的格式也可以使用同样的方法，在打开的“设置单元格格式”对话框的“数字”选项卡的“分类”列表框中选择“货币”选项，在右边设置是否保留小数位数和使用哪种货币符号。

4. 保存统计表

（1）在“文件”菜单中选择“另存为”选项。

（2）打开如图 15.76 所示的“另存为”对话框，将工作簿命名为“新产品开发测试统计表.xlsx”，单击“保存”按钮。

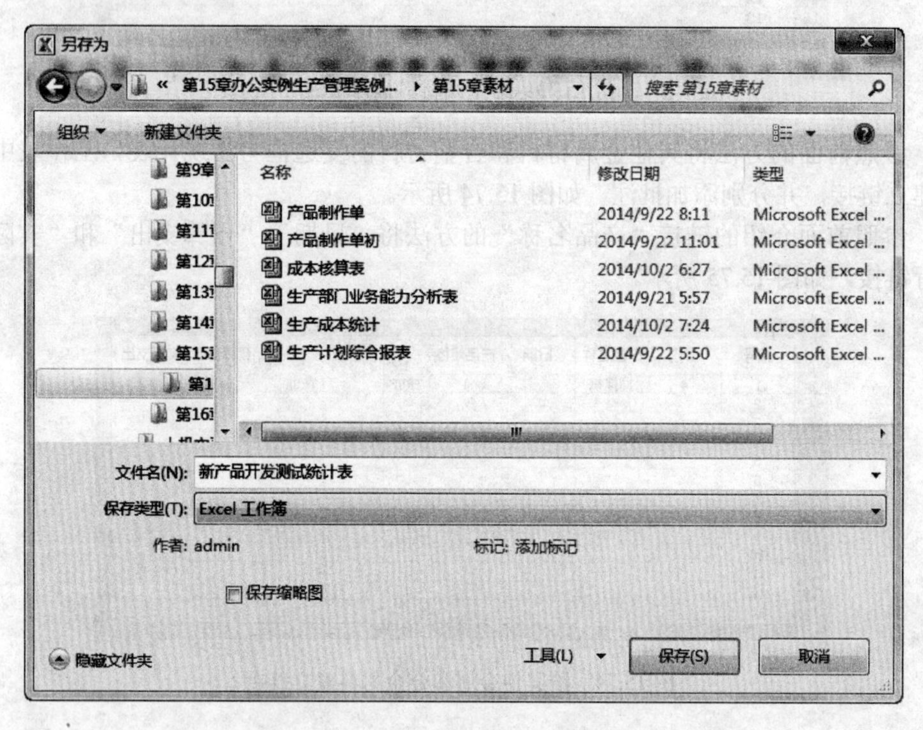

图 15.76 “另存为”对话框

本节通过讲解新产品开发测试统计表的设计，介绍了插入批注、控件、编辑单选按钮、复选框和下拉列表以及快捷地进行数据汇总的方法。

15.6 设计产品成本核算系统

生产成本的分析和计划对于制造企业的经营决策起着极其重要的作用，本节主要讲解如何设计产品成本核算系统。

1. 设计主营业务产品单位成本核算表

（1）打开如图 15.77 所示“成本核算表.xlsx”工作簿。

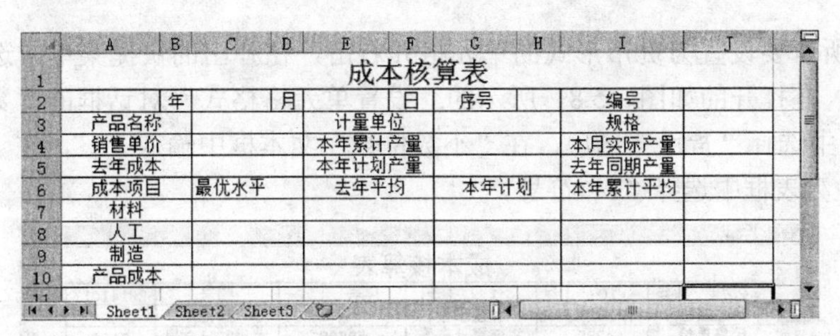

	A	B	C	D	E	F	G	H	I	J
1	成本核算表									
2		年		月		日	序号		编号	
3	产品名称				计量单位				规格	
4	销售单价				本年累计产量				本月实际产量	
5	去年成本				本年计划产量				去年同期产量	
6	成本项目	最优水平			去年平均		本年计划		本年累计平均	
7	材料									
8	人工									
9	制造									
10	产品成本									

Sheet1　Sheet2　Sheet3

图 15.77　成本核算表

（2）分别选中 A2、C2 和 E2 单元格，在编辑栏中直接输入公式“=YEAR(TODAY())”、“=MONTH(TODAY())”、“=DAY(TODAY())”，按 Enter 键确认，得到相应的年、月、日。

提示：公式“=YEAR(TODAY())”返回当前的年份，公式“=MONTH(TODAY())”返回当前的月份，公式“=DAY(TODAY())”返回当前的日期。

（3）在 H2 单元格中输入序号“7”。

（4）自动生成编号，在 J2 单元格中输入公式“=CONCATENATE(B1,D1,F1,H1)”，按 Enter 键确认，则 J2 单元格自动生成了由年、月、日、序号组成的编号，如图 15.78 所示，将 Sheet1 工作表命名为“核算表”。

提示：CONCATENATE()函数能够将参数的值连接起来并返回。

（5）输入数据信息，然后为表格加上边框，效果如图 15.79 所示。

	A	B	C	D	E	F	G	H	I	J	K
1	成本核算表										
2	2014	年	10	月	1	日	序号	7	编号	20141017	
3	产品名称				计量单位				规格		
4	销售单价				本年累计产量				本月实际产量		
5	去年成本				本年计划产量				去年同期产量		
6	成本项目	最优水平			去年平均		本年计划		本年累计平均		
7	材料										
8	人工										
9	制造										
10	产品成本										

Sheet1　Sheet2　Sheet3

图 15.78　合并字符串的函数应用效果

	A	B	C	D	E	F	G	H	I	J
1	成本核算表									
2	2014	年	10	月	1	日	序号	7	编号	20141017
3	产品名称		科大牌男夹克		计量单位		件		规格	L
4	销售单价		988		本年累计产量		58768		本月实际产量	5180
5	去年成本		968		本年计划产量		51800		去年同期产量	6898
6	成本项目		最优水平		去年平均		本年计划		本年累计平均	
7	材料		186		168		178		179	
8	人工		150		120		136		138	
9	制造		120		126		123		124	
10	产品成本									

核算表　Sheet2　Sheet3

图 15.79　输入“核算表”工作表的数据

（6）计算产品成本，在 C10 单元格中输入公式“=SUM(C7:D9)”，按 Enter 键确认，得到最优水平的产品成本，使用同样的方法计算其他几个单元格的值，结果如图 15.80 所示。

（7）选择所有要设置为货币形式的单元格并右击，在弹出的快捷菜单中选择“设置单元格格式”选项，在打开的如图 15.81 所示的“设置单元格格式”对话框的“数字”选项卡的“分类”列表框中选择“货币”选项，在“小数位数”文本框中输入“2”，在“货币符号（国家/地区）”下拉列表框中选择“¥”符号。

	A	B	C	D	E	F	G	H	I	J
1	成本核算表									
2	2014	年	10	月	1	日	序号	7	编号	20141017
3	产品名称		科大牌男夹克		计量单位		件		规格	L
4	销售单价		988		本年累计产量		58768		本月实际产量	5180
5	去年成本		968		本年计划产量		51800		去年同期产量	6898
6	成本项目		最优水平		去年平均		本年计划		本年累计平均	
7	材料		156		168		178		179	
8	人工		118		120		136		138	
9	制造		120		126		123		124	
10	产品成本		394		414		437		441	

核算表　Sheet2　Sheet3

图 15.80　计算产品成本

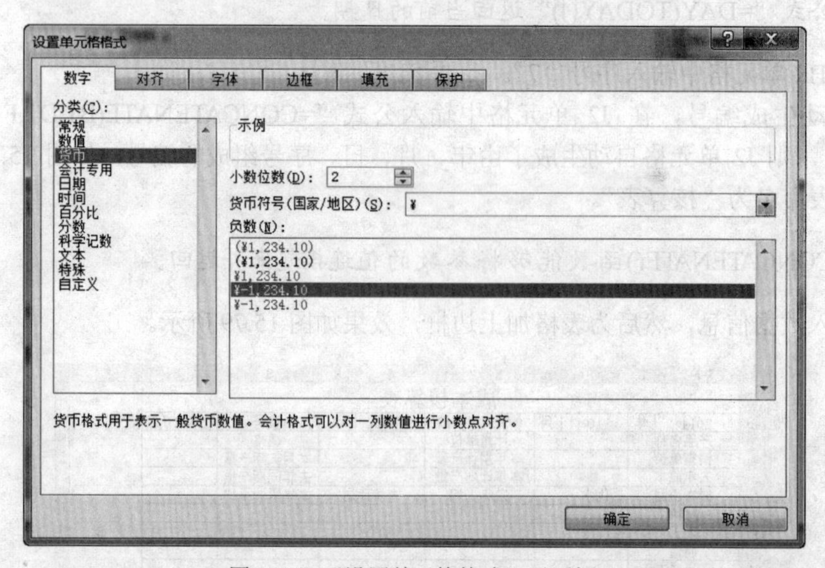

图 15.81　“设置单元格格式”对话框

（8）单击“确定”按钮，则所有的货币都更改了格式，效果如图 15.82 所示。

（9）选择相应的表头单元格，在“开始”选项卡的“字体”组中单击“填充颜色”按钮，在弹出的调色板的“主题颜色”区中选择“蓝色，强调文字颜色 1，淡色 80%”选项，则相应的单元格更改了如图 15.83 所示的填充颜色，整个表格看起来更有层次感。

	A	B	C	D	E	F	G	H	I	J
1	成本核算表									
2	2014	年	10	月	1	日	序号	7	编号	20141017
3	产品名称		科大牌男夹克		计量单位		件		规格	L
4	销售单价		¥988.00		本年累计产量		58768		本月实际产量	5180
5	去年成本		¥968.00		本年计划产量		51800		去年同期产量	6898
6	成本项目		最优水平		去年平均		本年计划		本年累计平均	
7	材料		¥156.00		¥168.00		¥178.00		¥179.00	
8	人工		¥118.00		¥120.00		¥136.00		¥138.00	
9	制造		¥120.00		¥126.00		¥123.00		¥124.00	
10	产品成本		¥394.00		¥414.00		¥437.00		¥441.00	

核算表　Sheet2　Sheet3

图 15.82　设置货币格式后的效果

	A	B	C	D	E	F	G	H	I	J
1	成本核算表									
2	2014	年	10	月	1	日	序号	7	编号	20141017
3	产品名称		科大牌男夹克		计量单位		件		规格	L
4	销售单价		¥988.00		本年累计产量		58768		本月实际产量	5180
5	去年成本		¥968.00		本年计划产量		51800		去年同期产量	6898
6	成本项目		最优水平		去年平均		本年计划		本年累计平均	
7	材料		¥156.00		¥168.00		¥178.00		¥179.00	
8	人工		¥118.00		¥120.00		¥136.00		¥138.00	
9	制造		¥120.00		¥126.00		¥123.00		¥124.00	
10	产品成本		¥394.00		¥414.00		¥437.00		¥441.00	

核算表　Sheet2　Sheet3

图 15.83　表头颜色填充效果

2. 设计总生产成本表

（1）如图 15.84 所示，将 Sheet2 工作表标签重命名为“总成本表”，并按表中的数据完成输入。

（2）单击选中 B2 单元格，在编辑栏中直接输入公式“=TODAY()”，按 Enter 键确认，得到当前日期。

（3）输入表中相应数据信息，结果如图 15.85 所示。

	A	B	C	D
1	总成本表			
2	时间			
3	项目	本月实际	上年实际	本年实际
4	生产费用			
5	材料			
6	人工			
7	制造			
8	生产费用合计			
9	加：产品、半成品期初余额			
10	减：产品、半成品期末余额			
11	生产成本合计			
12	减：自制设备			
13	减：其他费用			
14	产品总成本			

核算表　总成本表　Sheet3

图 15.84　“总成本表”样表

	A	B	C	D
1	总成本表			
2	时间	2014/10/1		
3	项目	本月实际	上年实际	本年实际
4	生产费用			
5	材料	68000000	88000000	92000000
6	人工	15800000	19600000	20800000
7	制造	28890000	35980000	35680000
8	生产费用合计			
9	加：产品、半成品期初余额	28000000	35800000	35600000
10	减：产品、半成品期末余额	14800000	19800000	34900000
11	生产成本合计			
12	减：自制设备	2080000	24800000	25600000
13	减：其他费用	9800000	12900000	14800000
14	产品总成本			

核算表　总成本表　Sheet3

图 15.85　输入相应数据

（4）计算生产费用合计，在 B8 单元格中输入公式“=SUM(B5:B7)”，按 Enter 键确认，使用同样的方法计算 C8、D8 单元格的值。

（5）计算生产成本合计，在 B11 单元格中输入公式“=B8+B9-B10”，按 Enter 键确认，使用自动填充功能计算 C11、D11 单元格的值，结果如图 15.86 所示。

提示：公式“=B8+B9-B10”表示“生产成本合计”等于“生产费用合计”加上“产品、半成品期初余额”减去“产品、半成品期末余额”。

（6）计算生产费用合计，在 B14 单元格中输入公式“=B11-B12-B13”，按 Enter 键确认，使用自动填充功能得到 C14、D14 单元格的值，结果如图 15.87 所示。

	A	B	C	D
1	总成本表			
2	时间	2014/10/2		
3	项目	本月实际	上年实际	本年实际
4	生产费用			
5	材料	68000000	88000000	92000000
6	人工	15800000	19600000	20800000
7	制造	28890000	35980000	35680000
8	生产费用合计	112690000	143580000	148480000
9	加：产品、半成品期初余额	28000000	35800000	35600000
10	减：产品、半成品期末余额	14800000	19800000	34900000
11	生产成本合计	125890000	159580000	149180000
12	减：自制设备	2080000	24800000	25600000
13	减：其他费用	9800000	12900000	14800000
14	产品总成本			

核算表 总成本表 Sheet3

图 15.86 计算生产费用合计、生产成本合计的结果

	A	B	C	D
1	总成本表			
2	时间	2014/10/2		
3	项目	本月实际	上年实际	本年实际
4	生产费用			
5	材料	68000000	88000000	92000000
6	人工	15800000	19600000	20800000
7	制造	28890000	35980000	35680000
8	生产费用合计	112690000	143580000	148480000
9	加：产品、半成品期初余额	28000000	35800000	35600000
10	减：产品、半成品期末余额	14800000	19800000	34900000
11	生产成本合计	125890000	159580000	149180000
12	减：自制设备	2080000	24800000	25600000
13	减：其他费用	9800000	12900000	14800000
14	产品总成本	114010000	121880000	108780000

核算表 总成本表 Sheet3

图 15.87 计算产品总成本的结果

（7）选择 B5:D14 单元格区域并右击，在弹出的快捷菜单中选择“设置单元格格式”选项，在打开的如图 15.88 所示的“设置单元格格式”对话框的“数字”选项卡的“分类”列表框中选择“货币”选项，在“小数位数”文本框中输入“2”，在“货币符号（国家/地区）”下

拉列表框中选择“¥”符号。

（8）单击“确定”按钮，则所有的货币都更改了格式，列也自动变宽了，效果如图 15.89 所示。

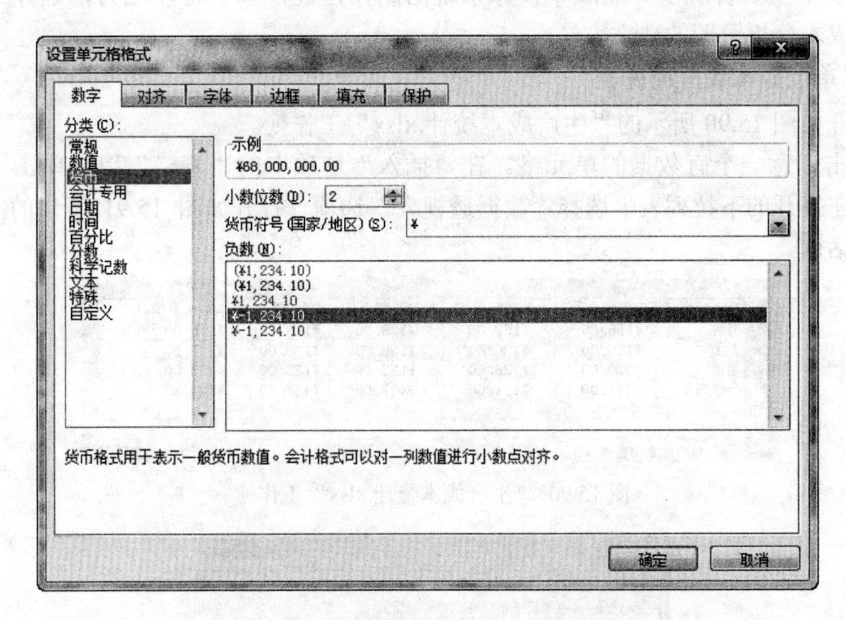

图 15.88 “设置单元格格式”对话框

	A	B	C	D
1	总成本表			
2	时间	2014/10/2		
3	项目	本月实际	上年实际	本年实际
4	生产费用			
5	材料	¥68,000,000.00	¥88,000,000.00	¥92,000,000.00
6	人工	¥15,800,000.00	¥19,600,000.00	¥20,800,000.00
7	制造	¥28,890,000.00	¥35,980,000.00	¥35,680,000.00
8	生产费用合计	¥112,690,000.00	¥143,580,000.00	¥148,480,000.00
9	加：产品、半成品期初余额	¥28,000,000.00	¥35,800,000.00	¥35,600,000.00
10	减：产品、半成品期初余额	¥14,800,000.00	¥19,800,000.00	¥34,900,000.00
11	生产成本合计	¥125,890,000.00	¥159,580,000.00	¥149,180,000.00
12	减：自制设备	¥2,080,000.00	¥24,800,000.00	¥25,600,000.00
13	减：其他费用	¥9,800,000.00	¥12,900,000.00	¥14,800,000.00
14	产品总成本	¥114,010,000.00	¥121,880,000.00	¥108,780,000.00

核算表　总成本表　Sheet3

图 15.89　设置数据的货币格式效果

3. 保存表格

（1）在“文件”菜单中选择“另存为”选项，打开“另存为”对话框。

（2）在对话框的“文件名”文本框中输入“产品成本核算系统”，将制作好的产品成本核算系统保存起来。

本节通过讲解产品成本核算系统的设计，介绍了时间样式的设置、数字样式的设置和背景颜色的填充等功能。

15.7 设计生产成本透视表

在前一节中主要讲解了产品成本核算系统的制作过程，本节将以此为基础介绍成本分析透视表、总成本分析饼图的建立方法。

1. 建立单位成本数据透视表

（1）打开如图 15.90 所示的“生产成本统计.xlsx”工作簿。

（2）单击任意一个有数据的单元格。在“插入”选项卡的“表格”组中单击“数据透视表”按钮。在打开的下拉列表中选择“数据透视表”选项，打开如图 15.91 所示的“创建数据透视表”对话框。

	A	B	C	D	E	F
1	成本项目	历史最优水平	上年实际平均	本年计划平均	本月实际	本年累计平均
2	材料	¥156.00	¥168.00	¥178.00	¥178.00	¥170.00
3	人工	¥118.00	¥120.00	¥136.00	¥136.00	¥127.50
4	制造	¥120.00	¥126.00	¥123.00	¥123.00	¥123.00
5	产品成本	¥394.00	¥414.00	¥437.00	¥437.00	¥420.50
6						
7						

单位成本核算表 / Sheet2 / Sheet3

图 15.90 “生产成本统计.xlsx”工作簿

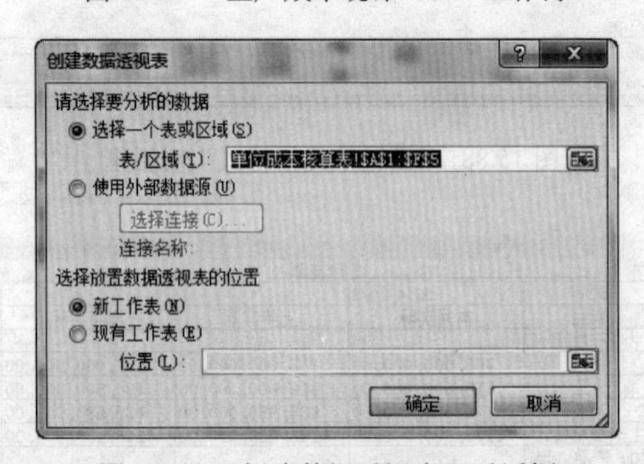

图 15.91 “创建数据透视表”对话框

（3）在“表/区域”文本框中输入“单位成本核算表!$A$1:$F$5”，在“选择放置数据透视表的位置”选项组中选择“新工作表”单选按钮，单击“确定”按钮。

提示：在上步中也可以单击“折叠”按钮，回到工作表中，用鼠标拖曳选择数据区域，再单击“展开”按钮回到“创建数据透视表”对话框。

（4）自动新建一个如图 15.92 所示的工作表显示数据透视表，将此工作表 Sheet4 重命名为“数据透视表”。

（5）在“数据透视表字段列表”任务窗格的“选择要添加到报表的字段”列表中按顺序依次勾选“成本项目”、“历史最优水平”、“上年实际平均”及“本年累计平均”复选框，则“成本项目”选项自动出现在“行标签”区域中。“历史最优水平”、“上年实际平均”、“本年累计平均”选项自动出现在“数值”区域中，同时“列标签”区域中出现“数值”选项，如图 15.93 所示。

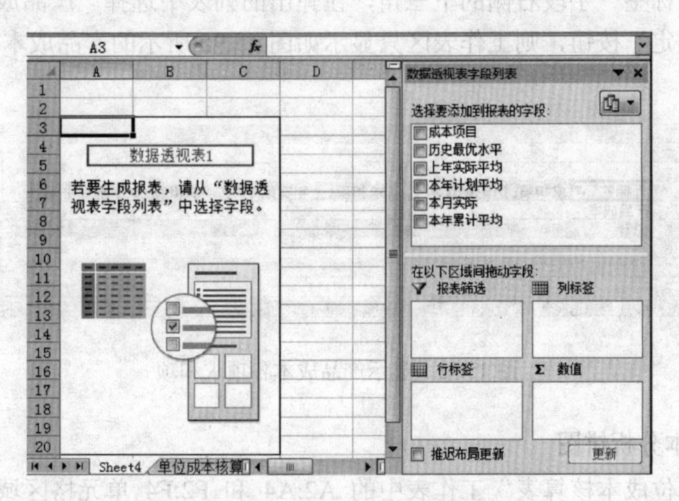

图 15.92　新建工作表显示数据透视表

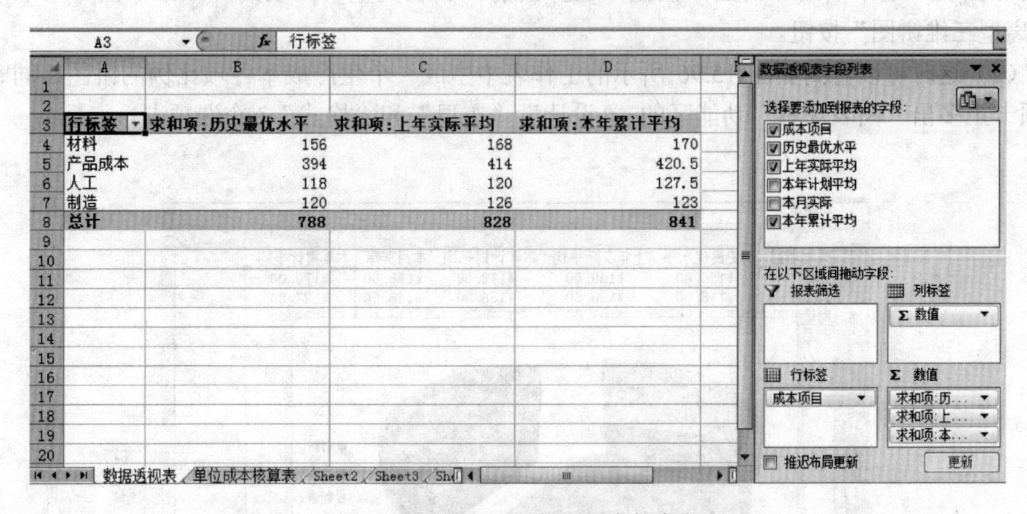

行标签	求和项:历史最优水平	求和项:上年实际平均	求和项:本年累计平均
材料	156	168	170
产品成本	394	414	420.5
人工	118	120	127.5
制造	120	126	123
总计	788	828	841

图 15.93　选择要添加到报表的字段

（6）关闭“数据透视表字段列表”任务窗格，则工作表区显示如图 15.94 所示成本的各项值。

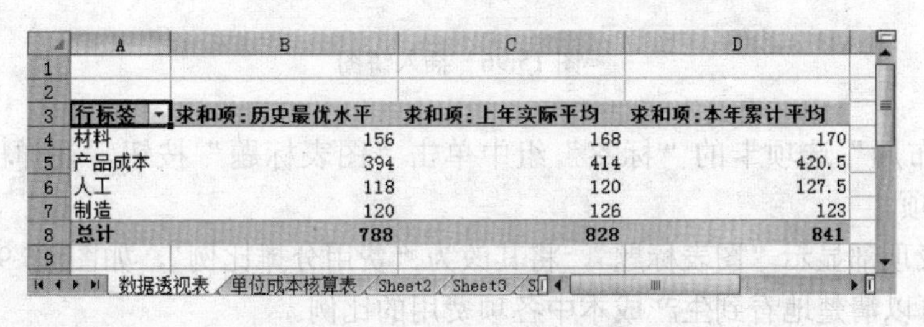

行标签	求和项:历史最优水平	求和项:上年实际平均	求和项:本年累计平均
材料	156	168	170
产品成本	394	414	420.5
人工	118	120	127.5
制造	120	126	123
总计	788	828	841

图 15.94　显示成本的各项值

（7）单击“行标签”字段右侧的下三角，在弹出的列表中选择“产品成本”选项。

（8）单击“确定”按钮，则工作表区只显示如图 15.95 所示的产品成本各项求和项。

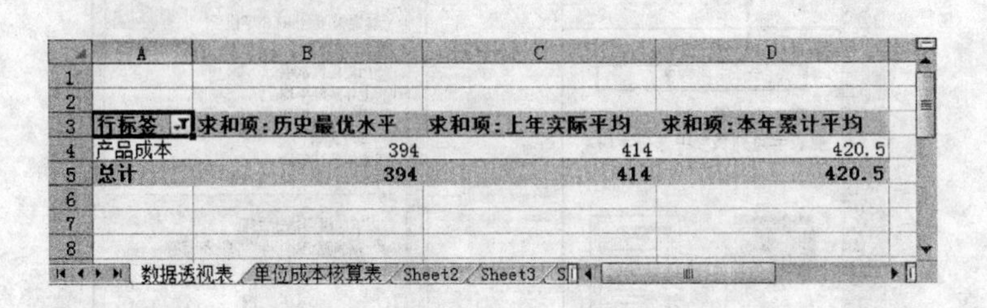

	A	B	C	D
1				
2				
3	行标签	求和项:历史最优水平	求和项:上年实际平均	求和项:本年累计平均
4	产品成本	394	414	420.5
5	总计	394	414	420.5
6				
7				
8				

图 15.95　显示产品成本各项求和项

2. 建立总成本分析饼图

（1）选择“单位成本核算表”工作表中的 A2:A4 和 F2:F4 单元格区域，在“插入”选项卡的“图表”组中单击“饼图”按钮，在弹出的“图表类型”列表的“三维饼图”区中单击“分离型三维饼图”按钮。

（2）这时可以看到如图 15.96 所示的工作表中生成一个生产成本各项比例的饼图，同时在选项卡上多出“图表工具”功能区的 “设计”、“布局”和“格式”3 个选项卡。

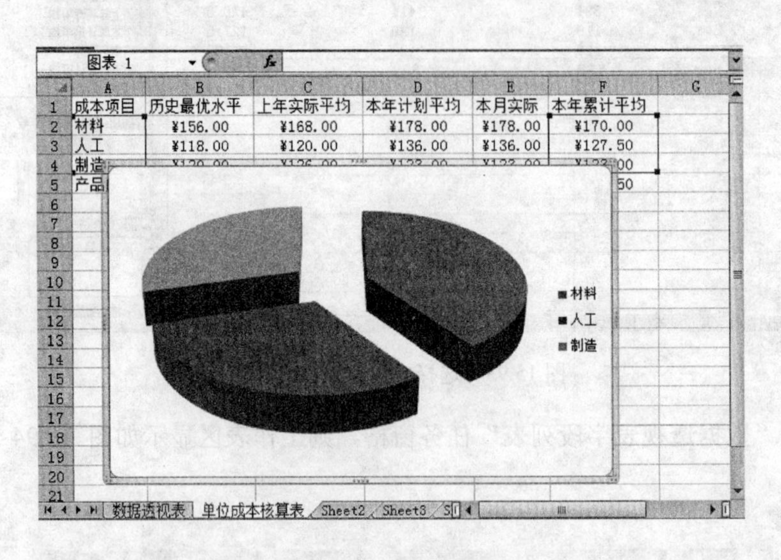

图 15.96　插入饼图

（3）在“布局”选项卡的“标签”组中单击“图表标题”按钮，在弹出的列表中选择“图表上方”选项。

（4）在图表顶部显示“图表标题”，将其改为“费用分摊比例”，如图 15.97 所示。则分析图设置完成，可以清楚地看到生产成本中各项费用的比例。

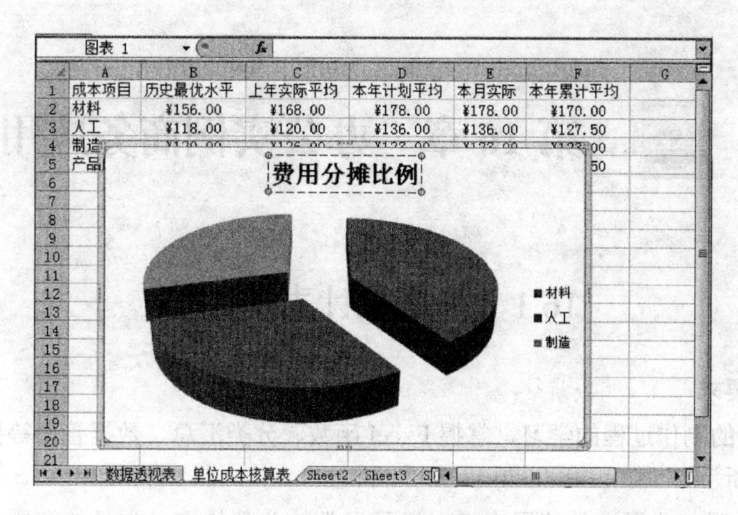

图 15.97　插入图表标题

3. 保存表格

（1）在“文件”菜单中选择“另存为”选项。

（2）在打开的“另存为”对话框的“文件名”文本框中输入“生产成本分析透视表”，单击“保存”按钮。

第16章 办公实例商务应用案例解析

16.1 销售统计表的制作

1. 目的与要求

通过本案例的制作过程的学习，掌握Excel函数、分类汇总、数据管理等技术与技巧。

2. 案例分析

（1）案例说明。公司通常使用表格来记录日常的业务往来，常见的有销售记录表、发货记录单、库存表、出车登记表等，这些表格记录着每一笔业务的详细信息。以本案例中的原始销售记录表为例，原始销售记录表记录着公司的销售信息，包括销售日期、商品、品牌、型号、单价、数量、金额及销售人员等，如图16.1所示。

	A	B	C	D	E	F	G	H	I
3	编号	销售日期	商品	品牌	型号	单价	数量	金额	销售人员
4	k004	2014-1-15	笔记本电脑	方正	I560	¥ 14,000.00	8	112000	刘一鹏
5	k016	2014-2-2	笔记本电脑	方正	T660	¥ 14,000.00	5	70000	张帆
6	k021	2014-2-10	笔记本电脑	方正	T661	¥ 14,000.00	8	112000	林海
7	k030	2014-4-12	笔记本电脑	方正	E400	¥ 9,100.00	6	54600	刘一鹏
8	k007	2014-1-16	笔记本电脑	联想	昭阳 S620	¥ 12,000.00	7	84000	刘一鹏
9	k011	2014-1-18	笔记本电脑	联想	昭阳 S621	¥ 12,000.00	9	108000	张帆
10	k013	2014-2-1	笔记本电脑	联想	昭阳 S622	¥ 12,000.00	10	120000	张帆
11	k017	2014-2-2	笔记本电脑	联想	昭阳 S623	¥ 12,000.00	6	72000	刘一鹏
12	k027	2014-4-11	笔记本电脑	联想	昭阳 S624	¥ 12,000.00	4	48000	林海
13	k002	2014-1-15	服务器	IBM	X346 8840-D02	¥ 23,900.00	2	47800	林海
14	k005	2014-1-16	服务器	IBM	X346 8840-D03	¥ 23,900.00	4	95600	林海
15	k015	2014-2-1	服务器	IBM	Series 235	¥ 24,300.00	3	72900	林海
16	k024	2014-3-22	服务器	IBM	Series 236	¥ 24,300.00	4	97200	张帆
17	k029	2014-4-12	服务器	IBM	X255 8685-71	¥ 47,100.00	5	235500	胡倩倩
18	k001	2014-1-15	服务器	联想	万全 E510	¥ 24,000.00	3	72000	胡倩倩
19	k009	2014-1-17	服务器	联想	万全 E510	¥ 24,000.00	5	120000	胡倩倩
20	k020	2014-2-9	服务器	联想	万全 E510	¥ 32,200.00	2	64400	胡倩倩
21	k025	2014-3-23	服务器	联想	万全 E510	¥ 32,200.00	6	193200	丁香
22	k006	2014-1-16	台式机	方正	商祺 N260	¥ 4,600.00	26	119600	张帆
23	k012	2014-1-18	台式机	方正	商祺 3200	¥ 7,600.00	25	190000	刘一鹏
24	k018	2014-2-2	台式机	方正	商祺 N260	¥ 4,600.00	20	92000	丁香

Sheet1 Sheet2 Sheet3

图16.1 原始销售记录表

本案例中，原始销售记录表的制作不是重点，重点是分析统计原始销售记录表，从而为决策提供依据。例如，查找筛选某品牌的销售明细情况、统计某商品的月销售量，比较销售人员的销售额等。通过Excel提供的排序、筛选、分类汇总及数据透视表等功能能轻松地实现上述目标。

（2）制作过程。在Excel中，要对数据进行排序、筛选、汇总等操作，离不开一个对象——数据清单。所谓数据清单，是指工作表中包含相关数据的一系列数据行，它可以像数据库一样接受浏览与编辑等操作。例如，本案例中创建的“原始销售记录表”就是一个数据清单。在Excel中，可以很容易地将数据清单用作数据库，而在执行数据库操作时，如查询、排序或汇总数据，也会自动将数据清单视作数据库，其中，数据清单中的列是数据库中的字段；数据清单中的列标志（标题）是数据库中的字段名称；数据清单中的每一行对应数据库中的一个记录。在工作表中，建立数据清单应注意遵循下列准则。

① 每张工作表只使用一个数据清单，避免在一张工作表中建立多个数据清单。某些清单管理功能，如筛选等，一次只能在一个数据清单中使用。

② 将类型相同的数据项置于同一列。在设计数据清单时，应使同一列中的各行具有相同类型的数据项。

③ 使数据清单独立于其他数据。在工作表中，数据清单与其他数据之间至少要留出一个空列和一个空行，以便在执行排序、筛选或插入自动汇总等操作时有利于 Excel 检测和选定数据清单。

④ 将关键数据置于清单的顶部或底部，避免将关键数据放到数据清单的左右两侧，因为这些数据在 Excel 2010 筛选数据清单时可能会被隐藏。

⑤ 显示行和列。在修改数据清单之前，应确保隐藏的行或列也被显示。因为，如果清单中的行和列没有被显示，那么数据有可能会被删除。

3. 实现方法

（1）制作原始的销售记录表。这里创建的销售记录表实际上就是以数据清单的格式来创建的，包含“编号”、“销售日期”、“商品”、“品牌”、“型号”、“单价”、“数量”、“金额”及“销售人员”等列，而每一笔销售记录就作为数据清单的一行。具体操作步骤如下。

① 新建一个 Excel 电子表格，将其保存为“销售统计”。

② 在“页面布局”选项卡的“页面设置”组中单击“纸张大小”按钮，在其下拉列表中选择“其他纸张大小”选项，打开如图 16.2 所示的“页面设置”对话框，在“页面”选项卡的“纸张大小”下拉列表框中选择 A4 选项，纸张方向设置为“纵向”；在“页边距”选项卡中将左、右页边距设置为 0.9 厘米。

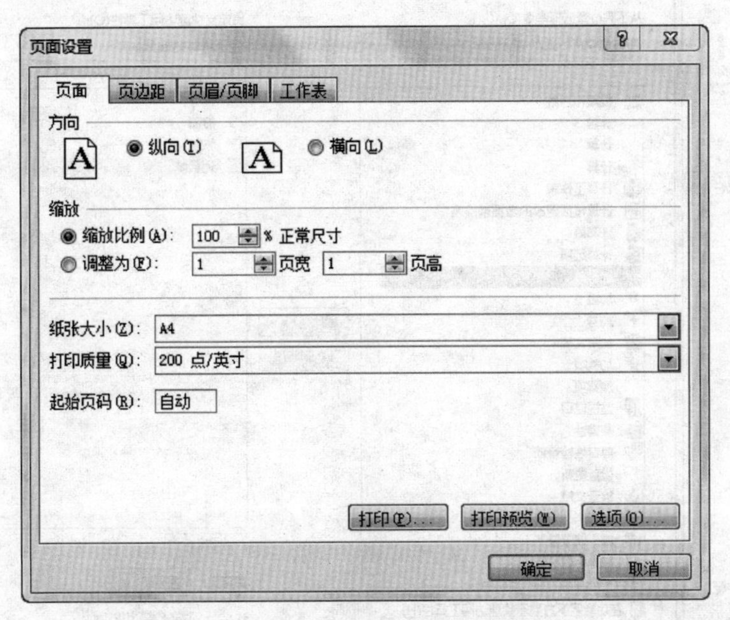

图 16.2 “页面设置”对话框

③ 参照图 16.1 依次输入表头标题、列标题及所有销售记录，这里“金额”是通过公式（金额=单价×数量）计算出来的。

④ 首先单击表格中任一数据单元格，在“开始”选项卡的“样式”组中选择“表样式中等深浅 4”样式，也可修改成自己喜欢的样式。

提示：Excel 内置了典型的单元格区域样式，包括字体大小、图案、边框、对齐方式等。通过“自动套用格式”功能，可为表格直接套用这些内置样式，从而实现快速格式化。

⑤ 将当前工作表 Sheet1 重命名为“销售记录表”，并删除多余的工作表 Sheet2 和 Sheet3。

至此，原始的销售记录表制作完毕。

（2）利用记录单管理原始销售记录。在 Excel 2010 中，除了可以在工作表中编辑、查看数据外，还可以使用 Excel 提供的“记录单”工具，特别是当数据清单中的数据较多时，使用“记录单”工具就显得轻松多了。使用“记录单”工具可以方便地在数据清单中进行浏览、输入、编辑、查找和删除等工作。

说明：Excel 2010 中记录单不会出现在功能区，可以通过单击快速访问工具栏中的“自定义快速访问工具栏”按钮，在弹出的菜单中选择“其他命令”选项，打开如图 16.3 所示的“Excel 选项”对话框，切换到“快速访问工具栏”选项卡，在右侧的“从下列位置选择命令”下拉列表框中选择“所有命令”选项，在其下方的“所有命令”列表框中选择“记录单”选项，单击“添加”按钮，将其添加到右侧的列表框中，单击“确定”按钮即可将它添加到快速访问工具栏中。

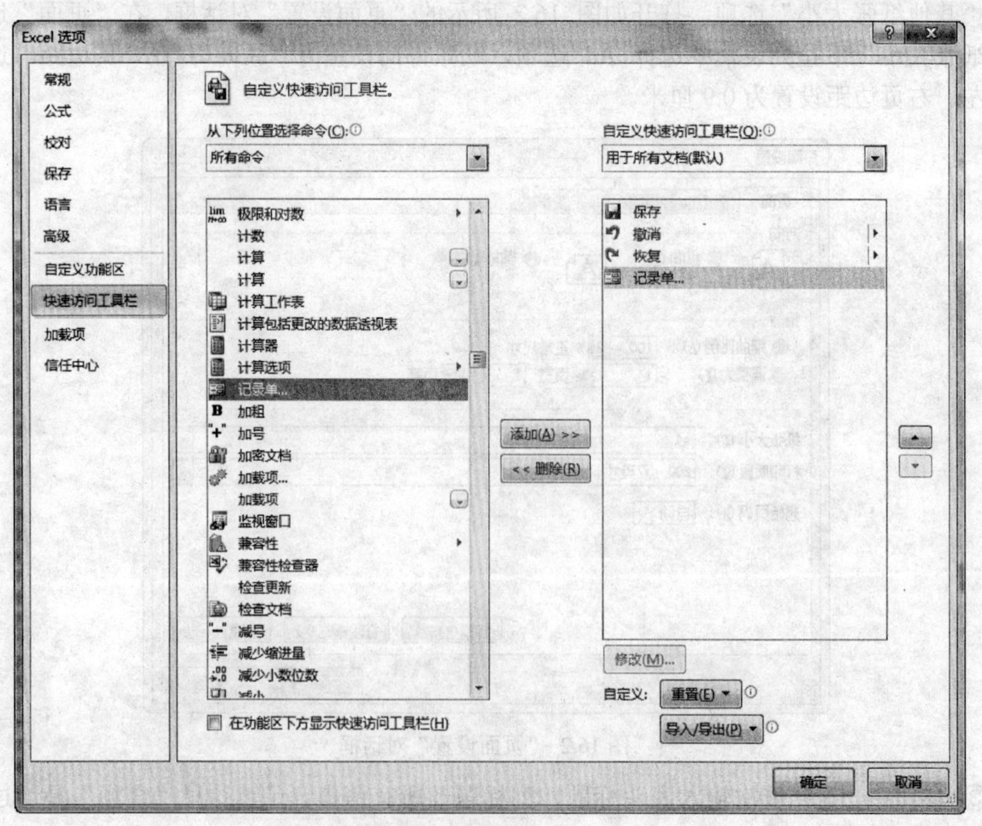

图 16.3 将“记录单”按钮添加到快速访问工具栏中

添加成功后，具体操作步骤如下。

① 选中数据清单中除总标题外的所有数据单元格。

② 在快速访问工具栏中单击“记录单”按钮，打开如图 16.4 所示的“销售记录表”对话框。

③ 从“销售记录表”对话框可以看出，数据清单上的每一行对应一条记录，每一列对应一个字段，列标题作为字段名称存在于“销售记录表”对话框中。“销售记录表”对话框右上角显示的“1/30”表示共有 30 条记录，现在显示的是第 1 条记录。

④ 单击“上一条”和“下一条”按钮，或直接移动滚动条可以浏览工作表中的各行记录。

⑤ 单击“新建”按钮，在“销售记录表”对话框上显示如图 16.5 所示的一个空白的记录单，等待用户输入。

图 16.4 “销售记录表”对话框

图 16.5 新建记录

⑥ 在“销售记录表”对话框上根据字段输入销售记录，输入完毕按 Enter 键继续输入下一条记录；单击“关闭”按钮关闭“销售记录表”对话框，返回工作表。

提示：使用“销售记录表”对话框来新建记录，新记录总是添加到数据清单的末尾。

⑦ 如果要修改某一条记录，则应先查找到该记录，然后在字段文本框中直接修改，修改完毕按 Enter 键即可。如果要删除记录，首先单击“上一条”或“下一条”按钮找到该记录，然后单击“删除”按钮，在打开的如图 16.6 所示的删除确认对话框中单击“确定”按钮则可删除该记录。

⑧ 单击“销售记录表”对话框中的“条件”按钮，此时“销售记录表”对话框自动清空所有文本框，且“条件”按钮变为“表单”按钮，如图 16.7 所示。在相应的字段文本框中输入查询条件，例如，要查找编号为“K021”的销售记录，则在“编号”文本框中输入“K021”；要查找销售金额大于 20 000 元的销售记录，则在“金额”文本框中输入“>20000”。

⑨ 查询条件输入完毕后按 Enter 键，“销售记录表”对话框则显示第 1 条符合条件的记录。

图 16.6 删除确认对话框

图 16.7 查询记录

（3）利用排序分析数据。在本案例中，原始的销售记录表是按照时间的先后次序排序的，这给浏览所需的数据带来了不便。在 Excel 2010 中，用户可以根据数据清单中某个或某几个关键字进行升（降）序排序。具体操作步骤如下。

① 选中任意数据单元格。

② 在“数据”选项卡的“排序和筛选”组中单击“排序”按钮，打开如图 16.8 所示的“排序”对话框，此时工作表中数据清单被自动识别并选定。

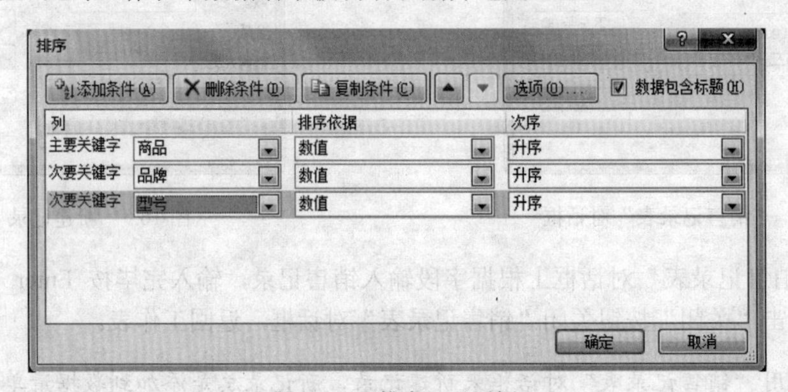

图 16.8 “排序”对话框

③ 在对话框中单击“添加条件”按钮，在“主要关键字”下拉列表框中选择“商品”选项；在“次要关键字”下拉列表框中选择“品牌”选项；在下一行“次要关键字”下拉列表框中选择“型号”选项；所有关键字的排序“次序”全部设为“升序”，勾选对话框右上角的“数据包含标题”复选框，表示第 1 行作为标题行不参与排序。

④ 单击“确定”按钮，返回工作表。此时，数据清单将以记录为单位首先按商品进行升序排序；如果商品相同则按品牌进行升序排序；如果品牌相同则按型号进行升序排序。

提示： 以上是针对多个关键字进行排序的，如果只需要根据一列的数据（一个关键字）进行排序，可以使用快捷方式来排序。首先单击排序所根据的列中的任一数据单元格，然后在“数据”选项卡的“排序和筛选”组中单击“升序”按钮或“降序”按钮即可完成排序。

（4）利用筛选来查找及分析数据。筛选指从众多的数据中挑选出符合某种条件的数据，是查找和处理数据清单中数据子集的快捷方法。筛选区域仅显示满足条件的记录行，该条件由用户针对某列指定。Excel 2010 提供了两种筛选区域的选项：自动筛选——按选定内容筛选，它适用于简单条件；高级筛选——适用于复杂条件。

① 自动筛选。自动筛选一般用于简单的单一条件的查询，它可以自动收集有用的信息，只要根据这些信息给出的条件，就会按要求返回相关的记录行。这里分两步进行自动筛选，第 1 步筛选出所有服务器的销售记录，在此基础上，第 2 步筛选出所有售出服务器 5 台以上的销售记录。

选中数据清单中的 A3:I3 数据单元格。

在“数据”选项卡的“排序和筛选”组中单击“筛选”按钮，此时在列标题上会自动添加自动筛选的下拉箭头，如图 16.9 所示。

商品销售表

编号	销售日期	商品	品牌	型号	单价	数量	金额	销售人
k004	2014-1-15	笔记本电脑	方正	I560	¥ 14,000.00	8	112000	刘一鹏
k016	2014-2-2	笔记本电脑	方正	T660	¥ 14,000.00	5	70000	张帆
k021	2014-2-10	笔记本电脑	方正	T661	¥ 14,000.00	8	112000	林海
k030	2014-4-12	笔记本电脑	方正	E400	¥ 9,100.00	6	54600	刘一鹏
k007	2014-1-16	笔记本电脑	联想	昭阳 S620	¥ 12,000.00	7	84000	刘一鹏
k011	2014-1-18	笔记本电脑	联想	昭阳 S621	¥ 12,000.00	9	108000	张帆
k013	2014-2-1	笔记本电脑	联想	昭阳 S622	¥ 12,000.00	10	120000	张帆
k017	2014-2-2	笔记本电脑	联想	昭阳 S623	¥ 12,000.00	6	72000	刘一鹏
k027	2014-4-11	笔记本电脑	联想	昭阳 S624	¥ 12,000.00	4	48000	林海
k002	2014-1-15	服务器	IBM	X346 8840-D02	¥ 23,900.00	2	47800	林海
k005	2014-1-16	服务器	IBM	X346 8840-D03	¥ 23,900.00	4	95600	林海
k015	2014-2-1	服务器	IBM	Series 235	¥ 24,300.00	3	72900	林海
k024	2014-3-22	服务器	IBM	Series 236	¥ 24,300.00	4	97200	张帆
k029	2014-4-12	服务器	IBM	X255 8685-71	¥ 47,100.00	5	235500	胡倩倩
k001	2014-1-15	服务器	联想	万全 E510	¥ 24,000.00	3	72000	胡倩倩

销售记录表

图 16.9 自动筛选

单击列标题“商品”右侧的下拉箭头，从下拉列表框中勾选“服务器”复选框，取消勾选“笔记本电脑”和“台式机”复选框，单击“确定”按钮，此时工作表将查找并显示满足筛选条件“商品”=“服务器”的销售记录，如图 16.10 所示。

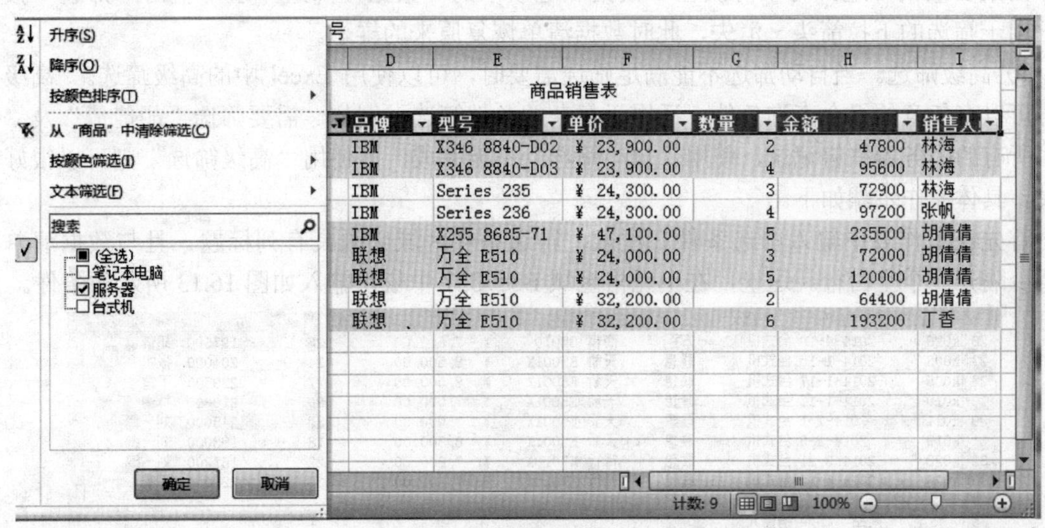

商品销售表

品牌	型号	单价	数量	金额	销售人
IBM	X346 8840-D02	¥ 23,900.00	2	47800	林海
IBM	X346 8840-D03	¥ 23,900.00	4	95600	林海
IBM	Series 235	¥ 24,300.00	3	72900	林海
IBM	Series 236	¥ 24,300.00	4	97200	张帆
IBM	X255 8685-71	¥ 47,100.00	5	235500	胡倩倩
联想	万全 E510	¥ 24,000.00	3	72000	胡倩倩
联想	万全 E510	¥ 24,000.00	5	120000	胡倩倩
联想	万全 E510	¥ 32,200.00	2	64400	胡倩倩
联想	万全 E510	¥ 32,200.00	6	193200	丁香

图 16.10 自动筛选特定的商品

自动筛选可以叠加。单击列标题“数量”右侧的下拉箭头，在其列表中还可以继续选择

“数字筛选”菜单中要查询对应数量的记录。如果自动筛选不能满足用户需求，可将光标移至如图 16.10 所示的“文本筛选”或“数字筛选”或“日期筛选”上，在弹出的菜单中选择相应的条件，打开如图 16.11 所示的“自定义自动筛选方式”对话框，根据需要，选择不同的条件查询。此例在“数量”下拉列表框中选择“大于或等于”选项，在其右侧的下拉列表框中选择“5”选项，此时工作表将只显示售出服务器 5 台以上的销售记录，如图 16.12 所示。

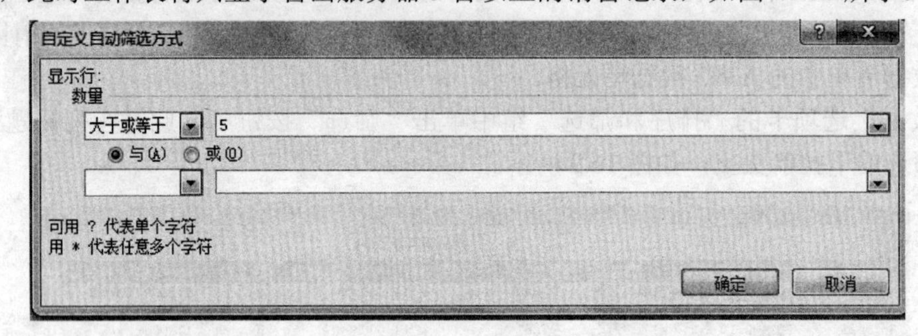

图 16.11 “自定义自动筛选方式”对话框

	A	B	C	D	E	F	G	H	I
1		商品销售表							
2									
3	编号	销售日期	商品	品牌	型号	单价	数量	金额	销售人
17	k029	2014-4-12	服务器	IBM	X255 8685-71	¥ 47,100.00	5	235500	胡倩倩
19	k009	2014-1-17	服务器	联想	万全 E510	¥ 24,000.00	5	120000	胡倩倩
21	k025	2014-3-23	服务器	联想	万全 E510	¥ 32,200.00	6	193200	丁香
34									

销售记录表

图 16.12 自定义自动筛选结果

提示：使用过筛选条件的列标题右侧下拉箭头会变为▣。如果要重新显示所有记录，可在筛选列标题下拉列表框中选择“全选”选项。

如果要撤销筛选，可以再次在“数据”选项卡的“数据与筛选”组中单击“筛选”按钮▼，用于筛选的下拉箭头▾消失，此时数据清单恢复原来的样子。

② 高级筛选。当自动筛选不能满足筛选需要时，可以使用 Excel 中的高级筛选。“高级筛选”可以有任意的组合查询条件，适用于复杂的条件筛选。例如，需要筛选“胡倩倩”及“丁香”所有的服务器销售记录，使用“自动筛选”不能完成，而使用“高级筛选”则可以很好地解决。具体操作步骤如下。

首先在工作表中输入筛选条件。注意，筛选条件区域必须具有列标题，且与数据清单之间至少隔开一个空白行。这里，在单元格区域 B35:C37 中依次输入如图 16.13 所示的条件。

	A	B	C	D	E	F	G	H	I
26	k026	2014-4-10	台式机	方正	商祺 32010	¥ 7,600.00	26	197600	胡倩倩
27	k003	2014-1-15	台式机	联想	天骄 E5001X	¥ 8,500.00	24	204000	张帆
28	k008	2014-1-17	台式机	联想	天骄 E5001X	¥ 8,500.00	27	229500	丁香
29	k010	2014-1-17	台式机	联想	天骄 E5001X	¥ 7,000.00	30	210000	林海
30	k014	2014-2-1	台式机	联想	天骄 E5001X	¥ 7,000.00	35	245000	刘一鹏
31	k019	2014-2-8	台式机	联想	天骄 E5001X	¥ 8,500.00	18	153000	刘一鹏
32	k023	2014-3-21	台式机	联想	锌行 K7010A	¥ 7,600.00	22	167200	刘一鹏
33	k028	2014-4-12	台式机	联想	锌行 K7010A	¥ 7,600.00	30	228000	丁香
34									
35		商品	销售人员						
36		服务器	胡倩倩						
37		服务器	丁香						

销售记录表 Sheet2 Sheet3

图 16.13 输入高级筛选的条件

选中数据清单中 A3:I33 单元格区域，在“数据”选项卡的“数据与筛选”组中单击“高级”按钮，打开如图 16.14 所示的“高级筛选”对话框。

提示：使用高级筛选操作会自动取消自动筛选的设置，所以在这里不必手工取消自动筛选。

	A	B	C	D	E	H	I
21	k025	2014-3-23	服务器	联想	万全 E5	193200	丁香
22	k006	2014-1-16	台式机	方正	商祺 N2	119600	张帆
23	k012	2014-1-18	台式机	方正	商祺 32	190000	刘一鹏
24	k018	2014-2-2	台式机	方正	商祺 N2	92000	丁香
25	k022	2014-3-20	台式机	方正	商祺 32	152000	张帆
26	k026	2014-4-10	台式机	方正	商祺 32	197600	胡倩倩
27	k003	2014-1-15	台式机	联想	天骄 E5	204000	张帆
28	k008	2014-1-17	台式机	联想	天骄 E5	229500	丁香
29	k010	2014-1-17	台式机	联想	天骄 E5	210000	林海
30	k014	2014-2-1	台式机	联想	天骄 E5	245000	刘一鹏
31	k019	2014-2-8	台式机	联想	天骄 E5	153000	刘一鹏
32	k023	2014-3-21	台式机	联想	锋行 K7	167200	刘一鹏

高级筛选
方式
在原有区域显示筛选结果(F)
将筛选结果复制到其他位置(O)
列表区域(L): $A$3:$I$33
条件区域(C):
复制到(T):
选择不重复的记录(R)
确定　取消

销售记录表 / Sheet2 / Sheet3

图 16.14 “高级筛选”对话框

此时，数据清单（单元格区域 A3:I33）被选定，但也可通过单击“列表区域”文本框右边的“折叠”按钮重新选定要筛选的列表区域。

单击“条件区域”对话框的“折叠”按钮，选中前面输入的筛选条件区域“B35:C37”，如图 16.15 所示。单击图 16.15 所示的“展开”按钮，返回“高级筛选”对话框。

	A	B	C	D	E	F	G	H	I
27	k003	2014-1-15	台式机	联想	天骄 E5001X	¥ 8,500.00	24	204000	张帆
28	k008	2014-1-17	台式机	联想	天骄 E5001X	¥ 8,500.00	27	229500	丁香
29	k010	2014-1-17	台式机	联想	天骄 E5001X	¥ 7,000.00	30	210000	林海
30	k014	2014-2-1	台式机	联想	天		35	245000	刘一鹏
31	k019	2014-2-8	台式机	联想			18	153000	刘一鹏
32	k023	2014-3-21	台式机	联想			22	167200	刘一鹏
33	k028	2014-4-12	台式机	联想			30	228000	丁香
34									
35		商品	销售人员						
36		服务器	胡倩倩						
37		服务器	丁香						
38									

高级筛选 - 条件区域:
销售记录表!$B$35:$C$37

图 16.15 选择条件区域

在如图 16.16 所示的“方式”区中选择“将筛选结果复制到其他位置”单选按钮，然后在被激活的“复制到”文本框中设置筛选结果的放置位置，这里选择单元格 A40。

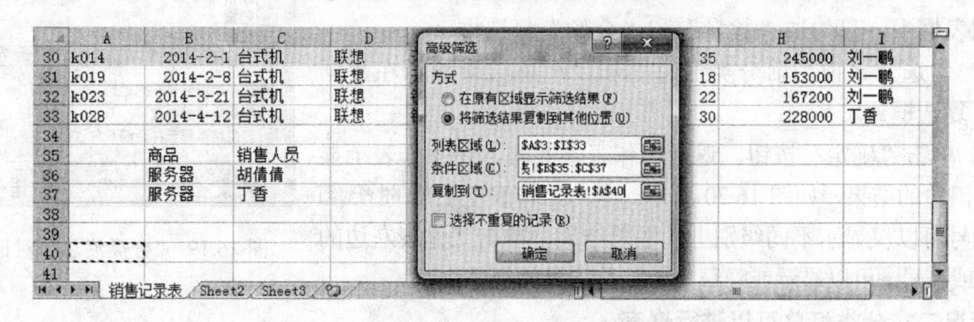

图 16.16 高级筛选的设置

单击“确定”按钮，返回工作表。此时，筛选结果被复制到了指定位置，如图 16.17 所示

（如果在上一步中选择“在原有区域显示筛选结果”单选按钮，则仅隐藏不符合条件的数据行）。

	A	B	C	D	E	F	G	H	I
34									
35		商品	销售人员						
36		服务器	胡倩倩						
37		服务器	丁香						
38									
39									
40	编号	销售日期	商品	品牌	型号	单价	数量	金额	销售人员
41	k029	2014-4-12	服务器	IBM	X255 8685-71	¥ 47,100.00	5	235500	胡倩倩
42	k001	2014-1-15	服务器	联想	万全 E510	¥ 24,000.00	3	72000	胡倩倩
43	k009	2014-1-17	服务器	联想	万全 E510	¥ 24,000.00	5	120000	胡倩倩
44	k020	2014-2-9	服务器	联想	万全 E510	¥ 32,200.00	2	64400	胡倩倩
45	k025	2014-3-23	服务器	联想	万全 E510	¥ 32,200.00	6	193200	丁香

销售记录表 / Sheet2 / Sheet3

图 16.17　高级筛选结果

提示：在筛选条件区域中，行与行之间是“或”的关系，同一行中不同列之间是“与”的关系。例如，要筛选“胡倩倩销售服务器的情况”及“丁香的所有销售情况”可以使用如图 16.18 所示的条件。

商品	销售人员
服务器	胡倩倩
	丁香

图 16.18　筛选条件

（5）利用分类汇总分析数据。所谓分类汇总指在数据清单中对数据进行分类，并按分类进行汇总计算。通过分类汇总，不需要手工创建公式，Excel 将自动对项目提供“求和”和“平均值”等汇总计算，并且将计算结果分级显示出来。

在进行分类汇总操作前，必须首先对要分类的字段进行排序，将同一类数据集中在一起。本例中将按“商品”字段对销售记录表中的数据进行分类汇总，以获得不同商品的销售数量及金额。具体操作步骤如下。

情况一：常规操作。

先按主要关键字“商品”及次要关键字“品牌”对数据清单进行排序，然后按照以下步骤进行操作。

① 单击数据清单中任一数据单元格，在“数据”选项卡的“分类显示”组中单击“分类汇总”按钮，弹出如图 16.19 所示的“分类汇总”对话框。

② 在“分类字段”下拉列表框中选择“商品”选项；在“汇总方式”下拉列表框中选择“求和”选项；在“选定汇总项”列表框中，只勾选“数量”和“金额”复选框。

③ 勾选“替换当前分类汇总”和“汇总结果显示在数据下方”复选框。

④ 单击“确定”按钮，返回工作表。此时，在工作表上显示分类汇总的结果，如图 16.20 所示。单击工作表左上角的 1 2 3 分级符号可以仅显示不同级别上的汇总结果；单击工作表左边的加号 + 或减号 − 可以显示或隐藏某个汇总项目的细节内容。

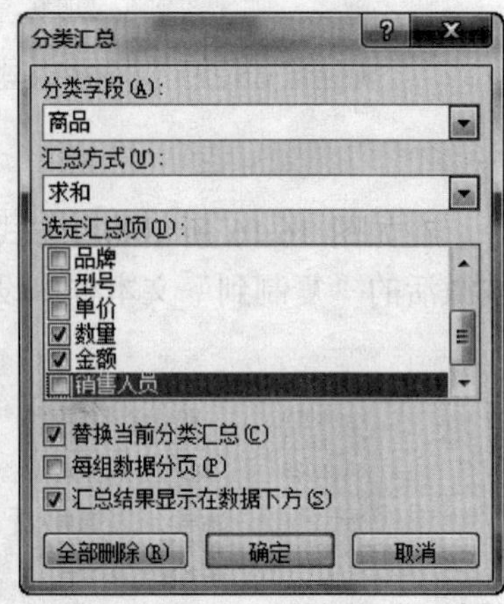

图 16.19　“分类汇总”对话框

情况二：分类汇总可以进行嵌套。

在前述按“商品”字段汇总的基础上来分别汇总出各品牌的销售数量及金额。这就是在前面还要对品牌进行排序的原因。

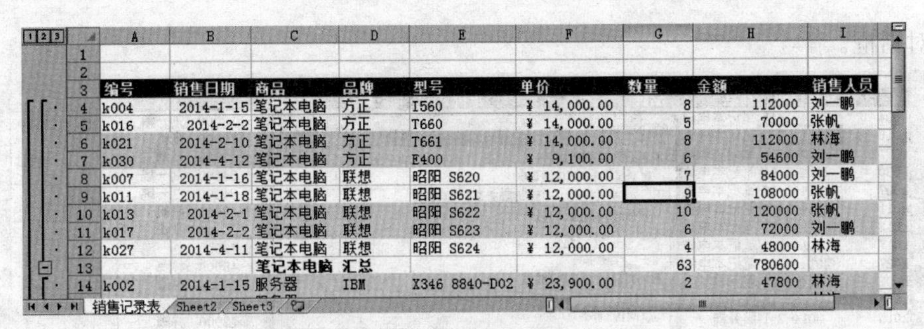

	A	B	C	D	E	F	G	H	I
1									
2									
3	编号	销售日期	商品	品牌	型号	单价	数量	金额	销售人员
4	k004	2014-1-15	笔记本电脑	方正	I560	¥ 14,000.00	8	112000	刘一鹏
5	k016	2014-2-2	笔记本电脑	方正	T660	¥ 14,000.00	5	70000	张帆
6	k021	2014-2-10	笔记本电脑	方正	T661	¥ 14,000.00	8	112000	林海
7	k030	2014-4-12	笔记本电脑	方正	E400	¥ 9,100.00	6	54600	刘一鹏
8	k007	2014-1-16	笔记本电脑	联想	昭阳 S620	¥ 12,000.00	7	84000	刘一鹏
9	k011	2014-1-18	笔记本电脑	联想	昭阳 S621	¥ 12,000.00	9	108000	张帆
10	k013	2014-2-1	笔记本电脑	联想	昭阳 S622	¥ 12,000.00	10	120000	张帆
11	k017	2014-2-2	笔记本电脑	联想	昭阳 S623	¥ 12,000.00	6	72000	刘一鹏
12	k027	2014-4-11	笔记本电脑	联想	昭阳 S624	¥ 12,000.00	4	48000	林海
13			笔记本电脑	汇总			63	780600	
14	k002	2014-1-15	服务器	IBM	X346 8840-D02	¥ 23,900.00	2	47800	林海

销售记录表 / Sheet2 / Sheet3

图 16.20　按商品分类汇总的结果

① 选中所有数据区域的数据。在“数据”选项卡的“分级显示”组中单击“分类汇总”按钮，打开如图 16.21 所示的“分类汇总”对话框。在“分类字段”下拉列表框中选择“品牌”选项；在“汇总方式”下拉列表框中选择“求和”选项；在“选定汇总项”列表框中只勾选“数量”和“金额”复选框，同时取消勾选“替换当前分类汇总”复选框（这就是嵌套的关键，如果勾选了“替换当前分类汇总”复选框，则使用新的分类汇总方式来替换旧的分类汇总方式）。

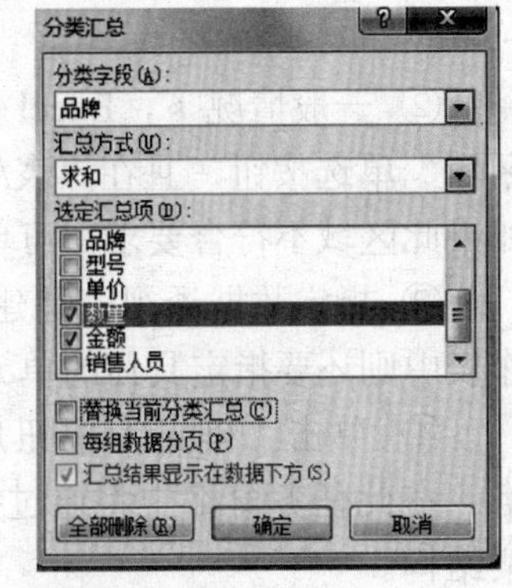

图 16.21　“分类汇总”对话框

② 单击“确定”按钮，返回工作表。此时，得到一个如图 16.22 所示的二重嵌套的分类汇总表。

	A	B	C	D	E	F	G	H	I
1					商品销售表				
2									
3	编号	销售日期	商品	品牌	型号	单价	数量	金额	销售人员
4	k004	2014-1-15	笔记本电脑	方正	I560	¥ 14,000.00	8	112000	刘一鹏
5	k016	2014-2-2	笔记本电脑	方正	T660	¥ 14,000.00	5	70000	张帆
6	k021	2014-2-10	笔记本电脑	方正	T661	¥ 14,000.00	8	112000	林海
7	k030	2014-4-12	笔记本电脑	方正	E400	¥ 9,100.00	6	54600	刘一鹏
8				方正 汇总			27	348600	
9	k007	2014-1-16	笔记本电脑	联想	昭阳 S620	¥ 12,000.00	7	84000	刘一鹏
10	k011	2014-1-18	笔记本电脑	联想	昭阳 S621	¥ 12,000.00	9	108000	张帆
11	k013	2014-2-1	笔记本电脑	联想	昭阳 S622	¥ 12,000.00	10	120000	张帆
12	k017	2014-2-2	笔记本电脑	联想	昭阳 S623	¥ 12,000.00	6	72000	刘一鹏
13	k027	2014-4-11	笔记本电脑	联想	昭阳 S624	¥ 12,000.00	4	48000	林海
14				联想 汇总			36	432000	
15			笔记本电脑	汇总			63	780600	
16	k002	2014-1-15	服务器	IBM	X346 8840-D02	¥ 23,900.00	2	47800	林海

销售记录表

图 16.22　二重嵌套的分类汇总表

③ 要撤销分类汇总，可以在“数据”选项卡“分级显示”组中单击“分类汇总”按钮，弹出如图 16.21 所示的“分类汇总”对话框，单击“全部删除”按钮，则可以删除分类汇总，同时还原数据清单。

（6）创建数据透视表分析数据。数据透视表是一种对大量数据进行合并汇总和建立交叉列表的交互式表格，是针对明细数据进行全面分析的最佳工具。数据透视表可以将数据的排序、筛选和分类汇总三者有机结合起来，通过转换行和列以查看源数据的不同汇总结果，可以显示不同页面以筛选数据，根据需要显示区域中的明细数据。

情况一：常规操作。

① 单击数据清单中任一数据单元格，在“插入”选项卡的“表格”组中单击“数据透视表”按钮，在弹出的下拉列表中选择“数据透视表”选项，打开如图 16.23 所示的“创建数据

透视表”对话框。

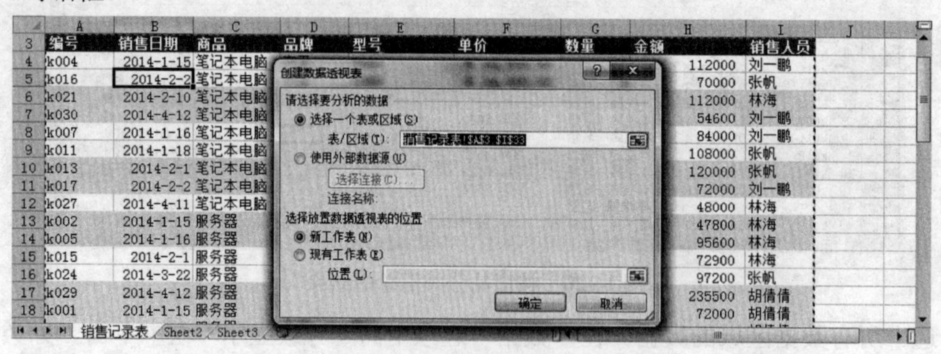

图 16.23 “创建数据透视表”对话框

② 一般情况下，Excel 会自动识别并选定整个数据清单区域（自动选择“选择一个表或区域”单选按钮，且在“表/区域”文本框中设置为当前数据表的整个清单区域$A$3:$I$33)，如果此区域不符合要求，可单击“表/区域”文本框右侧的“折叠”按钮手工选择。

③ 指定数据透视表是建立在一个新工作表中还是在现有工作表中，如选择建立在现有工作表中则还要指定具体的单元格位置。这里选择“新工作表”单选按钮，如图 16.23 所示。

④ 单击“确定”按钮后，会打开如图 16.24 所示的“数据透视表字段列表”任务窗格。在此任务窗格中将通过拖动字段（实质上是数据清单的列标题）来设计数据透视表的框架结构。

⑤ 将“销售人员”字段拖动到“报表筛选”区域；将“销售日期”字段拖动到“行标签”区域；将“商品”字段拖动到“列标签”区域；将“数量”字段拖动到“数值”区域，如图 16.25 所示。

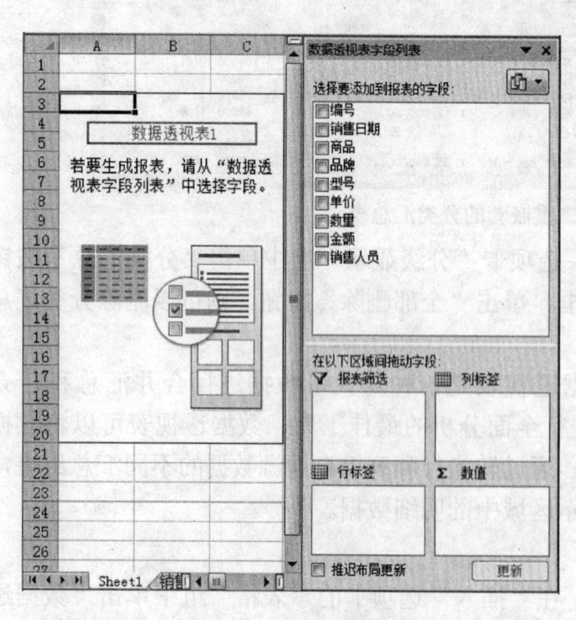

图 16.24 “数据透视表字段列表”任务窗格

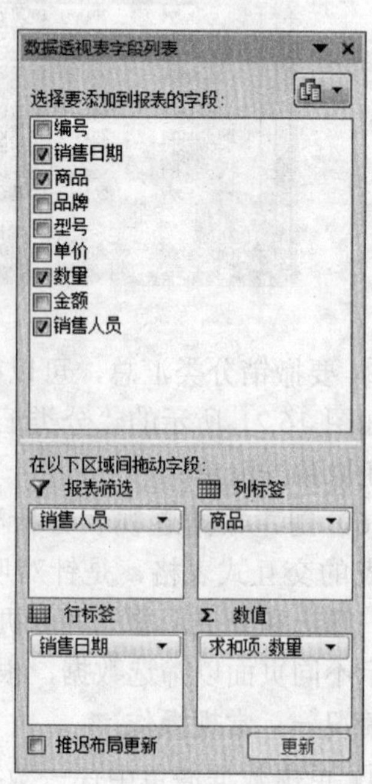

图 16.25 设置数据透视表布局

⑥ 此时，一个数据透视表已自动生成在新工作表中，如图 16.26 所示。

⑦ 单击新建工作表的“数据筛选”区域中的“销售人员”单元格右侧的下三角按钮▾，在打开的如图 16.27 所示的列表框中选择“丁香”选项，然后单击“确定”按钮返回工作表。此时，数据透视表显示“丁香”个人的销售记录和汇总情况，如图 16.28 所示。在列表框中选择“全部”选项，数据透视表又还原为显示全体销售人员的销售记录和汇总情况。

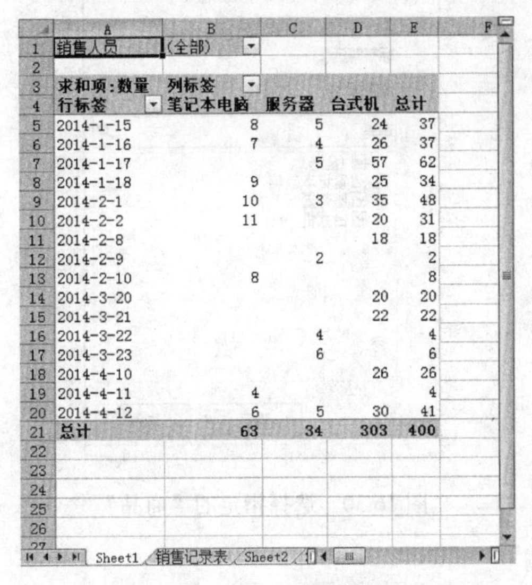

销售人员	(全部)			
求和项:数量	列标签			
行标签	笔记本电脑	服务器	台式机	总计
2014-1-15	8	5	24	37
2014-1-16	7	4	26	37
2014-1-17		5	57	62
2014-1-18	9		25	34
2014-2-1	10	3	35	48
2014-2-2	11		20	31
2014-2-8			18	18
2014-2-9		2		2
2014-2-10	8			8
2014-3-20			20	20
2014-3-21			22	22
2014-3-22		4		4
2014-3-23		6		6
2014-4-10			26	26
2014-4-11	4			4
2014-4-12	6	5	30	41
总计	63	34	303	400

图 16.26　数据透视表

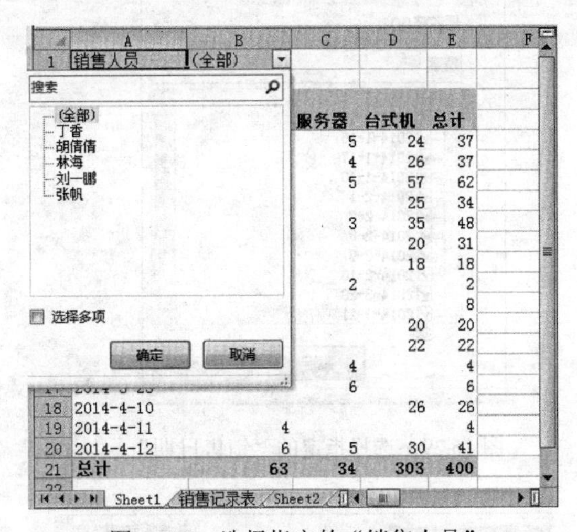

图 16.27　选择指定的“销售人员”

提示：通过在“销售人员”下拉列表框中选择某个销售人员，可以在数据透视表中筛选出个人销售情况。同样的，通过从“销售日期”或“商品”下拉列表框中选择日期或商品也能在数据透视表中筛选出指定日期或指定商品的销售情况，如图 16.29 和图 16.30 所示。

说明：现在的数据透视表显示的是每天的销售统计，也可以通过“分组”来创建按月、季度，甚至按年显示的数据透视表。

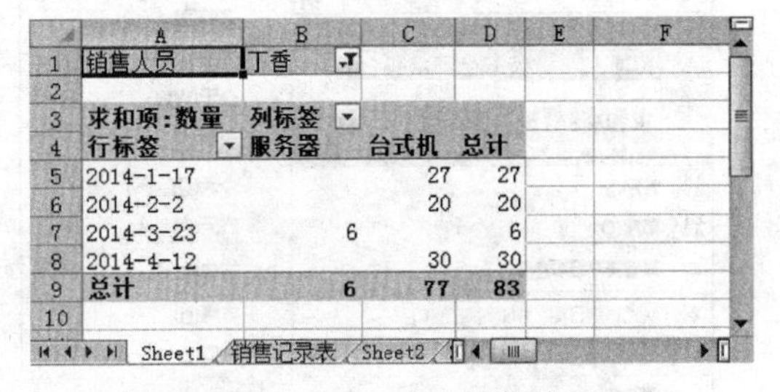

销售人员	丁香		
求和项:数量	列标签		
行标签	服务器	台式机	总计
2014-1-17		27	27
2014-2-2		20	20
2014-3-23	6		6
2014-4-12		30	30
总计	6	77	83

图 16.28　“丁香”个人销售情况对比

情况二：创建销售月报表。

在数据透视表中单击“销售日期”，即“行标签”单元格右侧的下三角按钮▾，在弹出的如图 16.31 所示的快捷菜单的“日期筛选”级联菜单中选择“下月”、“本月”或“上月”选项即可得到其对应的月报表。

情况三：组合数据透视表。

在数据透视表中，将不同的字段分别置于“页”区域、“列”区域、“行”区域及“数据”区域，可以组合成不同的数据透视表，得到不同的分析结果。例如，要分析商品与品牌的销售情况，可以进行如下操作。

① 单击数据透视表，将“数据透视表字段列表”任务窗格中的“品牌”字段拖动到数据

透视表“行标签”区域中，此时，数据透视表显示出“品牌”的明细数据，如图 16.32 所示。

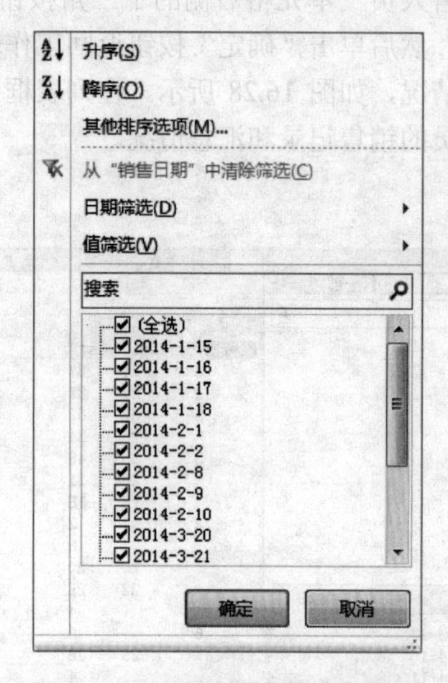

图 16.29　选择指定的“销售日期”

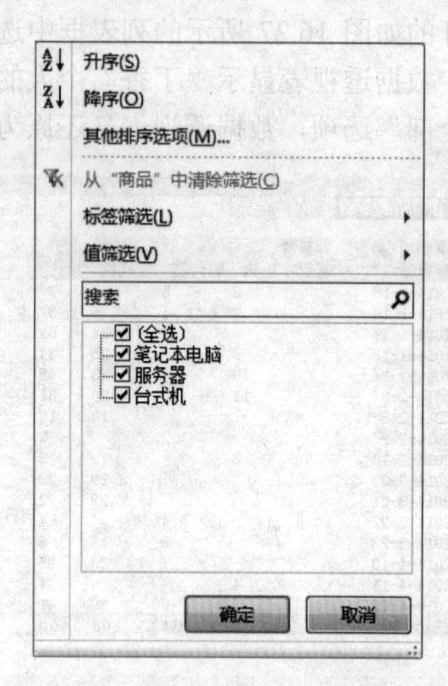

图 16.30　选择指定的“商品”

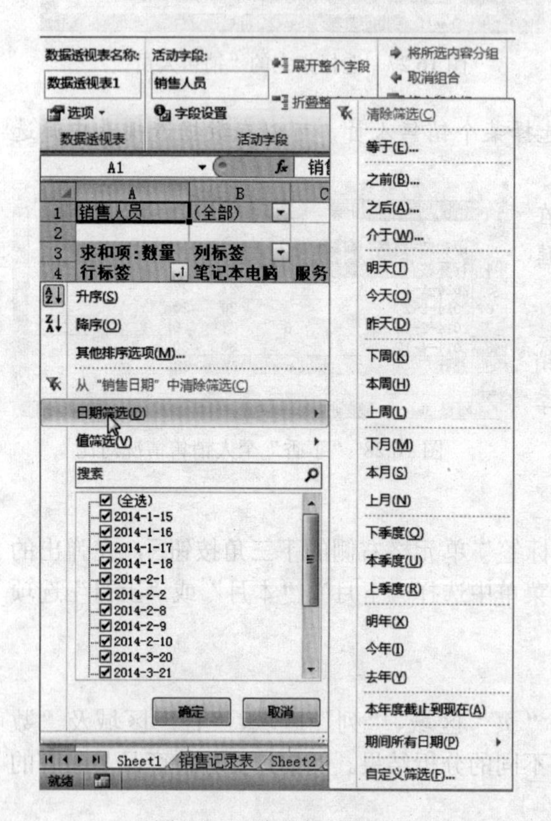

图 16.31　字段快捷菜单

	A	B	C	D	E
4	行标签	笔记本电脑	服务器	台式机	总计
5	⊟2014-1-15	8	5	24	37
6	IBM		2		2
7	方正	8			8
8	联想		3	24	27
9	⊟2014-1-16	7	4	26	37
10	IBM		4		4
11	方正			26	26
12	联想	7			7
13	⊟2014-1-17		5	57	62
14	联想		5	57	62
15	⊟2014-1-18	9		25	34
16	方正			25	25
17	联想	9			9
18	⊟2014-2-1	10	3	35	48
19	IBM		3		3
20	联想	10		35	45
21	⊟2014-2-2	11		20	31
22	方正	5		20	25
23	联想	6			6
24	⊟2014-2-8			18	18
25	联想			18	18
26	⊟2014-2-9		2		2
27	联想		2		2
28	⊟2014-2-10	8			8
29	方正	8			8
30	⊟2014-3-20			20	20

图 16.32　显示“品牌”明细数据

② 在数据透视表中选中“销售日期”字段，将其拖出数据透视表区域，放开鼠标左键，此时，“销售日期”字段从透视表中删除，得到的是一个商品“品牌”数据透视表，如图 16.33 所示。

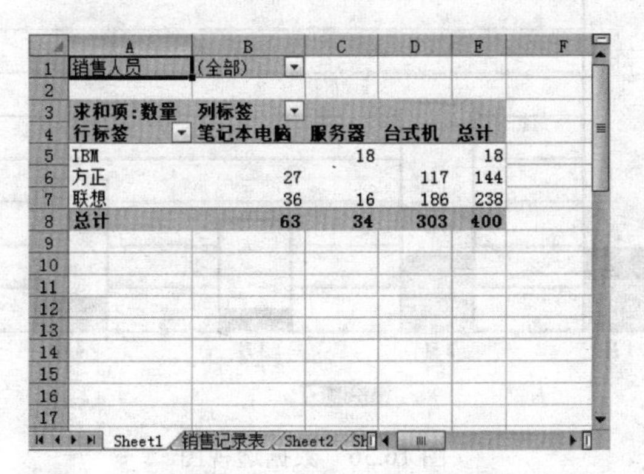

销售人员	(全部)			
求和项:数量	列标签			
行标签	笔记本电脑	服务器	台式机	总计
IBM		18		18
方正	27		117	144
联想	36	16	186	238
总计	63	34	303	400

图 16.33　商品“品牌”数据透视表

提示： 数据透视表中“数据”区域放置的是要汇总的字段，如果此字段是数值型的，一般会自动应用 SUM 求和函数来汇总，也可以改变汇总的方式。例如，要统计的是销售成交的笔数，右击“数据”区域中任一数据单元格，在弹出的如图 16.34 所示的快捷菜单的“值汇总依据”级联菜单中选择“计数”选项，即可得到如图 16.35 所示的销售成交笔数透视表。

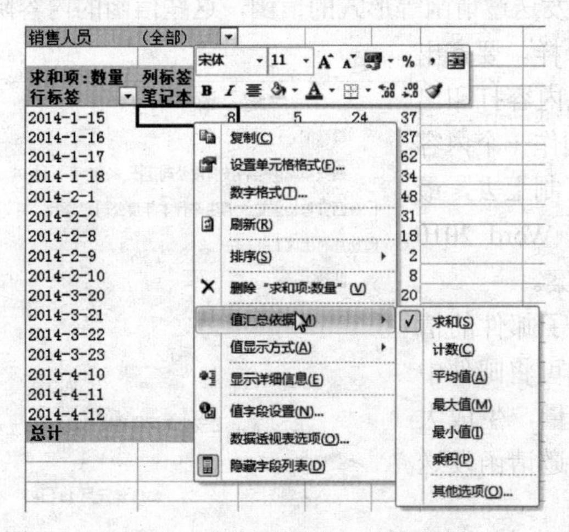

图 16.34 “数据透视表”快捷菜单

销售人员	(全部)			
计数项:数量	列标签			
行标签	笔记本电脑	服务器	台式机	总计
2014-1-15	1	2	1	4
2014-1-16	1	1	1	3
2014-1-17		1	2	3
2014-1-18	1		1	2
2014-2-1	1	1	1	3
2014-2-2	2		1	3
2014-2-8			1	1
2014-2-9		1		1
2014-2-10	1			1
2014-3-20			1	1
2014-3-21			1	1
2014-3-22		1		1
2014-3-23		1		1
2014-4-10			1	1
2014-4-11	1			1
2014-4-12	1	1	1	3
总计	9	9	12	30

图 16.35　销售成交笔数透视表

说明： 当作为数据透视表数据源的数据清单发生改变时，数据透视表本身并不会随之自动更新，而需要手动刷新数据透视表。首先单击数据透视表，然后在“数据”选项卡的“连接”组中单击“全部刷新”按钮，即可更新数据透视表。

（7）创建数据透视图分析数据。数据透视图是以图表的形式来显示分析统计的结果，如图 16.36 所示，它的创建步骤及操作方法与数据透视表类似，这里不再重复。

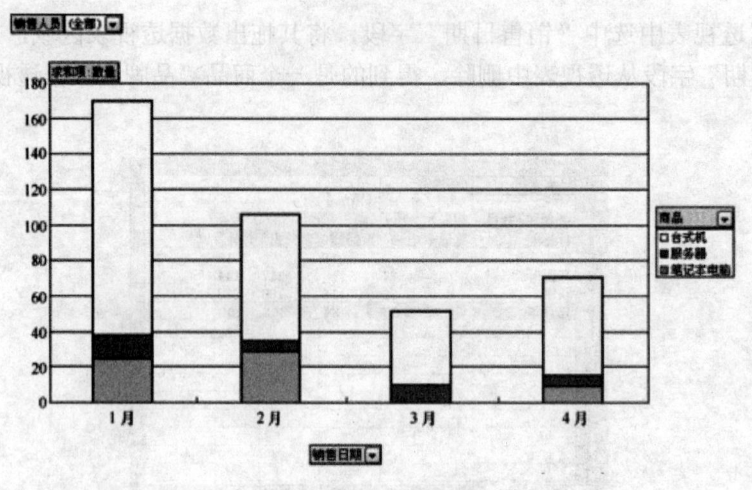

图 16.36 数据透视图

16.2 成批打印信件或发送电子邮件

1. 目的与要求

通过本案例制作过程的学习，掌握利用邮件合并技术实现成批信件的自动打印。

2. 案例分析

在商务工作中，有时候需要向许多不同的客户发送邀请函等形式的信函，这些信函的内容除了姓名、地址等少数项目以外，其他内容都完全一样。要寄出这些成批的邀请信，有以下两种选择方案：① 把内容打印出来，然后手工填写收信人；② 在 Word 2010 中制作一个内容相同，但收信人不同的文档，然后将每个收信人复制上去，最后再统一将其打印出来。这些都不是最好的方法。Word 2010 中的邮件合并功能为这种情况提供了完美的解决方案。

本案例主要针对这种成批打印信件或发送电子邮件的情况介绍 Word 2010 中的邮件合并功能。邮件合并可将邮件中的某些位置用变量来表示，然后依次替换这些变量，生成大量信件。使用 Word 的发送邮件功能可以直接将邀请函发送出去。本实例效果如图 16.37 所示。

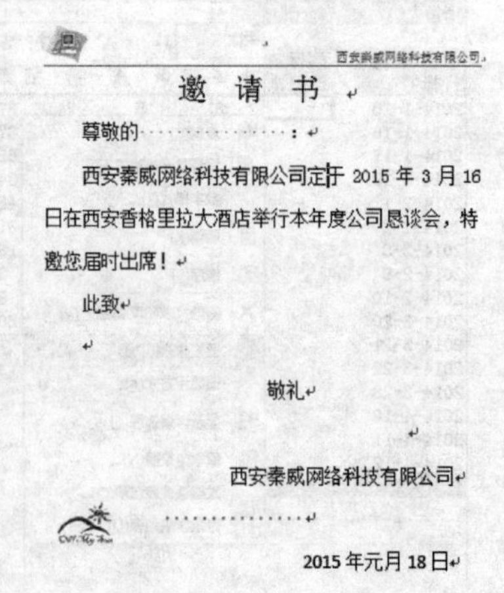
西安秦威网络科技有限公司

邀 请 书

尊敬的……………：

西安秦威网络科技有限公司定于 2015 年 3 月 16 日在西安香格里拉大酒店举行本年度公司恳谈会，特邀您届时出席！

此致

敬礼

西安秦威网络科技有限公司

……………

2015 年元月 18 日

图 16.37 实例效果图

（1）邮件合并的 3 个元素。在任何邮件合并中，都将处理 3 个不同的元素：开始时使用的主文档；为主文档提供信息的数据源；已完成的文档集（合并文档）。

① 主文档：主文档是开始文档。主文档包含了每个副本中相同的所有信息（常量），如套用信函的正文。主文档还包含每个副本中不同信息的占位符（变量），例如，在套用信函中，每个副本中的地址块和姓名等。

② 数据源：数据源是一个文件，它包含了在合并文档各个副本中不相同的数据（即变量

的值），例如，要在邮件合并中使用的名称和地址列表。该数据源可以是 Microsoft Word 表格、Microsoft Excel 工作表、Microsoft Outlook 联系人列表或 Microsoft Access 数据库表等。

③ 已完成的文档集：它是一系列主文档的副本。在这些文档中，有些文本在所有副本中都是相同的，而有些会随着文档的不同而发生变化。

（2）邮件合并功能可以创建的文件类型。利用邮件合并功能可以创建的文件类型有信函、电子邮件、信封、标签和目录。这几种形式的文档大同小异，分别用于下列场合。

① 信函：将信函发送给一组人。

② 电子邮件：将电子邮件发送给一组人。

③ 信封：打印成组邮件的带地址信封。

④ 标签：打印成组邮件的地址标签。

⑤ 目录：创建包含目录和地址打印列表的单个文档。

（3）邮件合并的 3 个过程。不管选择什么样的文档类型，整个合并过程大致包括如下 3 个。

① 创建邮件合并的主文档。

② 建立合并用的数据文档。

③ 通过邮件合并将建立的数据文档合并进入主文档。

3. 实现方法

本案例中以向公司合作伙伴发出一封会议邀请函为例，介绍邮件合并功能的一般使用方法。

（1）创建主文档——会议邀请函。具体操作步骤如下。

① 在 Word 中新建一个空白文档。

② 设置纸张大小为“大 32 开”。

③ 首先在文档中输入邀请函的内容，并设置标题字体为“宋体”，字号为“二号”，字间距为“10 磅”，段间距为“2 行”；正文字体为“宋体”，字号为“小四”，行距为“1.5 倍”行距。

④ 在正文落款前插入如图 16.38 所示的图片，设置为“浮于文字上方”。

⑤ 在页眉处输入文字“新世纪网络科技有限责任公司”，字体设置为“宋体”，字号为“小二”，颜色为“红色”，字形为“加粗”，对齐方式为“右对齐”。

⑥ 在页眉处插入如图 16.39 所示的图片，大小缩放 48%，设置为“浮于文字上方”，置于页眉左边。

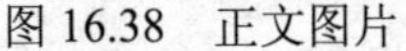

图 16.38　正文图片

图 16.39　页眉图片

⑦ 在页脚处依次输入公司的地址、邮编、电话等内容，并设置字体为“宋体”，字间距为“11 磅”，字形为“加粗”，颜色为“红色”。

⑧ 通过设置边框和底纹，在页脚文字上添加一条横线。

⑨ 以文件名“会议邀请函”保存。

提示：在编辑页眉后，页眉区下方会自动出现一条横线，按 Delete 键、←键都不能将其删除，此时，可以通过取消页眉的段落边框来删除横线。

（2）准备数据源文件。创建通讯录，文件类型可以是 Excel 工作簿、Word 文档，也可以是 Access 数据库，该通讯录包含的记录如表 16.1 所示。

表 16.1　通　讯　录

姓名	称谓	职务	联系电话	任职单位	联络地址	邮编	联络邮件
张海艳	女士	总经理	8654321	北京中达康医疗保健品有限公司	北京市东城区北新仓 18 号	100700	accolades@sina.com
郭文艺	先生	总经理	12345678	北京全景视拓图片有限公司	北京市东城区朝阳门北大街 8 号	100027	wenyi@bdelsaer.com
高建华	先生	总裁助理	21856744	中国惠普有限公司	北京市朝阳区东三环南路 2 号	100022	jian-hua-gao@hp.com
麦浩东	先生	网络主管	77777777	北京恒电创新科技有限公司	北京市海淀区中关村南大街 6 号	100086	jeidar@szonline.net
迪特.阿伯乐	先生	经理	47474747	北京京马化纤有限公司	北京市朝阳区甜水园东街 18 号楼	100026	jingma@ keeven.com

（3）邮件合并。

① 打开主文档，在“邮件”选项卡的“开始邮件合并”组中单击“开始邮件合并”按钮，在弹出的列表中选择“邮件合并分步向导”选项，打开如图 16.40 所示的“邮件合并”任务窗格。

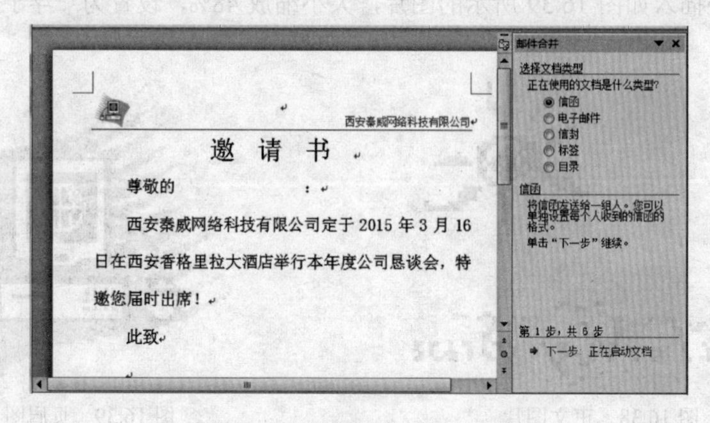

图 16.40　“邮件合并”任务窗格

② 在“选择文档类型”区中选择“信函”单选按钮，然后在任务窗格的底部单击“下一步：正在启动文档”链接进入向导的下一步。

③ 在打开的如图 16.41 所示的任务窗格的“选择开始文档”区中选择“使用当前文档”单选按钮，然后单击“下一步：选取收件人”链接进入向导的下一步。

④ 在打开的如图 16.42 所示的任务窗格的“选择收件人”区中，首先选择要合并的数据源文件，这里选择“使用现有列表”单选按钮，然后单击“浏览”按钮，在“选取数据源”对话框中选择并打开要合并的数据源文件（也就是前面创建的通讯录文件）。

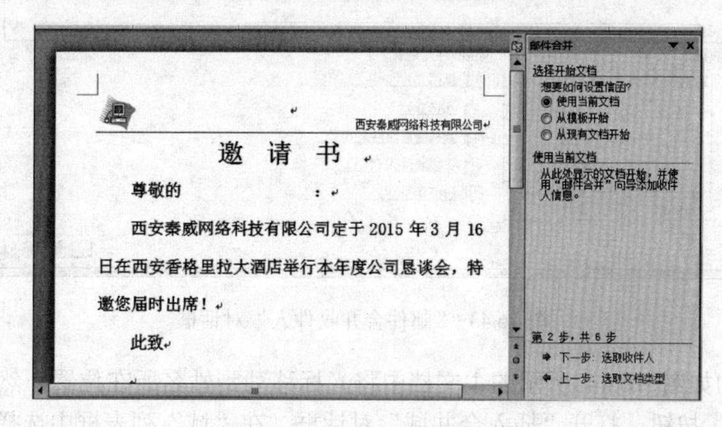

图 16.41　选择开始文档

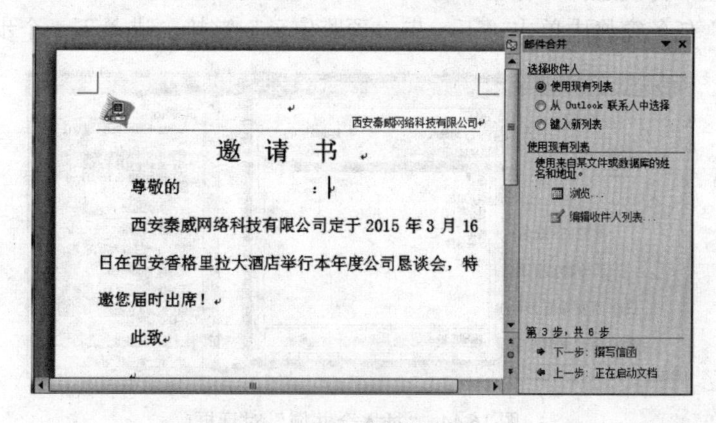

图 16.42　选择收件人

提示：除了可以选择事先创建好的数据源文件外，还可以选择 Outlook 的联系人列表或者根据向导创建新的列表。

⑤ 选择了数据源文件后，Word 2010 自动打开如图 16.43 所示的“邮件合并收件人”对话框，选择在本次邮件合并中要使用到的具体收件人，可勾选或取消勾选对应选项的复选框，然后单击“确定”按钮。

此时，在“邮件合并”任务窗格中显示当前的收件人地址列表的来源，然后单击“下一步：撰写信函”链接，进入下一个步骤。

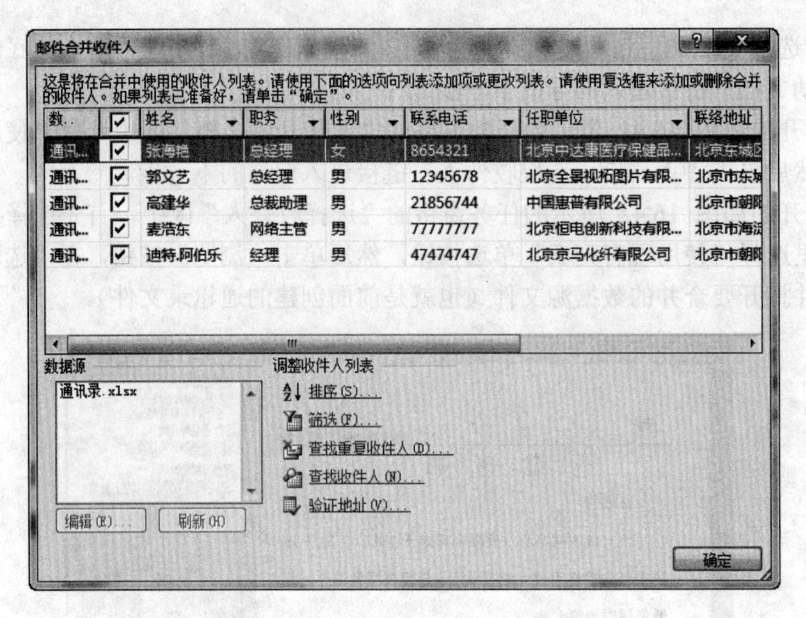

图 16.43 "邮件合并收件人"对话框

⑥ 在打开的如图 16.44 所示的主文档中将光标移动到姓名所在位置，然后在任务窗格中单击"其他项目"按钮，打开"插入合并域"对话框。在"域"列表框中选择"姓名"选项，单击"插入"按钮，再次选择"称谓"选项，单击"关闭"按钮关闭"插入合并域"对话框，并在"邮件合并"任务窗格中单击"下一步：预览信函"链接，进入下一个步骤。

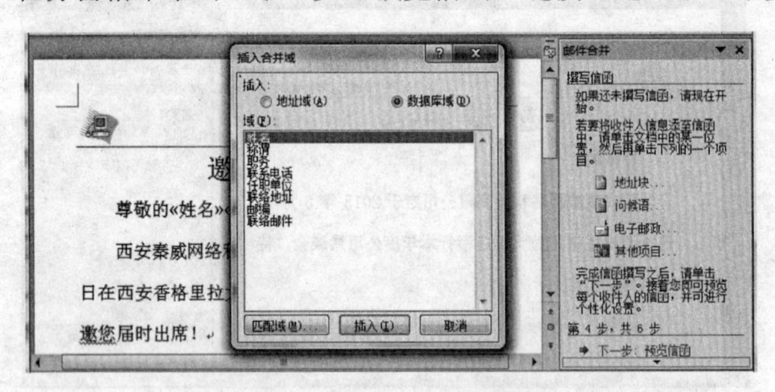

图 16.44 "插入合并域"对话框

提示：在主文档中，凡带有书名号的内容为插入的合并域（变量），其余内容为固定的文本（常量）。可以像编辑普通文本一样设置格式和版面及插入图片。

⑦ 在打开的如图 16.45 所示的"邮件合并"任务窗格中单击"收件人"文本左右两个方向按钮，可以预览所生成的多封信函。同时，也可以单击"编辑收件人列表"按钮来重新编辑收件人名单；预览无误后，单击"下一步：完成合并"链接生成合并文档。Word 会按照预览的效果为每一个收件人生成一份文档，按收件人的顺序存放。

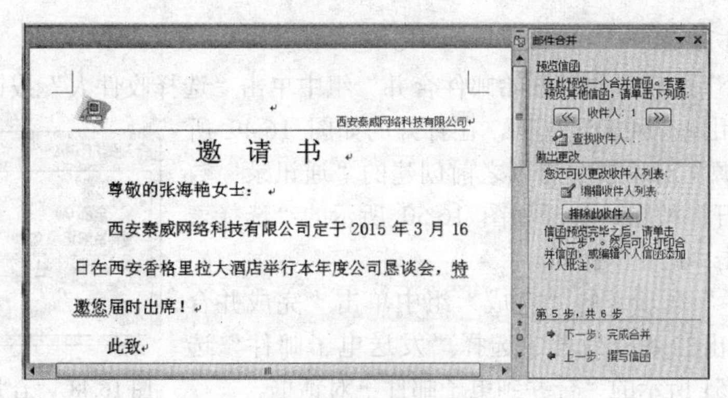

图16.45　预览信函

⑧ 在打开的如图16.46所示的“邮件合并”任务窗格中单击“编辑个人信函”按钮，打开如图16.47所示的“合并到新文档”对话框，选择要合并记录的范围。

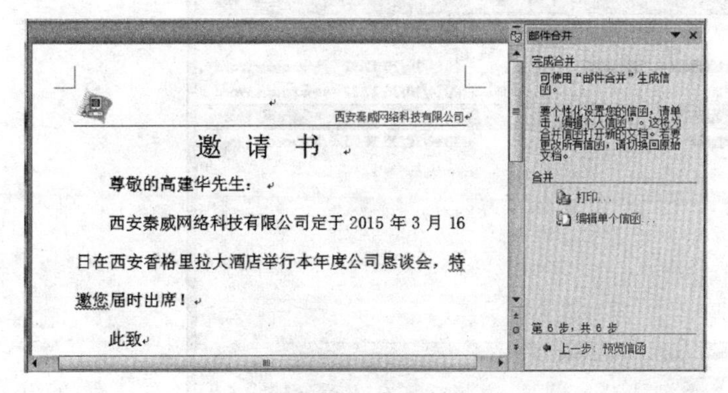

图16.46　完成合并

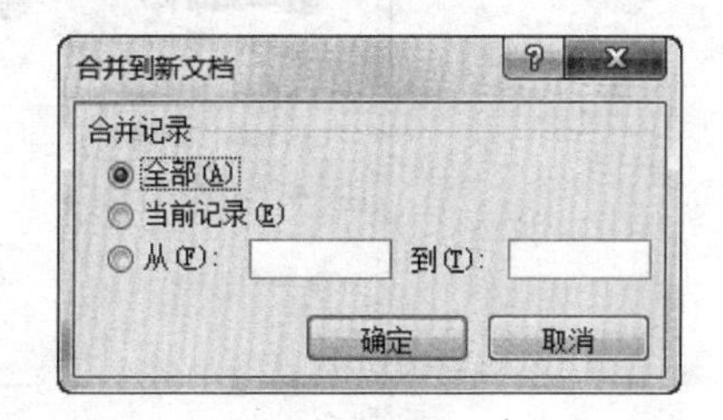

图16.47　“合并到新文档”对话框

如果仅需编辑当前记录，则选择“合并到新文档”对话框中的“当前记录”单选按钮，如果仅需编辑连续的几条记录，则在“合并到新文档”对话框中输入起始记录号和终止记录号。

⑨ 选择要加入合并文档的记录，单击“确定”按钮，Word 2010将建立一个新的文档，其中包含了所选定的多封信函。这是一个完全独立的Word文档，用户可以根据需要为每封信函做一些其他的改动，也可以保存起来，同时要注意保存主文档。

提示： 综上所述，在邮件合并步骤中，有很多分支选项，在本例中所作的选择只是许多可选项中的一种。读者可以尝试在“邮件合并向导”的帮助下，选取其他类型的选项，观察所生成的文档效果。

（4）打印信函。如果要将邮件合并生成的信函合并到打印机，可以将信函直接输出到打印机。其操作步骤如下。

① 在图16.46所示的“邮件合并”任务窗格中单击“打印”按钮。

② 在打开的如图16.48所示的“合并到打印机”对话框中设置要打印的范围，再单击“确定”按钮。

（5）通过电子邮件发送邀请函。将邀请函完成邮件合并后，还可以通过电子邮件发送出去。具体的操作步骤如下。

① 在“邮件”选项卡的“开始邮件合并”组中单击“选择收件人”按钮，在弹出的下拉列表中选择“使用现有列表”选项，在打开的如图 16.49 所示的“选取数据源”对话框中选取之前创建的“通讯录”数据源，单击“打开”按钮，打开如图 16.50 所示的“选择表格”对话框，单击“确定”按钮。

② 在“邮件”选项卡的“完成”组中单击“完成并合并”按钮，在弹出的下拉列表中选择“发送电子邮件”选项，打开如图 16.51 所示的“合并到电子邮件”对话框。

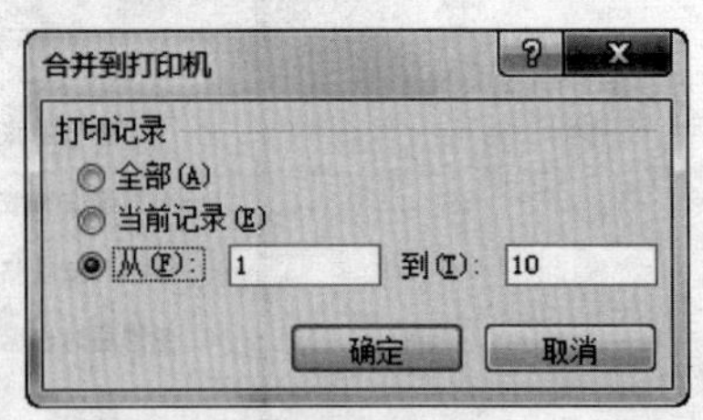

图 16.48 “合并到打印机”对话框

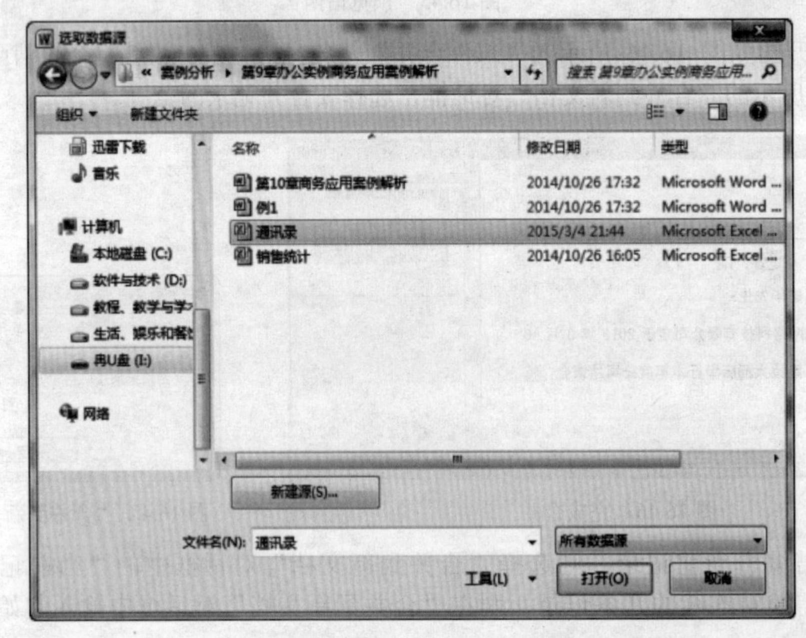

图 16.49 “选取数据源”对话框

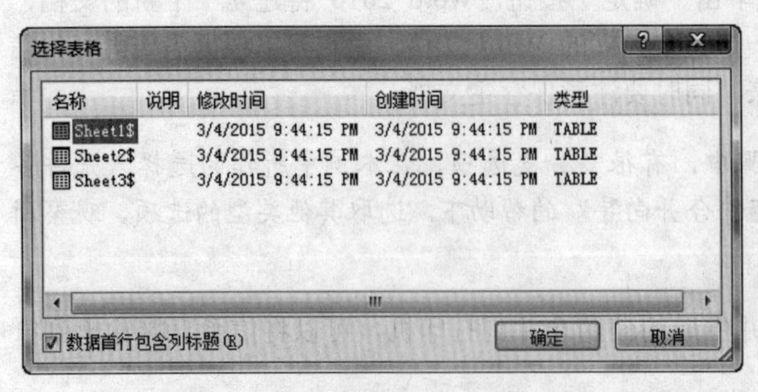

图 16.50 “选择表格”对话框

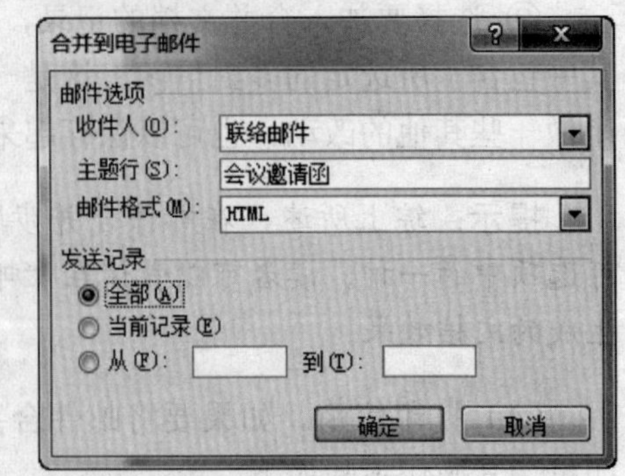

图 16.51 “合并到电子邮件”对话框

③ 在“邮件选项”区域中的“收件人”下拉列表框中选择“联络邮件”选项；在“主题行”文本框中输入电子邮件的主题，如“会议邀请函”；在“邮件格式”下拉列表框中选择 HTML 选项；在“发送记录”区中指定电子邮件的范围，这里选择“全部”单选按钮。单击“确定”按钮。

④ 当系统完成邮件合并工作后，会自动启动 Microsoft Outlook 2010，创建新用户或打开老用户邮件编辑窗口，此时按电子邮件发送的操作步骤向指定的收件人发送电子邮件。

（6）制作统一信封。制作好给客户的信函后，还需要打印信封。这项工作可以使用邮件合并中专门的“信封制作向导”来完成。

① 在“邮件”选项卡的“创建”组中单击“中文信封”按钮，打开如图 16.52 所示的“信封制作向导”对话框。

② 单击对话框中的“下一步”按钮，打开如图 16.53 所示的“信封制作向导”对话框。

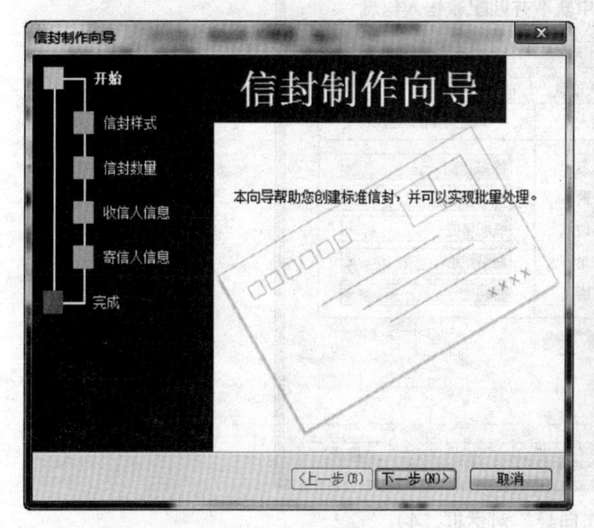

图 16.52 “信封制作向导”对话框（1）

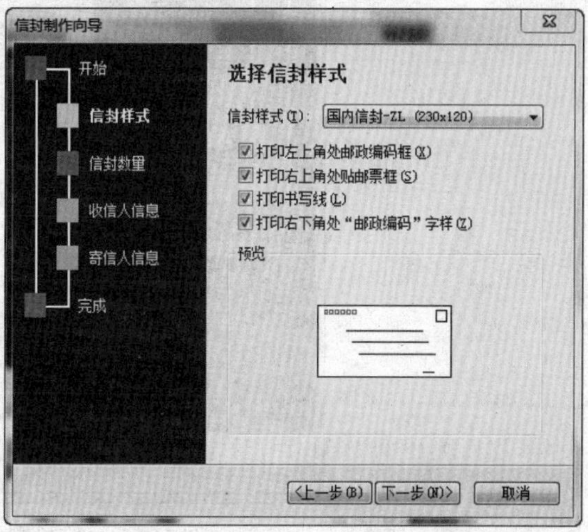

图 16.53 “信封制作向导”对话框（2）

③ 在对话框中的“信封样式”下拉列表框中选择一种信封样式，在其下方根据实际需要再勾选“打印左上角处邮政编码框”等复选框。

④ 单击对话框中的“下一步”按钮，打开如图 16.54 所示的“信封制作向导”对话框。

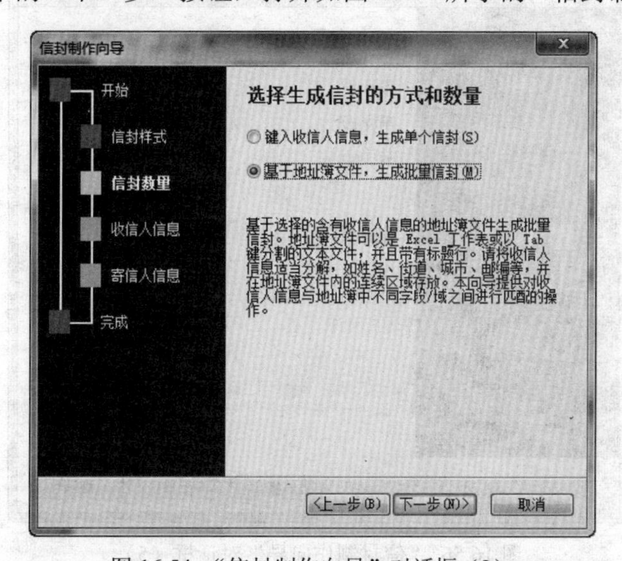

图 16.54 “信封制作向导”对话框（3）

⑤ 选择对话框中的“基于地址簿文件，生成批量信封”单选按钮。

⑥ 单击“下一步”按钮，打开如图 16.55 所示的“信封制作向导”对话框。单击对话框中的“选择地址簿”按钮，在打开的“打开”对话框中，选择制作本中文信封所需要的地址簿文件，单击“打开”按钮，在“匹配收信人信息”区的“地址簿中的对应项”栏，分别在各项目的下拉列表框中选择和其左侧“收信人”项目对应的选项，全部选择完毕后单击“下一步”按钮。

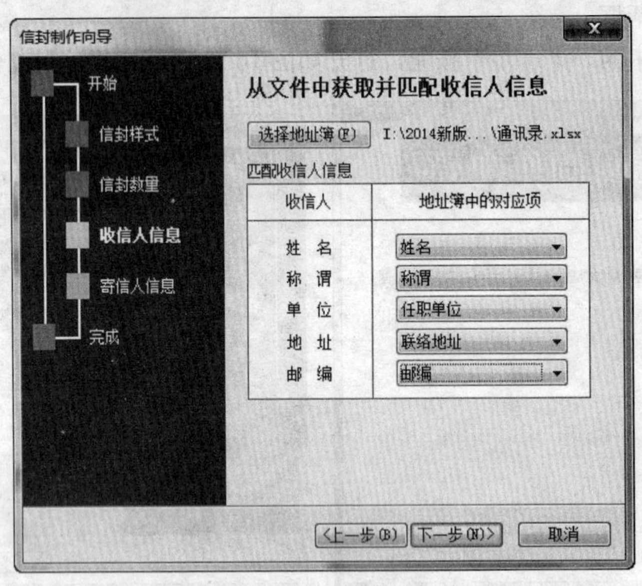

图 16.55 “信封制作向导”对话框（4）

⑦ 打开如图 16.56 所示的“信封制作向导”对话框，分别在“姓名”、“单位”、“地址”和“邮编”文本框中输入“寄信人”真实的信息，单击“下一步”按钮。

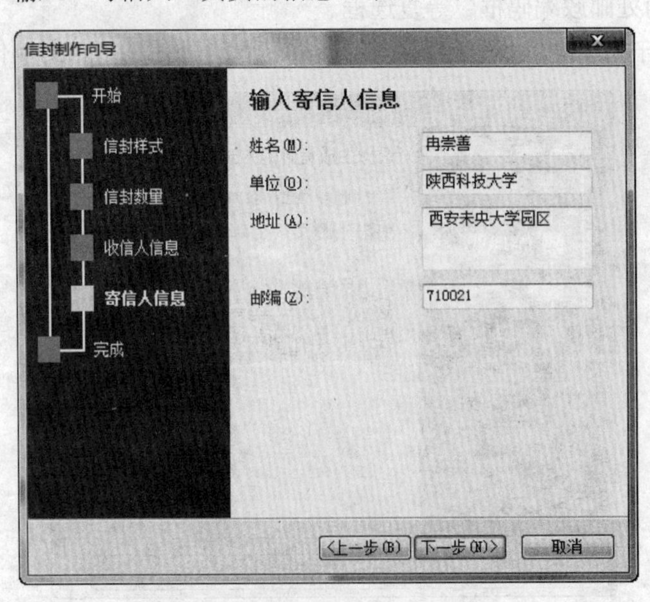

图 16.56 “信封制作向导”对话框（5）

⑧ 打开如图 16.57 所示的“信封制作向导”对话框，单击“完成”按钮，系统自动生成一个信封文档。

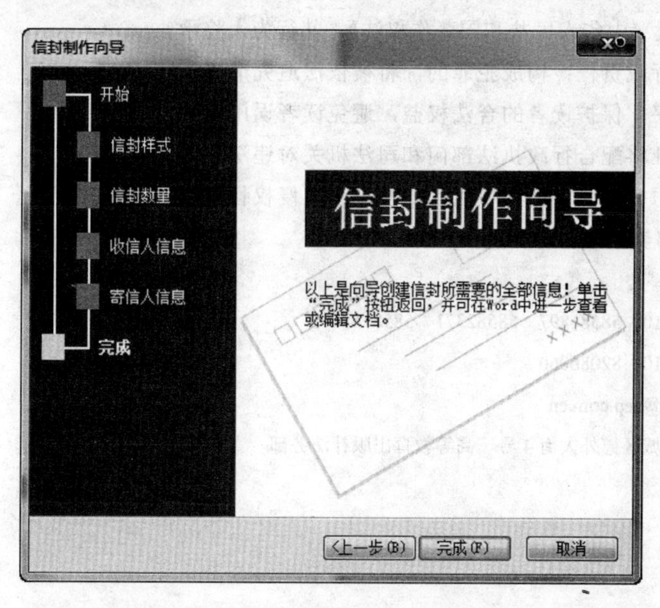

图 16.57 “信封制作向导”对话框（6）

⑨ 在“文件”菜单中选择“保存”选项，在打开的“另存为”对话框中选择合适的盘符、文件夹，并在“文件名”文本框中输入“中文信封”，单击“保存”按钮。

至此，统一格式的信封就制作完成了，用户可以直接打印信封。

4. 案例总结

“邮件合并”应用的场合主要是要处理的一批信函中有相同的公共部分，但是又有变化的部分。在日常工作中，“邮件合并”除了可以批量处理信函、信封等与邮件有关的文档外，还可以轻松地批量制作标签、工资条、学生成绩通知单、商品报价单等。

“邮件合并”功能实际上就是在普通的 Word 2010 文档中增加了一些域，域中的内容相当于程序设计中的变量，这些变量在后续的工作过程中可以用其可能的值来代替，于是由一个模板可以自动生成许多不同的信函，利用这一特点，还可以生成许多类似的信函。有关域的更多内容，可参阅相关的书籍。